一流规划教材

一流学科教材
电子信息

计算机原理与嵌入式系统

COMPUTER PRINCIPLE AND EMBEDDED SYSTEM

主　编　胡访宇

副主编　王　嵩　陈晓辉

编　委（以姓氏笔画为序）

王　嵩　关胜晓　何　力

陈晓辉　胡访宇

U0190496

中国科学技术大学出版社

内 容 简 介

本书是为了适应电子类专业与计算机相关的课程体系、教学内容和教学方法改革的需要,为中国科学技术大学电子类专业本科生学习计算机原理与嵌入式系统课程而精心组织编写的教材。全书共分为8章,前4章是基础部分,主要讲述计算机原理方面的内容。其中,第1章帮助读者快速和准确地了解计算机系统的整体概念;第2章介绍计算机系统的基本结构、工作原理以及技术演进路线;第3章介绍存储器系统以及不同类型的存储器件在层次化存储系统中的应用;第4章介绍计算机总线系统和I/O接口技术。后4章主要介绍嵌入式系统的结构以及硬件软件开发技术。其中,第5~7章介绍ARM处理器的体系结构、程序设计方法以及Cortex-M3/M4处理器的编程模型、寻址方式、指令系统;第8章以STM32F10x微控制器为例,介绍嵌入式系统中的GPIO、定时器、中断、USART、SPI和I^2C等部件,讨论嵌入式系统的硬件和软件设计与开发方法。

本书内容丰富、概念清晰、取材新颖、深入浅出,并附有大量的应用实例和习题,融基础性、先进性、系统性和实践性于一体,可作为高等学校电子类专业和其他相近专业本科生的计算机原理、嵌入式系统、计算机系统设计等课程的教材,也可作为从事计算机和嵌入式系统研发工作的科技人员的参考书。

图书在版编目(CIP)数据

计算机原理与嵌入式系统/胡访宇主编. —合肥:中国科学技术大学出版社,2022.3
ISBN 978-7-312-04723-7

Ⅰ. 计⋯　Ⅱ. 胡⋯　Ⅲ. 微型计算机—系统设计—高等学校—教材　Ⅳ. TP360.21

中国版本图书馆 CIP 数据核字(2020)第 265050 号

计算机原理与嵌入式系统
JISUANJI YUANLI YU QIANRU SHI XITONG

出版	中国科学技术大学出版社
	安徽省合肥市金寨路 96 号,230026
	http://press.ustc.edu.cn
	https://zgkxjsdxcbs.tmall.com
印刷	合肥市宏基印刷有限公司
发行	中国科学技术大学出版社
开本	787 mm×1092 mm　1/16
印张	40
字数	948 千
版次	2022 年 3 月第 1 版
印次	2022 年 3 月第 1 次印刷
定价	98.00 元

前　　言

计算机科学与技术的发展日新月异,各种形态的计算机以及嵌入式系统已经广泛地渗透到工作、生活、生产,尤其是科学研究和国防军事等各个方面。

以往高等学校电子类专业为本科生开设的与计算机相关的课程,如微机原理、微机系统与接口技术等,多以 Intel 公司的 x86 系统为模型机,着重介绍微型计算机的基本原理、系统结构和 I/O 接口等方面的内容。在此基础上,有些学校还开设了与嵌入式系统相关的课程,并认为选修这类课程的学生已经具备了计算机原理方面的知识。近年来,随着信息技术的发展,许多高校电子类专业又陆续开设了人工智能、机器学习、物联网和 EDA 等方面的课程。因此,有必要对传统课程进行有效整合,使学生在本科阶段能够学习到更多的前沿科技知识。中国科学技术大学信息科学技术学院也在积极探索本科生的课程体系、教学内容、教学方法和教学手段等方面的综合改革。其中,与计算机硬件相关的课程整合为以数字逻辑电路-计算机原理与嵌入式系统-电子系统设计为主干的课程群。

作为计算机原理与嵌入式系统课程的教材,本书可分为上、下两个部分。上半部分为第 1~4 章,系统地讲解了计算机的基本概念、基本结构与组成,包括 CPU、存储器系统、总线系统、中断以及 I/O 接口,从平行的角度分别介绍和比较了 CISC 和 RISC 这两类 CPU 的设计思想和工作原理,在注重基础性的同时,深入浅出地介绍了流水线、超标量、多线程和多核处理器等计算机技术的改进思路。下半部分为第 5~8 章,其中第 5 章介绍嵌入式系统中应用最为广泛的 ARM 处理器的体系架构以及不同产品的特点,以 Cortex-M3/M4 处理器为例,详细描述嵌入式处理器的组成结构、编程模型、存储管理方式以及异常/中断处理机制;第 6 章介绍 Cortex-M3/M4 的指令系统和寻址方法;第 7 章介绍基于 ARM 处理器的程序设计方法,包括使用汇编语言编程以及使用 C 语言和汇编语言混合编程;第 8 章针对目前常用的意法半导体公司的 STM32F10x 微控制器,介绍嵌入式系统中的 GPIO、定时器、中断/EXTI、USART、SPI 和 I^2C 等部件的组成和工作原理,并对嵌入式系统的硬件和软件设计与开发方法进行了讨论。全书附有大量的图表、实例和习题,以方便读者学习和理解。

计算机原理与嵌入式系统课程具有很强的实践性,需要配套大量的实验以巩固课堂理论教学内容,构建相对完整的关于计算机原理与嵌入式系统方面的知识体系。为此,除了配套的实验教学指导书以外,本书第7章也对常用的嵌入式系统集成开发环境以及使用方法做了必要的介绍。

胡访宇担任本书主编,拟定全书的大纲并对全书进行统稿。第1章、第2章和第5章的5.1~5.3节由胡访宇编写,第3章由关胜晓编写,第4章、第5章的5.4节和5.5节、第6章由陈晓辉编写,第7章由何力编写,第8章由王嵩编写。以上各位编者绘制了各自编写章节的全部图表。本书的初稿曾作为中国科学技术大学信息科学技术学院本科生计算机与嵌入式系统课程的讲义试用了两年。编者根据实际教学工作的反馈,对讲义进行了多次修改和完善。

本书编写过程中,参考了丰富的文献,包括网络上许多佚名作者撰写的文章,参考文献只列出了其中的一部分。此外,编者还调研和走访了上海交通大学、哈尔滨工业大学、电子科技大学等兄弟高校,得到了许多老师的无私帮助和指点。在此,编者谨向为本书提供帮助的各位专家学者表示衷心感谢。本书的编写和出版还得到了中国科学技术大学信息科学技术学院领导的关心和支持,以及多位同事的鼓励和帮助,在此一并表示感谢。

最后更要感谢我们的家人,正是他们的理解、支持和包容,才使我们能够集中精力投身到计算机原理与嵌入式系统的教学和科研事业中。

本书编写时,结合了长期以来在微机原理与系统(安徽省精品课程)以及嵌入式系统等课程的教学和研究工作经验,力求内容丰富、结构清晰、概念准确、语言流畅,致力于实现基础性、系统性、先进性、启发性和实践性等方面的统一。但受编者学识所限,书中难免存在疏漏和不当之处,诚恳希望各位读者批评指正并提出宝贵意见,以便今后再版时修正完善。

目　　录

第1章 概　　述

电子计算机是 20 世纪人类伟大的发明。伴随着电子科学、计算机和通信技术的飞速发展,人类已经步入了信息社会。为了学好本门课程,本章首先简要回顾一下电子计算机的发展历程,然后介绍计算机中数的有关表示方法,接下来对计算机系统的组成、分类和特点进行阐述,最后简介嵌入式计算机的一些基本知识。

1.1　计算机发展简史

1.1.1　现代电子计算机的起源

人类文明从诞生之日起就面临计算问题。为了分配食物和生活物资,穴居在山洞里的古人类采用过在石壁上刻痕和结绳的方式进行计数和计算。中国古代先民使用过的算筹以及后来在华夏大地得到广泛应用的算盘,都是我们祖先寻求计算工具的光辉成就。

工业革命对计算工具提出了更高和更为迫切的需求。17 世纪中叶,法国科学家布莱士·帕斯卡(Blaise Pascal)发明了基于齿轮结构的机械加减法器;不久后,德国数学家莱布尼茨(Gottfried Wilhelm Leibniz)于 1671 年设计了一架可以进行乘法、除法和自乘运算的机械计算器;19 世纪的英国科学家查尔斯·巴贝奇(Charles Babbage)为了研制基于齿轮结构的"差分机"(difference engine)和"分析机"(analytical engine),耗费了大量金钱和毕生心血。以上这些都展现了人类在机械设计方面的高超技巧。

1936 年,英国科学家阿兰·图灵(Alan Turing,1912—1954)发表了现代计算机科学与技术领域的开山之作《论数字计算在决断难题中的应用》,从数学上给出了"可计算性"的严格定义,并提出了著名的"图灵机"(turing machine)的设想,指出一切可能的机械式计算都能够通过"图灵机"实现。尽管"图灵机"只是一个思想模型,但是阿兰·图灵证明了可以制造一种运算能力极强的通用计算装置,用来计算所有的、能想象的可计算函数。为了纪念阿兰·图灵这位伟大的科学家,国际计算机协会(Association for Computing Machinery,ACM)于 1966 年设立了"图灵奖"(图 1.1),该奖项现被视为计算机科学和技术领域的诺贝尔奖。

1943 年,为了解决复杂的火炮弹道计算问题,美国军方委托美国宾州大学莫尔学院开始研制电子计算机。1946年,在物理学博士莫克利(John Mauchly)和电气工程师埃克特(Eckert)所率领的团队的不懈努力下,世界上第一台通用数字式电子计算机——电子数字积分器和计算器(Electronic Numerical Integrator And Calculator,ENIAC)研制成功了。这台机器使用了18 000多个电子管、1 500多个继电器,耗电量达140千瓦,总质量近30吨,占地面积约170平方米,可谓是庞然大物(图1.2)。ENIAC采用字长为10位的10进制计数方式,通过接插线的方式进行编程,而运算速度仅为5 000次加法/秒。虽然ENIAC的性能远远不及今天的一台儿童玩具计算器,但ENIAC的确是人类科学技术史上一个划时代的伟大创新。为了表彰这两位科学家的杰出贡献,自1979年起,ACM和IEEE Computer Society共同设立了Eckert-Mauchly奖,以奖励那些在计算机体系结构方面做出重要贡献的学者。

图1.1　阿兰·图灵(Alan Turing)和图灵奖奖杯

图1.2　莫克利(左1)与埃克特(左2)、冯·诺依曼(中)和调试中的ENIAC(右)

　　1944年的一个夏天,美籍匈牙利数学家冯·诺依曼(von Neumann)在出差途中,邂逅了ENIAC项目的军方联络人戈尔斯廷(H. H. Goldstine),并从后者口中得知了ENIAC项目。冯·诺依曼立即意识到该项目的重大意义,于是提出了想去参观ENIAC的请求。通过戈尔斯廷的引见,冯·诺依曼来到了尚未完工的ENIAC研制现场,从那一刻起,冯·诺依曼就与现代电子计算机结下了不解之缘。冯·诺依曼虽然没有参加ENIAC的研制工作,但是仍受邀加入ENIAC项目组,并参加了一系列为完善和改进ENIAC的技术研讨会。1945年6月30日,莫尔学院在内部印发了一份由冯·诺依曼一人署名的研究报告《First Draft of a Report on the EDVAC》。在这份关于离散变量自动电子计算机(The Electronic Discrete Variable Automatic Computer,EDVAC)的研究报告中,首次提出采用二进制计算和存储程序(stored program)的思想,在逻辑结构上将计算机划分为运算器、控制器、存储器、输入设备和输出设备 5 大部件,并描述了各部件的功能和相互间的联系,同时还设计了"条件转移"指令以改变程序执行顺序。但此后 EDVAC 的研制工作却遭遇了一些非技术层面的困难,直至 1952 年才宣告完工。

1946 年初,英国剑桥大学数学实验室主任莫里斯·威尔克斯(Maurice Wilkes)教授到宾夕法尼亚大学进行访问。在访问期间他参加了 ENIAC 团队主办的一系列讲座,并于 1946 年 5 月获得了一份 EDVAC 方案。回到英国后,威尔克斯以 EDVAC 方案为蓝本,设计和制造了世界上第一台存储程序式电子计算机(Electronic Delay[①] Storage Automatic Calculator,EDSAC)。1949 年 5 月 6 日,EDSAC 首次试运行并获得成功。随后,该项目的投资商 Lyons 公司获得了 EDSAC 的批量生产权,这就是 1951 年正式投入市场的"LEO"(Lyons Electronic Office)计算机。

1947 年,莫克利和埃克特从宾夕法尼亚大学正式离职后,在费城的一个临街小楼里创立了埃克特-莫克利电脑公司(Eckert-Mauchly Computer Company,EMCC)。这是世界上第一个以制造电脑为主业的公司。EMCC 后因资金问题被老牌打印机制造商雷明顿·兰德(Remington Rand)公司收购。在莫克利和埃克特两人的参与下,雷明顿·兰德公司于 1951 年研制出了新式的通用自动计算机"UNIVAC"。UNIVAC 与诞生于英国的 LEO 都宣称是世界上第一个商业化的计算机产品。

虽然 EDVAC 方案的提出到如今过去了 70 多年,计算机科学与技术发生了翻天覆地的变化,但是时至今日,冯·诺依曼体系结构仍然是许多现代电子计算机的基础。

1.1.2 现代电子计算机的发展历程

站在不同的视角,对计算机的发展史有不同的断代方法。如果按照计算机所使用的主要器件类型,计算机的发展历程大致可以划分为以下五个阶段。

第一阶段为 1946 年至 20 世纪 50 年代中期,计算机中的有源器件都是电子管,因而计算机的体积庞大、功耗大、可靠性低、售价昂贵。当时一台计算机的价格与一架喷气式客机的价格大体相当,主要用于重要场合的科学计算和数据处理。

第二阶段为 1955 年至 20 世纪 60 年代中期,晶体管取代了电子管,内存采用快速磁芯存储器,外存采用磁带或者磁鼓,运算速度可达每秒几万次乃至几十万次(图 1.3)。晶体管的使用减小了计算机的体积,提高了可靠性,降低了功耗和成本,计算机开始进入过程控制领域,出现了工业控制计算机。在这一阶段,面向过程的程序设计语言,如 FORTRAN、Algol 等高级语言相继面世。

第三阶段为 1965 年至 20 世纪 70 年代初期,计算机的主要部件开始采用中小规模集成电路,计算机的体积进一步缩小,可靠性进一步提高,成本进一步下降,运算速度提高到每秒几百万次(图 1.4)。在这一阶段,操作系统逐渐成熟,计算机产业逐渐种类多样化、产品系列化和使用系统化,计算机的应用范围日益扩大,小型计算机开始出现。

---

① EDSAC 名称中的 Delay 是使用水银延迟线作为程序存储器的缘故。

图 1.3　全晶体管计算机：IBM 7090(1958,左)和国产 441-B(1964,右)

图 1.4　第三代计算机代表 IBM 360(左)和国产首台百万次计算机(1972,右)

第四阶段为 1972～1990 年,大规模集成电路(Large Scale Integration,LSI)和超大规模集成电路(Very Large Scale Integration,VLSI)出现和广泛应用,使得计算机的体积更进一步缩小,性能和可靠性得到更进一步提高,成本更进一步降低。计算机内存普遍采用半导体存储器,外存采用磁盘、磁带和光盘。1981 年,IBM 公司推出了个人计算机(Personal Computer,PC 机),随后以 PC 机为代表的微型计算机迅速得到普及和广泛应用,深入到人类社会的各个领域。

第五阶段是从 1991 年开始至今,随着半导体工业和材料科学的进步,特大规模集成电路(Ultra Large-Scale Integration,ULSI) 和巨大规模集成电路(Gigantic Scale Integration,GSI)先后出现,更高密度的存储器件和新型显示设备越来越多地广泛使用,使得计算机的体积越来越小。在这一时期,由一片 ULSI 或者 GSI 电路实现的单片计算机和嵌入式计算机的功能不断丰富和完善,性能日益提高,应用领域不断扩大,现已成为应用最为广泛几乎无处不在的计算机(图 1.5)。

事实上,从第三阶段开始,计算机的发展就与集成电路技术的进步密不可分。一块大规模集成电路芯片上的晶体管数量超过 1 000 颗,而超大规模集成电路每个芯片上的晶体管数量超过了数百万颗,如今特大规模集成电路芯片上可集成的晶体管数量超过了 10 亿颗。例如,美国 Intel 公司在 2012 年发布的采用 22 nm 工艺的第 4 代酷睿 4 核 CPU i7(研发代号 Haswell),在一块芯片上集成的晶体管数量超过了 14 亿颗。同时,因制造工艺的进步和生产成本的不断下降,计算机整机的性能/价格比(cost performance)也取得了突飞猛进的提高。在 20 世纪末,世界上运算速度最快的超级计算机,其标价可能高达数十亿人民币,而其计算能力与今天一部售价不足 5 000 元的智能手机大体相仿。

图 1.5 几种常见的嵌入式系统

总之,从 1946 年计算机诞生以来,大约每隔 5 年计算机的运算速度提高 10 倍,以平均故障间隔时间(Mean Time Between Failure,MTBF)为代表的可靠性提高 10 倍,成本降低为原来的 1/10,体积缩小为原来的 1/10。自 20 世纪 70 年代以来,计算机工业呈现出蓬勃发展的态势,各种类型的计算机年产量以超过 25% 的速度激增,中国早已成为全球最大的通用计算机整机生产国。

1.1.3 摩尔定律

1965 年,Intel 三位创始人之一的戈登·摩尔观察到芯片上的晶体管数量每年翻一番,1970 年开始这种态势减慢成每 18 个月翻一番,这就是人们所熟知的摩尔定律(Moore's Law)。摩尔定律自提出后到 2015 年,基本上比较准确地描述了处理器在这段时间内所取得的令人难以置信的进步。

图 1.6 是 1978~2018 年这 40 年来,处理器性能增长的总体态势。在图 1.6 中,比较基准是第三方性能评测机构——标准性能评估协会(Standard Performance Evaluation Corporation,SPEC)给出的 DEC VAX 11/780 整数运算性能指标(SPEC int)。DEC(Digital Equipment Corporation)曾经是美国著名的计算机公司之一,VAX 11/780 是其生产的一款十分畅销的小型机。VAX 11/780 每秒钟能够执行 100 万条指令,即 1 MIPS(Million Instructions Per Second),在一段时间内,这款机器的计算能力曾被当作计算机性能比较的一个重要参照。图 1.6 中不同灰度的阴影区反映了处理器性能增长的几个不同阶段。在 20 世纪 80 年代中期之前,在处理器设计和半导体技术进步的双轮驱动下,处理器的性能平均每年增长 25% 左右。1986~2003 年,得益于计算机体系结构方面的进步,处理器性能开始出现飞速发展,年平均增长率高达 52% 左右。到了 2003 年,受芯片功耗和散热的限制,处理器性能年平均增长率回落到 22% 左右。2011 年以后,随着并行计算的"红利"逐渐消失之后,处理器性能年平均增长率放慢到 12% 以下。从 2015 年起,摩尔定律开始失效,年平均增长率仅为 3.5%。

面向浮点运算的处理器性能也遵循同样的趋势,但是年增长率通常高出整数运算性能的 1%～2%。图 1.6 阴影区域上方的曲线反映了处理器浮点运算性能的增长情况。

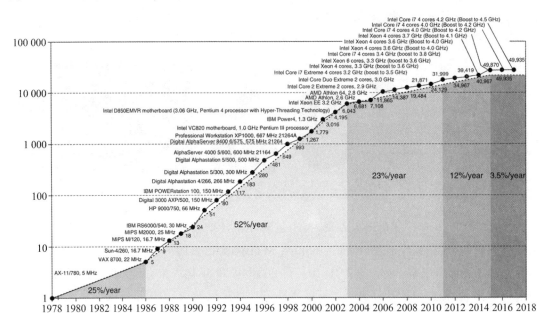

图 1.6 计算机性能 40 年间增长曲线

1.1.4 计算机的类型

经过 70 多年的高速发展,根据体系结构、使用目的、计算性能、形态大小和成本等诸多因素,计算机可以分为多种差异较大的类型。如果按照其应用场合,现代计算机大致可以分为以下四大类型。

1. 微型计算机

微型计算机的主要代表是人们所熟知的个人计算机,即所谓的 PC 机。顾名思义,个人计算机主要面向个人使用,其应用场合遍及办公、科学研究、商业、教育和家庭。个人计算机支持通用计算、文档编制、表格处理、计算机辅助设计、视听娱乐、人际交流和互联网浏览等各种各样的应用。微型计算机根据其形态和主要用途又可以进一步划分为:

• 台式计算机(desktop computer)。可以满足一般的桌面应用需求,并占用较少的工作空间。

• 个人工作站(workstation)。为工程设计、图形和视频图像处理、科学计算等应用提供更高的计算能力和更强大的图形显示能力。

• 笔记本电脑(notebook computer),包括平板电脑(PAD)。提供个人计算机所具有的基本功能,可以使用内置电池工作,满足一定的便携性和移动性需求。

2. 服务器

服务器(server)是指具有较强大计算能力的计算机系统,可以通过网络为大量用户提供计算、信息处理和数据存储服务,一般为大型企事业单位和政府机构的信息处理服务。

3．嵌入式计算机

嵌入式计算机(embedded computer)是指集成(嵌入)到应用对象体系(设备或系统)中的一种专用计算机,用以自动监测和控制应用对象的物理过程。嵌入式计算机用于特定目的,而不是通用的任务处理。其典型应用包括工业自动化、智能家居、通信设备、数码产品和交通工具等。嵌入式计算机几乎无处不在,但是它们通常非常低调,用户往往觉察不到其身影,不了解它们在宿主系统中所发挥的作用。

4．超级计算机

超级计算机(super computer)是最昂贵的也是物理上最大型的计算机,用于提供最高的计算性能。超级计算机在复杂过程仿真、空气动力学计算、中长期天气预报、多光谱遥感图像处理、地质勘探、新型药物设计、基因测序和蛋白质结构分析等对计算能力要求极高的领域中,扮演着非常重要的角色。

鉴于高性能计算(High Performance Computer,HPC)的重要意义,美国、日本和欧盟等发达国家和地区竞相研发超级计算机。改革开放以来,我国不仅成为了世界第二大经济体,在超级计算机研发和应用领域同样取得了令世人瞩目的成就。在全球超级计算机 50 强(top50)榜单上,2004 年我国的"曙光 4000A"跻身第 10 名,开始崭露头角;2009 年国产"星云号"超级计算机跃居排行榜第二;时隔一年"天河 1 号"又一举拔得头筹;在接下来的几年里,冠军称号则一直由"天河 2 号"保持;2016 年,安装了 40 960 个我国自主研发的"申威26010"众核处理器的"神威·太湖之光"登顶榜首。直至 2018 年 11 月,IBM 公司采用了2 397 824 个处理器的"Summit",以超过神威·太湖之光 60% 的计算速度,在 9 年之后重新夺冠,其中 95% 的计算能力是由英伟达 Volta GPU 提供的。展望未来,人类社会的发展对计算能力的需求没有止境,更高性能的超级计算机仍将不断涌现。

1.2　计算机系统的组成

计算机系统是由计算机硬件和软件两部分组成的,如图 1.7 所示。所谓计算机硬件是指构成计算机的物理部件,这些物理部件只有在计算机指令控制下才能运行。而计算机软件是由一系列按照特定顺序组织的计算机指令和数据的集合。

1.2.1　计算机硬件

按照冯·诺依曼所划分的逻辑结构,计算机硬件由以下相对独立的 5 个主要功能部件所组成:存储器、运算器、控制器、输入设备和输出设备,这 5 个功能部件及相互之间的关系如图 1.8 所示。

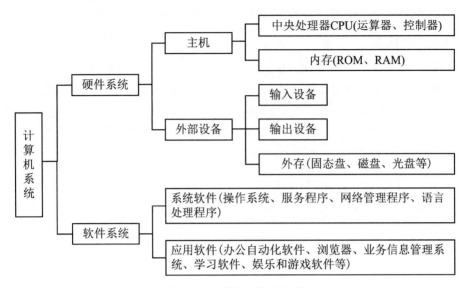

图 1.7　计算机系统的组成

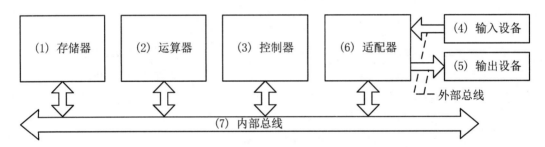

图 1.8　计算机系统主要硬件功能部件

1．存储器

存储器的功能是存储程序和数据,可分为主存储器和辅助存储器两种。

1）主存储器(primary memory)

主存储器简称为主存(main memory)。因为主存储器通常位于计算机内部,因此更多地被称作内存。现代计算机的主存是由大量的半导体存储单元(cell)构成的,这种最小的存储单元只能存储一位二进制信息,其单位是 1 比特(1 bit,位)。这些最小存储单元很少被单独地读取或写入(统称为访问,access),一般是由 8 个最小存储单元(8 bit)组成的一个字节(1 Byte)。为了能方便地访问主存中的任何一个字节,每个字节都有一个唯一的物理地址(physical address)。字节是存储器存储和读取数据的基本单位。若干个字节又构成一个字(word),每个字所包含的位数称为计算机的字长(word length),典型计算机的字长有 16 比特(2 字节)、32 比特(4 字节)和 64 比特(8 字节)。

按照读写操作特性,半导体存储器可分为只读存储器(Read Only Memory,ROM)和随机存取存储器(Random Access Memory,RAM)两大类。ROM 只能进行读操作,用于存放无须改变的程序和标准数据,例如计算机启动时的引导程序、固化的作业程序以及字符编码表等；而 RAM 则可读可写，用于存放计算机正在执行的程序、处理过程中的临时数据以及需要与外界交换的信息等。

2）辅助存储器（secondary storage）

虽然主存必不可少，但是主存的价格相对昂贵，其容量受到一定限制。主存还有一个缺点，即作为主存主要组成部分的 RAM，在断电后所存储的信息会立刻消失。因此，为了存储大量的数据和程序，尤其是那些不经常访问的信息，就会使用价格低廉、容量较大、存储的信息不会因断电而丢失（非易失性）的辅助存储器。尽管很多辅助存储器也是安装在计算机内部，但是相对于内存而言，辅助存储器通常也被称为外存。辅助存储器的容量大，但是读写速度相对较慢。常见的辅助存储设备包括：基于磁介质极化原理的磁盘（magnetic disk）和磁带、基于表面几何微观形状的光盘（optical disk，如 CD、DVD 和 BD），以及基于半导体的快闪存储器（flash memory，简称闪存）等。

2. 运算器

运算器主要完成各种数据的运算和处理，其核心是算术逻辑单元（Arithmetic and Logic Unit，ALU）以及由若干寄存器（register）构成的寄存器阵列。ALU 在控制信号的作用下完成任意的算术或逻辑运算，如加、减、乘、除、移位或比较大小等。寄存器是运算器内部的高速存储单元，是整个计算机系统中读出和写入操作所需时间最少的存储部件。受芯片面积的制约，寄存器的数量不会很多。运算器工作时，需要运算和处理的数据先被送到某个寄存器进行存储，运算过程中的临时数据或者处理后的结果也暂存在特定的寄存器中。

3. 控制器

控制器是计算机的指挥控制中心，它根据指令对计算机各个部件进行操作控制，协调计算机中各个部件有序地进行数据的读出、处理、存储、状态监测和输入或者输出。控制器是由指令寄存器（Instruction Register，IR）、指令译码器（Instruction Decoder，ID）和操作控制器（Operation Controller，OC）等构成的。

大规模集成电路出现之后，运算器和控制器都被集成在一个称为 CPU（Central Processing Unit，中央处理器单元）的芯片上。CPU 与主存是计算机的核心部分。

4. 输入设备

输入设备将接收到的信息进行编码后输入到计算机。键盘和鼠标是最常用的输入设备。例如，当键盘上的一个键被按下时，这个键所代表的字母或数字就被转换成相应的二进制编码，然后再传送到计算机中。

除了键盘和鼠标以外，用于人机交互的输入设备还有触摸屏、操纵杆、轨迹球、麦克风和游戏机手柄等。其他常见的计算机输入设备还有扫描仪、证/照读卡器、光学符号阅读机、光学标记阅读机、数字摄像头、数字化仪和数据采集器等。计算机通信设备中的数据接收单元也可以看作一种输入设备。

5. 输出设备

输出设备的功能是向外界输出计算机处理后的结果，最常见的输出设备有打印机、显示器、扬声器和绘图仪等。打印机属于一种慢速输出设备。打印机的类型包括针式打印机、热敏打印机、激光打印机、喷墨打印机、3D打印机以及高速行式打印机等。无论是哪种类型的打印机都离不开机械装置,所以打印机的速度与处理器相比是很慢的。

超高清图形显示器往往需要播放一些细节丰富、色彩逼真和画面快速变化的高质量的视频图像,因此可以看作一种高速的输出设备。

还有一些设备,例如带触摸屏功能的图形显示器,既能够显示文字与图形,实现输出功能,又能够通过触摸屏触摸操作提供输入功能。类似地,外部大容量存储器和数据通信设备等集输入和输出两种功能于一体。在很多情况下,这种具有双重功能的设备统一称作输入/输出设备。

6. 适配器

输入设备和输出设备都属于计算机的外围设备(简称外设)。这些设备既有速度相对较快的,例如用于存储海量数据的磁盘阵列,也有慢速的,如键盘和鼠标;既有包含机械结构的,如打印机和绘图仪,也有全电子的,如数据通信终端设备。外设的种类繁多,速度和信息编码格式各异,因此不宜与高速工作的运算器、控制器和存储器等直接相连,而应该通过适配器进行缓冲和转换,保证外设能够以计算机特性所要求的形式发送和接收信息,与计算机的主机并行协调地工作。这些在计算机与外设之间起到桥接和匹配作用的适配器又被称为输入/输出接口(I/O Interface)。由于存在多种多样的外设,所以也有多种多样的输入/输出接口。

在计算机原理中,我们通常所说的外设主要是指上述输入/输出接口(简称外设接口),而不是特定的某一种外围设备物理装置。常见的外设接口有并行接口、串行接口、I^2C接口和USB接口等。

7. 互连网络(总线)

图1.8中的连接各个部件的互连网络称为总线(bus)。总线是计算机中各个部件实现互连的公共通道,用于各部件之间操作命令、控制信号、数据和各类状态信息的传输和交换。按照所传送的信息种类,总线可以分为数据总线(Data Bus,DB)、地址总线(Address Bus,AB)和控制总线(Control Bus,CB)三类。数据总线用于传输数据,因而是双向的;地址总线用于确定参与数据传输过程的对象,例如,指定某个特定的存储单元作为读操作或者写操作对象。地址信号一般由CPU产生并输出,因而其传输方向往往是单向的。控制总线传送的是控制信号(例如读信号或者写信号)和状态信号,以实现对计算机的运行控制和状态检测。这些信号有些是源自CPU的,也有一些是源自其他部件发往CPU的。在控制总线中,有些信号线的传送方向是单向的,也有一些是双向的。但是作为一个整体来说,控制总线属于双向信号线。

从硬件角度看,计算机就是通过上述三类总线,将CPU和各个部件进行互连的一个数字系统。为了提高计算机的处理效率,针对速度快慢不同的部件,可以使用不同类型的多套总线进行互连,类似于城市道路中分别设置的快车道、慢车道和非机动车道。计算机系统也从最初的单总线系统,逐步发展为双总线、三总线以及多总线架构。

如果将总线划分为数据总线、地址总线和控制总线三部分,并将运算器和控制器合并为

CPU,使用单颗 CPU 和采用单总线架构的计算机系统硬件逻辑结构如图 1.9 所示。

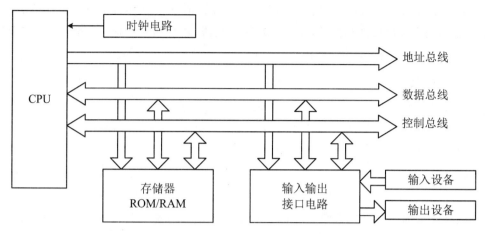

图 1.9 计算机系统硬件系统结构

1.2.2 计算机软件

在上一小节中,我们介绍了计算机中的控制器是根据指令实现对计算机各个部件的操作控制的。事实上,利用电子计算机进行信息获取、存储、计算、状态监测和控制等各项操作,都需要使用能够完成多种操作的指令。这些指令以及相关的数据按照特定顺序排列后所组成的集合称为程序,凡是用于某台计算机的各种程序,统称为这台计算机的软件或者软件系统。在相关中国国家标准中,软件被定义为:与计算机系统操作有关的计算机程序、数据、规程和规则,以及可能有的文档。

计算机软件一般分为计算机系统软件、应用软件以及介于两者之间的中间件软件。

1. 系统软件

系统软件是指能够控制计算机中各个部件协调有序工作,支持应用软件开发和运行,并且无须用户干预的各种程序集合。系统软件的主要功能是调度、监控和维护计算机的有效运行,管理计算机系统中各种部件,协调各种资源的有效利用,简化计算机的操作使用,提高计算机的工作效率。

系统软件的核心是操作系统(Operating System,OS)。操作系统负责管理计算机硬件与软件资源,例如管理与配置内存、决定系统资源供需的优先次序、控制输入设备与输出设备、操作网络与管理文件系统等基本事务。操作系统同时提供了一个用户与系统交互的操作界面(User Interface,UI)。

此外,以下三类软件通常也被分类为系统软件:① 用于计算机自检、故障诊断和排错等操作的服务性程序;② 软件编程开发所需的汇编、编译、解释、链接和调试等程序;③ 数据库管理系统(Database Management System,DBMS)。

2. 应用软件

应用软件是利用计算机解决特定问题而编程开发的各种程序。例如,计算机辅助设计/

辅助制造软件(CAD/CAM)、文字/电子表格处理软件、办公自动化软件、企业资源计划(Enterprise Resource Planning,ERP)软件、各类管理信息系统(Management Information System,MIS)、多媒体处理和播放软件、互联网浏览器、教育和游戏软件、网络空间安全软件等等。随着计算机应用的普及,应用软件的种类越来越多。

3．中间件软件

中间件处于计算机系统(包括数据库系统)软件与用户应用软件之间,是分布式应用系统的基础软件。中间件为上层应用软件提供开发、集成和运行环境,并实现应用软件之间的互操作。中间件通过网络通信功能解决分布式环境下数据传输、数据访问、应用调度、系统构建、系统集成和流程管理等问题,是分布式环境下支撑应用开发、运行和集成的平台。

中间件软件的核心思想是抽取分布式系统对于数据传输、信息系统构建与集成等问题的共性要求,封装共性问题的解决方法,对外提供简单统一的接口,从而减少系统开发难度,优化系统结构并提高系统的开发效率。

4．计算机软件的发展和演进过程

如同计算机硬件发展历程一样,计算机软件的发展也是一个循序渐进、逐步进步的过程,大体上可以分为以下几代。

1) 第一代(1946~1953 年)

在计算机发展的初期,工程师们直接用"0"和"1"组成的机器指令代码(机器语言)来编写程序。这种程序称为手编程序,计算机完全可以"识别"并能够执行,所以又称为目标程序或目的程序(object program)。显然,直接用"0"和"1"这种二进制符号编写程序是一件很烦琐的工作,不仅编写麻烦,而且难以阅读和理解,还容易出错,调试时更是苦不堪言,这些弊端严重限制了计算机的使用和推广。

为了简化编程工作,提高程序开发效率,在此阶段的后期使用了另外一种办法,用一些约定的文字、符号和数字按规定的格式来表示各种不同的指令,然后再用这些指令编写程序,这就是所谓的汇编语言(assembly language),亦称为符号语言。

相对于机器语言,汇编语言简单直观、便于记忆,比二进制符号表示的机器语言方便了许多。但计算机只"认识"机器语言而不认识这些文字、数字、符号,为此还需要一个"翻译"程序,这就是汇编器(assembler)。用符号语言编写的程序经过汇编器翻译后,转换成用机器语言组成的目的程序,从而实现了程序设计工作的部分自动化。

汇编语言虽然比机器语言有了一定的进步,但是仍然属于一种初级语言,还存在着许多问题。首先是符号语言与数学语言的差异很大,使用汇编语言实现一个算法比较复杂;其次是不同计算机有不同的指令系统,使用汇编语言编写程序之前,必须先熟悉相应计算机的指令系统,才能使用汇编语言编写程序。

2) 第二代(1954~1964 年)

为了简化软件开发过程,提高编程效率,让不熟悉计算机指令系统的用户也能方便地编写各种应用软件,使用计算机解决实际问题,人们又创造了多种与数学语言相近的算法语言

（algorithmic language）。

　　所谓算法是指为解决某个特定问题而采取的流程和步骤。而算法语言是用来表达算法的计算机程序设计语言，是算法的一种描述工具。算法语言实际上是一套利用约定的基本符号及由这套基本符号构成程序的规则，是一种接近数学语言并且与具体机器无关的通用语言，又称高级语言。算法语言直观通用，便于学习、理解和使用。

　　IBM 公司从 1954 年开始研制高级语言，同年 IBM 的计算机科学家约翰·巴克斯（John W. Backus）发明了第一个用于科学与工程计算的 FORTRAN 语言；1958 年，麻省理工学院的麦卡锡（John Macarthy，1971 年图灵奖得主）发明了第一个用于人工智能的 LISP 语言；1959 年，宾州大学的霍普（Grace Hopper）发明了第一个用于商业应用程序设计的 COBOL 语言；1964 年，达特茅斯学院的凯梅尼（John Kemeny）和卡茨（Thomas Kurtz）发明了 BASIC 语言。

　　20 世纪 50 年代涌现的这些算法语言，大多是围绕单一体系结构（如 UNIVAC 和 IBM 700 系列）计算机开发的，不同系统用户之间的交流仍然存在困难。针对这种情况，ACM 于 1957 年成立程序设计语言委员会，由时任卡内基理工学院（卡内基·梅隆大学的前身）教授的艾伦·佩利（Alan Perlis，1966 年全球首位图灵奖得主）担任主席。1958 年，该小组与欧洲同行合作共同推出了 Algol（Algorithmic language）语言，并于 1960 年 1 月修订为 Algol 60。Algol 60 是程序设计语言发展史上的一个里程碑，其特点包括局部性、动态性、递归性和严谨性，标志着程序设计语言由一种"技艺"转而成为一门"科学"，并由此创立了程序设计语言这一研究领域，并为后来的软件自动化以及软件可靠性研究奠定了基础。1971 年出现的著名结构化编程语言 PASCAL 语言就是在 Algol 60 基础上加以扩充形成的。

　　用算法语言编写的程序称为源程序（source program）。但是，这种源程序和汇编语言源程序一样，不能由机器直接识别和执行，也必须给每种计算机配备一个既懂算法语言又懂机器语言的"翻译"，才能把源程序翻译为由机器语言组成的目标程序。实现上述翻译功能的程序称为编译器（compiler）。编译器的功能包括语法和语义分析、目标代码生成和优化等，有些还带有目标程序模拟运行环境和调试器等。从这一阶段开始，程序员也分化成系统程序员和应用程序员。前者负责编写诸如编译器这样的辅助工具，后者使用这些工具编写应用程序。

　　1956 年 IBM 公司的塞缪尔（A. M. Samuel），也是达特茅斯会议[①]的参加者，编写了一个跳棋程序。后来该程序经过不断完善，在 1959 年成为第一个有自学能力的跳棋程序。计算机从此在人工智能领域大展身手。

　　3）第三代（1965～1970 年）

　　随着计算机性能的不断提高，以及计算机终端的诞生，多个用户可在终端上同时使用计算机。为了提高计算机中各个部件的运行效率，并满足多用户和多任务的应用需求，分时操

---

　　① 1956 年 8 月，在美国达特茅斯学院，一群科学家聚在一起讨论了 2 个月，主题讨论如何让机器来模仿人类学习以及其他方面的智能。他们最终达成的唯一共识是 AI（Artificial Intelligence，人工智能）这个名词。因此，1956 年被认为是人工智能元年。

作系统应运而生了。在这一阶段,计算机越来越多地用于数据处理和管理,又出现了数据库技术,以及对数据库进行统一管理的数据库管理系统。

1968 年,荷兰计算机科学家狄杰斯特拉(Edsgar W. Dijkstra,1972 年图灵奖获得者)发表了一篇论文,题为《GOTO 语句的害处》。文中指出,调试和修改程序的困难与程序中包含 GOTO 语句的数量成正比。从此,各种结构化程序设计理念逐渐确立起来。PASCAL 语言之父、瑞士计算机科学家尼古拉斯·沃斯(Niklaus Wirth)凭借一个著名公式——"算法+数据结构=程序"(Algorithm + Data Structures = Programs),荣获了 1984 年的图灵奖,可见这个公式对计算机科学的影响足以和物理学中爱因斯坦的"$E = mc^2$"相媲美。

随着计算机应用的日益普及,软件数量急剧膨胀,在计算机软件的开发和维护过程中出现了一系列严重问题,出现了所谓的"软件危机"。为此,1968 年,北大西洋公约组织的计算机科学家在联邦德国召开会议,正式提出了"软件工程"这个名词,计算机软件工程开始成为一门独立的学科。

4) 第四代(1971～1989 年)

采用结构化程序设计技术不仅有 PASCAL 语言,为第三代计算机设计的 BASIC 语言也被升级为具有结构化特性的版本。1973 年初,美国贝尔实验室的肯·汤普森(Ken L. Thompson)和丹尼斯·里奇(Dennis M. Ritchie)完成了 C 语言的主体部分的开发,并用 C 语言对他们所编写的 UNIX 操作系统进行了完善。UNIX 因其所具有的开放性和可移植性,在工程应用和科学计算等领域获得了广泛应用。C 语言因其强大、高效和跨平台特性,成为应用最为广泛的底层软件开发工具,为此他们两人共同成为 1983 年图灵奖得主。

20 世纪 80 年代初,微软公司为 IBM PC 以及兼容机开发了 PC-DOS 和 MS-DOS。随着 IBM PC 以及兼容机的迅速普及,PC-DOS 和 MS-DOS 也几乎成了微型计算机的标准操作系统。稍后,苹果公司在其 Macintosh 计算机的操作系统中引入了鼠标的概念和点击式的图形用户界面(Graphics User Interface,GUI),开创了全新的人机交互的方式。1985 年,微软推出了具有图形用户界面的操作系统 Microsoft Windows,这就是大家熟知的微软视窗操作系统。

20 世纪 80 年代,随着微电子和数字化声像技术的发展,在计算机应用程序中开始使用图像、声音等多媒体信息,出现了多媒体计算机。多媒体技术的发展使计算机的应用进入了一个新阶段。

在这个时期,出现了许多面向非计算机专业用户的应用软件,具有代表性的有:电子制表软件 Lotus 1-2-3、文字处理软件 Word Perfect 和桌面数据库管理软件 dBase Ⅱ等。这些软件一方面极大地提高了办公效率,另一方面也加速了个人计算机的普及。

5) 第五代(1990 年至今)

1990 年以后,在计算机软件领域出现了三个最具有代表性的事件:① 微软公司的崛起;② 面向对象(object oriented)的程序设计方法;③ 万维网 WWW(World Wide Web)的兴起与普及。

借助 IBM PC 以及兼容机的广泛应用,搭载在 PC 机上的微软视窗操作系统占据了桌面应用市场的绝大多数市场份额。同时,微软公司的 Microsoft Office 套装办公软件绑定了文字处理软件 Word、电子制表软件 Excel、文稿演示软件 PowerPoint、数据库管理软件 Access 和其他应用程序,在全球办公自动化软件领域几乎处于垄断地位。微软公司也成为全球最大的计算机软件公司。近年来,我国金山公司自主研发的 WPS 办公套装软件,可以实现最常用的文字处理、表格制作、文稿演示等多种功能,并具有内存占用低、运行速度快、体积小、强大的插件平台支持、提供在线文档模板支持和海量云存储空间功能,现已在政府机关和企事业单位得到了广泛使用。

面向对象的程序设计方法因其适用于规模较大、具有高度交互性、能够反映现实世界动态内容的应用程序开发,从 20 世纪 90 年代起逐步取代了结构化的程序设计方法,成为当今最流行的程序设计技术。Java、C++、C♯、Visual Basic、PowerBuild 和 Delphi 等都是面向对象程序设计语言。

万维网是建立在互联网上的一种具有全球性、交互性、动态性和多平台性的分布式网络服务。其历史最早可追溯到 1957 年美国国防部组建的高等研究计划局(Advanced Research Projects Agency,ARPA)。1969 年,由 ARPA 资助的"阿帕网"(ARPANET)宣告建成。虽然最初只有 4 个节点,网络传输能力只有区区的 50 Kbps,仅能传送纯文字信息,但"阿帕网"是世界上第一个"Internet"。1972 年,麻省理工学院的雷·汤姆林森(Ray Tomlinson)博士编制了一个名为 SNDMSG(即 send message)的电子邮件软件,E-mail 从此成为了人们沟通与交流的有效工具。1983 年 1 月 1 日,所有连入"阿帕网"的节点开始采用 TCP/IP 协议。

1989 年夏天,英国科学家蒂姆·伯纳斯-李(Tim Berners-Lee)开发了世界上第一个 Web 服务器和客户机,并制定了一套技术规则以及创建格式化文档的 HTML 语言,能让用户通过浏览器访问遍布全球的各个站点的超文本信息。万维网技术赋予了 Internet 强大的生命力,深刻地改变了人类获取信息的方式。

在这一阶段,计算机信息系统的体系架构发生了重大变化,从原来的主机+终端的集中式结构转变为客户机+服务器(Client/Server),或者浏览器+服务器(Browser/Server)的分布式结构。专家系统和人工智能软件也走出实验室而进入了实际应用。应用软件的普及和应用领域的不断拓展,重新定义了"计算机用户"这个名词的含义,以往计算机用户是拥有专业知识背景的程序员;而现在计算机用户可以是正在学习阅读的学龄前儿童,也可以是安度晚年的退休人员,是所有使用计算机的人。

随着计算机软硬件技术的蓬勃发展,基于"软件就是仪器"思想的虚拟仪器、软件定义网络(Software Defined Network,SDN)、软件定义存储(Software Defined Storage,SDS)和软件定义数据中心(Software Defined Data Center,SDDC)等技术相继问世,以至于出现了"软件定义一切"思想,其核心要义是用软件去定义系统功能,用软件给硬件赋能,实现系统运行能效的最大化。上述思想的实现基础是应用程序接口(Application Programming Interface,API)。API 解除了计算机软硬件之间的耦合关系,推动了应用软件朝着个性化方向发展,硬件资源朝着标准化方向发展,系统功能朝着智能化方向发展。故有人说:"API

之上,一切皆可编程;API 之下,'如无必要、勿增实体'[①]。"

不断完善的系统软件、日益丰富的系统开发工具、层出不穷的商品化应用程序,以及通信技术和计算机网络的飞速发展,使得人类社会正在步入"万物皆可互联、一切皆可编程"的新时代。

1.3　计算机中数的表示方法

1.3.1　进位计数制

进位计数制是指用一组固定的数字符号和特定规则来表示数的方法。我们最为熟悉的莫过于 10 进制,其原因正如亚里士多德所说,绝大多数人生下来都有十根手指头。但是在日常生活中,我们往往还遇到其他进制,例如,表示时间的时、分、秒之间是 60 进制,而小时与天之间为 24 进制。在计算机中,硬件电路普遍使用的是数字逻辑电路。而在数字逻辑电路中,只有晶体管的导通与截止、高电平与低电平、开关的通与断等两种状态,因此,采用只有 0 和 1 两个数字的二进制计数制更为方便直观。使用二进制方式的其他一些好处还包括运算规则简单,使用方便可靠。人们经常使用的字母、符号、图形和不同的语言文字等,在计算机中也一律用二进制编码来表示。但是二进制数的数位较长,不易书写和记忆,而人们又习惯于使用 10 进制数,因此在计算机领域里使用多种进位制来表示数,常用的有二进制、10进制和 16 进制。

1. 10 进制数(decimal)

10 进制数具有 0～9 共 10 个不同的数字符号,其基数(模)为 10。10 进制数各位的权值为 10^i,其实际值可按权展开后相加获得。在 10 进制数字后面可以加后缀 D,表示该数是10 进制数。但 D 通常省略不写。例如,10 进制数

$$456D = 456 = 4 \times 10^2 + 5 \times 10^1 + 6 \times 10^0$$

2. 二进制数(binary)

二进制表示法中只有 0 和 1 两个数字,其基数(模)为 2,各位的权值为 2^i,表示二进制数时,后面必须加后缀 B 或者 b 以示区别。例如,二进制数

$$10110B = 1 \times 2^4 + 0 \times 2^3 + 1 \times 2^2 + 1 \times 2^1 + 0 \times 2^0 = 22$$

由于二进制的数位较长,不便于阅读,所以本书在以后部分书写二进制数时,从最低位开始,每隔 4 位二进制数增加一个空格。但是程序中的二进制数不能出现空格,否则送入计算机时不能被识别。

---

① "如无必要、勿增实体"出自奥卡姆剃刀(Ockham's Razor)定律。

3．16 进制数(hexadecimal)

16 进制数由 0～9 这 10 个阿拉伯数字再加上 A、B、C、D、E 和 F 这 6 个英文字母组成，其基数是 16，各位的权值为 16^i。A～F 分别表示 10 进制的 10～15。表示 16 进制数时，后面必须加后缀 H 或者 h 以示区别。例如，16 进制数

$$32AEh = 3 \times 16^3 + 2 \times 16^2 + 10 \times 16^1 + 14 \times 16^0 = 12\ 974$$

每个 16 进制数都可以用 4 位二进制数表示(见表 1.1)。反过来，每 4 位二进制数也可以用 1 位 16 进制数表示。由于 16 进制表示法缩短了数位长度，并且 16 进制与二进制之间转换方便，所以在计算机中普遍采用 16 进制来表示存储器地址以及所存储的数据。

表 1.1　10 进制、二进制和 16 进制的关系

10 进制数	二进制数	16 进制数	10 进制数	二进制数	16 进制数
0	0000	0	8	1000	8
1	0001	1	9	1001	9
2	0010	2	10	1010	A
3	0011	3	11	1011	B
4	0100	4	12	1100	C
5	0101	5	13	1101	D
6	0110	6	14	1110	E
7	0111	7	15	1111	F

4．位、字节、字和字长

1) 位(bit)

英语单词"bit"更准确的中文译名应该是"比特"，也常常称之为"位"。位是计算机存储数据的最小单位，1 个二进制位只能表示 0 和 1 共 2(2^1)种状态，2 个二进制位可以表示 00、01、10、11 共 4(2^2)种状态，3 位二进制数可表示 8(2^3)种状态，n 位二进制数可表示 2^n 种状态。

2) 字节(Byte)

来自英文 Byte，音译为"拜特"，用大写的"B"表示。一个字节由 8 个二进制位构成，即一个字节等于 8 个比特(1 Byte = 8 bit)。字节是计算机中存储和读取数据的基本单位。

3) 字(word)和字长

计算机进行数据处理时，一次存取、加工和传送的数据长度称为字。一个字通常由一个或多个(一般是字节的整数倍)字节构成。例如 16 位计算机中的一个字由 2 个字节组成，它的字长为 16 位；32 位计算机中的一个字由 4 个字节组成，它的字长为 32 位；64 位计算机中的一个字由 8 个字节组成，它的字长为 64 位。

1.3.2 有符号数的原码、反码和补码表示

在实际应用中,计算机需要处理的数值是有正负的,这些正数和负数在计算机中是如何表示的呢?这就是计算机中的数值编码问题。通过数值编码,可以在计算机中将正负数进行合理表示,以方便对其进行计算和处理。编码后,在计算机中以二进制形式表示的数据被称为"机器数",机器数所代表的数值(或信息)被称为"真值"。

数值编码有多种方案,选择编码方案时既要考虑数据表示的简洁性,也要考虑计算机在处理数据时的便捷性。有符号数通常有原码、反码和补码三种编码表示方式。数学上可以证明,用二进制补码方式表示有符号数时,可用加法器实现减法运算,其加减运算处理最便捷,也最便于数字电路实现,所以在计算机中都使用补码表示有符号数。我们学习原码和反码则是为了更好地探讨补码以及计算某个数的补码。

1. 原码(true form)

约定:数值 x 的原码记为 $[x]_原$,若机器(处理器)字长为 n 位,那么数值 x 的原码定义如下:

$$[x]_原 = \begin{cases} x, & 0 \leqslant x \leqslant 2^{n-1} - 1 \\ 2^{n-1} + |x|, & -(2^{n-1} - 1) \leqslant x \leqslant 0 \end{cases} \quad (1.1)$$

n 位长原码的最高位(2^{n-1} 位)是符号位,对于正数该位为 0,对于负数该位为 1,其余各位表示这个数的绝对值,如图 1.10 所示,其中 S 位就是符号位。

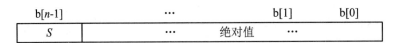

图 1.10 有符号数的原码位图

一个可存储 n bit 二进制数据的存储单元,可以看作一个能够存放 n bit 二进制数据的容器。显见,n bit 数据容器可以存放的原码数值范围是 $-(2^{n-1} - 1) \sim 2^{n-1} - 1$。当 $n = 8$ 时,原码可表示的数值范围是 $-127 \sim +127$;当 $n = 16$ 时,原码可表示的数值范围则是 $-32\ 767 \sim +32\ 767$。

求某个有符号数的原码时,首先应根据目标机器数的字长 n,确认该数是否在可表示范围之内;然后再根据其符号确定 S 位(正数 $S = 0$,负数 $S = 1$);最后将其绝对值转换成二进制数作为其余各位。

反之,求一个原码的真值时,首先根据其符号位判定其是正数还是负数,其余各位表示其绝对值大小。

原码中的数值 0 有两种表示方式。以 $n = 8$ 为例,数值 0 可以表示成:0000 0000($+0$)和 1000 0000(-0),但是人们习惯将 0 用 $+0$ 表示。

例 1.1 $n = 8$ 时,求 $[93]_原$ 和 $[-93]_原$。

解 $93 = 5Dh = 101\ 1101b$, $[93]_原 = 0101\ 1101b$, $[-93]_原 = 1101\ 1101b$

原码编码方案简单,数值表示直观,与真值之间的转换方便。但是在进行加/减法运算时会遇到很多麻烦,例如,需要判断参加运算的两个数(操作数)的符号是否相同,是做加法还是做减法,哪个操作数的绝对值大,结果是正数还是负数,这些问题处理时比较困难,电路实现比较麻烦,所以原码在计算机中没有得到应用。

2. 反码(inverse code)

约定:数值 x 的反码记为 $[x]_反$,假设机器字长为 n 位,那么数值 x 的反码定义如下:

$$[x]_反 = \begin{cases} x, & 0 \leqslant x \leqslant 2^{n-1} - 1 \\ (2^n - 1) - |x|, & -(2^{n-1} - 1) \leqslant x \leqslant 0 \end{cases} \quad (1.2)$$

与原码表示相同,反码的最高位(2^{n-1} 位)是符号位,对于正数该位为 0,对于负数该位为 1,其余各位是数值位,如图 1.11 所示,其中 S 位就是符号位。同样,对于一个 n bit 容器,其可以表示的反码数值范围也是 $-(2^{n-1} - 1) \sim 2^{n-1} - 1$。例如,当 $n = 8$ 时,可以表示的数值范围是 $-127 \sim +127$。在反码中,数值 0 也有两种表示方式。例如,在 $n = 8$ 的反码中,数值 0 可以表示成 0000 0000($+0$)或 1111 1111(-0),人们习惯用 $+0$ 表示数值 0。

图 1.11　有符号数的反码位图

式(1.2)看上去稍显复杂,但是实际转换时比较简单。求某个数的反码时,一般是先求出这个数的原码,对于正数,其反码与原码完全相同;对于负数,只需将符号位之后的"数值位"部分按位取反即可。

例 1.2　$n = 8$ 时,求 $[93]_反$ 和 $[-93]_反$。

解　$93 = 101\ 1101b$,　$[93]_原 = 0101\ 1101b$,　$[93]_反 = 0101\ 1101b$,　$[-93]_反 = 1010\ 0010b$

求某个反码的真值也很简单,首先依据符号位($S = 0$ 或 $S = 1$)确定正负号,如果是正数,反码与原码相同;如果是负数,将数值位按位取反并将其转换成原码,再计算出其真值。

例 1.3　$n = 8$ 时,分别求 $[0101\ 1101b]_反$ 和 $[1010\ 0010b]_反$ 的真值。

解　$[0101\ 1101b]_反$ 的最高位是"0",表明这是一个正数,余下的 7 位数据位是 5Dh = 93,所以 $[0101\ 1101b]_反$ 真值为 $+93$,即 93;

$[1010\ 0010b]_反$ 的最高码位是"1",表明它的真值是负数,将 7 位数值位 010 0010b 按位取反得 101 1101b = 5Dh,所以 $[1010\ 0010b]_反$ 的真值为 -93。

如果使用反码表示数据,在运算时将会遇到与原码相同的问题,所以在计算机中也没有采用反码。

3. 补码(two's complement representation)

约定:数值 x 的补码记为 $[x]_补$,假设机器字长为 n 位,那么数值 x 的补码定义如下:

$$[x]_补 = \begin{cases} x, & 0 \leqslant x \leqslant 2^{n-1} - 1 \\ 2^n - |x|, & -2^{n-1} \leqslant x \leqslant 0 \end{cases} \quad (1.3)$$

与原码和反码相同,补码的最高位(即 2^{n-1} 位)是符号位,对于正数该位为 0,负数则为 1,其余各位表示这个数的数值,如图 1.12 所示,其中的 S 位即为符号位。

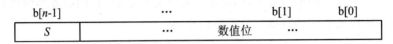

图 1.12　有符号数的补码位图

从约定式(1.3)可以看出,正数的补码与原码完全相同;对于负数,则用模 2^n 的补数 $2^n - |x|$ 的二进制编码(补码)表示。n 位补码和原码以及反码之间的关系可以借用数轴来表示,如图 1.13 所示。

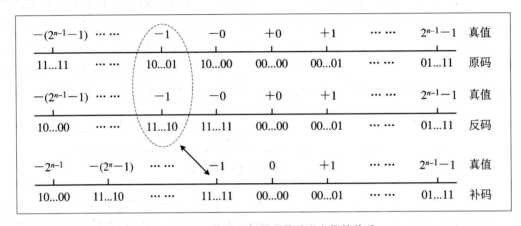

图 1.13　n 位补码与原码及反码之间的关系

所谓"模"(module)是指一个计量系统的计数范围。如时钟的计量范围是 $0 \sim 11$,模等于 12。计算机也可以看作一个计量机器,也有一个计量范围,即也存在一个"模"。

以一个带有指针的 12 小时制普通时钟为例,来帮助说明模、补数以及补码的概念。假如,该时钟当前针所指示的时间是 9 点,我们需要将其指向 2 点,我们应该怎么调整呢?一种方法是将该时针逆时针转动 7 格,$9 - 7 = 2$;另外一种方法是顺时针转动 5 格,$9 + 5 = 14$,由于时钟转动一圈是 12 个小时,其中 12 在时钟上不会被显示而自动丢失,即 $14 - 12 = 2$,两种方法的最终结果是一样的。

如果我们将时钟系统中的顺时针方向定义为正,逆时针方向定义为负,上例表明,当模为 12 时,-7 与 $+5$ 等价。数学上将"模为 12"写作(mod 12),称 -7 是 $+5$ 以 12 为模的补数。记为 $-7 = +5 (\text{mod } 12)$。同样有:

$-11 = +1 (\text{mod } 12)$;

$-10 = +2 (\text{mod } 12)$;

$-9 = +3 (\text{mod } 12)$;

$-8 = +4 (\text{mod } 12)$;

$-6 = +6 (\text{mod } 12)$。

以上表达式的一个共同特点是:一个数和它的补数的绝对值之和等于模。

从时钟的例子可以看出：

① "模"实质上是计量器产生"溢出"的量，它的值在计量器上表示不出来，计量器上只能表示出模的余数。

② 在模为12的时钟上，逆时针倒拨7格与顺时针正拨5格等价；或者说，减去一个数与加上这个数的补数，两者结果完全相同。这说明在任何有模的计量器，均可化减法为加法运算。

上述概念和方法完全适用于计算机。在一台字长为 n 的二进制系统中，所能表示的最大数为 $2^n - 1$，若再加1，则结果为 2^n，超过了数据容器（存储单元）的计量范围，最高位将会溢出从而丢失。所以 n 位二进制系统的模为 2^n。在这样的系统中，减法问题可以转化成加法问题，只需把减数用相应的补数表示即可。把补数用到计算机对数的处理上，就是补码。

对比反码和补码的约定公式(1.2)和(1.3)，或者从图1.13所示的补码与原码及反码关系中，我们不难看出某个负数的补码就等于它的反码加"1"。

从补码的约定公式(1.3)和图1.13中还可以看出，对于一个 n 位的二进制数据容器，其可表示的补码数值范围为 $-2^{n-1} \sim 2^{n-1} - 1$。例如，$n = 8$ 时，补码可表示的数值范围为 $-128 \sim 127$。

说明：补码中用 $2^{n-1}(-0)$ 约定为 -2^{n-1} 的补码。如 $n = 8$ 时，用 1000 0000 表示 -128 的补码。这是一个边界特例，目的是充分利用编码空间。

例1.4 $n = 8$ 时，分别求出93和 -93 的补码。

解 93的补码 $[93]_补 = [93]_原 = 5Dh = 0101\ 1101b$。

求 -93 的补码应先求 $[-93]_原 = 1101\ 1101b$，再将 1101 1101b 符号位之后的各位逐位取反，求出 $[-93]_反 = 1010\ 0010b$，然后 $[-93]_反 + 1$，得到 $[-93]_补 = 1010\ 0011b$。

求一个负数的补码还有一种较为简单的方法（略去数学证明），具体步骤是：首先将该负数的绝对值用 n 比特字长的二进制表示，然后自右向左（从低位向高位）扫描该二进码，将遇到的首个1以及之前的所有的0保持不变，对之后的各位按位取反，结果就是该负数的补码。

例1.5 $n = 8$ 时，求 -76 的补码。

解 首先求 -76 的绝对值76的二进制码，$76 = 4Ch = 0100\ 1100b$；再求 -76 的补码，按上述原则从最右边（第0位）开始向左扫描，在第2位遇到首个1，第2位到第0位保持不变，第7位到第3位按位取反，得 $[-76]_补 = 1011\ 0100b$。

若已知 p 的补码 $[p]_补$，如何求其真值呢？根据补码（补数）的定义，有 $[[p]_补]_补 = [p]_原$。对于正数，p 的补码等于原码，计算方法不再赘述；对于负数，转换方法是保持符号位 S 不变，其余数值位按位取反后加1，结果即为 $[p]_原$。求负数原码的真值也不再赘述。

例1.6 $n = 8$ 时，求 $[1011\ 0100]_补$ 的真值。

解 $[1011\ 0100]_补$ 的最高位为1，表明它的真值是负数，先求其原码；1011 0100 除最高位1保持不变之外，其余各位按位取反，得 1100 1011；然后再加1，得 $[1100\ 1100]_原$，其真值

为 $-4\mathrm{Ch}=-76$。

观察表 1.2 中的各项数据，进一步学习和领会补码的含义和计算过程。

表 1.2　求 -76 的补码运算

数据	编码表示
数据 76 的二进制表示	0100 1100b
正数：$[76]_补=[76]_反=[76]_原$	0100 1100b
负数：-76 的补码即 $[-76]_补$	1011 0100b
在字长为 8 位的机器中，$[-76]_补+[76]_补$	1 0000 0000b（最高位丢弃后结果正确）

本节最后，表 1.3 给出 8 bit 二进制机器数在原码、反码和补码编码体制中对应的真值，从中可以看出它们的最大表示范围。

表 1.3　8 bit 二进制机器数对应的原码、反码和补码真值

8 bit 二进制机器数	无符号二进制数（真值）	有符号二进制数（真值）		
		原码	反码	补码
0000 0000	0	$+0$	$+0$	0
0000 0001	1	$+1$	$+1$	$+1$
0000 0010	2	$+2$	$+2$	$+2$
0000 0011	3	$+3$	$+3$	$+3$
...	...	...	...	...
0111 1110	126	$+126$	$+126$	$+126$
0111 1111	127	$+127$	$+127$	$+127$
1000 0000	128	-0	-127	-128
1000 0001	129	-1	-126	-127
1000 0010	130	-2	-125	-126
...	...	...	...	...
1111 1101	253	-125	-2	-3
1111 1110	254	-126	-1	-2
1111 1111	255	-127	-0	-1

1.3.3　补码的运算、溢出及判断方法

在计算机中，无论是正数或负数、无符号数或有符号数、数值或多媒体数据等，CPU 在进行数据处理时，将所有数据均当作普通的二进制数，不去识别这些数据的具体类别和含义。至于如何看待和理解这些数据，则属于系统设计师和计算机使用者的职责。事实上，

CPU 只是一个仅能对二进制数进行加、减等算术运算,或者进行与、或、非和左右移位等逻辑运算的二进制码处理器。即使是数据容器中的最高位 S 位,CPU 也不认为是符号位,也只是当作普通的二进制数参与运算。这样就带来一个问题,CPU 按照普通二进制码的运算规则对有符号数进行加减运算,怎样才能保证结果的正确性? 而补码正是为了满足上述要求而采用的一种编码体制,这也是我们学习和研究补码的一个主要原因。

1. 补码的加法运算

数学上可以证明,在编码长度为 n 的补码值域内,对于有符号数 p 和 q,有

$$[p + q]_{补} = [p]_{补} + [q]_{补} \tag{1.4}$$

亦即只要运算结果的值不超过补码可以表示的范围,两个有符号数之和的补码等于这两个数的补码之和,运算结果以补码形式表示。

以下通过几个示例来说明上述结论,不做数学证明。

例 1.7　假设编码位长 $n = 8$,$p = 49$,$q = 76$,请分别计算 $[p + q]_{补}$ 和 $[p]_{补} + [q]_{补}$,并对比两种计算方法的结果。

解　由于 $n = 8$,补码的值域为 $[-128, 127]$。

① 计算 $[p + q]_{补}$,先求和再将和转换成补码:

$$p + q = 49 + 76 = 125 \in [-128, 127]$$

$$[p + q]_{补} = [125]_{补} = [7Dh]_{补} = 0111\ 1101b$$

② 计算 $[p]_{补} + [q]_{补}$,先求 p 与 q 各自的补码再相加:

$$[p]_{补} = [49]_{补} = 0011\ 0001b$$

$$[q]_{补} = [76]_{补} = 0100\ 1100b$$

$$[p]_{补} + [q]_{补} = 0011\ 0001b + 0100\ 1100b = 0111\ 1101b$$

对比①和②,两种方法的计算结果完全相同。

例 1.8　假设编码位长 $n = 8$,$p = 49$,$q = -76$,请分别计算 $[p + q]_{补}$ 和 $[p]_{补} + [q]_{补}$,并对比两种计算方法的结果。

解　① 计算 $[p + q]_{补}$,先求和再将和转换成补码:

$$p + q = 49 + (-76) = -27 \in [-128, 127]$$

$$[p + q]_{补} = [-27]_{补} = 1110\ 0101b$$

求 $[-27]_{补}$ 的过程不再赘述。

② 计算 $[p]_{补} + [q]_{补}$,先求 p 与 q 各自的补码再相加:

$$[p]_{补} = [49]_{补} = 0011\ 0001b$$

$$[q]_{补} = [-76]_{补} = 1011\ 0100b$$

$$[p]_{补} + [q]_{补} = 0011\ 0001b + 1011\ 0100b = 1110\ 0101b$$

对比①和②,两种方法运算结果完全相同。

例 1.9　假设编码位长 $n = 8$,$p = -49$,$q = -76$,请分别计算 $[p + q]_{补}$ 和 $[p]_{补} + [q]_{补}$,并对比两种计算方法的结果。

解　① 计算 $[p + q]_{补}$,先求和再将和转换成补码:

$$p + q = (-49) + (-76) = -125 \in [-128, 127]$$

$$[p+q]_{\text{补}} = [-125]_{\text{补}} = 1000\ 0011\text{b}$$

求 $[-125]_{\text{补}}$ 的过程不再赘述。

② 计算 $[p]_{\text{补}} + [q]_{\text{补}}$，先求 p 与 q 各自的补码再相加：

$$[p]_{\text{补}} = [-49]_{\text{补}} = 1100\ 1111\text{b}$$

$$[q]_{\text{补}} = [-76]_{\text{补}} = 1011\ 0100\text{b}$$

$$[p]_{\text{补}} + [q]_{\text{补}} = 1100\ 1111\text{b} + 1011\ 0100\text{b} = 1\ 1000\ 0011\text{b}$$

运算结果的最高位 1 超出了 8 位数据容器的表示范围，溢出后数据容器保留的数据是 1000 0011b＝$[-125]_{\text{补}}$，与方法①的结果相同。

2. 补码的减法运算

数学上可以证明，在编码长度为 n 的补码值域内，对于有符号数 p 和 q，有

$$[p-q]_{\text{补}} = [p]_{\text{补}} - [q]_{\text{补}} = [p]_{\text{补}} + [-q]_{\text{补}} \tag{1.5}$$

式(1.5)表明，只要运算结果的值不超过补码可以表示的范围，两个有符号数之差的补码等于这两个数的补码的差，也等于被减数的补码与减数的负数的补码之和，运算结果以补码形式表示。

以下通过几个示例说明上述结论，也不做数学证明。

例 1.10 假设编码位长 $n=8$，$p=49$，$q=76$，请分别计算 $[p-q]_{\text{补}}$、$[p]_{\text{补}} - [q]_{\text{补}}$ 和 $[p]_{\text{补}} + [-q]_{\text{补}}$，并对比结果。

解 由于 $n=8$，补码的值域为 $[-128, 127]$，$p-q = 49 - 76 = -27 \in [-128, 127]$。

① 计算 $[p-q]_{\text{补}}$：

因为 $p-q = -27$，所以 $[p-q]_{\text{补}} = [-27]_{\text{补}} = [-1\text{Bh}]_{\text{补}} = 1110\ 0101\text{b}$。

② 计算 $[p]_{\text{补}} - [q]_{\text{补}}$：

$$[p]_{\text{补}} = [49]_{\text{补}} = 0011\ 0001\text{b}$$

$$[q]_{\text{补}} = [76]_{\text{补}} = 0100\ 1100\text{b}$$

按照二进制运算规则

$$[p]_{\text{补}} - [q]_{\text{补}} = 0011\ 0001\text{b} - 0100\ 1100\text{b} = 1110\ 0101\text{b}$$

其中最高位向前发生了借位。

③ 计算 $[p]_{\text{补}} + [-q]_{\text{补}}$：

$$[p]_{\text{补}} = [49]_{\text{补}} = 0011\ 0001\text{b}$$

$$[-q]_{\text{补}} = [-76]_{\text{补}} = 1011\ 0100\text{b}$$

$$[p]_{\text{补}} + [-q]_{\text{补}} = 0011\ 0001\text{b} + 1011\ 0100\text{b} = 1110\ 0101\text{b}$$

对比三种计算方法结果，有 $[p-q]_{\text{补}} = [p]_{\text{补}} - [q]_{\text{补}} = [p]_{\text{补}} + [-q]_{\text{补}}$。

例 1.11 假设 $n=8$，$p=-49$，$q=76$，分别计算 $[p-q]_{\text{补}}$、$[p]_{\text{补}} - [q]_{\text{补}}$ 和 $[p]_{\text{补}} + [-q]_{\text{补}}$，并对比结果。

解 $p-q = -49 - 76 = -125 \in [-128, 127]$。

① 计算 $[p-q]_{\text{补}}$：

因为 $p-q=-125$，所以 $[p-q]_\text{补}=[-125]_\text{补}=[-7\text{Dh}]_\text{补}=1000\ 0011\text{b}$。

② 计算 $[p]_\text{补}-[q]_\text{补}$：

$$[p]_\text{补}=[-49]_\text{补}=1100\ 1111\text{b}$$

$$[q]_\text{补}=[76]_\text{补}=0100\ 1100\text{b}$$

按照二进制运算规则

$$[p]_\text{补}-[q]_\text{补}=1100\ 1111\text{b}-0100\ 1100\text{b}=1000\ 0011\text{b}$$

③ 计算 $[p]_\text{补}+[-q]_\text{补}$：

$$[p]_\text{补}=[-49]_\text{补}=1100\ 1111\text{b}$$

$$[-q]_\text{补}=[-76]_\text{补}=1011\ 0100\text{b}$$

$$[p]_\text{补}+[-q]_\text{补}=1100\ 1111\text{b}+1011\ 0100\text{b}=1\ 1000\ 0011\text{b}$$

结果超出 8 位数据容器的最大表示范围，最高位溢出后，保留的结果为 1000 0011b。

对比三种计算方法结果，有 $[p-q]_\text{补}=[p]_\text{补}-[q]_\text{补}=[p]_\text{补}+[-q]_\text{补}$。

以上示例表明，采用补码编码方式时，无论操作数是正数还是负数，对于减法运算，只要运算结果在补码的值域范围内，都有 $[p-q]_\text{补}=[p]_\text{补}-[q]_\text{补}=[p]_\text{补}+[-q]_\text{补}$。这意味着在计算机系统中，采用补码编码体制可以将减法运算转换为加法运算。

3．补码运算的溢出问题

在以上所讨论的补码运算示例中，都有一个限制条件，运算结果不能超出补码的值域。如果不满足这个条件，结果又会怎样呢？

例 1.12　假设编码位长 $n=8$，$p=67$，$q=76$，计算 $[67]_\text{补}+[76]_\text{补}$，并对运算结果进行分析。

解　两个操作数的真值相加：$p+q=67+76=143$，超出了 8 位补码的值域。

两个操作数的补码相加：$[67]_\text{补}+[76]_\text{补}=0100\ 0011\text{b}+0100\ 1100\text{b}=1000\ 1111\text{b}$。

运算结果的最高位符号位 $S=1$，是个负数，不是预期的 143。

为什么会出现这样的结果呢？究其原因是运算结果 143 超出了 8 位补码所能表示的数值范围 $[-128,127]$。对于运算结果超出了数据容器的表示范围，导致数据容器内的数据出现错误，这种现象称为溢出（overflow）。在原码和补码体制内同样存在溢出现象，例如，127 + 1 = 128，当字长 $n=8$ 时，原码运算为 $[127]_\text{原}+[1]_\text{原}=0111\ 1111\text{b}+0000\ 0001\text{b}=1000\ 0000\text{b}=[-0]_\text{原}$，结果显然是错误的，其原因也是运算结果超出了 8 位原码的值域。无论是原码、反码还是补码，只要运算结果出现溢出，结果就不能采用。为了避免出现这种情况，在编程时需要在运算之后判断结果是否发生溢出，以及考虑出现溢出时的处理流程。

4．补码运算溢出的判断方法

计算机在处理采用补码表示的有符号数时，如何判断运算结果是否发生了溢出？计算机并不是（也不能）根据溢出的定义去判断运算结果是否发生了溢出，而是根据运算过程中某些位是否发生进位及其组合情况进行判断的，并将判断结果用状态标志位表示，供程序设计者使用。

如前所述,计算机在处理数据时,将所有数据都不加区分地当作无符号二进制编码数据,并把减法运算转换成相应的加法运算。在运算过程中,假设数据容器的最高位(对应补码、原码或反码中的 S 位)出现了向前进位,我们用 $CP=1$ 记录这一事件,否则 $CP=0$。假设数据容器的次高位(对应补码、原码或反码中的数值位最高位)向最高位(符号位)发生了进位,我们用 $CF=1$ 记录这一事件,否则 $CF=0$。

数学上已经证明,当且仅当 $CP \oplus CF=1$ 时[①],二进制数运算发生了溢出,如果 $CP \oplus CF=0$,则没有发生溢出。

我们略去数学证明,仅给出 4 个示例来验证上述结论的正确性。

例 1. 13　假设编码位长 $n=8$,计算 $(-1\mathrm{Fh})+(-4\mathrm{Ah})$。

解　$[-1\mathrm{Fh}]_补 = 1110\ 0001\mathrm{b}$,$[-4\mathrm{Ah}]_补 = 1011\ 0110\mathrm{b}$,列算式如下:

$$
\begin{array}{r}
1110\ 0001 \\
+\ 1011\ 0110 \\
\hline
1\ 1001\ 0111
\end{array}
$$

运算过程中,最高位向前发生了进位,$CP=1$;次高位也向前发生了进位,$CF=1$;因此 $CP \oplus CF=0$。依据上述结论没有发生溢出。

另一方面,$(-1\mathrm{Fh})+(-4\mathrm{Ah})=(-69\mathrm{h})=-105 \in [-128,127]$,没有超出 8 位补码的值域,的确没有发生溢出。

例 1. 14　假设编码位长 $n=8$,计算 $(+6\mathrm{Eh})+(-7\mathrm{Ch})$。

解　$[+6\mathrm{Eh}]_补 = 0110\ 1110\mathrm{b}$,$[-7\mathrm{Ch}]_补 = 1000\ 0100\mathrm{b}$,列算式如下:

$$
\begin{array}{r}
0110\ 1110 \\
+\ 1000\ 0100 \\
\hline
1111\ 0010
\end{array}
$$

运算过程中,最高位和次高位均没有发生进位,$CP=CF=0$,$CP \oplus CF=0$;依据上述结论没有发生溢出。

另一方面,$(+6\mathrm{Eh})+(-7\mathrm{Ch})=(-0\mathrm{Eh})=-14 \in [-128,127]$,没有超出 8 位补码的值域,的确没有发生溢出。

例 1. 15　假设编码位长 $n=8$,计算 $5\mathrm{Eh}+37\mathrm{h}$。

解　$[5\mathrm{Eh}]_补 = 0101\ 1110\mathrm{b}$,$[37\mathrm{h}]_补 = 0011\ 0111\mathrm{b}$,列算式如下:

$$
\begin{array}{r}
0101\ 1110 \\
+\ 0011\ 0111 \\
\hline
1001\ 0101
\end{array}
$$

运算过程中,最高位没有发生进位,$CP=0$;次高位发生了进位,$CF=1$;$CP \oplus CF=1$,依据上述结论运算结果出现了溢出。

事实上,5Eh 和 37h 是两个 n 位长的正数,二进制相加后最高位是 1,结果却成为了一

---

① $\oplus$ 为异或运算。

个负数,其原因是 5Eh + 37h = 95h = 149 $\notin$ [−128,127],超出 8 位补码的值域,出现了溢出。

例 1.16　假设编码位长 $n = 8$,计算(−62h) + (−3Bh)。

解　[−62h]$_\text{补}$ = 1001 1110b,[−3Bh]$_\text{补}$ = 1100 0101b,列算式如下:

$$
\begin{array}{r}
1001\ 1110 \\
+\ 1100\ 0101 \\
\hline
1,0110\ 0011
\end{array}
$$

运算过程中,最高位向前发生了进位,$CP = 1$;次高位向最高位没有发生进位,$CF = 0$;$CP \oplus CF = 1$,依据上述结论运算结果出现了溢出。

事实上,−62h 和 −3Bh 是两个负数,二进制相加并去除进位位后的最高位是 0,结果却成了一个正数,这显然是错误的。其原因是(−62h) + (−3Bh) = (−9Dh) = −157,超出 8 位补码所能表示的范围,发生了溢出。

通过以上 4 个示例可以看出,CPU 在执行一条运算指令之后,可以根据 $CP \oplus CF$ 的值判断运算结果是否出现溢出,并及时更新相关状态标志位。后续指令可以据此确定下一步程序执行的方向。例如,在 Intel 80x86 系列 CPU 中,若运算过程发生溢出,CPU 内部的状态标志位 $OF = 1$。如果参与运算的数被看作有符号数,运算结果就不能使用,必须要进行特别处理。

1.3.4　定点数和浮点数

在选择计算机的数据表示方式时,需要考虑如下几个问题:① 需要表示的数据类型(小数、整数、实数和复数等);② 数的符号;③ 数值的范围;④ 数值的精确度。

计算机中常用的数据表示格式有两种:定点格式与浮点格式。采用定点格式的数据也称为定点数。定点数能够表示的数值范围较小,所需的硬件处理电路比较简单。采用浮点格式的数据称为浮点数。浮点数可以表示的数值范围很大,所需的硬件电路较为复杂。

1. 定点数的表示方法

所谓定点格式,就是在计算机中,所有数据的小数点位置固定不变。由于小数点位置在约定的固定位置,无须再使用符号"."表示小数点。虽然原理上小数点可以固定在任意位置,但是定点数通常将数据表示成纯小数或纯整数。在现代计算机中多采用定点纯整数,所以定点数运算又称为整数运算。

假设数 x 是一个 n bit 的二进制定点纯整数,则小数点位于最低位的右边。如果数 x 是无符号数,则数 x 的表示范围为 $0 \leqslant x \leqslant 2^n − 1$。

2. 浮点数的表示方法

自然界中有许多物理量的数值相差巨大,例如电子的质量($9.11 \times 10^{−28}$ g)和地球的质量(5.96×10^{27} g),在计算机中无法直接用定点数表示这类数值的范围。一种可行的方法是对它们取不同的比例因子,使其数值部分的绝对值小于 1,即

$$9.11 \times 10^{-28} = 0.911 \times 10^{-27}$$

$$5.96 \times 10^{27} = 0.596 \times 10^{28}$$

以上两个比例因子 10^{-27} 和 10^{28} 应分别存放在计算机中的某个存储单元,以便于在运算后恢复原有的表示方法。

这给了我们一个启发,在计算机中可以把一个数的有效数字和数的范围分别予以表示。在这种表示方式中,一个数的小数点位置随着比例因子的不同而在一定范围内浮动,所以这种表示法称为浮点表示法。采用浮点表示法的数被称为浮点数。

事实上,任意一个 10 进制数 N 可以表示为:$N = M \times 10^E$。

同样,任意一个二进制数 N 也可以表示为:$N = M \times 2^e$。

其中 M 称为浮点数的尾数,是一个纯小数。尾数给出了有效数字的位数,决定了浮点数的表示精度。E 或者 e 是比例因子的指数,是一个整数,也称为浮点数的阶码,对应小数点在数据中的位置,也决定了浮点数的表示范围。

在国际电气和电子工程师协会 IEEE-754 标准中,32 位浮点数的格式如图 1.14 所示。

	31	30 … 23	22 … 0
32位浮点数	*S*	*e*	*M*

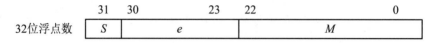

图 1.14　IEEE-754 标准中 32 位浮点数格式

图 1.14 中 S 位是 1 bit 符号位,e 是 8 bit 阶码(隐含基数为 2),M 是 23 bit 的有效位。IEEE-754 中规定,阶码 e 由真实阶码加偏置量 127 得到,浮点数真值换算采用规格化的方式,即图 1.14 中所示浮点数的真值为$(-1)^S \times 2^{e-127} \times (1+M)$,故 32 位浮点数可表示的数值范围(对应 10 进制数)为$\pm 10^{-38} \sim \pm 10^{38}$,能够满足大部分科学和工程计算的需要。

IEEE-754 标准还规定了 64 位浮点数的格式,如图 1.15 所示。

	63	62 … 52	51 … 0
64位浮点数	*S*	*e*	*M*

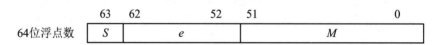

图 1.15　IEEE-754 标准中 64 位浮点数格式

64 位浮点数使用了更多的有效数值和阶码位数,从而可以得到更高的精度和更大的取值范围。所以 64 位浮点数又称为"双精度浮点数",而 32 位浮点数被称为"单精度浮点数"。此外还有长度为 80 位的扩展双精度浮点数等。

1.3.5　计算机中的其他信息编码

计算机中的所有信息(指令、数据、文本、多媒体信息等)都是以二进制数据的形式表示的。如何使用二进制数据表示不同的信息以满足不同的应用需求(如信息的转换、传输、处理、存储、安全、容错和展现等),是信息编码学领域需要研究的内容。本小节仅介绍计算机中常用的 BCD 编码和 ASCII 编码。

1. BCD(Binary Coded Decimal)编码

由于大多数人都拥有 10 根手指,所以人们总是习惯于 10 进制计数。但是在计算机中如何表示 10 进制数呢? 一种方法是将一个 10 进制数中的每一位(个位、十位、百位……)看作一个字符,将 0~9 这些阿拉伯数字各用一个字节编码表示,然后用这些字节序列(字符串)表示这个 10 进制数,这就是稍后将要介绍的 ASCII 编码方案。另外一种方法是使用二进制数表示一位 10 进制数 0~9,最常用的是使用 0000~1001 这 4 位二进制数,由于 4 位二进制数的最高位的权值是 $2^3 = 8$,次高位的权值是 $2^2 = 4$,次低位的权值是 $2^1 = 2$,最低位的权值是 $2^0 = 1$,所以这种编码称为 8421 BCD 码,通常简称为 BCD 码。

对于任意的 10 进制数据,每一位都使用 4 位二进制数对其逐位编码。例如,10 进制数 135,其 BCD 码为 0001 0011 0101。对于含有小数部分的 10 进制数可以使用同样的方法处理。例如,10 进制数 135.79,其 BCD 码为 0001 0011 0101.0111 1001。

BCD 码的优点是便于识别。BCD 码以小数点为基准,小数点的左边每 4 位二进制数对应 1 位 10 进制数整数;小数点的右边每 4 位二进制数对应 1 位 10 进制数小数;二进制数与 10 进制数有固定的对应关系。但是 BCD 码的缺点也很明显:① 原本每 4 位二进制数可以表示 16 种状态,但是 BCD 码仅使用了其中的 10 种,造成了二进制数状态空间利用率低。② 计算机对所有数据进行运算时,都是按照二进制数的运算规则进行处理的。例如,2 个 10 进制数 7 和 5 相加,一年级的小学生都知道结果是 12,但是按照 4 位二进制表示的 BCD 码计算,0111b + 0101b = 1100b,显然不是 12 的 BCD 码 0001 0010b。按照二进制运算法则计算 BCD 码是造成错误的原因。事实上,两个用 4 位二进制数表示的 BCD 码,按照二进制运算法则进行加法运算,只要相加结果大于 9 就会发生错误。减法运算也存在类似问题。因此,BCD 码在运算后必须对结果进行调整或者修正,防止发生错误。有些处理器提供了 BCD 码的专用调整指令,如果参加运算的数是 BCD 码,在运算之后应立即调用相应的调整指令进行调整。

通常计算机中的存储器是按字节(8 bit)存放数据的,如果每个字节仅存放一位 BCD 码,该 BCD 码被称为非压缩型 BCD 码。该字节的低 4 位存储 BCD 码数据,高 4 位是 0000。为了提高存储器的利用率,如果将一个字节的高 4 位和低 4 位分别存放两个 BCD 码数据,这样的 BCD 码被称为压缩 BCD 码,如图 1.16 所示。

图 1.16　非压缩 BCD 码与压缩 BCD 码示意图

2. 字符的 ASCII 编码

除了数值数据以外,现代计算机还需要处理大量非数值信息,例如大小写英文字母、多民族语言文字、多媒体信息、常用的符号和控制码等。但是计算机只能处理二进制数据,因此,计算机在处理上述非数值信息之前,都必须将其编写成二进制代码。

对于大小写英文字母、阿拉伯数字和常用符号,国际上普遍采用的一种字符系统是 7 单位的国际参考编码字符集(International Reference Alphabet,IRA)码,其美国版称为美国标准信息交换码(American Standard Code for Information Interchange,ASCII 码)。表 1.4 列出了 7 位 ASCII 码的字符编码表。

表 1.4 标准 ASCII 码编码表

$D_3D_2D_1D_0$ \ $D_6D_5D_4$	000	001	010	011	100	101	110	111
0000	NUL	DLE	SP	0	@	P	、	p
0001	SOH	DC1	!	1	A	Q	a	q
0010	STX	DC2	"	2	B	R	b	r
0011	ETX	DC3	#	3	C	S	c	s
0100	EOT	DC4	$	4	D	T	d	t
0101	ENQ	NAK	%	5	E	U	e	u
0110	ACK	SYN	&	6	F	V	f	v
0111	BEL	ETB	'	7	G	W	g	w
1000	BS	CAN	(	8	H	X	h	x
1001	HT	EM	)	9	I	Y	i	y
1010	LF	SUB	*	:	J	Z	j	z
1011	VT	ESC	+	;	K	[	k	{
1100	FF	FS	,	<	L	\	l		
1101	CR	GS	-	=	M	]	m	}
1110	SO	RS	.	>	N	Ω	n	~
1111	SI	US	/	?	O	—	o	DEL

在 ASCII 编码规范中,用 7 位二进制数 00h～7Fh 表示 26 个大写英文字母、26 个小写英文字母、阿拉伯数字 0～9 和一些常用的可打印符号,共 95 个字符;再加上 33 个用于计算机控制和信息交换的控制字符(不可打印),总共 128 个元素。例如,阿拉伯数字 0～9 的 ASCII 码的范围是 011 0000b～011 1001b,即 30h～39h;英文大写字符 A～Z 的 ASCII 码的范围是 100 0001b～101 1010b,即 41h～5Ah;符号"+"的 ASCII 编码为 010 1011b,即 2Bh。

在表 1.4 所示的 ASCII 编码规范中,如果把 20h 空格(space)也计入不可打印的控制字符,总共 34 个控制字符的含义如表 1.5 所示。

表 1.5　ASCII 码中不可打印的控制字符含义

HEX	英文以及缩写	含义	HEX	英文以及缩写	含义
0	NUL(null)	空字符	11	DC1(dev. Cont. 1)	设备控制 1/Xon
1	SOH(start of headline)	标题开始	12	DC2(dev. Cont. 2)	设备控制 2
2	STX(start of text)	正文开始	13	DC3(dev. Cont. 3)	设备控制 3/Xoff
3	ETX(end of text)	正文结束	14	DC4(dev. Cont. 4)	设备控制 4
4	EOT(end of trans.)	传输结束	15	NAK(negative ack.)	拒绝接收
5	ENQ(enquiry)	请求	16	SYN(sync. idle)	同步空闲
6	ACK(acknowledge)	收到通知	17	ETB(end of block)	传输块结束
7	BEL(bell)	响铃	18	CAN(cancel)	取消
8	BS(backspace)	退格	19	EM(end of medium)	介质中断
9	HT(horizontal tab)	水平制表符	1A	SUB(substitute)	替补
0A	LF(line feed)	换行键	1B	ESC(escape)	换码(溢出)
0B	VT(vertical tab)	垂直制表符	1C	FS(file separator)	文件分隔符
0C	FF(form feed)	换页键	1D	GS(group separator)	分组符
0D	CR(carriage return)	回车键	1E	RS(record separator)	记录分离符
0E	SO(shift out)	不用切换	1F	US(unit separator)	单元分隔符
0F	SI(shift in)	启用切换	20	SP(space)	空格
10	DLE(data link esc.)	数据链路转义	7F	DEL(delete)	删除

3．字符串的表示方法

字符串是指连续的一串字符。在通常情况下,字符串在内存中占用连续多个字节,每个字节存放一个字符。当计算机的字长为 2 个字节或者 4 个字节时,同一个字可以存放 2 个或者 4 个字符。但是在不同类型的计算机中,同一个字中的字符存放顺序可能不同。有的是从高位字节向低位字节顺序存放,有的是从低位字节向高位字节顺序存放。例如在字长为 32 位计算机内存中,以下字符串有如图 1.17(a)和(b)两种存储方式。

$$\sharp include < stdio. h > (回车符 + 换行符)$$
$$int\ main\cdots$$

其中,0Dh、0Ah 和 20h 分别是回车、换行和空格三个控制符对应的 ASCII 码,每个也需要占用一个字节内存。图 1.17(a)是一个字中的 4 个字符从高位字节向低位字节顺序存放;图 1.17(b)是一个字中的 4 个字符从低位字节向高位字节顺序存放。

高位			低位
#	i	n	c
l	u	d	e
<	s	t	d
i	o	.	h
>	(0DH)	(0AH)	i
n	t	(20H)	m
a	i	n	...

（a）

高位			低位
c	n	i	#
e	d	u	l
d	t	s	<
h	.	o	i
i	(0AH)	(0DH)	>
m	(20H)	t	n
...		n	i	a

（b）

图 1.17　字符串在存储器中的存放方式

1.4　嵌入式系统简介

1.4.1　嵌入式系统的基本概念

嵌入式系统(embedded system)是嵌入式计算机系统的简称。在国际上，IEEE 给出的嵌入式系统定义是：嵌入式系统是用于控制、监视或者辅助设备、机器和车间运行的装置（An embedded system is the devices used to control, monitor, or assist the operation of equipment, machinery or plants）。在国内，目前普遍被认同的嵌入式系统定义是：以应用为中心，以计算机技术为基础，软件硬件可裁剪，适应应用系统对功能、可靠性、成本、体积和功耗有严格要求的专用计算机系统。

顾名思义，嵌入式系统最重要的特征就是嵌入性。所谓嵌入性就是嵌入到目标（对象）应用系统中以实现特定功能，这其中又包含两层含义：① 本系统嵌入另一目标大系统中，成为目标系统的一个组成部分，并为实现目标系统的功能提供特定服务；② 提供特定服务的软件代码也嵌入目标系统中。

在体系结构和原理组成方面，嵌入式系统也是计算机系统，只不过是面向特定应用而特别设计的专用系统。嵌入性、专用性和计算机系统是嵌入式系统的三个基本要素或者三个主要关键字。

今天，嵌入式系统无处不在，已经渗透到了人们生活、学习和工作所使用的几乎所有的电器装置，如各种移动终端、家用电器、数码产品、汽车、通信和网络设备、视频监控和安全防范装置、工业自动化仪表和医疗仪器等等。

1.4.2 嵌入式系统的硬件

嵌入式系统硬件主要包括嵌入式处理器、存储器、嵌入式外围设备和 I/O 接口等。作为目标系统中的一个为完成特定功能而定制的专用计算机系统,嵌入式系统与一般的通用计算机系统存在显著差别,其外在形态也因目标系统的不同而呈现出千姿百态。嵌入式系统的处理器和存储系统也随不同的应用而各有特色。例如,有些嵌入式处理器着眼于高性能计算和实时处理,有些则面向低成本应用,还有许多追求的是超低功耗;大多数嵌入式系统没有硬盘或者光盘之类的大容量外部存储器,取而代之使用的是 E^2PROM 或快闪存储器等基于半导体材料的小型非易失存储器。

为了满足不同应用(目标)系统的具体需求,嵌入式系统的硬件大多是“量体裁衣”,追求高效设计,尽可能去除冗余,力求在相同的硅片面积上以更小的能耗实现更高的性能。虽然目标系统的差异导致了嵌入式系统的功能各异,在体系结构、外在形态和规格参数等方面存在许多差别,但是,所有嵌入式系统中必不可少的核心部件是嵌入式处理器。

1971 年 11 月 15 日,Intel 公司发布了其首款微处理器 Intel 4004,首次将一台计算机所需的各种元素融合在一颗单独的芯片上,这是全球最早出现的微处理器。如今,全球具有嵌入式功能和特点的处理器种类早已超过 1 000 种,包括目前仍在广泛应用的 8 位单片机(如 MCS-51、PIC8 等)、备受青睐的 32 位嵌入式微控制器(如基于 ARM 公司 32 位内核的众多产品),以及高性能的 64 位嵌入式 CPU 等。嵌入式处理器按照其功能可以分为以下四种类型。

1. 嵌入式微处理器

嵌入式微处理器(Embedded Microprocessor Unit,EMPU,也简称为 MPU)在原理和功能结构方面与通用微处理器相同。但是,为了适应嵌入式系统特殊的运行环境,EMPU 在实现上进行了特别的“加固”处理。例如在工作温度范围、电压波动、电磁兼容(Electromagnetic Compatibility,EMC)、功耗和可靠性等方面,EMPU 比通用微处理器的标准要高出很多。

EMPU 内部没有存储器和外设接口,采用 EMPU 构建嵌入式系统时,需要另外选配主存储器和必要的 I/O 接口芯片,并通过总线进行互连。如果所有器件都安装在一块专门设计的主板上,就构成了一个单板机系统。与传统的工业控制计算机相比,采用 EMPU 的单板机具有集成度高、成本低、功耗小和可靠性高等优点。但在电路板上有多个通过总线互连的存储器芯片和 I/O 接口芯片,系统结构呈裸露状态,技术保密性较差。较多的器件也导致可靠性无法进一步提高。目前典型的 EMPU 包括 AMD 公司的 Am 186/188、Intel 公司的 386 EX、IBM 公司的 Power PC,以及 MIPS、TI 和三星等公司的产品。

2. 嵌入式微控制器

嵌入式微控制器(Embedded Microcontroller Unit,EMCU,也简称为 MCU)是将计算机的主要组成部分集成到一块芯片中,例如 ROM、RAM、总线控制逻辑和中断控制器,以及可能需要使用的定时/计数器、并行/串行接口、看门狗（watch dog）、ADC 和 DAC 等各种部件和外设接口，构成一个功能相对完整的计算机系统。因此，EMCU 又被称作单片机。EMCU 一般以某款微处理器为核心，针对不同的应用需求，集成了不同的功能部件和外设接口，从而使得一个系列的 EMCU 具有多种衍生型号，旨在最大限度地匹配实际应用需求，降低系统功耗和成本。

与 EMPU 相比，EMCU 具有集成度高、产品开发周期短、成本低廉、功能丰富、功耗小和可靠性高等优点。因而 EMCU 成为嵌入式处理器中的主流，占嵌入式系统 70% 以上的市场份额。比较有代表性的是 Intel 公司的 MCS-51、MCS-96/196/296 和 MCS-251 系列，Motorola 公司的 68K 系列，以及种类繁多的基于 ARM 内核的嵌入式微控制器。

虽然 MCU 和 MPU 有一定的区别，在现实中人们往往将两者混为一谈，但这并不会影响实际工作。因此，本书后续章节除了特别说明之外，对 MCU 和 MPU 也不进行严格区分。

3. 嵌入式 DSP 处理器

在通信、数字视音频、信号分析处理、模式识别、雷达和电子对抗等众多应用领域，需要进行大量的和高强度的数字信号处理计算，而通用结构设计的处理器无法满足实时性的要求。为此，专用的数字信号处理器（Digital Signal Processor，DSP）就应运而生了。DSP 内部包含了硬件乘法器和除法器等部件，采用流水线操作并提供特殊的 DSP 指令，可快速实现各种数字信号处理算法。DSP 在数字滤波、信号特征提取和分析、音视频信号编解码等方面获得了广泛应用。

DSP 在结构上分为非嵌入式和嵌入式两种，前者作为一个专用芯片单独存在，与通用处理器和其他部件通过系统总线互连，能够提供相对较高的处理性能。而后者作为一个功能部件，可以被集成在嵌入式 MCU 中。

DSP 处理器可以分为定点运算和浮点运算两大类，定点 DSP 产品已有 200 多种，其特点是功耗低、价格便宜，但是运算精度稍差；浮点 DSP 产品也有 100 多种，其特点是运算精度高、编程和调试方便，但是功耗较大。

DSP 的主要生产厂家有 TI 公司、Motorola 公司、ADI 公司、Lucent 公司等。目前占据市场主导地位的是 TI 公司，其三大主力 DSP 产品分别为：主要用于数字控制系统的 C2000 系列，面向低功耗和便携无线通信终端的 C5000 系列，以及针对高性能复杂通信系统的 C6000 系列。

需要指出的是，随着现场可编程逻辑门阵列（Field Programmable Gate Array，FPGA）器件技术的不断进步，其电路规模、内部硬件功能、处理速度、功耗和可靠性等指标不断提升，越来越多的场合开始使用基于 FPGA 的 DSP。这类 DSP 可以针对具体算法，由用户通过电子设计自动化（Electronics Design Automation，EDA）工具进行量身定制，不仅可以胜任以往只能依赖传统 DSP 才能完成的工作，而且可以与嵌入式 MCU 更好地进行集成。

4. 嵌入式片上系统

随着微电子技术的飞速发展，以及 EDA 工具的普及，把一个复杂系统集成在一块硅片上已经成为可能，这就是嵌入式片上系统（System On Chip，SOC）。

EDA 工具和硬件描述语言(Hardware Description Language,HDL)出现之后,工程师所设计的各种各样处理器、应用功能模块、外设接口和嵌入式外设等,均以不同层级的网表文件(netlist)形式呈现。这些网表文件可以构成标准部件库,直接用于最终的系统综合。全球有许多 IC 设计公司开发了大量的和不同种类的功能部件。这些部件被称为 IP(Intellectual Property,知识产权电路或知识产权模块)。其他芯片制造商、系统集成商甚至最终用户可以购买所需的 IP 授权,在系统设计和综合时直接使用这些 IP 核,从而大大简化了最终应用系统的开发工作,缩短了新产品的研制周期,并为 SOC 提供了可行性。

如今,SOC 设计师可以根据实际需求,定义所需的应用系统,按照上述方式完成系统综合、在线仿真和功能验证,然后交由芯片制造商进行流片(tape out,属于小批量试生产),生产出 SOC 物理芯片。如果将设计后的系统下载到 FPGA 上,就形成 SOC 的另一种形式——SOPC(System On Programmable Chip)。

除了某些无法集成的器件以外,SOC 和 SOPC 将整个嵌入式系统集成到一块或几块芯片上,整个应用系统非常简洁,技术保密程度高,也有利于提高应用系统的工作可靠性和减小功耗。

1.4.3 嵌入式系统的软件

嵌入式系统的软件分为嵌入式操作系统和嵌入式应用软件两部分。

1. 嵌入式操作系统

嵌入式操作系统是一个资源管理软件模块的集合,用于任务调度、存储器分配和管理、中断管理、定时器响应,以及任务之间的通信。与一般桌面操作系统(如微软公司各种版本的视窗操作系统)相比,嵌入式操作系统具有以下三个特点:

1) 实时性(real-time)

所谓实时性,就是必须在规定的时间内准确地完成应该执行的操作。实时性的核心含义是时间的确定性,而不是单纯的速度快和时延低。

我们通常办公、学习和家庭娱乐所使用台式或者笔记本计算机,运行的都是桌面操作系统。这些计算机工作时,基本上都是根据用户通过键盘和鼠标输入的命令进行操作的。而人的反应和动作速度有快有慢,计算机工作时,对各种操作命令的输入时间以及与之对应的响应时间没有严格的要求。

但是,许多执行控制任务的嵌入式系统对操作时间和时序有严格要求。例如在汽车电子、工业过程控制、核能发电和航天发射等应用中,用于控制的嵌入式系统所发出的各种指令不仅要求速度快,而且对时序也有严格的要求,否则就会酿成灾难性事故。在这类应用场景中,非实时的普通操作系统显然是无法胜任的。实时性是嵌入式系统的最大优点,在嵌入式软件中,最核心的莫过于嵌入式实时操作系统(Real Time Operating System,RTOS)。

2) 可靠性(reliability)

可靠性也可以解读为"可依赖性"或者"可信任性"。嵌入式系统一旦投入运行,基本上无须过多的人工干预,很多情况下都是无人值守的。这就要求担任系统管理和控制的嵌入式系统应具有极高的可靠性。

嵌入式操作系统应具有系统自诊断、自恢复、故障告警和故障隔离等功能。对于一个系统来说,其组成越简单,系统就越可靠;而组成越复杂,出现故障的概率就越大。嵌入式操作系统也是针对具体应用"量身定制"的,尽可能地去除了冗余的部分,人机接口多采用简单的人机会话式的字符界面。此外,由于硬件资源的限制,嵌入式操作系统小巧简洁,也有利于提高可靠性。

3) 可裁剪性

嵌入式系统是针对具体应用专门设计的,嵌入式操作系统也能够根据具体应用需求进行功能模块配置或者组态(configure),这也是嵌入式操作系统与普通操作系统的重要区别。功能模块化和配置可裁剪是嵌入式操作系统研发时必须遵循的设计原则。

2. 嵌入式应用软件

嵌入式应用软件是围绕特定的应用需求,在相应的嵌入式硬件平台上完成用户规定任务的计算机软件。复杂嵌入式系统的应用软件通常需要运行在嵌入式操作系统之上,由操作系统提供必要的支持。但是在许多简单的应用场合,也可以不需要操作系统,全部软件功能均由用户编程实现。多数嵌入式应用对成本十分敏感,除了努力降低嵌入式系统的硬件成本以外,嵌入式应用软件还要在确保逻辑准确性、时间确定性、运行可靠性等前提下,尽可能对软件结构和代码进行优化,减少所需的硬件资源开销。

1.4.4 嵌入式系统的发展概况

嵌入式系统的起源最早可以追溯到 1971 年 Intel 公司所推出的 Intel 4004。尽管 Intel 4004 仅仅集成了 2 250 个晶体管,位长只有 4 位,时钟频率 108 kHz,每秒只能完成 6 万次运算,但在当时,凭借其所拥有的小型、价廉和高可靠性等特点,迅速在数字控制市场上"走红"。随后,以 Intel MCS-51 单片机为代表的嵌入式微控制器得到广泛应用,嵌入式系统开始步入繁荣发展和快速增长的时代。纵观嵌入式系统的发展历程,从系统构成的角度大致可以分为四个阶段。

第一阶段的产品主要是以嵌入式微处理器为核心的可编程控制器,其具有数据采集、处理、参数和状态显示以及伺服控制等功能,主要应用领域为工业过程控制。软件采用汇编语言编程对系统进行直接控制,没有使用操作系统。这一阶段的系统结构简单、功能单一、性能低下、存储容量较小、用户接口很少。

第二阶段的产品形态是以嵌入式微控制器为基础,以简单操作系统作为支撑的嵌入式系统。此阶段的主要特点是嵌入式微控制器种类繁多、系统运行效率高、操作系统有一定的兼容性和可扩展性。但是应用软件较为专业,通用性不强,用户接口也不够友好。

第三阶段的标志是嵌入式操作系统趋于成熟,内核精致,效率高,兼容性较好,能够运行在不同类型的微控制器上,并可提供文件管理、多任务支持、网络接口、图形用户界面(GUI)

等功能,具有实时性、可扩展性、可裁剪性等特点。在这一阶段,不仅出现了大量的嵌入式应用软件,而且有丰富的应用软件开发接口(API),简化了嵌入式应用软件的开发工作。

第四阶段是以互联网和物联网为标志的嵌入式系统。在此阶段,嵌入式系统与Internet 的深度融合,不仅进一步拉近了人机之间的距离,还将打造一个万物互联的智能网络时代。

特别需要指出的是,随着 FPGA 器件的快速发展,基于 FPGA 的 SOPC 是现阶段嵌入式系统发展的一个重要方向。SOPC 的硬件和软件均可在系统编程(in System Programming,iSP),并具有设计方式灵活、可裁剪、可扩充、可升级、高性能、低功耗和高可靠等诸多优点。

1.4.5　几种典型的嵌入式处理器

1. ARM 处理器

ARM 处理器是由总部设在英国剑桥的 ARM(Advanced RISC Machines)公司设计的。英国 ARM 公司是全球领先的半导体知识产权(IP)提供商,全世界超过 95%的智能手机和平板电脑都采用 ARM 架构。ARM 设计了大量高性价比、低耗能的 RISC(Reduced Instruction Set Computer,精简指令集计算机)处理器内核、相关技术及软件,但是 ARM 公司本身并不生产芯片,而是以相对较低技术转让费和版税将其技术授权给其他厂商。基于 ARM 架构的芯片已经占据了全球 80%以上的嵌入式处理器市场。据 ARM 公司统计,2015 年全球基于 ARM 架构的芯片年出货量约为 148 亿颗,大约是 Intel x86 芯片出货量的50 倍。ARM 公司对嵌入式系统的未来充满信心,宣称在今后的 20 年内,因物联网的推动,在全球范围内,基于 ARM 架构的芯片年出货量将达到 1 万亿颗。

ARM 处理器早期应用较为广泛的产品包括 ARM7T 系列、ARM9 系列和 ARM11 系列。其中 ARM7T 系列属于低成本和低功耗产品,ARM9 又分为面向开放平台的 ARM9T 系列和适用于实时环境的 ARM9E 系列。从 ARMv7 体系结构版本开始,ARM 公司的产品改用 Cortex 来命名,并分为三个分工明确的产品系列,分别是 Cortex-A、Cortex-R 和 Cortex-M,旨在满足各种不同的应用需求。A、R 和 M 正好契合公司的名称 ARM,这也挺有趣。

Cortex-A 系列中的"A"是指 Application Processor。该系列产品中基于 ARMv7-A 版本的处理器包括 Cortex-A5、Cortex-A7、Cortex-A8、Cortex-A9、Cortex-A12 和 Cortex-A15等。Cortex-A 系列早期的目标市场是移动计算,后来扩展到高性能计算。Cortex-A 系列现在广泛应用于需要搭载复杂操作系统、提供交互媒体和图形体验的高端应用领域,如智能手机、平板电脑、数字电视以及各种服务器和网络控制器等。

Cortex-R 系列中的"R"是指 Real Time,主要面向有实时性和可靠性要求的应用场景,如汽车制动和安全驾驶辅助系统、防务电子设备、动力传动、大容量存储控制器和固态硬盘等。该系列产品中基于 ARMv7-R 版本的处理器有 Cortex-R4、Cortex-R5、Cortex-R7 和

Cortex-R8。

Cortex-M 系列中的"M"是指 MCU，即微控制器，其应用领域更加广泛，是目前销量最大的 ARM 处理器。Cortex-M 系列主要针对成本和功耗敏感的应用，如智能测量、人机接口设备、汽车和工业控制系统、家用电器、消费性产品和医疗器械等。该系列产品中基于 ARMv7-M 版本的处理器包括 Cortex-M3、Cortex-M4 和 Cortex-M7。

2012 年 ARM 公司发布了基于 64 位体系架构的 v8 版本，开始进入 64 位高性能计算领域，产品名称仍然沿用 Cortex。其中，基于 ARMv8-A 版本的 ARM Cortex-A7x/A5x 系列内核目前应用于 95%以上的各种智能手机中。

关于 ARM 公司的体系架构版本、产品系列以及命名规则详见本书第 5 章 5.1 节。由于 ARM 处理器较为丰富的功能、出色的性能、相对低廉的版权费和许可证费，目前全球许多著名的半导体生产厂商通过获取 ARM 公司授权，生产了众多基于 ARM 内核的商用处理器芯片，主要包括：

- 意法半导体(ST)公司的 STM32 系列微控制器；
- 恩智浦(NXP)公司的 i.MX 处理器；
- 三星(SAMSUNG)公司的 S3C44BO、S3C2400、S3C4510 和 S3C2410；
- 英特尔(Intel)公司的 StrongARM 系列和 XScale 系列；
- 德州仪器(TI)公司的 DSP+ARM 处理器 OMAP 及 C5470/C5471。

鉴于 ARM 公司在芯片设计领域的地位以及对 ARM 公司未来的憧憬，2016 年，日本软银集团斥资 243 亿英镑(约合 321.7 亿美元)收购了 ARM 公司 100%股权。2020 年 9 月，英伟达公司又宣布将以现金加股票的形式，从软银集团手中收购 ARM 公司，涉及的交易金额高达 400 亿美元。

2. MIPS 处理器

MIPS 技术公司是美国著名的芯片设计公司，致力于发展基于 RISC 体系结构的计算机系统。MIPS 技术公司所研发的 MIPS 处理器是一种有着广泛应用的 RISC 处理器。MIPS 的意思是"无内部互锁流水级的微处理器"(Microprocessor without Interlocked Pipelined Stages)，其机制是尽量利用软件解决流水线中的数据相关问题。MIPS 设计理念较为独特，强调通过软硬件协同来提高性能，同时简化硬件设计。

在通用性方面，MIPS 技术公司的产品被美国硅图(Silicon Graphics，SGI)公司用于构建高性能图形工作站、服务器和超级计算机系统。在嵌入式系统方面，MIPS 是 1999 年以前全球销量最大的嵌入式处理器。如今 MIPS K 系列微处理器是目前仅次于 ARM 的用得最多的处理器，其应用领域覆盖游戏机、路由器、激光打印机、掌上电脑等各个方面。

由中国科学院计算所自主研发的通用 CPU 龙芯，采用的就是与 MIPS 类似的架构。其指令系统 LoongISA 与 MIPS 指令集兼容。

习　题

1.1　冯·诺依曼型计算机有哪几个主要部分？其主要设计思想是什么？

1.2　简述摩尔定律，并调研摩尔定律失效的主要原因。

1.3　什么是 CPU？什么是内存？什么是外存？什么是 I/O 接口？

1.4　计算机系统软件有哪些？请简述其主要用途。

1.5　将下列 16 进制数转换为 10 进制数，将 10 进制数转换成 16 进制数：

$$789AH，\quad 0CEFH，\quad 1234D，\quad 7890D$$

1.6　将下列 10 进制数转换成 8 位二进制补码：

$$19，\quad 63，\quad -1，\quad -44，\quad 127，\quad -127$$

1.7　已知：$x=33$，$y=-64$，请将 x 和 y 分别用原码和反码表示，并计算：
(1) $[x]_补 + [y]_补$；(2) $[x]_补 - [y]_补$；(3) $[x-y]_补$；(4) $[x+y]_补$。

1.8　已知：
(1) $[x_1]_补 = 0000\ 0001b$，$[y_1]_补 = 1111\ 1111b$；
(2) $[x_2]_补 = 0101\ 1110b$，$[y_2]_补 = 0011\ 0111b$；
(3) $[x_3]_补 = 1001\ 1110b$，$[y_3]_补 = 1100\ 0101b$；
(4) $[x_4]_补 = 0110\ 1110b$，$[y_4]_补 = 1000\ 0100b$。

请计算 $[x_i]_补 + [y_i]_补$（$i = 1,2,3,4$），并判断结果是否出现溢出。

1.9　一个无符号的 4 位的 10 进制数，需要使用多少位二进制数才能表示？如果使用非压缩 BCD 码，则需要多少位二进制数才能表示？

1.10　在一台 32 位计算机的存储器中，从某个字的起始位置开始存放如下两行字符串：

It's $ 19.9

OK!

请查表找出这两行字符串（包括空格、回车和换行符）所对应的 ASCII 码，并以表格形式标明这些 ASCII 码在存储器中两种不同的存放方式。

1.11　什么是嵌入式系统？嵌入式系统主要有哪些特点？

1.12　在你生活和学习中使用过、见过或者听说过哪些（至少列举出 10 种）嵌入式系统？

1.13　嵌入式 MCU 与嵌入式 MPU 主要区别是什么？

1.14　嵌入式操作系统有哪些主要特点？

1.15　什么是 RTOS？请举例说明哪些应用场景需要使用 RTOS。

第2章 计算机系统的基本结构与工作原理

现代电子数字计算机是由硬件、软件和网络组件构成的复杂电子设备,其基本功能包括信息的存储、处理和交换。本章首先介绍计算机系统的基本结构,通过一款简单的模型机,让读者了解计算机的基本组成和工作原理;在此基础上,重点阐述计算机体系结构的发展和演进的主要技术路线;最后介绍几种典型的计算机体系结构及其特点。

2.1 计算机系统的基本结构与组成

设计和开发一种新的计算机系统是一项十分艰巨和复杂的任务,设计者将面临着许多挑战,其中涉及体系结构、组成原理以及具体实现等诸多难题。

在计算机系统设计者眼里,计算机体系结构(Computer Architecture,CA)是指计算机的基本设计思想以及由此产生的逻辑结构;而程序员眼里所看到的则是计算机概念结构和功能特征。计算机组成(Computer Organization)关注的是机器中各个功能单元的逻辑设计、物理实现和部件之间的互连组织。至于更底层的集成电路设计、结构设计、组装工艺、电源技术和冷却措施等则称为计算机实现技术。

2.1.1 计算机的层次模型

为了简化计算机系统的分析和设计,人们常将其划分为若干个层次结构,以便更加全面和清晰地观察和了解计算机中各个部件/组件之间的逻辑关系。站在不同的角度和基于不同的目的,有多种划分层次模型的方法。同时,伴随着计算机科学和技术的进步,计算机的层次模型也处于不断演进和发展的过程中。

从计算机的硬软件实现的角度观察,最早的计算机系统可以看作由硬件和软件组成的两层结构,如图 2.1①(a)所示。图中的软件层仅有最简单的指令系统,硬件层则由执行程序的数字逻辑电路构成。随着计算机功能的不断扩展和增强,指令系统不断扩张,与之相应的数字逻辑电路也日趋复杂和庞大,这不仅给硬件设计和制造带来困难,并且严重影响了系统的可靠性。

---

① 图 2.1 所示的四种计算机层次模型,除了第一种外,其余三种在出现时间上存在交叉。

　　针对上述问题,英国剑桥大学 Wilkes 教授在 1951 年提出了微程序(micro-programmed)设计思想①,将一条指令的功能用一段由多条微指令有序排列构成的微程序来实现。这种设计思想简化了数字逻辑层的复杂性,减少了硬件系统规模,同时提高了系统的可靠性。微程序设计带来的体系结构变化使得计算机分层结构增加了一层微体系结构层,如图 2.1(b)左半部所示。

　　微程序设计思想给计算机设计者带来一个启示,可以通过扩充微程序的数量增加新的指令,以方便应用程序的开发。例如,要实现 $i = i \pm 1$ 操作,原本可以通过普通的加法和减法指令实现,但是设计者又(并非必要地)增加了两条专用的指令,Intel x86 系统中的 INC 指令和 DEC 指令就是其中的典型。这一结果导致了在 20 世纪六七十年代,机器语言指令数量出现了爆炸性增长。例如,1970 年上市的美国 DEC 公司生产的 16 位小型机 PDP-11 仅有 70 条指令;而 PDP-11 的下一代产品,32 位的 DEC VAX-11 的指令数量猛增到 330 条,寻址方式有 16 种之多。这类计算机后来被称作 CISC(Complex Instruction Set Computer,复杂指令集计算机)。

　　1975 年,IBM 科学家 John Cocke 对计算机系统的性能瓶颈进行了分析,发现计算机中也存在"二八定律"(也称帕累托法则,详见本书 2.5.1 小节)。John Cocke 经研究后提出,为了提高系统的性能,应该大规模减少计算机的指令数量,一条复杂指令可以用多条简单指令代替,简单指令直接由硬件电路(硬核层)实现,摒弃微程序设计。这一思想导致了 RISC 结构计算机的诞生,其对应的计算机分层结构如图 2.1(b)右半部所示。事实上,CISC 计算机和 RISC 计算机都有各自的优点,在不同的应用领域仍然获得广泛应用。

　　在计算机应用的早期,每个程序员都必须自己管理计算机的各种资源,如处理器的任务调度、内存管理、输入输出控制和文件管理等。为了简化计算机的操作复杂性,提高效率,计算机中使用了一个称为"操作系统②"的驻留程序,专门负责管理计算机硬件资源和用户作业。增加操作系统后的系统分层结构如图 2.1(c)所示。操作系统提供多条命令供用户使用,这些命令可以看作对下层指令的补充。除此之外,操作系统还提供了许多子程序供上层的用户程序调用,以简化对硬件资源的管理,减少输入输出操作的复杂性。

　　早期计算机使用以二进制数字序列表示的机器指令。每一条机器指令对应计算机的一个具体操作,并与硬件直接关联。机器指令属于一种最低级的语言,不仅难以阅读和理解,编程和调试更是令程序员们苦不堪言,而且还容易出错。后来设计师们使用一套基于符号系统的汇编语言代替机器指令,汇编语言的历史要早于操作系统,但仍属于一种低级语言。随着计算机应用范围的不断扩展,适用于不同应用场景的编程语言相继面世,如 FORTRAN、Algol、Basic、Pascal、C/C++/C♯、Visual Basic、Java 和 Python 等。这些语言因其接近自然语言,又被称为高级语言。但是,使用这些语言编写的程序必须要进行"翻译"(包括编译和解释),转换成计算机能够理解和执行的机器指令,为此语言处理层应运而生了,如图 2.1(d)所示。

---

　　① 关于微程序设计详见本书 2.3.2 小节。
　　② 第一个真正意义的操作系统 OS/360 诞生于 1964 年,应用于 IBM System/360 系列各款大型机。

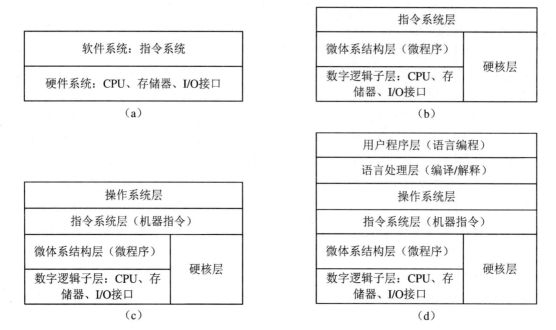

图 2.1　计算机系统的层次模型

在计算机发展的初期,硬件和软件之间的界限非常清晰。但是随着技术的发展和进步,计算机的层次模型不断增减、分化与合并,硬件和软件之间的界限开始变得模糊。事实上,硬件和软件在逻辑上是等价的。在一个计算机系统中,哪些功能由硬件实现,哪些功能由软件实现,需要设计者在性能、可靠性和成本等多种因素之间进行权衡。

2.1.2　基于冯·诺依曼结构的模型机系统结构

现代计算机是由一组相互关联的部件组成的,所谓结构就是这些部件的互连方式。按照冯·诺依曼的思想,计算机在逻辑结构上可划分为运算器、控制器、存储器、输入和输出设备等几个主要部件。本书 1.2 节和图 1.9 描述了各部件相互之间的联系,展现了冯·诺依曼型计算机的基本结构。虽然现代计算机远比模型机复杂,但是其逻辑结构和工作原理与模型机基本相同。为此,本小节将围绕模型机系统结构,介绍计算机系统的工作原理。为了便于讨论,我们将图 1.9 稍作改动后作为模型机的系统结构图,如图 2.2 所示。

在微处理器(CPU)问世之前,运算器和控制器是两个分离的功能部件,在当时存储器还是以磁芯存储器为主,不仅容量小并且速度慢。因此,早期冯·诺依曼提出的计算机结构以运算器为中心,其他部件通过运算器完成信息的传递。随着半导体工业和存储器制造技术的发展,现代计算机的存储容量早已今非昔比,一部普通的智能手机存储容量都是以 GB 为单位的。另一方面,需要计算机加工和处理的信息量与日俱增,存储系统的数据吞吐速率成为制约计算机系统性能的主要瓶颈。以运算器为中心的传统结构已不能适应计算机发展的需求。为此,现代计算机的组织结构逐步转化成以存储器为中心。

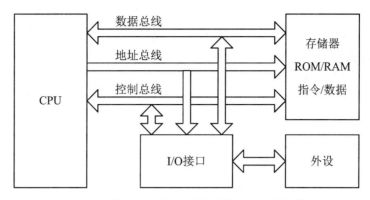

图 2.2　基于冯·诺依曼结构的模型机系统结构

　　此外,在图 2.2 所示的模型机系统结构中,数据传输速度较快的存储器系统与速度较慢的 I/O 接口都连接在同一条总线上。这类似于公路交通中的混合式道路,快车、慢车、非机动车和行人等混杂在一起,彼此影响,速度受限是必然的。为了提高计算机系统的性能,基于快慢分离思想的多总线系统出现了。数据传输速度不同的部件分别连接到速度快慢不同的总线上,不同的总线再通过总线桥接器(bus bridge)进行互连。

　　在基于冯·诺依曼体系结构的计算机中,数据和指令都存储在同一个存储器,CPU 取指令和存取数据都通过一条共用总线。这是冯·诺依曼结构的主要特征,也被称为普林斯顿[①](Princeton)结构。这种结构比较简单,但是指令和数据共享一套总线,CPU 取指与数据存取操作之间难免会产生冲突,从而对系统性能造成不利的影响,这也是冯·诺依曼结构的一个主要缺陷。

2.2　模型机存储器子系统

　　从图 2.2 中可以看出,模型机的主机可以认为是由 CPU 和主存储器构成的,而其他输出设备、输入设备以及外部辅助存储器统称为外围设备,简称外设。从这个角度讲,主存储器可以称为内存,而外部辅助存储器被称为外存。外存用于存储暂时不用的海量数据,如暂时不需要运行的程序、各类数据和电子文档等。常用的外存包括基于半导体材料的固态盘、基于磁极化原理的硬盘和磁带,以及基于材料表面微观结构的光盘等。不同类型的外存通过不同的接口与主机系统相连,关于外存接口请参见本书第 3 章和第 4 章的相关内容。外存的共同特点是具有非易失性、存储容量大和读写速度慢。

　　内存是采用半导体材料制造的,主要分为 RAM 和 ROM 两种类型。RAM 型存储器的读写速度较快,在计算机工作时用于存放运行程序和临时数据,但是 RAM 型存储器在掉电

---

　　① 冯·诺依曼的主要研究工作是在普林斯顿高等研究院(Institute for Advanced Study)进行的,故此得名。

之后所存储的内容就消失了,不具有非易失性。可以想象,当一台计算机刚开始加电运行时,作为内存的 RAM 中必定是"空空如也",什么内容都没有。因此,计算机系统中必须设置一块具有非易失特性的存储器,存放计算机的开机引导程序。CPU 在加电或者复位之后,首先自动运行这段开机引导程序,将外存中存放的系统初始化程序调入内存并执行,建立起系统运行环境,完成开机操作。ROM 型存储器的主要特性就是具有非易失性,在计算机系统中主要用于存放相对固定的开机引导程序。

在计算机正常工作期间,某个程序被执行时才被调入内存,未运行的程序代码一般都存放在外存中,以减少对内存的占用。程序执行期间,需要保留的结果应及时存放到具有非易失特性的外存中,亦即进行所谓的"存盘"操作,防止因意外掉电而导致数据丢失。

2.2.1 存储器的组织和地址

如前所述,存储器的基本信息单位有比特(称为位,以下不再区分)、字节和字。一个字节由 8 个比特构成,一个字则由 n 个比特构成,其中 n 称为计算机的字长。现代计算机的字长有 16 位、32 位和 64 位。如果一台计算机的字长是 32 位,一个字能够存储一个 32 位的数据,或者 4 个各占一个字节的 ASCII 码。

在存储器中为每一个比特分配一个地址是不切实际的。通常采用的分配方式是为每个字节分配一个物理地址。现代计算机中连续的地址对应于存储器中连续的字节单元,这称为字节寻址存储器(Byte-addressable memory),亦即存储器是按照字节组织的。字节单元的地址有 $m, m+1, m+2, \cdots$。如果模型机的字长为 32 位,一个字有 4 个字节,连续的字被分配到 $m, m+4, m+8, \cdots$ 中。

在上述字节寻址存储器中,如果计算机的字长是 8 位,总线宽度也只有 8 位,CPU 访问存储器时,总线一次可以传送一个字节数据。如果总线宽度是 16 位、32 位或 64 位,CPU 访问存储器时,希望一次能够传送一个完整的字(16 位或 32 位或 64 位),或者根据需要一次传送这个字中的一部分字节,存储器应该如何组织?存储器与总线应该怎样连接呢?

以 32 位字长的模型机为例,假设地址总线也是 32 位,则存储系统的物理地址空间为 2^{32},如果为每个字节分配一个地址,存储系统的最大存储容量为 2^{32} 字节。若将存储系统分成 4 个存储体,每个存储体的容量为 2^{30} 字节,每个存储体的 8 位数据 I/O 线 $D_7 \sim D_0$ 依次与 32 位数据总线的高 8 位、中高 8 位、中低 8 位和低 8 位连接,如图 2.3 所示。CPU 访问存储器时,通过字节选择信号和地址信号选取要访问的存储体和字节单元,可以在 32 位数据总线上同时传送 4 个字节数据,也可以只传送所选择的部分字节数据。

以下以 Intel 8086 系统为例,对存储器分体结构的具体实现方式进一步说明。Intel 8086 属于 16 位计算机系统,数据总线位宽仅有 16 位,地址总线位宽为 20 位,可以管理的存储空间为 1 MB(2^{20})。Intel 8086 中总容量为 1 MB 的存储系统分为两个容量为 2^{19}(512 KB)的存储体,分别称作高位字节存储体和低位字节存储体。其中,高位字节存储体的 8 位数据总线接口与数据总线的高 8 位相连,低位字节存储体与数据总线的低 8 位相连,如图 2.4 所示。图中信号线 BHE♯ 和地址线 A_0 分别作为两个存储体的选择信号。当信号

BHE♯有效(低电平)而 $A_0 = 1$ 时,只选中高位字节存储体,16 位数据总线上只有高 8 位 $D_{15} \sim D_8$ 中有数据传送;当地址信号 $A_0 = 0$(低电平)而 BHE♯无效时,只选中低位字节存储体,数据总线只有低 8 位 $D_7 \sim D_0$ 中有数据传送;当 BHE♯ 和 A_0 两个信号都为低电平时,两个存储体同时被选中,此时,数据总线上传送的是 16 位数据。

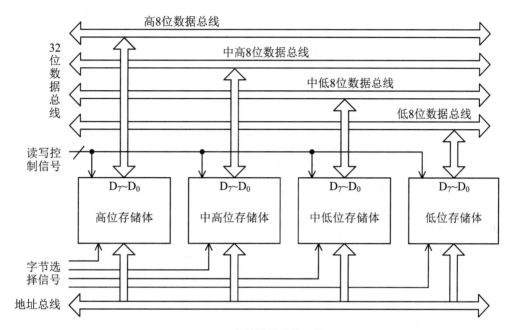

图 2.3　存储器的分体结构

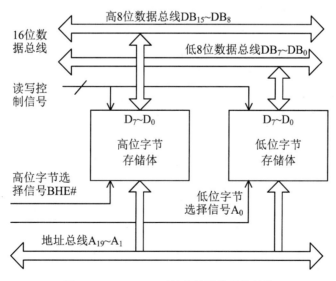

图 2.4　Intel 8086 系统存储器的分体结构

2.2.2 字的对齐——对准存放

假设模型机的字长为 32 位,存储数据时,如果每个字的起始地址都是 4 的整数倍,如 0,4,8,12,…,这种方式称为对准(aligned)存放。如果计算机字长是 16 位,每个字是 2 字节,对准存放要求每个字的起始地址为 2 的整数倍;如果计算机字长是 64 位,每个字是 8 个字节,对准存放则要求每个字的起始地址为 8 的整数倍。

事实上,是否采用对准存放并没有任何硬性规定和要求,一个字的起始地址可以是任意字节地址,这些字称为非对准(unaligned)存放字。但是,从图 2.3 所示的存储器分体结构可以看出,采用对准存放时,CPU 一次可以读取或写入一个完整的字,保证系统有较高的数据访问效率,所以在数据存储时都尽可能地采用对准存放。

2.2.3 小端格式和大端格式

假设 W_0,W_1,W_2,…是 32 位计算机中一组字长为 32 位的存储字,起始地址依次是 m,$m+4$,$m+8$,…,其中第 $i(i=0,1,2\cdots)$ 个字 W_i 由 B_{i3},B_{i2},B_{i1} 和 B_{i0} 这 4 个字节组成,B_{i3} 是(权重)最高字节,B_{i0} 是最低字节,W_i 占据了内存中起始地址为 $m+i\times4$ 的 4 个地址连续的字节存储单元。作为一个整体,第 i 个字 W_i 的地址为 $m+i\times4$。如果把 W_i 中地址最大的单元看作"头"部,把地址最小的单元看作"尾"部,构成 W_i 的 4 个字节 B_{i3},B_{i2},B_{i1} 和 B_{i0} 在存储器中有以下两种存储方案。

一种方案是将最低(权重最小)字节 B_{i0} 存放在地址最小的单元(尾部),B_{i3} 存放在地址最大的单元(头部),这种存储方式称为小端格式或小尾格式(little-endian),可以简记为"低位低地址,高位高地址"。Intel 公司的 x86 系统采用的是小端格式,小端格式中最低字节 B_{i0} 的地址与存储字 W_i 的地址相同。

另一种方案是将最高(权重最大)字节 B_{i3} 存放在地址最小的单元(尾部),最低字节 B_{i0} 存放在地址最大的单元(头部),这种存储方式称为大端格式或大尾格式(big-endian)。Motorola 公司的 680x0 系统采用的是大端格式。大端格式中最高字节 B_{i3} 的地址与存储字 W_i 的地址相同。

假设有 W_0 和 W_1 两个字,其中 $W_0=4433\ 2211\text{h}$,$W_1=8877\ 6655\text{h}$,W_0 和 W_1 分别存放在起始地址为 m 和 $m+4$ 的连续两个字存储单元中,采用小端格式和大端格式的数据存储方式分别如图 2.5(a)和(b)所示。

现代许多 CPU 兼容大端格式和小端格式。例如 ARM 处理器默认是小端格式,但是可以通过硬件引脚或者指令,选择大端格式。

2.2.4 存储器操作

计算机运行时所需的指令和数据都存放在存储器中。一条指令在执行之前必须将这条指令完整地从存储器取出并传送到 CPU 中;指令执行时所需的操作数和操作结果有时也需要在 CPU 和存储器之间进行传送。上述过程都涉及存储器的两个最基本操作:读出(read)和写入(write)。

地址	字节单元内容	字
...	...	...
$m-1$	...	...
m	11	W_0
$m+1$	22	
$m+2$	33	
$m+3$	44	
$m+4$	55	W_1
$m+5$	66	
$m+6$	77	
$m+7$	88	
$m+8$	...	...
...	...	...

(a) 小端格式

地址	字节单元内容	字
...	...	...
$m-1$	...	...
m	44	W_0
$m+1$	33	
$m+2$	22	
$m+3$	11	
$m+4$	88	W_1
$m+5$	77	
$m+6$	66	
$m+7$	55	
$m+8$	...	...
...	...	...

(b) 大端格式

图 2.5　小端格式和大端格式存储方式示意图

存储器的读操作是将一个指定存储单元的内容读出并传送到 CPU 中,读操作之后存储单元的内容保持不变。读操作过程如图 2.6 所示。读操作开始时,CPU 通过地址总线向存储器发送指定存储单元的地址,并通过控制总线向存储器发出读命令(或者告知存储器这是一个读操作),被选中的存储单元的内容则被读出并送上数据总线。然后 CPU 在时序信号的控制下,采样数据总线上的数据并存入内部,完成一次读操作。

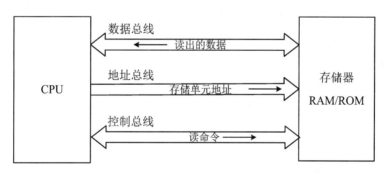

图 2.6　存储器读操作

存储器写操作是从 CPU 向一个指定存储单元传送一条数据,该数据将覆盖目的单元中原有内容。写操作过程如图 2.7 所示。写操作开始时,CPU 通过地址总线向存储器发送目的存储单元的地址,通过数据总线传送所需写入的内容,并通过控制总线向存储器发送写命令(或者告知存储器这是一个写操作)。在上述信号的作用下,数据总线上的数据被写入存储器指定单元,完成一次写操作。

以上所讨论的是针对单个数据进行的读写,数据传送流程依次是发送地址—读/写数据,如果再次读写,仍然是按照发送地址—读/写数据的传送流程。如果需要对地址连续的数据块进行批量读写,由于下一次读写所需的地址是前次地址 $\pm n$,其中 n 是每次读写的地址修正量,数值上等于每次读写所传送的字节数。因此,只要告知存储器本次传送是数据块传送、一次读写的字节数和地址修改方向,存储器即可推断出下一次读写操作的地址,无须CPU再次重复发送。因此,数据的读写操作流程可以简化为发送地址—读/写数据—读/写数据—读/写数据……这样可以显著提高数据块的读写操作效率。

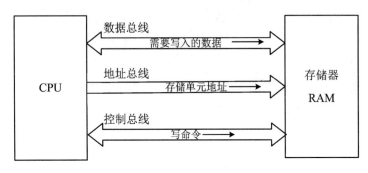

图 2.7　存储器写操作

2.2.5　存储器的分级

对存储器的要求是容量大、速度快、成本低,但是就目前的技术水平而言,在一个存储器中同时满足这三方面的要求是不现实的。为解决这个矛盾,现代计算机往往采用分级存储体系结构。例如,使用外存以满足大容量和低成本的要求;采用内存以满足速度快的要求,但是内存的容量至少要保证程序执行和数据处理的基本需要。为此,内存普遍采用的是集成度高、存储容量大、功耗小、结构相对简单以及价格低廉的 DRAM(Dynamic Random Access Memory,动态随机存取存储器)型存储芯片。

与 CPU 的处理速度相比,内存的数据存取速度要慢很多,并且往往是系统性能的主要瓶颈。这倒不是技术方面的原因,实际上完全可以制造出与 CPU 速度一致的存储器,但是这样做的代价以及所导致存储器功耗和发热令人难以接受。为了解决这一矛盾,一种折中的办法是在 CPU 与主存储器之间增设一个小容量的高速缓冲存储器,简称高速缓存(cache),专门存放 CPU 最近执行或者可能即将执行的指令,以及 CPU 处理后的或者即将处理的数据,通过减少 CPU 对主存的访问频率以提高系统的性能。高速缓存一般采用的是集成度不太高、容量较小,但是速度较快并且无须刷新的 SRAM(Static Random Access Memory,静态随机存取存储器)型半导体存储器。关于 DRAM、SRAM 以及刷新问题请参见本书第3章相关内容。

计算机存储系统的结构以图 2.8 所示的金字塔形分层模型表示。在图 2.8 中,横向宽度表示存储容量大小,纵向高度表示数据存取操作的速度以及成本/容量比。金字塔最底部表示具有海量容量的外存;金字塔的层级越高,表示存取速度越快,但是成本/容量比也越高。其中位于金字塔塔尖的是 CPU 内部的寄存器(register),其容量最小,与处理器之间的数据交互速度最快,成本/容量比也最高。关于寄存器详见本章 2.3.3 小节的介绍。

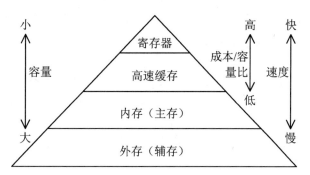

图 2.8　存储系统金字塔形分级结构

2.3　模型机 CPU 子系统

CPU 是计算机中最重要的核心部件，主要由运算器、控制器、寄存器阵列、内部总线以及地址和数据缓冲器等部分构成。模型机 CPU 子系统的结构如图 2.9 所示。

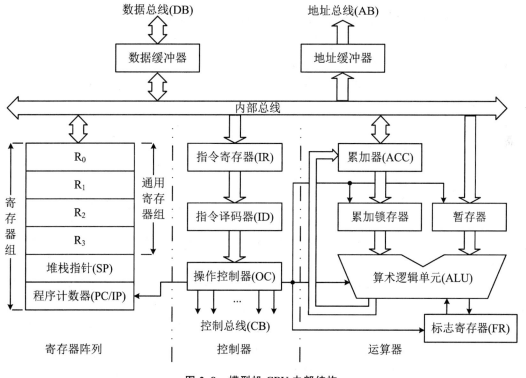

图 2.9　模型机 CPU 内部结构

2.3.1　运算器

运算器是计算机中对数据进行加工处理的部件。运算器有定点运算器和浮点运算器之分。定点运算器主要用于定点整数或定点小数的算术运算，以及二进制位串的逻辑运算。仅有定点运算器的计算机可以通过软件实现对浮点数的运算。现代通用 CPU 中普遍集成了浮点运算器（Float Point Unit，FPU，又称作浮点部件），使用硬件电路快速实现浮点数运算。

定点运算器能够同时处理的二进制位数称为计算机的字长，它与通用寄存器的位数是一致的。运算器的基本组成包括算术逻辑单元（Arithmetic Logical Unit，ALU）、累加器（Accumulator，ACC）、标志寄存器（Flag Register，FR）和暂存寄存器等，其结构如图 2.9 右侧所示。

ALU 负责完成具体的运算操作，是运算器的核心，也是计算机中数据传送的一条重要途径。ALU 的组成包括带有先行进位功能的全加器（以下简称加法器）、移位寄存器以及相应的控制逻辑。因为所有二进制数的算术运算都可通过加法和移位来实现，所以加法器是 ALU 中的最主要和最重要的部件。

ACC 是 CPU 内部通用寄存器组中的一类特殊寄存器。ACC 不仅提供了需要送入 ALU 的操作数，并且存储 ALU 的计算结果。在计算机发展的早期，许多 CPU（例如 Intel 公司的 8086 和 Motorola 公司的 68000）中只有一个 ACC，ACC 与 ALU 之间密不可分的联系，使得 ACC 的地位有些特殊，因而常被划归到运算器中，不再归属通用寄存器组。但是现代 CPU 中有很多通用寄存器，甚至所有的通用寄存器都可以当作累加器来使用。因此，"累加器"的地位不再特殊，ACC 这一称呼也逐渐淡出人们的视野。图 2.9 中 ACC 的下方还有一个累加锁存器，其作用是防止 ALU 的输出经 ACC 再反馈到 ALU 的输入端。

暂存器的作用是暂时存放需要送入 ALU 的操作数，但是不存放 ALU 的计算结果。此外，暂存器对程序员不可见，亦是透明的。

标志寄存器也称为程序状态寄存器，如 ARM 处理器中的 PSR（Program Status Register）。标志寄存器的内容称为程序状态字（Program Status Word，PSW）。PSW 分为状态标志位（条件码标志位）和控制标志位两部分。状态标志位用于记录 ALU 运算后的某些重要状态或者特征。例如，ARM 处理器中的条件码标志有 Z（Zero，Z＝1 表示运算结果为零）、N（Negative，N＝1 表示结果为负数）、V（oVerflow，V＝1 表示运算结果出现溢出）和 C（Carry，C＝1 表示出现了进位或借位）。后续指令可根据这些状态标志决定程序是顺序执行还是跳转执行。在 ARM 处理器中，每条指令还可以根据上述的条件码决定是否需要执行。

控制标志位的内容用于对 CPU 的某些行为进行控制和管理，例如是否允许外部中断等。以 Intel 8086 处理器为例，其标志寄存器中有 D（Direction，地址改变方向）、I（Interrupt，中断）和 T（Trap，陷阱）3 个控制位。D＝1，表示每次串操作（可以理解是一连串的操作）后的地址递减改变；I＝1，表示允许外部中断（但 ARM 处理器的 I＝1 表示禁止外部中断);T=1,表示每执行一条指令后进入单步中断(单步执行,用于程序调试)。Intel 8086 处理器还提供了几条标志位控制指令,可以对状态标志位 C、控制标志位 D 和 I 进行单独操作,操作类型有置位(置 1)、复位(置 0)或者取反等几种。例如,STI 指令将控制标志位 I 置为"1",允许外部中断,所以 STI 被称为开中断指令;CLI 则将 I 复位为"0",禁止 CPU 响应外部中断,因此 CLI 被称为关中断指令。

2.3.2 控制器

1. 控制器的作用与组成

控制器是整个 CPU 的指挥控制中心,其功能是根据指令中的操作码和时序信号,产生各种控制信号,对系统各个部件的工作过程进行控制,指挥和协调整个计算机有序地工作。事实上,除了数据加工处理以外的所有功能都是由控制器实现的。控制器的组成主要包括指令寄存器(Instruction Register,IR)、指令译码器(Instruction Decoder,ID)和操作控制器(Operation Controller,OC)等。在某些场合,程序计数器(Program Counter,PC)也被看作控制器的一个组成部分。控制器的功能结构如图 2.9 的中间部分所示。

2. 控制器的工作过程

计算机能够并且只能执行"指令"。计算机工作时,根据程序计数器的内容获取下一条指令的存放地址,通过总线从存储器中取出这条指令并存放到指令寄存器中(称为取指);指令寄存器的输出再与指令译码器的输入相连。

计算机指令通常包括操作码和地址码两部分。操作码指明需要计算机执行的某种操作类型和功能;地址码指出被操作的数据(简称操作数)存放在何处,亦即操作数的存放位置,有些指令格式允许地址码就是操作数本身。指令中的指令操作码送入指令译码器,由指令译码器对操作码进行分析和译码,识别出应该执行什么样的操作,再由操作控制器确定操作时序,产生所需的各种控制信号并发送到相关部件,控制这些部件完成指令规定的操作。操作控制器内部包括时序脉冲发生器、控制信号发生器、启停电路和复位逻辑等。指令中的地址码则被送到地址生成部件(图 2.9 中没有画出)。地址生成部件根据指令特征将地址码转换成有效地址,送往地址缓冲器。对于转移指令,所生成的转移地址被送入程序计数器,实现程序的转移。

计算机刚刚加电或者复位后,首先运行的是存放在非易失存储器(如 ROM)中的引导程序,所以程序计数器中的初始值应该是引导程序第一条指令的地址,这可以通过硬件电路设计实现。在指令执行过程中,每取出一条指令后,控制器自动修正程序计数器的内容,使其始终指向下一条指令的存放地址。由于大部分程序都是顺序执行的,在这种情形下,控制器对程序计数器的修正只是简单的 $PC = PC + n$,其中 PC 是程序计数器的当前值,n 是一个正整数。n 的具体数值与计算机系统结构有关,一般取决于指令的长度以及程序计数器中计数值所代表的单位。

例如,某种计算机的字长为 32 位,每条指令的长度也都是 32 位(4 字节),程序计数器计数值的单位假如是字(也是 4 字节),则 $n=1$,亦即每执行一条指令后,$PC=PC+1$,程序计数器的计数值指向了下一条指令的首地址;如果程序计数器中计数值的单位是字节,则 $n=4$,亦即每执行一条指令后,$PC=PC+4$。

对于采用变长指令设计的计算机,每条指令的长度不等,n 则是一个变量,其具体数值等于当前指令的字节数。例如,Intel 8086 系统的字长是 16 位,采用变长指令,指令长度从 1 个字节到 6 个字节不等,程序计数器(Intel 8086 中称为指令指针 Instruction Point,IP)的计数值单位是字节。当控制器对当前指令译码时便可以知道 n 的具体数值。如果程序是顺序执行,指令指针修改为 $PC=PC+n$,指向下一条指令。

如果程序运行过程中遇到转移指令,将由转移指令来确定程序计数器的内容应该如何修正。每种计算机的指令系统中都有若干条不同类型的转移指令,如无条件转移、有条件转移、过程调用和循环控制等。这些指令执行后,程序计数器的内容将被修改为转移目标指令的地址,接下来的程序执行顺序发生了改变,称为跳转。

3. 微操作

如果将指令执行步骤进一步细化,一条指令的执行过程可以分解为取指、译码、取操作数、执行和存储结果等一系列细微的动作,这些细微的动作称为微操作。例如,假设指令 "ADD R1,R2,R3"是一条将寄存器 R_2 和 R_3 的内容相加,结果存放到寄存器 R_1 的加法指令。这条指令的执行过程可以分解为以下几个微操作:

① 根据程序计数器的内容,从内存中读取一条指令到指令寄存器;

② 指令译码器对指令进行译码;

③ 读取 R_2 寄存器的数值,并发送到 ALU 中作为加法器的输入;

④ 读取 R_3 寄存器的数值,也发送到 ALU 中作为加法器的另外一个输入;

⑤ 加法器进行加法运算;

⑥ 将加法器运算结果写入 R_1;

⑦ 根据运算结果更新状态寄存器中的状态标志位;

⑧ 修改程序计数器的内容,使其指向下一条指令。

可以看出,所有指令的执行过程都可以分解为一系列的微操作。换言之,所有指令功能都可以通过多个微操作的编排来实现。进一步分析我们还可以发现,绝大多数的微操作都被多条指令所共用。例如,上述指令执行步骤①取指、②译码和⑧修改程序计数器所涉及的微操作几乎被所有的指令共用。以上事实给控制器的设计和实现带来了启发。

4. 控制器的实现方式

指令译码器和操作控制器相互配合,协同工作,共同组成了控制器的核心。按照微操作信号的产生方法,控制器有微程序控制器和硬连线控制器两种实现方式。每种方式所涉及的设计思想都与当时技术条件和设计理念有关。

1)基于微程序设计的控制器

微程序控制器的设计思想是将程序存储控制原理引入控制器的设计中。具体方法是先对指令系统中的每条指令的操作码部分进行分析,将指令执行过程分解为一系列的微操作,再对所有的微操作进行分类、归并和综合,然后编码形成与每个微操作一一对应的微操作码(简称微码)。微操作码可以通过相对简单的硬件逻辑(如译码器)产生相应的控制信号,控制相关部件实现微操作。由于一条指令的执行过程需要多个微操作,当前微操作正在执行时,需要指明接下来应该执行哪个微操作。为此,可在每个微操作码后面增加若干执行顺序控制位,用来表示后续微操作的执行顺序。微操作码加上这些执行顺序控制位就构成了一条微指令。如此,一条指令就可以分解成一段由若干微指令编排而成微程序,指令集中所有指令都有与之一一对应的微程序,每段微程序都存储在一个由 ROM 或者 EEPROM 构成的存储器中,这个存储器称为控制存储器或者控制 ROM。

在控制 ROM 中,每段微程序中的每条微指令都有唯一的地址,这些地址称为微地址。当一条指令被执行时,指令译码器对指令操作码进行译码,找到其对应的微程序在控制 ROM 中的入口地址,并从控制 ROM 中读出微程序的第一条微指令。在被读出的微指令中,微操作码经过微码译码器译码产生相应的控制信号,而执行顺序控制位用于确定后续微指令的读出顺序。

对于顺序执行的微指令,执行顺序控制位可采用简单的增量编码,只需指明下一条微指令与当前微指令的相对位置;微指令的执行顺序也会出现条件转移,执行顺序控制位包含了转移条件测试编码和转移目标微地址。微程序控制器的逻辑结构如图 2.10 所示。

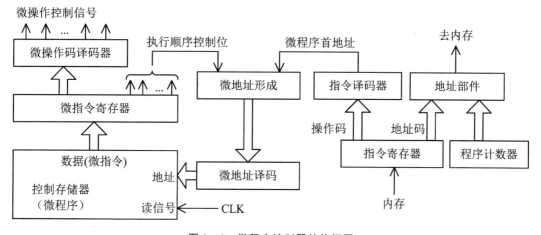

图 2.10　微程序控制器结构框图

微程序控制器相当于把控制信号存储起来,因此这种方法也称为存储控制逻辑方法。微程序控制器简化了硬件电路设计,易于实现复杂指令所涉及的复杂操作,便于增加新的指令或者调整已有指令的功能,具有规整性、灵活性和可维护性等一系列优点。在计算机发展的初期,硬件普遍使用的是分立元件或者小规模集成电路,因此微程序控制器备受青睐。但在指令执行过程中,微程序控制器需要从控制 ROM 中逐条读出微指令,逐条译码执行,致使处理器的速度较慢,这是微程序控制器的主要缺点。

2) 硬连线控制器

硬连线控制器也称为硬布线控制器或者组合逻辑控制器,是一种最早采用的控制器设计方法。这种方法把控制器看作一种特殊的逻辑电路,专门产生固定时序的控制信号,并把使用最少元件和取得最高操作速度作为设计目标。由于指令功能的多样性和差异性,按照以上方法设计的硬连线控制器必然是一个由许多门电路、触发器和寄存器构成的复杂逻辑网络,并且一旦形成就无法变更,除非重新设计和重新布线,硬连线控制器故此得名。

硬连线控制器是计算机中最复杂和最不标准的逻辑部件。不同指令执行时,硬连线控制器需要产生一系列互不相同的控制信号以实现指令功能,一般而言,在设计硬连线控制器之前,需要对各种微操作进行分析、归类和综合,把需要产生的微操作控制信号作为输出,把这些微操作的所有执行条件(属于什么指令、什么状态以及什么时刻)、微操作信号的类型、时序以及前后顺序作为输入,列出微操作信号的逻辑表达式,再经过化简,设计相应的逻辑电路。硬连线控制器的一般结构可由图 2.11 表示。

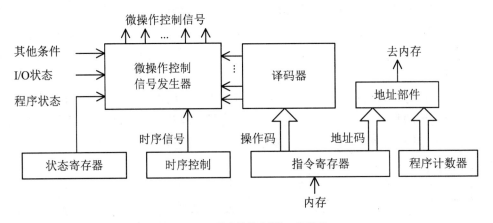

图 2.11 硬连线控制器一般结构

硬连线控制器的特点是速度快,但是硬件逻辑电路较为复杂,调试和改动不易。为了降低硬件电路的实现难度,硬连线控制器不宜采用复杂指令,并要求指令数量也尽可能地进行精简。图 2.11 中的微控制信号发生器是硬连线控制器的核心电路,因缺少明确的结构而显得五花八门和杂乱无章。在微程序设计思想出现之后,硬连线控制器便遭到冷落甚至无人问津。直到 RISC 体系结构的出现、半导体器件制造工艺的进步和 EDA 技术的发展,硬连线控制器又峰回路转,重现柳暗花明。

事实上,以上两种控制器都有各自的优点和不足,而现代处理器的设计师们往往综合运用这两种方法,一部分简单指令通过硬连线控制器来实现指令功能,以加快指令的执行速度;另一部分较为复杂的指令仍然沿用微程序控制器,以减少硬件逻辑电路的规模。例如目前 Intel 公司的通用 CPU 以及 ARM 公司的嵌入式 CPU 采用的都是上述策略。

2.3.3 寄存器阵列

寄存器阵列也称为寄存器组、寄存器堆和寄存器文件,是由集成在 CPU 内部的若干高速存储单元构成的。寄存器阵列中的每一个寄存器都有一个编号或名称,CPU 根据指令代码中的寄存器编号或者寄存器名称对其直接访问,CPU 与寄存器之间的数据交换是通过内部总线直接进行的,所以 CPU 与寄存器之间的数据传送速度最快。在如图 2.8 所示的存储系统金字塔形层次结构中,寄存器占据着最顶尖的位置。但是,由于受指令长度、芯片面积和集成度等因素的限制,一般 CPU 内部的寄存器数量有限,只能暂时存放 CPU 工作时所需的少量数据和地址。

CPU 中的寄存器可以分为专用寄存器和通用寄存器两大类。专用寄存器的作用是固定的,如前面已经介绍的程序状态寄存器(PSR)或标志寄存器(FR)、指令寄存器(IR)和程序计数器(PC)等,都属于专用寄存器。

通用寄存器功能是为 ALU 执行算术和逻辑运算提供一个存储区。为简单起见,图 2.9 所示模型机的 CPU 中只画了 $R_0 \sim R_3$ 这 4 个通用寄存器,现代 CPU 中的通用寄存器数量远远不止 4 个。例如,某个加法运算,需要相加的两个操作数分别放在 R_1 和 R_2 中,相加结果送入第 3 个寄存器 R_0 中,而 R_0 中原有的内容随即被替换。仅一条加法指令就使用了 R_1、R_2 和 R_0 共 3 个通用寄存器。

在计算机发展的早期,CPU 中通用寄存器数量确实不太多,并且实际上往往并不通用。以 Intel 8086 为例,其内部只有 8 个 16 位的“通用”寄存器,但是几乎每个寄存器都有若干特定用途,而这些用途是其他寄存器无法替代的。例如,AX 寄存器不仅是唯一的累加器,而且所有的 I/O 传送都必须通过 AX 才能进行;循环和移位操作所需的循环次数和移位次数计数器,只能使用 CX 寄存器;SP(Stack Pointer)寄存器唯一的用途是作为堆栈指针①。

为了提高计算机性能,现代 CPU 不仅增加了通用寄存器的数量,并且为了简化编程和增加程序的灵活性,寄存器的“通用”化程度也有所提高,大部分寄存器可以实现真正的通用。例如,任何一个通用寄存器可以存放待处理的源操作数,也可以存放运算结果操作数(目的操作数);任何一个通用寄存器都可以作为寻址所需的基址寄存器和变址寄存器,甚至图 2.9 中的堆栈指针寄存器也可以当作通用数据寄存器来使用。

2.3.4　地址和数据缓冲器

地址和数据缓冲器都属于 CPU 内部总线与系统总线之间的接口部件,其作用是提供地址和数据传送过程中的缓冲,同时在一定程度上提高 CPU 系统总线的驱动能力。

2.3.5　数据通道

计算机内部的各种部件按照其功能可以划分为两大单元,控制单元(Control Unit,CU)

---

① 堆栈(stack)是一种只能在一端对数据项进行插入和删除操作的特殊线性表。堆栈中的数据严格按照先进后出(First Input Last Output,FILO)的原则进行存取。数据存入堆栈称为压入或压栈(PUSH),从堆栈取出数据称为弹出或出栈(POP)。当新的数据压入堆栈时,堆栈中原有数据没有任何影响,发生改变的只是栈顶(top)位置;当数据从堆栈弹出时,弹出的只是位于栈顶的数据,弹出后自动调整栈顶位置。无论是压栈还是弹出总是在栈顶进行的。因此,为了准确指示栈顶位置,就需要使用一个称为堆栈指针的寄存器,动态跟踪和记录程序运行过程中的栈顶位置。关于堆栈详见本书第 5 章和第 6 章相关内容。

和执行单元(Execution Unit,EU)。

控制单元就是控制器,也是计算机中指令流的终点。控制器的组成包括图2.9中的指令寄存器、指令译码器和操作控制器。其主要职责是负责对指令寄存器中的指令进行译码,生成相应的控制信号,控制执行单元完成指令规定的各种操作。

执行单元负责指令的执行。在控制器产生的控制信号作用下,完成诸如生成地址、读取数据并在各个部件之间传送数据、计算和处理数据、存储结果、更新程序状态位和修改程序计数器内容等操作。

从图2.9中可以看出,执行单元包括运算器、寄存器组、内部总线以及系统总线接口。在指令执行过程中,数据是在运算器、寄存器阵列和系统总线接口之间通过内部总线传送的,所以这几个部件也常被称为数据通道(data-path)或者数据路径。在程序员眼中,数据通道包含了计算机运行过程中的大部分状态,如用户可见的通用寄存器、程序计数器和程序状态寄存器等。

2.4 模型机指令集和指令执行过程

2.4.1 模型机指令集

指令是指示CPU应执行某种操作的命令。根据计算机组成的层次结构,计算机指令可以划分为微指令、机器(码)指令和宏指令。微指令就是微程序级的命令,属于硬件层面;宏指令是由若干条机器指令组成的软件指令,则属于软件层面;而机器指令介于微指令与宏指令之间,是CPU能够识别和直接执行的一个二进制编码序列,通常简称为指令,本节所讨论的指令就是机器指令。

一条指令可完成一个独立的操作,如数据传送、算术运算或逻辑运算等。一台计算机中所有指令的集合称为这台计算机的指令系统,而计算机指令集架构(Instruction Set Architecture,ISA)就是狭义上的计算机体系结构。指令系统的指令种类、指令格式和指令功能是计算机硬件结构设计的主要基础。

在计算机发展的初期,由于受硬件条件的限制,计算机的结构比较简单,所支持的指令系统只有定点加减、逻辑运算、数据传送、转移等十几至几十条指令。到了20世纪60年代,随着集成电路的出现,硬件功能不断增强,指令系统越来越丰富,陆续增加了乘除运算、浮点运算、10进制运算、字符串处理等指令,寻址方式也趋于多样化。有些计算机的指令系统中的指令数量多达二三百条,即所谓的复杂指令集计算机(CISC)。从20世纪80年代中期开始,出现了RISC体系结构计算机,对指令系统进行了较大规模的删繁就简。有些RISC计算机(如MIPS)的指令系统只保留了数十条最常用的指令。

早期计算机指令采用的是二进制代码形式,所构成的指令系统称为机器语言,相应的程序就称为机器语言程序。为了减少机器语言带来的种种不便,设计师们采用一些容易理解和记忆的字母(称为助记符,mnemonic)表示指令的操作码,使用标号和符号地址代替指令和操作数的地址,于是出现了汇编语言。用这种形式表示的指令被称为汇编指令。

为了便于讨论模型机的工作原理,我们按照 RISC 计算机的指令风格①定义了与模型机相匹配的部分汇编指令,如表 2.1 所示。

表 2.1　模型机部分常用汇编指令

指令类型		操作码	操作数	说明	
算术类	加法	ADD	Rd,Rs1,Rs2② Rd,Rs,Imm③	(Rs1)+(Rs2)→Rd (Rs)+Imm→Rd	运算类指令的源操作数只能是寄存器数或者立即数,目的操作数只能是寄存器
	减法	SUB	Rd,Rs1,Rs2 Rd,Rs,Imm	(Rs1)-(Rs2)→Rd (Rs)-Imm→Rd	
逻辑类	位与	AND	Rd,Rs1,Rs2 Rd,Rs,Imm	(Rs1)∧(Rs2)→Rd (Rs)∧Imm→Rd	
	位或	OR	Rd,Rs1,Rs2 Rd,Rs,Imm	(Rs1)∨(Rs2)→Rd (Rs)∨Imm→Rd	
	位非	NOR	Rd,Rs	!(Rs)→Rd	
传送类	存储器或者 I/O 读	LDR	Rd,address④	[address]→Rd	将存储单元或 I/O 端口的数据读入 Rd
	存储器或者 I/O 写	STR	Rs,address	Rs→[address]	将 Rs 中的数据写入存储单元或 I/O 端口
	寄存器访问	MOV	Rd,Rs Rd,Imm	(Rs)→(Rd) Imm→Rd	
控制类	无条件转移	JMP	Label⑤	Label→(PC)	
	条件转移	JX/JNX⑥	Label	若条件成立 Label→(PC)	X 为真,NX 为假
	过程调用	CALL	SR_Label⑦	SR_Label→(PC)	SR_Label 过程名称
	过程返回	RET	-	断点地址→(PC)	返回主程序
其他	停机	HLT	-		空操作

RISC 计算机通常采用定长指令设计,每条指令的长度是固定的。定长指令有许多优点,但在指令设计时会遇到一些问题。假设模型机是 32 位计算机,采用 32 位的定长指令,

---

① 关于 RISC 与 CISC 在指令风格方面的区别参见本书 2.5.1 小节。

② Rx 为 CPU 内部的通用寄存器,其中 Rs 表示源寄存器,Rd 表示目的(结果)寄存器。

③ Imm 表示立即数,为便于区分,有的处理器指令要求立即数使用 ♯ 前缀。

④ address 为存储单元或 I/O 端口的地址,[address]表示存储单元或 I/O 端口中的值。

⑤ Label 是转移的目的地址,也是用标号表示的指令地址。

⑥ X 表示可用的条件标志位。例如,Z(结果为 0)、C(有进/借位)、N(结果为负)、O(有溢出)。

⑦ SR_Label 为被调用的子程序(subroutine)名,也是子程序的入口地址,子程序也称为过程(procedure)。

指令寄存器的位宽也是 32 位。因此在数据总线上一次可将一条完整的指令送往指令寄存器，这是定长指令的一个优点。但是稍后可以看到，定长指令也会给指令编码带来一些限制。

一个指令字是由操作码和地址码两部分组成的。指令操作码（Operation Code,OP）用来表示指令所要完成的操作类型，如算术逻辑运算、数据传送或者子程序调用等，其长度取决于指令系统中的指令条数；地址码用来描述该指令的操作对象，也就是操作数（operand）。地址码可以直接给出操作数，或者指出操作数的存储器地址或寄存器地址（即寄存器名）。指令的操作数可以只有一个（单操作数指令），或者有两个（双操作数指令）、三个（三操作数指令），但是也可能没有，例如 HLT 停机指令。

在表 2.1 中，有些指令的操作数可以是立即数（immediate），所谓立即数是指能够从指令地址码中立即得到的数据。例如，在加法指令"ADD Rd,Rs,Imm"中，"Imm"就是立即数。模型机采用的是 32 位定长指令，指令字的一部分要用于表示操作码，其余的地址码部分还需要指明两个寄存器操作数 Rd 和 Rs，指令字中可用于表示立即数的编码位数所剩无几。因此只能对指令中的立即数实行某种限制。一种是限制其大小，规定其不能超过一定位长的二进制数可表示的范围；另外一种是限制其格式，例如在 ARM 指令系统中，规定立即数只能使用 8 bit 的位图数据（关于位图数据的格式详见本书第 6 章有关内容）。

RISC 处理器的一个特点是只能对处理器内部的寄存器数据进行运算，无法像 CISC 处理器那样，让存储器中的数据也参与指令运算。RISC 处理器一般采用加载/存储（Load/Store）体系结构，需要对存储器中的数据进行处理时，先使用加载指令把存储器中的数据读取到处理器内部某个寄存器，再使用运算类指令进行运算，运算结果只能存放在寄存器中。运算结果如需保存，还应使用存储指令将寄存器中的结果数据存储到内存单元。表 2.1 中的 LDR 指令和 STR 指令就是加载和存储指令，而 MOV 指令只能在寄存器之间进行数据复制传送，或者将一个立即数装入寄存器。

假设模型机地址总线位宽是 32 位，内存中每个存储单元都有 32 位地址。当 CPU 对存储器进行访问时，指令地址码必须指明所要访问的存储单元地址。显然，32 位定长指令的地址码无法直接给出 32 位内存地址，只能采用间接方式表示。例如，表 2.1 中的数据加载指令"LDR Rd，address"，"address"是源操作数的地址，其数值可能是某个 32 位寄存器的内容，或者某两个寄存器内容之和，或者某个寄存器的内容再加上一个偏移量，其中偏移量的范围也受限制，其原因同前。"address"的不同表示方式就是内存操作数的寻址方式。本书第 6 章将以 ARM 处理器为例，介绍指令的各种寻址方式。

2.4.2　指令周期

计算机之所以能够自动工作，是因为 CPU 能够从内存中取出指令，对指令进行译码，然后完成指令规定的操作，接着继续取指、译码、执行……除非遇到停机指令，上述过程将循环往复地持续进行，如图 2.12 所示。

从 CPU 开始取指到完成这条指令规定的操作，称为一个指令周期。由于指令的功能不同,操作内容也不同,所以有些处理器(如 Intel 8086)不同指令的指令周期是不同的。但某些采用了流水线技术的 RISC 处理器(如 MIPS 处理器),可以做到所有指令的执行时间相同,这类处理器称为单周期处理器。

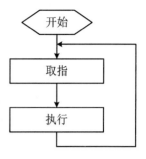

图 2.12　取指-执行过程

一个指令周期分为若干个 CPU 周期,也称为机器周期。由于 CPU 通过总线访问内存所花费的时间最长,因此 CPU 周期也称为总线周期。通常将 CPU 读取一个指令字的时间作为一个 CPU 周期,也就是一个机器周期或者总线周期。

一个总线周期又包括了若干个 T 周期,T 周期是处理器最基本的时间单位,也称为时钟周期或者节拍脉冲。总线周期所包含的时钟周期个数决定了总线周期的时间长度。在一个时钟周期内,CPU 仅完成一个最基本的动作。时钟脉冲是计算机的基本工作脉冲,控制着计算机的工作节奏。一般来说,时钟频率越高,时钟周期就越短,工作速度也就越快。

如果一条指令需要取指和执行两个 CPU 周期或者总线周期,指令周期、CPU 周期(总线周期)、T 周期(时钟周期)之间的关系如图 2.13 所示。

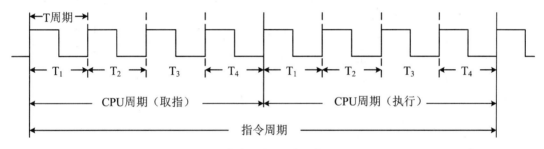

图 2.13　指令周期、总线周期和 T 周期

2.4.3　模型机指令执行流程

在图 2.9 所示模型机的基础上再增加片外总线和内存,更加完整的模型机系统结构如图 2.14 所示。从图 2.14 中可以看出,模型机的指令和数据都存放在同一个存储子系统中,CPU 通过同一套总线访问指令和数据,属于一种典型的冯·诺依曼结构计算机。以下我们通过一段简单的汇编语言程序,对模型机的工作流程进行讨论。

例 2.1　利用表 2.1 所给出的模型机汇编指令实现如下操作:将一个 8 bit 的位图数据 000F F000h(也可以按照 C/C++ 语言的风格表示为 0x000F F000)与内存中某个字数据相加,该字数据的地址位于 R_3 寄存器中;如果相加结果没有溢出,则将 0x000F F000 存入由 R_3 + 80h 指定的内存单元,然后停机(HALT);如果相加结果发生溢出,则直接停机。

解　可以完成上述任务的汇编语言程序片段如下,其中每条汇编指令";"后面的内容是该条语句的注释(关于汇编语言的语法规则和格式详见本书第 7 章有关内容)。

```
START:                              ; START 是第 1 条指令的符号地址,亦即标号
    MOV    R0,   #0x000FF000        ; 000FF000h → R0,"#"表示是立即数
    LDR    R1,   [R3]               ; [R3] → R1
    ADD    R1,   R0,   R1           ; R0 + R1 → R1
    JO     L2
    STR    R1,   [R3 + #0x80]       ; 没有溢出则将 R1 的内容 → [R3 + 0x80]
    L2:HLT                          ; 停机,L2 是该指令的标号
```

使用汇编语言编写的程序称为汇编语言源程序,简称汇编程序。汇编程序必须经过"翻译"之后,才能转换成计算机能够理解和执行的机器指令序列。这种翻译和转换的过程称为汇编(assemble),能够实现汇编功能的软件称为汇编器或者汇编软件。汇编程序和汇编软件在文字层面的意思相近,但含义相去甚远。

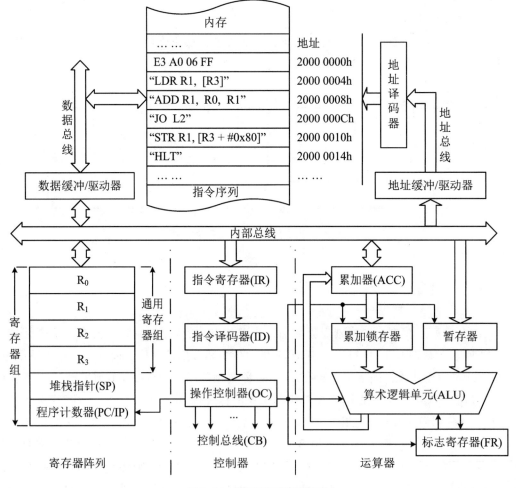

图 2.14　模型机系统结构图

汇编器输出的机器指令序列前后相继,顺序存放。由于模型机采用的是 32 位定长指令设计,每条机器指令长度都是 32 位,需要占用 4 个字节,所以后一条指令的地址等于前一条

指令的地址加 4。本例汇编程序中的"START"和"L2"是标号,也是指令的符号地址,可作为程序或者子程序的名字,更多的是用于标记指令转移的目的地址。假设待运行的机器语言程序存放在起始地址为 0x2000 0000 内存中,再假设第一条汇编指令"MOV R0, ♯0x000FF000"对应的机器指令为"E3 A0 06 FF","E3 A0 06 FF"占用了从 0x2000 0000 开始的连续 4 个字节单元,如图 2.14 所示。由于机器指令难以理解,后续指令在图 2.14 中都用汇编指令表示。

汇编器输出的机器指令程序执行时,根据程序的名字把第一条指令的地址 0x2000 0000 装入程序计数器(PC),然后就开始了第一条指令的取指操作。每条指令功能都是由一系列顺序执行的微操作实现的。例如,第一条指令的执行过程可以分解为以下几个步骤:

① 程序计数器的内容 0x2000 0000 送到地址生成部件(图 2.14 中没有画出),地址生成部件产生的地址信号经地址缓冲器/驱动器和地址总线,被送到地址译码器进行译码,寻址指令存放的内存单元。

② 操作控制器发读信号,将 0x2000 0000 单元的内容"E3 A0 06 FF"读出,由于是取指操作,"E3 A0 06 FF"经过数据总线被存入到指令寄存器(IR)。

③ 如果程序计数器的单位是字节,则 PC 自动加 4,指向下一条指令的存放地址。关于何时更新程序计数器有 2 种策略,流水线处理器采用的是取指后立刻更新,以便能够立即取下一条指令;另一种策略是临近指令执行结束时再更新,这样可以根据执行结果确定应该如何更新。

④ 指令译码器(ID)对指令操作码进行译码,操作控制器(OC)按照操作时序发出相应的控制信号。

⑤ 指令的地址码部分对应汇编指令的操作数部分。本条指令中的 R_0 是目的操作数,"♯0x000FF000"是源操作数。其中符号"♯"表明源操作数"0x000FF000"是立即数,这里假设"♯0x000FF000"符合指令对立即数的要求,例如是位图数据。

⑥ 在操作控制器输出的控制信号作用下,"0x000FF000"被装入 R_0 寄存器,第一条指令执行完毕。

接下来程序计数器的内容 0x2000 0004 送至地址生成部件,继续读取第二条指令。以下不再对各条指令的执行过程做"动作分解"式介绍,只对每条指令的功能和动作流程做简要描述,其中涉及的指令格式和寻址方式等内容将在本书第 6 章介绍。

第 2 条指令是数据加载(load)指令。指令的地址码表明,存放源操作数的内存地址位于 R_3 寄存器中,目的操作数是 R_1 寄存器。在操作控制器输出的控制信号作用下,R_3 寄存器的内容经地址生成部件和地址驱动器送到地址总线,再经地址译码后寻址到源操作数存放的内存单元,操作控制器发出读信号,将源操作数读出到数据总线,然后加载到 R_1 寄存器。

第 3 条是加法指令。经取指和译码后,操作控制器发出控制信号,将 R_0 寄存器与 R_1 寄存器的内容相加,结果存入 R_1 寄存器并将原来内容覆盖。运算完成后,根据结果更新标志寄存器中的相关状态标志位。

第 4 条是条件转移指令。其含义是如果发生溢出则程序不再顺序执行,而是跳转

(jump)执行标号为 L2 的指令,程序计数器(PC)的内容修改为 $PC = PC + m$,本例中 $m = 4$。至于是否发生溢出的判断依据是标志寄存器中的状态标志位(假定模型机中该标志位是"OF"),如果 $OF = 1$,表明有溢出,程序跳转执行地址为 0x2000 0014(= 0x2000 000C + 8)的指令;如果 $OF = 0$,没有出现溢出,程序仍然顺序执行下一条指令。

第 5 条是数据存储(store)指令。指令地址码指明源操作数是 R_1 寄存器的内容,目的操作数的地址是 R_3 寄存器的内容再加上偏移量 80h。地址生成部件计算出目的操作数的地址,并送往地址总线,操作控制器发出控制信号,将 R_1 的内容送上数据总线并驱动写信号有效,将数据写入被寻址的目的单元。

第 6 条是停机指令 HLT,CPU 不再取值而是持续执行空操作直至出现其他事件为止。

从上述指令的执行过程可以看出,指令在计算机中的流动轨迹为:指令存储器→数据总线→指令寄存器→指令译码器/地址生成部件。其中指令译码器是指令操作码的终点,而地址生成部件是指令地址码的终点。而所有数据(包括待处理、正在处理和已经处理)在 CPU 内部的传送路径都在数据通道中。

在图 2.14 所示的模型机中,指令的执行过程始终是按照取指→指令译码→取操作数→执行→存操作数的流程顺序进行的,这属于典型的多级串行作业流程。这种方式的弊端是处理器各个部件不能都满负荷工作。例如在取指阶段,运算器处于空闲状态;在指令执行阶段,取指和地址部件处于空闲状态;致使各个部件的利用率不高。

在模型机所采用的冯·诺依曼结构中,指令和数据都存放在同一个存储器中,通过同一条总线进行取指和存取操作数。对于多级串行作业模式来说,由于取指和存取操作数在时间上有先后顺序,不会出现冲突,这种结构能够胜任。但在流水线工作模式中,多条指令在执行时间上有重叠,前后指令的取指和存取操作数有可能同时发生。冯·诺依曼结构将造成总线竞争或者总线冲突(bus contention),所以不太适合流水线工作方式。

2.5　计算机体系结构的改进

自 20 世纪 80 年代中期开始,伴随着微电子、通信以及网络技术的发展,计算机体系结构发生了巨大的变化,使得计算机系统的性能突飞猛进。这些技术演进主要表现在以下几个方面:

- 计算机体系结构的发展和进步,包括 RISC 与 CISC 技术的相互借鉴与融合;
- 指令集(包括指令功能、格式和寻址方式)的优化;
- 使用高速缓存减少数据存取时间;
- 流水线、超标量和乱序执行等并行计算技术;
- 不断推陈出新的高性能总线;
- 指令和数据分别存储的哈佛结构;
- 多处理器系统、多线程处理器和多核芯片。

以下几小节将对上述技术演进的主要思想和技术路线做简要介绍。

2.5.1　CISC 和 RISC

基于微程序设计的控制器能够使用结构简单和规整的电路来实现复杂指令,其结果导致了处理器指令数量迅速增加,指令系统日渐庞大。这种后来被称为 CISC 的计算机体系结构曾经盛极一时,20 世纪 80 年代以前生产的商用计算机几乎都属于 CISC 计算机。

1. CISC 处理器指令的特点

以下介绍 CISC 处理器指令的主要特点,并与模型机所采用的 RISC 指令特点进行对比,以便读者更好地了解两者之间的区别。

1) 指令长度不一

CISC 处理器没有采用定长指令,指令长度长短不一。以 16 位的 Intel 8086 处理器的指令系统为例,其最短指令的长度只有一个字节,如清除进位标志 CF 指令 CLC,只有操作码没有操作数;大多数指令则由几个字节组成,最长指令有 6 个字节。而在 Motorola 公司32 位的 68020 处理器中,指令的长度从半个字(2 个字节)到 8 个字(32 个字节),变化幅度更大。

对于较长的指令,需要使用多个总线周期和多次总线操作才能完成一条指令的取指。指令长短不一给指令译码器的设计带来挑战,增加了硬件电路的复杂性,违背了简化硬件电路的初衷。

2) 指令执行时间不同

CISC 处理器的指令不仅长度不一,并且指令功能也简繁不同,致使对应的微操作步骤有少有多,指令执行所需的总线周期和时钟周期有短有长,不利于采用流水线和超标量等并行处理技术。

3) 非 Load/Store 体系

CISC 处理器没有限制算术和逻辑运算指令的操作数必须存放在寄存(没有使用Load/Store 体系结构)。我们通过一个简单的示例,说明 RISC 处理器和 CISC 处理器在指令功能方面的区别。

假设 p 是一个存放在存储器中的操作数(简称为存储器操作数),如图 2.15 所示,其地址为 addr;q 是存放在某个通用寄存器 R_i 中的操作数(简称为寄存器操作数),现在需要完成如下操作,p 和 q 相加,结果回写到地址为 addr 的内存单元,并替换原来的内容 p。

在 CISC 处理器中,完成上述操作只需使用一条如下格式的加法指令即可:

$$\text{ADD}\quad[\text{addr}],\quad\text{Ri}$$

其中[addr]表示地址为 addr 的内存单元内容,[addr]即是参加运算的两个源操作数之一,也表示存放运算结果的目的操作数,指令执行过程如图 2.15(a)所示。

但是在 RISC 处理器中,受 Load/Store 体系的限制,完成上述操作至少需要三条指令。三条指令的执行过程以及数据流动路径如图 2.15(b)所示。

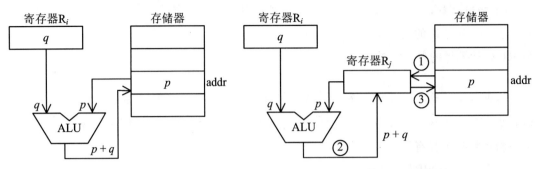

（a）CISC处理器一条指令即可完成 　　　　　（b）RISC处理器需要三条指令才能完成

图 2.15　存储器数加寄存器数，结果回写到存储器

① 先使用 Load 指令，将 addr 中存储的内容 p 加载到处理器内部某个通用寄存器 R_j 中；

② 再使用加法运算指令，将 R_j 和 R_i 中的 p 和 q 相加，结果写回 R_j；

③ 最后使用 Store 指令，将 R_j 的内容存储到地址为 addr 的内存单元中。

CISC 处理器一条指令即可实现的操作，RISC 处理器需要三条指令才能完成。由此可见 CISC 处理器指令功能的强大和灵活。

在 CISC 处理器中，指令"ADD [addr]，Ri"经过译码后，操作控制器顺序发出控制信号，相关部件在控制信号的作用下，按以下几个步骤进行操作：

① 先对内存进行寻址，将[addr]所指定的存储单元内容读到 CPU 内部暂存器；

② 将 R_i 与暂存器的内容相加，结果存放在累加器中；

③ 对内存进行寻址，将累加器中的结果写回到[addr]单元。

该指令的执行过程也要读操作数、相加和存储结果这三个环节，除了取指操作之外，仍然需要两次存储器访问。但是 CISC 处理器只需一条指令便可完成 RISC 处理器需要三条指令才能完成的操作，CISC 处理器比 RISC 处理器至少减少了两次取指和两次译码操作。

4）Move 操作

在 CISC 处理器中，寄存器与寄存器之间以及寄存器与存储器之间的数据（复制）传送，都可以通过如下格式的 Move 指令实现：

Move　destination，　source

大多数 CISC 处理器规定，上述指令的源操作数和目的操作数最多只能有一个是存储单元，指令执行时，数据传送过程最多只需一次存储器访问。Move 指令包含了 RISC 处理器中 Load 和 Store 指令的功能。而在 RISC 处理器中，Move 指令被限定在寄存器之间的数据传送，寄存器和内存单元之间的数据传送只能使用 Load 指令和 Store 指令。

对于连接在同一条总线上的两个存储部件，如果彼此之间需要传送数据，无论是 RISC 处理器还是 CISC 处理器，无论是采用多条简单指令还是一条复杂指令，数据传送过程都必须分为两步。第一步先将源操作数从内存单元中读出到某个通用寄存器进行暂存，第二步将暂存的内容写入目的存储单元。

5）两操作数

表 2.1 所给出的模型机指令系统中，绝大多数算术和逻辑运算指令均支持三操作数，这是 RISC 计算机的普遍特点。例如，加法指令：

$$ADD \quad Rd, Rs1, Rs2$$

该条有 Rd、Rs1 和 Rs2 共三个操作数，其指令功能是将两个寄存器操作数相加，结果存放到第三个寄存器中。但在现代 CISC 处理器中，通常不使用三操作数指令。大多数算术和逻辑运算指令只有两个操作数，其格式一般为

OPR（操作码）destination（目的操作数），source（源操作数）

例如，加法指令：

$$Add \quad B, \quad A$$

对应的操作是(B)+(A)→B。指令执行后，结果送到 B 原来的存储位置，替换原先的内容。这意味着上述指令中虽然只有两个操作数，但实际上 destination 不仅是目的操作数，也是参加运算的两个源操作数之一。

6）指令功能强大，寻址方式多样，程序简洁

CISC 处理器的指令功能强大，可以实现复杂操作。灵活多样的寻址方式也有利于软件编程。与 RISC 处理器相比，完成同样任务 CISC 处理器所需的指令数量较少，软件显得较为简洁。指令数量少意味着所需的取指和译码操作次数也较少，在不考虑其他技术因素（如流水线）的情况下，CISC 处理器的执行效率要高于 RISC 处理器。

此外，CISC 处理器普遍采用基于微程序设计的控制器。微程序事先存放在控制 ROM 中，指令执行时根据时钟节拍和操作时序，依次从控制 ROM 中读出每段微程序中的每条微指令，微指令中的微操作码经过译码后生成微控制信号，控制执行部件完成微操作，进而实现指令功能。微程序控制器的逻辑结构简单清晰，并易于增加新的指令，或者对已有指令的功能进行调整。正是因为以上这些特点，CISC 体系结构曾一度是商用计算机的不二选择。

在基于微程序设计的处理器中，完成一条指令需要使用多条微指令和多个微操作，这些微操作在时间上是以串行方式序贯执行的，串行作业方式势必对指令执行速度和处理器性能产生不利的影响。解决这一问题有两种思路，其一是提高处理器的工作时钟频率，加快微操作的节奏。但是增加时钟频率受到半导体材料物理特性的限制，并且难以解决由此产生的功耗和发热问题。另一种策略是使用流水线和超标量等技术，让多条指令在时间上并行执行。但是囿于 CISC 体系结构的特点，流水线和超标量的设计和实现遭遇了很多困难。

2．RISC 计算机的诞生

尽管 CISC 计算机的指令类型繁多、功能丰富、寻址方式灵活，但是计算机的总体性能并没有得到显著改善，至少其性能与 CPU 内部庞大的晶体管数量不成正比。问题出在哪里呢？

1975 年，IBM 科学家 John Cocke 在对 IBM 370（一种采用 CISC 架构的大型机）进行研究时发现，在计算机实际运行过程中，80%的时间内所用到的是只占总指令数 20%的简单指令，而占总指令数 80%的复杂指令却只有 20%的机会才被用到。从另外一个角度看，占据

芯片面积 20%的电路承担了 80%的工作,而占芯片面积 80%的电路只承担了 20%的处理任务。此外,指令长度不一致,指令执行时间不同,给流水线和超标量设计带来了困难。为此,John Cocke 提出一种新的设计理念,主要包括:

- 减少指令数量和简化寻址方式,只保留部分最常用的指令,降低指令译码器的设计和实现难度;
- 复杂操作可通过编译技术由多条简单指令组合完成;
- 摒弃微程序和微指令,操作控制器回归到采用硬连线方式实现;
- 算术和逻辑运算都安排在寄存器之间进行;
- 所有指令长度相同,并尽可能在相同的时钟周期内完成。

按照这种设计思路设计的处理器,降低了硬件设计的复杂性,缩短了新处理器的研制周期,显著减少了芯片中晶体管数量和芯片功耗,并且有利于使用流水线和超标量技术。1980年,由 John Cocke 主持研制的 IBM 801 获得成功,这是第一台基于上述设计思想的计算机,也是 IBM 公司的 RISC 处理器 POWER-PC(Performance Optimization With Enhanced RISC-Performance Computing)的最早雏形。由于在计算机科学领域一系列的卓越建树,John Cocke 先后荣获了 ACM 颁发的图灵奖(1987)、IEEE 颁发的计算机先驱奖(1989)、美国政府颁发的国家技术勋章(1991)和国家科学奖(1994)等奖项,其中后两项是美国科技界最具荣耀的政府大奖。

John Cocke 的研究工作也引起了其他学者的关注,其中包括美国加州大学伯克利分校的 David Patterson 和斯坦福大学的 John L. Hennessy。Patterson 将 Cocke 所提出精简指令集的思想进行总结,并创造了 RISC 这个术语。他所带领的团队在 1982 年研制成功了一颗 RISC 处理器的样机——RISC-I。虽然 RISC-I 只有 44 000 个晶体管,但是性能却超过了使用 100 000 个晶体管的传统 CISC 处理器。后来 Sun Microsystem 公司和 TI 公司合作,在 RISC-I 的基础上开发出了享誉世界的 SPARC(Scalable Processor Architecture)处理器。Hennessy 于 1984 年利用斯坦福大学的一年休假时间,创立了 MIPS 计算机系统公司,并研发出了 RISC 芯片,这就是后来蜚声国际的 MIPS 处理器。鉴于在计算机体系结构方面的杰出成就[1],Hennessy 和 Patterson 成为 2017 年度的图灵奖的共同得主。

3. RISC 处理器及其指令的特点

RISC 处理器摒弃了微程序设计思想,采用硬连线方式实现控制器。为了减少控制器逻辑电路的设计难度,去除了大部分不太常用和较为复杂的指令,指令集仅保留了最常用的简单指令。所以 RISC 架构大大减少了传统处理器中的电路数,节省的芯片面积可用于增加片上高速缓存容量和寄存器数量。RISC 体系结构的指令长度一致、执行时间相同,这为采用流水线和超标量等并行处理技术带来了极大便利,而这些技术正是 RISC 处理器性能不断取得突破的主要因素。

---

[1] Hennessy 和 Patterson 两位教授共同主编的《Computer Architecture-A Quantitative Approach》(《计算机体系结构——量化研究方法》)一书,现已成为计算机体系结构领域最经典和最有影响力的教科书。

　　但是,CISC 处理器使用一条复杂指令就可以完成的操作,在 RISC 处理器中则需要使用多条简单指令才能实现。事实上,RISC 技术将复杂性从硬件层面转移到了软件层面。因此,RISC 体系计算机需要更优秀的程序编译器,优化由数量较多的简单指令构成的程序代码。

　　RISC 处理器的指令简单明了,易于理解,纯粹 RISC 风格的指令具有以下一些主要特点:

- 寻址方式简单,种类较少;
- 每条指令长度固定;
- 指令集中的指令数量较少;
- Load/Store 体系结构;
- 每条指令的执行时间相同;
- 算术和逻辑运算指令普遍支持三操作数;
- 只能对寄存器操作数进行算术和逻辑运算;
- 程序代码量较大,因为执行复杂操作需要使用较多的简单指令。

　　基于 RISC 架构的处理器诞生之后,只用了短短几年的时间,几乎席卷了所有的小型机和高性能工作站市场。如今,绝大多数嵌入式处理器也都属于 RISC 体系结构。在 RISC 处理器的发展历史上,在工业界中除了 IBM、SUN 和 MIPS 公司之外,HP 和 DEC 两家公司对RISC 处理器的技术进步也做出过重要贡献,尤其是 DEC 公司的 64 位 Alpha 处理器,在一段时间内不断刷新 RISC 处理器的性能纪录,成为了 RISC 处理器的翘楚。我国具有完全自主知识产权的国产申威通用处理器,在发展初期就借鉴了 Alpha 处理器的设计思路。申威处理器为神威·太湖之光超级计算机扬威世界立下了赫赫战功。

4. CISC 和 RISC 的相互借鉴与融合

　　虽然 RISC 和 CISC 采取了不同的设计思路,但在其各自的发展过程中又彼此借鉴,取长补短,相互融合。例如,为了减少执行一项操作所需的指令数量,许多 RISC 处理器也增加了一些能够快速执行的非 RISC 指令;为降低硬连线控制器的设计难度,并没有完全排斥微程序和微指令设计。如 PowerPC、SPARC、Alpha 和 HP 公司的 PA-RISC(Precision Architecture-RISC)等,或多或少地都增加了一些非 RISC 指令,某些处理器指令集的指令数多达上百条。而较为纯粹的 RISC 处理器,如 MIPS 处理器,其指令数量仅有 31 条。

　　作为 CISC 处理器的典型代表,Intel x86 架构处理器以及 AMD 等公司的类似产品几乎垄断了桌面计算领域。在看到 RISC 架构处理器的各种优点之后,Intel 从 20 世纪 90 年代初就开始与 RISC 阵营的 HP 公司展开合作,在 Pentium Pro(P6)处理器中就能看到许多具有 RISC 风格的设计。后来 Intel 公司又收购了 Alpha 处理器的研发团队,进一步掌握了RISC 处理器的核心技术。在"引进、消化、吸收"的基础上,Intel 提出了 EPIC(Explicitly Parallel Instruction Computers,精确并行指令计算机)体系架构,并先后推出了基于这一体系的 IA-64 处理器 Itanium(安腾)、Itanium Ⅱ……虽然对于 EPIC 究竟属于 RISC 还是CISC 尚存在不同看法,但是 RISC 和 CISC 两个体系之间的相互借鉴已成为不争的事实。

2.5.2　流水线技术

1．流水线原理

计算机的指令执行过程可以分成若干个操作步骤。以模型机系统为例，假设将一条算术逻辑运算指令的执行过程分解取指（Fetch）、译码（Decode）、取源操作数（Read）、计算或者执行（Execute）和回写结果（Write-back）这 5 个步骤。每个步骤都由专门的功能部件实现，例如取指部件、译码部件和执行部件等，每个部件分工明确，各司其职。此外，各个操作步骤之间有明确的先后顺序。例如，只有取指完成之后才能译码，ALU 完成运算之后才能回写结果。

对于图 2.14 所示的模型机系统，任何时候只能执行一条指令，当上一条指令执行结束之后下一条指令才能开始执行，指令与指令之间呈多级串行作业模式，如图 2.16(a) 所示。这种模式必然导致部分功能部件在某些时段处于空闲等待状态。例如在取指阶段，负责译码、读源操作数、执行和结果回写的功能部件处于空闲等待状态；而 ALU 进行计算时，其余部件又处于空闲状态。这种功能部件的"窝工"现象是串行作业的固有缺陷。假如能够使各个功能部件每时每刻都处于高效运行状态，不出现"窝工"等待，将会成倍提高处理器的性能。

如果将这些功能部件按指令的操作步骤顺序进行排列部署，并在前后两个部件之间增加一个缓冲寄存器，就形成一条指令处理流水线，如图 2.16(b) 所示。使用缓冲寄存器是为了对前后两个部件进行隔离。隔离之后，各个功能部件能够相对独立地并行工作，部件之间工作交接（数据传递）将通过缓存寄存器进行。这种缓存寄存器被称为流水线寄存器。

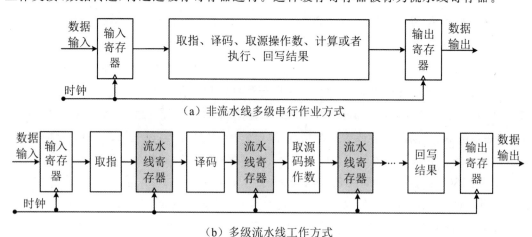

（a）非流水线多级串行作业方式

（b）多级流水线工作方式

图 2.16　流水线寄存器和流水线

在流水线上，前一条指令在第一个部件完成第一步操作后，进入下一个部件执行第二步操作。然后下一条指令就可以进入第一个部件执行第一步操作……如此一来，多条指令可以在流水线上以时间重叠方式序贯执行。为了展现指令执行的并行性，通常采用时空图来描述指令的执行过程。图 2.17 是多级串行作业和流水线作业两种方式的时空图。从图中可以看出,如果一条指令的执行过程分为 5 个步骤,在 10 个(流水线)周期内,串行作业方式只能完成 2 条指令的执行,而流水线方式可以完成 6 条指令的执行,并且指令 7 到指令 10 也开始了部分执行。

周期	1	2	3	4	5	6	7	8	9	10
指令1	取指	译码	取源操作数	计算或者执行	回写结果					
指令2						取指	译码	取源操作数	计算或者执行	回写结果

（a）非流水线多级串行执行

周期	1	2	3	4	5	6	7	8	9	10
指令1	取指	译码	取源操作数	计算或者执行	回写结果					
指令2		取指	译码	取源操作数	计算或者执行	回写结果				
指令3			取指	译码	取源操作数	计算或者执行	回写结果			
指令4				取指	译码	取源操作数	计算或者执行	回写结果		
指令5					取指	译码	取源操作数	计算或者执行	回写结果	
指令6						取指	译码	取源操作数	计算或者执行	回写结果
指令7							取指	译码	取源操作数	计算或者执行
指令8								取指	译码	取源操作数
指令9									取指	译码
指令10										取指

（b）指令时间重叠流水线方式执行

图 2.17　指令执行过程时空图

需要说明的是,图 2.17 展现的是一种理想情况。事实上,n 级流水线上需要插入 $n-1$ 个流水线寄存器,指令执行过程增加了流水线寄存器的写入时间以及额外的门电路时延。因此,单条指令在流水线上执行所花费的时间要比非流水线方式更长。但是流水线上有多条指令以时间重叠方式同时执行,使得单位时间内可以完成的指令数(Instructions Per Cycle,IPC)大大增加。此外,图 2.17 还假设了流水线上每一个部件所需的处理(包括流水线寄存器写入)时间相同,如果不一致,流水线周期将受制于最慢的部件,这将导致流水线的性能下降。

2. 流水线技术存在的主要问题

要使流水线高效运行,流水线上每一个部件或者每一级(stage)都应该处于满负荷工作状态。为此,流水线应该始终保持畅通,不发生断流。但是,要维持流水线不出现断流还面临着一些困难,主要是指令执行过程中会出现以下三种相关冲突(也称为"冒险")。

1) 资源相关

资源相关也称为结构相关,当多条指令序贯进入流水线后,如果在同一个流水线周期内,不同的指令争用同一个公用的功能部件时,就产生了资源相关冲突。最容易引起资源相关的部件是总线接口。在采用冯·诺依曼结构的计算机中,取指、数据加载(Load)和数据存储(Store)等操作都要通过总线访问同一个存储器,当前面一条指令正在使用总线存取操作数时,可能会影响已进入流水线的后续指令取指操作。为了解决资源相关冲突可以采取的措施包括:

① 发生冲突时,后面一条指令等待一个节拍再启动,这种措施称为向流水线中插入气泡(Bubble),也称为插入阻塞。显然,插入气泡或者阻塞将导致流水线性能下降。

② 采用哈佛结构,将指令和数据分别存放在两个不同的存储体,通过两套独立的总线对其进行访问,彻底消除取指和存取操作数之间的资源相关。但是,这种方案将增加系统结构的复杂性。

2) 数据相关

在程序运行过程中,如果后一条指令的执行需要使用前一条指令的结果,那么这两条指令之间存在数据相关。

在流水线上,指令执行在时间上是重叠的,前一条指令还没有执行完毕,后面第 2,3 条指令就陆续开始执行了。例如,以下两条指令在流水线上顺序执行:

SUB R1, R2, R3;R2 减 R3 结果写入 R1

AND R4, R1, R5;R1 和 R5 逻辑与运算,结果写入 R4

两条指令在流水线上的时空图如图 2.18 所示。可以看出,第 1 条 SUB 指令在第 5 个周期才将结果写回 R_1,但是第 2 条 AND 指令在第 4 个周期就要读取 R_1 的内容并送入 ALU 进行运算,而程序的本意是读操作必须在写操作之后,即"写后读"(Read After Write, RAW)。RAW 是一种最为常见的数据相关。

周期	1	2	3	4	5	6	7
SUB	取指	译码	取源操作数	计算或者执行	回写结果		
AND		取指	译码	取源操作数	计算或者执行	回写结果	

图 2.18 数据相关冲突示意图

此外,流水线还可能存在"写后写"(WAW)和"读后写"(WAR)两类数据相关。所谓 WAW 是指 I_{j+1} 试图在指令 I_j 写数据之前写数据,这样最终结果将由 I_j 决定,而程序本意是保留 I_{j+1} 的结果。所谓的 WAR 是指 I_{j+1} 试图在指令 I_j 读一个数据之前写该数据,此时指令 I_j 读到的是被 I_{j+1} "篡改"后的数据。

译码器发现前后指令存在数据相关时,可在流水线上插入气泡,让后续指令等待前面指令完成后再启动。这种方法虽然可以解决数据相关冲突,但是将造成流水线性能下降。

"向前"或者"定向"推送是一种解决数据相关的常用手段,其具体实现方法是设置专用通道,不必等到前一条指令把计算结果写入流水线寄存器之后再读,下一条指令可以直接把前一条指令 ALU 的计算结果作为自己的操作数,立即进行计算。这种方式也称为数据旁路技术或者专用通道技术,但是该技术无法消除所有的数据相关。

如果编译器能够对待处理的指令进行扫描,通过比较前后指令的操作类型和需要使用的寄存器,检查是否存在数据相关,在保证程序逻辑正确的前提下,对指令的执行顺序进行重新组织,也能够消除部分数据相关。这种技术称为指令调度或者流水线调度,属于一种乱序执行策略。

3) 控制相关

控制相关冲突是由控制转移指令引起的。在理想的流水线执行过程中,每个流水线周期进行一次取指操作。在取指的同时,前面一条指令还在进行译码操作。如果前面一条是转移指令,势必会影响本次以及后面若干次取指操作的有效性。由于控制转移指令分为无条件转移和有条件转移两类,下面分别对其进行讨论。

无条件转移指令包括子程序调用指令。假设在指令序列中,指令 I_j 是一条无条件转移指令,其在流水线上的执行步骤为:取指、译码、计算转移地址并更新程序计数器(PC)。第 3 个周期结束之后,第 4 个周期将读取转移目标指令 I_k。而在此之前,指令 I_{j+1} 和 I_{j+2} 也先后进入了流水线,但是指令 I_j 执行后程序将转移到新的目标地址,已经进入流水线的指令 I_{j+1} 和 I_{j+2} 属于无效指令,必须丢弃,也就是需要“排空”流水线,这也将造成流水线断流。上述过程产生的两个流水线周期延迟被称为转移代价(branch penalty),如图 2.19(a)所示。

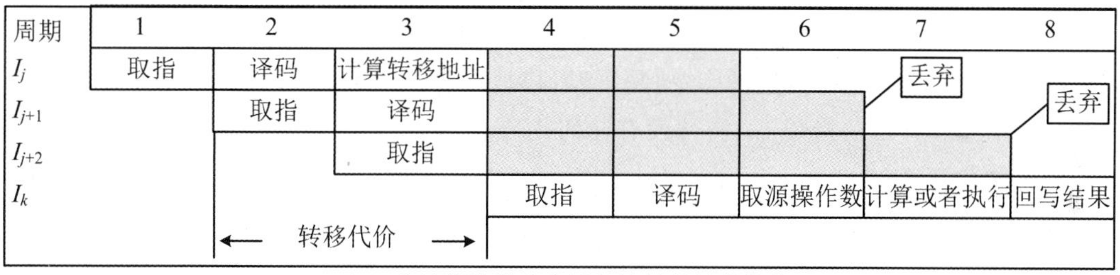

（a）在计算阶段确定目标地址的转移代价

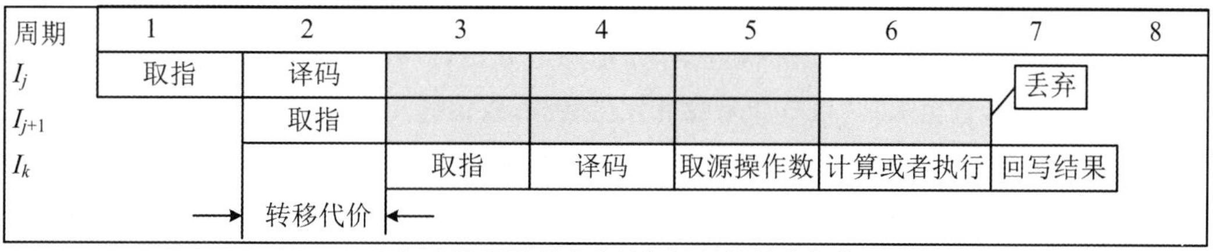

（b）在译码阶段确定目标地址的转移代价

图 2.19　无条件转移指令的转移代价

据统计,程序中转移指令的占比高达 20%～25%,减少转移代价对于提高流水线效率具有重要意义。因此,应在流水线上尽早计算出转移目标地址。

对于无条件转移指令,可在译码部件增加用于计算转移地址的加法器,在译码阶段就计算出转移目标地址,在第 3 个周期读取转移目标指令 I_k。这样只需要丢弃 I_{j+1} 一条指令,转移代价减少到只有一个流水线周期,如图 2.19(b)所示。

如果遇到条件转移指令,也应该尽早测试转移条件以减少转移代价。为此,可在译码部件中增加比较判断电路,在译码阶段就进行测试,从而把转移代价控制在一个流水线周期。但是,大多数条件转移指令究竟是否发生转移,取决于上一条指令执行后的某些状态标志位,这些标志位只有在 ALU 完成运算之后才会更新,这时已有多条后续指令进入了流水线。例如,假设图 2.20 中的 I_{j-1} 是一条算术逻辑运算指令,紧随其后的 I_j 是条件转移指令,尽管 I_j 的"判断"操作与 I_{j-1} 的"计算或执行"操作同时进行,但是如果发生了转移,需要排空流水线,将指令 I_{j+1} 和 I_{j+2} 丢弃,由此产生两个流水线周期的转移代价。如果流水线的级数越多,排空操作所丢弃的指令也越多,转移代价也就越大。

周期	1	2	3	4	5	6	7	8	9
I_{j-1}	Fetch	Decode	Read	Execute	Write				
I_j		Fetch	Decode	Test				丢弃	
I_{j+1}			Fetch	Decode					丢弃
I_{j+2}				Fetch					
I_k					Fetch	Decode	Read	Execute	Write

图 2.20　条件转移代价

转移指令 I_j 后面的一个时间片称为转移延迟槽(branch delay slot),无论是否发生转移,位于转移延迟槽的指令总是会被取指和译码。如果能对是否将发生转移做出正确预测,就可以根据预测结果选择合适的指令"装入"转移延迟槽。例如,假设预测结果是转移,转入转移延迟槽是转移目的指令 I_k,转移没有任何代价。

动态转移预测(dynamic branch prediction)算法是一种常用的转移预测方法,该算法根据指令过去的行为来预测将来的行为,并将发生转移的可能性进行加权量化。例如,用 2 位二进制码表示发生转移可能性的权值,"11"是极有可能发生转移,"10"是有可能发生转移,"01"是有可能不转移,"00"是极有可能不转移,转移可能性权值是预测的主要依据。所谓动态预测,就是根据转移指令的实际执行结果,动态地修正转移可能性权值。例如,每发生一次转移,权值加 1,直至加到"11";如果没有发生转移,权值减 1,直至减到"00"。对于循环程序,在循环开始阶段会出现几次预测错误,在循环结束时也会发生一次预测错误,其他情况都能做到准确预测。

动态转移预测需要在处理器内部增加一个小型快速存储器,称为转移目标缓冲器(Branch Target Buffer,BTB)。BTB 收集和存储近期所有转移指令的有关信息,并按照查找表的形式将这些信息进行组织,每个表项(每条记录)中的信息包括:

* 转移指令 I_j 的地址;
* I_j 的转移可能性权值(2 位);
* 转移目标指令 I_k 的地址。

当转移指令 I_j 进入流水线后,在取指阶段,处理器就会根据其地址和 BTB 中的记录识别出其"身份",并根据 I_j 的转移可能性权值做出预测。如果预测结果是不转移,下一条指令 I_{j+1} 进入流水线;如果预测结果是转移,则将 BTB 中所存储的 I_k 地址写入程序计数器 (PC),下一个流水线周期取指 I_k。指令执行完毕还要根据实际结果更新权值。

显然,必须在指令的取指阶段完成对 BTB 的快速搜索,而且这种搜索是通过大量的硬件比较电路实现的。为了减少硬件电路的规模,BTB 中的表项不能太多,通常是 1 024 个,用于存储最近执行的一些转移指令。当 BTB 装满之后,可以按照某种策略将其中某些表项进行替换。

2.5.3　超标量处理器和多发射技术

只能处理标量数据的处理器称为标量处理器。标量处理器是一种最简单的处理器,一条指令一次只能处理一个数据,属于一种单指令流单数据流(Single Instruction Single Data,SISD)型处理器。另外还有一种向量处理器,也称为阵列处理器,一条指令可以完成多个数据(向量)计算,属于单指令流多数据流(Single Instruction Multiple Data,SIMD)型处理器。向量处理器广泛应用在科学计算、信号处理、人工智能以及计算机图形图像处理等诸多领域。

本书 2.5.2 小节所讨论的流水线技术,是把单条指令的执行过程进行分解,通过流水线方式处理单条数据,因此称之为标量流水线。标量流水线通过指令执行时间重叠,提高了处理器的性能。理论上,指令操作过程可以分解成粒度更细小的子过程,增加更多的流水线级数,构成所谓的超级流水线(super pipeline)。例如,Intel Pentium Pro 的超级流水线有 14 级,Intel Pentium Ⅳ 则高达 20 级。但是,流水线级数越多,相关冲突出现的概率也越大,更加复杂的电路和过高的时钟频率将使得 CPU 的功耗和温度急剧上升。此外,过多的流水线寄存器增加了流水线时延,最终结果将会事与愿违,无助于提高处理器性能。因此,流水线的级数应该在一个合理的范围之内。

随着半导体和集成电路制造技术的进步,另外一种提高 CPU 性能的方法是在处理器内部设置多条标量流水线,多条流水线同时执行不同的指令,通过空间并行的方式提高处理器的性能。这种处理器称为超标量(super-scalar)处理器,拥有两条流水线的超标量处理器的模型如图 2.21 所示。

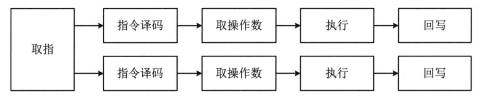

图 2.21　有 2 条 5 级流水线且共用一个取指部件的超标量处理器模型

在图 2.21 所示的超标量处理器模型中,取指部件在同一个流水线周期向两条流水线同时送出(发射)两条指令。在不增加时钟频率的情况下,超标量处理器在理论上可以成倍提高 IPC。因此,超标量技术在现代处理器中得到了广泛应用。例如,Intel Pentium 处理器中有 2 条 5 级的整数流水线(U 流水线和 V 流水线),此外还有 1 条 8 级的浮点数流水线(FPU)。

在超标量处理器中,指令序列被分拆并被发射到不同的流水线上并行执行,也会出现相关冲突。所以在发射之前,编译程序必须对待处理的指令进行"挑选",只有彼此不相干的指令才能被发射到不同的流水线上,这项工作称为指令的配对检查。可以看出,编译技术将直接影响超标量处理器的性能发挥。

超标量处理器中多条流水线的结构可以有所不同,分别承担不同类型指令的处理任务。例如,数据加载和存储指令与算逻指令所需的功能部件不同,浮点数与定点数运算的功能部件也不同,部署多条不同类型的流水线可以使硬件电路与指令功能相匹配。但是流水线的数量受到电路复杂度和功耗的限制,现代计算机中的超标量流水线数量为 4～6 条,其一般模型结构如图 2.22 所示。

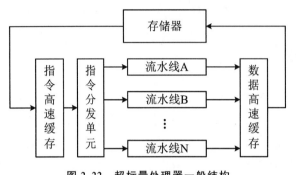

图 2.22　超标量处理器一般结构

在图 2.22 中,指令分发单元需要在一个流水线周期之内向多条流水线发射多条指令,这被称为多发射(multiple issue)技术。指令分发单元根据编译器的编译结果,在一个流水线周期要完成多条指令的取指和发射任务,这对指令分发单元的性能是一个挑战。解决这一问题的方法之一是增加指令分发单元的数量。

有人曾以解决高速公路拥堵问题来比喻超标量和多发射技术。为了增加高速公路的通过能力,一种行之有效的措施是增加车道,如目前国内许多高速公路正在进行的"四改八"扩建工程,将原来的双向四车道改为双向八车道。处理器所采用的超标量技术类似于增加车道。车道增加之后,高速公路入口处发放通行卡的环节也必须改进,每个收费亭增加人手,及时把入口处的车辆"发射"到各条车道上去,减少车辆在高速公路入口处的排队等待时间,这类似于处理器的多发射技术。

2.5.4　超线程(Hyper-threading)处理器

流水线和超标量都是基于并行处理原理,目的是提高处理器的 IPC。标量流水线由于存在着指令间的相关性,IPC 不可能达到 1。超标量是一种典型的多发射技术,每个时钟周期可以向多条流水线发射多条指令,理论上可以成倍提高 IPC。但是,超标量处理器尽管采用了转移(分支)预测、乱序执行等技术,仍然无法完全消除指令间的相关,致使在某些时钟周期没有指令可以发射,处理器的某些功能部件仍然会出现"窝工"闲置状态。

在同时能够执行多个任务的计算机系统中,操作系统的一项基本功能是对多个任务(包括系统任务和用户任务)进行调度和管理。在操作系统中,程序的动态执行过程称为进程(process)。进程与程序的区别是,程序是静态的代码,而进程是动态实体,是正在执行中的程序。进程不仅仅包含程序代码,也包含当前的状态,例如 PC 和相关寄存器的内容以及所使用的资源。当两个用户分别执行一个代码完全相同的程序时,其中的每一个都是一个独立的进程。因为虽然其代码相同,但是状态却未必相同。

在早期计算机系统中,进程被作为作业调度和资源管理的基本单位。操作系统将寄存器、内存、I/O 设备和文件等资源分配给每个进程。在执行多个任务时,CPU 的运行时间被划分成多个片段(processor slice,时间片),CPU 在不同的时间片轮流为每个任务进行服务。因此,操作系统需要频繁地对各个进程进行切换和调度。在一个进程切换到另一个进程时,操作系统要对资源进行回收和重新分配,对现场进行保存与恢复,而这些都是无效的时间和空间开销。

为了解决上述弊端,现代操作系统引入了线程(thread)的概念。所谓线程是指能够独立执行的程序代码的最基本单位,也是作业调度和执行的基本单位。线程只拥有少量的必备资源,如运行时必不可少的 PC、一组寄存器和堆栈。而进程只作为资源管理和分配单位,不再是任务调度单位。每个进程可以拥有若干个线程,线程与同一进程中的其他线程共享该进程所拥有的全部资源。操作系统对线程进行调度和切换时,不再进行资源的分配与回收,因此线程切换时的无效开销远小于进程切换。但是,在单个处理器中,任意时刻只能有一个线程在执行,多线程只是有利于操作系统对处理器的工作任务进行调度,减少无效开销,只能略微提高处理器的性能。

与此同时,随着流水线、超标量、多指令解码、预测转移和乱序执行等新技术陆续投入使用,处理器内部拥有了大量资源。然而由于多种原因,这些资源有一部分经常处于闲置状态。为了进一步提高资源利用率,设计师们干脆在 CPU 内部再增加一些部件,并对指令流水线进行改造,使得一颗 CPU 同时可以执行两个线程,该技术被称为同时多线程(Simultaneous Multi-Treading,SMT),如图 2.23 所示。2002 年,Intel 公司在其奔腾 4 和 Xeon(至强)处理器中采用了 SMT 技术,一个 CPU 配置了两个逻辑线程处理单元。Intel 公司将该技术称之为超线程(Hyper-Treading,HT)。

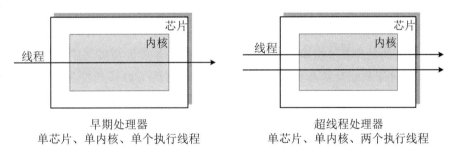

早期处理器
单芯片、单内核、单个执行线程

超线程处理器
单芯片、单内核、两个执行线程

图 2.23　单线程与超线程处理器示意图

采用超线程技术的 CPU 中,只是配置了两个逻辑上的线程处理单元,并不是每个线程都独自拥有所需的全部物理资源,其内部的 ALU、FPU、高速缓存和总线接口等部件仍然是两个线程共享的。当两个线程同时使用某一个资源时,其中一个要暂时退让,直到该资源闲置后才能使用。因此,采用超线程技术并不是真正意义上的并行处理。为了使超线程技术能够真正发挥作用,除了 CPU 之外,还必须得到操作系统、应用软件以及主板 BIOS(基本输入输出系统)的支持。超线程技术在性能方面的提升幅度,也与操作系统、应用软件和硬件环境有关。在处理多任务时,超线程技术能够带来 30%左右的性能提升。当运行单线程应用软件时,超线程技术反而会降低系统性能。换言之,超线程技术仅适用于多任务应用场景。

2.5.5 多处理器计算机和多计算机系统

多处理器计算机是一个计算机中拥有多个处理器,这些处理器分布在不同芯片上,处理器之间通过共享内存或者共享高速总线进行数据交换,在操作系统的统一控制下,多个处理器并行工作,提高单台计算机的计算能力。多处理器计算机属于一种紧耦合多处理器系统,其结构如图 2.24(a)所示。

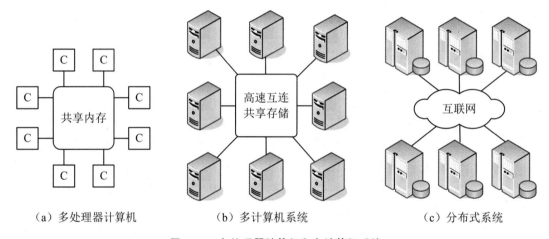

（a）多处理器计算机   （b）多计算机系统   （c）分布式系统

图 2.24 多处理器计算机和多计算机系统

多处理器计算机又分为两类:非对称多处理器(Asymmetric Multiprocessor,AMP)计算机和全对称多处理器(Symmetric Multiprocessor,SMP)计算机。AMP 计算机的处理器有主从之分,不同的处理器承担不同的任务,例如主处理器负责任务调度和系统管理,其他处理器中有些专注于科学计算和数据处理,有些则承担各类 I/O 传送服务。而在 SMP 计算机中,所有处理器地位相同,没有主从关系,各个处理器对称工作,共享内存、I/O 通道和外部设备。SMP 计算机结构相对简单,是现代通用服务器的主流架构。

多计算机系统是由多台计算机通过局域网以及私有网络彼此互连而成,如图 2.24(b)所示。多计算机系统中的每台计算机受各自独立的操作系统控制,有属于自己的存储系统和 I/O 设备,并通过以太网或者存储域网(Storage Area Network,SAN)共享外部存储器,组成计算机集群(Cluster,也称为机群)。计算机集群属于一种松耦合系统,除了能够提供强大的计算能力以外,不会因单台计算机失效而出现单点故障(Single Point Of Failure,SPOF),具备一定的高可用性(high availability),是执行关键任务信息系统(mission-critical systems)的一种主要结构。

图 2.24(c)是由多台计算机组成的分布式计算机系统。分布式计算机系统是建立在计

算机网络之上,由若干独立的计算机或者计算机集群通过网络互连而组成的,所以其结构与计算机网络基本相同。但是分布式计算机系统中有一个全网统一的分布式操作系统,能够对用户所需的各种资源进行统一调度和管理,并且保证系统的一致性与透明性。换言之,分布式计算机系统的用户无须关心系统中的资源分布情况以及计算机的差异,系统内部结构对用户完全透明。系统中的计算机之间没有主从之分,每台计算机既合作又自治,彼此协同工作,少数计算机失效或者退出对系统不会造成太大的影响,因而有更高的可用性。分布式计算机系统是计算机应用领域发展的一个重要方向,也是云计算的主要基础。

2.5.6　多核处理器(Multi-core)

在 CPU 诞生的初期,其主频(时钟频率)仅有几兆赫兹。为了提高 CPU 的性能,人们不断改进集成电路的制造工艺,CPU 的主频逐渐提高到几十兆赫兹、几百兆赫兹乃至目前的几千兆赫兹。随着主频的增加,CPU 的功耗也大大增加,必须加装特殊的冷却装置(如散热片和风扇等)以维持其正常运行。显然,CPU 的主频受到半导体器件物理极限的限制,通过提高主频的手段来提升性能已经到了"山穷水尽"的地步。

但是,在摩尔定律没有失效之前芯片中的晶体管数量仍在不断增加。20 世纪末,出现了将两个或者多个完整的、主频相对较低的处理器集成在一块芯片上,构成了单芯片多内核(core,也称为核心)处理器,简称多核处理器,以解决性能、功耗、设计复杂度和互连延迟等问题。

多核处理器中的每一个内核包含控制部件、运算部件、寄存器阵列、一级或者二级 Cache 等单元,普遍采用流水线、超标量和超线程技术,能够并行执行不同的程序,同时处理不同的任务。多个内核通过片内总线或交叉开关矩阵(crossbar)互连,能够彼此高速交换数据,可以看作一个片上多处理器机(Chip Multiprocessor,CMP)系统,对外却呈现为一个统一的处理器。如果仍然以增加高速公路的运力来比喻,多核处理器相当于再建造一条或多条与当前道路平行的高速公路。

20 世纪末,IBM、HP 和 Sun 等厂商几乎同时推出了基于 RISC 架构的多核处理器,主要用于小型机和高端服务器。21 世纪初,Intel 和 AMD 两家公司又分别实现了基于 x86 架构的多核处理器。多核处理器充分利用了流水线、超标量、超线程和多处理器计算机等技术,具有高并发性、高通信效率、高片内资源利用率、低功耗、低设计复杂度和低成本等优点,现已取代单核处理器,成为了当下处理器的主流产品。

与多线程处理器不同的是,多核处理器中的每一个计算内核都拥有所需的全部计算资源,可以彼此独立地执行任务。按照多核处理器内部计算内核的种类,多核处理器又分为同构多核(homogeneous multi-core)和异构多核(heterogeneous multi-core)两种类型。

1. 同构多核处理器

同构多核处理器的内核普遍采用通用处理器,每个处理器的结构相同,地位相等。同构多核的结构相对简单,硬件实现复杂度低。最初的多核处理器都采用同构多核方式,所集成的内核数量较少,但是每个核的功能较强。同构多核处理器实际上是利用半导体技术的进步,把原来放在不同芯片上的多个处理器集成到一个芯片上,通过简单地增加片内处理器的数量以提高芯片整体性能,在体系结构上的改进并不明显。同构多核处理器利用了已有的处理器设计成果,借鉴了芯片之间互连的总线协议,是多核发展的初级阶段。

但在实际应用场景中,往往并不能把计算任务均匀分配到同构的多个计算内核上。多核处理器需要解决内核之间的负载均衡和任务协调等难题。即便是增加足够多的同类内核数量,软件中如果存在必须串行执行的部分,这部分将成为制约芯片整体性能提高的瓶颈。

学术界普遍认为,在采用并行计算时,并行计算所带来的性能加速比 S 服从安达尔定律(Amdahl's law)。该定律由以下公式描述:

$$S = \frac{1}{1 - a + \dfrac{a}{n}}$$

其中,a 为代码中可以并行计算部分所占的比例,n 为并行处理的节点个数。当 $a = 1$ 时(即没有串行,全部是并行),最大加速比 $S = n$;当 $a = 0$ 时(即只有串行,没有并行),最小加速比 $S = 1$;当并行节点数 $n \to \infty$ 时,极限加速比 $S \to 1/(1 - a)$,这是加速比 S 的上限。假如串行代码部分占整个代码总量的 20%,并行处理的加速比 S 不可能超过 5。

以上分析表明,同构多核处理器中的内核数量并不是越多越好,而是应该在芯片功耗、实现复杂度和实际效果之间寻找一个最佳值。另一方面,不同的处理任务,例如系统管理和任务调度、数值计算、图形图像处理以及人机交互接口等,对内核的功能和性能有不同的要求。面对这些存在较大差异的应用场景,同构多核处理器难以提供有针对性的服务,于是出现了异构多核处理器。

2. 异构多核处理器

异构多核处理器通过配置具有不同功能和性能的内核以匹配实际应用需求,在提升芯片整体性能的同时,优化处理器结构,降低系统功耗。

例如,对于通用的个人计算机,可以将图形处理器(Graphic Processing Unit,GPU)与通用 CPU 集成在一颗芯片上,从而构成一种异构多核处理机。在这样的架构下,程序中必须串行执行的部分由通用 CPU 执行,可以并行的(例如视频和图形图像)处理任务交由 GPU 内核进行提速。

异构多核结构在实现过程中也存在着一些难点,例如,如何选配不同的内核以匹配实际应用需求?核与核之间的任务如何分工?软硬件之间应该怎样配合以提高并行处理能力?如何平衡性能、成本和功耗等之间的关系?

近年来,华为海思陆续推出的面向高端智能移动终端的麒麟(Kirin)系列处理器,是异构多核处理器的一个成功典范。2018 年面世的麒麟 980,针对移动终端用户的不同应用需求,采用了"大小核"(big.LITTLE)架构,在一个芯片上集成了 4 个高性能大内核(2×ARM Cortex A76 @ 2.60 GHz + 2×ARM Cortex A76 @ 1.92 GHz)和 4 个低功耗小内核(4×ARM Cortex A55 @ 1.80 GHz),分别满足移动终端用户在通信、网络连接、手机游戏、视音频欣赏和电池续航能力等方面的需求。麒麟 980 中还配置了一颗 10 核 GPU(ARM Mali

76），增强视频和图形图像处理能力，提升移动终端的屏幕画质和流畅度。此外，麒麟 980 还搭载了两颗寒武纪公司研发的人工智能处理器 NPU，可支持人脸识别和指纹解锁等 AI 应用。麒麟 980 所集成的晶体管数量达到 69 亿个，使得国产手机芯片可以比肩世界先进水平。2019 年华为发布的可支持 5G 通信的麒麟 990，在麒麟 980 基础上又有新的突破，所集成的晶体管数量高达 103 亿个，搭载麒麟 990 的华为手机成为全球最早面世的支持 5G 通信的商用手机。

2.6　Intel x86 典型微处理器简介

2.6.1　Intel 8086 处理器

1978 年，Intel 公司推出了全球第一款 16 位通用微处理器芯片 Intel 8086。紧随其后，Zilog 公司和 Motorola 公司也陆续宣布了各自的 16 位微处理器芯片 Z8000 和 MC68000，从此微处理器步入了 16 位时代。

Intel 8086 以 8 位微处理器 Intel 8080/8085 为基础，并且考虑了向下兼容[①]（backwards compatibility）问题，因此拥有与 8080/8085 类似的寄存器组。Intel 8086 有 16 根数据线，既能处理 16 位数据，也能处理 8 位数据；地址总线为 20 位，可寻址 1 MB 的内存空间；I/O 端口采用独立编址方式，I/O 端口寻址只需 16 条地址线，可管理的 I/O 端口总数为 64 K。Intel 8086 的时钟频率仅有 5 MHz，最高只能达到 10 MHz。Intel 8086 内部共有 4 万个晶体管，其内部逻辑结构分为指令执行单元（Execute Unit，EU）和总线接口单元（Bus Interface Unit，BIU）两个部分，如图 2.25 所示。

Intel 8086 的 EU 部件包括一个 16 位算逻单元、一个标志寄存器、一个临时寄存器（暂存器）和一组（8 个）16 位通用寄存器。其中 AX、BX、CX 和 DX 四个 16 位通用寄存器可以分拆，每个可以分拆成两个 8 位寄存器来使用；另外四个是内存寻址所需的索引寄存器（包括堆栈指针）。

Intel 8086 对内存采用分段管理，将内存分为代码段、数据段、扩展段和堆栈段四种类型，并在 BIU 部件中设置了与之对应的四个 16 位的段寄存器，名称分别为 CS（Code Segment）、DS（Data Segment）、ES（Extra Segment）和 SS（Stack Segment）。段寄存器中存放的是某个内存区段 20 位起始地址的高 16 位地址，称为段基址或者段基值（segment base value）。为了产生访问内存所需的 20 位地址，地址加法器将段寄存器的内容左移 4 位（后

---

① 又称为向后兼容，这里的"后"是指"落后"，不是指"后来"。表示在上一代硬软件平台上编写的程序可以不加修改地在新平台上运行。当硬软件平台升级时，向后兼容有利于保护用户在旧平台上的软件投资。

面补齐 4 个"0")后再与 16 位偏移地址相加,形成 20 位物理地址。16 位偏移地址又称为有效地址(Effective Address,EA),是由某些 16 位通用寄存器内容以及立即数的组合构成的,不同的组合方式反映了不同的内存寻址方式。

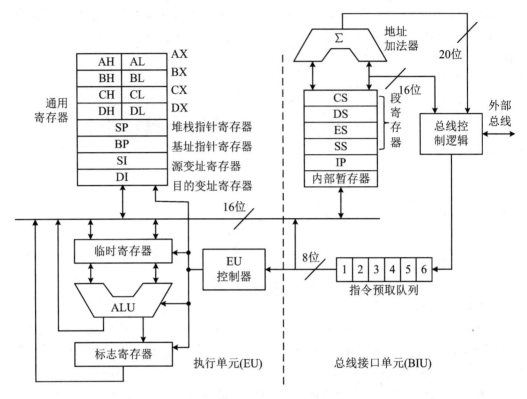

图 2.25   Intel 8086 内部结构图

为了适应指令长度不等的设计,同时也为了提高取指操作的效率,Intel 8086 中的 BIU 部件设置了 6 字节的指令预取(prefetch)队列,指令执行和取指操作可以同步进行。Intel 8086 共有 92 条指令,分为数据传送、算术运算、位操作、串操作、控制转移和处理器控制共 6 大类。Intel 8086 的指令数量虽然不是很多,但具有 CISC 结构的典型特征,例如指令长度不等、非 Load/Store 体系、支持内存单元的 Move 操作、提供多种寻址方式等。

Intel 8086 没有浮点处理单元,但是 Intel 设计了与之配套的协处理器(co-processor)Intel 8087,配合 Intel 8086 工作以提高其数值计算能力。Intel 8087 协处理器有 68 条指令,按其功能可以分为传送、比较、算术运算、取常数、超越函数计算及控制 6 种类型。这些指令与 Intel 8086 指令集被统一称为 x86 指令集。

在 20 世纪 70 年代末,大部分微处理器和接口芯片都是 8 位的。考虑到与 8 位系统的兼容性,Intel 公司在 1979 年推出了准 16 位的微处理器 Intel 8088。之所以称之为准 16 位,是因为 Intel 8088 内部与 Intel 8086 几乎完全一致,只是外部数据总线只有 8 位。1981 年,IBM 公司选用 Intel 8088 作为第一代 PC 机的 CPU。IBM PC 机所取得的巨大成功宣示了一个全新时代的开始,Intel 公司也借此契机发展为半导体工业的巨人。

2.6.2　Intel Pentium 处理器

在 Intel 8086 之后,Intel 公司又相继研发了 80286、80386 和 80486 等微处理器,这些微处理器被先后用于基于 IBM AT(Advanced Technology)或者 ISA(Industry Standard Architecture,工业标准结构)架构的 PC 机中。从 80386 开始,CPU 内部寄存器的位宽扩展到了 32 位,并且采用相对复杂的技术,保证与 Intel 以往生产的 16 位系统兼容。与此同时,除了 Intel 公司以外,还有 AMD 和 Cyrix 等公司也采用 x86 架构生产了大量的微处理器,命名方式与 Intel 公司雷同,也占据了一定的市场份额。

1993 年 3 月,Intel 正式向外发售 Pentium 处理器。出于对版权和商标注册等方面的考虑,Pentium 没有沿用 Intel 公司惯用的 80x86 来进行命名。鉴于中国市场的重要性,Intel 第一次为其产品起了一个中文名称"奔腾"。Pentium 内部集成了 310 万个晶体管,其中 70%电路是为了能够与 80486 等早期产品兼容,其余才是为了提高性能。Pentium 逻辑结构如图 2.26 所示,早期 Pentium 的主频仅为 66 MHz,工作电压为 5 V。后来逐步提高到 120 MHz、133 MHz、150 MHz 等多种规格,工作电压也从 5 V 降低至 3.3 V。

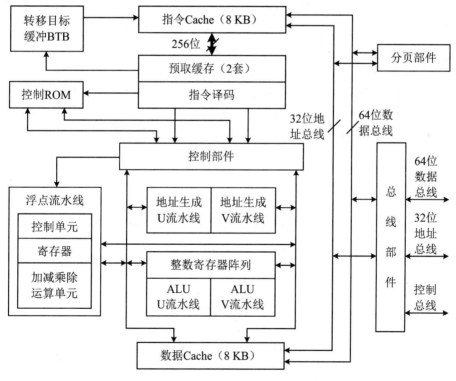

图 2.26　Intel Pentium CPU 结构框图

Pentium 处理器的主要寄存器都是 32 位,因此被归类为 32 位微处理器。Pentium 处理器的外部地址总线位宽也是 32 位,可以管理的物理地址空间为 4 GB。但是,Pentium 与外部存储器连接的数据总线位宽扩展到 64 位,一次总线操作可以传送 8 个字节。在频率为

66 MHz 的 64 位总线上,CPU 与内存之间的峰值数据传输速率可以达到 528 MB/s。

Pentium 处理器将指令 Cache 和数据 Cache 分开设置,并采用了超标量和流水线技术。Pentium 内部有 U 和 V 两条并行的 5 级整数指令流水线,每条指令的执行过程被分解为指令预取、指令译码、地址生成/取操作数、指令执行和结果写回共 5 个步骤。每条流水线都有专属的 ALU、地址生成电路以及与数据 Cache 的接口,在指令满足配对要求的情况下,每个时钟周期可以同时执行两条简单的整数指令。操作控制器采用硬布线(汲取了 RISC 架构的思想)与微程序相结合的方式实现。对于大多数简单指令,由硬布线逻辑负责执行,可在一个时钟周期完成操作;对于需要微程序实现的指令,则由控制 ROM 中存放的微指令代码解释指令的操作顺序,可在 2~3 个时钟周期内完成操作。

Pentium 的浮点处理部件 FPU 采用 8 级流水线结构(其中前 4 级与 U、V 流水线共享),集成了专门用于浮点数运算的加法器、乘法器和除法器,以及由 8 个 80 位寄存器组成的寄存器堆,内部数据总线位宽为 80 位。除了支持符合 IEEE-754 规范的单精度和双精度浮点数以外,还支持 80 位的扩展双精度浮点数。因为 FPU 的前 4 级依赖 U、V 流水线,所以浮点数指令与整数指令不能同时执行,每个时钟周期只能执行一条浮点数指令。

指令 Cache 和数据 Cache 与 CPU 内部总线(64 位数据、32 位地址)相连。指令 Cache 与指令预取之间有一条位宽为 256 位的单向通道,一次可以传送 32 字节的超长指令。数据 Cache 有两个 32 位的双向端口,可以与 U、V 流水线同时进行整数数据交换,或者组合成一条 64 位的数据通道,与浮点部件交换浮点数据。

Pentium 处理器共有 191 条指令,支持 9 种寻址方式,指令长度不等,应该归类为 CISC 体系结构。但是,Pentium 处理器的一部分操作控制器采用硬布线方式实现,每个时钟周期可以执行两条指令,又具有 RISC 结构的特征。Pentium 采用 CISC 结构实现超标量流水线,并采用了转移指令预测技术,减少了流水线的转移代价,使其成为微处理器发展史上具有里程碑意义的一款产品。

2.7 ARM 嵌入式处理器简介

2.7.1 ARM 体系结构、ARM 处理器和 ARM 内核

ARM 公司自创立以来,一直致力于基于 RISC 架构的处理器研发和设计,迄今已经发展出 ARMv1~ARMv8 共 8 个体系结构版本。其中,ARMv1~ARMv7 属于 32 位架构,ARMv8 则是新一代的 64 位架构。ARM 公司在每个体系结构版本中,根据所采用的实现技术、功能和性能等要素,又定义了若干个子版本。例如,ARMv7 体系结构版本被分成了 ARMv7-A、ARMv7-R 和 ARMv7-M 三个子版本,分别对应着 ARM Cortex-A、Cortex-R 和 Cortex-M 三个系列处理器。

基于每个体系结构版本,ARM 公司设计了多款嵌入式处理器。从严格意义上说,所谓的 ARM 处理器是指由 ARM 公司设计的处理器。即使是属于同一体系结构版本的各款 ARM 处理器,其各自内部配置的硬件部件、功能和适用场景等都各不相同。例如,在少数早期设计的处理器中,内部仅有最基本的数据处理核心,习惯上称之为内核(Core,可以看作 CPU);如今 ARM 处理器内部普遍带有开发调试所需的功能模块,如嵌入式电路仿真器(In Circuit Emulator,ICE)或者嵌入式跟踪宏单元(Embedded Trace Macrocell,ETM)等;有些处理器还带有高速缓存、片上 ROM 和 RAM、中断逻辑、硬件加速器、内存管理单元(Memory Management Unit,MMU)或者内存保护单元(Memory Protection Unit,MPU[①])等各种部件,在功能和性能方面都存在较大的差异。但是,只要是基于同一体系结构版本,这些处理器都支持相同的指令集,可以在应用软件层面实现相互兼容。

其他处理器设计和制造厂商在获取 ARM 公司设计授权之后,根据实际应用需求和产品目标定位,在 ARM 处理器基础上再增加诸如实时时钟、ADC、DAC、存储器、协处理器或 DSP 以及各种接口单元部件,生产出了许许多多各具特色的嵌入式处理器芯片。这些基于 ARM 处理器设计制造的芯片实际上属于 SOC,但往往也被称为 ARM 处理器(芯片),而其中由 ARM 公司设计的处理器则被称为 ARM 内核。鉴于上述原因,本书后续章节对 ARM 设计的处理器或者 ARM 内核不再进行严格区分。

ARM 处理器芯片和 ARM 内核的关系如图 2.27 所示。从图中可以看出,在整个芯片中只有 ARM 内核是 ARM 公司设计的,其他部件则是由芯片生产厂商设计的,或者从第三方购买的 IP(知识产权模块)。

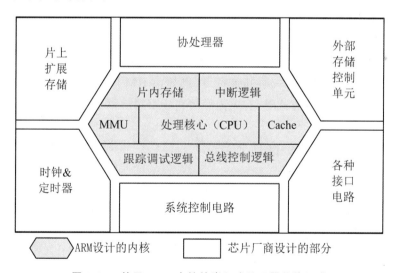

图 2.27　基于 ARM 内核的嵌入式处理器芯片组成

需要注意的是,ARM 体系结构版本号与 ARM 内核产品名称的编号并不是一一对应

---

① MMU 和 MPU 都用于内存管理,可提供诸如内存分页、地址映射和存储区域保护等功能。但是 MMU 还具有缓存控制、总线仲裁、内存 Bank 切换等高级功能;与 MMU 相比,MPU 较为简单,使用开销较少。

的,例如 ARM7TDMI 与 ARM9TDMI 分别属于 ARM7T 和 ARM9T 两个产品系列,但两款处理器都是基于 ARMv4T 体系结构版本。关于 ARM 体系结构版本号后缀的含义以及与 ARM 内核产品的对应关系请参见本书 5.1 节。

2.7.2　ARM 处理器的特点

ARM 处理器之所以成为应用最为广泛的嵌入式处理器,主要得益于 ARM 内核所具有代码密度高(代码占用内存少)、功耗低和性价比高三大特点。不同版本的 ARM 内核都具有如下一些 RISC 架构的特征:

- 每条指令长度固定;
- 指令集中的指令数量较少;
- Load/Store 体系结构;
- 只能对寄存器操作数进行算术和逻辑运算;
- 采用硬件布线逻辑,大部分指令在一个周期内完成执行。

ARM 内核并没有完全采用纯粹的 RISC 风格,而是围绕提高指令密度、减少芯片面积、减少功耗和提高处理器性能等目标,对传统的 RISC 架构有所扬弃,并吸取了一些 CISC 架构的特点,例如:

- 保留了少数功能强大的复杂指令,如使用一条指令即可将一个连续的存储器数据块装入到多个寄存器,或者将多个寄存器的内容存储到一个地址连续的存储器中;
- 提供自增、自减指令和基于 PC 的相对寻址方式;
- 用于转移指令和条件执行的条件码(N——负、Z——零、C——进位、V——溢出);
- 并不是所有指令都是单周期执行的,少数指令可以在多个周期内完成。

此外,ARM 体系结构还有一些其他特点,例如,ARM 内核所支持的指令集、指令的条件执行以及移位操作的实现方式等(有关内容将在本书第 5 章和第 6 章介绍)。

2.7.3　典型 ARM 内核的基本结构

随着 ARM 体系结构的不断发展,ARM 内核也在不断地进行升级。以下分别以 ARM7T 系列中最具代表性的 ARM7TDMI[①] 以及 ARM9T 系列中的 ARM920T 为例,简介 ARM 内核的基本结构和特点。

1. ARM7TDMI 基本结构和特点

ARM7TDMI 是 ARM 公司于 1995 年发布的一款采用冯·诺依曼结构的处理器,属于 ARMv4T 版本中的基本型产品。ARM7TDMI 内核的基本结构如图 2.28 所示[②]。从图

---

① ARM7TDMI 名称后缀中的 T 表示支持 16 位的 Thumb 指令;D 表示支持片上 Debug;M 表示内嵌硬件乘法器;I 表示内嵌 ICE 逻辑。ARM 处理器更详细的命名规则详见本书 5.1 节。

② 为简单起见,图 2.28 没有画出 ARM7TDMI 内部用于在线跟踪测试的嵌入式 ICE 和两条扫描链。

2.28 中可以看出,ARM7TDMI 内核包括一个 32 位 ALU、一个 32 位桶形移位寄存器和一个 32 位×8 位乘法器。ARM7TDMI 内部共有 37 个程序可以访问的 32 位寄存器物理资源,其中包括 31 个通用寄存器和 6 个状态寄存器。但这些资源不是同时可见的,在不同工作状态以及不同工作模式[①]下只能看到其中一部分,在任何状态和模式下,最多只能看到其中的 18 个。ARM7TDMI 的写数据总线和读数据总线是各自分开的,在片外只需配置单向的总线驱动器,从而避免使用双向总线驱动器在传送方向转换时所引起的时延。

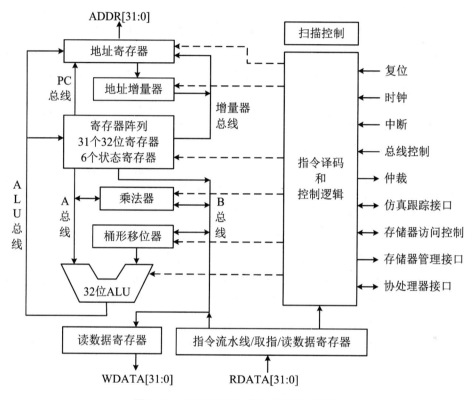

图 2.28　ARM7TDMI 内核基本结构模型

ARM7TDMI-S 是 ARM7TDMI 的可综合(synthesizable)版本,是一种"软"核[②]。从应用功能角度看,ARM7TDMI-S 和 ARM7TDMI 几乎完全相同,都具有如下一些主要特点:

- 32 位 RISC 处理器,冯·诺依曼结构,系统简洁,所使用的门电路数量较少;
- 内置一条 3 级指令流水线,指令执行过程分为取指、译码和执行 3 个阶段,性能可以达到 0.9 MIPS/MHz;

---

① 关于 ARM 处理器的工作状态和模式详见本书第 5 章相关内容。

② 软核是 IP 的一种产品形态,通常是以硬件描述语言(Hardware Description Language,HDL)文件形式交付,与具体布线和工艺等无关。用户借助 EDA 工具,可以很容易地将软核与其他电路或者模块进行综合后形成 SOC。与之相对的是"硬"核。硬核拥有固定的拓扑布局和经过验证的工艺设计,产品形态是电路物理结构的掩模图版和全套工艺文件。此外还有介于两者之间的"固"核。固核是在软核的基础上,完成门级电路的综合和时序仿真,产品形态是门级电路的网表(netlist)文件。

• 有 ARM 和 Thumb 两种工作状态,在两种状态下分别支持功能全面的 32 位 ARM 指令集或者简洁灵活的 16 位 Thumb[①] 指令集;

• 支持 8 bit、16 bit 和 32 bit 数据操作;

• 快速中断响应能力;

• 超低功耗,尤其适用于对功耗有苛刻要求的场合,如依赖电池供电的各种手持式电子设备和无线物联网终端;

• 出色的性能价格比。

虽然 ARM7TDMI 是 ARM7T 系列内核中的低端产品,但凭借上述特点使其成为 ARM7T 系列产品中使用量最大的一款处理器。从其诞生到 2014 年的 20 年间,以 ARM7TDMI(包括 ARM7TDMI-S)为核心的嵌入式处理器(SOC)芯片累计销售量超过了 300 亿颗。

2. ARM920T 基本结构和特点

1) ARM9 产品家族简介

ARM9 产品家族可以分为 ARM9T 和 ARM9E 两个系列。ARM9T 系列是基于 ARMv4T 版本架构,包括 ARM9TDMI、ARM920T、ARM922T 和 ARM940T 等。而 ARM9E 系列则是基于 ARMv5TE 版本的增强型产品,具有 DSP 和 Java 扩展功能,包括 ARM926EJ 和 ARM946E。以下简要介绍基于 ARMv4T 版本的 ARM9T 系列处理器主要特点。

ARM9T 系列与 ARM7T 系列处理器都是基于 ARMv4T 版本,在软件层面上兼容。但是与 ARM7T 相比,ARM9T 系列产品做了包括以下几个方面的升级和改进:

• ARM9T 将指令流水线升级为 5 级,每条指令的执行过程分解为取指、译码、执行、存储器访问和回写 5 个步骤,流水线上每一级的电路更加简单,执行速度更快,因此其性能要高于 ARM7T,可达到 1.1 MIPS/MHz;

• ARM9T 采用了哈佛结构,取指和数据存取可以通过两套独立总线同时进行,从而减少指令流水线发生资源相关冲突的概率;

• ARM9T 采用硬件电路实现 Thumb 指令的译码,译码速度要高于 ARM7T。

在 ARM9T 产品家族中,ARM9TDMI 是基本型产品,同系列的其他处理器(如 ARM920T、ARM922T 和 ARM940T)都是以 ARM9TDMI 为核心,扩展和集成了其他一些功能部件所构成的。这些功能部件有:指令 Cache 和数据 Cache、AMBA(Advanced Microcontroller Bus Architecture,先进微控制器总线体系结构,详见本书第 4 章)总线接口、嵌入式跟踪宏单元(ETM)、内存管理单元(MMU)或者内存保护单元(MPU)等。

ARM9TDMI 属于 ARMv4T 版本中的高端内核,但是 ARM9TDMI 是在 ARM7TDMI 基础上发展而来的,其结构与图 2.28 所示的 ARM7TDMI 结构基本类似。ARM9TDMI 也有可综合版本,产品名称为 ARM9TDMI-S,也是一种软核。

---

① Thumb 指令集可以看作 ARM 指令集的子集,可以实现 ARM 指令集中的大部分功能。使用 Thumb 指令是为了提高代码密度。两者的关系类似于臂膀(arm)和拇指(thumb)。

2）ARM920T 处理器简介

ARM920T 是 ARM9T 产品家族中的一款处理器，它以 ARM9TDMI 为核心，另外配置了 16 KB 数据 cache、16 KB 指令 cache、数据和指令 MMU、写缓存、系统控制协处理器（System Control Co-processor）CP15、外部协处理器接口、ETM 等功能部件，各个部件通过 AMBA 总线互连。ARM920T 能够支持 VxWorks、WindowsCE 和各种源自 Linux 的主流嵌入式操作系统。基于 ARM920T 的典型 SOC 芯片有 Samsung 公司的 S3C2410x 和 S3C2450，被广泛应用于各种低成本、高性能和低功耗的电子设备，包括 POS 机、PDA、电子书包、游戏机、机顶盒、视频监控和智能仪器仪表等。ARM920T 的基本结构如图 2.29 所示。

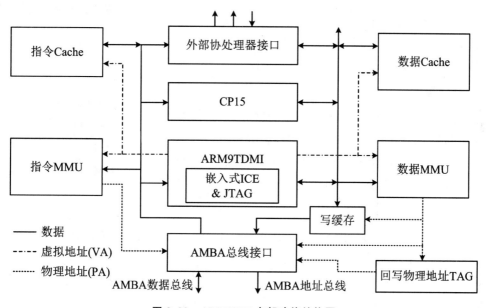

图 2.29 ARM920T 内部功能结构图

图 2.29 中有两类地址信号：物理地址（Physical Address，PA）和虚拟地址（Virtual Address，VA）。所谓物理地址是存储器中每个存储单元所拥有的真实地址；而虚拟地址是编程时所使用的地址。在多任务计算机系统中，为了实现进程之间的地址空间隔离，同时也为了高效使用内存资源，程序设计时普遍使用逻辑地址（也称为虚拟地址）。在程序运行过程中，由 MMU 负责存储空间的分配和管理，并完成虚拟地址到物理地址的映射转换。

图 2.29 中的系统控制协处理器 CP15 用于配置并控制 ARM920T 的 Cache、MMU、时钟类型和大小端设定等系统级操作。从某种意义上说，CP15 可以看作 ARM920T 的系统控制器。图 2.29 中的右下角所示的回写物理地址 TAG 是地址标记寄存器，用于存放 Cache 中需要回写（更新）数据字段在主存中的地址信息。片内数据总线上的写缓存用于提高数据回写操作的速度。在 ARM920T 的核心 ARM9TDMI 中，JTAG 是指符合 JTAG 规范的测试单元及其接口，JTAG 是由联合测试工作组（Joint Test Action Group）定义的一套标准测试协议。

2.8　计算机性能评测

全面衡量一台计算机的性能需要使用多项指标，从多个维度和多个视角对其进行综合评价。计算机在实际使用时，其性能还与操作系统、应用软件和编译系统有很大关系。在不考虑软件因素的情况下，描述一台计算机的性能通常会使用以下一些主要指标。

1. 机器字长

计算机中的字长不仅影响计算精度，也影响运算速度。64 位计算机的性能显然要高于 32 位。最早出现的微处理器 Intel 4004 只有 4 位字长。经过 40 多年的发展，主流商用计算机的字长已经从 8 位、16 位、32 位增长到目前的 64 位。

2. 存储容量

在计算机存储系统中，高速缓存和内存（主存）容量以及类型是评价计算机系统性能的两项重要指标。一般来说，高速缓存和内存容量越大、存取速度越快，计算机的处理能力就越强。计算机外存（辅存）容量和速度也是计算机性能指标。但是外存易于扩展和升级，所以在指标重要性方面不及内存和高速缓存重要。

3. 总线带宽和数据吞吐速度

计算机在执行任务过程中，大量指令和数据需要通过总线在不同的部件之间传送，因此总线带宽和数据吞吐速度也是计算机性能的一项重要指标。

一般来说，总线带宽取决于总线结构、位宽、主频等。数据吞吐速度还与存储器的存取速度、传送方式、数据的组织形式以及外设接口速度等因素有关。

4. 能耗与环保

一台计算机的能耗或许微不足道，但是在云计算中心或者大型数据中心，成百上千甚至上万台计算机和存储设备每天 24 小时同时不间断地工作，再加上必不可少的空调等设备，整体耗电量就不容小觑。因此减少每台计算机的功耗，对于节能减排有着非常重要的意义。而那些依赖电池供电的计算机或者嵌入式系统，低功耗以及续航时间更是备受关注的重要指标。关于 CPU 效能的指标主要有 EPI（Energy Per Instruction），EPI 指标越低，表明 CPU 的能源效率越高。

计算机的环保指标除了耗电量以外，还包括计算机运行时的辐射、噪声、各种器件中有害物质的含量，以及各种废弃物的可处理性等。

5. RASIS 特性

RASIS 特性是可靠性（Reliability）、可用性（Availability）、可维护性（Serviceability）、完整性（Integrity）和安全性（Security）五者的统称。其中前三个特性的含义简介如下：

- 可靠性：是指设备或者系统在规定的工作条件下和规定的工作时间内持续正确运行

的概率,一般用平均无故障时间(Mean Time To Failure,MTTF)或平均故障间隔时间(MTBF)来衡量。

- 可用性:一般是指设备或者系统正常运行时间的百分比,例如,某计算机系统正常运行时间为 99.9%(俗称 3 个 9),达到了"较高可用性"级别,该系统每年停机时间不应多于8.8 小时。对于执行关键任务的信息系统,必须满足高可用性(High Availability,HA)要求,HA 是评价整个信息系统是否存在单点故障,以及在容错、容灾和业务永续(business continuity)等方面能力的一种综合性指标。

- 可维护性:是指设备或者系统发生故障后能否尽快修复的特性,一般用平均故障修复时间(Mean Time To Repair,MTTR)来表示。MTTR 与维护人员的技术水平密切相关,但是也反映了系统的可维护程度。

6. 运算速度

运算速度无疑是评价计算机性能的一项最重要指标。一般来说,一台计算机的主频较高,CPU 数量或者内核数量较多,高速缓存和主存容量较大,总线传输速度较快,表明该计算机的运算速度也较快,这些都是关于计算机运算速度的定性描述。在计算机发展的早期,人们还用每秒钟能够执行的指令数对计算机的性能做定量描述,例如 MIPS。但是,作为计算机运算速度指标,MIPS 存在着明显的不足。例如执行同样的任务,RISC 计算机相比CISC 计算机要花费更多的指令。

为了更加客观和更加精准地对计算机运算速度进行定量描述,现在普遍使用某种标准计算程序的执行速度来评价计算机的运算性能。这种标准计算程序称为基准测试(benchmark test)。比较有代表性的基准测试包括以下几种。

1) Whetstone 和 Dhrystone

Whetstone 是采用 FORTRAN 语言编写的一种综合性基准测试程序,主要由执行浮点运算、整数算术运算、功能调用、数组变址、条件转移和超越函数等程序组成。Whetstone 的测试结果用 Kwips 表示,1 Kwips 表示机器每秒钟能执行 1 000 条 Whetstone 指令。

Dhrystone 是另外一种综合性基准测试程序。该程序取名为 Dhrystone 是为了与Whetstone 相区分。Dhrystone 并不包括浮点运算,其输出结果为每秒钟运行 Dhrystone 的次数,即每秒钟迭代主循环的次数。

作为基准测试程序 Whetstone 和 Dhrystone 都存在一定的缺陷,例如,基准测试结果受编译器的影响;只能反映系统的整体性能,而整体性能与操作系统和存储器配置密切相关,此外,Whetstone 和 Dhrystone 的基准测试程序的代码量较小,能够被放进 CPU 的指令缓存中,因而评测结果往往反映不出计算机取指操作的性能。

2) CoreMark

2009 年由 EEMBC(Embedded Microprocessor Benchmark Consortium,嵌入式微处理器基准评测协会)提出的一种基准测试程序。CoreMark 程序使用 C 语言编写,包含矩阵运算、寻找和排序、状态机(确定输入流中是否包含有效数字)和 CRC(循环冗余校验)4 种数学运算。这些都是嵌入式系统常见的任务。因此,CoreMark 是一种比 Whetstone 和

Dhrystone 更具有实际价值的测试基准。事实上，CoreMark 诞生不久就取代了 Whetstone 和 Dhrystone，成为嵌入式处理器内核性能评测的事实标准。CoreMark 测试结果是每秒钟算法执行次数和编译代码大小的综合统计结果，单位是 CoreMark/MHz。

3）SPEC 测试

SPEC 组织的成员包括计算机软硬件厂商、大学和研究机构等。SPEC 的使命是为计算机系统的性能测试提供标准化测试工具。SPEC 发布了多种不同种类的基准测试工具集，并且经常更新，对不同类型的计算机以及计算机在执行不同任务时的性能进行专项评测，包括：

- SPECjbb，用于评测 JAVA 应用服务器的性能；
- SPECint，用于评测计算机关于整数计算能力以及编译器优化能力；
- SPECfp，用于评测计算机关于浮点数计算、缓存性能及编译器优化能力；
- SPEC CPU，用于评测单核或多核处理器在进行整数及浮点数计算时的性能。2017 年发布的 SPEC CPU2017 包括 4 大种类共 43 个测试项目，测试内容甚至还包括测试过程中 CPU 的功耗。

尽管 SPEC 是一家非营利组织，但是用户想要获取 SPEC 基准测试工具，仍然需要通过其网站进行购买和下载。

4）其他基准测试

还有其他一些研究机构和组织，根据计算机系统不同的应用场景，制定和发布了若干具有针对性的性能测试标准，并公布了相关的测试结果。其中较有影响的有：

- TPC（Transaction Processing Performance Council，事务处理性能协会）。TPC 的成员几乎包括了全球所有的计算机硬软件厂商。TPC 测试主要针对计算机系统在数据库应用及事务（Transaction，也称为交易）处理方面的性能。例如，TPC-C 主要反映联机事务处理（On-Line Transaction Processing，OLTP）方面的性能；TPC-H 反映的是联机分析（On-Line Analytic Processing，OLAP）、决策支持和大数据处理方面的性能。在大型信息系统的规划和设计阶段，TPC 测试结果对于核心计算机设备的选型有一定的指导作用。

- Linpack（Linear system package，线形系统软件包）。Linpack 是一种高性能计算机系统浮点性能测试基准。通过在计算机（集群）系统中运行 Linpack 测试程序，可以对其浮点计算的性能进行评测，评测结果的单位是每秒能够完成的浮点运算次数（flops）。Linpack 指标在高性能计算领域普遍得到重视。

- SAP 基准测试。SAP 是一家著名的企业软件厂商，其研发的 ERP 在大型企业中得到广泛应用。SAP 基准测试组织是由 SAP 及其合作伙伴组成的。围绕企业经营活动中的各种业务需求，SAP 基准测试组织制定和发布了多个测试功能模块，其测试结果对于 ERP 系统的硬件选型和制定配置方案具有一定参考价值。

除了上述研究机构和组织以外，还有一些商业公司也开发了多种基准测试工具软件，可以对单台计算机或者其内部的高速缓存、图形子系统、内存、磁盘以及 I/O 接口等主要部件进行性能评测，如 PcMark、WinBench、3DMark、HD Tune 和鲁大师等。对于采用嵌入式系统的移动终端也有许多性能测试工具，较知名的国产软件有安兔兔和鲁大师手机版等。

对于一个由多台计算机/服务器、网络设备、存储设备以及网络安全设备等组成的信息系统来说,最重要的性能是应用软件在实际运行过程中的整体表现,这其中包括处理速度、响应时间、并发能力、负载能力以及峰值响应能力等。影响这些指标的除了各台计算机本身的性能之外,还包括信息系统架构、事务处理的复杂程度、业务处理流程、算法设计、应用软件质量、网络结构、可用带宽、存储系统的数据吞吐速度、数据库配置、网络安全设备性能和安全策略等众多因素。这就需要使用系统测试软件进行测试。这些软件可以模拟不同的应用场景,从多个维度对系统性能进行测试,帮助工程师们分析和查找影响系统性能的瓶颈。此类系统测试工具较知名的有:Radview 公司的 WebLoad、Katalon 公司的 Katalon Studio、Apache 软件基金会的 JMeter、法国 Neotys 的 NeoLoad,以及 HP 公司旗下 Mercury 公司开发的 WinRunner 和 LoadRunner 等。

习　　题

2.1　计算机体系结构、计算机组成和计算机实现三者之间有什么关系?

2.2　影响冯·诺依曼结构计算机性能的主要技术瓶颈是什么?

2.3　CISC 结构计算机的主要优缺点各有哪些?

2.4　RISC 结构计算机的主要设计思想是什么?

2.5　在 32 位系统中,如果存储器中的数据没有采用对准存放,将会出现什么问题? 试举例说明。

2.6　某 16 位计算机系统的数据总线位宽为 16 位,但是地址总线为 24 位,内存按照字节组织,该计算机系统的内存地址空间是多少? 如果希望一次能够传送一个完整的字(16位),或者只传送这个字中的高 8 位或低 8 位,存储器应该如何组织? 请画出存储器与总线连接的草图。

2.7　什么是 PSW? PSW 包含了哪些内容?

2.8　寄存器和存储器都是存储数据的,两者有哪些主要区别?

2.9　控制器包括哪几个主要部分? 其各自的作用是什么?

2.10　什么是微指令? 什么是微程序? 控制 ROM 的作用是什么?

2.11　什么是数据通道? 其主要作用是什么?

2.12　指令采用固定长度编码有哪些优点? 也会带来哪些问题?

2.13　请参照例 2.1,分步骤写出第 2 条数据存储指令“LDR　R1,[R3]”的执行过程。

2.14　假设 A 和 B 是同一条总线所连接的两个存储器单元,总线位宽大于或等于存储单元的位数。现在需要将 A 单元的内容传送到 B 单元中,能否在一个总线周期内完成传送任务? 为什么?

2.15　假设 I_j 和 I_{j+1} 是前后相继的两条指令,请举例说明指令流水线的“WAR”和“WAW”两种数据相关问题。

2.16 名称解释：(1) 转移目标指令；(2) 转移代价；(3) 转移延迟槽；(4) BTB。

2.17 简述动态预测转移的实现方法和大致过程。

2.18 在超标量计算机中，指令在被发射到不同的流水线之前，为什么要做"配对"检查？试举例说明该检查的必要性。

2.19 多处理器计算机和多核计算机有什么区别？

2.20 什么是同构多核与异构多核？采用异构多核的目的是什么？试举例说明。

2.21 Intel 8086 中所有的寄存器都是 16 位的，访问内存所需的 20 位地址是如何产生的？

2.22 Intel Pentium 为什么不能同时执行一条整数指令和一条浮点指令？

2.23 与 ARM7TDMI 相比，ARM9TDMI 主要有哪些方面的改进？

2.24 假如 ARM920T 的时钟频率为 300 MHz，其每秒钟可执行的指令数能达到多少 MIPS？

2.25 作为一种性能指标，MIPS 是否能客观反映计算机的运算速度？为什么？

第 3 章　存储器系统

存储器是计算机中用于保存信息的部件。计算机中存储器系统由处于不同位置的多个存储部件组成,如在 CPU 内部有寄存器和高速缓存、在主机内部有主存储器、在主机外部有外部辅助存储器。通常主存储器通过系统总线与 CPU 连接,外部辅助存储器通过特定的接口电路和计算机主机连接。这些不同的存储部件协同工作,向 CPU 提供数据或保存来自 CPU 的数据。

本章介绍不同类型存储器件的原理以及在计算机层次化存储系统中的应用;阐述存储器地址空间的概念,分析存储器芯片与 CPU 连接时需要考虑的问题;阐述高速缓存(即高速缓冲存储器)工作原理及关键技术问题;讨论基于虚拟存储的存储器管理技术。

3.1　概　　述

3.1.1　存储器的类型

1. 磁介质存储器

磁介质存储器(Magnetic Memory)以磁性材料作为信息存储的基本单元,利用磁性材料两种不同的磁化状态可以表征二进制的"0"和"1",属于非易失性存储器。早期出现过磁泡(Bubble Memory)、磁鼓(Magnetic Drum Memory)和磁芯①(Magnetic Core)等形式(如图 3.1 所示),后来主要采用磁盘、磁带等磁表面存储器。

如今计算机中仍广泛使用的硬磁盘(Hard Disk Drive,HDD,也称机械硬盘,或简称硬盘),就是在一片或者多片金属盘片表面覆盖磁性材料,由磁头随机存取表面被磁化的不同信息。整块硬盘包括盘片、磁头、磁盘旋转机构和控制器,由控制器驱动盘片高速运动,通过磁头沿径向运动存取盘片特定位置的信息。软磁盘(Floppy Disk Drive,FDD,简称软盘)的存取原理与硬磁盘类似,不过磁性材料覆盖在柔软聚酯材料制成的塑料圆盘上。

磁带存储器中磁性材料覆盖在柔软的带状介质上。读写磁带的磁带机由磁带传送机

---

① 1948 年美籍华人王安(即王安电脑公司的创始人)开发出"读后即写"的技术,使磁芯存储的应用成为可能。20 世纪 50～70 年代,计算机的主存均采用磁芯存储器。

构、磁头、读写电路及控制电路组成。磁带传送机构驱动磁带相对磁头运动,从而磁头可读写磁带不同位置的磁介质信息。磁带存储器不仅在计算机中使用,20世纪80年代前后,录音机、录像机等家用消费电子产品也广泛使用磁带存储技术。

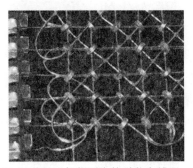

（a）早期计算机主存采用的磁鼓　　　　　（b）20世纪50年代诞生的磁芯存储器

图 3.1　磁鼓和磁芯存储器

2. 半导体存储器

半导体存储器(semi-conductor memory)指以半导体器件作为存储介质的存储器。主要分为随机存储器 RAM 和只读存储器 ROM 两种类型。RAM 型存储器的读写速度较快,但掉电之后所存储的内容就消失了;而 ROM 型存储器具有非易失性,掉电后信息不丢失。鉴于 RAM 和 ROM 的特点,RAM 常用于存储运行程序及与之相关的动态数据;而 ROM 一般用于存储一些固定的数据或者程序。

早期的 ROM 存储器只能读取数据(read only),后来 ROM 器件逐渐发展出可一次性写入、多次写入等新特性。从读写特性角度看,现在常用的 ROM 已经不再是只读的存储器了,用"非易失性存储器"(Non-Volatile Memory,NVM)来描述更为合适,但习惯上很多资料中仍使用 ROM 这一称呼。

半导体存储器具有体积小、存储速度快、存储密度高等特点。由于本身就是半导体器件,存储单元电路与输入输出接口电路很容易集成在同一芯片上,因而得到了广泛的应用。在计算机主存技术中,半导体存储器已全部替代过去的磁性存储器。

3. 光存储器

光存储器(optical storage)采用光学方法从光存储介质上读写数据。光存储的原理是投射激光到光盘上,并接收反射光,用反射光的强弱表征二进制的"0"和"1",反射光强弱则通过在光盘上刻不同的凹坑来控制。读取光盘数据的设备称作光盘驱动器,简称光驱。光驱包括激光头组件(激光发生器、半反光棱镜、透镜及光电二极管)、驱动盘片旋转的电机、驱动激光头改变位置的伺服电机及控制电路、光电转换电路等。

光存储技术自 20 世纪 80 年代初开始商用,1982 年出现了存储数字音乐的 CD-DA(Compact Disc Digital Audio),随后演变出存储数据的 CD-ROM(Compact Disc Read Only Memory),存储视频的 VCD(Video Compact Disc)和 DVD(Digital Video Disc)等。其存储密度比传统磁存储器大,成本低廉,在 20 世纪 90 年代成为计算机辅助存储器的主流配置,也在音像领域获得了广泛的应用。但 21 世纪初以来半导体存储技术飞速发展,U 盘等小体积的外部存储设备开始逐步取代光盘。

3.1.2　层次化的存储器系统

如 2.2.5 小节所述,现代计算机往往采用分级存储体系结构。在这样的分层次存储系统中,离 CPU 越近的存储器速度越快(每字节的成本也越高、容量也越小)。按照与 CPU 由近到远的距离,不同的存储器常包括:寄存器、高速缓存、内存、本地磁盘、网络存储。图 3.2(a)为一种典型的四级存储器结构,图示结构中,CPU 芯片内部集成了少量寄存器和一定容量的高速缓存,在主机内(CPU 芯片外)安装内存,辅助存储器(外存)则通过输入/输出接口电路连接至主机。

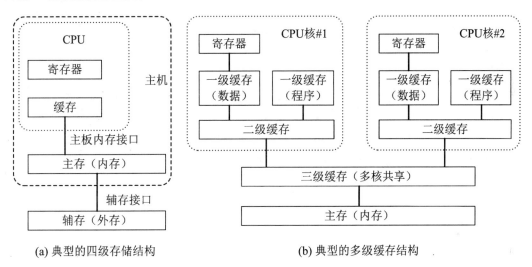

(a) 典型的四级存储结构　　　　　(b) 典型的多级缓存结构

图 3.2　多级存储器结构示例

1. 寄存器

寄存器是 CPU 内部的若干高速存储单元,采用触发器作为信息存储的基本电路单元。CPU 与寄存器之间的数据交换是通过内部总线直接进行的,所以 CPU 与寄存器之间的数据传送速度最快。其存储容量有限,用来暂存指令、数据和地址。CPU 访问内存数据时,往往先把数据取到寄存器中,以确保 ALU 执行运算的速度。

2. 高速缓存

高速缓存(Cache)是介于 CPU 与内存之间,采用 SRAM 作为信息存储的基本电路单元。与寄存器相比,缓存的容量比 CPU 内部的寄存器大,但读写速度没有寄存器快;与内存相比,缓存的速度比内存快,但容量没有内存大。一般来说高速缓存置于 CPU 芯片内部,有些计算机中不仅 CPU 内部有高速缓存,在主板上也有缓存芯片,从而构成多级缓存。还有些 CPU 芯片内部也是多级的缓存结构,如图 3.2(b)所示。

高速缓存是加快 CPU 访问内存数据的桥梁。在预制定策略的控制下,缓存内保存着一部分内存中的数据。CPU 需要读取内存数据时,首先查询缓存中是否已有对应数据,若有直接读取,若没有则再从内存中读取。现代计算机系统中,缓存是分层存储系统非常重要的部分。

3．主存

主存储器简称为主存,因位于计算机主机内部,常称作内存。内存普遍采用 DRAM 作为信息存储的基本电路单元。内存是计算机运行过程中的存储主力,用来存储指令、各种常量或变量等信息。需要运行的程序及相关数据先调入到内存中,然后再送入 CPU。内存的存储容量应足够大,以确保一个拟运行的程序可以完整载入(如果内存容量不足以载入完整程序,就需要虚拟内存技术,在 3.6 节讨论)。现代的微型计算机,其内存容量已经超过 4 GB。

4．外存

外部辅助存储器简称为外存,分为联机外存和脱机外存。外存在掉电后数据不丢失,容量大,因而适合用于存储暂时不用的海量数据,如暂时不需要运行的程序、各类数据和电子文档等。

联机外存一般安装在计算机的主机箱内,主要采用机械硬盘(磁存储)或者基于半导体存储的固态硬盘(Solid State Disk,SSD)。很长一段时间以来,磁介质机械硬盘的存储空间大,价格便宜,是使用最广泛的联机外存。近些年来半导体存储技术发展较快,固态硬盘在一些领域已经取代了机械硬盘。脱机外存储器常见的有移动硬盘、光盘、U 盘、Flash 等,也有一些场合采用磁带作为脱机外存。

3.1.3　外存的接口标准

不同类型的辅助存储器与计算机连接时需要相应的接口电路。在计算机技术发展的过程中,逐步形成了一些全球通用的外存接口技术规范,如硬盘接口标准、Flash 存储卡接口标准等。通用的接口标准为不同厂家、不同类型辅助存储器产品接入计算机提供了有效保障,也便于产品升级。

1．IDE 接口

IDE(Integrated Drive Electronics)是 1984 年由 Western Digital 和 Compaq 联合开发的一种硬盘接口,也称作 ATA(Advanced Technology Attachment)接口,于 20 世纪 90 年代初开始应用于微型计算机。IDE 接口使用一根 40 芯的扁平电缆与主板进行连接,一根电缆能连接两个硬盘。后来发展出多个不同的版本,后期的几个版本均称作 Ultra DMA,其中最快的是 Ultra DMA133,速度达到了 133 MB/s。40 芯连接线中数据线共 16 芯,是典型的并行数据传输接口,曾经是微型计算机最常见的硬盘接口。由于后来微型计算机上硬盘接口逐步演变为 SATA(Serial ATA),为明确区别,IDE 常被称作 PATA(Parallel ATA)。

2．SCSI 接口

SCSI(Small Computer System Interface)接口是一种通用接口,可以连接磁盘、磁带、光

驱、打印机、扫描仪等不同外设。在 SCSI 控制器的管理下,可以连接多达 15 个不同的外设。这种可连接多个外设的特性使 SCSI 特别适用于工作站、服务器的环境,反之在微型计算机上使用不多。

20 世纪 90 年代,SCSI 不断发展,演变出多个版本,早期版本使用 50 芯连接电缆(其中数据线 8 芯),后期版本使用 68 芯或 80 芯连接电缆(其中数据线 16 芯),Ultra 640 SCSI 最高速度可达 640 MB/s。

3. SATA 和 SAS 接口

SATA(Serial ATA)由 Intel、IBM、Dell、APT、Maxtor 和 Seagate 公司共同提出。SATA 采用串行方式传送数据,减少了 SATA 接口的针脚数目,从而连接电缆芯线数目减少到 4 根。SATA 使用差动信号系统(differential-signal-amplified-system)来提高高速率传输的可靠性,同时可降低工作电压。与 PATA 高达 5 V 的传输电压相比,SATA 的峰峰值差模电压仅 500 mV。SATA 1.0 规范支持 150 MB/s 的理论传输速度,线缆长度小于 1 米;SATA 2.0 支持 300 MB/s,线缆长度小于 1.5 米;SATA 3.0 的传输速度达 600 MB/s,线缆长度小于 2 米。由于 SATA 接口结构简单、支持热插拔、执行效率高,目前已取代传统ATA,成为微型计算机的标准接口之一。

SAS(Serial Attached SCSI)接口即串行 SCSI,由并行 SCSI 物理存储接口演化而来,可以兼容 SATA,但 SATA 并不兼容 SAS。SAS 采用与 SATA 类似的串行传输技术来获得更高的传输速度,SAS 1.0、2.0、3.0 版本支持的传输速度分别达到 300 MB/s、600 MB/s和 1 200 MB/s。

4. SD 接口

SD 卡(Secure Digital Memory Card)是一种广泛用于移动设备的标准存储卡。SD 卡由松下电器、东芝和 SanDisk 共同研制,于 1999 年 8 月发布。其前身是用于移动电话和数字影像设备的 MMC(MultiMedia Card)卡,MMC 规范 1997 年由西门子和 SanDisk 发布。SD 卡尺寸与 MMC 卡相似,为 32 mm×24 mm×2.1 mm(比 MMC 卡厚 0.7 mm)。

SD 卡内部集成了闪存芯片颗粒和闪存读写控制器,通过 9 针的接口与专门的驱动器连接。由于 SD 卡是一体化固态介质,故便于携带且不易损坏。SD 卡 3.0 规范支持理论最大容量为 2 TB,理论最高读写速度为 104 MB/s,可以满足一般电子产品访问速度的需求,被广泛用于数码照相机、数字摄像机等消费电子产品。

SD 卡还衍生出了 Mini SD 和 Micro SD(T-Flash,简称 TF 卡)两种不同尺寸的子类型。Micro SD 卡具有更小的尺寸,已经在很多场合取代了传统 SD 卡,如智能手机中广泛集成的就是 Micro SD 卡接口。Micro SD 卡可以通过 SD 卡适配器装入传统 SD 卡槽使用,目前已得到广泛使用。

5. eMMC 接口

eMMC(embedded Multi Media Card)是 JEDEC 协会制定的嵌入式存储器标准接口。eMMC 规范是一个嵌入式存储解决方案,包括闪存颗粒和闪存读写控制器,其作用类似微型计算机上使用的 SSD 固态硬盘。其设计初衷是简化闪存与 CPU 连接的接口及其控制。

2019 年 1 月发布的 eMMC 5.1 版本可提供 400 MB/s 的数据传输速度,接口电压可以是 1.8 V 或者 3.3 V。

通常 eMMC 生产厂家把 NAND Flash 芯片和读写控制芯片设计成 MCP(Multiple Chip Package)芯片,用户购买 eMMC 芯片后可直接加入到电路板中,无须处理 NAND Flash 兼容性和管理问题,从而简化了存储器的设计。

JEDEC 制定的 UFS(Universal Flash Storage)接口,同样是整合了主控芯片的闪存。与 eMMC 不同,UFS 接口采用串行传输技术,并且使用了 SCSI 模型,支持对应的 SCSI 指令集。2020 年 1 月发布的 UFS 3.1 接口数据传输速度可达 2.9 GB/s。目前 UFS 已经开始逐渐取代 eMMC,已成为各大品牌旗舰级手机的主流存储接口。

3.1.4　存储器性能指标

存储器的性能指标包括存储容量、存取时间、存取周期和存储器带宽,以及可靠性、功耗、价格、电源种类等。其中最基本的指标是存储容量和存取速度。

1. 存储容量

一颗存储芯片可容纳的存储单元总数通常称为该存储器的存储容量。存储容量用位数、字数或字节数来表示。以位数表示时,存储器芯片容量 = 单元数 × 数据线位数。若该存储器芯片地址线位数为 n,则可编址的单元总数为 2^n;若数据线位数为 m,则该存储器芯片容量为 $2^n \times m$ 位。

为方便描述存储器的容量,常采用不同数量级的计量单位。参考 ISO/IEC 80000 - 13 关于信息科学领域的计量单位标准,不同数量级的存储单位如表 3.1 所示。由表 3.1 可知,B 表示字节,一个字节定义为 8 个二进制位。例如,1 KB 表示 1 000 字节,1 KiB 表示 1 024 字节。但由于历史形成的习惯,多数计算机类的资料中并未区分 KB 和 KiB,很多使用 KB 的场合事实上意为 KiB。鉴于此,本书中也未对 KiB 和 KB 进行严格区分,按多数资料的习惯,使用 KB 替代了 KiB。

计算机的字长通常为 8 的倍数,故习惯以字节(B)做存储器容量的计量单位。较小的存储容量可表示为 64 KB、512 KB、1 MB 等;较大的存储容量则采用 GB、TB 等表示。

表 3.1　计算机存储单位换算表

中文单位	中文简称	英文单位	英文简称	10 进制字节数	二进制英文单位	二进制英文简称	二进制字节数
位	比特	bit	b	0.125	bit	b	0.125
字节	字节	Byte	B	1	Byte	B	1
开字节	开	KiloByte	KB	10^3	KibiByte	KiB	2^{10}
兆字节	兆	MegaByte	MB	10^6	MebiByte	MiB	2^{20}
吉字节	吉	GigaByte	GB	10^9	GibiByte	GiB	2^{30}

续表

中文单位	中文简称	英文单位	英文简称	10 进制字节数	二进制英文单位	二进制英文简称	二进制字节数
太字节	太	TeraByte	TB	10^{12}	TebiByte	TiB	2^{40}
拍字节	拍	PetaByte	PB	10^{15}	PebiByte	PiB	2^{50}
艾字节	艾	ExaByte	EB	10^{18}	ExbiByte	EiB	2^{60}
泽字节	泽	ZettaByte	ZB	10^{21}	ZebiByte	ZiB	2^{70}
尧字节	尧	YottaByte	YB	10^{24}	YobiByte	YiB	2^{80}

虽然位是存储电路可以实现的最小单位,但在计算机中,习惯使用字节或字作为存储单元大小的单位。存放一个机器字的存储单元,通常称为字存储单元,相应的单元地址叫字地址。而存放一个字节的单元,称为字节存储单元,相应的地址称为字节地址。

如果计算机中可编址的最小单位是字存储单元,则该计算机称为按字编址的计算机。如果计算机中可编址的最小单位是字节,则该计算机称为按字节编址的计算机。不同字长的计算机中,一个字包含的字节数目不同。如 32 位计算机中一个字对应 4 个字节,64 位计算机中一个字对应 8 个字节。

2. 存取时间和存取周期

存取时间,也称存储器访问时间,常记为 T_A。指从启动一次存储器操作到完成该操作经历的时间。以 CPU 读存储器为例,从读操作命令发出,直至数据读入寄存器,整个过程所经历的时间即存取时间。通常超高速存储器的存取时间小于 20 ns;中速存储器的存取时间在 100~200 ns 之间;低速存储器的存取时间在 300 ns 以上。

存取周期,常记为 T_M。指连续启动两次独立的存储器操作("读"或者"写")所需间隔的最小时间。通常,存取周期 T_M 略大于存取时间 T_A。

3. 数据传输速率

数据传输速率,也称为带宽,常记为 B_M。指单位时间内能够传送的信息量。若系统的总线宽度(即数据总线的位数)为 W,则 $B_M = W/T_M$ b/s。例如,若 $W = 32$ b,$T_M = 100$ ns,则 $B_M = 32$ b/(100×10^{-9}) s $= 320$ Mb/s,换算为单位时间内能够传输的字节数,即为 40 MB/s。

3.2　只读存储器

如前所述,ROM 与 RAM 相比最大的特点是非易失性,一般用于存储固定的数据或者程序。ROM 的工作方式与 RAM 不同,在正常工作状态下,只能从 ROM 中读出数据。并非所有类型的 ROM 都只能读,在特定条件下,一些 ROM 是可以执行写入操作的。ROM

依据是否可编程(programmable,意为向 ROM 芯片写入数据)、编程的次数及编程方式可以分为掩模 ROM、可编程 ROM、可擦除可编程 ROM、电可擦除可编程 ROM 等不同类型。如今广泛用于 U 盘、SSD 和 eMMC 等移动存储的闪存 Flash,属于广义的电可擦除可编程 ROM。

3.2.1 掩模 ROM

掩模 ROM(Mask ROM),生产时采用掩模工艺制作 ROM。制作过程需要根据用户对存储数据的要求,设计专门的掩模板,依据该掩模板制作的 ROM 在出厂时内部数据就已固化,用户不能修改。

掩模 ROM 电路包括存储矩阵、地址译码器和输出缓冲器三个组成部分。其存储核心是存储矩阵,如图 3.3 虚线框内所示,存储矩阵由多个位存储单元按照行、列排列而成。位存储单元可以由二极管构成,也可以采用双极型三极管或 MOS 管。每个位存储单元可以存放一位信息("0"或"1"),通常会将一组位存储单元(如图 3.3 中存储矩阵的一列)编址为一个地址代码。

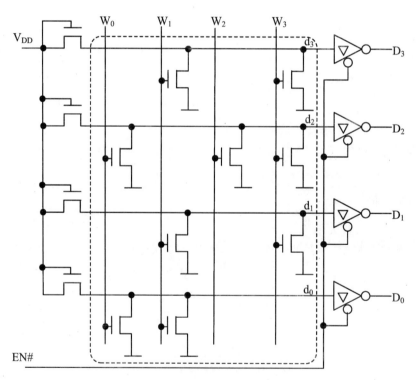

图 3.3　掩模 ROM 电路原理图

地址译码器将输入的地址代码译成 ROM 内部的控制信号,该控制信号用于选中存储矩阵中的指定单元,并将存放其中的数据送到输出缓冲器。输出缓冲器的作用有两个,一是提高负载能力,二是实现对输出状态的三态控制,控制输出信号线与系统总线的连接和脱离。

图 3.3 所示 ROM 为一个 4×4 位的 MOS 管 ROM,每个存储单元 4 位(图中的一列),每个地址码可以选中 1 个 4 位的存储单元。地址译码器的输入是两位地址线 A_1、A_0,译码后可译出 4 种状态 $W_3 \sim W_0$,输出 4 条选择线,分别选中 4 个单元,每个单元有 4 位输出。$W_3 \sim W_0$ 中任意一根线上给出高电平时,都会在输出信号线 $d_3 \sim d_0$ 上输出一个 4 位二值代码。通常将每个输出二值代码称为一个"字",并将 $W_3 \sim W_0$ 称为字线,将 $d_3 \sim d_0$ 称为位线(或数据线),而 A_1、A_0 称为地址线。输出端的缓冲器用来提高负载能力,并将输出的高、低电平变换为标准的逻辑电平。同时,通过给定 EN♯ 信号实现对输出的三态控制。

图 3.3 所示存储矩阵中,行和列的交叉点,有的连接了 MOS 管,有的没有连接。根据用户提供的掩模图形,进行二次光刻,进而确定行和列的交叉点是否连接 MOS 管,由于制作流程需要使用掩模(mask),故称为掩模 ROM。若地址线 $A_1 A_0 = 00$,则选中 0 号单元,即字线 0 为高电平,若有 MOS 管与字线 0 相连(如位线 d_2 和 d_0),相应的行列交叉处的 MOS 管导通,对应位线输出低电平(对应"0");而位线 d_1 和 d_3 没有 MOS 管与字线相连,输出为高电平(对应"1")。图 3.3 存储矩阵的内容如表 3.2 所示。

表 3.2　掩模 ROM 存储矩阵的内容

位 单元	d_3	d_2	d_1	d_0
0	1	0	1	0
1	0	1	0	0
2	1	0	1	1
3	0	0	0	1

3.2.2　PROM

可编程 ROM(Programmable ROM)简称 PROM。PROM 的电路结构与掩模 ROM 类似,由存储矩阵、地址译码器和输入/输出控制电路组成。但 PROM 生产时在存储矩阵的所有行列交叉点上全部放置了存储元件,相当于在所有存储单元中都存入了"1"。用户可以根据需要将其中的某些单元写入数据"0"以达到对其"编程"(即修改信息)的目的。有些 PROM 在出厂时数据全为"0",用户编程就是将其中的部分单元写入"1"。

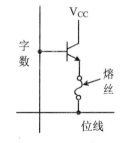

图 3.4　熔丝型 PROM 存储单元

图 3.4 为一种典型的熔丝型 PROM 的存储单元原理图。存储单元由一只三极管和串接于发射极的熔丝组成。三极管的 be 结相当于连接在字线与位线间的二极管。熔丝采用很细的低熔点合金丝或多晶硅导线制作。如果在存储单元上通以足够大的电流,并持

续一定时间,熔丝就会烧断,从而达到改写该存储单元信息的目的。

熔丝在集成电路中会占据较大的芯片面积,故又出现了反熔丝结构的 PROM。原有熔丝被替换为由两个反相串联肖特基二极管构成的绝缘体,出厂时处于绝缘状态,需要编程时,施以大电流会使绝缘体被永久性击穿,从而连接点两端导通。

图 3.5 是一个 16×8 位 PROM 的结构原理图。地址线经地址译码器后译为字选择线 $W_0, W_1, \cdots, W_{15}$,用于选中要编程的存储单元(8 位,对应图中一行)。编程时,将 V_{CC} 和选中的字线提高到编程所需的高电平,同时在位线上加载编程脉冲(幅度约 20 V,持续时间为十几微秒)。此时写入放大器 A_W 的输出为低电平、低内阻状态,有较大的脉冲电流流过熔丝,将其熔断。而正常工作状态(读取数据)下,读出放大器 A_R 输出的高电平不足以使 D_Z 导通,A_W 不工作。

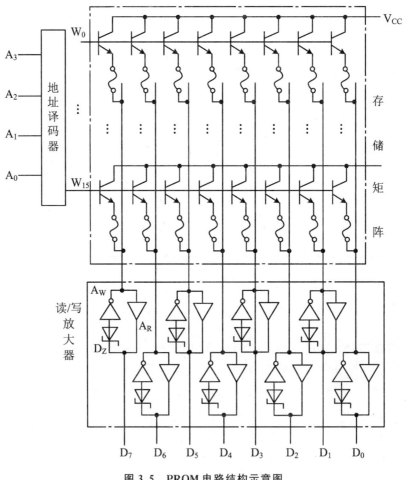

图 3.5 PROM 电路结构示意图

3.2.3 EPROM

可擦除可编程 ROM(Erasable Programmable ROM)简称 EPROM。利用编程器将信

息写入 EPROM 后,数据可长久保持。若需要重新写入新内容,则利用擦除器(紫外线灯照射)将原有存储信息擦除,各单元内容复原为初始值;然后再利用 EPROM 编程器编程,因此 EPROM 可以反复使用。

1. EPROM 的存储单元电路

通常 EPROM 中采用叠栅注入 MOS 管(Stacked-gate Injection Metal-Oxide Semiconductor,简称 SIMOS 管)形成存储单元,其构造如图 3.6 所示。它是一个 N 沟道增强型的 MOS 管,有两个重叠的栅极——控制栅 G_c 和浮栅 G_f。控制栅 G_c 用于控制读出和写入,浮栅 G_f 用于长期保存注入电荷。

浮栅上未注入电荷以前,在控制栅上加入正常的高电平能够使漏-源之间产生导电沟道,MOS 管导通。反之,在浮栅上注入了负电荷以后,必须在控制栅上加更高的电压才能抵消注入电荷的影响而形成导电沟道,因此在栅极加上正常的高电平信号时 SIMOS 管将不会导通。

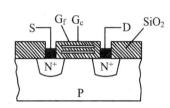

图 3.6　SIMOS 管结构

当漏-源间加以较高的电压(+20 ～ +25 V)时,将发生雪崩击穿现象。如果同时在控制栅上加以高压脉冲(幅度约 +25 V,宽度约 50 ms),则在栅极电场的作用下,一些高能量的电子便穿越 SiO₂ 层到达浮栅,被浮栅捕获而形成注入电荷。浮栅上注入了电荷的 SIMOS 管相当于写入了"1",未注入电荷的相当于写入了"0"。漏极和源极间的高电压去掉以后,由于浮栅被 SiO₂ 绝缘层包围,注入到浮栅上的电荷没有放电通路,所以在室温和无光照的条件下能长期地保存在浮栅中。

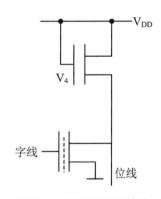

图 3.7　使用 SIMOS 管的
存储单元电路

消除浮栅电荷的办法是利用紫外线光照射,由于紫外线光子能量较高,从而可使浮栅中的电子获得能量,形成光电流从浮栅流入基片,使浮栅恢复初态。EPROM 芯片上方有一个石英玻璃盖板,在紫外线照射足够时间后,读出各单元的内容均为 0x00,则说明该 EPROM 已擦除。在写好数据以后应使用不透明胶带将石英盖板遮蔽,以防止数据丢失。

将一个浮栅管和 MOS 管串接组成如图 3.7 所示的存储单元电路。浮栅中注入了电子的 MOS 管源-漏极不导通,当地址译码器字线选中该存储单元时,相应的位线为高电平,即读取值为"0"。而未注入电子的浮栅管的源-漏极导通,故读取值为"1"。在原始状态(即厂家出厂),没有经过编程,浮栅中无注入电子,位线上总是"1"。

2. EPROM 芯片示例

EPROM 芯片有多种型号,如 2716(2 K×8 位)、2732(4 K×8 位)、2764(8 K×8 位)、27128(16 K×8 位)、27256(32 K×8 位)等。下面以 2764A 为例,介绍 EPROM 的性能和工作方式。

Intel 2764A 有 13 条地址线,8 条数据线,2 个电压输入端 V_{CC} 和 V_{PP},一个片选端

CE♯(功能同 CS♯),此外还有输出允许 OE♯ 和编程控制端 PGM♯,其功能框图如图 3.8 所示。

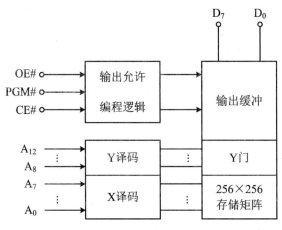

图 3.8 2764A 功能框图

Intel 2764A 有七种工作方式,如表 3.3 所示。

表 3.3　2764A 的工作方式选择表

方式 \ 引脚	CE♯	OE♯	PGM♯	A_9	A_0	V_{CC}	V_{PP}	数据端功能
读	低	低	高	×	×	5 V	V_{CC}	数据输出
输出禁止	低	高	高	×	×	5 V	V_{CC}	高阻
备用	高	×	×	×	×	5 V	V_{CC}	高阻
编程	低	高	低	×	×	V_{CC}	12.5 V	数据输入
校验	低	低	高	×	×	V_{CC}	12.5 V	数据输出
编程禁止	高	×	×	×	×	V_{CC}	12.5 V	高阻
标识符	低	低	高	高	低	5 V	V_{CC}	制造商器件编码
					高	5 V	V_{CC}	

1) 读方式

读方式是 2764A 通常使用的方式,此时两个电源引脚 V_{CC} 和 V_{PP} 都接至 + 5 V, PGM♯ 接至高电平,当从 2764A 的某个单元读数据时,先通过地址引脚接收来自 CPU 的地址信号,然后使控制信号和 CE♯、OE♯ 都有效,于是经过一个时间间隔,指定单元的内容即可读到数据总线上。

但把 A_9 引脚接至 11.5~12.5 V 的高电平,则 2764A 处于读 Intel 标识符模式。要读出 2764A 的编码必须顺序读出两个字节,先让 A_1~A_8 全为低电平,而使 A_0 从低变高,分两次读取 2764A 的内容。当 $A_0 = 0$ 时,读出的内容为制造商编码(陶瓷封装为 89H,塑封为

88H），当 $A_0 = 1$ 时，则可读出器件的编码（2764A 为 08H，27C64 为 07H）。

2）备用方式

CE♯为高电平时，2764A 工作于备用方式。此时芯片处于低功耗状态，所需电流由 100 mA 下降到 40 mA。

3）编程方式

这时，V_{PP} 接 +12.5 V，V_{CC} 仍接 +5 V，从数据线输入这个单元要存储的数据，CE♯端保持低电平，输出允许信号 OE♯为高，每写一个地址单元，都必须在 PGM♯引脚端给一个低电平有效，宽度为 45 ms 的脉冲，如图 3.9 所示。

4）编程禁止

在编程过程中，只要使该片 CE♯为高电平，编程就立即禁止。

5）编程校验

在编程过程中，为了检查编程时写入的数据是否正确，通常在编程过程中包含校验操作。在一个字节的编程完成后，电源的接法不变，但 PGM♯为高电平，CE♯、OE♯均为低电平，则同一单元的数据就在数据线上输出，这样就可与输入数据相比较，校验编程的结果是否正确。

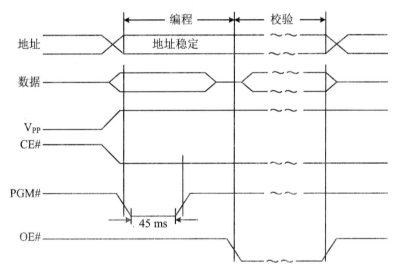

图 3.9　2764A 编程波形

6）快速编程方式

当两个电源端 V_{CC} 和 V_{PP} 都接至 +5 V，CE♯ = OE♯ = 0 时，PGM♯为高电平，这时与读方式相同。另外，在对 EPROM 编程时，每写一个字节都需 45 ms 的 PGM♯脉冲，速度太慢，且容量越大，编程所花费的时间越长。为此，Intel 公司开发了一种新的编程方法，比标准方法快 6 倍以上，其流程图如图 3.10 所示。

实际上，按这一思路开发的编程器有多种型号。编程器中有一个卡插在 I/O 扩展槽上，外部接有 EPROM 插座，所提供的编程软件可自动提供编程电压 V_{PP}，按菜单提示，可读、可编程、可校验，也可读出器件的编码，操作很方便。

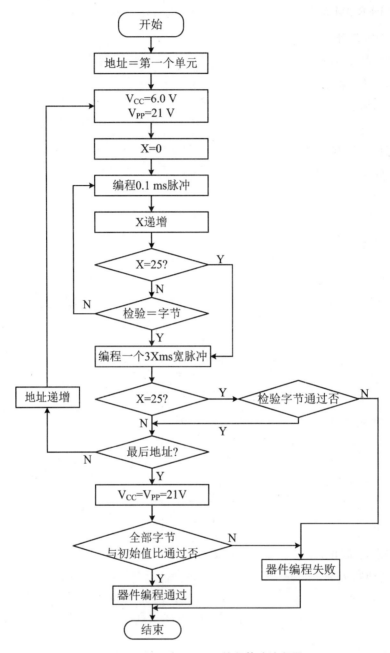

图 3.10   Intel 对 EPROM 编程算法流程图

3.2.4   EEPROM

EPROM 的优点是一块芯片可多次重新编程使用,缺点是整个芯片即使只写错一位,也必须从电路板上取下擦掉重写,擦除时间很长,因而使用不便。在实际应用中,往往希望能够以字节为单位进行擦写。电可擦除可编程 ROM(Electrically Erasable Programmable

ROM,简称 EEPROM 或 E^2PROM)克服上述缺点,其擦出和写入均采用电的方式。

1. E^2PROM 工作原理

如图 3.11 所示,存储单元中采用了一种称为浮栅隧道氧化层 MOS 管(Floating gate Tunnel Oxide,简称 Flotox 管)。Flotox 管与 SIMOS 管相似,属于 N 沟道增强型的 MOS 管,有两个栅极——控制栅 G_c 和浮栅 G_f。不同的是 Flotox 管的浮栅与漏区之间有一个氧化层极薄(厚度在 2×10^{-8} m 以下)的区域。这个区域称为隧道区。当隧道区的电场强度大到一定程度时($> 10^7$ V/cm),便在漏区和浮栅之间出现导电隧道,电子可以双向通过,形成电流。这种现象称为隧道效应。

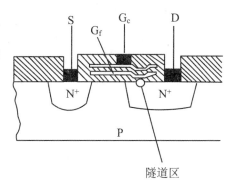

图 3.11 Flotox 管结构

加到控制栅 G_c 和漏极 D 上的电压是通过浮栅-漏极间的电容和浮栅-控制栅间的电容分压加到隧道区上的。为了使加到隧道区上的电压尽量大,需要尽可能减小浮栅和漏区间的电容,因而要求把隧道区的面积做得非常小。可见,在制作 Flotox 管时对隧道区氧化层的厚度、面积和耐压的要求都很严格。

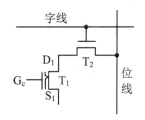

图 3.12 E^2PROM 存储单元

为了提高擦、写的可靠性,并保护隧道区超薄氧化层,在 E^2PROM 的存储单元中除 Flotox 管以外还附加了一个选通管,如图 3.12 所示。图中的 T_1 为 Flotox 管(也称为存储管),T_2 为普通的 N 沟道增强型 MOS 管(也称为选通管)。根据浮栅上是否充有负电荷来区分单元的"1"或"0"状态。

(1)读出:在字线施加高电平使选通管 T_2 导通。在控制栅 G_c 施加 +3 V 电压,如果 T_1 管的浮栅上没充有负电荷,则 T_1 管导通,在位线上读出"0"(低电平);如果 T_1 管的浮栅上充有负电荷,则 T_1 截止,在位线上读出"1"。

(2)写入:使写入为"0"的存储单元的 T_1 管浮栅放电。控制栅 G_c 接 0 电平,同时在字线和位线上施加 +20 V 左右、宽度约 10 ms 的脉冲电压。此时浮栅上的存储电荷将通过隧道区放电,使 T_1 管的开启电压降为 0 V 左右,成为低开启电压管。从而,读出时在控制栅 G_c 施加 +3 V 电压,T_1 管为导通状态。虽然 E^2PROM 改用电压信号擦除了,但由于擦除和写入时需要加高电压脉冲,而且擦、写的时间仍较长,所以在系统的正常工作状态下,E^2PROM 仍然只能工作在它的读出状态,作 ROM 使用。

(3)擦除:控制栅和字线上都施加 +20 V 左右、宽度约为 10 ms 的脉冲电压,漏区接 0 电平。这时经 G_c - G_f 间电容和 G_f -漏电容分别在隧道区产生强电场,吸引漏区的电子通过隧道区到达浮栅,形成存储电荷,使 Flotox 管的开启电压提高到 +7 V 以上,成为高开启电压管。读出时施加在 G_c 上的电压只有 +3 V,T_1 管不会导通。一个字节擦除后,所有的存储单元均为"1"状态。

2. 2816 E^2PROM 的基本特点

2816 是容量为 2 K×8 位的 E^2PROM,它的逻辑符号如图 3.13 所示。芯片为 24 脚 DIP 封装,其引脚排列与 EPROM 芯片 2716 一致,只是在引脚定义上,数据线引脚对 2816 来说是双向的,以适应读写工作模式。

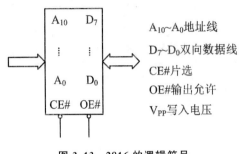

图 3.13 2816 的逻辑符号

$A_{10}\sim A_0$地址线
$D_7\sim D_0$双向数据线
CE#片选
OE#输出允许
V_{PP}写入电压

2816 的读取时间为 250 ns,可满足多数微处理器对读取速度的要求。2816 最突出的特点是可以字节为单位进行擦除和重写。擦或写用 CE♯和 OE♯信号加以控制,一个字节的擦写时间为 10 ms。2816 也可整片进行擦除,整片擦除时间也是 10 ms。无论字节擦除还是整片擦除均可在线完成。

3. 2816 的工作方式

2816 有六种工作方式,每种工作方式下各个控制信号所需电平如表 3.4 所示。从表中可见,除整片擦除外,CE♯和 OE♯均为 TTL 电平,而整片擦除时电压为 +9～+15 V,在擦或写方式时 V_{PP} 均为 +21 V 的脉冲,而其他工作方式时电压为 +4～+6 V。

表 3.4 2816 的工作方式

引脚 方式	CE♯	OE♯	V_{PP}	数据端功能
读	低	低	+4～+6 V	输出
备用	高	×	+4～+6 V	高阻
字节擦除	低	高	+21 V	输入为高电平
字节写	低	高	+21 V	输入
片擦除	低	+9～+15 V	+21 V	输入为高电平
擦写禁止	高	×	+21 V	高阻

1)读方式

在读方式时,允许 CPU 读取 2816 的数据。当 CPU 发出地址信号以及相关的控制信号后,与此相对应,2816 的地址信号和 CE♯、OE♯信号有效,经一定延时,2816 可提供有效数据。

2)写方式

2816 具有以字节为单位的擦写功能,擦除和写入是同一种操作,即都为写,只不过擦除是固定写"1"而已。因此,在擦除时,数据输入是 TTL 高电平。在以字节为单位进行擦除和写入时,CE♯为低电平,OE♯为高电平,从 V_{PP} 端输入编程脉冲,宽度最小为 9 ms,最大为 70 ms,电压为 +21 V。为保证存储单元能长期可靠地工作,编程脉冲要求以指数形式上升

到 +21 V。

3）片擦除方式

当 2816 需整片擦除时，也可按字节擦除方式将整片 2 KB 逐个进行，但最简便的方法是依照表 3.4，将 CE♯ 和 V_{PP} 按片擦除方式连接，将数据输入引脚置为 TTL 高电平，而使 OE♯ 引脚电压达到 +9～+15 V，则约经 10 ms，整片内容全部被擦除，即 2 KB 的内容全为 FFH。

4）备用方式

当 2816 的 CE♯ 端加上 TTL 高电平时，芯片处于备用状态，OE♯ 控制无效，输出呈高阻态。在备用状态下，其功耗可下降 55%。

3.2.5　Flash

Flash（闪存）是一种类似于 EPROM 的单管叠栅结构的存储单元。Flash 既吸收了 EPROM 结构简单、编程可靠的优点，又保留了 E^2PROM 用隧道效应擦除的快捷特性，而且集成度可以做得很高。

1. 闪存 Flash 工作原理

图 3.14 为 Flash 采用的叠栅 MOS 管的结构示意图。其结构与 EPROM 中的 SIMOS 管极为相似，若浮栅上保存有电荷，则在源、漏极之间形成导电沟道，达到一种稳定状态，可以定义该基本存储单元电路保存信息"0"；若浮栅上没有电荷，则在源、漏极之间无法形成导电沟道，为另一稳定状态，可定义保存信息"1"。

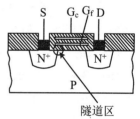

图 3.14　快闪存储器中的叠栅 MOS 管

Flash 与 EPROM 最大的区别是浮栅与衬底间氧化层的厚度不同。在 EPROM 中这个氧化层的厚度一般为 30～40 nm，而在 Flash 中仅为 10～15 nm。而且浮栅与源区重叠的部分是由源区的横向扩散形成的，面积极小，因而浮栅-源区间的电容要比浮栅-控制栅间的电容小得多。当控制栅和源极间加上电压时，大部分电压都将降在浮栅与源极之间的电容上。

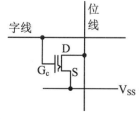

图 3.15　快闪存储器的存储单元

E^2PROM 的存储单元用了两只 MOS 管，但 Flash 的存储单元由单管组成，如图 3.15 所示。对比图 3.12，Flash 没有选通管 T，因此集成度高，容量大，但稳定性和擦写次数都不如 E^2PROM。

Flash 读出时，源极 V_{SS} 接地，字线（控制栅）接 5 V 逻辑高电平，位线为读出的数据。Flash 写入时，源极 V_{SS} 接地，漏极接 6 V，在控制栅上施加宽度为 10 μs 的 +12 V 脉冲，基于热电子效应或隧道效应向浮栅注入电荷。而 Flash 擦除时，控制栅接地，在源极施加宽度为 100 ms 的 +12 V 脉冲，利用隧道效应将浮栅电荷释放。

Flash 的编程和擦除操作不需要使用编程器,写入和擦除的控制电路集成于存储器芯片中,使用极其方便。由于叠栅 MOS 管浮栅下面的氧化层极薄,经过多次编程以后可能发生损坏,所以 Flash 的编程次数是有限的,一般在 10 000～100 000 次之间。随着制造工艺的改进,可编程的次数有望进一步增加。

自 20 世纪 80 年代末期 Flash 问世以来,便以其高集成度、大容量、低成本和使用方便等优点而引起普遍关注。产品的集成度在逐年提高,大容量闪存的产品已经大规模应用。应用领域迅速扩展,已经在嵌入式和桌面应用等许多场合中取代了机械硬盘。

2. NAND Flash 和 NOR Flash

Flash 分为 NAND Flash 和 NOR Flash 两种。NAND Flash 的擦和写均是基于隧道效应,电流穿过浮栅极与硅基层之间的绝缘层,对浮栅极进行充电(写数据)或放电(擦除数据)。而 NOR Flash 擦除数据仍是基于隧道效应(电流从浮栅极到硅基层),但在写入数据时则是采用热电子注入方式(电流从浮栅极到源极)。

NOR Flash 是 Intel 公司于 1988 年开发的。NOR Flash 的特点是芯片内可执行(eXecute In Place,XIP),具有随机存取和对字节执行写(编程)操作的能力,应用程序和数据可以直接在 NOR Flash 中运行,不必读取到系统 RAM 中。NOR Flash 允许单字节或单字编程,但不能单字节擦除,必须以块为单位或对整片执行擦除操作。在对存储器进行重新编程之前需要对块或整片进行预编程和擦除操作。NOR Flash 的擦除和编程速度较慢,而其块尺寸又较大,因此擦除和编程操作所花费的时间较长。NOR Flash 的地址线和数据线互相独立,使用时类似 SRAM,传输效率较高,在小容量时具有很高的成本效益。但是 NOR Flash 很低的写入和擦除速度影响到了它的性能。

1989 年,东芝公司发表了 NAND Flash 结构,强调降低每比特的成本。NAND Flash 能提供极高的单元密度,可以达到较高的存储容量。NAND Flash 以页为单位进行读和编程操作,以块为单位进行擦除操作,具有快速编程和擦除的优势。NAND Flash 的数据和地址采用同一总线,以串行方式顺序读取,类似于硬盘访问方式。NAND Flash 的芯片尺寸小,引脚少,位成本低,芯片包含有失效块,但是随机读取速度慢且不能按字节进行编程。

NAND Flash 支持速度超过 5 Mbps 的持续写操作,其区块擦除时间短至 2 ms,而 NOR Flash 是 750 ms。然而,NAND Flash 不能直接随机存取,适合于纯数据存储和文件存储,主要作为 U 盘、Smart Media 卡、Compact Flash 卡、固态盘等存储介质。

3.3　随机存取存储器

RAM 类型的存储器的工作特点是可随时从中快速读取或写入数据,属于易失性存储器,当关机或断电时,其中的信息都会随之丢失。按照存储单元的特征,RAM 分成动态随机存取存储器(DRAM)和静态随机存取存储器(SRAM)。

SRAM 的存储电路以双稳态触发器为基础,状态稳定,只要不掉电,信息不会丢失。SRAM 的优点是不需刷新,缺点是集成度低,只适用于不需要大存储容量的微型计算机(如单板机和单片机)。而 DRAM 的存储单元以电容为基础,电路简单,集成度高,适用于需要较大存储容量的计算机。但在作为存储单元的电容中,电荷由于漏电会逐渐丢失,因此 DRAM 需要定时刷新,避免数据丢失。

3.3.1 静态 RAM

1. 静态 RAM 的基本存储电路

静态 RAM 存储单元是在 SR 锁存器的基础上附加门控管而构成的。因此,它是靠锁存器的自保功能存储数据的。

图 3.16 是一种六 MOS 管 SRAM 存储单元电路结构。在此电路中,$V_1 \sim V_4$ 管组成双稳态锁存器,用于记忆 1 位二值代码。若 V_1 截止,则 A 点为高电平,它使 V_2 导通,于是 B 点为低电平,这又保证了 V_1 的截止。同样,V_1 导通而 V_2 截止,这是另一个稳定状态。因此,可用 V_1 管的两种状态表示"1"或"0"。由此可知,静态 RAM 保存信息的特点是和这个双稳态触发器的稳定状态密切相关的。显然,仅仅能保持这两个状态的一种还是不够的,还要对状态进行控制,于是就加上了控制管 V_5、V_6。

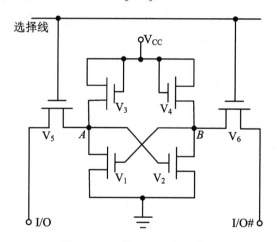

图 3.16 六管 SRAM 存储单元

当地址译码器的某一个输出线送出高电平到 V_5、V_6 控制管的栅极时,V_5、V_6 导通,于是,A 点与 I/O 线相连,B 点与 I/O♯线相连。这时如要写"1",则 I/O 为"1",I/O♯ 为"0",它们通过 V_5、V_6 管与 A、B 点相连,即 A = "1",B = "0",使 V_1 截止,V_2 导通。而当写入信号和地址译码信号消失后,V_5、V_6 截止,该状态仍能保持。如要写"0",则 I/O 线为"0",I/O♯线为"1",这使 V_1 导通,V_2 截止。只要不掉电,这个状态会一直保持,除非重新写入一个新的数据。对所存的内容读出时,仍需地址译码器的某一输出线送出高电平到 V_5、V_6 管栅极,即此存储单元被选中,此时 V_5、V_6 导通。于是,V_1、V_2 管的状态被分别送至 I/O

线、I/O♯线,这样就读取了所保存的信息。

2. 静态 RAM 的结构

静态 RAM 内部由多个如图 3.16 所示的基本存储电路组成,容量为单元数与数据线位数之乘积。为了选中某一个单元,往往利用矩阵式排列的地址译码电路。例如,1 K 单元的内存需 10 根地址线,其中 5 根用于行译码,另 5 根用于列译码。译码后在芯片内部排列成 32 条行选择线和 32 条列选择线,这样可选中 1 024 个单元中的任何一个,而每一个单元的基本存储电路的个数与数据线位数相同。

常用的典型 SRAM 芯片有 6116、6264、62256、628128 等。Intel 6116 的引脚及功能框图如图 3.17 所示。6116 芯片的容量为 2 K×8 位,有 2 048 个存储单元,需 11 根地址线,7根用于行译码地址输入,4 根用于列译码地址输入,每条列线控制 8 位,从而形成了 128×128 个存储阵列,即 16 384 个存储位。6116 的控制线有三条,片选 CS♯、输出允许 OE♯ 和读写控制 WE♯。

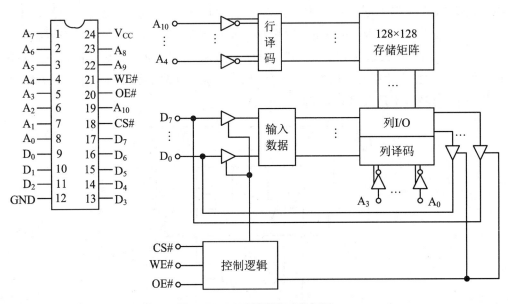

图 3.17　6116 引脚和功能框图

Intel 6116 存储器芯片的工作过程如下:

读出时,地址输入线 $A_{10} \sim A_0$ 送来的地址信号经地址译码器送到行、列地址译码器,经译码后选中一个存储单元(8 个存储位),由 CS♯、OE♯、WE♯ 构成读出逻辑(CS♯ = 0,OE♯ = 0,WE♯ = 1),打开图 3.17 右边的 8 个三态门,被选中单元的 8 位数据经 I/O 电路和三态门送到 $D_7 \sim D_0$ 输出。写入时,地址选中某一存储单元的方法和读出时相同,不过这时 CS♯ = 0,OE♯ = 1,WE♯ = 0,打开图 3.17 左边的三态门,从 $D_7 \sim D_0$ 端输入的数据经三态门和输入数据控制电路送到 I/O 电路,从而写到存储单元的 8 个存储位中。当没有读写操作时,CS♯ = 1,即片选处于无效状态,输入输出的三态门为高阻状态,从而使存储器芯片与系统总线断开。6116 的存取时间在 85～150 ns 之间。

其他静态 RAM 的结构与 6116 相似,只是地址线不同而已。常用的型号有 6264、

62256,它们都是 28 个引脚的双列直插式芯片,使用单一的 + 5 V 电源,它们与同样容量的 EPROM 引脚相互兼容,从而使接口电路的连线更为方便。

值得注意的是,6264 芯片还设有一个 CS_2 引脚,通常接到 + 5 V 电源,当掉电,电压下降到小于或等于 + 0.2 V 时,只需向该引脚提供 2 μA 的电流,则在 $V_{CC} = 2$ V 时,该 RAM 芯片就进入数据保护状态。根据这一特点,在电源掉电检测和切换电路的控制下,当检测到电源电压下降到小于芯片的最低工作电压(CMOS 电路为 + 4.5 V,非 CMOS 电路为 + 4.75 V)时,将 6264RAM 切换到由镍铬电池或锂电池提供的备用电源供电,即可实现断电后长时间的数据保护。数据保护电路如图 3.18 所示。

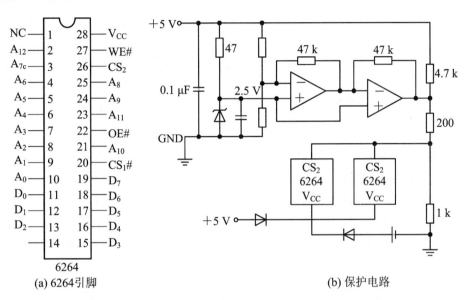

(a) 6264 引脚　　　　　　　　(b) 保护电路

图 3.18　6264 的数据保护电路

3.3.2　动态 RAM

1. 动态 RAM 存储电路

由图 3.19 所示,DRAM 存放信息靠的是存储电容 C。电容 C 有电荷时,为逻辑"1",没有电荷时,为逻辑"0"。但由于电容自身特性都存在漏电现象,因此,当电容 C 存有电荷时,过一段时间由于电容的放电形成电荷流失,造成信息丢失。解决的办法是进行刷新,即每隔一定时间(一般为 2 ms)就要刷新一次,使原来处于逻辑电平"1"的电容的电荷又得到补充,而原来处于电平"0"的电容仍保持"0"。在进行读操作时,根据行地址译码,使某一条行选择线为高电平,于是使本行上所有的基本存储电路中的管子 V 导通,使连在每一列上的刷新放大器读取对应存储电容上的电压值,刷新放大器将此电压值转换为对应的逻辑电平"0"或"1",又重写到存储电容上。而列地址译码产生列选择信号,所选中那一列的基本存储电路才受到驱动,从而可读取信息。

在写操作时,行选择信号为"1",V 管处于导通状态,此时列选择信号也为"1",则此基本

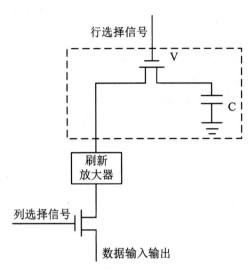

图 3.19　单管 DRAM 存储单元

存储电路被选中,于是由外接数据线送来的信息通过刷新放大器和 V 管送到电容 C 上。刷新是逐行进行的,当某一行选择信号为"1"时,选中了该行,电容上信息送到刷新放大器上,刷新放大器又对这些电容立即进行重写。由于刷新时,列选择信号总为"0",因此电容上信息不可能被送到数据总线上。

2. 典型动态 RAM 芯片简介

典型的 DRAM 芯片 2164A(如图 3.20 所示)的容量为 64 K×1 位,即片内有 65 536 个存储单元,每个单元只有 1 位数据,用 8 片 2164A 才能构成 64 K 字节的存储器。若想在 2164A 芯片内寻址 64 K 个单元,则需要用 16 条地址线。但为减少地址线引脚数目,地址线又分为行地址线和列地址线,进行分时工作,这样 DRAM 对外部只需引出 8 条地址线。芯片内部有地址锁存器,利用多路开关,由行地址选通信号(Row Address Strobe,RAS),把先送来的 8 位地址送至行地址锁存器加以锁存。由随后出现的列地址选通信号(Column Address Strobe,CAS)把后送来的 8 位地址送至列地址锁存器加以锁存。这 8 条地址线也用于刷新。刷新时一次选中一行,2 ms 内全部刷新一次。Intel 2164A 的内部结构示意图如图 3.21 所示。

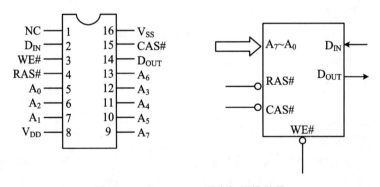

图 3.20　Intel 2164A 引脚与逻辑符号

图中 64 K 存储体由 4 个 128×128 的存储矩阵组成,每个 128×128 的存储矩阵,由 7 条行地址线和 7 条列地址线进行选择,在芯片内部经地址译码后可分别选择 128 行和 128 列。在行地址锁存器中锁存的七位行地址 $RA_6 \sim RA_0$ 同时加到 4 个存储矩阵上,在每个存储矩阵中都选中一行,则共有 512 个存储电路可被选中,它们存放的信息被选通至 512 个读出放大器,经过鉴别后锁存或重写。锁存在列地址锁存器中的七位列地址 $CA_6 \sim CA_0$(等同于地址总线的 $A_{14} \sim A_8$),在每个存储矩阵中选中一列,然后经过 4 选 1 的 I/O 门控电路(由 RA_7、CA_7 控制)选中一个单元,对该单元进行读写。2164A 数据的读出和写入是分开的,由

WE♯信号控制读写。当 WE♯ 为高时，实现读出，即所选中单元的内容经过三态输出缓冲器在 D_{OUT} 引脚读出。而 WE♯ 当为低电平时，实现写入，D_{IN} 引脚上的信号经输入三态缓冲器对选中单元进行写入。2164A 没有片选信号，实际上用行选 RAS♯、列选 CAS♯ 信号作为片选信号。

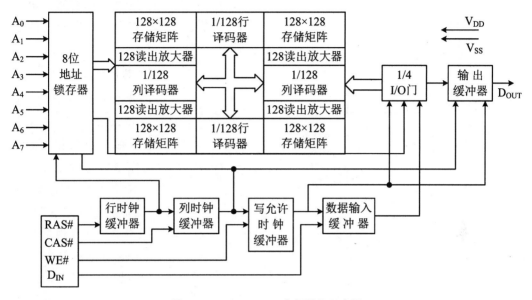

图 3.21 Intel 2164A 内部结构示意图

3. DRAM 存储条

由于微型计算机的实际配置内存已高达 16 GB、32 GB，服务器更高达 256 GB，甚至更多，因此要求配套的 DRAM 集成度也越来越高，容量为 1 Gb 以及更高集成度的存储器芯片已大量使用。通常，把这些芯片放在内存条上，用户只需把内存条插到系统板提供的存储条插座上即可使用。

图 3.22 是采用 HYM59256A 存储芯片，构成 256 K×9 位存储容量的存储条，其中，2 片 256 K×4 位的存储芯片通过位扩展形成 256 KB 的存储单元，1 片 256 K×1 位的存储芯片作为奇偶校验。图中给出了引脚和方块图，其中 $A_8 \sim A_0$ 为地址输入线，$DQ_7 \sim DQ_0$ 为双向数据线，PD 为奇偶校验数据输入，PCAS♯ 为奇偶校验的地址选通信号，PQ 为奇偶校验数据输出，WE♯ 为读写控制信号，RAS♯、CAS♯ 为行、列地址选通信号，V_{DD} 为电源（+5 V），Vss 为地线。30 个引脚定义是存储条早期的通用标准之一。

再如，1 M×8 位的内存条，HYM58100 由 8 片 1 M×1 位的 DRAM 组成，也可由 2 片 1 M×4 位的 DRAM 组成。更高集成度的内存条请参阅存储器手册。

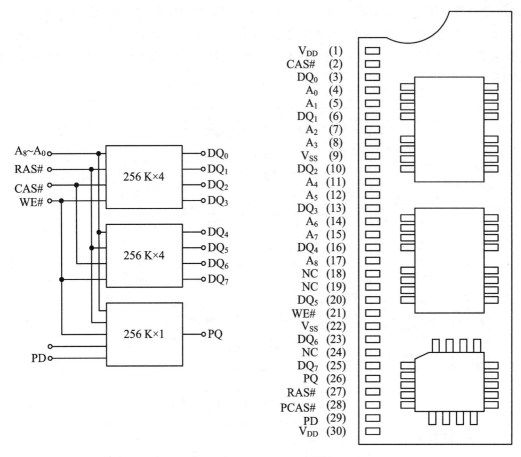

图 3.22　256 K × 9 位存储条

3.4　存储器与 CPU 的连接

　　在计算机系统中,计算机运行时所需的指令和数据都存放在存储器中。故而存储器芯片需要与 CPU 连接起来才能真正发挥作用。存储器与 CPU 之间相连接的信号线包括地址线、数据线和控制线。如 2.2.4 小节所述,CPU 访问存储器时,需要通过地址总线 AB 向存储器发送指定存储单元的地址,通过控制总线 CB 向存储器发出读或写的命令,被选中的存储单元还需要连接数据总线 DB 才能实现存储单元内容的输出或输入。

　　从原理角度看,存储器与 CPU 的连接表现为地址信号线、数据信号线和控制信号线的连接关系。从电气特性角度看,互连时需要考虑总线的负载能力、各信号线的时序配合等因素。而从工程设计角度看,在实际计算机系统中,CPU 和存储器往往处于不同的电路板上,通常 CPU 模块直接安装在计算机主板上,存储器则以内存条的形式(即独立的子电路板)通过插槽插入计算机主板。本节首先分析存储器与 CPU 间的信号线连接关系,然后讨论内存条的有关技术。

3.4.1　地址空间与存储器连接

计算机中地址总线的宽度决定了存储器空间的最大寻址范围,常把这个寻址范围称为地址空间。例如,16 位宽度的地址总线可寻址空间为 $2^{16} = 64$ K,即可寻址 64 K 个存储单元,存储单元的地址处于 0x0000 到 0xFFFF 的范围。

计算机地址总线的宽度即 CPU 地址线的数目。以 32 位 CPU 来说,如果 CPU 的地址线数目也是 32,其所能寻址的空间大小为 0～4 G,若按照字节为单位进行编址(按字节编址的计算机),则可寻址 4 GB;若按照字为单位进行编址(按字编址的计算机),由于字长是 4字节,故可寻址 16 GB。通常计算机都按照字节编址。

数据线数目(即数据总线宽度)决定了一次存储器操作可访问操作数(字)的位数,地址线数目(即地址总线宽度)决定了 CPU 的寻址空间大小。由于计算机中不仅要连接内存芯片,而且要连接一些其他存储器芯片或接口电路单元,通常 CPU 可寻址的地址空间被划分成不同区域。在连接存储器芯片和 CPU 时,要根据地址空间的划分设计存储器芯片地址线和 CPU 地址线的连接方式。

例如,具有 20 根地址线的 CPU 与 256 K×8 位的存储器芯片连接时,图 3.23 显示了三种不同的连接方式。图 3.23(a)中,CPU 地址信号 A_{18} 和 A_{19} 均为低电平时存储器片选信号 CS♯才会有效,故存储器芯片在地址空间的区域为 0x00000～0x3FFFF。图 3.23(b)连接方式中,CPU 地址信号 A_{18} 为高电平、A_{19} 为低电平时存储器片选信号 CS♯才会有效,故存储器芯片在地址空间的区域为 0x40000～0x7FFFF;图 3.23(c)连接方式中,CPU 地址信号 A_{18} 为低电平、A_{19} 为高电平时存储器片选信号 CS♯才会有效,存储器芯片在地址空间的区域为 0x80000～0xBFFFF。

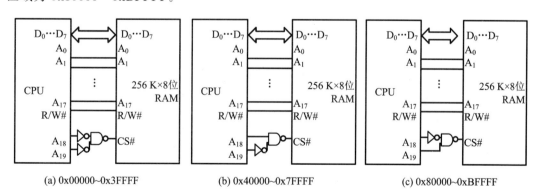

(a) 0x00000~0x3FFFF　　(b) 0x40000~0x7FFFF　　(c) 0x80000~0xBFFFF

图 3.23　三种不同的存储器地址线连接

3.4.2　存储器扩展

计算机按照一定方式组织存储芯片可以实现预期的存储器规模。单颗存储器芯片的容量总是有限的,往往不能满足计算机存储容量的需求;同时,存储器数据线的数量也可能与CPU 的字长不匹配。所以,常需要使用多颗存储器芯片组合来构成计算机的存储子系统,这就需要采用存储器扩展技术。

在 2.2.1 小节中,图 2.3 给出了一种由四个独立的存储体(芯片)构成存储器系统的组织方式。具体来说,存储器的扩展方式包括了位扩展、字扩展和字位同时扩展三种情形。下面依次讨论这三种方式的细节。

1. 位扩展

位扩展,就是在存储器芯片的字数不变(即寻址范围不变)的前提下,进行数据位数扩展。图 3.24 为采用 8 片 1 M×1 位的芯片扩展为 1 M×8 位的 RAM 并与 CPU 总线连接的示意图。

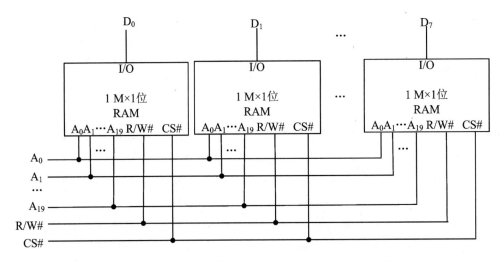

图 3.24　用 1 M×1 位芯片位扩展为 1 M×8 位的 RAM

图 3.24 所示连接示例中,进行存储器位扩展时,CPU 与 RAM 的地址总线、数据总线及控制总线的连接要求如下。

(1) 每颗 RAM 芯片的数据线 I/O 分别连接 CPU 数据总线 $D_7 \sim D_0$ 的不同位;

(2) 各芯片的地址线 $A_{19} \sim A_0$ 均与 CPU 地址总线对应地址线相连(并联的结构);

(3) 每颗 RAM 芯片的读写控制线 R/W# 均与 CPU 读写控制线连接,各芯片的片选信号线 CS# 均与 CPU 的片选控制线 CS# 连接。即控制信号线也采用并联的结构。

按照图 3.24 所示连接方式,所构成的 1 M×8 位的 RAM 在 CPU 地址空间的区域为 0x00000～0xFFFFF,按字节编址,每个存储单元 8 位(1 字节)。

2. 字扩展

字扩展,是在存储器芯片位数满足要求的前提下,进行字数扩展(即扩充寻址范围)。如图 3.25 所示,单颗存储器芯片为 256 K×8 位,采用 4 片进行字扩展为 1 M×8 位的 RAM,并与 CPU 总线连接的示意图。

图 3.25 所示连接示例中,进行存储器字扩展时,CPU 与 RAM 的地址总线、数据总线及

控制总线的连接要求如下。

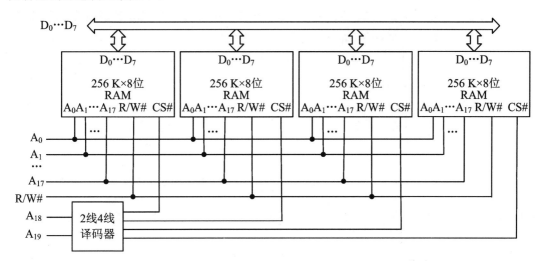

图 3.25 用 4 片 256 K×8 位存储芯片扩展为 1 M×8 位的存储器电路

（1）每颗芯片的数据线 $D_7 \sim D_0$ 均连接数据总线 $D_7 \sim D_0$。虽然各芯片数据线是并联的，但同一时间只会有一颗芯片的片选信号有效，故仅选择一颗芯片进行数据线与数据总线连接，其他芯片的数据线置于高阻状态，从而实现隔离。

（2）各芯片的低位地址线 $A_{17} \sim A_0$ 与 CPU 地址总线对应地址线并联。

（3）高位地址线 A_{19}、A_{18} 通过 2 线-4 线译码器（输出低电平有效）分别产生不同的译码输出信号，控制其中一个存储器芯片的片选端 CS♯ 有效，使对应的芯片可操作。

（4）各芯片的读写控制线 R/W♯ 与 CPU 读写控制线 R/W♯ 分别以并联方式连接。

3．复合扩展

在位长和字数均不足时，需采用复合扩展方式。其具体过程为，先进行位扩展，然后再进行字扩展。如将 256 K×1 位的芯片扩展为 1 M×8 位的存储器系统，先用 8 片 256 K×1 位的芯片进行位扩展，构成 256 K×8 位的存储器。再将其作为整体进行字扩展，用 4 个 256 K×8 位的存储器构成 1 M×8 位的存储器系统。关于数据线和地址线的连接方式，请读者自行分析，此处不再赘述。

3.4.3 嵌入式系统的存储器扩展

前述存储器扩展围绕计算机主存系统的设计。在微型计算机中，用于主存的 DRAM 芯片通过地址总线、数据总线和控制总线与 CPU 连接；用作外存的硬磁盘等则通过 SATA 等外存接口与计算机相连。通常需要运行的程序保存在外存中，在需要的时候通过外存接口传送至内存，再从内存送往 CPU。而在嵌入式系统中，存储器子系统不同，没有传统意义内存、外存的区分。嵌入式微处理器芯片常内置一定容量 NOR Flash 闪存和小容量的 SRAM。此时 NOR Flash 闪存用于保存程序，而 SRAM 用于载入动态信息，二者均与 CPU 的地址总线、数据总线和控制总线连接。

　　如果嵌入式微处理器芯片内的存储器不够用，需要更大容量的存储器，就需要进行扩展。此时，根据需要选择扩展 RAM 还是扩展 ROM。如果需要扩充程序存储空间，常选择非易失性的 EEPROM、Flash 存储器。若需要扩展外部载入（如从 USB 接口或网络接口启动并下载）程序和数据的存储空间，可选择 SRAM 或者 DRAM。

　　由于不同类型的存储器需要不同类型的接口电路，嵌入式处理器内部预置外存接口电路时常常对 CPU 的地址空间做预分配。如，连接大容量的 NAND Flash 时，其地址范围被指定到地址空间的一个特定区域，而连接 SDRAM（关于 SDRAM 的介绍请参见 3.4.4 小节）时，被指定为另外一个区域。关于 ARM 处理器地址空间的预分配方案的详细信息，可参考本书第 5 章 5.4 节。

　　下面以三星公司 S3C2440 系列 ARM 处理器芯片为例，简要分析该芯片扩展不同类型外接存储器时的差异。关于 S3C2440 更多的细节，可参阅本书第 8 章 8.3.2 小节。

　　1）NOR Flash 闪存的存储器扩展设计

　　以 HY29LV160 NOR Flash 闪存芯片扩展与嵌入式微处理器连接，构成外置的扩展存储器电路，如图 3.26 所示。该芯片共有数据线 16 根，DQ[15：0]，其中 DQ[15]可用作地址线；地址线 20 根，A[19：0]，与 DQ[15]/A[−1]配合可构成 21 位地址。控制信号包括：片选 CE♯（Chip Enable）、读使能 OE♯（Output Enable）、写使能 WE♯（Write Enable）、复位信号 RESET♯、就绪指示信号 RY/BY♯（Ready/Busy Status），以及字节选择信号 BYTE♯，低电平表示仅使用低 8 位数据线。按照图示的电路连接，构成 16 位的数据宽度，其存储容量为 2 M 字节。

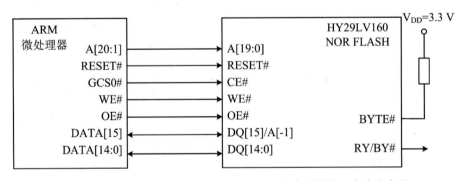

图 3.26　NOR Flash 与 ARM 微处理器的扩展存储器接口电路示意图

　　ARM 微处理器对 NOR Flash 的访问不需要额外的软件设置，系统在上电复位后，从 NOR Flash 的 0x0 地址开始执行第 1 条指令，即开始执行 NOR Flash 存储器的启动代码。

　　2）NAND Flash 闪存的存储器接口设计

　　如 3.2.5 小节所述，NAND Flash 以页为单位进行读和编程操作，以块为单位进行擦除操作。为支持这种读写方式，NAND Flash 接口电路较 NOR Flash 复杂，需要额外的 NAND Flash 控制器。S3C2440 系列芯片内部集成了 NAND Flash 控制器，该控制器可以完成 NAND Flash 接口到 ARM 处理器总线的转接。图 3.27 为 S3C2440 芯片集成的 NAND Flash 控制器的内部结构方框图。图中寄存器包括：NAND Flash 控制寄存器、

NAND Flash 地址寄存器、NAND Flash 数据寄存器。

相应地,NAND Flash 芯片也需要配套的接口电路。图 3.28 所示为 NAND Flash 芯片 K9F2808U0A(16M x 8 Bits)内部结构示意。该芯片的地址线和数据线复用 8 根 I/O 线;除了常规的片选 CE♯、读使能 RE♯(Read Enable)和写使能 WE♯ 控制信号外,NAND Flash 需要额外的命令锁存使能 CLE(Command Latch Enable)、地址锁存使能 ALE(Address Latch Enable)、写保护 WP♯(Write Protect)、就绪指示 R/B♯(Ready/Busy)信号。

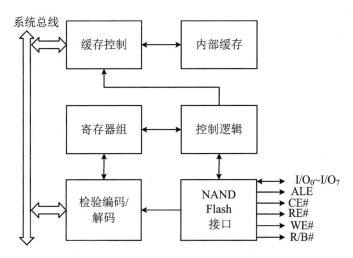

图 3.27 NAND Flash 控制器的内部结构方框图

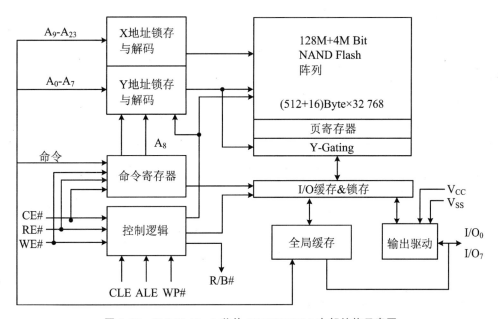

图 3.28 NAND Flash 芯片 K9F2808U0A 内部结构示意图

访问 NAND Flash 时,不同控制信号组合完成如下功能。① 若 CLE 与 WE♯ 有效,则在 I/O 上传输命令(该命令指示后续要传输的是命令、地址还是数据)。② 若 ALE 与 WE♯ 有效,则在 I/O 上传输地址(该地址指示拟访问的存储单元)。③ 写保护 WP♯

(Write Protect)信号用于防止电源变化期间的意外写入。④ 就绪指示 R/B♯ 用来指示当前写操作或读操作是否完成。

图 3.29 所示为 NAND Flash 与 ARM 嵌入式微处理器的接口电路示意图。在图 3.29 连接方式的基础上,还需要软件配合才能够完成 NAND Flash 的读写操作。其大致过程为:① 写 S3C2440 内部的 NAND Flash 控制寄存器;② 写 S3C2440 内部的 NAND Flash 地址寄存器;③ 读或者写 S3C2440 内部的数据寄存器。

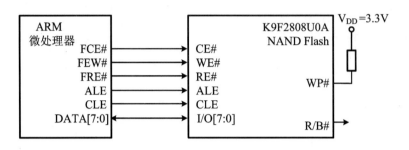

图 3.29　NAND Flash 与 ARM 微处理器的接口电路示意图

3) SDRAM 的存储器扩展设计

SDRAM 常设计为多 Bank 结构,每一个独立的 Bank 对应一个存储矩阵。这种设计的原因在于,DRAM 需要定时进行刷新操作以保证存储信息的电容内有足够的电荷。以两 Bank 的 SDRAM 芯片为例,第一个 Bank 进行数据读取时,第二个 Bank 可以进行刷新(预充电)操作;而第二个 Bank 刷新结束后被读取时,第一个 Bank 又可以进行刷新操作。从而提高了 SDRAM 存储器的访问效率。

图 3.30 所示为 HY57 V561620(L)T 型号的 SDRAM 芯片内部结构示意图。该芯片内部共有 4 个 Bank。Bank 地址线 BA_0、BA_1 用于选择芯片内部的 Bank。由于 SDRAM 是同步动态存储器,故芯片提供外部输入时钟引脚(CLK),CKE(Clock Enable)为该时钟的使能信号。$DQ_0 \sim DQ_{15}$ 为数据线;$A_0 \sim A_{12}$ 为地址线;控制信号线包括片选 CS♯、行地址选通 RAS♯、列地址选通 CAS♯、写使能 WE♯ 信号。UDQM 和 LDQM 为字节屏蔽设置,LDQM 有效时屏蔽低 8 位、UDQM 有效时屏蔽高 8 位,从而实现字节访问的控制。

此处以三星公司 S3C2440 系列 ARM 处理器芯片为例说明进行 SDRAM 存储器扩展的基本方法。S3C2440 片内集成了 SDRAM 访问控制器,可以直接连接外部的 SDRAM 芯片。在不同芯片容量、存储单元数目、存储单元位宽的情形下,可根据表 3.5 所示选择 SDRAM 芯片的颗数及 Bank 地址线与处理器地址线的连接方式。

与 ARM 微处理器进行电路连接时,要根据实际扩展的主存容量、芯片颗数、单元数、芯片位宽与 Bank 之间的关系进行配置,如表 3.5 所示(表中仅显示了部分配置,完整配置可参阅 S3C2440 系列 ARM 处理器芯片手册)。

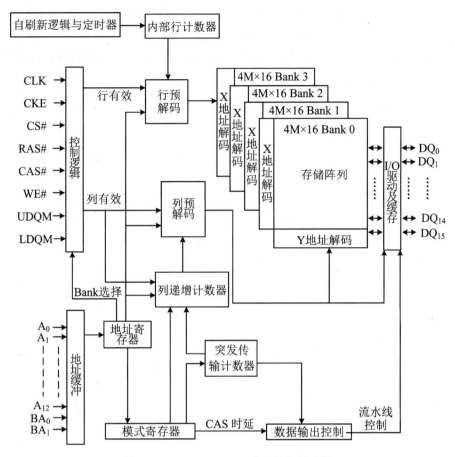

图 3.30　HY57 V561620 内部结构示意图

表 3.5　S3C2440SDRAM 控制器 Bank 地址配置(部分配置)

每 Bank 地址空间	数据总线位宽	芯片容量	Bank 地址线	配置总容量 (单元数×位宽×Bank 数)×颗数
8 MB	×8	64 Mb	A[22:21]	(2 M×8×4 B)×1
8 MB	×16	64 Mb	A[22]	(2 M×16×2 B)×1
16 MB	×8	128 Mb	A[23:22]	(4 M×8×4 B)×1
16 MB	×16	128 Mb	A[23:22]	(2 M×16×4 B)×1
32 MB	×16	64 Mb	A24	(8 M×4×2 B)×4
32 MB	×8	256 Mb	A[24:23]	(4 M×16×4 B)×1
32 MB	×16	256 Mb	A[24:23]	(8 M×8×4 B)×1

图 3.31 为 S3C2440 系列 ARM 微处理器与 HY57 V561620(L)T SDRAM 的连接示意图。HY57 V561620(L)T 的存储器按照 4 M×16 位×4 Banks 方式组织存储单元,依据表 3.5 所示,处理器的地址线 A23、A24 分别连接 SDRAM 的 BA_0 和 BA_1,构成 32 MB

(256 Mb)的总存储容量。需要注意,按照图 3.31 完成硬件连接后,还需要配置 S3C2440 芯片中一些相关的控制寄存器(SDRAM 刷新参数、突发模式等)后 SDRAM 才可以正常使用。

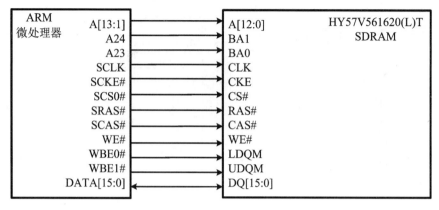

图 3.31　ARM 微处理器与 HY57 V561620(L)T SDRAM 的连接示意图

3.4.4　存储器模块

早期的计算机中,存储器芯片直接固化在线路板上,无法拆卸更换,这导致计算机内存的扩展非常麻烦。为了便于存储器的升级扩充,逐渐形成了存储器模块。存储器模块是一块小的电路板,电路板上安装了一定数量的存储器芯片,模块可以以插槽的方式安装至计算机主板,这种模块被称作内存条,如图 3.32 所示。

(a) 内存条　　　　　　　　　　　　　(b) 内存条插槽

图 3.32　内存条及计算机主板上的插槽

1. 内存条的组成

内存条由内存颗粒、SPD 芯片、PCB 电路板、引脚(俗称金手指)以及阻容元件组成。

1)内存颗粒

内存颗粒指的是采用一定的封装技术进行封装的 DRAM 芯片。芯片封装将芯片与外界隔离,可防止空气中的杂质腐蚀芯片内的电路,同时也便于芯片的安装和运输。早期采用双列直插的 DIP(Dual In-line Package)封装,后来为了减小芯片在电路板上的占用面积,内存颗粒常采用 TSOP(Thin Small Outline Package)封装或 BGA(Ball-Gird-Array)封装。一般在封装的外表面会印刷厂家、产品编号、存储容量、数据宽度、存取速度、工作电压等基本参数。

2）SPD 芯片

SPD(Serial Presence Detect)是小型 E^2PROM 芯片，用于记录内存条出厂时预先存入的基本参数，如存取速度、工作频率、存储容量、工作电压等。计算机启动时自动读取 SPD 信息，进而依据读取的参数对主存进行设置，以便让内存运行在最佳工作状态。

3）PCB 电路板

内存条的 PCB(Print Circuit Board)用于安装内存颗粒、SPD 芯片等器件，同时将芯片引脚与金手指连接。为了减小电路板的体积、提高稳定性，通常采用 4 层或 6 层的多层电路板结构。

4）金手指

金手指则是内存条电路板上的引脚，用于与计算机总线连接。内存条插入主板上的插槽，插槽既起到固定内存条的作用，也将金手指连接到计算机总线上的相关信号线。按照引脚布局，常见的金手指布局有：SIPP(Single In-line Pin Package)、SIMM(Single In-line Memory Modules)、DIMM(Dual In-line Memory Module)等形式。SIPP 内存条是单排插针的形式，SIMM 内存条的电路板两侧金手指都提供相同信号，DIMM 内存条不像 SIMM 那样两侧金手指是互通的，电路板两侧金手指各自独立传输信号。

5）阻容元件

内存条的电路板上会放置很多阻容元件，对线路进行阻抗匹配，避免因信号反射而产生驻波干扰，同时滤除可能存在的高频噪声。

2．内存条的演变

随着存储器技术的发展，内存速度与容量不断提升，通常隔几年内存条就会更新换代。不同代的内存条最直观的变化是金手指，从 DIP、SIPP 发展到 SIMM，SIMM 从 30 引脚扩展到 70 引脚，后来又采用 DIMM，DIMM 从 168 引脚扩展到 184 引脚。

除了上述内存条接口外观的变化，不同代内存条也通过优化 DRAM 存储单元读写控制过程来提升内存条的访问速度。接下来简要介绍常用 DRAM 读写控制的优化策略。

1）异步 DRAM

早期的内存频率与 CPU 外频不同步，被称为异步 DRAM。在传统 DRAM 基础上，发展出 FPM DRAM(Fast Page Mode DRAM)和 EDO DRAM(Extended Data Out DRAM)。

传统 DRAM 的访问，需要依次经过"发送行地址""发送列地址""读写数据"三个阶段，一次内存访问的时间是三个阶段所需时间之和。在 FPM(快速页面模式)中，访问地址连续（列址相同）的多个存储单元时，除了访问第一个数据需要发送列地址外，后续访问只需要经历"发送行地址""读写数据"两个阶段，从而缩短了访问时间。而 EDO(扩展数据输出)模式中，"发送地址"和"读写数据"的操作在时间上可重叠，进一步缩短了内存访问时间。具体表现为，在输入下一个行地址时，仍然允许数据输出进行，扩展了数据输出的时间，"EDO"也因此而得名。

2) SDRAM

SDRAM(Synchronous DRAM)即同步 DRAM,内存频率与 CPU 外频同步。同时内存条的金手指采用 168 引脚的 DIMM,开始支持 64 位数据位宽,大幅提升了数据传输效率。在同步方式下,送往 SDRAM 的地址、数据和控制信号都在一个时钟信号的上升沿被采样和锁存,SDRAM 输出的数据也在另一个时钟上升沿锁存到芯片内部的输出寄存器。这种对齐到时钟上升沿的操作方式有利于不同类型操作按照流水线方式并行。

SDRAM 还增加了时钟信号和内存命令的概念。SDRAM 收到地址和控制信号之后,在内部进行操作。在此期间,处理器和总线主控器可以处理其他任务(例如,启动其他存储体的读操作),无须等待,从而提高了存储系统性能。

3) DDR SDRAM

DDR(Double Data Rate,双倍速率)SDRAM 是在传统 SDRAM 基础上的革命性演进。在 DDR SDRAM 出现后,传统 SDRAM 被称为 SDR(Single Data Rate) SDRAM。SDR 仅在时钟脉冲的上升沿进行一次写或读操作,而 DDR SDRAM 在时钟的上升沿与下降沿各传输一次。DDR SDRAM 内部有两个存储器,以乒乓方式交替工作,还有 2 bits 的预取缓冲,可在时钟上升沿和下降沿都进行一次写操作或读操作,因而数据传输速度是同频率 SDR SDRAM 的两倍。

DDR SDRAM 采用 184 引脚的 DIMM 插槽,防呆缺口从 SDR SDRAM 的两个变成一个,常见工作电压 2.5 V。DDR 工作频率有 100/133/166/200/266 MHz 等,由于是双倍速度,因此芯片型号常标识工作频率×2,即标称为 DDR200、266、333、400 和 533。DDR 内存条最初只有单通道,后来出现了支持双通芯片组,两根 DDR-400 内存条组成双通道,让内存的带宽直接翻倍。DDR 内存条支持的容量从 128 MB 到最大 1 GB。

4) DDR2 SDRAM

DDR2/DDR II(Double Data Rate 2)SDRAM 采用了 4 bits 预读取技术,数据通过四条线路串行传输到 I/O 缓存区,在不改变内存单元的情况下,DDR2 能达到 DDR 数据传输速度的两倍。如 DDR2-400,其数据传输速率为(100 MHz×4)×(64 b/8 b)=3 200 MB/s =3.2 GB/s。

DDR2 的标准电压下降至 1.8 V,比 DDR 产品更为节能。同时采用了 OCD(Off-Chip Driver)、ODT(On Die Terminator)等技术提高信号完整性。其工作频率从 400 MHz 到 1 200 MHz,主流的是 DDR2-800。DDR2 内存条支持容量从 256 MB 至最大 4 GB。

5) DDR3 SDRAM

DDR3 SDRAM 采用了 8 bits 预取,如 100 MHz 的 DDR3-800,带宽可达到(100 MHz ×8)×(64 b/8 b)= 6.4 GB/s。这使得工作在同样主频下的 DDR3 能够提供两倍于 DDR2 的带宽。DDR3 内存条的工作电压 1.5 V,容量从 512 MB 至最大 8 GB。此外 DDR3 还采用了 CWD、Reset、ZQ、STR、RASR 等新技术,让内存在休眠时也能够随着温度变化去控制对内存颗粒的充电频率,以确保系统数据的完整性。

6) DDR4 SDRAM

从 DDR1 到 DDR3,每一代 DDR 技术的内存预取位数都会翻倍,以此达到内存带宽翻倍的目标。若再次提升预取位数,I/O 控制器的频率需要再次翻倍,并且增加数据线数量,在频率已经很高时,技术难度和成本都会大幅增加。因而 DDR4 在预取位上保持了 DDR3 的 8 位设计,转而提升 Bank 数量,它使用的是 BG(Bank Group)设计,4 个 Bank 作为一个 BG 组,可自由使用 2~4 组 BG,每个 BG 可独立操作。如,使用 2 组 BG,则每次操作的数据就是 16 位;使用 4 组 BG 则能达到 32 位操作。相当于提高了预取位宽。

　　DDR4 内存条在 2014 年推出,首款支持 DDR4 内存条的是 Intel 旗舰级的 x99 平台。DDR4 内存的针脚从 DDR3 的 240 个提高到了 284 个,防呆缺口也与 DDR3 的位置不同。在散热允许情况下,DDR4 采用 3D 堆叠封装技术,使得单根内存条的容量成倍增加。DDR4 内存的标准电压是 1.2 V,工作频率从 2 133 MHz 到最高 4 200 MHz。单条容量有 4 GB、8 GB 和 16 GB,已基本取代了 DDR3。

　　7) DDR5 SDRAM

　　2020 年 7 月,JEDEC 协会正式公布 DDR5 标准。DDR5 主要特性是芯片容量,在采用 4 GB 内存颗粒时,理论上可以支持 512 GB 的最高容量。DDR5 工作电压则从 1.2 V 降至 1.1 V,功耗减少 30%。工作频率最低 4 800 MHz,最高 6 400 MHz。每个模块使用两个独立的 32/40 位通道,支持 ECC(Error Correcting Code)。此外,DDR5 采用了改进的命令总线,有利于进一步提高传输效率。

3.5　高速缓存

　　由于 CPU 的运行速度比大容量主存(常用 DRAM)的存取速度高很多,主存的访问速度往往限制了 CPU 性能的发挥。高速缓存(Cache)是一项用来协调 CPU 与主存速度差异的技术。高速缓存是介于 CPU 与主存之间的小容量存储器,存取速度比主存快。Cache 通常为半导体存储器,采用 SRAM 或其他访问速度高的易失性存储器。

　　Cache 保存大容量主存中部分信息的副本,CPU 访问存储器时,首先在 Cache 中查找所需信息是否在 Cache 中,如果在,直接从 Cache 读取,如果不在,则从内存获取,并按照预先制定的策略更新 Cache,将所需信息调入 Cache。如果 CPU 能够从 Cache 中获取大部分所需信息,那么计算机的整体性能就会有较为明显的提升。本节首先介绍与 Cache 有关的基础知识,随后分析 Cache 系统设计中较为基本的两个问题:主存地址与缓存地址的映射及转换、Cache 内容的替换策略。

3.5.1　Cache 概述

1. 局部性原理

统计结果表明,在一段时间内,程序运行过程对存储器的访问常集中在一个较小的地址范围内。这是由于程序的代码在存储器中是连续存储的,循环体、子程序调用等会重复执行,且程序对数组和变量等数据的访问也有一定的重复性。这种对存储器局部范围频繁访问,而对此范围外的访问较少的现象,称为局部性原理。

局部性有两种不同的形式:时间局部性和空间局部性。时间局部性是指被访问过的存储器位置很可能在不远的将来会被再次访问。空间局部性则是指,如果一个存储器位置被访问了一次,那么程序很可能在较短的时间内会访问与之相邻的另一个存储器位置。上述局部性原理对硬件和软件的设计都有极大的影响。例如,采用小容量的高速 SRAM 作为 Cache,存放频繁访问的程序和数据,能够在很大程度上提升程序运行速度。3.6 节将要讨论的虚拟存储技术,也利用了局部性原理。

2. Cache 的组织方式

Cache 的基本单元称为行(Line,Cache line)或字块或块。每个字块应包括的基本信息如下:① 数据字段:保存从主存单元复制过来的数据,单位是(区)块。每个区块的大小一般介于 4～128 字节之间,典型大小为 32 或 64 字节。② 标记字段:保存数据字段在主存中的地址信息,又称为地址标记寄存器,记为 Tag。③ 有效位字段:指示区块和 Tag 是否有效。

依据 Cache 更新与替换策略的不同,Cache 字块中还可以包含如下信息:① 一致性控制位("脏"位)字段:指示区块数据是否被 CPU 更新但并未写回至主存。② 替换控制位字段:向替换算法指示区块状态。

图 3.33 为一个典型的 Cache 行,每行的缓存数据 512 位、标记信息 14 位、有效位 1 位、一致性控制位 1 位、替换控制位 2 位,故而存储每行需要 530(= 512 + 14 + 1 + 1 + 2)位。如果要实现 32 个 Cache 行,则需要 16 960(= 530×32)位。需要注意的是,图 3.33 为 Cache 行的逻辑结构,在实际电路实现时,依据 Cache 管理方式的不同,往往图 3.33 中标记信息项会采用与数据信息项不同的电路实现方式。

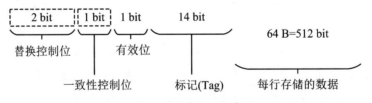

图 3.33　Cache 行的典型结构

Cache 系统中,主存以区块为单位映像到 Cache 中。以 CPU 读取一个字节的数据为例,如果所需字节不在 Cache 中,在 CPU 从内存中读取数据的同时,Cache 控制器将把该字节所在的整个区块从主存复制到 Cache 中。

3. 多级 Cache 结构

现代计算机中,一般采用多级 Cache 结构,典型的包括一级缓存(L1 Cache)、二级缓存(L2 Cache)和三级缓存(L3 Cache)。L1 Cache 集成于 CPU 芯片内,分为指令缓存 I-Cache 和数据缓存 D-Cache,分别用来存放指令和数据。I-Cache 和 D-Cache 可同时被 CPU 访问,减少了指令和数据争用 Cache 造成的冲突。Cache 由 SRAM 组成,在 CPU 芯片面积受限的情况下,L1 Cache 容量不可能做得太大。通常 L1 Cache 容量介于 32~256 KB 之间。

L2 Cache 的实现有 CPU 内部和 CPU 外部两种方式。早期 L2 Cache 在 CPU 外部,集成在主板或 CPU 电路板上,后来都集成到 CPU 芯片内部。L2 Cache 不区分 D-Cache 和 I-Cache。在普通微型计算机的 CPU 中,L2 Cache 的容量一般为 512 KB,而在服务器和工作站使用的 CPU 中,L2 Cache 的容量为 256 KB~1 MB,还有些超过 2 MB。

L3 Cache 早期也置于 CPU 外的主板上,随着集成电路工艺水平的提升,后来也全部集成到 CPU 芯片内。在多核处理器芯片中,L3 Cache 常用于多个 CPU 核心之间共享数据的缓存。

4. Cache 的命中率

Cache 的容量远远小于内存,同一时刻只能存放内存的一部分数据。局部性原理也不能保证所请求的数据全部在 Cache 中。任一时刻 CPU 能从 Cache 中获取所需数据的概率,称作 Cache 命中率(hit rate)。命中率是评价 Cache 性能的关键指标,命中率越高,总体性能越好。命中率的计算方法为:$h = N_C/(N_C + N_m)$。式中,N_C 和 N_m 是对 Cache 和主存的存取次数。只有当 N_C 足够大时,h 才能趋于 1。

影响命中率的因素很多,例如 Cache 容量、Cache 结构、Cache Line 大小、地址映射方法、替换算法、写回操作处理方法等。有统计表明,拥有二级缓存的 CPU,L1 Cache 命中率约为 80%。即 CPU 从 L1 Cache 获得的有用数据占总数据量的 80%,剩下的 20% 将从 L2 Cache 或者主存中读取。在拥有 L3 Cache 的 CPU 中,仅约 5% 的数据需要从主存中调入。

5. 影响 Cache 性能的因素

命中率越高,CPU 从 Cache 获取指令和数据的可能性越大,单位时间里访问主存的次数就越少,从而提高 CPU 的运行效率。

常见 Cache 脱靶的原因包括:① Cache 分块太小。程序开始执行后,主存的内容是逐步复制进入 Cache 的,因此命中率较低,需经过一段时间 Cache 装满之后,命中率才逐渐提高。首次执行产生脱靶的次数,与分块大小有关,块越大,不命中次数就越小。② Cache 容量太小,不能将所需指令和数据都调入 Cache,需要频繁替换。③ 替换进的主存块过大或过多。替换进 Cache 的主存块数目太多,会把下次要访问的指令或数据替换出去;数据块越大,替换所传数据量越大;Cache 所含块数减少,少数块刚装入数据就被覆盖。这些都是导致命中率下降的因素。

针对上述存在的问题,可以采取以下方法提高 Cache 命中率:① 增大 Cache 容量。但是 Cache 过大,改善效果会显著下降。一般选 Cache 与内存容量比为 4:1 000,命中率在 90% 以上。② 通过结构设计减少不命中次数。例如将指令和数据两类 Cache 分开,并采用二、三级的分层结构。③ 通过预取技术提高命中率。预测将要访问的指令和数据,提前将下条要执行指令取入 Cache,以提高 CPU 取指令的速度。

3.5.2　地址映射与转换

主存与 Cache 间以块为单位进行信息交换。主存和 Cache 是两个物理上独立的存储器,在各自的地址空间编址。故而主存块调入 Cache 时,需要同时记录该块在主存中的地址以及在 Cache 中的地址(即图 3.33 所示的标记信息)。常把记录块主存地址和 Cache 地址映射关系的表称作块表,为保证查询块表的速度,块表使用一种称作相联存储器①(Associative Memory)的特殊存储器件实现。

由于 Cache 和主存在存储空间上的差异巨大,主存中不同位置的块可能会被调入 Cache 中同一个位置(一个块的区域),即若干个主存块将映射到同一个 Cache 块。按照不同的地址对应方法,有以下三种地址映射方案。

1. 全相联映射方式

全相联映射方式的地址映射规则是,主存的任意一块都可映射到 Cache 的任意一块。需要将主存与缓存都分成相同大小的数据块,主存的某一数据块可以调入 Cache 任意一块的空间中。假设 Cache 的块数为 2^C,主存的块数为 2^M,则主存块和 Cache 块可能的对应关系如图 3.34 所示,映射关系共有 $2^C \times 2^M$ 种。

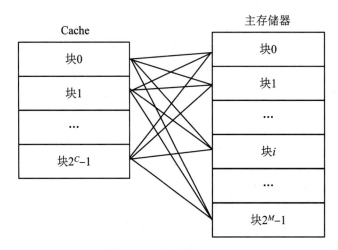

图 3.34 全相联映射方式

主存的块数为 2^M 时,主存地址可分为块号 M 和块内地址 W 两部分。而 Cache 的块数为 2^C 时,Cache 地址可分为块号 C 和块内地址 W 两部分。W 指向块内当前被访问数据所在的位置,对于主存和 Cache 来说都是同一个值。通过查找一个建立在相联存储器中的块号映射表(块表),即可实现主存地址到 Cache 地址的转换。

图 3.35 给出了块表的格式和地址变换规则。主存中块号为 M_i 的数据块调入 Cache 中的某个位置(块号 C_j 的位置)后,就会在块表中添加一条映射关系。当 CPU 需要访问主存数据时,地址线上给出的是拟访问数据的主存地址。① 根据这个主存地址中的块号 M_i,去块表中查询其对应的 Cache 块号 C_j;② 如果找到,则 Cache 命中;③ 将 Cache 块号 C_j

① 相联存储器(又称关联存储器)是一种根据存储内容来进行存取的存储器,可以快速地查找块表。这种存储器既可以按照地址寻址也可以按照内容寻址,常用于 Cache 映射表、路由表等关系结构数据的存储。为了区别于传统存储器,也称其为按内容寻址的存储器。

与块内地址 W 合成得到该主存地址对应的 Cache 地址；④ 利用该地址访问到 Cache 中的特定存储单元。如果没有在块表中找到块号 M_i 对应的信息，则 Cache 未命中。

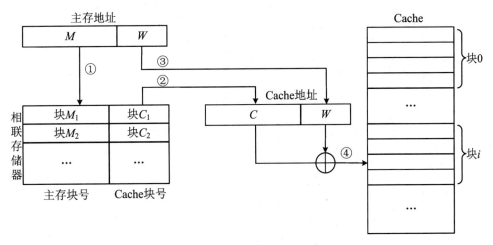

图 3.35　全相联映射的地址转换

如 3.5.1 小节所述，在组织 Cache 时，每个 Cache 块（Cache line）的基本信息包括：数据字段、标志字段（即 Tag）、有效位字段。图 3.35 中的块表的大小（所能存储映射关系的数目）和 Cache 的块数 2^C 一致，即每个 Cache 块对应块表的一行。故在实现块表①时，可以直接把 Cache 块 C_j 所对应主存块号 M_i 直接作为块 C_j 的 Tag（Tag 采用相联存储器实现），从而通过比较 M 位与 Cache 块的 Tag 实现块表查询②。

全相联映射方式的优点是：Cache 存储空间利用率高，不易产生冲突，命中率比较高。其缺点在于：比较和替换策略都需要硬件实现，电路复杂，只适用于小容量 Cache。访问相关存储器时，每次都要与全部内容比较，速度低，成本高，故应用较少。

2. 直接相联映射方式

直接相联映射，是将主存空间按 Cache 大小分成若干页，页内再分块，每页的大小和 Cache 容量相同。地址映射时，主存储器的某一块只能映射到 Cache 中一个特定块的位置，如图 3.36 所示。主存中各页内相同块号的数据块都映射至 Cache 中块号相同的地址，但同时只能有一个页的块存入缓存。在这样的规则下，不需要像前述全相联映射方式那样用块表来存储主存块与 Cache 块的映射关系，只记录调入块的页号即可。

假设主存大小是 Cache 的整数倍，Cache 容量为 2^C 块，主存容量是 2^M 块。每 2^C 块为一页，则主存有 $2^M/2^C$ 页（令 $T = M - C$，则主存有 2^T 页）。主存页中任意数据块号 j 映射

---

① 图 3.35 中块表仅是一个逻辑结构，实际电路实现时可以有多种不同的方式。若基于相联存储器实现块表，实际上仅需要按 Cache 块号递增顺序存储其对应的主存块号。检索特定主存块号 M_i 时，如果命中，相联存储器可以直接输出对应 Cache 块的选择信号，或者输出 Cache 块号。

② 在一些计算机组成原理的教材中，并未采用术语"块表"，而直接使用标记字段（Tag）来描述 CPU 访存的过程。全相联映射方式情形，若主存的块数为 2^M，则每个 Cache 块的 Tag 为 M 位。

到 Cache 中 i 块号时，i 和 j 需要满足关系式 $i = j \bmod 2^C$，式中 mod 表示做模运算。

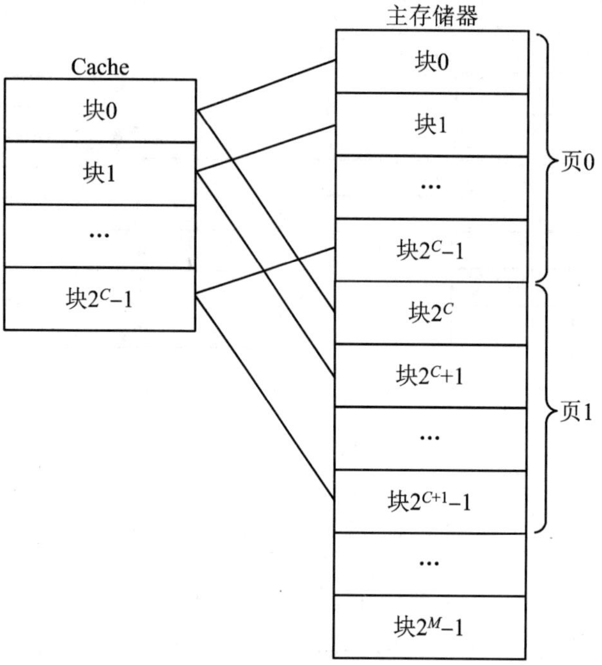

图 3.36　直接相联映射方式

CPU 拟访问的主存数据，一定是在 2^T 页中的某一页，以及在该页中 2^C 块中的某一块。即主存地址由三部分组成：页号 T、块号 C 和块内地址 W，如图 3.37 所示。为了记录调入 Cache 的各块在主存中的位置，每个 Cache 块分配了一个标记字段 Tag，标识该块原来在主存中的页号。当一主存块调入 Cache 时，会将主存地址的页号 T 存入 Cache 块的标记字段 Tag。

图 3.37 还给出主存地址到 Cache 地址变换的过程。当 CPU 需要访问主存数据时，地址线上给出的是拟访问数据的主存地址。①根据这个主存地址中的块号 C，查得 Cache 中块 C 的标记字段 Tag；②将 Tag 与主存地址的 T 进行比较[1]；③若相符表示该主存块已调入 Cache（命中）；④随后可使用块内地址 W 直接⑤访问 Cache，若不相符，脱靶，则⑥使用该地址直接访问主存。

直接相联映射方式的优点是：地址映射方式简单，检查页号是否相等仅需简单硬件电路，可以获得较快的访问速度。其缺点在于：替换操作频繁。主存每个块在 Cache 中只有一个对应位置，若另一页中相同块号的块也要调入该位置，就会发生冲突，导致命中率低。

3. 组相联映射方式

组相联映射方式是直接映射和全相联映射的折中，能较好兼顾前两种方式的优点。映

---

① 图 3.37 所示地址变换过程中，仅需要一次比较操作。这是因为主存块号和 Cache 块号相同，可以从主存块号唯一确定 Cache 块号。故而直接相联映射方式下，Cache 块的标记 Tag 不需要采用相联存储器实现。

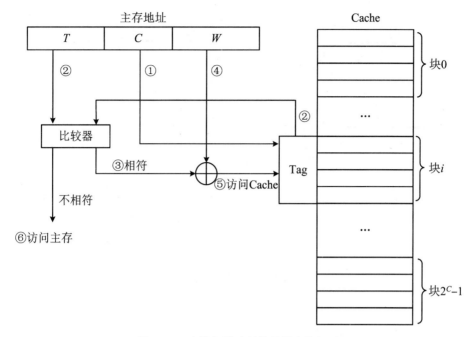

图 3.37　直接相联映射的地址变换规则

射规则如下。

（1）将主存和 Cache 划分成大小相等的块，Cache 总块数为 2^C，主存总块数为 2^M。

（2）将 Cache 划分成大小相等的组，将总块数为 2^C 的 Cache 分成 2^u 组，每组 2^v 块。

（3）主存容量是 Cache 容量的整数倍，将总块数为 2^M 的主存划分为 2^s 页，每页 2^u 块，即主存每页的大小与 Cache 的组数相等。

（4）主存数据调入时，主存块号与 Cache 组号应相等，但组内各块地址之间可以任意存放。即从主存的块到 Cache 的组之间采用直接映射方式，而与组内的各块则是全相联映射。

图 3.38 显示出了组相联的映射关系，图中 Cache 共分 2^u 个组，每组包含有 2^v 块；主存是 Cache 的 2^s 倍，故分成 2^s 个页，每页有 2^u 个组，每组有 2^v 个块。

主存地址格式中应包含三个字段：页号 s、页内块号 u、块内地址 W。缓存中包含三个字段：组号 u、组内块号 v 和块内地址 W。主存地址到缓存地址的转换包含两个步骤：由主存地址的块号得到缓存组号 u；查询块表获取缓存块号 v。组相联的块表存储主存地址中页号 s 和 Cache 地址中组内块号 v 的映射信息，如图 3.39 所示。

当主存块被调入 Cache 时，将其地址的前 s 位写入块表的 s 字段（此即 Cache line 的 Tag，2^s 页对应 Tag 为 s 位）。如图 3.39 所示，CPU 访问存储器时，①首先根据主存地址中的 u 字段，找到块表对应的组，②然后将该组的所有项的前 s 位与主存的 s 字段比较。③若相符，则表明主存块在 Cache 中，则将该项中的 v 字段取出，作为 Cache 地址的 v 字段。④Cache 地址的 u、W 字段由主存地址同样字段构成，形成了完整的访问 Cache 地址。若不相符，为未命中，则直接用主存地址访问主存。

由于组内各 Cache 块采用全相联映射方式，上述过程中查询主存 s 字段会涉及多次比

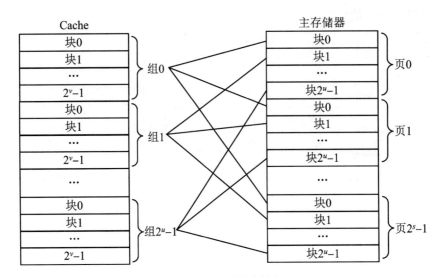

图 3.38　组相联的映射关系

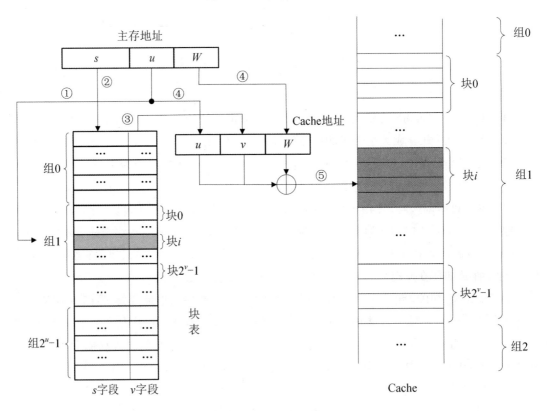

图 3.39　组相联的地址转换

较操作,故块表需要使用相联存储器。在实现块表时,可以直接把 Cache 块所对应的 s 字段作为该 Cache 块的 Tag(Tag 采用相联存储器实现)。对比全相联映射、直接相联映射和组相联映射三种不同方式,主存地址与 Cache 块标记 Tag 之间的关系如图 3.40 所示。图 3.40 中,直接相联映射方式下,主存块号 C 即对应 Cache 块号;组相联映射方式下,页内块

号 u 即对应到 Cache 的组号。

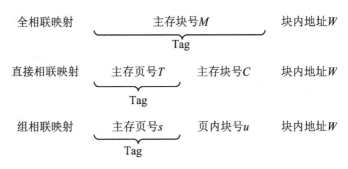

图 3.40　主存地址与 Cache 标记的关系

组相联映射方式中块的冲突概率比较低,块的利用率较高,块失效率明显降低。其硬件实现难度比直接映射方式高,但低于全相联方式。组相联映射方式是现代计算机中最常用的 Cache 地址映射方式。

实际上,全相联映射方式和直接相联映射方式分别对应组相联映射方式的两种极端情况。若 $u=0$,$v=C$,即全相联映射方式;若 $u=C$,$v=0$,即直接相联映射方式。应用时,组相联映射方式每组的块数一般取值较小,如 4 核心的英特尔第 4 代酷睿处理器 i7-4790K 中,一级缓存每组块数为 8,称作 8 路组相联(8-way)、二级缓存每组块数为 16,称作 16 路组相联(16-way)。再如,组合了 8 个性能核心(P-core)与 4 个能效核心(E-core)的英特尔第 12 代酷睿处理器 i7-12700K 中,性能核心的一级缓存为 12 路组相联(12-way)、独享二级缓存为 10 路组相联(10-way),效能核心的一级缓存为 8 路组相联(8-way)、4 核共享二级缓存为 16 路组相联(16-way)。

3.5.3　Cache 更新与替换策略

Cache 中的内容在不断更新,但总是主存内容的一部分,主存和 Cache 的内容必须保持一致,这就涉及如何在 CPU、Cache 和主存间存取数据的问题。为此专门设计了两种读取结构,即贯穿读出式和旁路读出式读取结构;同时设计了两种写入策略,用来实现 Cache 的更新,即写通法和写回法。

一旦出现未命中的情况,或者发现 Cache 满了,替换控制部件就会按一定的规则,进行数据块的替换,扔掉一部分旧数据块,换进新数据块,实现 Cache 的更新。确定替换的规则也叫替换策略或替换算法,常用的替换算法有近期最少使用法、最不经常使用法和随机法等。

1. 读取结构

读取结构由硬件组成。当读取的数据在 Cache 中时,直接访问 Cache;否则,访问主存,同时将数据(所在的主存数据块)装入 Cache,并设置 Cache 块有效位字段。

1)贯穿读出(look through)

该方式将 Cache 隔在 CPU 与主存之间,CPU 对主存的所有数据请求都首先送到

Cache，由 Cache 在其中查找。如果命中，则切断 CPU 对主存的请求，并将数据送出；不命中，则将数据请求传给主存。该方法的优点是降低了 CPU 对主存的请求次数，缺点是延迟了 CPU 对主存的访问时间。

2）旁路读出（look aside）

该方式下，CPU 同时向 Cache 和主存发出数据请求。由于 Cache 速度更快，如果命中，则 Cache 将数据回送给 CPU，同时中断 CPU 对主存的请求；不命中，则 Cache 不做任何动作，由 CPU 直接访问主存。该方法的优点是没有时间延迟，缺点是每次 CPU 都存在主存访问，从而占用一部分总线时间。

2．写入更新策略

Cache 是主存中一部分内容的副本，需要保持与主存内容一致。当 CPU 对 Cache 数据做了修改后，应同时对主存相应位置内容进行修改。此时通过写入更新策略，来确保一致性。

1）写通方式（write through）

也称直写或者贯通方式。任一从 CPU 发出的写信号送到 Cache 的同时，也写入主存，以保证主存的数据能同步更新。此方法的优点是操作简单，较好地保持了 Cache 与主存内容的一致性，可靠性高。但这种写的速度就是主存写的速度，由于主存的速度慢，降低了系统的写速度并占用了总线的时间，没有发挥 Cache 高速访问的优势。

2）写回方式（write back）

该方式下，更新数据只写到 Cache。这样有可能出现 Cache 中的数据得到更新而主存中的数据不变的情况。可在 Cache 中设置一致性控制位（"脏"位），Cache 中有被修改的数据时，该控制位置"1"。每次 Cache 有数据更新时，判断该标志位。只有当该标志位为 1，即 Cache 中的数据被再次更改而需要换出时，才将原更新的数据写入主存相应的单元中，然后再接受再次更新的数据。这样可保证 Cache 和主存中的数据一致。这种方式克服写通方式每次数据写入时都要访问主存从而导致系统写速度降低并占用总线时间的弊病，减少了对主存的访问次数。但有 Cache 与主存数据仍有不一致的隐患，控制也较复杂。

3．替换策略

从主存向 Cache 传送一个新块，而 Cache 中可用位置已被占用时，就产生了 Cache 替换问题。替换问题与 Cache 的组织方式紧密相关：直接映射方式下，只要把可用位置上的主存块换出 Cache 即可；而全相联和组相联方式下，需要从若干个可用位置中选取一个位置，把其中的主存块换出 Cache。替换算法用硬件电路实现，常用的有四种策略。

1）随机（Random）替换策略

随机替换是最简单的替换算法。随机替换算法完全不管 Cache 的情况，随机选择一块替换出去。随机替换算法在硬件上容易实现，速度快。但缺点也很明显，被换出的数据可能马上就需要再次使用，增加了映射装入的次数，降低了命中率和 Cache 效率。

2）最不经常使用（Least Frequently Used，LFU）替换策略

将一段时间内被访问次数最少的块替换出去。给每块设置一个计数器（即为每个

Cache 块增加替换控制位字段,根据算法不同,可以是一位或多位),从 0 开始计数,每访问一次计数器就增 1。当需要替换时,将计数值最小的块换出,同时新块的计数器置零。算法的计数周期是两次替换之间的间隔时间,不能准确反映近期访问情况,新调入的块很容易被替换出去。

3) 先进先出(FIFO)替换策略

根据进入 Cache 的先后次序来替换,先调入的 Cache 块被首先替换掉。这种策略不需要随时记录各个块的使用情况,容易实现,且系统开销小。其缺点是一些需要经常使用的程序块可能会被调入的新块替换掉。

4) 近期最少使用(Least Recently Used,LRU)替换策略

将 CPU 近期使用次数最少的块替换出去。它需要随时记录 Cache 中各块的使用情况,以便确定哪个块是近期最少使用的块。具体方法为,给每个块设置一个"未访问次数计数器"(即为每个 Cache 块增加替换控制位字段)。每次 Cache 命中时,命中块的计数器清 0,其他块的计数器加 1。每当有新块调入时,将计数值最大的块替换出去。确保新加入的块保留,还可把频繁调用后不再需要的数据淘汰掉,提高 Cache 利用率和命中率。这种替换算法相对合理,命中率最高,硬件实现也并不困难,是最常采用的方法。

3.6　虚拟存储器

虚拟存储器(Virtual Memory,VM)是一种计算机系统内存管理技术。其效果是让程序员在编程时面向一个连续可用的地址空间,而程序运行时,可以被划分为多个分片,按需将一部分分片调入物理内存(Physical Memory,PM),其余部分暂时存储在辅助外存(磁盘)。

虚拟存储器可视为操作系统提供的一种抽象主存,其实现由操作系统软件和底层硬件配合完成,典型技术如 Windows 的"虚拟内存"以及 Linux 的"交换空间"。通常由操作系统决定哪些程序与数据应被调入(或调出)物理内存;底层硬件配合完成外存与内存间数据交换过程的地址空间转换。本节首先介绍虚拟存储器的有关概念,然后介绍较为常见的段式、页式、段页式等三种虚拟存储器的工作原理。

3.6.1　虚拟存储器概述

1. 虚地址与虚存空间

在 3.4.1 小节中,已讨论了存储器的地址和地址空间。CPU 通过地址总线发出的地址可对应到物理内存的特定存储单元,此地址也称作物理地址(Physical Address,PA)。早期的计算机系统中,程序员编程时直接使用物理地址。但这种方式存在一些固有的缺陷。首

先,若主存储器容量太小(早期计算机内存只有几十至数百 KB),不足以载入一个完整程序,程序运行时需要分块多次载入内存,控制繁琐。其次,若程序访问了一个错误的地址(如操作系统核心代码所在位置),易导致系统崩溃。第三,在多任务并发执行时,不同任务对应的多个程序可能会访问内存的同一区域,从而导致冲突。

虚拟存储器就是在这样的背景下逐步发展起来的一种内存管理技术。用户编程时使用的地址(由编译程序生成)称为虚地址(Virtual Address),对应的存储空间称为虚存空间。通常虚存空间的大小就是 CPU 可寻址的最大范围。有了虚拟存储器概念后,程序设计可使用整个虚存空间,但程序运行时到底载入物理内存中的哪一部分,是在程序运行时才动态分配的。图 3.41 为两个程序载入内存时虚拟存储器空间到物理存储器空间的映射的示例,各程序使用的虚拟地址由专门的转换部件转换为实际内存的物理地址。图中程序 1 使用整个虚拟存储器空间 0x0000～0xFFFF,其代码占用 0x0000～0x0300 范围,在映射到物理内存时,被映射到 0x400～0x5FF 和 0xA00～0xAFF 两处不连续的区域;程序 2 在虚拟存储器空间中占用 0x0000～0x02FF 范围,被映射到物理内存 0x100～0x3FF 区域。

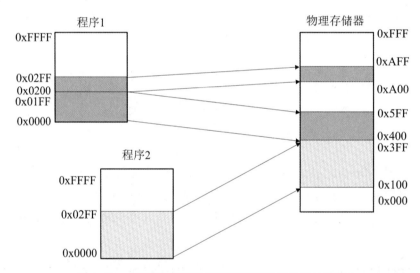

图 3.41　虚拟存储器到物理存储器的映射及地址转换

2. 虚拟存储器对主存的"扩充"

虚拟存储器是存储器抽象模型,其容量可以比实际主存空间大。此时,可以在操作系统的管理下,选择性地把虚拟存储器中的部分区域映射到实际的物理存储器;物理存储器无法容纳的其他部分可仍存放在磁盘等辅助存储器上。如图 3.42 所示,这种机制可以借助磁盘来"扩充"主存容量,以服务更大或更多的程序。当一个较大的程序运行时,可能只会用到其一小部分代码和数据,可以仅把这部分放到较快速的物理内存中,其他大部分仍存放在大容量、低速的外存(硬盘)。同理,多个程序并行执行时,可以把每个程序用到的部分调入物理内存,其余部分留在外存中。从而有助于提升物理内存的利用率和计算机整体运行效率。

3. 虚拟存储器和 Cache 的异同

虚拟存储器和 Cache 有很多相似之处。① 二者均把程序分成较小的信息块,运行时把信息块从慢速存储器调入快速存储器。快速存储器中信息块的更新都需要按预定义的策略进行,以提高命中率。② 使用信息块时都需要按照映射关系进行地址变换。CPU 访问 Cache 时要将主存地址转换为 Cache 地址,外存信息调入内存时需要将虚拟地址转换为物理地址。③ 依据程序局部性原理,二者均有利于提升计算机整体性能。Cache 可以缓解 CPU 与内存访问速度的矛盾,虚拟存储器则可以形成内存容量的补充,并尽可能减少慢速辅存的影响。

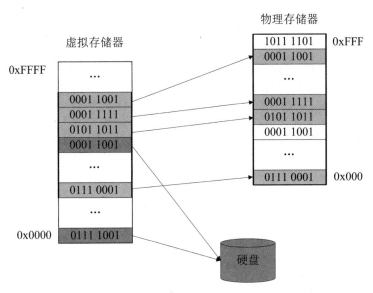

图 3.42 虚拟存储器借助外存扩充内存示意图

虚拟存储器和 Cache 主要有以下一些区别:① Cache 使用定长的信息块,通常是几十字节;虚拟存储器所划分信息块既可以是定长的,也可以不定长,长度可达数百 KB。② 通常 Cache 的访问速度是内存的 5~10 倍,而内存访问速度(存取时间纳秒级)是外存(存取时间毫秒级)的 100~1 000 倍,因而虚拟存储器未命中的性能损失要远大于 Cache 未命中的情形。③ CPU 与 Cache 和主存之间均有直接访问通路,而虚存所依赖的辅存与 CPU 之间不存在直接的数据通路。④ Cache 管理由硬件实现,对各类用户均是透明的,即各类用户都感知不到 Cache 的存在。而虚存管理由操作系统软件和硬件共同完成,虚存对存储系统的管理者是可见的。而对普通的应用程序而言,虚存提供了一个庞大的逻辑空间可自由使用,所以对普通用户来说是透明不可见的。

3.6.2 段式虚拟存储器

将外存中的信息块调入物理内存时,划分信息块有多种不同的方式。段式存储管理把物理内存按段分配,内存(主存)与辅存间传送不定长的段。段是按照程序的自然分界划分出的长度可变的区域,如代码段、数据段、堆栈段等。段作为独立的逻辑单位可以被其他程序段调用,这样可形成段间连接,生成规模较大的应用程序。

段式存储管理方式中,程序的地址空间被划分成若干个段,每一个段包含一组完整的信息,如主程序段、子程序段、数据段及堆栈段等。每一个段都有各自的名字,都是从地址 0x0 开始编址的一段连续的地址空间,各段长度不等,如图 3.43 所示。

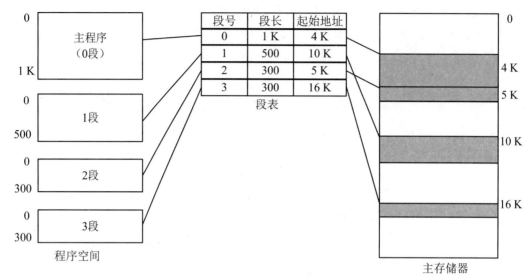

图 3.43　段式存储的地址映射

虚地址由段号 S 和段内偏移地址 D 组成。如图 3.44 所示,虚地址和物理地址之间的映射关系记录在段表中,由段表记录每个段的段号、段长、起始地址。段表存放于内存中,CPU 通过段表基址寄存器获取段表的起始地址,依据段号 S 在段表中查询该段的对应信息,段信息中的段起始地址与段内偏移地址 D 相加得到虚地址在物理内存中的实际地址。

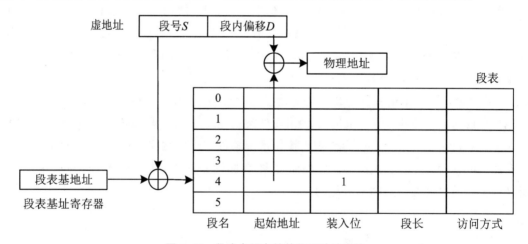

图 3.44　段式虚拟存储的物理地址变换

除了段名、段起始地址、段长外,图 3.44 所示段表还包含装入位、访问方式信息。装入位提示该段是否已经载入内存,访问方式信息指示该程序段的访问方式(只读、可读可写、只能执行等)。由于程序的不同段可以设置各自的安全属性,如只读的代码段、可读写的数据段,因而段式存储管理易于实施存储器保护和多程序共享。但缺点是内存载入不同段时,容易在段间形成空余的存储空间碎片。若某个段非常大,从外存载入内存(或从内存写回外存)所需时间较长,易导致机器卡顿。

3.6.3 页式虚拟存储器

页式存储管理是一种把主存按页分配的存储管理方式,主存与辅存间信息传送的是定长的页。程序使用的虚存地址空间划分成大小相等的区域,称为页(Page)。对应地,将主存空间划分成与页同样大小的若干个物理块,称为页框(Page Frame)。在为程序分配主存时,可以将程序的若干页分别装入多个物理块(相邻或不相邻的页框)中,如图 3.45 所示。程序运行时,当 CPU 需要读取特定页,却发现该页内容未加载时,会触发一个缺页错误,操作系统捕获这个错误,然后找到对应的页并加载到内存中。

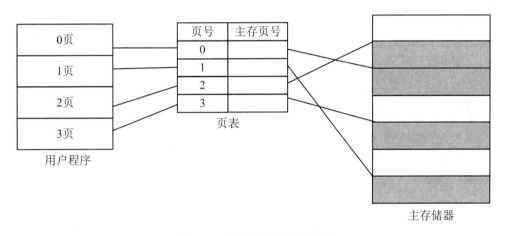

图 3.45　页式存储的地址映射

虚地址由虚页号 P 和页内偏移地址 D 组成。如图 3.46 所示,虚地址和物理地址之间的映射关系记录在页表中,页表记录每个页的页号,以及是否装入内存、是否在内存中被修改等各种标识信息。页表存放于内存中,CPU 通过页表基址寄存器获取页表的起始地址,依据虚页号 P 在页表中查询该页在内存中的实际页(框)号,由实际页(框)号、页内偏移地址 D 计算得到该虚地址在物理内存中的实际地址。由于页的大小是固定的,所以虚地址到实际物理地址的转换比段式管理情形要简单很多。

相比于段式管理,页式存储管理粒度更细致,故内存页碎片的浪费会小很多。同时因为页要比段小得多(Linux 下默认为 4 KB),所以页在进行交换时,卡顿现象较段式管理有显著改善。所以,多数操作系统采用页式存储管理。由于页的大小是固定的,因此分页时只需指定页的起始位置。页式管理的缺点在于,页不是程序模块的自然对应,分页仅仅是由于系统管理的需要而不是用户的需要,页的保护和共享都不如段方便。

注意,页表存放在主存中,因而即便是逻辑页已在主存中,也要访问两次物理存储器才能实现一次存储器读写操作,这将使虚拟存储器的存取时间加倍。为减少主存访问次数的增多,现代计算机中,对页表本身进行缓存,把页表中的最活跃的部分存放在专用 Cache 中。

这个用于页表缓存的专用 Cache 被称为 TLB(Translation Lookaside Buffer),又称快表,与之对应,主存中的完整页表则称为慢表。TLB 通常由相联存储器实现,可通过硬件实现高速检索。

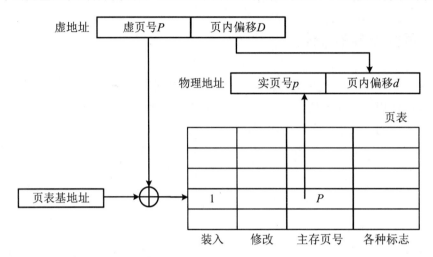

图 3.46　页式虚拟存储的物理地址变换

实际应用中,还需要考虑页表的大小。以 32 位逻辑地址空间、页面大小 4 KB、页表项大小 4 B 为例。如果要实现完整逻辑地址空间的映射,则需要 2^{20}(约 100 万)个页表项。即每个程序仅页表这一项就需要 4 MB 主存空间,代价高昂。故而常采用二级页表来降低页表存储量要求,关于二级页表,以及相关的页表置换算法、页面分配策略等详情可参阅操作系统相关资料。

3.6.4　段页式虚拟存储器

段页式虚拟存储器先将程序按自然逻辑关系分为若干个段,再把每一个段分成若干页。主存与辅存间的信息传送以页为单位,如图 3.47 所示。段页式存储管理结合了段式和页式

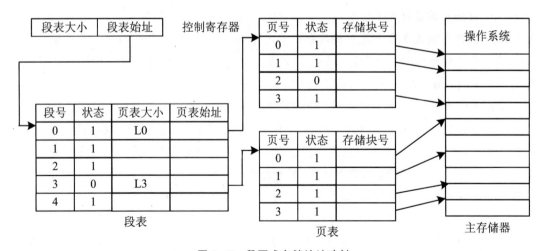

图 3.47　段页式存储地址映射

两种管理方法的优点,提高了主存利用率,也可以按段实现共享和保护。

虚地址由段号 S、虚页号 P、页内偏移 D 组成。如图 3.48 所示,段表中记录页表长度和页表地址。通过段表基地址和段号 S 相加,可得到页表起始地址和页表长度,进而通过页表找到物理内存中的实际页号,实际页号与页内偏移 D 拼接得到虚地址对应的物理地址。

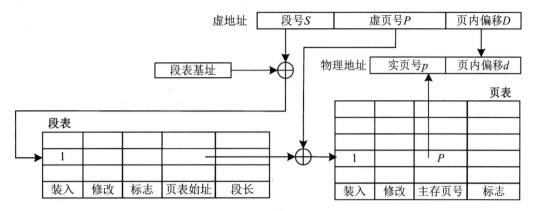

图 3.48　段页式虚拟存储的物理地址变换

习　　题

3.1　请说明存储器的类型以及特点。

3.2　半导体存储器有几种? 分别具有哪些优点、缺点以及使用于哪些场合?

3.3　RAM 有几种工作原理? ROM 的类型和工作方式是什么?

3.4　磁介质存储器有哪些类型和应用? 光存储器的主要类型和工作方式是什么?

3.5　什么是主存储器? 什么是外存储器?

3.6　辅助存储器有哪些常见的接口标准?

3.7　选择存储器主要考虑哪些因素?

3.8　EPROM、EEPROM、Flash 的共同特点是什么? 这些存储器具有读写功能,为什么仍然称作 ROM?

3.9　计算机系统为什么要采用内存条?

3.10　从 DDR 到 DDR4 有哪些改进?

3.11　存储器系统的层次架构有何意义?

3.12　虚拟存储器解决了哪些问题?

3.13　虚拟地址与物理地址有何区别和联系?

3.14　页式虚拟存储器的页面大小对操作速度产生什么影响?

3.15　虚拟存储器有几种管理方式? 其地址转换是怎样实现的?

3.16　Cache 的工作原理、作用是什么? 在哪些场合使用 Cache?

3.17　为什么要保证 Cache 内容与主存内容的一致性？有哪些方法？

3.18　Cache line 应该含有哪些基本信息项？

3.19　Cache 常用的替换策略有哪些？

3.20　某计算机按字节编址，其主存容量为 1 MB，Cache 容量为 16 KB，Cache 和主存之间交换的块大小为 64 B，采用直接相联映射方式。① Cache 共有多少个字块（Cache line）？② 主存地址为 02021H 的单元装入 Cache 后对应的 Cache 地址是什么？③ 主存地址为 02021H 的单元装入 Cache 后存放在 Cache 中的第几字块中（Cache 起始字块为第 0 字块）？

3.21　某计算机按字节编址，其主存容量为 1 MB，Cache 容量为 16 KB，Cache 和主存之间交换的块大小为 64 B，采用 8 路组相联映射方式。① 主存地址中页号 s、页内块号 u、块内地址 W 各占多少位？② 主存地址为 02021H 的单元装入 Cache 后存放在 Cache 中的第几组（起始组为第 0 组）？③ Cache line 对应的 Tag 字段占用多少位？

3.22　某按字节编址的计算机系统，使用了 40 位地址线、16 位数据线，请问该计算机存储器空间的最大寻址范围是什么？

3.23　试用 1 M×1 位的芯片构成 1 M×8 位的存储器。

3.24　试用 4 K×8 位的芯片构成 4 K×16 位的存储器。

3.25　设计一个采用 64 K×8 位构成的 256 K×8 位的存储器系统。

3.26　试用 8 片 1 K×8 位的芯片构成 8 K×8 位的存储器。

3.27　设计一个用 4 片 4 K×8 位的芯片构成 8 K×16 位的存储器。

3.28　NOR 与 NAND Flash 在嵌入式系统中如何连接？功能有何异同？

3.29　ARM 微处理器如何扩展 RAM？

第4章 总线和接口

一个完整的计算机硬件系统中,不同部件间,如从硬盘到处理器,从 CPU 到内存以及从内存到显卡等,都需要进行数据传输。在计算机发展的早期,这些部件两两之间采用专用通道进行连接,致使计算机内部连线十分复杂,不仅布线十分困难,而且可扩展性差。总线技术出现后简化了系统结构,极大改善了部件之间的协调性和系统的可扩展性。直观地看,总线是一组导线,不同功能单元通过这组导线彼此互连。从功能上看,总线又可视为一个通信系统,提供了计算机不同部件之间,甚至是不同计算机之间传输数据的能力。这种通信能力不仅依赖于直观上的一组导线,还需要相关硬件电路和软件的支持。4.1 节将介绍总线基本知识,4.2 节和 4.3 节分别介绍用于芯片内部和芯片外部的典型总线。

当处理器与外设进行数据交换时,并不只是简单地把不同电路单元的信号线接在一起。一台计算机主机可能同时连接多台外设,而外设的功能多种多样,有些是输入设备,有些是输出设备,有些既作输出设备又作输入设备。不同外设的输入信号形式也多种多样,如模拟信号、数字信号和开关信号[①],有些输入信号仅有一根信号线,有些则多达数十根,有些采用串行通信方式,有些则采用并行通信方式。不同外设的工作速率也不同,例如,键盘和鼠标每秒钟产生的输入事件不超过几十次;而主机与外部存储系统的数据传输速度现已达16 Gpbs。总而言之,外设种类繁多,不同外设在速率、信号形式和电平等方面存在巨大差异。因此,要保证可靠的数据传输,必须在处理器与外设之间加入合适的中间环节,来协调处理器与外设的差异,这个中间环节就是 I/O(Input/Output,输入/输出)接口。广义的接口还包含接口电路相应的驱动程序,不同外设的接口电路和驱动程序是不同的,同一种外设连接到不同计算机时,接口电路和驱动程序也不同。4.4 节将对此进行讨论。

总线与接口之间既有联系又有区别,这些联系与区别包括:

• 接口包含模块之间互连的硬件电路,由于需要连接不同类型的设备,其功能应该按照约定的规则进行设计;而总线不仅包括传输线路及相关电路,也包括传输和管理信息的规则(即协议)。

• 从适用场景看,如果仅仅是两个模块之间进行互连,无须定义共享规则,只需简单的逻辑电路进行协调即可;但多个模块基于一套传输线路进行数据交换时,则每个模块不仅要有接口电路,还需要按照一定的协议来规范多个模块共享传输线路的方式。

简而言之,本章主要介绍计算机系统中处理器与其他功能模块之间、主机与外部设备之

[①] 开关信号可以看作一位数字信号,它只有两个状态,用以表示事件发生与否、开关的开或闭以及灯的亮与灭等。

间,或者不同功能模块之间实现互连的原理、方法与实现技术。

4.1 总线技术

本节介绍计算机系统总线的分类和结构,阐述多个模块争用共享线路资源的方法,分析不同模块通过总线进行信息交换的基本过程。

4.1.1 总线技术概述

总线是计算机系统中的公共信息传输通道,为计算机系统内各个部件所共享。总线包含一组公用信号传输线,服务于模块与模块之间、部件与部件之间、设备与设备之间的信息传递。单独服务于某两个模块、部件或设备之间的专用信号连接线,不能称为总线。依据计算机系统部件的功能、位置,在不同场合往往有模块、部件和设备等不同称呼,为方便陈述,本章后续内容统称其为模块。

为什么计算机系统要用总线连接各个模块呢?考虑一个具有 n 个电路模块的计算机系统,若各模块采用两两直接连接的方式,则实现所有模块互连需要 $n \times (n-1)/2$ 组连接线。但采用总线连接后,就只需要一组连接线,所有的模块都直接连接到总线上。故计算机系统都采用总线结构,以降低计算机系统内部电路连接的复杂度。

1. 总线的概念

总线英文名称是 bus,bus 为世人熟知的含义是公共汽车。如果将计算机的主板(main board 或者 mother board)比作一座城市,那么总线就是城市里的公共汽车,为整座城市提供公共交通运输服务。总线中的每条线路在一个总线时钟周期内仅能传输一个比特数据,采用多条线路或者使用更多的时间周期才能传送更多数据。使用多条线路同时传送数据称为并行总线,并行总线所使用的线路条数称为总线宽度(width)。理论上,并行总线的宽度越大,总线时钟频率越高,数据传输速率就越高。但是受电路特性以及电路板运行周边环境的影响,总线宽度和总线时钟频率都存在上限。通常用总线带宽(Band Width)来描述总线所能达到的最高传输能力,总线带宽(即单位时间内可以传输的总数据量)定义为

$$总线带宽 = 总线时钟频率 \times 总线宽度 \div 8(字节/秒)$$

从物理上看,总线是一种共享的传输媒介。一方面,对连接到同一套总线上的多个模块而言,任何一个模块所传输的信号可以被其他模块所接收。另一方面,若连接在同一总线上的两个或多个模块在同一时间内都输出各自的信号,不同的信号重叠在一起就会引起混淆,造成总线冲突。因此,在任何时刻,连接到总线上的多个模块只能有一个模块输出信号,而其他模块处于接收状态。

那么,如何避免总线冲突呢?这就需要使用总线控制器来协调线路资源的使用。总线

控制器的功能包括指定哪个模块可在总线上发送数据,并指定总线驱动器的传送方向。在总线控制器的协调下,各个不同功能模块进行有序的数据传送。通常,包含总线控制器功能的模块被称作主控模块(Master),在主控模块协调下被动工作的模块被称作从属模块(Slave)。实际中,很多模块在不同的时刻扮演不同的角色,在某些时刻以主控模块方式工作,在另外一些时刻以从属模块方式工作。

通过以上介绍可以看出,总线有两个基本特性。其一是共享。多个模块可以连接在同一组总线上,彼此之间交换的信息都可以通过这组总线传送。其二是分时。所谓分时是指任意时刻只能有一个模块向总线发送信息,但是多个模块可同时从总线接收相同信息。分时特性制约了系统性能。

2. 总线的分类

可以从不同的角度对总线进行分类。例如,按照总线在计算机系统中所处的位置,可分为片内总线、片间总线、系统总线和系统外总线;按照总线的功能,可分为地址总线、数据总线和控制总线;按照数据传输方式,可分为并行总线和串行总线;按照总线上是否采用共有时钟,可分为同步总线和异步总线;按照是否复用,可分为时分复用总线和非复用总线。

1) 按总线位置分类

从位置在芯片内或芯片外看,可分为片内总线和片间总线。片内总线(in chip bus)指芯片内部用于连接各单元电路的信息通路,如微处理器芯片内部连接 ALU、寄存器和控制器等部件的总线。片间总线(chip bus),也称为芯片总线(component-level bus)或者局部总线(local bus),连接微处理器芯片和外围芯片。

从位置在计算机系统内或系统外看,可分为内总线和外总线。内总线(internal bus),又称为板级总线(board-level bus)或系统总线(system bus),用于系统内部各模块互连。例如 ISA、PCI 和 PCI Express 等。外总线(external bus),又称 I/O 总线或通信总线(communication bus),用于计算机之间或者计算机与外设之间的互连,例如 SCSI 总线和 USB 总线等。

近年来,随着 SoC 的迅速发展,单颗芯片内不仅集成了 CPU,也集成了存储器,甚至集成了过去作为外设的 GPS 和蓝牙模块等。上述片内总线、片上总线、内总线和外总线的区分方式在基于 SoC 的嵌入式系统中逐渐不再使用,而采用"片上总线"(on-chip bus)来描述芯片内部使用的总线。事实上,片上总线涵盖了传统的内总线及外总线。ARM 处理器采用的 AMBA 总线就是一种典型的片上总线。

在同一计算机系统内往往同时存在片内总线、系统总线和外总线,大部分计算机系统采用多级分层总线结构,如图 4.1 所示。在图 4.1 中,处理器的片内总线连接了 CPU 核心与高速缓存(cache)和高速缓存控制器。高速缓存控制器也是片内总线与高速系统总线之间的桥梁和纽带,所以也称为桥接器。这样的电路结构中,微处理器片内总线提供 CPU 核心与高速缓存间的高速传输通道;系统总线则提供了高速缓存和主存储器以及其他高速部件之间的数据传输通道,有利于提高计算机系统的整体性能。

图 4.1 中 I/O 总线也称为外部总线,用于连接外部设备。由于外设种类繁多,数据传输

速率不一致,很多计算机系统的外部总线也采用层次化结构。图 4.2 显示了另外一种分层总线结构。图中,CPU 与存储、高速外设以及低速外设之间使用了三种不同层次的总线。外部总线采用层次化结构的基本思想是将各个部件按照速率进行等级划分,让速率差距相对不大的单元挂接到同一条总线上,不同层次的总线通过特定接口(称为总线桥)实现彼此之间的互连。

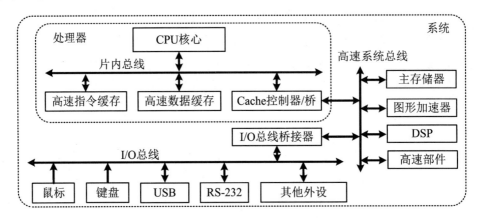

图 4.1　总线的层次结构

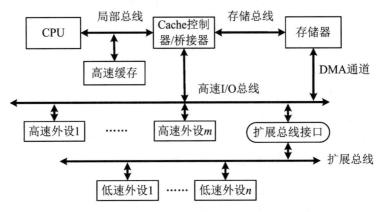

图 4.2　外部总线的分层结构

2) 按总线功能分类

从总线功能角度,总线分为地址总线、数据总线和控制总线三大类,如图 2.2 所示。三类总线分工明确,地址总线专门传送地址;控制总线用来传送控制信号和时序信号;数据总线用于传送数据信息。计算机系统的各种操作,需要地址总线、数据总线和控制总线协同配合才能实现。

地址总线主要完成地址信号的传送,一般为单向传送总线,信号通常从 CPU 发出,送往总线上各个模块。地址信号指示数据总线上数据的来源与去向。例如,CPU 希望从存储器中读取一个字的数据,需要将字所在的地址信息送到地址总线上。地址总线的宽度决定了系统存储器空间的最大寻址范围。例如,20 位宽度的地址总线可寻址空间为 $2^{20} = 1$ M,即可寻址 1 M 个存储单元。当然,地址总线也可用于 I/O 端口的寻址。通常地址总线的高位部分通过译码电路后,用于选择一个特定的模块(或 I/O 的端口位置),而低位部分用于选择模块内的存储单元。关于 I/O 端口寻址方面的内容可参阅 4.4.1 小节。

数据总线传送数据信息。数据总线通常为双向三态形式的总线,既可以把 CPU 的数据传送到存储器或 I/O 接口等部件,也可以将各部件的数据传送到 CPU。数据总线的位数(宽度)是计算机系统的一个重要指标,通常与微处理器的字长一致。例如 Intel 8086 微处理器字长 16 位,其数据总线宽度也是 16 位。需要指出的是,数据的含义是广义的,可以是真正的数据,也可以是指令代码或状态信息,有时甚至是控制信息。因此计算机工作过程中,数据总线上传送的并不仅仅是真正意义上的数据。

控制总线传输各种控制信号。控制信号中,有的是 CPU 送往存储器和 I/O 接口电路的,如读/写使能信号、片选信号和中断响应信号等;也有其他部件反馈给 CPU 的,如中断请求信号、复位信号、总线请求信号和设备就绪信号等。换言之,控制总线上传输的控制信号负责总线上各模块间的联络控制,让数据总线和地址总线的使用有序化。有些控制信号仅连接一个外设模块,有些控制信号同时连接多个模块,有些控制信号线为单向传送,有些控制信号线为双向传送,有些控制信号线甚至在不同时间段有不同的功能定义。一般来说,总线信号线中,除电源线、地线、数据线和地址线以外的所有信号线都归为控制总线。

3) 按数据传输方式分类

按照传输数据的方式,总线可分为串行总线(serial bus)和并行总线(parallel bus)。并行总线有多条数据传输线,可以同时传送多个二进制位,其二进制位的个数为该总线的宽度,如图 4.3(a)所示。过去很长一段时间内,内总线一般为并行总线。并行总线需要使用多条平行的信号线,其总线时钟频率不能太高,否则平行信号线之间会出现较强的线间干扰,将严重影响数据传输的正常进行。为了进一步提高内总线的数据传输速率,近十几年来,基于串行方式的系统内总线得到了广泛应用。例如,在目前各种类型的 PC 机中,采用串行方式的 PCIe 总线已经全面取代了基于并行方式的 PCI 总线。

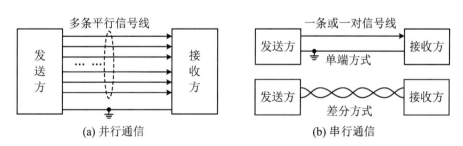

图 4.3　并行数据传送和串行数据传送示意图

串行总线的通信方式分为单端(single ended)和差分(differential)两种。单端方式只需使用一根信号线以及一根信号参考地线,差分方式需要使用一对差分信号线,如图 4.3(b)所示。其中差分传输方式具有较强的抗干扰能力,传输距离远并且可以大幅度提高总线时钟频率。因此,虽然串行总线只能逐位传送数据,但是如果采用差分传输方式,可以通过提高总线时钟频率使其达到较高的数据传输速率。

系统外总线多采用串行总线,由于传输信号线的数量少,可节省线路成本,同时便于实现远距离传输。

4）按时序控制方式分类

根据数据传输时收发双方时钟信号的关系，总线可分为同步总线、异步总线和半同步总线三类。

在同步总线中，收发双方的任何动作都基于相同的时钟基准，所有操作均按照规定的时钟周期进行，并要求在规定的时间内完成规定的操作。一般来说，同步总线的传输速度快，但是对总线所连接模块的速度有较严格要求，对模块的适应性差，可靠性也不高。CPU 与高速缓存控制器以及与系统主存之间普遍使用同步总线，以期提高系统性能。

而在异步总线中，收发双方的时钟信号相互独立，彼此之间通过某种协调机制了解对方当前的动作或者行为，然后再确定自身应该执行何种操作。收发双方的协调又称为应答或者握手。由于增加了协调机制，总线上速度快慢不同的模块之间均能进行可靠的数据传输。但是彼此之间过多的协调和握手将影响数据传输效率。历史上著名的 VME 总线，以及广泛应用于智能仪器的 GPIB（IEEE-488/IEC-625）总线是异步总线的典型代表。

如果在同步总线的基础上，收发双方之间增加一种协议机制，平时按照同步总线方式进行传输。如果有一方"跟不上节奏"，可通过协调机制要求对方延长一个或者多个时钟周期（称为插入等待），保证双方可靠地进行数据传输。这样既兼顾了数据传输速度，也提高了数据传输的可靠性。采用这种方式的总线即是半同步总线，例如，在早期 PC 机中所使用过的 I/O Channel、ISA、EISA 和 PCI 总线等都属于半同步总线。

5）按时分复用方式分类

在许多系统中，为了减少物理信号线或者芯片引脚数量，往往将不同的信号共用一条或者一套物理信号线或者芯片引脚。这些物理信号线或者引脚在不同的时刻体现不同的功能和用途。例如，在 Intel 8086 芯片上，20 位地址总线的低 16 位与 16 位数据总线共用物理引脚。在总线周期的最初时钟周期，这些物理引脚上出现的信号表示地址，在接下来的时钟周期这些引脚又用来传输数据。这种方式称作时分复用。在系统总线上，如果需要，可以使用锁存器将分时复用的信号进行分离。总线中也有一些信号无须分离，在不同的时钟周期表示不同的信号。例如，PCI 总线中的 C/BE♯[3：0] 在传输地址周期表示总线命令；在传输数据周期，这 4 条信号线用于字节使能（指明 32 位总线上哪些字节有效）。

一般来说，采用非时分复用总线有利于提高数据传输速率，而采用时分复用总线有利于减少芯片引脚或者物理信号线的数量，设计师需要在两者之间寻求平衡。

3．总线的结构

从计算机组成结构来看，有两类总线结构：单总线结构和多总线结构。多总线结构又有双总线、三总线和四总线之分。

1）单总线结构

单总线结构中，计算机系统的所有部件都通过同一套总线交换信息。其优点是控制简单、扩充方便。经典的单总线结构如图 4.4 所示，图中 CPU、存储器、I/O 接口均挂接在相同的总线上。由于速度不同的模块均使用同一条总线，同一时刻只有一个模块可以驱动总线，总线的数据传输速率受到限制。

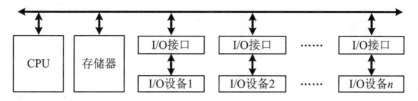

图 4.4　经典的单总线结构

2）双总线结构

双总线结构分为面向 CPU 的双总线和面向存储器的双总线。面向 CPU 的双总线结构如图 4.5 所示。其中一组总线是 CPU 与主存储器间交换信息的公共通路，称为存储总线。另一组总线是 CPU 与 I/O 设备交换信息的公共通路，称为输入/输出总线（或称 I/O 总线）。外部设备通过连接在 I/O 总线上的接口电路与 CPU 交换信息。由于外部设备与主存储器之间没有直接的通路，彼此之间的信息交换须经过 CPU，这会降低 CPU 的工作效率。

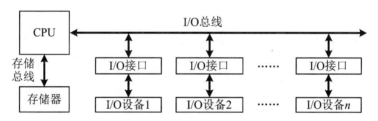

图 4.5　面向 CPU 的双总线结构

面向存储器的双总线结构如图 4.6 所示。这种结构保留了单总线结构的优点，即所有设备和部件均可通过总线交换信息。但是与单总线结构不同的是，CPU 与存储器之间专门设置了一条高速存储总线，使 CPU 与存储器之间可以高速交换信息，提高了系统的整体性能。但是当 I/O 接口与存储器交换信息时，仍然需要 CPU 负责操作。

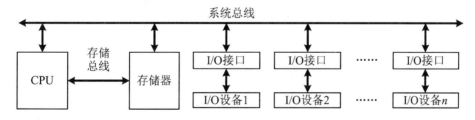

图 4.6　面向存储器的双总线结构

3）三总线结构

典型的三总线结构计算机系统如图 4.7 所示。这种结构在高速 I/O 接口与主存之间建立了一条高速的直达通道，该通道称为 DMA（Direct Memory Access，直接存储访问）总线。高速 I/O 接口与主存之间的数据交换由专门的设备进行控制，该设备称为 DMA 控制器（图 4.7 中没有画出）。关于 DMA 传送方式更详细的介绍请参见本章 4.4.2 小节。

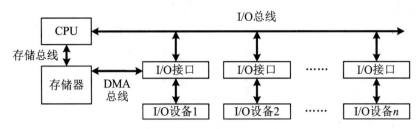

图 4.7　典型三总线结构

4）四总线结构

为了进一步提高 I/O 设备的性能,使其更快地响应命令,又出现了四总线结构,典型的四总线结构如图 4.8 所示。四条总线分别是局部总线、系统总线、高速 I/O 总线和扩展总线。高速 I/O 总线专门用于连接高速 I/O 设备,如网络适配器、图形图像处理器和硬盘接口等。而慢速设备(如键盘、鼠标、FAX 和 Modem 等)则与扩展总线相连。PC 机中一度广泛使用的 PCI 总线就属于四总线结构。在 PCI 总线结构中,按照地图上的方位,图 4.8 中的Cache/桥又被称为北桥,而扩展总线接口被称为南桥。

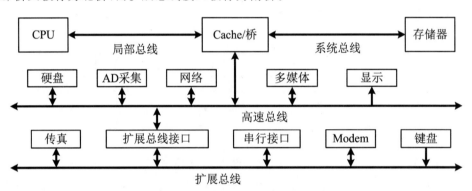

图 4.8　典型的四总线结构

4.1.2　总线仲裁

总线上的设备一般分为总线主设备(主控模块)和总线从设备(从属模块)。总线主设备有控制总线数据传输的能力,可以是 CPU 或其他逻辑控制模块。总线主设备在获得总线控制权之后能启动并控制数据的传输;与之相对应的总线从设备,可以对总线上的数据请求做出响应,但不能控制总线。常把总线主设备称作总线主机,把总线从设备称作总线从机。

早期计算机系统中,一条总线上只有一个主设备,由该主设备控制总线传输。随着计算机技术的发展,多个主设备共享一条总线的情况越来越普遍,此时需要协调各个主设备对总线资源的争用。

总线仲裁(bus arbitration)就是在多总线主设备的环境中提出来的。总线仲裁又称总线判决,其目的是合理地控制和管理系统中多个主设备的总线使用请求,以避免冲突。多个主设备同时提出总线使用请求时,需要按预定义的算法确定哪个主设备获得总线控制权。实现总线资源分配功能的逻辑电路称为总线仲裁器(bus arbiter),简称仲裁器。

总线仲裁方式分为两类:集中式和分布式。集中式控制由专门的总线控制器或仲裁器来分配总线时间,总线控制器或仲裁器可以是独立的模块或器件,也可以集成在 CPU 芯片中,其总线协议较简单,但总体性能不易提高。分布式控制将总线控制逻辑分散在各个模块中,其总线协议略显复杂,电路成本较高,但有利于提高总线利用率。

1. 集中式仲裁

依据仲裁机制,集中式控制分为串行仲裁、并行仲裁和混合仲裁。

1) 串行仲裁

串行仲裁最典型的当属"雏菊链"(daisy chain)或者链式仲裁方式。图 4.9 所示为常用的三线链式仲裁电路示意图,使用到的信号线包括:BR(Bus Request,总线请求)信号、BG(Bus Grant,总线允许)信号和 BB(Bus Busy,总线忙)信号。

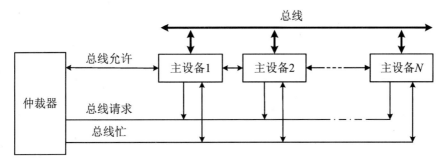

图 4.9　串行仲裁

在图 4.9 所示电路中,主设备在提出总线使用请求前,要先检测 BB 信号,当 BB 信号无效(总线空闲)时,主设备才能提出总线请求。各主设备的 BR 信号用"线与①"方式接到仲裁器的请求信号输入端。仲裁器收到 BR 信号后输出 BG 信号,BG 信号通过主设备链向后传递,直至提出总线请求的那个设备。当请求总线的主设备收到 BG 信号后,获得总线控制权,并且不再向后传递 BG 信号,同时将 BB 信号置为有效,以通知其他设备总线已被占用。当主设备的总线操作结束后,撤销 BB 信号,随后其他设备可以继续申请总线使用权。

链式仲裁特点包括:① 设备使用总线的优先级由它与仲裁器之间距离决定,离仲裁器越近优先级越高;② 信号线数量与设备数目无关,电路实现简单;③ BG 信号传递必须在一个总线周期内完成,由于存在电路时延,总线时钟频率不能过高,总线性能受限,主设备链上的设备个数一般不超过 3 个;④ 主设备链的连接方式确定之后,优先级就固定了,不易更改。

---

① "线或"和"线与"就是把"或"和"与"的逻辑功能体现到电子线路中。以"两根输入线一根输出线"的电路为例,当两根输入线中任意一根为高时输出线就为高,这就是"线或";若两根输入线都为高时输出线才为高,就是"线与"。

2）并行仲裁

并行仲裁方式下，每个主设备都有独立的 BR 和 BG 信号线，分别接到仲裁器上，如图
4.10 所示。需要使用总线的主设备通过 BR 信号向仲裁器发出请求，仲裁器按预先约定的
优先级算法选中某个主设备，并把 BG 信号送给该设备。被选中的主设备撤销 BR 信号，并
输出有效的 BB 信号，以通知其他设备总线已被占用。主设备的总线操作结束后，撤销 BB
信号，同时仲裁器撤销对应 BG 信号，并根据整体请求情况重新分配总线控制权。并行仲裁
的优点是速度快，优先级设置灵活，但每增加一个主设备就需要增加一对 BR 和 BG 信号
线，系统中允许接入的主设备数量受仲裁器电路规模的限制。

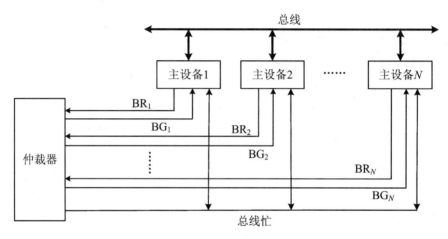

图 4.10 并行仲裁

3）混合仲裁

混合仲裁又称多级仲裁，它结合了并行仲裁和串行仲裁两种思路，更为灵活。图 4.11
为一种两级混合仲裁，图中的 BR_1 和 BR_2 以并行方式连接到仲裁器，各主设备的总线请求
BR 要么连接在 BR_1，要么连接在 BR_2 上。BG_1 以串行方式连接一部分主设备，BG_2 以串
行方式连接另一部分主设备。

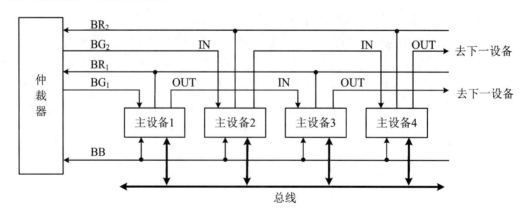

图 4.11 混合仲裁

所有主设备的总线请求经 BR_1 或 BR_2 送达仲裁器,仲裁器决定把总线控制权交给 BR_1(所连主设备)或 BR_2(所连主设备)。若总线控制权交给 BR_1(所连主设备),则接下来 BG_1 串行传递,主设备 1 优先级高于主设备 3。若总线控制权交给 BR_2(所连主设备),则接下来按串行方式决定获得总线控制权的是主设备 2 还是主设备 4。并行请求 BR_1 和 BR_2 的优先级由仲裁器预先约定的优先级算法确定,同一链上各设备优先级则决定于该设备与仲裁器的距离。

混合式仲裁方式兼具串行仲裁和并行仲裁的优点,灵活并且易于扩充,较好地兼顾了电路结构和响应速度两方面的要求。

2. 分布式仲裁

分布式仲裁方式没有中心仲裁器,而是把总线仲裁逻辑分散到每个主设备上,主设备之间通过协商自主确定总线使用权。图 4.12 是一种自举式仲裁逻辑的原理图,属于分布仲裁方式中的一种。图中,每个模块都带有总线控制逻辑,并使用了多根请求线。总线使用权的分配过程分为申请期和裁决期两个阶段。在申请期,需要使用总线的设备在各自的总线请求线上送出请求信号;在裁决期,每个设备将请求线上的信号取回分析,以确定自己能否拥有总线使用权。对于发出总线申请的设备而言,如果在取回的合成信息中检测到有优先级更高的设备发出了总线请求,则本设备暂不能使用总线;反之,本设备可立即使用总线。

在图 4.12 中,主设备 4 如果需要使用总线,在申请期通过 BR_4 发出总线请求,在裁决期无须理会其他设备是否有请求,因此主设备 4 拥有最高优先级。而主设备 3 在申请期发出了请求,在裁决期对取回的合成信息进行分析,只要 BR_4 无效(主设备 4 没有请求),主设备 3 认为自己具有当前最高优先级,可以使用总线,依次类推。至于主设备 1,其在申请期发出的 BR_1 无人理会,可以移除。只有其他设备都没有总线申请时,主设备 1 才有机会使用总线,因此只有最低的优先级。图 4.12 中 BUSY 为总线忙信号,正在使用总线的模块应将 BUSY 置为有效,其他主设备只有当 BUSY 无效时才能在申请期发出请求。

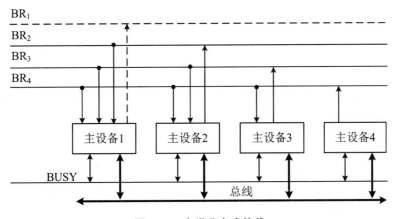

图 4.12 自举分布式仲裁

4.1.3　总线操作与时序

计算机不同部件通过总线交换信息的过程称为总线操作。总线设备完成一次完整信息交换的时间称为总线周期(或总线传输周期),如读存储器周期、写存储器周期、读 I/O 端口周期和写 I/O 端口周期等。多主设备的总线系统中,一个总线周期分为四个阶段:请求及仲裁阶段、寻址阶段、数据传输阶段和结束阶段。若系统中仅有一个主设备,不需要总线请求和仲裁,也不需要结束阶段,总线传输周期只有寻址和数据传输两个阶段。

在请求及仲裁阶段,拟使用总线的主模块提出请求,由总线仲裁器确定哪一个模块获得下一个总线传输周期的使用权。在寻址阶段,取得总线使用权的主模块发出拟访问的从模块(存储器地址或 I/O 端口)地址以及操作命令。在数据传输阶段,主模块和从模块间进行数据传输。在结束阶段,主从模块均从总线上撤销相关信号,让出总线。

总线时序是指总线操作过程中总线上各信号在时间顺序上的配合关系。根据主、从设备在时间上配合方式的不同,总线时序常被分为四种:同步总线时序、异步总线时序、半同步总线时序和周期分裂式总线时序。

1. 同步总线时序

同步总线意味着收发双方按照统一的时钟工作,所有信号线上传输的信号都受控于该时钟,每根信号线按照相同节拍工作。一般来说,同步总线速度较快,且逻辑控制较为简单。但同步总线存在总线偏离[①]问题,总线速度受制于最慢的设备。

CPU 与主存储器间的总线一般采用同步总线。图 4.13 是一种典型的同步总线对存储器进行读写操作(参考 PROLOG 公司的 STD 总线[②])的时序。图 4.13 中波形的上升沿或下降沿没有画成垂直的,这是因为信号不可能在零时间内从高电平变为低电平,或从低电平变为高电平。一般时序图中都会将波形的上升沿和下降沿画成呈一定角度的斜线。

以下以 CPU 对存储器的读写操作为例,介绍图 4.13 中各信号线的定义和作用。

- CLK,时钟信号,总线标准中需要约定时钟频率的范围。
- ADDRESS,地址总线,由主模块中的 CPU 驱动,存储器根据地址对存储单元进行寻址。
- MEMRQ♯,CPU 当前要读的是存储器(而非 I/O),低电平有效。
- RD♯,低电平有效,有效时表明 CPU 当前执行的是读操作。
- WR♯,低电平有效,有效时表明 CPU 当前执行的是写操作。
- DATA,数据总线,若 CPU 执行读存储器操作,则存储器从被寻址存储单元读出数据送到数据总线上;若 CPU 向存储器进行写操作,CPU 将需要写入的数据送到数据总线上,再由存储器将数据写入被寻址的存储单元。

---

① 总线偏离(bus skew),是指总线中不同信号线的传输速度之间的差别。

② STD 总线(Standard Data Bus)由美国 PROLOG 公司发布,1987 年初,IEEE 将 STD 总线定为 IEEE-P961 标准总线。STD 总线是工业控制领域最常用的标准总线之一。

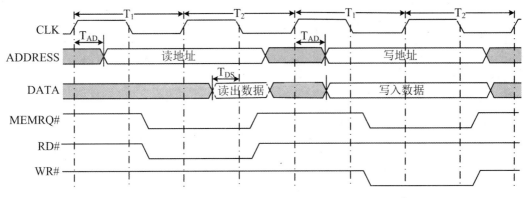

图 4.13　一种典型的同步总线时序

图 4.13 所示的 T_1 周期,CPU 把需要读取的主存储器单元地址驱动到地址线上。地址信号对应多根信号线,习惯上用两条平行的线绘制,意为多条信号线中有些是低电平,有些是高电平。并且,地址信号变化的时刻用交叉的斜线表示,如图 4.13 所示,其中阴影部分表示该时段这部分信号无意义。

地址信号稳定后,CPU 发出 MEMRQ♯ 和 RD♯。MEMRQ♯ 信号有效(低电平)表示 CPU 要访问的是主存储器(若为高电平表明访问 I/O 端口),RD♯ 信号有效(低电平)表示 CPU 要执行读操作。由于被访问的存储器件收到地址信号之后,需要一段时间进行准备才能输出数据,所以约定存储器在 T_2 时钟周期输出数据。

在 T_2 周期,存储器输出数据到数据总线上,CPU 在 RD♯ 信号后沿(上升沿)将总线上的数据存入内部寄存器,完成本次读操作,然后撤销地址信号和 MEMRQ♯ 信号。

在时序逻辑电路中,经常需要在时钟信号的上升沿或者下降沿触发一些动作(如输出某些信号或读取某些信号)。图 4.13 中 T_1 周期时钟的上升沿和下降沿,以及 T_2 周期时钟的上升沿和下降沿,这四个关键的时间点都有一些相应的动作被触发。这些被触发的电路动作必须保证先后关系,在总线标准中通常会规定一些参数来描述不同事件间的时间关系,这些参数称之为时序参数。

例如,图 4.13 中 T_1 周期的时钟上升沿,CPU 输出地址到地址总线上,需要经过一小段时间地址信号才能稳定,这一小段的时间记为 T_{AD},即 T_{AD} 是从 T_1 的上升沿开始到地址建立好的时间,称作地址建立时间。由于在 T_1 的下降沿需要输出 MEMRQ♯ 和 RD♯ 信号,假如 T_{AD} 大于半个时钟周期,就会影响到 MEMRQ♯ 和 RD♯ 信号的输出,所以对 T_{AD} 的最大值有一定约束。再如,在读操作的 T_2 周期前半周期,存储器读出的内容送到数据总线上,T_{DS} 是数据稳定需要的时间。如果 T_{DS} 过长,那么在 T_2 周期后半周期的读操作就会出现错误,所以对 T_{DS} 的长度也有限制。

需要说明的是,图 4.13 中的时序关系是一种简化版,用于说明总线操作的基本过程。在时序参数方面,仅介绍了 T_{AD} 和 T_{DS} 的物理意义,没有描述其他所需的时序参数。通常在电路设计时要仔细分析所用微处理器芯片与存储器芯片的时序特性,充分评估器件挂接到特定总线时是否能满足时序要求。

2. 异步总线时序

异步总线依靠收发双方约定的握手信号对传送过程进行控制。异步总线没有公共时钟,收发设备之间采用一问一答的(握手)方式进行协调。根据问答信号之间的关系,异步总线时序可分成不互锁方式、半互锁方式和全互锁方式。

图 4.14 左半部分所示为一种问答式的主设备读取从设备数据的过程:① 主设备将拟访问的地址信号送上地址总线,同时发出主设备请求信号,并且延迟 D_1 后发出固定宽度的读命令;② 从设备收到主设备请求之后,将所需数据读出并送往数据总线,同时发出从设备应答信号;③ 主设备在读信号后沿,将从设备输出的数据读入主设备内部寄存器。

图 4.14 右半部分所示为主设备向从设备写入数据的过程:① 主设备将拟写入的单元地址以及需要写入的数据驱动至相应的总线,同时发出主设备请求信号,并且延迟 D_2 后发出固定宽度的写命令;② 从设备收到主设备请求后准备接收数据,并在完成准备工作之后发出应答信号;③ 从设备利用主设备的写信号后沿,将总线上的数据锁入内部寄存器。

在图 4.14 所示的传送过程中,无论是主设备的请求信号还是从设备的应答信号,均在持续固定的时间间隔后自行撤销;主设备总是认为从模块收到请求后,一定会在规定的时间间隔内做出响应,主模块只需延迟 D_1 或 D_2 后发出读写命令即可。这种异步时序称作不互锁方式。显然,不互锁方式要求主设备和从设备的速度差异应在一定范围之内,否则将会导致数据传送错误。

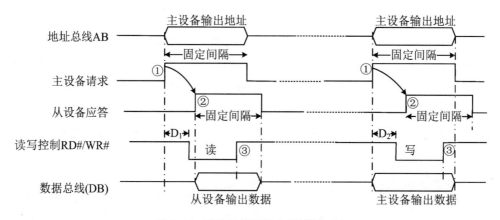

图 4.14 异步总线时序(不互锁方式)

图 4.15 为半互锁方式异步总线时序,为简单起见,图中没有画出读写信号线和数据总线。以主设备读取从设备数据为例,其基本流程为:① 主设备发出请求信号并等待从设备的应答;② 从设备收到请求后输出数据,然后作出应答;③ 主设备收到从设备的应答后开始读数据,数据接收完毕才撤销请求信号。半互锁方式与不互锁方式的主要区别在于:主设备发出请求信号之后,必须等待从设备应答后才启动读数据操作,只有收到数据后才撤销请求。但是从设备输出数据和发出应答后,不关心主设备数据是否接收完毕,在间隔固定时间后,自行撤销数据和应答信号。

图 4.16 为全互锁方式异步总线时序。图 4.16 左半部分是主设备读取从设备数据的过

程：① 主设备发出读请求；② 从设备送出数据并发出应答；③ 主设备收到从设备的应答后开始读数据，并在数据读取结束之后撤销读请求；④ 从设备得知主设备撤销请求后，才停止驱动数据总线并撤销应答。与不互锁方式和半互锁方式对比，全互锁方式的主从双方都在确认对方状态之后才开始下一步操作，各个动作之间环环相扣，传输可靠性最高。图 4.16 右半部分为主设备向从设备写入数据的过程，请读者自行分析。

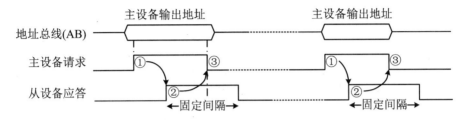

图 4.15　异步总线时序（半互锁方式）

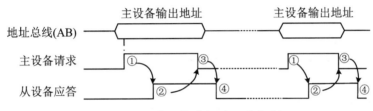

图 4.16　异步总线时序（全互锁方式）

异步总线通过预先约定的应答协议，可以保证两个速率差异很大的模块可靠地进行信息交换。但是握手过程需要额外的时间开销，异步总线的传输效率要低于同步总线。显然，握手过程越多，虽然传输愈加可靠，但是总线效率越低。异步总线常用于设备类型多或对系统可靠性有较高要求的场合。

3．半同步总线时序

在同步时序中，当主模块读取某个从模块数据时，如果从模块的速度较慢，从收到地址信息到准备好数据之间的时延超过一个时钟周期，就无法在图 4.13 所示的 T_2 周期完成读操作。为此，可以在主模块和从模块之间增加一条信号线 READY/WAIT♯，当出现上述情形时，从模块通过 READY/WAIT♯向主模块提出请求，表明从模块尚未准备好，请主模块延长一个或者数个时钟周期，以便从模块能够跟上节奏，保证正确完成读数据操作。这种使用同步时钟，又能插入等待周期的时序称为半同步时序，如图 4.17 所示。

图 4.17 中，CPU 在 T_2 周期的时钟下降沿检测 READY/WAIT♯信号线，如果发现是低电平，表明从模块没有准备好，CPU 则在 T_2 周期之后插入一个等待周期 T_W，把读操作延长一个节拍。CPU 在 T_W 周期的时钟下降沿再次检测 READY/WAIT♯信号，如果是高电平，表明从模块已经准备好，无须继续等待，CPU 结束本次读操作（RD♯信号回到高电平）。相比于图 4.13 所示同步时序，图 4.17 所示时序中 CPU 读到数据的时间滞后了一个时钟周期（READY/WAIT♯信号持续一个时钟周期）。在半同步总线时序中，CPU 插入等待时钟周期的数目根据 READY/WAIT♯信号的持续时间而定。

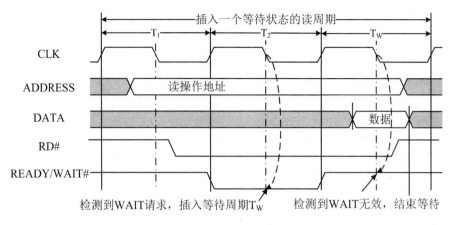

图 4.17　半同步总线时序

4. 周期分裂式总线时序

以上三种总线时序方式,在整个传输过程中总线一直处于被占用的状态。实际系统中,主模块发出地址和读/写命令后,从模块往往需要一些时间来准备数据。从模块准备数据期间,系统总线上并没有数据传输,处于空闲状态。

为了提高系统的总体性能,出现了周期分裂式总线时序。以读存储器操作为例,整个总线周期可以分解为两个子周期:寻址子周期和数据传送子周期。在寻址子周期,主模块发送地址、读命令和主模块识别码(主模块 ID 编号),由被寻址的从模块接收。随后,主模块释放总线,以便总线可以被其他主模块使用。待从模块准备好数据之后,由从模块发起总线使用申请,获准后启动数据传输子周期,从模块输出数据和主模块识别码,相关主模块接收数据。这种将总线周期进行分解的模式,减少了总线资源的无效占用,从而提高了总线的利用率。

在一些资料中,上述寻址子周期被称作地址阶段,数据传送子周期被称作数据阶段,周期分裂式操作又被称作"分离式操作"或"流水线分离"等。分裂式操作是高性能总线设计的一种重要思路,事实上,将一个耗时长的操作分成几个耗时短的操作也是流水线设计的基本思想,本书将在 4.2.2 小节以 AHB 总线为例,进一步分析这种周期分裂式操作的具体实现方式。

4.2　片上总线 AMBA

4.2.1　AMBA 总线概述

AMBA(Advanced Microcontroller Bus Architecture)总线是 ARM 公司研发的一种片上总线(也称为片内总线)标准。AMBA 的设计独立于处理器芯片制造工艺,未定义电气特征,电气特性和准确的时序参数取决于芯片生产时采用的工艺和操作频率。AMBA 规范是一个开放标准,可免费获得。目前,AMBA 拥有众多第三方支持,在基于 ARM 处理器内核的 SoC 设计中,已获得广泛的应用。

随着 ARM 处理器的不断更新换代,AMBA 总线演进出多个版本,各版本的功能差异情况参阅 4.2.6 小节。从学习的角度看,我们最关注的是 ARM 公司在片上总线设计方面的基本原则和思路。AMBA2 已具备相对完整的功能;AMBA3 侧重引入高性能的功能支持;AMBA4、AMBA5 等较晚推出的版本中增加了针对多 CPU 核的优化。故本小节中主要结合 AMBA2 和 AMBA3 版本分析 AMBA 总线的设计思想。

AMBA2 定义了三种不同的总线,分别是 AHB(Advanced High-performance Bus,高级高性能总线)、ASB(Advanced System Bus,高级系统总线)和 APB(Advanced Peripheral Bus,高级外设总线)。三类不同总线的特征如表 4.1 所示。

表 4.1　AMBA2 中 AHB、ASB、APB 特性对比

AMBA AHB	AMBA ASB	AMBA APB
• 高性能		
• 流水线(pipelined)	• 高性能	• 低功耗
• 多主机(multiple bus masters)	• 流水线	• 地址锁存和控制
• 突发传输(burst transfers)	• 多主机	• 接口简单
• 分裂式操作(split transactions)		

AMBA2 总线的典型互连结构如图 4.18 所示。AMBA2 总线基于一条高性能系统中枢总线(可采用 AHB 或 ASB),以实现 CPU、片上存储器、外部存储器及 DMA 设备之间的高速数据传输。这条高性能总线有一个桥接器,用来连接低功耗低速率的 APB,并由 APB 连接外设。

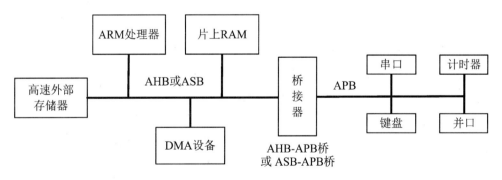

图 4.18　典型 AMBA2 总线的微控制器系统

为便于描述总线行为,AMBA 定义了信号名称的命名规则。这些规则包括:信号名称为大写字母;信号名称的第一个字母指示信号和哪个总线相关联;低电平有效的信号,其名称以小写字母 n 做后缀;测试信号加前缀 T;而 H、A、B、D、P 等前缀分别代表不同总线上的信号,如表 4.2 所示。

表 4.2　AMBA2 中定义的信号前缀

前缀	含义及示例
T	测试信号(与总线类型无关)
H	AHB 信号,如 HRESETn 表示 AHB 复位信号,低电平有效
A	ASB 信号,主机与仲裁器之间的单向信号
B	ASB 信号,如 BWRITE 表示 ASB 写操作指示,高电平有效
D	ASB 信号,单向的 ASB 译码信号
P	APB 信号,如 PCLK 表示 APB 使用的主时钟

4.2.2　AHB 总线

1. AHB 系统的构成

AHB 是支持多主机的总线,一个系统中最多允许有 16 个总线主机。AHB 总线通过一组多路选择器实现主、从设备的互连,其典型结构如图 4.19 所示。AHB 总线系统主要构成包括:主机、从机、仲裁器和译码器。

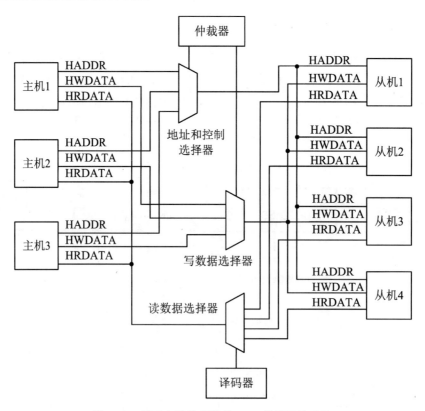

图 4.19　基于多路选择器的 AHB 总线互连结构

AHB 总线的数据传输由主机发起,数据传输操作所需要的地址和控制信号由主机产生。从机响应主机发起的操作,并将数据传输的状态信息反馈给主机。仲裁器确保任何时刻只有一个主机有效(即拥有总线使用权),并为地址和控制选择器以及写数据选择器提供主机选择信号。译码器通过解析地址信号为读数据选择器提供从机选择信号。

图 4.19 中,地址和控制选择器把当前有效主机的地址线连接至从机 HADDR;写数据选择器把当前有效主机的写数据总线连接至从机 HWDATA;读数据选择器把被选中从机的读数据总线连接至主机 HRDATA。

2. AHB 信号定义

AHB 信号定义如表 4.3 所示。为便于阅读,表 4.3 仅给出各信号的简要说明,详细信息可参阅 ARM 公司 AMBA2 标准。

表 4.3　AMBA2 中 AHB 的信号

信号名称	信号来源	用途说明
HCLK	时钟源	时钟,各信号时序与 HCLK 上升沿或下降沿相关
HRESETn	复位控制器	总线复位信号,低电平有效
HADDR[31∶0]	主机	32 位系统地址总线
HTRANS[1∶0]	主机	表示突发传输的类型,可以是不连续(NONSEQUENTIAL)、连续(SEQUENTIAL)、空闲(IDLE)或忙(BUSY)
HWRITE	主机	高电平表示是写传输,低电平表示是读传输。
HSIZE[2∶0]	主机	传输宽度,可以是字节、半字或字等,允许最大传输 1024 位
HBURST[2∶0]	主机	突发类型,表示传输是突发的一部分,支持突发长度为 4、8 或 16
HPROT[3∶0]	主机	指示当前传输的安全保护级别
HWDATA[31∶0]	主机	写数据总线,可扩展至更高位宽
HSELx	译码器	从机选择信号,HSELx 有效表示从机 x 被选中
HRDATA[31∶0]	从机	读数据总线,可扩展至更高位宽
HREADY	从机	高电平表示总线上的传输已经完成,在扩展传输时该信号可能会被拉低
HRESP[1∶0]	从机	传输响应,有四种可能:OKAY、ERROR、RETRY 或 SPLIT

为支持多主机操作,AMBA AHB 中定义了多个仲裁相关的信号,如表 4.4 所示。信号后缀 x 表示模块 x,如 HBUSREQx 可能表示 HBUSREQarm 或 HBUSREQdma。

表 4.4　AMBA2 中 AHB 的仲裁信号

信号名称	信号来源	用途说明
HBUSREQx	主机	总线请求,从主机 x 送往仲裁器
HLOCKx	主机	表示主机 x 请求锁定对总线的访问

信号名称	信号来源	用途说明
HGRANTx	仲裁器	指示主机 x 是当前优先级最高的主机
HMASTER[3：0]	仲裁器	主机号，用来区分不同的主机
HMASTLOCK	仲裁器	当前主机正在执行一个锁定序列（sequence）的传输
HSPLITx[15：0]	从机	分裂式传输请求，指明由哪个主机重试一个分裂式传输操作

3．AHB 的数据传输过程及"流水线"

AHB 传输开始前，主机要先获得总线访问的授权。授权过程为：主机 x 通过 HBUSREQx 向仲裁器发出总线使用请求，随后仲裁器通过 HGRANTx 指示主机被授权。主机获得授权后开始驱动地址信号和控制信号（传输方向、传输宽度和传输类型等）。

1）单个数据简单传输

一个 AHB 传输分成两个阶段：地址阶段（address phase）、数据阶段（data phase）。地址阶段仅持续一个时钟周期，用来传输地址和控制信息；而数据阶段可持续一个或者多个时钟周期，用来传输有效数据。图 4.20 为地址阶段和数据阶段都持续一个时钟周期的简单 AHB 传输。注意，图 4.20 中并未画出 HWRITE 信号，即图中未对主机写传输和主机读传输做区分。换言之，如果是主机写传输应关注 HADDR[31：0]和 HWDATA[31：0]，反之在主机读传输时应关注 HADDR[31：0]和 HRDATA[31：0]。

首先分析主机读取从机数据的传输过程。图 4.20 中的第一个时钟周期的上升沿，主机把地址、控制等信息驱动到总线上（HADDR[31：0]和其他控制信号线）。第二个时钟周期的上升沿，从机采样获得地址（图示为 A）和控制信息，并把此地址（A）对应的数据驱动到数据总线 HRDATA[31：0]上。第三个时钟周期的上升沿，主机在 HRDATA[31：0]上采样获得从机响应的数据。

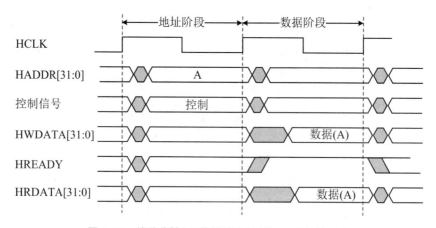

图 4.20　简单传输（无等待状态）时的 AHB 传输时序

写传输过程与读传输过程不同。① 主机在地址阶段把地址信息 A 驱动到了地址总线上，② 而从机在下一个时钟周期（图 4.20 中的数据阶段）时钟的上升沿采样获取地址和控制信息,③ 随后的下一个时钟周期(图 4.20 中数据阶段结束的下一个时钟周期)时钟的上升沿从机采样数据总线 HWDATA[31:0]获取数据。

实际上,传输过程中地址信息的更新和数据的更新在节拍上是错开的,当前 AHB 传输地址阶段的地址信息实际上在上一次 AHB 传输最后一个时钟周期就已经被驱动到 HADDR[31:0]上了,而本次 AHB 传输的数据更新至 HRDATA[31:0](读传输)之后,在下一次 AHB 传输开始的第一个时钟周期才被读取。这种地址信息和数据信息交叠(overlapping)的操作方式,被称作流水线(pipelined)机制。在稍后将要讨论的图 4.22 中,可以更清晰地观察到这种交叠。流水线机制有利于提高性能,在其他类型的总线(如用于外设的 APB)中,为了简化电路没有采用这种流水线机制。

2) 在单个数据简单传输中插入等待状态

如果数据阶段持续一个时钟周期不足以完成数据传输,从机可以通过 HREADY 信号扩展数据阶段(即插入等待周期)。图 4.21 是数据阶段被扩展的 AHB 传输时序。

以图 4.21 中读传输为例,主机在 HCLK 上升沿将地址和控制信号驱动到总线上。在时钟的下一个上升沿,从机采样地址和控制信号,随后进入数据阶段。因从机在数据阶段的第一个时钟周期没能准备好,故把 HREADY 拉为低电平,从而插入了等待周期(图 4.21 中从机插入了两个时钟周期的等待)。从机准备好后,再将 HREADY 重新置为高电平,并将数据驱动至 HRDATA[31:0]。主机在随后的下一个时钟(第五个时钟)上升沿采样 HRDATA[31:0]获得从机响应的数据。读传输和写传输过程是有差异的:在写操作过程中,主机必须确保数据在整个扩展期内稳定;而在读传输过程中,从机不必一直确保数据有效,只需要在相应周期提供数据即可。

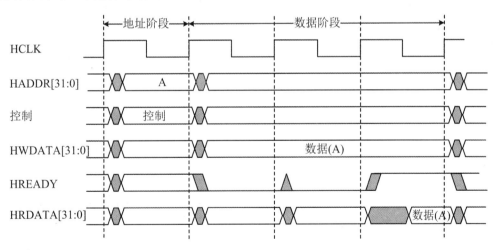

图 4.21 有等待状态的 AHB 传输时序

需要注意的是,在流水线机制的作用下,如果数据阶段被扩展,相应地,下一个 AHB 传输的地址阶段也被扩展,如图 4.21 中 HADDR[31:0]所示。

3) 多个数据的传输

如图 4.22 所示,三次 AHB 传输分别需要传输的是地址 A、地址 B 和地址 C 对应的数据。

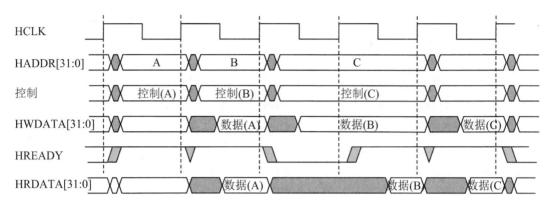

图 4.22　多个数据的 AHB 传输时序

图 4.22 中,传输地址 A 和地址 C 数据都没有插入等待周期,但传输地址 B 数据时插入了一个等待周期。地址 B 对应数据在总线上停留的时间被扩展为 2 个周期,对应地,地址 C 对应数据传输的时候,在地址总线 HADDR[31:0]上地址 C 也被扩展了,其停留时间也是 2 个周期。

4) 流水线"分离"

表 4.4 中 HMASTER[3:0]、HMASTLOCK、HSPLITx[15:0]信号用于支持名为"SPLIT"的传输模式。这种传输模式被称作分裂式操作或流水线分离。

SPLIT 传输,指 AHB 传输的两个阶段分离(地址阶段和数据阶段可以被分离,参见 4.1.3 小节)。根据前面介绍的 AHB"流水线"机制可知,当前 AHB 传输的数据实际上在下一次 AHB 传输的一开始才被读取,第 n 次 AHB 传输的地址在第 $n-1$ 次 AHB 传输的时候就已经被驱动到了地址总线上。这样"驱动地址"和"驱动数据"两个操作构成了两级流水线操作。

这种两级的流水线操作要求从机能够及时地响应主机,在主机驱动地址到地址总线 HADDR[31:0]后,能够被从机及时读取;主机驱动数据到数据总线 HWDATA[31:0]后,也要能够被从机及时读取。如果从机因为某种原因不能及时响应,这个流水线就会被打断,影响到总体性能。为了应对这种从机不能及时响应的情形,出现了流水线分离设计。

从机接收了主机发出的地址和控制信息后,如果不能在下一个时钟周期响应,可通过 HRESP[1:0]发出启动 SPLIT 传输的响应。仲裁器检测 HRESP[1:0]后,知道从机当前不进行传输,则可以把总线的使用权出让给其他主机。当从机做好接收数据准备后,通过 HSPLITx[15:0]发出重新启动传输信号,仲裁器根据挂起操作主机的优先级,适时重新分配总线使用权。当主机再次获得总线使用权后,继续刚才挂起的传输操作。

在传输的地址阶段,仲裁器产生一个标识号(主机号,HMASTER[3:0]),用来指示哪个主机正在使用总线。从机发出 SPLIT 响应时,需要记录当前的主机号。从机准备好数据后,依据所记录的主机号决定 HSPLITx[15:0]中哪个位需要置 1。HSPLITx 有 16 根信号线,意味着最多支持 16 个不同主机来源的传输采用 SPLIT 分离机制,不同从机产生的 HSPLITx 位以"或"的方式合成在一起,供仲裁器进行仲裁。并且,AHB 中仅允许一个主机存在一个 SPLIT 传输,即 SPLIT 传输是不可以"嵌套"的。

4．AHB 的突发传输

图 4.20、图 4.21 和图 4.22 所示的三个例子基本说明了主机获取总线使用权后进行数据传输的基本过程。为了支持高效率的数据传输,在 AMBA2 的 AHB 协议中,还定义了突发传输。简单地说,突发传输就是在一次传输过程连续传输一个数据块。既然是连续传输一个数据块,就涉及数据块的长度和连续传送时的地址改变方式等。表 4.5 中定义了不同突发传输类型下的突发长度和地址改变方式。数据块长度根据突发长度和传输宽度 (HSIZE[2：0])计算,如 HSIZE[2：0]＝＝010B 表示传输宽度是 32 比特,此时 WRAP4 类型的突发传输的数据块大小是 128 比特(16 字节)。

表 4.5　AMBA2 中突发传输类型信号 HBURST[2：0]含义

HBURST[2：0]	类型	类型的描述
000	SINGLE	单次传输 Single transfer
001	INCR	未标识长度的地址递增式传输 Incrementing burst of unspecified length
010	WRAP4	突发长度为 4 的地址循环递增式传输 4-beat wrapping burst
011	INCR4	突发长度为 4 的地址顺序递增式传输 4-beat incrementing burst
100	WRAP8	突发长度为 8 的地址循环递增式传输 8-beat wrapping burst
101	INCR8	突发长度为 8 的地址顺序递增式传输 8-beat incrementing burst
110	WRAP16	突发长度为 16 的地址循环递增式传输 16-beat wrapping burst
111	INCR16	突发长度为 16 的地址顺序递增式传输 16-beat incrementing burst

为了能够向从机指示突发传输过程的不同状态,定义了传输状态指示信号(HTRANS[1：0],如表 4.6 所示),从机可以从 HTRANS[1：0]获知下一步的操作提示。除此之外,协议还定义了控制信息的细节(如传输方向、传输块大小、保护方式等);定义了从机响应信息格式 (HREADY 及 HRESP[1：0]参数组合形式)。

表 4.6　AMBA2 中传输状态指示信号 HTRANS[1：0]含义

HTRANS[1：0]	状态	状态的描述
00	IDLE	指示当前周期没有数据需要传输,当主机被授权使用总线,但是不需要传输时使用该状态
01	BUSY	BUSY 传输类型指示主机正在进行突发传输,但是下一次数据传输不会马上发生。地址和控制信号线上的信号对应下一次即将发生的传输
10	NONSEQ	NONSEQUENTIAL,指示当前传输是一次突发传输过程或单次传输的第一次传输。地址和控制信号线上的信号与前一次传输无关
11	SEQ	SEQUENTIAL,一次突发传输过程中非第一次的传输。地址和信号线上的信号对应上一个刚完成的传输

下面通过两个例子,说明表 4.5 定义的突发传输类型和表 4.6 定义的传输状态指示信号的作用。

图 4.23 为突发类型 WRAP4 的突发传输过程。整个传输过程共进行了 4 次数据传输,插入了 1 个等待周期(T_2)。这四次传输中,第 1 个传输数据对应的地址为 0x38,该地址在 T_1 周期被推送到地址总线 HADDR[31：0]上,T_1 周期传输状态指示信号 HTRANS[1：0]为 NONSEQ,指示传输的数据是突发传输中的第 1 次。T_2 周期,第 2 个传输数据的地址 0x3C 被推送到地址总线上,同时传输状态指示为 SEQ。T_3 周期,第 1 个传输数据被推送到数据总线 HWDATA[31：0]上。T_4 周期,第 3 个传输数据的地址 0x30 被推送到地址总线上,同时,第 2 个传输数据被推送到数据总线上。T_5 周期,第 4 个传输数据的地址 0x34 被推送到地址总线上,同时,第 3 个传输数据被推送到数据总线上。T_6 周期,第 4

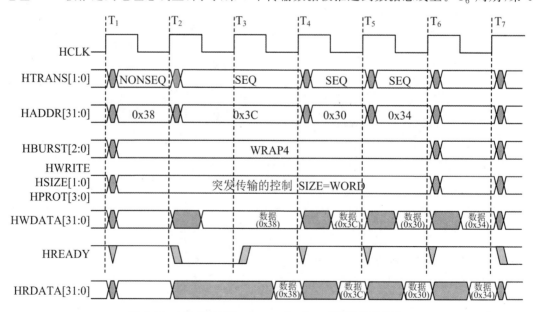

图 4.23　WRAP4(4-beat wrapping burst)突发传输时序

个传输数据被推送到数据总线上。

由于突发类型是 WRAP4,故 4 个传输数据的地址变化为:0x38、0x3C、0x30、0x34。拟传输数据的地址在 16 字节的边界处发生回转,即地址总线的低 4 位置零,通常我们把这种地址在边界处置零的操作称为循环式地址递增,对应数字逻辑电路中 4 位计数器的递增操作。与图 4.23 的 WRAP4 类型不同,在图 4.24 所示的突发传输过程中,突发传输的类型为 INCR4,4 个传输数据的地址变化是递增的,没有在边界处发生回转。

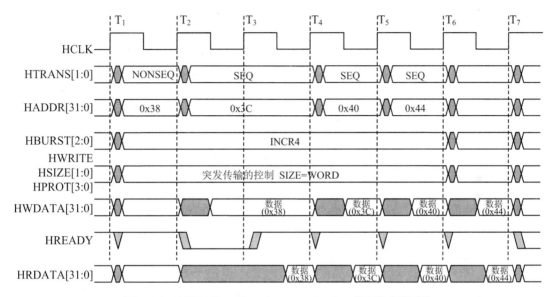

图 4.24　INCR4(Four-beat incrementing burst)突发传输时序

需要指出的是,AMBA 规范中规定地址顺序递增式突发传输所传输数据块的地址不能跨越 1 kB 的边界。

5. AHB 译码器

图 4.19 中,AHB 总线通过一组多路选择器实现主、从设备的互连,采用一个集中式译码器,译码器可以生成从机选择信号 HSELx。从机选择信号 HSELx 是高位地址信号的组合译码结果。从机 x 在 HSELx 和 HREADY 有效的情况下,对地址和控制信号线进行采样,从而获得地址和控制信息。地址译码和从机选择信号如图 4.25 所示。

由于采用了集中式的译码器,每个主机可在需要时随即驱动自身的地址信号,而无须等待总线允许信号 HGRANTx。对于主机而言,HGRANTx 信号是自身获得总线控制权的指示。如图 4.26 所示,集中式的译码器根据各个主机的总线使用请求产生总线允许信号 HGRANTx,并在仲裁器的控制下生成主机号 HMASTER[3:0],地址和控制多路选择器把主机号对应主机的地址总线与从机的地址总线连接。

6. AHB 仲裁器

表 4.4 中,AMBA2 的 AHB 中定义了一些专门的信号用于仲裁。仲裁机制是为了保证在同一时刻,只有一个主机控制总线。仲裁器通过检测请求的优先级等信息确定哪个主机

能够获取总线控制权。同时,仲裁器也响应从机关于 SPLIT 传输的请求。

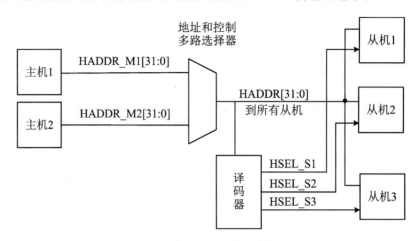

图 4.25　地址译码和从机选择信号

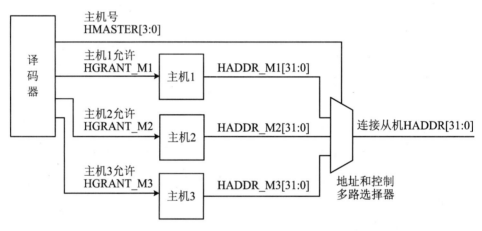

图 4.26　总线允许信号与主机号的生成

1) 仲裁授予过程

仲裁授予过程的基本步骤包括:① 主机通过 HBUSREQx 信号请求对总线的使用需求,如果主机 x 希望使用总线的时候能够锁定总线资源,则需要同时发出 HLOCKx 信号;② 仲裁器通过 HGRANTx 信号指示主机 x 获得了总线的使用权;③ 如果当前 HREADY 有效,则不需要等待,仲裁器改变 HMASTER[3:0]以指示当前获得总线使用权的主机号。

图 4.27 即为 HREADY 有效前提下的仲裁授予过程。在 T_3 周期的时钟上升沿,HGRANTx 有效;在下一个周期即 T_4 的时钟上升沿,仲裁器开始驱动 HMASTER[3:0]指示了当前获得总线使用权的主机号,同时,获取了总线控制权的主机地址线被连接到地址总线 HADDR[31:0]上;在下一个周期即 T_5 的时钟上升沿,地址(A)对应的数据被驱动到数据总线 HWDATA[31:0]上。

如果 HGRANTx 有效时,HREADY 为无效状态(低电平),则需要插入等待周期,如图 4.28 所示,由于 T_3 周期 HREADY 无效,T_4 周期时钟上升沿插入了一个等待周期,在 T_5

周期时钟上升沿,可检测到 HREADY 有效,仲裁器开始驱动 HMASTER[3：0]指示了当前获得总线使用权的主机号,同时,获取了总线控制权的主机地址线被连接到地址总线 HADDR[31：0]上。在 T_6 周期时钟上升沿,检测到 HREADY 无效,故获得总线使用权的主机又等待了一个周期,在 T_7 周期时钟上升沿,才驱动数据到 HWDATA[31：0]上。

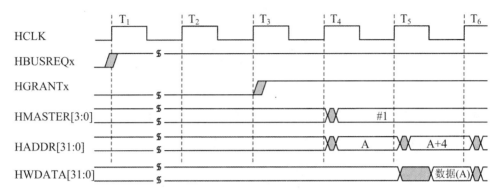

图 4.27　无等待状态的仲裁授予

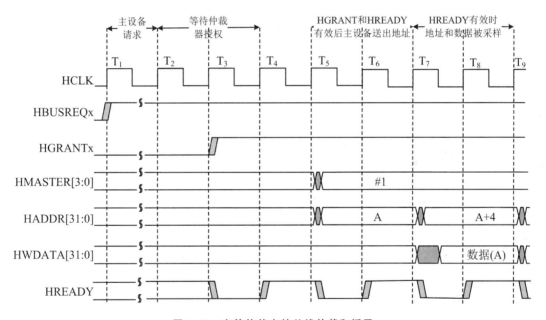

图 4.28　有等待状态的总线仲裁和授予

2）总线控制权的移交

总线的控制权包括地址总线控制权和数据总线控制权。当一次传输完成后(通过 HREADY 信号高电平予以指示),拥有地址总线控制权的主机接管数据总线。图 4.29 为总线控制权在两个主机间的移交过程,从图中可看出主机对数据总线的控制权是滞后于对地址总线控制权一个时钟周期的。

图 4.30 所示为总线控制权移交发生在一次突发传输的末尾。仲裁器在倒数第二个地址被采样后改变总线允许信号 HGRANTx(HGRANT_M1 失效,HGRANT_M2 有效)。新

的总线允许信号 HGRANTx 将与最后一个地址在相同的时刻被采样。

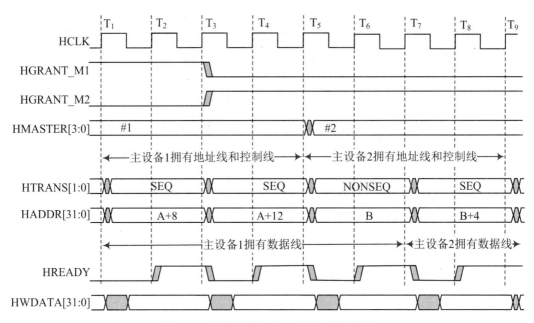

图 4.29　总线控制权在两个主机间的移交

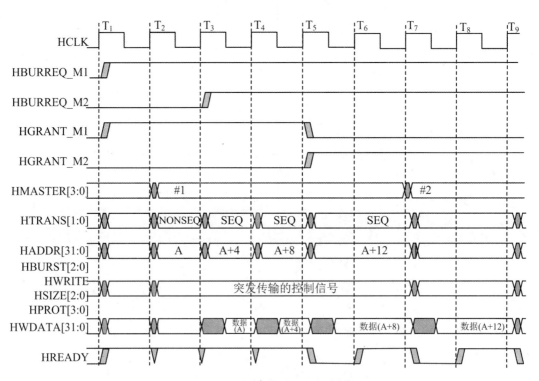

图 4.30　突发传输后的总线移交

4.2.3 ASB 总线

图 4.18 中的 ASB 也可以作为微控制器芯片中的主总线,其系统结构与工作原理均与 AHB 类似,但不支持突发传输功能(如表 4.1 所示)。AHB 系统构成包括:ASB 主机、ASB 从机、ASB 译码器以及 ASB 仲裁器。

表 4.7 所示为 AMBA2 定义的 ASB 信号列表。由于 ASB 功能可视为 AHB 功能的子集,本小节不再对 ASB 的传输过程做解析。

表 4.7 AMBA2 中 ASB 信号列表

信号名称	信号用途描述
AGNTx	总线授予,AGNTx 有效表示主机 x 被授权使用总线
AREQx	总线请求,AREQx 有效表示主机 x 请求使用总线
BA[31:0]	系统地址总线,由总线主机驱动
BCLK	时钟信号,为总线传输提供时基
BD[31:0]	数据总线,写传输时由主机驱动,读传输时由从机驱动
BERROR	指示发生传输错误
BLAST	末尾指示,表示当前是突发传输的最后一个数据
BLOK	指示当前传输和下一个传输不可分割,总线是独占的
BnRES	低电平时,复位系统和总线
BPROT[1:0]	指示当前传输的安全保护级别
BSIZE[1:0]	指示传输的大小(字节、半字或字)
BTRAN[1:0]	指示下一次传输的类型
BWAIT	等待指示,高电平表示需要插入等待周期
BWRITE	高电平表示写传输,低电平表示读传输
DSELx	DSELx 有效表示从机 x 被选中

4.2.4 APB 总线

APB 是为低速率外设提供的一个低成本接口。为了降低功耗和接口复杂度,APB 不支持流水线功能。不同版本 APB 演进如表 4.8 所示。从了解设计思想角度看,在 AMBA2 版本中定义的 APB2 已经具备核心设计思路,故本小节的学习以 AMBA2 的 APB2 版本为主。

表 4.8　APB 的版本演进(截至 2019 年)

简称	全称	最后版本	更新时间
APB	APB Specification Rev E	AMBA1	1998
APB2	AMBA2 APB Specification	AMBA2	1999
APB v1.0	AMBA3 APB Protocol Specification v1.0	AMBA3	2004
APB v2.0	AMBA APB Protocol Specification v2.0	AMBA4	2010

APB 表现为一个局部二级总线,行为类似 AHB 或 ASB 的外设,通过 APB 桥接器(APB bridge)连接 AHB 或 ASB。图 4.18 为 AMBA2 版本中 APB 与 AHB 对接的示意图。APB 的最新版本定义在 AMBA4 版本中,可以和更多类型的总线对接,如表 4.9 所示。

表 4.9　APB 可对接的总线(截至 2019 年)

可对接的总线名称	最后更新
AMBA Advanced High-performance Bus(AHB)	AMBA2
AMBA Advanced High-performance Bus Lite(AHB-Lite)	AMBA2
AMBA Advanced Extensible Interface(AXI)	AMBA4
AMBA Advanced Extensible Interface Lite(AXI4-Lite)	AMBA4

表 4.10 为 APB 信号列表。此处不仅列出了 AMBA2 版本中的信号定义,也列出 APB 最新版本(APB v2.0)在 AMBA4 新增的信号定义。

表 4.10　APB 信号列表

名称	发起源	用途说明	备注
PCLK	时钟源	总线时钟,仅使用上升沿作为 APB 时基	AMBA2
PRESETn	系统总线	复位信号,低电平有效	AMBA2
PADDR[31:0]	APB 桥	地址总线	AMBA2
PSELx	APB 桥	PSELx 有效指示从机 x 被选中	AMBA2
PENABLE	APB 桥	使能信号,指示 APB 传输的第二个周期	AMBA2
PWRITE	APB 桥	高/低电平分别表示 APB 写/读	AMBA2
PRDATA	从机	读数据总线	AMBA2
PWDATA	APB 桥	写数据总线	AMBA2
PPROT	APB 桥	总线访问的附加安全信息	AMBA4
PSTRB	从机	写选通信号,指示要进行数据更新	AMBA4
PREADY	从机	就绪信号,低电平表示从机拟扩展传输	AMBA4
PSLVERR	从机	错误指示	AMBA4

图 4.31 为 APB 写传输总线时序,PWRITE 为高电平,使用 PWDATA 传输数据。图 4.32 为 APB 读传输总线时序,PWRITE 为低电平,使用 PRDATA 传输数据。

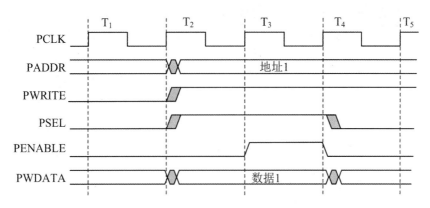

图 4.31　APB 写传输总线时序

APB 时序非常简单。可以用三个操作状态来描述总线上的不同阶段:空闲阶段(IDLE,可持续多个周期)、设置阶段(SETUP,持续单个周期)和使能阶段(ENABLE,持续单个周期)。

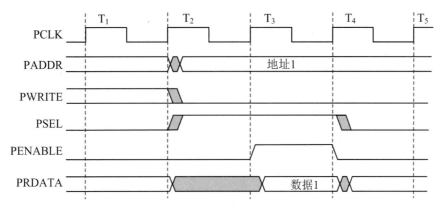

图 4.32　APB 读传输总线时序

时钟上升沿到来后,地址信号 PADDR、使能信号 PENABLE、选择信号 PSEL 和读写数据方向信号 PWRITE 全部改变,读写传输开始。传输的第一个时钟周期处于设置阶段,在下一个时钟上升沿 PENABLE 生效,进入使能阶段。地址、数据和控制信号在整个使能阶段保持有效。传输结束后进入空闲阶段,此时 PENABLE、PSEL 均变成低电平,为了降低功耗,PADDR 和 PWRITE 在传输之后不再改变,直到下一次传输开始。

4.2.5　AXI 总线

2001 年,ARM 发布了 AMBA3 规范,引入了 AXI(Advanced eXtensible Interface)总线。AHB 总线分离了一个总线周期的地址阶段和数据阶段,便于实现流水线和分裂式操作。同时,AHB 中地址、读数据和写数据是各自独立的总线,即有三个独立通道。AXI 总线进一步分离了总线的通道,形成五个独立的通道:读地址(read address)通道、读数据(read data)通道、写地址(write address)通道、写数据(write data)通道和写响应(write response)通道,进一步提升了存储器的读写访问效率。表 4.11 显示了 AXI 与 AHB 及 APB 特性的对比。

表 4.11　AXI、AHB、APB 对比

总线	AXI	AHB	APB
总线宽度	8,16,32,64,128,256,512,1 024	32,64,128,256	8,16,32
地址宽度	32	32	32
通道特性	读写地址通道独立 读写数据通道独立 写响应通道	读写地址通道共用 读写数据通道独立	读写地址通道共用 读写数据通道独立 不支持读写并行操作
体系结构	多主/从设备 仲裁机制	多主/从设备 仲裁机制	单主设备(桥)/多从设备 无仲裁
数据协议	支持流水线 支持分裂式操作 支持突发传输 支持乱序访问 字节/半字/字 大小端对齐 非对齐操作	支持流水线 支持分裂式操作 支持突发传输 支持乱序访问 字节/半字/字 大小端对齐 不支持非对齐操作	一次读/写传输占两个时钟周期 不支持突发传输
传输方式	支持读写并行操作	不支持读写并行操作	不支持读写并行操作

随后,在 2010 年发布的 AMBA4 总线规范中,进一步强化了多层结构,将 AXI 总线细分为 AXI4、AXI4-Lite 和 AXI4-Stream。其中 AXI4-Stream 由 ARM 公司和 Xilinx(赛灵思)公司共同提出,主要用于 FPGA 器件的高速数据传输。目前 AXI 总线已取得广泛应用。Xilinx 公司的 Xilinx Vivado Design Suite 软件和 ISE Design Suite 软件凭借 AXI4 标准进一步扩展了赛灵思平台的设计方法。作为 AXI4 推广工作的一部分,赛灵思采用 AXI4 作为 UltraScale、Zynq-7000、Spartan-6、Virtex-6 及未来产品系列的互连标准。

4.2.6　AMBA 的不同版本

AMBA 总线 V1.0 于 1995 年正式发布,用于 SoC 内部各个模块间的互连,支持多个主设备,支持芯片级别测试。在 AMBA V1.0 中定义了 ASB 和 APB 两条总线,也定义了一个连接存储器的外部接口,这个外部接口可用于测试。1999 年,AMBA 总线更新到 V2.0,增加了一个新的总线 AHB。AHB 总线逐渐取代了 ASB 在系统中的位置。2001 年,AMBA V3.0 发布,引入 ATB(Advacned Trace Bus)和 AXI 总线。

随着多核处理器的普及,又给总线技术提出了很多新的要求。2010 年,ARM 推出的 AMBA4 中,引入了 QoS 机制,进一步增强了多层结构。AMBA4 中最值得注意的是 CoreLink CCI(Cache Coherent Interconnect)架构。CoreLink CCI 架构有利于多个同构处理器之间实现缓存一致性。Cortex A15 正是借此超越了嵌入式领域的其他处理器。2013 年,为了适应高性能异构计算环境,AMBA5 版本中引入了 CHI(Coherent Hub Interconnect)。CHI 可视为 AXI 的重新设计版本,采用了基于数据包的层次化协议。这种全新的设计为集成不同类型的计算单元(如 GPU、DSP、FPGA 等)和不同的 I/O 子系统提供了便利。

目前,AMBA 协议已成为 SoC 功能模块互连的开放标准,极大地推动了片上互连规范的发展。截至目前(2019 年),ARM 公司定义了 CHI、ACE、AXI、AHB、APB 和 ATB 等一系列规范。不同 AMBA 版本演进过程如图 4.33 所示。

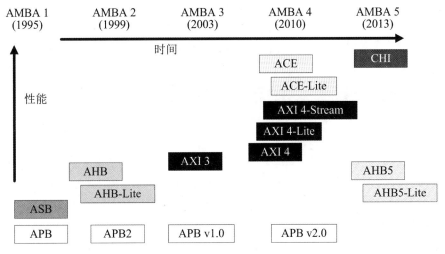

图 4.33 AMBA 版本演进图

这些不同系列的规范特点各异,适用于不同的场景。例如,AMBA2 中 AHB/ASB/APB 被广泛应用于微控制器芯片;AMBA3 中 AXI、ACE 被广泛应用于智能手机的微处理器芯片;CHI 则应用于服务器处理器等高性能场景。不同子系列的全称及发布时间如表 4.12 所示。

表 4.12 AMBA 不同版本定义的子系列汇总

缩写	英文全称	用途简述	首次引入	最后更新
APB	Advanced Peripheral Bus	连接低速率的外设	AMBA 1	AMBA 4
ASB	Advanced System Bus	高级系统总线	AMBA 1	AMBA 2
AHB	Advanced High-performance Bus	高传输速率的片上互连	AMBA 2	AMBA 2

缩写	英文全称	用途简述	首次引入	最后更新
AHB-Lite		仅支持单主机的简化版 AHB	AMBA 3	AMBA 3
AXI	Advanced eXtensible Interface	高带宽低延时的片上互连	AMBA 3	AMBA 4
ATB	Advanced Trace Bus	用于芯片间传输调试跟踪数据	AMBA 3	AMBA 4
AXI-Lite		不支持突发传输的简化 AXI	AMBA 4	AMBA 4
AXI-Stream		支持主机到从机的流式数据传输	AMBA 4	AMBA 4
ACE	AXI extension	多核 CPU 情形支持缓存一致性	AMBA 4	AMBA 4
ACE-Lite		支持无缓存代理的简化 ACE	AMBA 4	AMBA 4
CHI	Coherent Hub Interface	为支持数目众多的异构处理器核心而改造的 ACE	AMBA 5	AMBA 5

4.3　系统总线和外部总线

在计算机技术发展的过程中,出现过很多总线标准。例如,系统总线有 ISA、EISA、VL、PCI 和 PCIe 等;用于外部存储设备的总线有 IDE、ATA、SCSI、PCMCIA、SATA 和 SAS 等;外部总线有 LPT、USB、I^2C、RS-232、RS-422、RS-485、IEEE-488 和 IEEE-1394 等。部分典型总线名称如表 4.13 所示。其中大部分已经不再使用了,有些(USB、PCIe)则自诞生以来不断演进。本小节仅简单介绍 PCI、PCIe 和 USB。

PCI 是一种外部设备互连总线,在微机系统中的使用历史曾达 20 年之久,直至目前,其紧凑型版本 Compact PCI(CPCI)在工业控制领域仍有广泛应用。PCI Express 是 PCI 升级后的新一代总线标准,目前不仅用作计算机系统的内总线,也被用于开发新的外部总线。异步串行总线 USB 则是最为普遍的外部总线。

表 4.13　常见总线的简称与英文全称

总线类别	简称	英文全称
系统总线	ISA	Industry Standard Architecture
系统总线	PCI	Peripheral Component Interconnect
系统总线	EISA	Extended ISA
系统总线	MCA	Micro-Channel Architecture
系统总线	AGP	Accelerated Graphics Port
系统总线	VL	Video Electronics Standards Association Local Bus

续表

总线类别	简称	英文全称
存储总线	ATA	Advanced Technology Attachment
存储总线	IDE	Integrated Drive Electronics(ATA)
存储总线	SCSI	Small Computer Systems Interface
存储总线	PCMCIA	Personal Computer Memory Card International Association
存储总线	SATA	Serial Advanced Technology Attachment
外部总线	Parallel Interface	LPT(Line Print Terminal)
外部总线	Serial Interface	RS-232、RS-422/RS-423、RS-485
外部总线	USB	Universal Serial Bus
外部总线	GPIB	General Purpose Interface Bus(GPIB)

4.3.1　PCI

PCI(Peripheral Component Interconnect,外部设备互连)总线,是一种高性能的局部总线。PCI 的相关工作始于 1991 年,最早由 Intel 的 IAL 实验室(Intel's Architecture Development Lab)提出,并率先在 IBM 的兼容 PC 上得到应用,后来又得到 Compaq、HP 和 DEC 等多家计算机公司的响应,成立了 PCI 特别兴趣工作组(PCI Special Interest Group,PCI-SIG)。

最初的 PCI 标准中总线频率为 33 MHz,数据线宽度为 32 位,可扩充到 64 位,故数据传输速率可达 132～264 MB/s。后期的 PCI 版本为 64 位,总线时钟支持 33/66 MHz,能够达到最高 528 MB/s 的数据传输速率。过去有很长一段时间 PC 采用 PCI 作系统总线,基于 PCI 总线的系统结构如图 4.34 所示。图中,PCI 总线是一个以 HOST 主桥为根的树形结构,并且独立于 CPU 总线,可以和 CPU 总线并行操作。

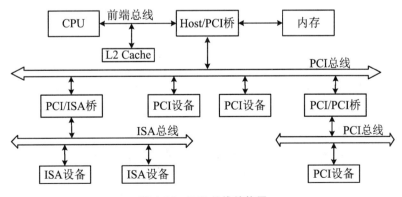

图 4.34　PCI 总线结构图

PCI 总线中有三类设备：PCI 主设备、PCI 从设备和桥设备。PCI 从设备只能被动地接收来自 HOST 主桥或 PCI 主设备的读写请求。PCI 主设备可以通过总线仲裁获得 PCI 总线的使用权，主动地向其他 PCI 设备发起读写请求。桥设备的主要作用是管理下游的 PCI 总线，并转发上下游总线之间的总线事务。

4.3.2 PCI Express

2001 年春，Intel 公司提出要用新一代技术取代 PCI 总线，并称之为第三代 I/O 总线技术。Intel 联合 AMD、DELL 和 IBM 等 20 多家公司，在 2001 年底开始起草新的技术规范，并于 2002 年完成。新的总线技术被命名为 PCI Express，简称 PCI-E 或 PCIe。PCIe 标准由 PCI-SIG 组织负责维护和升级。

相比于 PCI，PCIe 最大的改变是将并行通信方式改为串行，并使用差分信号传输和点对点连接。点对点连接意味着将基于总线的结构改为面向交换器的结构，每一个 PCIe 设备都拥有自己独立的数据连接，通过交换器实现设备之间的两两互连，各个设备之间并发的数据传输互不影响。而传统 PCI 共享总线方式下，总线上只能有一对设备通信，随着设备增多，每个设备的实际传输速率就会下降。图 4.35 显示了 PCIe 点对点串行连接拓扑结构。

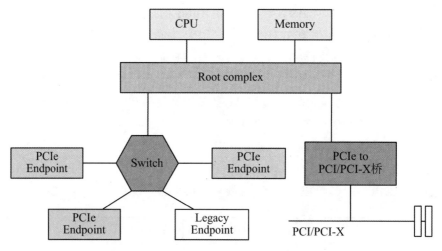

图 4.35　PCIe 架构示意图

图 4.35 所示 PCIe 系统中包括 Root complex、Switch、PCIe bridge、Endpoint 四大类设备。① Root complex（根复合体）是处理器与 PCIe 总线的接口，通常由 CPU 集成。② Switch（交换器），允许多个设备连接，具有路由功能。③ PCIe 桥，负责 PCIe 和其他总线转换连接，如连接 PCI、PCI-X 甚至是另外一条 PCIe 总线。④ Endpoint（端点设备），即 PCIe 接口的各种设备，分为标准 PCIe 端点和传统端点（Legacy Endpoint）。

两个设备之间的一条 PCIe 链路（link）可以包含 1～32 个通道（lane）。习惯上用 X1、X4、X8、X16、X32 等方式表示链路所包含的通道数目，也称为 PCIe 的"宽度"或"位宽"。单个通道包含两对差分传输信号线,如图 4.36 所示,其中一对差分信号线用于接收数据,另外一对用于发送数据。故每个通道共四根信号线(wire)。从逻辑概念上看,每个通道就是一条双向的位流传输通道。

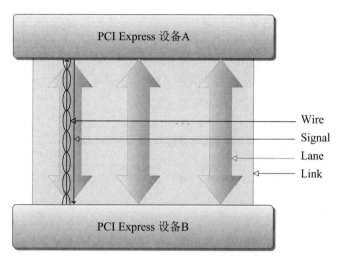

图 4.36　PCIe 链路及其包含的通道

链路的传输速率等于通道数目乘以单个通道的传输速率,PCIe 可通过增加通道来提高整个链路的传输速率。在 PCIe 1.0 规范中,一个单通道的 PCIe 扩展卡(X1)的传输速率为 250 MB/s,而 X16 就是等于 16 倍于 X1 的速率,即 4 GB/s。并且,单通道的 PCIe 扩展卡(X1)可以插入多通道的插槽(如 X16、X8 等)。

近年来,PCIe 的应用范围越来越广,标准及相应技术也在不断发展和完善。截止到 2019 年 5 月,PCI Express 5.0 规范已正式发布。表 4.14 显示了不同版本的发布时间及基本参数。

表 4.14　PCIe 不同版本的传输速率

PCIe 版本	发布 时间	编码方式	传输速率				
			×1	×2	×4	×8	×16
1.0	2003	8b/10b	250 MB/s	0.50 GB/s	1.0 GB/s	2.0 GB/s	4.0 GB/s
2.0	2007	8b/10b	500 MB/s	1.0 GB/s	2.0 GB/s	4.0 GB/s	8.0 GB/s
3.0	2010	128b/130b	984.6 MB/s	1.97 GB/s	3.94 GB/s	7.88 GB/s	15.8 GB/s
4.0	2017	128b/130b	1 969 MB/s	3.94 GB/s	7.88 GB/s	15.75 GB/s	31.5 GB/s
5.0	2019	128b/130b	3 938 MB/s	7.88 GB/s	15.75 GB/s	31.51 GB/s	63.0 GB/s

注:表中"8b/10b 编码"意为将需要传输的 8 比特编码为 10 比特;"128b/130b 编码"意为将需要传输的 128 比特编码为 130 比特。

4.3.3 USB

USB(Universal Serial Bus,通用串行总线)是一种外部总线标准。USB 最初在 1994 年底由 Compaq、DEC、IBM、Intel、Microsoft、NEC 和 Nothern Telecom 等七家公司联合提出。USB 采用差分方式传输,如图 4.37 所示,在 USB 1.0/USB 2.0 中,"D+"和"D－"组成一对差分信号线用于数据传输,VBUS 和 GND 对应 5 V 电源和地。在 USB3.0 版本后,又增加了两对差分信号线以实现更高速的数据传输。

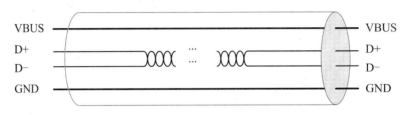

图 4.37 USB 1.0/USB 2.0 连接线缆的信号线定义

2013 年 7 月,USB 3.1 发布,速率翻番至 10 Gbps。但此时 USB-IF(USB Implementers Forum)把 USB 3.0 改名为 USB 3.1 Gen 1,新的 USB 3.1 则叫作 USB 3.1 Gen 2。2017 年 9 月,USB 3.2 发布,虽然版本号依然变化不大,但速率再次翻番为 20 Gbps。表 4.15 为 USB 1.0~USB 3.2 几个主要版本的特性比较。

根据最新公布的规范,USB 3.0 和 USB 3.1 的版本名称将彻底消失,统一被划入 USB 3.2 的序列,三者分别再次改名为 USB 3.2 Gen 1、USB 3.2 Gen 2 和 USB 3.2 Gen 2x2。三者还各自有一个市场推广命名,分别是 SuperSpeed USB、SuperSpeed USB 10Gbps、SuperSpeed USB 20Gbps。2019 年 3 月 USB-IF 宣布了 USB4 的开发计划,USB 4 将在兼容 USB 3.2 的基础上增加对雷电接口(Thunderbolt)的支持。截至 2019 年 6 月,USB 4 的开发时间表尚未公布。

表 4.15 USB 的不同版本

USB 版本	理论最大传输速率	速率称号	最大输出电流	推出时间
USB 1.0	1.5 Mbps(192 KB/s)	低速(Low-Speed)	5 V/500 mA	1996 年 1 月
USB 1.1	12 Mbps(1.5 MB/s)	全速(Full-Speed)	5 V/500 mA	1998 年 9 月
USB 2.0	480 Mbps(60 MB/s)	高速(High-Speed)	5 V/500 mA	2000 年 4 月
USB 3.0	5 Gbps(500 MB/s)	超高速(Super-Speed)	5 V/900 mA	2008 年 11 月
USB 3.1	10 Gbps(1 280 MB/s)	超高速＋(Super-Speed＋)	20 V/5 A	2013 年 12 月
USB 3.2	20 Gbps(2.5 GB/s)	SuperSpeed USB 20 Gbps	20 V/5 A	2017 年 7 月

4.3.4　典型的计算机总线系统简介

1．以 8051 为核心的嵌入式控制器的总线

8051 是 8 位微控制器，属于 MCS-51 单片机的一种，由 Intel 公司于 1981 年设计。8051
采用典型的单总线结构，如图 4.38 所示。

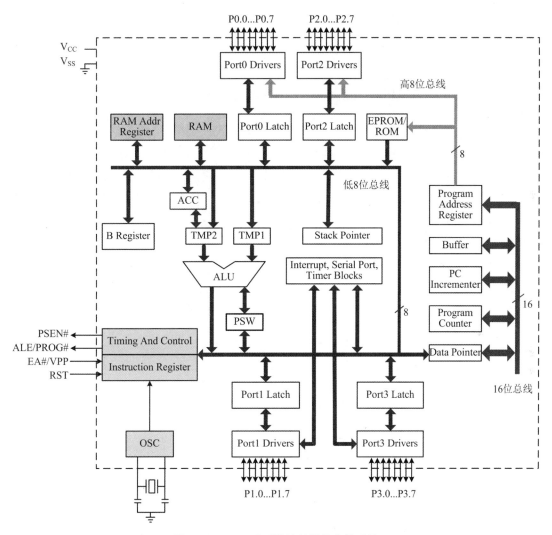

图 4.38　8051 系列微控制器的总线系统

2．基于 Cortex-M3 内核的嵌入式控制器总线

意法半导体的 STM 系列微控制器基于 ARM 处理器内核设计。以下以 STM32F1 系列
微控制器为例，分析其内部的多总线结构。图 4.39 所示的 Cortex-M3 内核通过 D-Code 总
线访问数据存储器 SRAM，通过 I-Code 总线访问代码存储器 Flash，同时还拥有一条系统总
线。图 4.39 中两个 DMA 控制器通过 DMA 总线以及总线矩阵与系统总线相连。外设模块

挂接在两条 APB 总线上,APB 总线通过桥接器连接至 AHB。关于 AHB 总线、APB 总线的细节信息参见 4.2 节。

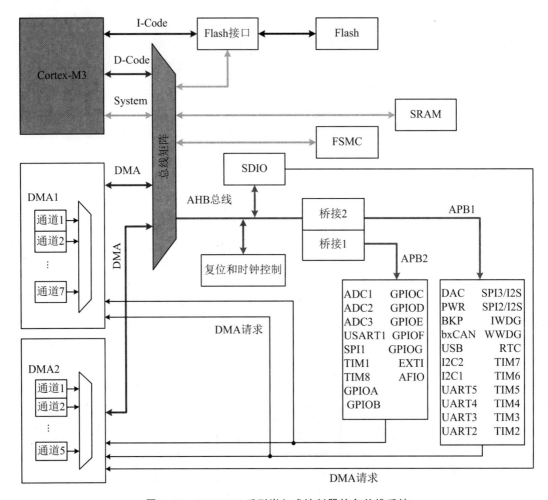

图 4.39　STM32F1 系列嵌入式控制器的多总线系统

3. 基于 Intel 8086 的 PC 机 I/O Channel

Intel 在 20 世纪 70 年代设计的 8086 微处理器,是 x86 架构处理器的鼻祖,其结构请参见 2.6.1 小节。Intel 8086 有 16 根数据线和 20 根地址线,属于 16 位微处理器。之后 IBM 以 Intel 8088(Intel 8086 的准 16 位版)作为 CPU,设计和生产了第一代 IBM PC 机。Intel 8086 和 Intel 8088 均有最大和最小两种工作模式。所谓最小模式是所有的总线命令和总线控制信号均由 CPU 产生;而最大模式是 CPU 只输出表示下一阶段总线操作类型的状态信号,由外部独立的总线控制器根据状态信号产生相应的总线命令和总线控制信号。

基于 8086 微处理器最大模式构建的计算机系统如图 4.40 所示。图 4.40 中的 Intel 8288 就是为最大模式配套的总线控制器,8284A 为时钟发生器,8259A 为中断控制器,8286 为 8 位数据总线双向驱动器(等同于 74xx245),8288 为 8D 锁存器(等同于 74xx373)。该系统属于一种简单的单总线结构。

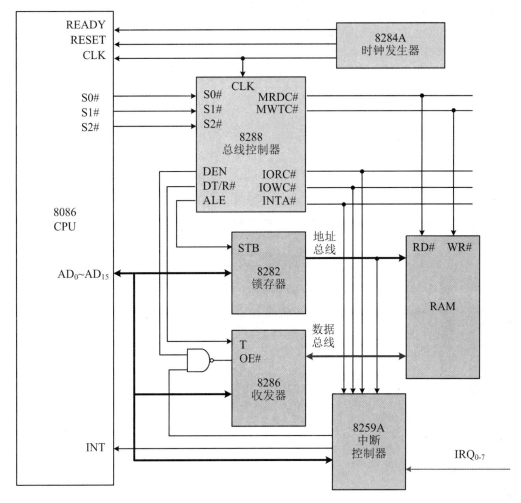

图 4.40　8086 系统最大模式的总线系统

4．基于 x86 和前端总线的多总线结构

基于 x86 和前端总线的计算机系统中，CPU 通过 FSB（Front Side Bus，前端总线）与存储器和外设进行数据交互，如图 4.41 所示。图中的北桥（north bridge）芯片负责连接内存和显卡等数据吞吐量大的部件。北桥芯片主要包括内存控制器、图形接口控制器、FSB 控制器和南北桥总线控制器。南桥芯片负责连接外设，早期只包括 ISA、PCI、ATA、键盘、鼠标等接口，后来又集成了音频和网络。

从图 4.41 中可以看出，FSB 是 CPU 和外界交换数据的最主要通道，因此 FSB 传输能力对计算机性能影响很大。过去 PC 机 FSB 频率规格有 266 MHz、333 MHz、400 MHz、533 MHz、800 MHz 等。FSB 频率越高，代表着 CPU 与北桥芯片之间的数据传输能力越大，更能充分发挥出 CPU 的功能，反之较低的 FSB 频率会限制 CPU 性能的发挥。

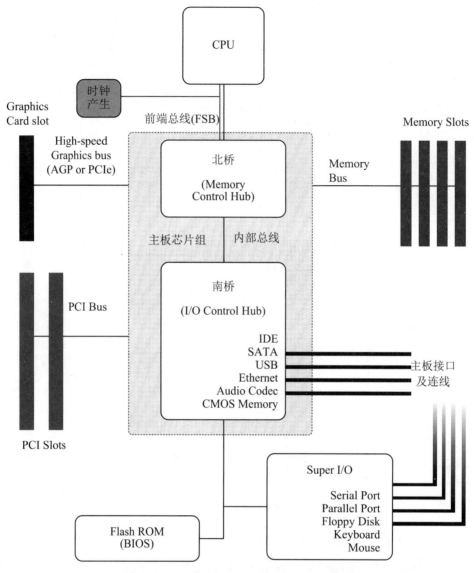

图 4.41 x86 架构基于前端总线的多总线系统

5. 基于 x86 的 PCH 控制总线结构

随着芯片集成度的不断增加,同时也为了提高 CPU 与存储器间数据交换的速度,2009 年,Intel 公司把原先位于北桥的内存控制器等功能集成到 CPU 内部,并将北桥剩余的功能与南桥功能融合在同一颗芯片中,推出了单芯片设计的南北桥芯片整合方案,并命名为 PCH(Platform Controller Hub)芯片。至此,由 PCH 芯片负责 PCIe 和 I/O 设备的管理,独立的北桥芯片已不复存在。这套设计标志着以往的 Intel 平台芯片组步入了单芯片时代,并沿用至今(2019 年)。

图 4.42 中的 DMI(Direct Media Interface,直接媒体接口)是 Intel 公司开发的用于连接 CPU 与 PCH 的总线。DMI 采用点对点的连接方式,基于 PCI-Express 总线,跟随 PCIe

总线的升级而换代。图 4.42 中所示的 DMI 3.0，单通道传输速率达到 8 GT/s（Giga transaction per second）。

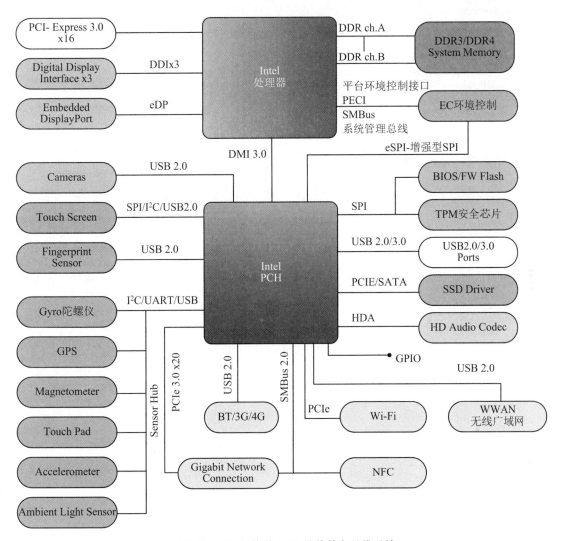

图 4.42　x86 架构单 PCH 芯片的多总线系统

　　2019 年 Intel 发布了第十代智能 Intel® 酷睿™移动式处理器，添加了一些新的接口标准，如雷电接口、USB 3.1 和 SATA 3.0 等，其总线系统如图 4.43 所示。值得注意的是，图 4.43 中 PCH 已经不再是一颗单独封装的芯片，而是和 CPU 一起被封装在一起。CPU 和 PCH 虽然是两个独立设计的电路模块，但是通过封装（package）放在了同一颗芯片的内部，CPU 和 PCH 通过 OPI（On Package DMI interconnect Interface）进行连接。

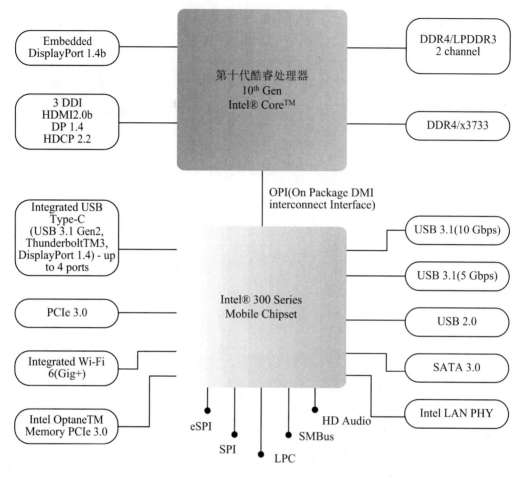

图 4.43   第十代智能 Intel®酷睿处理器的片上多总线系统

4.4   输入/输出接口

计算机需要通过输入/输出接口(简称 I/O 接口)连接各种输入或输出设备。完整的 I/O 接口不仅包括外部设备与 CPU 之间的硬件电路,也包括相应的驱动程序。通常情况下,不同外部设备所需要的接口电路和驱动程序是不同的。同一种外部设备连接到不同的计算机时所需要的接口电路和驱动程序也不同。本节所讨论的 I/O 接口限定在硬件方面,即本章关注的是 I/O 接口电路。后续小节将陆续阐述 CPU 与外设进行数据交互的基本方法,分析典型 I/O 接口电路的特性,介绍一些通用的 I/O 接口标准。

4.4.1　输入/输出接口概述

1. I/O 接口的功能

外部设备的功能是多种多样的。有些外设用作输入设备,有些外设用作输出设备,也有些外设既作输出又作输入,还有些外设作为检测设备或控制设备。每一种外设的工作原理不同,它们与 CPU 交换数据时需要用不同的电路单元进行适配。

外设输入信号形式多种多样。对于一个特定的外部输入设备来说,其信号形式可能是数字的,也可能是模拟的。模拟信号需要经过模拟/数字(A/D)转换电路转换成计算机可以识别和处理的数字信号,再通过接口电路输入计算机中。对于数字信号,其输入方式既有串行也有并行,信号编码方式和信号电平五花八门,也必须经过接口电路进行转换后才能送入计算机中。

计算机向外部设备输出信息时,也要考虑外部设备能接收的信号形式。例如,对于采用RS-232 串行接口的外设,来自 CPU 的并行数据需要并/串转换和电平变换后才能输出;对于需要模拟信号驱动的外设,CPU 输出的数字信号需要经过数字/模拟(D/A)转换后才能送给外设。

另外,大部分外设的工作速度比 CPU 慢,且不同种类外设的工作速度差异较大。例如,使用键盘输入时,键盘的输入速率每秒钟最多只有几十次;电子竞技选手使用鼠标的点击速率,每秒钟不超过 10 次;普通办公用打印机一分钟内只能处理十页左右的文档。也有一些外设属于高速设备,例如在高速数据采集系统中,目前高速 A/D 转换芯片的采样速率已高达 Gsps(sample per second)级别;计算机主机连接存储域网络所使用的光纤通道卡,传输速率可达 16 Gbps。

综上所述,为了保证计算机能够与形形色色的外部设备之间进行数据交换,接口电路必须实现计算机与外设之间的速度适配,必须提供信号类型和数据格式的转换功能,这些转换功能包括模拟量与数字量之间的转换、串行数据与并行数据之间的转换、数据格式的转换以及不同电平之间的转换。

2. I/O 接口的分类

接口种类的划分方式有多种,常见有如下几种分类方式。

1) 按照数据传输方式分类

按数据传输方式分,I/O 接口可分为串行接口和并行接口。并行接口是指 CPU 与 I/O接口之间以及 I/O 接口与外部设备之间均以多个位(比特)的并行方式送数据。串行方式是指接口采用逐位串行方式传送数据。并行接口适用于传输距离较近的场合,接口电路相对简单。串行接口则适用于传输距离较远的场合,接口电路相对于前者略显复杂。一般来说,在电路时钟频率不太高的数字电路系统中,高速传输多采用并行接口。随着技术的发展,近些年也出现了一些近距离的高速串行传输技术,如 PCIe、SATA、SAS 和 USB 等。

2) 按时序控制方式分类

按时序控制方式分,I/O 接口可分为同步接口和异步接口。同步接口指接口上的数据传送由统一的时钟信号控制,这个时钟信号是发送方和接收方共有的。异步接口上的数据传送则采用异步应答的方式进行,不依赖于统一的时钟。

3)按主机访问I/O设备的控制方式分类

按主机访问I/O设备的控制方式分,I/O接口可分为程序查询接口、中断接口和DMA接口等。程序查询接口是指CPU通过程序来查询I/O设备的状态(状态信息通常保存在状态寄存器中),并根据这些状态确定应该执行何种操作。中断接口是指I/O设备与CPU之间采用中断方式进行联络,即I/O设备向CPU提出中断请求,CPU响应中断请求后运行中断服务程序,在中断服务程序中与I/O设备交换信息,因此接口中包含中断控制逻辑。DMA接口是指I/O设备与主存间采用直接内存访问的方式传递数据,这种交换方式一旦建立后,不需要CPU参与即可实现存储器与I/O设备间的高速数据传送。

3. I/O接口规范的常规内容

如前所述,接口设计之目的是协调处理器与外设之间的不一致,以实现彼此之间的速率匹配、数据格式转换和电平变换等功能。依据不同外设的特点,已经形成了很多典型的通用接口设计,这些接口设计方案往往以工业界公认的行业标准(standard)或行业规范(specification)形式出现。

输入/输出接口电路的功能隶属于通常意义的物理层功能。物理层是国际标准化组织(International Organization for Standardization,ISO)定义的开放系统互连(Open System Interconnect,OSI)参考模型的最低层。概括来说,输入/输出接口标准需要规定四方面的特性:机械特性、电气特性、功能特性和规程特性。这四方面的特性需约定的内容如下。

- 机械特性,规定硬件接口的机械特征,如接线器的形状、尺寸和引脚排列规则等;
- 电气特性,规定信号线的电气特性,如电压范围、传输速率、发送器输出阻抗和接收器输入阻抗等;
- 功能特性,规定各信号线的用途,如高低电压的含义,用来传输数据还是地址、是时钟线还是接地线等;
- 规程特性,规定在传输全过程中各传输事件在时间上的先后顺序等。

需要注意的是,在一些输入/输出接口的标准中,除了物理层功能,还纳入了与通信协议有关的功能。例如,在稍后将要介绍的串行接口中,就包含数据格式和检验方式等数据链路层功能(OSI参考模型的第二层)。

4. I/O接口的结构

简单来说,输入/输出接口电路需要实现处理器与外设间的信息交互。需要交互的信息包括三类:① 外设状态信息(输入):用于指示外设的状态;② 数据信息(输入/输出):要传送的二进制数据;③ 控制信息(输出):用于控制外设的工作模式。

通常I/O接口电路用一组寄存器来存储这三类信息,CPU通过地址来区分不同的寄存器。这些寄存器称作端口寄存器或I/O端口,简称端口(Port)。CPU通过读/写端口寄存器实现与外设的数据交换。对应上述三类信息,接口电路中端口寄存器也分为三类:① 数据端口(寄存器):用来存放CPU和外设间交换的数据,具有输入和输出数据缓冲功能。

② 状态端口(寄存器):用来存放外设状态,如准备就绪(Ready)、忙碌(Busy)和错误(Error)等。③ 控制端口(寄存器):用来存放 CPU 发往外设的控制命令,如启动、停止和复位等。

图 4.44 为 I/O 接口的典型结构。该接口电路包括一个控制寄存器、一个状态寄存器、一个输入数据缓存寄存器和一个输出数据缓存寄存器。I/O 接口与 CPU 的数据传送通过数据总线进行。读信号用以指示数据从 I/O 传输到 CPU,写信号用以指示数据从 CPU 传输到 I/O 接口。高位地址生成片选信号,选择当前接口;低位地址连接外设片内地址线,选择内部端口。

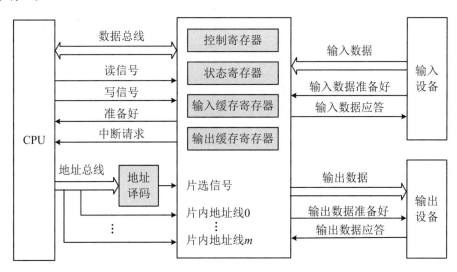

图 4.44　I/O 接口电路的典型结构

图 4.44 左边给出的是 I/O 接口与 CPU 的连接信号,右边给出的是 I/O 接口与外部设备的连接信号。CPU 对图中输入端口/输出端口的读/写操作可实现与外设的数据传送,对控制端口的写操作可实现对接口以及外设的控制,对状态端口的读操作可了解接口以及外设的状态信息。

以打印机为例,数据端口存放 CPU 输出给打印机的数据信息;状态端口存放打印机工作状态信息,如打印机是否准备好、是否忙碌、是否缺纸以及是否卡纸等;控制端口存放 CPU 送给打印机的控制命令,如启动打印、中止打印、打印机的走纸和换行等;CPU 对外设的控制操作都通过控制端口进行。一般来说,CPU 对数据端口可读且可写,而对状态端口只能读,对控制端口只能写。

5. I/O 端口编址

计算机系统中可能有多个 I/O 接口,每个 I/O 接口可以有多个 I/O 端口。为了能访问到每个 I/O 接口的各个 I/O 端口,所有端口寄存器需要像存储器单元一样进行编址。编址结果称作端口地址,处理器通过端口地址可访问各个端口。I/O 端口有两种编址方式:内存映像编址与 I/O 端口独立编址,如图 4.45 所示。

1) 内存映像编址

内存映像编址(Memory Mapped I/O Addressing)也称作 I/O 端口统一编址。这种编址方式将 I/O 接口中的每个端口视为主存的存储单元,每个端口占用一个存储单元地址,把主存地址空间的一部分划出来用作 I/O 地址空间。如摩托罗拉公司 68 系列、Intel 公司 51 系列、ARM 和 Power PC 等处理器,就采用 I/O 端口统一编址。内存映像编址也称为"I/O 内存"方式,I/O 寄存器位于"内存空间"。

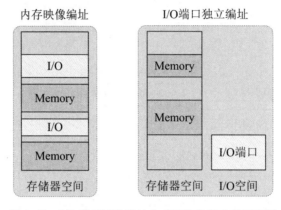

图 4.45　I/O 端口两种编址方式下的地址空间示意图

内存映像编址时,访问 I/O 寄存器与访问内存使用相同的指令,由于访问存储器的指令功能相对较强,编程时使用访问存储器指令读写 I/O 端口,操作更加灵活,程序更加简洁。这种方式的缺点是占用了存储器空间;此外在阅读程序时,只能依据地址来区分是访问内存还是访问 I/O,程序可读性不好。

2)I/O 端口独立编址

I/O 端口独立编址又称为分离编址(Isolated I/O Addressing),即存储器和 I/O 端口位于两个相互独立的地址空间,存储器和 I/O 端口独立编址。独立编址方式与前述统一编址方式相反,所有端口地址单独构成一个地址空间,I/O 地址空间与存储器地址空间互不相干。例如,80x86 系列微处理器就采用 I/O 端口独立编址方式。

这种编址方式需要设计单独的 I/O 指令,专门用于访问 I/O 端口,还需要使用单独的信号线,指示当前的总线周期是访问内存还是访问 I/O。

4.4.2　I/O 接口数据传送方式概述

如前所述,外设的多样性使 I/O 接口电路的差异很大,CPU 与外设接口之间数据传送方式也有很多,常用的有无条件传送方式、状态查询传送方式、中断传送方式和 DMA 传送方式等。

1．无条件传送方式

某些外设工作时始终处于"准备好"的状态,如按键和 LED 字符显示器等。这些外设随时能够接受 CPU 的访问,处理器不必关心其状态,故此类外设常称为无条件外设。CPU 对无条件外设进行输入输出操作时不需要考虑其状态,此类访问被称为无条件传送方式。

图 4.46(a)是无条件输入时的接口电路示意图。图中,外设数据输出接口始终有数据输出,并经三态缓冲器和系统数据总线相连,CPU 对端口进行读操作时,端口地址信号 AD[31:0]和读信号 RD♯经地址/读信号控制电路生成三态缓冲器的输出使能信号。

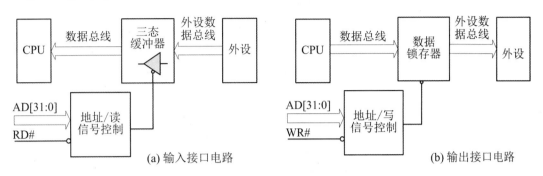

图 4.46　无条件数据访问方式 I/O 接口电路示意图

三态缓冲器又称三态门,其工作状态受输出使能信号控制。输出使能信号有效时,器件实现正常逻辑状态输出,称作三态门打开;输出使能信号无效时,其输出处于高阻状态,等效于与所连的电路断开,也称作三态门关闭。当图 4.46(a)中的 CPU 读 I/O 端口时,AD[31:0]送出 I/O 端口地址,RD♯有效,地址/读信号控制电路输出的三态缓冲器输出使能信号有效,三态门打开,外设输出的数据通过三态缓冲器加载到系统数据总线上并送达 CPU。

无条件输出接口电路如图 4.46(b)所示,由于 CPU 速率高于外设速率,一般使用锁存器来保持 CPU 输出数据,供外设读取。CPU 输出数据时对输出 I/O 端口进行写操作,AD[31:0]送出 I/O 端口地址,WR♯有效,地址/写信号控制电路生成数据锁存器的锁存信号,将 CPU 输出的数据锁存到输出数据锁存器。在下一次锁存信号到来之前,输出锁存器一直保持这个数据,供外设使用。

2.状态查询传送方式

事实上,很多外设在对其进行操作之前需要先确认其工作状态,只有状态许可时才可以访问。例如,A/D 转换器转换结束后才能读转换结果;CPU 向打印机输出数据时,必须在打印机准备好之后方可进行。此类须满足一定条件才能访问的外设称为条件访问外设,绝大多数计算机外设都属于条件访问外设。CPU 对此类外设进行输入或输出操作时需要先查询外设的状态,对此类外设的访问方式称为条件 I/O 传送方式。

条件 I/O 传送有两种主要实现方式:查询传送方式和中断控制方式。

查询传送方式又称为程序查询方式,或简称查询方式。其原理和过程为:CPU 访问数据端口前,先查询该设备的状态;设备"准备好"时,CPU 才对数据端口进行输入/输出。为了实现状态的查询,接口电路中既要有数据端口,又要有状态端口。状态查询方式 I/O 接口电路原理如图 4.47 所示。

状态查询方式的数据传送流程如图 4.48 所示。其基本步骤为:① CPU 从状态端口读取状态信息。② CPU 检测状态信息是否满足数据访问要求。③ 若不满足,重复步骤①和

②;若外设已就绪,则访问数据端口进行数据传输。

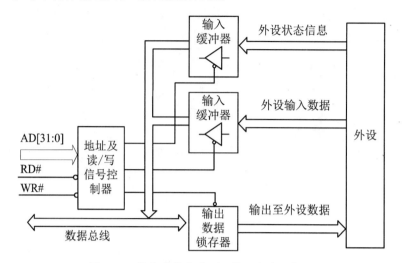

图 4.47　状态查询方式 I/O 接口电路示意图

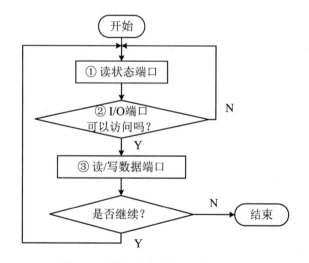

图 4.48　状态查询方式 I/O 控制流程

从上述状态查询方式数据传输过程可知,如果外设没有准备好,CPU 需要反复执行步骤①和②,在此期间 CPU 无法进行其他操作,导致宝贵的 CPU 资源大量浪费。另一方面,如果 CPU 查询外设状态的周期设置过长,系统就不能对外设状态的改变及时做出响应,易导致数据丢失。针对上述问题的一种改进思路是采用接下来将要介绍的中断传输方式,把 CPU 等待外设就绪变成外设主动汇报状态信息,从而节约 CPU 的时间。

3．中断传送方式

状态查询方式中,CPU 需要反复执行大量外设状态查询指令,故而 CPU 利用率不高。在中断传输方式中,平时 CPU 执行正常的处理任务,当外设状态改变或者需要与 CPU 进行数据交换时,由 I/O 接口主动向 CPU 发出数据传送请求,CPU 中断当前的任务执行,转而执行相应的中断服务程序,为外设(I/O 接口)进行服务。

中断传送方式通常会引入专门的中断控制器,对多个 I/O 接口的中断请求进行管理,中断控制器可以是独立电路单元(例如 Intel 8259A 可编程中断控制器),也可以与 CPU 集成在一个芯片上(如 ARM Cortex-M3/M4 处理器中的 NVIC)。中断传输方式的典型接口电路如图 4.49 所示。

当 I/O 接口需要对其进行服务时,I/O 接口向中断控制器发出中断请求(Interrupt Request,IRQ);中断控制器收到某个 IRQ 之后,对其中断条件以及中断优先级进行检查,如果符合条件,中断控制器向 CPU 发出外部中断请求信号 INT(Interrupt)。CPU 收到 INT 后暂停当前的执行程序,转去执行中断服务程序,在中断服务程序中为 I/O 接口进行服务(如读/写数据等);中断服务程序执行完毕之后,CPU 返回原来被中断的程序断点,继续执行被中断的程序。

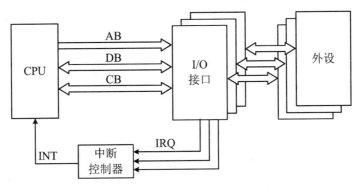

图 4.49　中断方式 I/O 接口电路示意图

中断传输方式与前述状态查询方式,都是有条件传送方式的具体实现手段。中断方式有利于提高 CPU 使用率,已成为最常用的输入/输出方式。鉴于中断是计算机系统,尤其是嵌入式系统中一项较为重要的技术。本章将中断传输方式专门作为一小节,对其做更详细的介绍。

4.4.3　中断传输方式

1. 中断的基本概念

中断是一种信号,用来通知 CPU 发生了特定事件,需要 CPU 进行某种处理。如用户敲击计算机键盘按键时会产生一个中断信号,告诉 CPU 发生了"键盘输入",要求 CPU 读入键盘输入值。

不仅外设可以产生中断信号,CPU 内部的逻辑电路单元也可以产生中断信号。如 CPU 的 ALU 发生除零错误时,就会产生"除零"中断。为了便于区分源自 CPU 内部和外部的中断源,早期的资料习惯把来自 CPU 外部的中断称作中断(interrupt),而把来自 CPU 内部的中断称作陷阱(trap)。如今微处理器芯片则习惯用异常(exception)来描述所有能打断 CPU 正常执行的事件。例如,ARM 公司的 Cortex-M 处理器的异常处理(exception handling)机制与此处描述的中断机制的原理是一致的。在本小节中,对术语"中断"和"异常"不作严格区分。

图 4.50 为某随机事件通过中断向 CPU 请求服务的过程。在允许中断的条件下,一旦发生中断,CPU 暂停现行程序的运行,转去执行中断服务程序;中断服务完成后,CPU 再返回原来的程序。

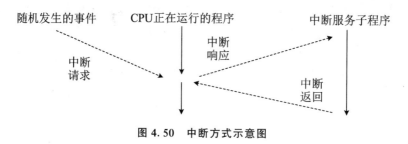

图 4.50　中断方式示意图

以下分别介绍中断技术中常用的一些术语,包括中断源、中断向量、断点、现场、中断优先级、中断嵌套和中断屏蔽等。

1) 中断源

中断源指引起中断事件的来源,如电压跌落、存储器校验错误等异常事件,或键盘、鼠标等外设的数据传输请求,如图 4.51 所示(注:图 4.51 中 NMI 和 IRQ 的差异稍后在介绍中断屏蔽时予以说明)。例如,ARM 公司的 Cortex-M3/M4 定义的异常来源包括外部中断、内存校验错误、总线错误、用法错误和系统定时器中断等。为了能够识别并管理多个不同的中断源,需要对中断源编号,这个编号被称为中断类型码(或中断类型号)。

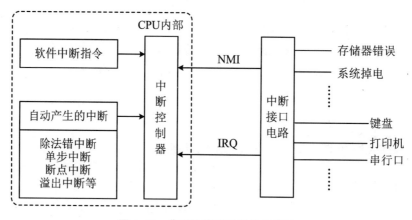

图 4.51　典型计算机系统的中断源

2) 中断向量

8086 和 ARM 等处理器中,中断向量是中断服务子程序的入口地址。通常在处理器设计中,把所有中断服务子程序入口地址集中存放在存储器的特定区域(如 8086 系统中是内存的最低 1 kB),这个特定的区域称为中断向量表①(Interrupt Vector Table,IVT)。中断

---

① 在其他一些处理器中,用中断描述符表(Interrupt Descriptor Table,IDT)来保存中断源与对应中断服务子程序入口地址的映射关系。中断描述符表原理与此处阐述的中断向量表类似,但具体格式有差异。

发生时,CPU 根据中断类型码到 IVT 进行查询,找到对应的中断服务程序入口地址。

3) 断点和现场

断点是指被中断的主程序中下一条待执行指令的地址,以及发生中断时 CPU 状态(标志)寄存器的内容。为确保中断服务子程序执行完后能正确返回原来的程序,还原 CPU 的工作状态,中断系统需要在进入中断服务程序之前保存断点,在中断返回时恢复断点。

现场是指中断发生时被中断程序的运行环境,主要是 CPU 内部各类寄存器的内容。由于中断服务时可能会使用到部分或者全部寄存器,中断服务之后这些寄存器的内容将发生改变(现场遭到破坏),为确保中断返回后能够恢复 CPU 的运行环境,中断系统还需要在执行中断服务程序之前对现场进行保护,在中断返回时恢复现场。

例如,在 Intel x86 系统中,保护断点是在中断响应过程时,由 CPU 自动完成,而保护现场应在中断服务程序的最开始处,由程序实现,两者的动作执行主体不同,执行时间也不同。保护断点时被保护的内容是确定的,而保护现场时,需要保护的对象应根据实际情况(中断服务程序需要使用哪些寄存器)由指令确定。恢复断点是在中断返回时完成的,而恢复现场应在中断服务结束之后以及中断返回之前完成。

4) 中断优先级和中断嵌套

如果多个中断源同时提出中断请求,需要按预先定义的规则依次服务。最常用的规则是中断优先级,就是给每个中断源指定一个优先级,根据优先级高低协调多个中断服务程序的先后顺序。

实际系统中,CPU 为某个中断源服务的过程中,也可能会接收到其他中断请求。如果后到的中断请求优先级高于正在处理的中断请求,可以再次中断正在执行的中断服务子程序,转而去服务新的、优先级更高的中断请求,这种机制称为中断嵌套。图 4.52 描述了一种中断嵌套过程,其中中断源 B 的优先级高于中断源 A,图中数字表示各事件的发生顺序。

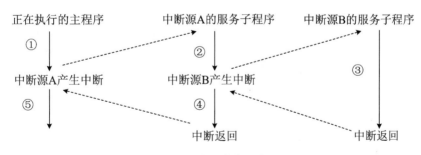

图 4.52　中断嵌套示意图

5) 中断屏蔽

CPU 在执行某些操作时,如果不希望被打断,可以对中断请求进行屏蔽不予响应。中断屏蔽有两种实现方式,一种是对 CPU 内部相关寄存器中的控制标志位进行设置,例如在 Intel x86 处理器中,如果状态寄存器中中断允许标志位"I"被复位为 0,则 CPU 对于来自外部的中断请求不予理会,这种方式常被称为"关中断";另外一种方式是在中断控制器中设置中断屏蔽寄存器,对某些中断源进行屏蔽管理。通常所说的中断屏蔽一般是指后一种方式。

此外,如果优先级较高的中断请求正在被服务,此时自动屏蔽优先级低的中断。在这种情形下,优先级较低而未被响应从而处于等待响应状态的中断也被称为挂起(Pending)中断。

并非所有的中断都可以被屏蔽,例如复位、硬件故障、电源电压跌落和存储器校验错误等事件必须立即处理,不允许被屏蔽。因此,这类中断应不受中断屏蔽标志位影响,即 CPU 总是会检测并响应此类中断请求。按照是否可以被屏蔽,中断可分为图 4.51 所示的两大类,不可屏蔽中断(Non Maskable Interrupt,NMI)和可屏蔽中断(Interrupt Request,IRQ)。

2. 中断处理过程

计算机系统处理中断的过程可分为中断响应、中断处理和中断返回三个阶段。① 中断响应指 CPU 响应中断请求,暂时中断当前执行的程序并跳转到中断服务子程序的过程。当 CPU 确定需要响应中断后,首先获取中断类型码,然后根据中断类型码在中断向量表中查找到对应的表项,进而得到中断服务子程序的入口地址,随后保护断点,跳转至中断服务子程序入口,进入中断处理阶段。在现代计算机的中断系统中,上述过程都是自动完成的。② 中断处理就是执行中断服务子程序。中断服务子程序由用户编写,根据中断服务要求进行相应的操作,如读取外设数据、向外设输出数据等。在中断服务程序最开始处,应根据实际需要,安排相应的保护现场操作指令。③ 中断服务子程序执行完毕,需要恢复现场,然后执行最后一条中断返回指令。中断返回指令执行后,恢复断点,返回被中断的程序继续执行。

3. 中断源优先级

中断源优先级的判断既可以用软件查询方法实现,也可以用硬件排序电路实现。软件查询仅需要少量硬件电路。例如,在图 4.53 所示的电路中,系统共有 8 个外部中断源,某个中断源对应的中断请求位和中断允许位(作用与中断屏蔽位相同)同时为"1"时,对应的中断请求信号就为"1";8 个中断源的中断请求信号经过"或"门,输出总的中断请求信号 IRQ 发往 CPU。CPU 收到 IRQ 之后读取中断请求寄存器,便可获知有哪些中断源有中断请求。之后,程序员所选择的处理顺序就体现了中断的优先级。由于需要读取中断请求寄存器后再判断应该先为谁服务,软件查询法的处理速度略慢。

与软件查询法不同,硬件排序方法使用特定结构的电路实现中断优先级(优先权)的判定。硬件排序判断优先级的电路可以有多种实现方法,常用的是中断优先权编码电路和菊花链式优先权排队电路。中断优先权编码电路如图 4.54 所示,系统中有 8 个中断源,一个或多个中断源对应的中断请求位和中断允许位同时为"1"时,即可产生中断请求信号。在两种情况下中断请求信号可产生有效 IRQ:① 比较器输出为"1"时,中断请求通过与门 1 送出;② 优先权失效信号为"1"时,中断请求通过与门 2 送出。

图 4.54 中编码器按照预定义的优先级规则把不同来源的中断请求转换为三位二进制编码[A2,A1,A0],在多个中断源有请求时输出优先权最高中断源对应的编码。优先权寄存器中保存 CPU 当前正在处理中断的编码[B2,B1,B0]。比较器输出为"1"(即 A>B)说明中断请求的优先级高于 CPU 正在服务中断的优先级,可以产生中断嵌套。图 4.54 中优先

权失效信号有效时,表示目前没有优先权机制,任何新到的中断请求如果未被屏蔽,均可打断正在执行的程序,转而执行新到中断的服务程序。

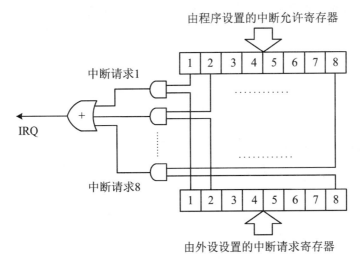

图 4.53　软件查询判优系统的接口电路

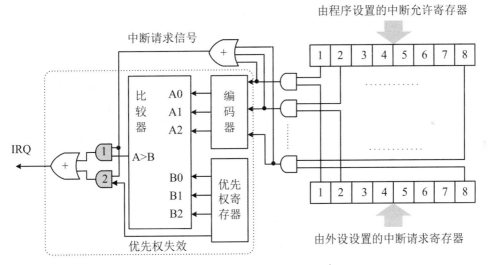

图 4.54　用编码器和比较器实现的中断优先权排队电路

菊花链是管理中断优先级的另一种硬件方法。在每个中断源的接口电路中设置一个逻辑电路,这些逻辑电路组成一个链,称为菊花链(daisy-chain),由它来控制中断响应信号的传递过程。在图 4.55 所示电路中,任一个外设的中断请求都可以通过或门直接送到 CPU 的 IRQ 引脚,若 CPU 允许处理,则发中断响应信号 INTA(Interrupt Acknowledge)给外设。菊花链电路被用来确定中断响应信号究竟送到哪一个设备。

在图 4.55 中,假设中断请求信号和中断响应信号 INTA 都是高电平有效。CPU 送出 INTA 后,若设备 1 有中断请求,则与门 A1 开,与门 A2 关,中断响应信号送至设备 1 而不再向下一级传送。反之,若设备 1 无中断请求,则与门 A1 关,与门 A2 开,中断响应信号继续向下一级传送；若设备2有中断请求，则与门B1开，中断响应信号送至设备2，同时与门B2关，中断响应信号不再向下传送（无论后面的设备是否有中断请求）。依据上述分析，设备接入菊花链的顺序决定了设备的中断优先级；越靠近链前端（靠近CPU）的设备优先级越高。

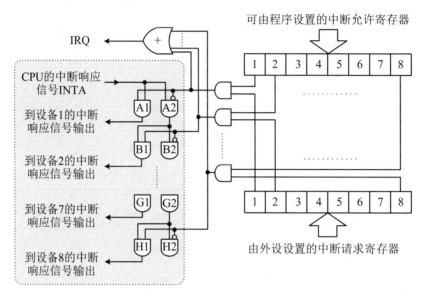

图4.55　菊花链式优先权排队电路

4．中断传输方式的接口电路

图4.56是一种中断控制方式输入接口电路。外设准备好数据后，发出选通信号，数据进入锁存器；同时选通信号将中断请求触发器置"1"。如果该中断源被允许（中断屏蔽位是"0"），则中断请求信号通过与门A产生IRQ；但如果中断被屏蔽，则无论外设是否准备好，都无法产生IRQ。CPU收到IRQ后响应中断，进入中断服务程序。在中断服务程序中，CPU对数据端口进行读操作，地址译码信号和读信号RD♯通过与门B使能三态缓冲器输出，同时复位中断请求触发器，撤销中断请求。

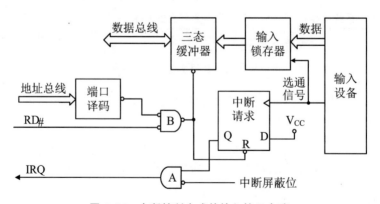

图4.56　中断控制方式的输入接口电路

4.4.4　DMA 传送方式

1. DMA 传送方式概述

虽然中断传送方式比查询传送方式效率高,但中断方式仍存在不足之处。分析中断传输方式的数据传输过程,整个中断处理过程中都需要 CPU 参与,数据的输入和输出都是由 CPU 执行指令完成的。即便所传输的数据无须 CPU 处理,也要经过 CPU 进行中转。例如,从 I/O 端口读取数据到内存某个存储单元,数据需要经过 I/O 端口到 CPU 内部寄存器,以及 CPU 内部寄存器到内存单元两个阶段,需要两次总线操作。此外,在进入中断服务时,无论中断服务内容简单还是复杂,都需要保存断点和保护现场;中断返回时还需要恢复现场和恢复断点,CPU 在两段任务代码间切换时有系统开销。当中断频度较高时,系统开销增加,会影响计算机系统性能。

DMA 方式顾名思义是在内存与 I/O 接口之间直接进行传输,无须 CPU 干预。为此,DMA 传送方式引入了一个专用电路单元,其功能是与 CPU 协商并获得系统总线控制权之后,在 I/O 接口和存储器之间建立一条可直接传输数据的通道。通过地址总线和专用引脚信号同时选中需要进行数据传送的内存单元和 I/O 端口,在一个总线周期内先后发读信号和写信号,将需要传送的数据读出至数据总线并写入目的单元,在一个总线周期内完成一次数据传送。这个专用电路单元被称为 DMA 控制器(Direct Memory Access Controller,DMAC)。

DMAC 本身没有指令系统,平时作为一个可编程接口控制芯片,接受 CPU 的管理和控制。这些管理包括设定 DMA 传送方式、数据块传送时的数据块大小和地址增长方向等,这个过程称为 DMAC 的初始化设置。进入 DMA 传送之后,DMAC 按照初始化设置的参数,控制系统总线完成高速数据传送。DMA 特别适合内存与 I/O 接口之间的大数据量传送。图 4.57(a)是 CPU 控制下的 I/O 接口与存储器之间数据传送过程,图 4.57(b)是 DMAC 控制下的 I/O 设备与存储器之间的数据传送,读者可自行对比两者的差别。

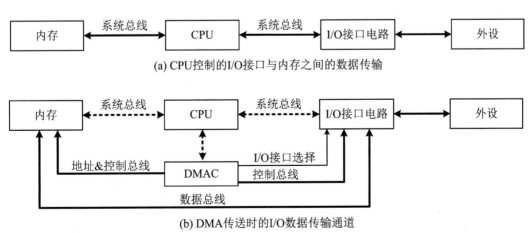

(a) CPU控制的I/O接口与内存之间的数据传输

(b) DMA传送时的I/O数据传输通道

图 4.57　DMA 方式 I/O 接口电路示意

2. DMA 传送过程

DMA 传送的典型场景有主存储器到 I/O 端口(M→I/O)的传送和 I/O 端口到主存储器(I/O→M)的传送。根据对存储器的访问类型,前者被称作 DMA 读操作,后者被称作 DMA 写操作。此外,某些 DMAC 还支持存储器到存储器(M↔M)的数据传送,与 CPU 控制下的传送相比,M↔M 传输并没有什么优点,所以很少采用,本书也不再介绍。上述传送场景可以用图 4.58 表示。

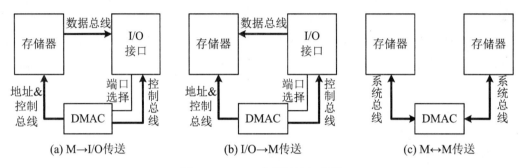

图 4.58　DMA 传送系统示意图

DMAC 与 CPU 的连接关系可以用图 4.59 加以说明。从图中可以看出,系统总线平时总由 CPU 控制,当外设需要进行数据传送时,通过 I/O 接口向 DMAC 发出 DMA 传送请求 DRQ(DMA Request)。如果 DMAC 认为 DRQ 符合条件,则向总线仲裁逻辑发出总线使用申请 BR。总线仲裁逻辑收到 BR 信号后,若满足条件则同意 DMAC 使用总线。DMAC 驱动总线切换控制信号,断开 CPU 一侧与系统总线的连接,将系统总线的使用权交给 DMAC,然后用 BG 信号通知 DMAC,可以开始 DMA 传送。

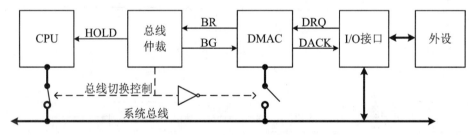

图 4.59　CPU 与 DMAC 之间的连接原理图

上述 DMA 传送的基本过程可以归纳为如下九个步骤:

① I/O 接口需要 DMA 传送时,向 DMAC 发 DMA 传送请求 DRQ;

② DMAC 收到 DRQ 后,若符合条件①,则向总线仲裁逻辑发出总线使用请求信号 BR;

③ DMAC 收到 BR 后,若符合条件,则适时②发出总线切换控制命令,切断 CPU 与系

---

① 条件包括 DMA 请求未被屏蔽并具有当前最高优先级。

② DMA 传送的总线切换发生在两个总线周期之间,而中断和返回发生在两条指令之间。

统总线之间的连接,然后①再将系统总线控制权交给 DMAC;

④ DMAC 置 HOLD 信号有效,通知 CPU 暂时停止使用总线;

⑤ DMAC 置 BG 信号有效,通知 DMAC 总线切换已经完成,可以进入 DMA 传送;

⑥ DMAC 收到 BG 后置 DACK②(DMA Acknowledge)信号有效,通知 I/O 接口开始对其进行 DMA 传送服务;

⑦ 进入 DMA 传送之后,DMAC 按照初始化设置参数,把当前 DMA 传送涉及的存储器地址送到地址总线,如果是 I/O→M 传送,DMAC 发 I/O 端口读命令和存储器写命令,如果是 M→I/O 传送,DMAC 发存储器读命令和 I/O 端口写命令,把数据读出到数据总线并写到目的单元,在一个总线周期内完成数据传送;

⑧ 如果是数据块传送,完成一次 DMA 传送后,DMAC 修改存储器地址,修改待传送次数寄存器内容(减 1),再重复上一步骤;

⑨ 当预先设定传送的次数(任务)全部完成,DMA 传送结束,DMAC 撤销总线请求,总线仲裁逻辑对总线连接进行切换,并将 HOLD 信号置为无效,重新恢复 CPU 对系统总线的控制。

3. DMA 的传输方式

I/O 设备和主存储器间进行 DMA 传输时,既可以每次传输一个数据块,也可以仅传输一个数据,还能按照间歇的方式传输多个数据。通常分为如下三种不同的传输方式。

1) 单次传送

单次传送的流程如图 4.60 所示,其特点是每完成一次传送,无论预定的传送任务是否完成,DMAC 都主动放弃总线。如果任务没有完成,DMAC 继续申请总线使用权,获准后继续执行单次传送,直至全部任务完成。

2) 数据块传送

数据块传送也称为成组传送,其特点是 DMAC 在获得总线使用权之后,控制总线连

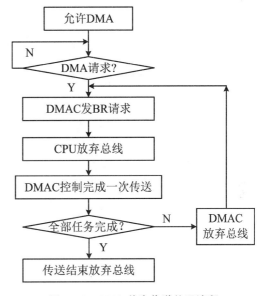

图 4.60 DMA 单次传送处理流程

续传送,直到传送任务全部完成。但是,如果在传送期间遇到了外部输入的 EOP(End Of Process)信号,传送任务将被强行终止。成组传送的处理流程如图 4.61 所示。

3) 询问传送

询问传送方式又称为请求传送方式。该方式与成组传送方式的区别在于,传送期间,若

---

① 总线切换操作有严格的时序要求,必须符合"先断后合"的原则,以避免出现总线冲突。

② DACK 也是 I/O 端口选择信号。由于仅有一套地址总线,DMA 传送期间被用于内存单元寻址,DMAC 只能采用硬连线方式,通过 DACK 选择 I/O 接口。DMAC 一般配置了多个通道,每个通道都有一对 DRQ 和 DACK 信号,可为多个 I/O 接口提供 DMA 传送服务。

DMA 请求信号无效,DMAC 暂停传送并放弃总线;当 DMA 请求信号重新有效,DMAC 再次申请总线使用权,获准之后从断点处开始续传。请求传送的处理流程如图 4.62 所示。

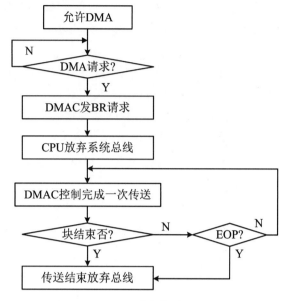

图 4.61　DMA 成组传送处理流程

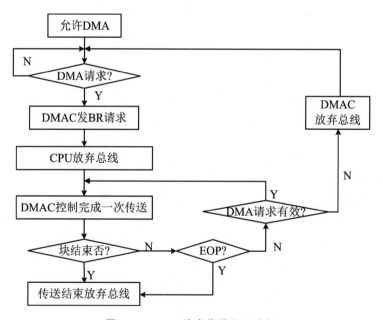

图 4.62　DMA 请求传送处理流程

　　上述成组传送方式适合大数据量的快速传送,但是 DMAC 长时间占用总线将使得 CPU 无法处理某些紧急事务,因此成组传送方式只能在特定条件下使用。询问传送方式非常适合与数据通信接口芯片之间进行数据交换。例如,目前广泛使用的带有 FIFO(First Input First Output,先进先出)数据缓冲器的串行通信接口芯片中,都带有接收缓冲器满

（RxRDY）和发送缓冲器空（TxRDY）信号，当接收 FIFO 中接收字节数超过一定数值，或者发送 FIFO 中待发送字节少于一定数值，相应的信号线有效，接口芯片利用这两条信号线与 DMAC 协调，分别通过两个 DMA 通道实现高效数据收发操作。

DMA 传送方式完全依靠硬件实现数据传送，没有专门的指令和传送程序，不能处理较复杂的事件，所以 DMA 方式不能完全取代中断传送方式。事实上，在很多应用场景中，当某次 DMA 传送结束后，往往还利用中断信号通知 CPU 进行下一步处理。

注意，DMAC 本身也是接口芯片，在使用之前需要通过 CPU 对其进行初始化配置。DMA 方式存在一个固有的缺陷，无法对 I/O 接口进行寻址。为满足多个外设的 DMA 传送需求，DMAC 一般会设置多个通道，为多个外设提供 DMA 传送服务。DMAC 每个通道都拥有一套独立的寄存器组以及一对 DMA 请求和响应信号线。多个通道的 DMA 请求信号还需要通过优先级电路进行排队，当同时出现多个通道的 DMA 请求时，以便确定应该先为哪个通道提供传送服务。此外，DMA 传送也不能嵌套，这一点也有别于中断传送方式。

4.4.5　并行接口

并行接口指采用并行通信方式来传输数据的接口标准，多个数据位可以同时在两个设备之间传输。并行接口种类有数十种之多，从简单的寄存器接口，或专用的可编程并行接口，乃至复杂的 SCSI 接口，实现方式和功能各有不同。并行接口的传输性能可用两个参数予以刻画：① 数据通道的宽度，即接口上可以同时传输的位数；② 接口的时钟频率。数据的宽度可以是 2～128 位或者更宽。20 世纪在计算机领域最常用的并行接口是 LPT 接口。本小节通过一些示例介绍并行接口的原理和工作方式。

1．无握手信号的并行接口

无握手信号接口常用于功能简单的外设，如按键、数码显示管等，CPU 与外设间传输数据时，外设总是处于准备好的状态，属于 4.4.2 小节图 4.46 所示的无条件传送方式。将图 4.46(a) 和图 4.46(b) 的输入和输出电路合并在一起，可以得到典型的无握手信号并行接口电路框图，如图 4.63 所示。

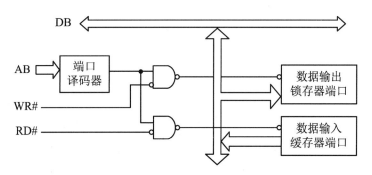

图 4.63　无握手信号并行接口电路示意图

1）输入接口示例：键盘

键盘是一种常用的输入设备。键盘上的按键属于一种常开型按压式开关，根据按键的组成形式，键盘可以分为线性键盘和矩阵键盘。线性键盘的每一个按键占用 I/O 端口的一根口线（I/O 端口的一根线），如图 4.64(a) 所示。程序通过读取口线的电平状态来判断按键是否被按下。由于按键在按下或者抬起释放时存在抖动，如果不经处理会导致误判，通常采用软件延时确认的方法消除抖动的影响。

矩阵键盘将按键按照行、列方式排列起来形成矩阵开关，图 4.64(b) 是 8×8 矩阵键盘，行线与八位并行输入端口相接，而列线与另外八位并行输出端口相接。矩阵键盘比线性键盘节约了更多的口线。假设用两个端口，口线数目分别为 M 和 N，考虑可支持的按键数，矩阵键盘为 $M \times N$，而线性键盘只有 $M + N$。

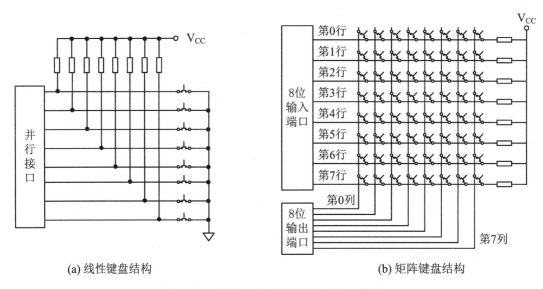

(a) 线性键盘结构　　　　　　　　　　　　　(b) 矩阵键盘结构

图 4.64　线性键盘与矩阵键盘结构示意图

识别矩阵键盘的按键是否处于按下的状态，可以使用行扫描法、行列反转扫描法和行列扫描法等。此处仅以图 4.64(b) 所示 8×8 矩阵键盘为例介绍行扫描法的原理。

行扫描法首先判断是否有键按下。方法是先在输出端口的各位输出"0"（即低电平），再从输入端口读取数据，如果读取的数据是 1111 1111b，则说明当前所有行线处于高电平状态，没有键被按下。如果并行输入端口读取的数据不是 1111 1111b，则说明必有行线处于低电平，也就是说肯定有键被按下。

在确定有按键被按下后，行扫描法按照图 4.65 所示的流程确定哪个键被按下。基本思路是：逐列检查是否有按键被按下，发现有按键被按下后再确定行（此即行扫描，对应图 4.65 中阴影区域部分）。为方便描述，定义图 4.64(b) 所示 8×8 矩阵键盘中按键的键号为"列号 ×8＋行号"。

逐列检查过程：程序先将键号置零，将计数值设为键盘列的数目，然后再设置扫描初值。首先设置扫描初值为 1111 1110b，即使第 0 列为低电平，而其他列为高电平。输出扫描初值后,马上读取行线的值,看是否有行线处于低电平。如果没有表示该列没有按键按下,将扫描初值循环左移一位,变成 1111 1101b,即使第 1 列为低电平,其他列为高电平。这样进入第 1 列的扫描,使键号为 8(第 1 列的第 0 号键),计数值减 1。如此循环,直到计数值为 0 结束。

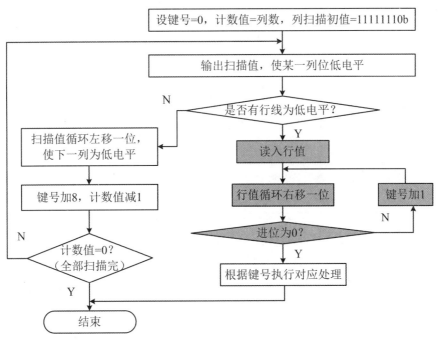

图 4.65 行扫描法的程序流程

如果在逐列检查过程中,发现有行线为低电平,则表示此列有按键被按下。例如,读入的行值为 1111 1011b 表示按下的按键在第 2 行(定义输入端口最低比特对应第 0 行)。此时可根据行值确定按键所在行的行号,具体过程为:行线数据循环右移一位,此时若进位位为 0 则表明第 0 行线的 0 号键闭合;否则继续循环右移,直至找出闭合键为止。

2)输出接口示例:LED 段式显示器

LED 段式显示器是一种半导体发光器件,常简称为数码管,其基本单元是 LED(Light Emitting Diode,发光二极管)。数码管可分为七段数码管和八段数码管,区别在于八段数码管比七段数码管多一个用于显示 DP(Decimal Point,小数点)的 LED。

数码管分为共阳极和共阴极两种结构。共阳极数码管的正极(或阳极)是所有 LED 的共有正极,各 LED 的负极(或阴极)独立,使用时把正极接电源,不同的负极受控接地。共阴极数码管与共阳极数码管的接驳方法相反。图 4.66 为八段数码管的结构示意图。习惯上数码管中的八个发光二极管命名为"a、b、c、d、e、f、g"和"dp",公共端为"com"。如果是共阳极结构,则"com"接正电源 V_{CC};若为共阴极结构,则"com"接地 GND。

以八段数码管为例,显示一个 16 进制的数字,需要将表示该数字的四位二进制数转换为表 4.16 所示的八段显示码。可以用专门的码制转换芯片(译码器)完成这种代码转换,也可以用软件编程实现。

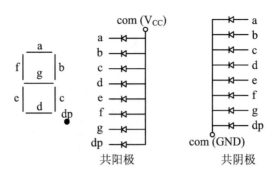

图 4.66 八段数码管结构

表 4.16 八段 LED 数码管段代码编码表(16 进制)

数字	0	1	2	3	4	5	6	7	8	9	黑
共阳	C0	F9	A4	B0	99	92	82	F8	80	90	FF
共阴	3F	06	5B	4F	66	6D	7D	07	7F	6F	00

实际系统往往需要使用多个数码管同时显示多个数字,此时有静态显示和动态显示两种方式。静态显示方式是各个数码管的输入控制端相互独立,每个数码管相应的段(LED)恒定地导通或截止,直到下一次更新信息。若需要显示 N 个数字,N 个数码管需要的口线数量为 $8 \times N$。

动态显示方式也称为扫描显示方式,可以使用较少的信号线实现显示控制,动态显示的基本思路是让各个数码管轮流显示,每位数码管的点亮时间为 $1 \sim 2$ ms,由于视觉暂留现象及发光二极管的余晖效应,尽管各个数码管并非同时点亮,但给人的感觉是所有数码管同时显示。在动态显示方式下,各个数码管的对应段的输入控制端并联在一起,因此无论数码管的个数是多少,需要的口线数量都是 8,该端口称为段选口。各个数码管的公共端各自连接一根口线,该口线称为位选口。当数码管的个数为 N 时,则需要 N 根位选口口线,因此动态显示方式总共需要的口线数量为 $8 + N$。

图 4.67 为五位 10 进制数的共阴极 LED 数码管接口电路。五个数码管要显示不同字符,需要使用扫描方式,五个数码管轮流点亮。点亮第一个数码管时,段选码输出端口输出第一个数字的显示码;位选码输出端口输出的位选码中,对应第一个数码管的位为"0"(低电平,共阴极结构),而其他位为"1"(高电平)。

随后点亮第二个数码管,段选码输出端口输出第二个数字的显示码;位选码输出端口输出的位选码中,对应第二个数码管的位为"0",而其他位为"1",这样就完成了第二个数码管的显示。以此类推,依次输出各个数字的段选码和位选码,即可实现五位 10 进制数的动态显示。

2. 带握手信号的并行接口

为了保证数据传输的可靠性,一些外设通过握手联络(handshake)实现数据交换。此类带握手信号的接口属于 4.4.2 小节所述查询传送方式,其工作原理如图 4.47 所示。带有握手信号的并行接口电路中,除了数据端口之外,通常还有状态端口和控制端口。在图 4.47 所示电路中增加必要的握手信号后,其输入部分构成了如图 4.68 所示的典型输入接口电路,其输出部分构成了如图 4.69 所示的典型输出接口电路。

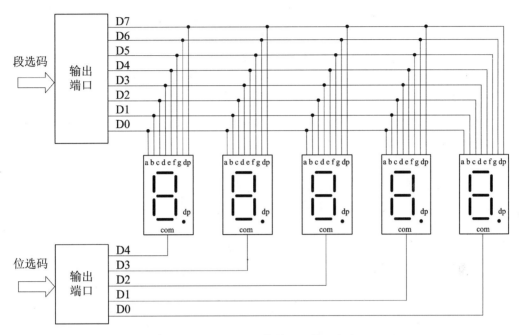

图 4.67　多个数码管的显示接口电路

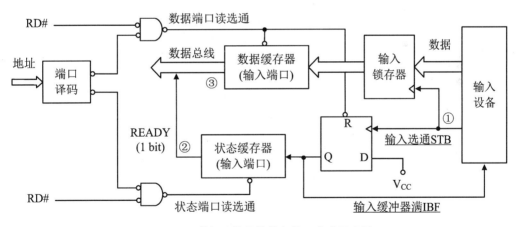

图 4.68　带握手信号的输入接口电路示意图

图 4.68 所示输入接口电路中,数据选通信号 STB(Strobe)和输入缓冲器满(Input Buffer Full,IBF)是一对握手信号线。该电路的数据输入过程按照如下步骤进行:① 输入设备准备好数据后,检查 IBF;若 IBF 无效,表明 I/O 接口的输入缓冲器无数据,或者上次输入的数据已被 CPU 读取;输入设备输出数据并发出选通信号 STB;在 STB 信号的作用下,数据进入输入缓冲器/锁存器;同时选通信号将 D 触发器置"1"、置 IBF 有效。② CPU 读取状态缓存寄存器,状态信息位 READY 为"1"表示外设已经将数据送至数据缓冲寄存器。

③ CPU 读数据端口,同时数据端口读选通信号将 D 触发器清零,并将 IBF 置为无效,完成本次数据传送。

图 4.69 所示输出接口电路中,输出缓冲器满(Output Buffer Full,OBF)和输出设备应答(Acknowledge,ACK)是一对握手信号线。该电路的数据输出过程按照如下步骤进行:① CPU 读状态缓存寄存器,若状态信息位 OBF 为"0"表明输出缓冲器中没有数据,或者上一次输出的数据已被输出设备读取,可以输出新的数据;② CPU 向数据端口写数据,写选通信号同时将 D 触发器置"1"(等同于置 OBF 为"1"),告知输出设备,需要输出的数据已写入输出缓冲器;③ 输出设备根据 OBF 获知输出数据有效,读取数据锁存器中数据;④ 输出设备发出响应信号 ACK,将 D 触发器清零(置 OBF 为"0"),完成本次数据传送。

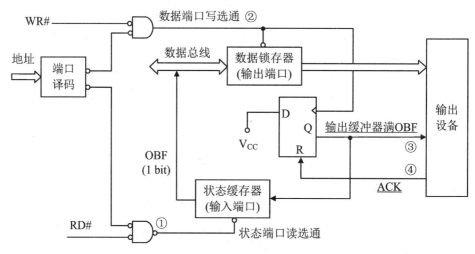

图 4.69　带握手信号的输出接口电路示意图

3. 可编程并行接口(GPIO)

可编程通用并行接口是一种简单外部设备接口电路。其结构简单、应用广泛,并且可以通过编程控制字实现灵活控制,故得名"通用可编程 I/O 接口",即 GPIO(General-Purpose I/O ports)。用户可以通过写入控制字改变 GPIO 的工作方式,能够满足多种应用场景的实际需求。例如,GPIO 可以仅用一个引脚连接只需要开/关两种状态的简单设备,如控制灯的亮灭;也可以使用多个引脚同时输出多个控制信号,如 LCD(Liquid Crystal Display,液晶显示屏)等需要多个控制信号的设备。

图 4.70 为典型的单个 GPIO 引脚电路结构图,该引脚可用于普通的输入/输出信号,也可与其他输出信号复用(图中复用选择位)。通常编程时可配置的寄存器位包括中断允许控制位、复用选择位、三态输出使能位和上拉电阻使能位等。

早期计算机系统中使用单独的芯片来控制这些 I/O 引脚,如 Intel 8255 芯片是一款非常经典的可编程并行 I/O 接口芯片。8255 有三个八位并行 I/O 口,有三种工作方式可选,其各个端口的功能可由软件编程控制,使用灵活,可作为计算机与多种外设连接时的接口电路。目前(2020 年)该芯片已经很少使用,但其仍然出现在各类教科书中,作为可编程并行接口的典型示例予以介绍。图 4.71 为 Intersil 公司近期生产的 8255 系列芯片手册中给出的电路框图。此处对图 4.71 内部结构不再做进一步诠释。

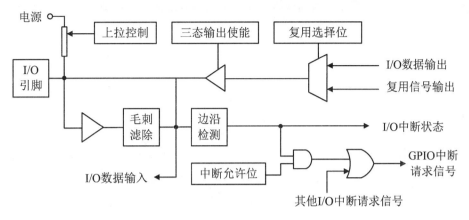

图 4.70　GPIO 典型接口电路示意图

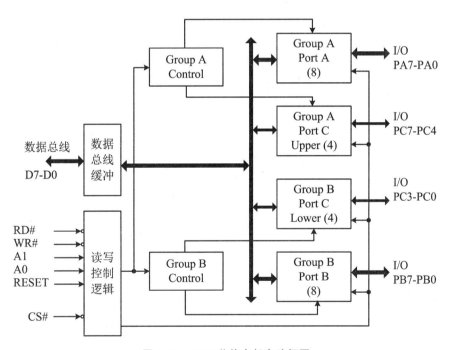

图 4.71　8255 芯片内部电路框图

目前，不同行业广泛使用的微控制器芯片往往都集成 GPIO 接口。一般来说，GPIO 接口包括控制寄存器、输入数据寄存器和输出数据寄存器等。图 4.72 为意法半导体 STM32 系列嵌入式控制器一个 I/O 端口位的结构。图中输入数据寄存器的位、输出数据寄存器的位连接到外部引脚；引脚的信号传输方向、信号类型和是否复用等配置都通过写控制寄存器（图中没有画出）来实现。

STM32 系列嵌入式控制器芯片的 GPIO 支持浮空输入（IN_FLOATING）、带上拉输入（IPU）、带下拉输入（IPD）、模拟输入（AIN）、开漏输出（OUT_OD）、推挽输出（OUT_PP）、开漏复用输出(AF_OD)和推挽复用输出(AF_PP)共八种工作模式,可以满足多种不同场景的应用需求,本书第8章将对GPIO部分工作模式做进一步介绍,关于GPIO更多工作模式的详细介绍可参阅本书8.6节的内容或者意法半导体STM32用户手册。

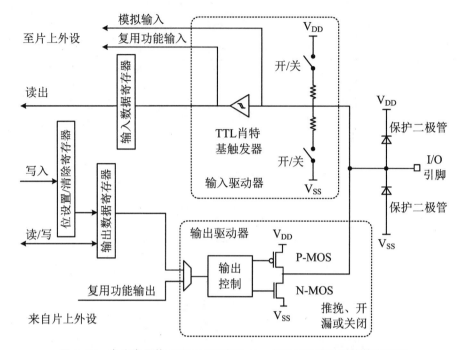

图4.72 意法半导体 STM32 系列(Cortex-M3)I/O 端口位的基本结构

4.4.6 串行接口

前述并行接口使用多条信号线同时传输多位数据。而串行数据传输时,数据是一位一位顺序地在信号线上传输。实现串行数据传输的接口电路称为串行接口。由于CPU内部数据总线为并行总线,总线上的并行数据需要经并/串转换电路转换成串行方式,再逐位送至传输线。接收端则需要把数据从串行方式重新转换成并行方式,才能传送到内部并行数据总线上。如果采用相同的接口时钟频率,串行数据传输的速率显然要低于并行传输。

串行数据传输的过程往往被称作串行通信。如计算机网络中常见的以太网就是以双绞线作传输介质的串行通信系统。本小节首先阐述在数据通信系统以及早期计算中使用广泛的异步串行通信方式及其接口电路和协议,然后介绍在芯片间互连较为常见的 I^2C 和 SPI 接口。

1.串行通信概述

串行通信常用于需要远距离传输的情形。受限于传输线的特性,数字信号无法在传输线上直接进行远距离传输。一般来说,发送方需要使用调制器(Modulator),把要传送的数字信号调制为适合在线路上传输的信号；接收方则使用解调器(Demodulator)，把从线路上接收到的调制信号解调还原成数字信号。调制器和解调器两者通常集成在一个设备中，称为调制解调器(Modem)。在数据通信系统中，调制解调器等通信设备被称为 DCE(Data Communication Equipment，数据通信设备)，而计算机或其他数据终端被称为 DTE(Data Terminal Equipment，数据终端设备)。图 4.73 是两台计算机通过电话线和调制解调器实现远程数据通信的示意图。

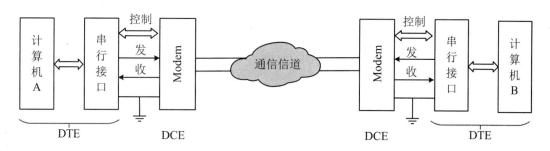

图 4.73　通过 Modem 实现远程数据通信

根据传送方向，串行通信可分为单工(Simplex)、半双工(Half Duplex)和全双工(Full Duplex)三种方式，也称为传送制式。单工指发送方与接收方之间只有一条通信通道(简称信道)，而且这条信道永远只能进行一个方向的信息传送(例如无线电广播)。半双工指发送方与接收方之间也只有一条信道，但这条信道在不同时刻能够进行两个方向的传输(例如出租车上的车载电台)。全双工指发送方与接收方之间有两条信道，在同一时刻可以进行双向信息传输(如电话)。

以半双工数据通信为例，仅用单条数字信道传送数据，有时是发送方发送数据给接收方，有时候是接收方反向传送应答信息，并且还希望彼此之间能够可靠通信，这就需要以合适的方式告知对方，传送的有效数据什么时候开始，什么时候结束，以便对方进行相应的操作。在实际系统中，为了达到上述目的，收发双方必须有严格的约定。这些双方共同遵循的约定被称为通信协议。

在通信协议中，为确保通信各方能够准确地发送、接收、识别、理解和利用信息，需要在信号电平、数据格式、差错控制和流量控制等诸多方面做出约定。为了简化协议设计，使通信系统结构更加清晰，通信协议普遍采用分层模型。单纯的接口电路，无论是并口还是串口，电路功能隶属于 OSI 参考模型的最底层——物理层。但一般通信协议中约定的差错控制、流量控制和连接控制方式等则隶属于 OSI 参考模型的链路层。

1) 串行通信的传输速率

数据传输速率是串行通信最基本的性能参数。衡量数据传输速率有两个单位：① 比特率，即单位时间内传送的二进制码元的个数，单位是 bps(bit per second)。由于 1 个二进制码元代表了 1 bit 的信息，因此比特率也称为传信率。② 波特率：单位时间内传输的符号个数，单位是波特(Baud 或 Bd)。计算机普遍采用二进制，1 个"符号"仅有高、低两种电平，分别代表逻辑值"1"和"0"，所以每个符号的信息量为 1 位(1 bit)，此时波特率等于比特率。但在其他一些应用场合,1 个"符号"的信息含量可能超过 1 位,此时传输同样信息所需的波特率小于比特率。

2) 串行通信的同步方式

同步是指能够检测和区分所传送数据单元(位、字符或字节、帧和数据块等)的起和止。根据同步方式,串行通信又分同步通信方式(Synchronous)和异步通信方式(Asynchronous)。与之相应的串行通信总线可分为同步串行总线和异步串行总线。

同步串行总线传输信息时,发送方和接收方在同一个时钟[①]下工作,因而所传输信息的位与位之间、字节与字节之间均与时钟有严格的对应关系。图 4.74 为同步传输协议下发送串行数据的示意图,图中包含了 8 个数据位。很多同步协议首先发送最高有效位(Most Significant Bit,MSB),而很多异步协议先发送最低有效位(Least Significant Bit,LSB)。图中,发送方在时钟下降沿发送数据,接收方在时钟上升沿接收(采样)数据,PCI 总线采用的就是这种方式,称为"下降沿同步、上升沿采样",此处"同步"是指发送或者更新数据。

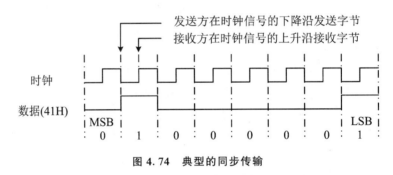

图 4.74　典型的同步传输

异步串行总线与同步串行总线的最大区别在于是否使用公共时钟。异步串行总线的收发双方使用各自独立的时钟,主要依赖波形编码来区分和识别数据的起始和终止,无须使用额外的时钟同步信号。异步串行通信要求在同一字节内各位之间的相对时间关系相对一致,对字节与字节间的时间关系没有要求。因此,异步串行通信收发双方的时钟频率只需基本相同,彼此之间可以存在一定的偏差,但是偏差应在一定范围之内。异步串行通信时,收发双方根据事先约定的波形编码规则和数据格式,按照各自的时钟发送和接收数据。图 4.75 是一种串行通信线路上的数据波形编码方案,该方案也称为起止式同步方式。目前在异步串行通信中应用最为广泛的 TIA/EIA RS-232[②](简称 RS-232)标准采用的就是这种线路波形编码方案。图 4.75 中,"Tb"为发送方传送一位数据的时间长度,也称为码元宽度或

---

① 同步通信所需时钟信号可使用单独的信道传送,这种同步方式称为外同步;也可以采用特定的编码方式,由接收方在接收的码流中提取和恢复时钟,无须使用单独的时钟信道,这种同步方式称为内同步。铜缆以太网采用的就是内同步方式。

② EIA(Electronic Industries Association,美国电子工业协会)推荐的标准都冠以 RS(Recommended Standard),如 RS-232 和 RS422 等。1984 年 EIA 的电信与信息技术组和美国电信供应商协会(USTSA)合并,成立了美国电信工业协会(Telecommunications Industry Association,TIA)。现在 EIA 标准又称为TIA/EIA 标准。

码元间隔;EIA 电平是 EIA 颁布的标准中所规定的线路电平。RS-232 标准采用负逻辑,即高电平表示"0",低电平表示"1"。在 RS-232 标准的子集 RS-232-C 中,高电平范围为 +3~+15 V,低电平范围为 -15~-3 V。有关起止式同步的具体实现方式稍后讨论。

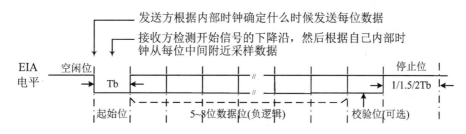

图 4.75 起止式异步串行传输线路波形

2. 异步串行接口

一般而言,术语"异步串行接口"包括了两方面的内容:① 串行通信双方进行数据传输时的接口电路;② 收发双方约定的通信协议。下面首先介绍常用的数据帧格式及相应的波形检测方法,然后阐述典型的接口电路和串行接口协议。

1) 异步串行数据帧格式

异步串行通信方式在传输数据时,待传输的数据以字符(一个字符通常含 5~8 位)为单位进行传送,传输字符也常被称为数据帧。为了能够区分数据帧的起和止,发送方在每个需要传送字符之前增加一个起始位,在每个字符之后增加一个停止位。此外,为了提高传输可靠性,字符和停止位之间可按照收发双方事先的约定(是否需要以及采用奇校验还是偶校验),插入一个奇偶校验位,如图 4.75 所示。图中,发送方在线路空闲(没有数据发送)时,输出高电平。如果有字符需要发送,发送方先发送一个 Tb 宽度的负脉冲作为起始位,然后再以 Tb 为周期,按照先低位后高位的顺序,依次发送字符中的每一位数据以及可能存在奇偶校验位,最后发送停止位。停止位的长度是 1 或者 1.5 或者 2 个 Tb(也称为 1 位停止位或者1.5 位停止位或者 2 位停止位)。接收方串行接口电路一直在检测线路波形,一旦检测到并确认是起始位后,便按照事先约定的格式接收字符以及或有的校验位,而检测到停止位后,就获知一个字符传送已结束。

如果收发双方约定数据帧格式采用七位字符长度,一位偶校验位和一位停止位(简称 7E1 格式),串行通信线路波形如图 4.76 所示。

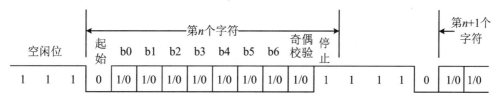

图 4.76 异步串行通信的数据格式

需要说明的是,图 4.76 所示字符传输格式规定了不同传输事件发生的先后顺序,这属于异步串行接口标准中物理层的规程特性。但是图 4.76 所示仅为数据线上的时序特征,在一个实际的异步串行接口中,通常还定义有一些控制信号和时序特征,此处并未展开讨论。

2) 异步传输信号波形的检测

异步通信收发双方采用各自独立的时钟。虽然时钟频率可以设计为一样,但在具体工程实现时,难以保证收发双方时钟的频率完全相等,并且时钟的相位也无法一致。假设约定的波特率为 N(二进制情形下即时钟频率为 N),为了成功检测出信号的波形,接收方采用频率为 M 的时钟对接收信号进行检测,而 $M = K \times N$,K 称为波特率因子,K 为大于等于 1 的整数。有些芯片的 K 可以编程设置,有些则固定,如 $K = 16$。

以下以 $K = 16$ 为例,说明接收端的波形检测过程。在图 4.77 中,线路空闲时,接收端检测的都是高电平。当接收端检测到一个低电平时有可能收到了起始位,为慎重起见,还需要进一步证实是否的确是起始位。不同的接口芯片可能采用不同的方法,例如:隔 8 个再检测一次,若仍然为低电平则确认是起始位。或者连续检测 8 个,若有 5 次以上是低电平则确认是起始位而不是干扰。

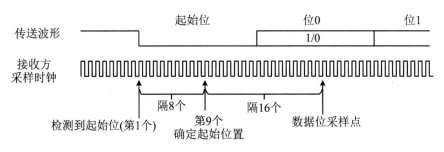

图 4.77 16 倍波特率时钟情形的起始位检测

若确认是起始位,则从第 9 个检测脉冲(起始位中间位置)开始,接收端每隔 16 个脉冲采样一次输入信号,顺序接收各个数据位。

如果收发双方的时钟有偏差,并假设接收方时钟频率高于发送方,则接收方的 Tb 小于发送方的 Tb。在这种情形下,从起始位中点开始,接收方隔 16 个检测脉冲对第一位数据波形进行采样,采样时刻要比理论上的位置略微提前,出现偏差。在接下来的检测过程中,这种偏差逐渐积累,采样时刻不断提前,当检测到最后一个停止位时,采样时刻误差达到最大值。如果最大误差没有导致采样时刻超出停止位的范围,则本次数据接收结果不受时钟偏差的影响,并在检测下一个起始位时,偏差被"清零"。但是如果误差过大,采样时刻提前到停止位的前面一位(最后一位数据或者是校验位),本次字符接收过程就会出现严重错误。因为停止位始终是高电平,但是之前一位有时是高电平,有时是低电平,如果在本应是高电平之处检测到低电平,接口电路就认为出现错误。这种错误被归类为"数据格式错",属于串行异步接口电路三大线路错误之一。

3) 异步串行接口电路

异步串行接口电路主要由 UART(Universal Asynchronous Receiver/Transmitter,通用异步收发器)和线路收发驱动器(Line Driver)构成。早期 PC 机中普遍使用的 UART 是 INS 8250,INS 8250 的特点是每收发一个字符都需要 CPU 为其进行服务。后来 NS

(National Semiconductor)公司推出了新的 UART 产品 PC 16550,在 INS 8250 的基础上增加了数据收发 FIFO 寄存器,并在芯片引脚以及内部寄存器等方面与 INS 8250 保持兼容。PC 16550 可在发送或者接收一组字符之后才需要 CPU 或者 DMAC 为其服务一次。之后又有一些公司对 PC 16550 做了进一步的改进,改进之处包括扩大 FIFO 容量、节能设计和增加流量控制功能等,并且与 16550 在芯片引脚和内部寄存器等方面保持兼容。这些产品被命名为 xx16650、xx16750、xx16850 和 xx16950 等,因此,这类 UART 被统称为 16x50。

UART 芯片大多采用 TTL 电平,并且输入输出都是正逻辑,为了能够在串行通信线路上进行远距离传输,需要使用线路收发驱动器在正负逻辑以及 TTL 电平与 EIA 电平之间进行转换。在早期 PC 机中,串行通信接口所使用的线路驱动器(如摩托罗拉公司的 MC 1441 和 MC 1442)需要 ±12 V 电源供电,增加了 PC 机电源系统的复杂性。现在广泛使用集成式线路驱动器,只需使用单一 +5 V 电源,如 Maxim 公司的 MAX232 和 MAX233 等。

以下我们不针对具体芯片进行讨论,仅分析异步串行接口电路的一般性功能。

一般而言,异步串行接口电路需要完成的基本功能包括:数据的串/并、并/串转换;串行数据的格式化(如加入起始位、校验位或同步字符等);控制信号解析等。

典型串行通信接口电路如图 4.78 所示。图 4.78 中的 RxD 信号是串行数据接收,TxD 是串行数据发送,IRQ 是中断请求。图中 RTS、CTS、DTR、DSR、DCD 和 BELL 是异步串行接口与 Modem 之间的 6 条联络信号线,其含义可参见表 4.17。

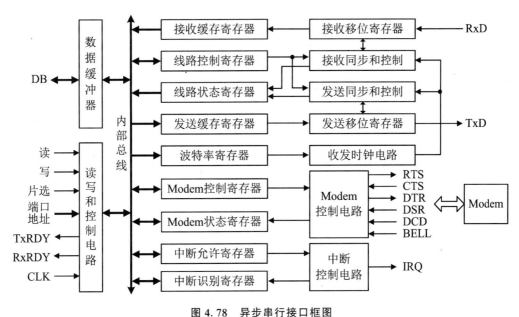

图 4.78 异步串行接口框图

以下以 CPU 通过图 4.78 所示串行接口进行数据收发为例,简介数据收发过程以及各个主要模块和信号线的作用。

• 数据发送过程:发送移位寄存器按照预先设置的波特率,在发送同步和控制电路的作用下,将来自发送缓存寄存器的并行数据,一位一位串行移出到 TxD 上,同时插入起始位、奇偶校验位和停止位等。由 TxD 引脚将最后一位数据移出之后，发送缓存寄存器将下一个待发送数据再传送到发送移位寄存器，继续发送。当发送缓存寄存器将数据输出到发送移位寄存器之后，以中断方式或者 TxRDY 引脚有效的形式，通知 CPU 将新的数据写入发送缓存寄存器，写入后撤销中断请求或 TxRDY 变为无效。在上述过程中，如果发送移位寄存器最后一位数据移出后，发送缓存寄存器中是空的，没有待发送数据，就会产生另外一种名为"发送缓冲器空"（TxEmpty）的中断，请求 CPU 进行处理。关于 TxRDY 与 TxEmpty 的区别请读者自行分析。

• 数据接收过程：在接收同步和控制电路的作用下，接收移位寄存器逐位检测和接收来自 RxD 引脚的数据，同时进行错误检测和帧解析并把相关信息写入状态寄存器，然后把接收到的数据写入接收缓存寄存器，再通过中断或者 RxRDY 引脚有效的形式，通知 CPU 可以读取已经接收的数据，读出后撤销中断请求或者 RxRDY 变为无效。在接收过程中，如果 CPU 还未将上一次接收的数据读出，接收缓存寄存器又被写入新接收的数据，就会产生中断请求，向 CPU 报告接收过程出现了错误。此外，接收电路在对输入数据进行检测时，如果发现奇偶校验错、数据格式错以及数据接收过程中出现长时间停顿，都会产生中断，请求 CPU 予以处理。不同类型的中断都记录在中断识别寄存器中，CPU 收到中断请求后，在中断服务程序中读取中断识别寄存器，再根据具体中断原因跳转到相应的处理程序进行处理。

• 波特率发生器根据用户设置的参数，将输入时钟信号进行分频，产生数据接收和移位所需的时钟。

• 线路控制寄存器用于设置传输字符结构、停止位和校验位等。

• Modem 控制电路用于主机串行接口（DTE）与 Modem（DCE）设备之间的协调，需要协调的内容有 DTE 和 DCE 是否就绪？是否有呼叫（振铃）到达？数据链路是否已经建立？以及 DTE 和 DCE 之间的流量控制（Traffic-Control，简称流控）。实现上述协调工作所需的信号线参见表 4.17。

对于用户而言，了解上述接口电路的基本工作过程是非常必要的。软件编程时，在使用串口前需要根据收发双方的约定，设置波特率，数据位长度，是否需要校验位，停止位长度，是否需要流量控制以及采用何种方式进行流控等。所谓流控是指对收发双方传输节奏的控制。

4）串行接口标准（协议）

接口标准（协议）是收发双方共同遵循的传输数据帧结构、传输速率、检错与纠错、数据控制信息类型等约定。任何一个串行接口协议都会对接口物理层的机械特性、电气特性、规程特性和功能特性进行规范。常用的串行接口标准有 TIA/EIA 推荐的 RS-232、RS-449、RS-422、RS-423 和 RS-485 等。这些标准在物理层的差异主要体现在机械特性和电气特性。由于之前已对串行通信主要的规程特性和功能特性做了概述，以下仅对这些标准的电气特性和机械特性进行简要介绍。

（1）RS-232-C 标准

RS-232 是由 EIA 于 1962 年制定的串行二进制数据交换接口技术标准[1]。RS-232 先后有多个版本，其中应用最广的是修订版 C，即 RS-232-C。完整的 RS-232 标准定义了 22 条信号线，用 25 芯 DB(Distribution Board)插座连接，主机端为插头，而电缆端为插座。22 条信号线包括一个主信道组和一个辅助信道组，但是绝大多数情况下仅使用主信道组。因此，RS-232 标准可以简化为只需八条信号线和一根地线，并采用体积较小的九芯 DB9 插座。DB9 和 DB25 连接器引脚针号的对应关系以及所涉及的信号线名称和主要含义如表 4.17 所示。表中的输出和输入方向都是针对 DTE 而言的。

表 4.17　RS-232-C 信号定义

DB9 针号	DB25 针号	代号	方向	功能说明
1	8	DCD	IN	Data Carry Detected，数据载波检测（数据链路已建立）
2	3	RxD	IN	接收数据
3	2	TxD	OUT	发送数据
4	20	DTR	OUT	DTE Ready，数据终端就绪
5	7	GND	—	Signal Grand，信号地
6	6	DSR	IN	DCE Ready，数据通信设备就绪
7	4	RTS	OUT	Request To Send[2]，请求发送，全双工模式下用于流量控制
8	5	CTS	IN	Clear To Send，清除发送，全双工模式下用于流量控制
9	22	BELL	IN	Ring Indicator，振铃指示

RS-232-C 的电气特性参见表 4.18，其有效传输距离与负载的等效电容值有关。RS-232-C 标准规定，终端负载等效电容，包括传输电缆电容必须小于 2 500 pF。对于多芯电缆，每英尺（约 0.305 米）等效电容为 40～50 pF，所以满足要求的电缆长度最长为 50 英尺（约 15 米）。如果使用特制低电容屏蔽电缆，RS-232-C 的最大传输距离可以延长到 1 500 英尺（约 450 米）。RS-232-C 的设计目标是点对点通信，其负载电阻为 3～7 kΩ，适用于本地设备间的短距离低速通信。早期 RS-232-C 的接口速率（波特）标准只有 150,300,600,1 200,2 400,4 800,9 600,14 400 和 19 200 几个等级，后来扩展到 28 800,33 600,57 600 和 115 200。

（2）RS-449/RS-422/RS-423 标准

由于 RS-232-C 采用的是单端非平衡传输方式，存在共地噪声并且无法抑制共模干扰，因此传输距离短并且传输速度慢。为了弥补 RS-232 的缺点，1977 年 EIA 制定了 RS-449 标

---

[1] 与 RS-232 对应的是 ITU(International Telecommunication Union，国际电信联盟)颁布的 V.24 标准。欧洲各国主要采用 V.24 标准。

[2] 在半双工通信模式下，Modem(DCE)平时处于接收状态（与出租车车载电台的工作模式相同）。当 DTE 设备需要发送数据时，使用 RTS 通知 DCE 转换到发送模式，DCE 转换完成后使用 CTS 告诉 DTE。

准(在 ITU 标准体系中对应标准为 V.35)。RS-449/V.35 标准除了保留与 RS-232-C/V.24 兼容的特点外,还在提高传输速率、增加传输距离及改进电气特性等方面作了很大努力。RS-449/V.35 在 RS-232/V.24 的基础上增加了 10 个控制信号,连接器也相应地改为 DB37 规格。RS-449/V.35 标准广泛应用于各种电信通信设备接口中。

与 RS-449 同时推出的还有 RS-422 和 RS-423,它们都属于 RS-449 标准的子集。RS-422 标准采用平衡驱动差分接收电路,提高了数据传输速率,增加了传输距离。RS-422 标准属于一种单机发送、多机接收的单向平衡传输规范,允许在一条平衡总线上使用一个发送器,最多挂载 10 个接收器,但是接收器之间彼此不能通信。如果两点之间需要实现全双工通信,必须另外增加一对逆向的收发驱动器及相应的平衡传输线路。

RS-422 最大传输距离与数据传输速率互相制约,实际能够达到的最大传输距离也与所使用的信号线品质有关。当数据传输速率小于 100 Kbps 时,如果所使用的双绞线扭距(双绞线两扭之间的距离)小、线径粗、线路损耗小,RS-422 最大传输距离可达 4 000 英尺(约 1 220 米);如果进一步降低传输速率并且使用更粗线径的金属铠装屏蔽电缆,上述距离可以扩展到 6 000 英尺(约 1 830 米);如果传输距离在 50 英尺(约 15 米)以内,RS-422 的最大传输速率可达 10 Mbps。

RS-422 所使用的传输电缆特性阻抗为 120±15 Ω,当传输距离超过 300 米时,在传输线远端应该加装 120 Ω 电阻进行终端阻抗匹配,防止出现信号端点反射影响信号传输。RS-422 标准的主要电气特性传输参见表 4.18。

RS-423 标准的设计目标是为了解决与 RS-232 标准的兼容问题。RS-423 采用单端输出驱动和双端差分接收方式,RS-232 接口的单端输出信号可以连接双端差分接收的 RS-422 接口,从而实现新老两种体制接口之间的互连。一条 RS-423 总线最多可以挂载 10 个接收器,也只能进行单向传输。RS-423 的传输距离和最大传输速率均低于 RS-422,其最大传输速率为 300 Kbps,最远传输距离可达 2 000 英尺(约 600 米)。由于 RS-423 应用较少,所以不再赘述。

(3) RS-485 标准

EIA 于 1983 年推出的 RS-485 标准可以认为是 RS-422 的增强版,也是采用平衡发送和差分接收技术,以提高总线的抗干扰能力。与 RS-422 不同的是,RS-485 采用半双工双向通信,一条总线上最多可以连接 32 个发送器,使其具有多点通信能力,能够在多个节点之间实现网络互连。由于同一时刻总线上最多只能有一个节点处于发送状态,因此,RS-485 还提供了总线仲裁能力,并且总线上所有发送器都具备三态功能。

RS-485 最大传输距离和最大传输速率与 RS-422 相同,如果需要进一步增加传输距离,可以使用 RS-485 中继器扩展传输距离。

由于 RS-485 标准所具有的优良特性,面世之后很快就在仪器仪表、自动化、工业过程控制和建筑智能化等众多领域得到了广泛的应用。RS-485 标准主要电气特性参见表 4.18。

表 4.18　RS-232-C/RS-485/RS-422 特点对比

	RS-232-C	RS-422	RS-485
线缆连接方式	单点	单点/多点	多点
最大设备数目	1 个发送器 + 1 个接收器	5 个发送器 + 10 个发送器	32 个发送器 + 32 个发送器
双工方式	全双工	全双工/半双工	半双工
最大传输距离	约 15 米	约 1 220 米	约 1 220 米
最高数据速率	约 15 米时 19.2 Kbps	约 15 米时 10 Mbps	约 15 米时 10 Mbps
信号驱动方式	非平衡方式	平衡差分传输	平衡差分传输
逻辑"1"	电平范围 -15~ -5 V	电平范围 -6~ -2 V	电平范围 -5~ -1.5 V
逻辑"0"	电平范围 5~15 V	电平范围 2~6 V	电平范围 1.5~5 V
最大输出电流	500 mA	150 mA	250 mA

3. I^2C 接口及总线

I^2C(Inter Integrated Circuit)是 Philips 公司 1982 年开发的一种同步串行总线。广泛用于处理器与外设之间,或不同外设模块之间的连接,这些外设可以是存储芯片、A/D 芯片、LED、LCD 等。例如,图 4.79 所示为微芯(Microchip)公司微控制器芯片 dsPIC30F 与存储芯片 24LC256 通过 I^2C 连接的电路示意图。

I^2C 使用两根线实现多个器件之间的信息传送,这两根信号线分别是 SCL(时钟信号线)与 SDA(数据线)。SDA 和 SCL 允许被多个器件驱动,故驱动 SDA 和 SCL 的器件其输出级必须采用漏极开路(OD 门)结构,以实现总线的"线与"功能。另外,需要使用外部上拉电阻,以确保没有器件驱动(将信号拉低)时信号线能保持在高电平。

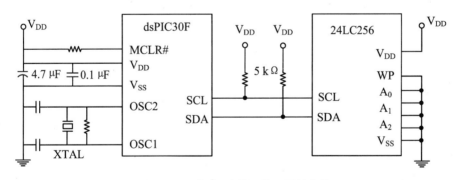

图 4.79　通过 I^2C 连接两块不同的芯片

通常 I^2C 总线接口被集成在芯片内部,使用时只需要连接两根信号线。片上接口电路往往还集成了滤波器,可以滤去信号线上的毛刺。因此使用 I^2C 总线有利于简化 PCB 布线,降低系统成本。I^2C 芯片需要的信号线少,用 I^2C 作为接口的电路模块,很容易标准化和模块化,便于重复利用。

1）I^{2}C 仲裁机制

I^{2}C 采用主从式通信方式。I^{2}C 定义了"主器件"和"从器件"的概念。主器件(主机,或称为主设备)启动总线传送,并产生时钟;被寻址的器件为从器件(从机,或称为从设备)。

在图 4.80 所示的两根信号线上,可以同时挂接多个器件(如单片机、存储器、键盘、LED、时钟模块和 ADC 等)。为了能区别挂接在总线上的不同器件,每个 I^{2}C 设备都有一个地址,地址有 7 位和 10 位两种定义。任何器件既可以作为主机也可以作为从机,但同一时刻 I^{2}C 总线上只允许有一个主机。

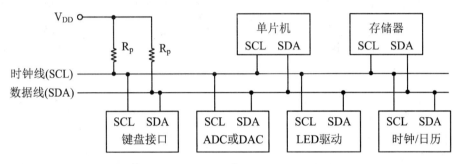

图 4.80　连接了多个 I^{2}C 器件的电路示意图

挂接在 I^{2}C 总线上的多个主机竞争使用 SCL 和 SDA。采用"线与"逻辑互连时,任一器件输出低电平,信号线就呈现为低电平;只有所有器件都输出高电平时,信号线才呈现为高电平。对于 SCL,被多个主机驱动时,SCL 呈现为多个时钟合成后的统一时钟。而对于 SDA,假设主机 P 需要使用总线,当主机 P 检测到总线处于空闲状态(SCL 和 SDA 均为高电平,稍后将要介绍)后,主机 P 便向 SDA 信号线发送数据(高电平或低电平),每一位数据发送之后主机 P 检测 SDA 信号线电平,如果发现与自身发送的电平不一致,说明有其他主机同时也在发送数据,主机 P 则关闭其输出转为从机。

2）I^{2}C 定义的状态

SCL 与 SDA 信号线上高电平、低电平、电平变化的不同组合具有特定含义。如 SCL 时钟线为高电平时数据线发生变化,将被解释为"启动"或"停止"条件。预定义的总线条件(状态)如图 4.81 所示,以下对其中各个状态进行简要说明。

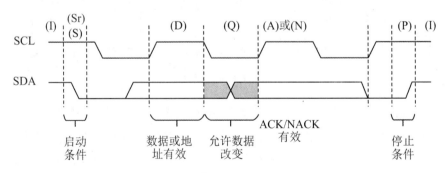

图 4.81　I^{2}C 协议定义的状态

（1）总线空闲（I）

SDA 和 SCL 两条信号线同时为高电平的状态，是空闲状态，如图 4.81 中状态 I。

（2）启动数据传输（S）

SCL 为高电平时，SDA 由高电平变为低电平（即负跳变）会产生"启动"条件，如图 4.81 中状态 S。启动信号时序标志着一次数据传输的开始，由主机建立，主机须确保建立该信号时序前 I^2C 总线处于空闲状态。

（3）停止数据传输（P）

SCL 为高电平时，SDA 由低电平变为高电平（即正跳变）会产生"停止"条件，如图 4.81 中状态 P。停止信号时序标志着一次数据传输的终止，由主机建立，建立该信号时序后，总线进入空闲状态。

（4）等待/数据无效（Q）

在启动条件之后，SCL 低电平期间，总线处于"等待"状态，允许 SDA 电平改变（修改线上数据），如图 4.81 中状态 Q。

（5）重新启动（Sr）

在"等待"状态后，SCL 为高电平时，SDA 由高电平变为低电平会产生"重新启动"条件，如图 4.81 中状态 Sr。重新启动能让主机在不失去总线控制的情况下改变数据传输方向。主机控制总线完成了一次数据传输后，如果想继续占用总线再进行一次数据传输，就需要使用重新启动信号时序。Sr 既作为前一次数据传输的结束，又作为后一次数据传输的开始。

（6）数据有效（D）

在启动条件之后，SCL 高电平期间，SDA 所呈现的电平代表了有效数据。一个数据位的传输需要一个时钟周期，每个时钟周期内 SCL 高电平期间，SDA 上的电平必须保持稳定，SDA 低电平表示数据"0"、高电平表示数据"1"，如图 4.81 中状态 D。

（7）应答（A）或非应答（N）

所有的传输数据须由接收方应答（ACK）或非应答（NACK）。接收方将 SDA 驱动为低电平发出 ACK，表示接收成功可继续发送；或释放 SDA（呈现为高电平）发出 NACK，表示不要再继续发送了。应答或非应答信号占用一个时钟周期。传输数据以 8 位（一个字节）为单位传送，发送方每发送一个字节，就在随后的时钟周期释放 SDA，由接收方反馈一个应答信号。

3）I^2C 总线数据传输过程

图 4.82 是典型的 I^2C 总线数据传输过程。下面以主设备向从设备发送信息为例，介绍图 4.82 的各个阶段和写时序的具体步骤。

① 主设备发送开始信号，对应图 4.82 中 S 状态；

② 主设备发送 7 位的从设备地址，对应图 4.82 中发送地址阶段；

③ 主设备发送写命令（W♯，低电平），对应图 4.82 中 R/W♯；

④ 从设备应答，ACK 表示有这个设备，设备就绪；

⑤ 主设备发送 8 位数据；

⑥ 从设备应答，ACK 表示成功接收，可以继续发送；

⑦ 如果从设备应答 ACK,主设备继续发送数据;

⑧ 如果从设备应答 NACK,主设备发送停止信号,对应图 4.82 中 P 状态。

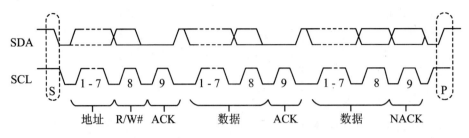

图 4.82 I^2C 总线上的数据传输过程的时序

主设备读取从设备信息的时序与上述写时序步骤类似,此处不再赘述。

4) I^2C 接口典型电路

不同厂家实现的 I^2C 接口电路都会包括数据寄存器、控制寄存器、状态寄存器和地址寄存器,有些还内置了用于时钟控制的分频寄存器。以下以意法半导体的 STM32 系列微控制器为例,其中所集成的 I^2C 接口电路如图 4.83 所示。

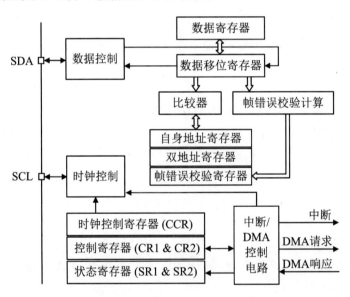

图 4.83 意法半导体 STM32 系列处理器的 I^2C 功能示意图

发送数据时,CPU 通过内部总线将需要发送的数据写入 I^2C 接口中数据寄存器。因为 I^2C 是串行通信,所以数据寄存器的并行数据需要经过移位寄存器转为串行数据。图 4.83 中有两个地址寄存器,自身地址寄存器保存的是本设备的地址,而双地址寄存器是该系列芯片独特的设计,使芯片可保存另外一个地址,从而可响应两个从地址,大部分厂家的 I^2C 接口电路中仅有一个地址寄存器。

接收数据时,比较器用于比较从 SDA 接收到的地址是否和本设备的地址一致。对接收到的数据还需要检查是否发生错误,由帧错误校验计算电路负责实现,此功能也并非所有厂家的产品都有。关于意法半导体 STM32 系列处理器 I^2C 模块更多的介绍请参见 8.10 节相关内容。

接口电路的控制模块则包括时钟控制寄存器、控制寄存器和状态寄存器等,可以实现对 I^2C 接口电路状态的调整和监控。该芯片还支持中断方式和 DMA 方式的数据访问,有关这两种模式的具体内容可参阅 4.4.2 小节。

5）示例:通过 I^2C 访问 EEPROM

图 4.79 给出了 dsPIC30F 与 24LC256 通过 I^2C 连接的电路示意图。dsPIC30F 是微芯公司生产的微控制器,24LC256 是该公司生产的 256 Kb(32 K×8 bits)串行 EEPROM。微控制器从 EEPROM 中读取数据的过程如图 4.84 所示。

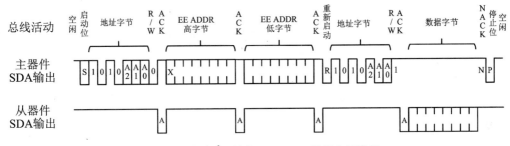

图 4.84　通过 I^2C 访问 EEPROM 的报文示意图

图 4.84 中,dsPIC30F 作主器件,24LC256 作从器件,需要读取的是 24LC256 内指定存储单元中的字节。由于访问存储器需要先发送存储单元地址,然后再传输数据,可以把 dsPIC30F 访问 24LC256 的过程分成四个阶段:① 主器件 dsPIC30F 输出 24LC256 芯片的地址(I^2C 地址),并发写指令,从器件应答;② 主器件 dsPIC30F 输出拟访问的存储单元地址（16 位）,从器件 24LC256 应答;③ 重复启动改变传输方向,主器件 dsPIC30F 输出 24LC256 芯片的地址(I^2C 地址),并发读指令,从器件 24LC256 应答;④ 从器件 24LC256 发出所指定存储单元的内容,主器件应答。

4. SPI 接口及总线

SPI(Serial Peripheral Interface,串行外设接口)是一种全双工的同步通信总线,使用四根信号线。SPI 在 19 世纪 80 年代推出,由 Motorola 首先在其 MC68HCXX 系列处理器上定义,目前是一种全球通用的标准,广泛用于微控制器、存储芯片、显示模块、A/D 转换器等芯片间互连。

1）SPI 概述

SPI 使用四根信号线。这四根信号线分别是 MISO、MOSI、SCLK 和 CS,含义如下:

- MISO(Master Input Slave Output),主设备数据输入/从设备数据输出;
- MOSI(Master Output Slave Input),主设备数据输出/从设备数据输入;
- SCLK(Serial Clock,时钟信号),由主设备产生;
- CS(Chip Select,从设备使能信号),由主设备控制。

有些文献中,有时 MOSI 也称作 SDO,MISO 也称作 SDI,SCLK 也称作 SCK,CS 称作 SS 或 NSS,这些只是名称不同而已。

SPI 上可以挂载一个主设备和多个从设备,如图 4.85 所示。任何时刻,一个主设备只与一个从设备通信,参与通信的从设备 CS♯信号被主设备置为低电平(有效)。如果 SPI 上只有一个主设备与一个从设备,可以不使用 CS♯信号。

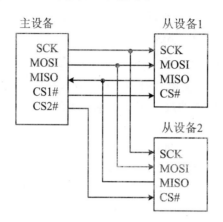

图 4.85　SPI 中主设备与从设备的典型连接

SPI 接口上数据逐位传输,每个时钟周期传输一位。主设备数据输出使用 MOSI,在 SCK 时钟上升沿(或下降沿)驱动数据,在紧接着的时钟下降沿(或上升沿)从设备采样和读取数据。主设备的数据输入原理类似。由于 SCK 上没有时钟跳变时从设备不采集或传送数据,主设备可通过控制 SCK 暂停数据传输。不同厂家 SPI 设备的实现方式不尽相同,主要区别是数据改变和采集的时间不同,具体需要查阅所使用器件的数据手册。

2) SPI 典型接口电路

各厂家实现的 SPI 接口电路一般包括数据发送寄存器、数据接收寄存器、控制寄存器、状态寄存器、时钟配置寄存器等。图 4.86 为意法半导体 STM32 系列微控制器中集成的 SPI 接口电路。该芯片定义的四个引脚名称为:MISO,主设备输入/从设备输出引脚;MOSI,主设备输出/从设备输入引脚;SCK,时钟引脚;NSS,从设备选择引脚。

图 4.86 中发送缓冲区、移位寄存器、接收缓冲区的设计与一般串行通信接口电路大体一致。状态寄存器 SPI_SR,控制寄存器 SPI_CR1、SPI_CR2,波特率控制寄存器 BR 在不同厂家的 SPI 接口电路中都有,但寄存器名称和位定义往往略有差异。

3) SPI 数据传输过程

SPI 是一种简单的主从通信协议。整个通信过程由主设备发起,从设备参与。主设备向从设备发送数据,或读取从设备数据时,把对应从设备的 CS♯置为低电平,从而告知从设备。主设备发送数据就是把数据位逐个驱动到 MOSI 信号线上,读取数据就是在 MISO(由从设备驱动)信号线上进行采样,如图 4.87 所示。对比图 4.87 所示 SPI 传输过程与图 4.82 所示 I^2C 传输过程,可以看到 SPI 没有应答机制,传输成功与否无法直接验证。

SPI 工作状态极为简单,只有工作和空闲两个状态。根据空闲状态对应时钟的高电平还是低电平,以及时钟上升沿和下降沿的动作,可以形成不同的工作方式。SPI 总线有四种工作方式(SPI0、SPI1、SPI2、SPI3),其中使用最为广泛的是 SPI0 和 SPI3 方式。

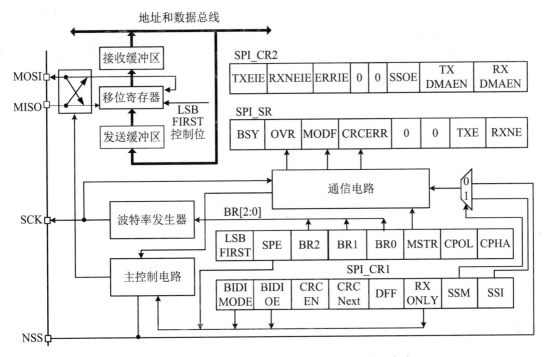

图 4.86 STM32 系列微控制器中集成的 SPI 接口电路

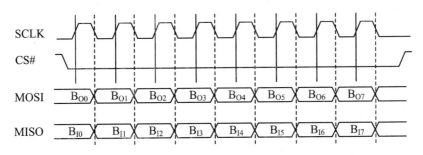

图 4.87 SPI 的一次通信过程(时钟上升沿采样输入/下降沿输出位)

这四种工作方式可根据 CPHA(clock phase,时钟相位)和 CPOL(clock polarity,时钟极性)来区分。CPOL 为"0"时 SPI 总线空闲为低电平,为"1"时 SPI 总线空闲为高电平;CPHA 为"0"时在 SCK 第一个跳变沿采样,为"1"时在 SCK 第二个跳变沿采样。CPOL 与CPHA 不同取值可形成四种组合:CPHA = 0、CPOL = 0,CPHA = 0、CPOL = 1,CPHA = 1、CPOL = 0,CPHA = 1、CPOL = 1,依次对应 SPI0、SPI1、SPI2、SPI3 四种工作方式。

习　　题

4.1　计算机系统为什么需要采用总线结构?

4.2　举例说明何为总线复用。

4.3　计算机总线有哪些类型？

4.4　某计算机系统的地址总线宽度是 24 位，请计算该计算机的最大寻址范围。

4.5　计算机系统中总线层次化结构是怎样的？

4.6　对比面向 CPU 的双总线结构与面向存储器的双总线结构，阐述优缺点。

4.7　总线性能的评价指标有哪些？

4.8　什么情况下需要总线仲裁(arbitration)？

4.9　总线仲裁方式有哪几种？各有什么特点？

4.10　"线与"用什么样的电路可以实现？

4.11　总线周期分为哪几个阶段？

4.12　同步总线传输对收发模块有什么要求？什么情况下应该采用异步传输方式？为什么？

4.13　异步总线有哪些可能的握手方式？

4.14　半同步总线相比同步总线和异步总线有哪些优点？适用于什么样的场景？

4.15　周期分裂式总线操作时序有哪些特点？适用于什么样的场景？

4.16　AMBA2 总线定义了哪三种总线？它们各有什么特点？

4.17　AMBA AHB 总线的特点是什么？总线仲裁器的作用是什么？

4.18　APB 桥接器的功能是什么？

4.19　为什么 AMBA 总线中没有定义电气特性和机械特性？

4.20　AHB 为什么要定义地址阶段(Address Phase)和数据阶段(Data Phase)？

4.21　简述 AHB 总线的流水线机制。

4.22　简析 AHB 中 SPLIT 操作的优点。

4.23　解释图 4.21 中 HREADY 信号的作用。

4.24　AHB 突发传输有什么特点？

4.25　AHB 突发传输定义了哪些类型？各自有什么特点？

4.26　考虑主机接收从机数据，画出 AHB 中"INCR4"类型突发传输的时序。

4.27　考虑主机向从机发送数据，画出 AHB 中"WRAP8"类型突发传输的时序。

4.28　PCI 系统总线有什么样的特点？

4.29　PCIe X32 中 X32 的含义是什么？

4.30　PCIe 5.0 版本中 X16 的吞吐量 63.0 GB/s 是如何计算得到的？

4.31　解释 PCIe 中通道(lane)和信号线(wire)的概念。

4.32　串行传输的特点是什么？

4.33　什么是串行传输的全双工和半双工方式？

4.34　发送时钟和接收时钟与波特率有什么关系？

4.35　异步串行通信中的起始位和停止位有什么作用？

4.36　简述 RS-232C 的规程特性。

4.37　简述 I/O 接口的功能和作用。

4.38　什么是 I/O 端口？一般接口电路中有哪些端口？

4.39　CPU 对 I/O 端口的编址方式有哪几种? 各有什么特点?

4.40　接口电路的输入需要用缓冲器,而输出需要用锁存器,为什么?

4.41　CPU 与 I/O 设备之间的数据传送有哪几种方式? 每种工作方式的特点是什么?

4.42　简述中断处理的流程。

4.43　分析图 4.54 所示电路,解释该电路如何保证在多个中断同时发生时仅把优先权最高的中断信号送给 CPU。

4.44　分析图 4.55 所示菊花链电路,某计算机系统有 4 个中断源,设计基于菊花链的优先级排队电路(画出电路示意图),并指出优先级最高的是哪个中断源。

4.45　什么是中断向量表?

4.46　数据块传送方式的 DMA 适用于什么场景?

4.47　常用的中断优先级管理方式有哪几种? 分别有哪些优缺点?

4.48　微机与外设的几种输入输出方式中,哪种便于 CPU 处理随机事件? 哪种有利于提高 CPU 效率? 哪种数据传输速度最快?

4.49　什么是并行接口? 什么是串行接口? 各有什么特点?

4.50　简述线性键盘与矩阵键盘的区别。

4.51　什么是矩阵键盘的行扫描法?

4.52　简述 LED 数码管的静态显示原理。

4.53　简述 LED 数码管的动态显示原理。

4.54　串行通信双方为什么要约定通信协议? 异步串行通信协议包括哪些内容?

4.55　远距离的串行通信系统为何需要调制解调器(Modem)?

4.56　异步串行通信中收发双方时钟难以保持一致,接收端如何确保正确检测信号波形?

4.57　采用异步串行通信时,接收器如何确定起始位?

4.58　异步串行通信系统中,采样数据时为什么要在数据位的中间?

4.59　有哪些措施可提高串行通信系统的最大通信距离?

4.60　SPI 标准中有片选信号 CS,而 I^2C 总线中没有定义片选, I^2C 总线采用了什么方法实现片选信号的功能?

4.61　描述 I^2C 总线协议中的状态,并画出状态转移图。

第 5 章　ARM 处理器体系结构和编程模型

本章主要介绍 ARM 处理器的体系结构和编程模型。5.1 节对 ARM 处理器体系结构版本的演进过程、典型处理器产品及主要特性做简要概述。5.2～5.5 节详细介绍目前获得广泛应用的 ARM Cortex-M3 和 ARM Cortex-M4 处理器(以下合称 Cortex-M3/M4),其中 5.2 节介绍这两款处理器的结构以及主要部件的功能;5.3 节介绍 Cortex-M3/M4 处理器的编程模型,包括处理器的工作模式(Operation Modes)、寄存器组织、特殊寄存器以及堆栈机制,并与经典的 ARM 处理器进行对比;5.4 节介绍 Cortex-M3/M4 处理器的存储系统,包括存储空间的区域划分、操作特性、访问权限、访问属性以及总线连接方式;5.5 节介绍 Cortex-M3/M4 处理器的异常与中断管理,包括异常管理模型、向量表重定位机制、异常挂起以及相关的特殊寄存器。

5.1　ARM 体系结构与 ARM 处理器概述

5.1.1　指令集体系结构与微架构

第 2 章已经介绍了计算机体系结构的基本含义。广义上,计算机体系结构是指对计算机的逻辑特征、原理特征、结构特征和功能特征的一种抽象描述。而在狭义上,计算机体系结构可以认为就是处理器的指令集体系架构(ISA),也就是从程序员角度所看到的计算机概念结构和功能特征。而计算机各个功能单元的逻辑设计、硬件实现和部件之间的互连组织则属于计算机组成所要研究的内容。

1. 指令集体系结构

计算机的核心是处理器,而处理器的各种功能主要通过指令来体现。描述处理器指令及其功能、组织方式的规范称为指令集体系架构(ISA)。

具体地说,ISA 是描述软件如何使用硬件的一种规范和约定,是从编程者的角度对处理器的一种逻辑抽象,是指程序员在使用该处理器编程时,能看到或者能用到的处理器资源及其使用方式、工作原理与相互间的关系。ISA 主要规定了以下内容:

- 可执行指令的集合,包括指令格式、操作种类以及每种操作所对应的操作数规范;

- 指令可以接受的操作数类型；
- 寄存器组结构，包括每个寄存器的名称、编号、长度和用途；
- 存储空间的大小和编址方式；
- 操作数在存储空间的存放格式，如大端还是小端；
- 操作数的寻址方式；
- 指令执行过程的控制方式，包括程序计数器和条件码定义等。

以上内容可以归纳为指令系统和寄存器组模型两个部分，也可以理解为通常所说的基本编程模型。ISA 告诉软件程序员，处理器能做什么事；ISA 则告诉硬件设计师，处理器应该完成的任务以及需要实现的功能。ISA 在计算机系统中的地位和作用可用图 5.1 表示，从图中可以看出，ISA 是介于硬件和软件之间的中间抽象层，也是硬件和软件之间的桥梁和纽带。

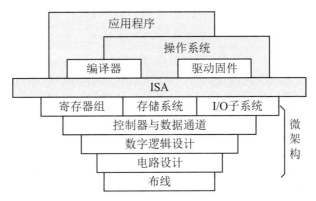

图 5.1　指令集体系架构在计算机中所处的位置

2．微架构

ISA 的硬件实现方式称为微架构（Microarchitecture），即数字电路以何种方式来实现处理器的各种功能，包括运算器、控制器、流水线、超标量和存储系统结构等内容，也就是计算机的组织和实现技术。

基于相同 ISA 的处理器可以有不同的硬件实现方案，例如采用不同的流水线、不同的存储和缓存结构等。也就是说，同一个 ISA 可以通过不同的微架构来实现。但是，只要基于同一个 ISA，即使是采用不同微架构实现的各种处理器，在软件层面可以做到相互兼容。例如，2.7 节所介绍的 ARM7TDMI 和 ARM9TDMI 两款 ARM 处理器，都是基于 ARMv4T 系统结构版本（相同的 ISA），两者的微架构却有较大区别。ARM7TDMI 采用的是冯·诺依曼结构，流水线分为三级；而 ARM9TDMI 采用的是哈佛结构，流水线分为五级。但是两者在软件层面可以做到完全兼容。又如，同样支持 x86 指令集体系结构的 AMD 处理器，其设计和实现方式与 Intel 处理器存在许多差别，所采用的微架构与 Intel 并不相同，但同样都可以安装和运行 Windows 操作系统或其他用户软件，用户在使用过程中感觉不到彼此之间的差异。

3．处理器体系结构的分类

如前所述，ISA 偏向于处理器的软件层面，而微架构偏向于处理器的硬件层面。因此，处理器体系结构有基于 ISA 和基于微架构的两种分类方法。基于 ISA,处理器可以分为 CISC 和 RISC 两大类。基于微架构,处理器可以分为冯·诺依曼结构和哈佛结构两大类,如图 5.2 所示。

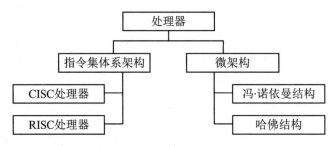

图 5.2　处理器体系结构分类

2.1.2 节已对冯·诺依曼结构做了详细介绍,该结构的特点是将程序存储器和数据存储器合并在一起,统一编址,共享同一条总线。冯·诺依曼结构的取指和取操作数都使用同一条总线,通过分时复用的方式进行,不能同时读取指令和操作数,因而不利于采用流水线作业方式。但是冯·诺依曼结构电路简单,易于实现,Intel x86、MIPS 以及 ARM7 系列和 Cortex-M 系列中的部分低成本产品都采用这种结构。

哈佛结构是将程序和数据存储在不同的存储空间中,即程序存储器和数据存储器是两个相互独立的存储器,每个存储器独立编址、独立访问。同时,系统中设置了两条相互独立的总线(包括地址总线、数据总线和控制总线),分别连接程序存储器和数据存储器,指令和数据可在两条总线上同时并行传送。采用哈佛结构的流水线处理器,可以消除流水线上取指和取操作数之间的资源相关。

但是哈佛结构较为复杂,与外设以及外部扩展存储器的连接难度较大,故早期通用 CPU 较少采用这种结构。此外,哈佛结构因其指令和数据分开存储,各自有不同总线,所以指令和数据宽度可以不同。例如 Microchip 公司的 PIC16 处理器,其指令位宽是 14 位,数据位宽是 8 位。采用哈佛结构的处理器主要有 Motorola 公司的 MC68 系列和 Zilog 公司 Z8 系列处理器。ARM 公司 ARM9 系列之后的高性能处理器大多采用的也是哈佛结构。

为了兼具冯·诺依曼结构与哈佛结构的优点,有些处理器对哈佛结构进行了一些简化。例如,曾经获得广泛应用的 Intel MCS-51 单片机,使用了两个独立的存储器模块分别存储指令和数据,每个存储模块不允许指令和数据并存,但是程序存储器和数据存储器还是共用一条公共总线,仍然采用分时方式访问程序存储器和数据存储器。还有些处理器在内部分别配置了指令和数据 Cache、TCM[①](Tightly Coupled Memory,紧耦合存储器)或者

---

① 紧耦合存储器(TCM)是一种通过专用总线与 CPU 相连的高速存储器,因为使用的是专用总线,所以可以实现处理器对 TCM 的快速访问,性能与 Cache 相当。现在 TCM 都与处理器集成在一块芯片上,早期也有置于片外的,但需要紧密地部署在处理器周边。TCM 与 Cache 的主要区别包括:TCM 具有物理地址、需要占用内存空间、没有 Cache 特有的不可预测性。TCM 一般用来存放需要快速执行的程序,如异常处理程序和实时任务程序。此外,TCM 还用来存放寄存器数据以及局部属性不适合高速缓存的数据,如中断向量表和堆栈等。

SRAM,内部使用两条独立的总线对这些片内存储器进行访问。但是处理器对外只配置了一条总线,在片外仍然将指令和数据存储在一个存储器中,以减少硬件实现的复杂性。

ARM 处理器也可以采用图 5.2 所示的分类方法,从 ISA 角度进行分类,ARM 处理器属于 RISC 处理器,但有多个体系结构版本;而在微架构方面,ARM 处理器有基于冯·诺依曼结构和哈佛结构两种不同实现方式。

ARM 体系结构往往也被认为是 ARM 指令集体系结构 ISA,但是本书所介绍的 ARM 处理器体系结构除了 ISA 以外,还包括了编程模型、存储器组织以及异常/中断处理机制等内容。

5.1.2　ARM 处理器体系结构简介

1. ARM 处理器的起源

1978 年,剑桥大学的奥地利籍物理学家 Herman Hauser 和他的同事 Andy Hopper,以及另一位就职于 Sinclair Research 的朋友 Chris Curry 合作创办了一家名为 CPU (Cambridge Processor Unit)的公司,他们的第一款产品是博彩机上的控制器,取名为 Acorn System 1。在产品取得成功之后,公司也更名为 Acorn Computer Ltd。因 Acorn 公司产品研发的需要,急需一款质优价廉的CPU,在遍寻无着的情况下,只能依靠两位刚刚毕业于剑桥大学的博士 Sophie Wilson(女)和 Steve Furber 自行研发。两位博士也曾试图寻求 Motorola 公司和 Intel 公司的帮助,结果却是无功而返。但是两人从 MIPS 项目中深受启发,回到剑桥后两人开始着手研制基于 RISC 架构的处理器。Sophie Wilson 负责 ISA 设计,Steve Furber 负责微架构实现。在历时 17 个月之后,两人领衔研发的首款 32 位商用 RISC 处理器加电运行获得成功。ARM 公司将新的 CPU 命名为 Acorn RISC Machine 1 (简称 ARM1)。

在对 ARM1 进行的一系列测试过程中,发现其功耗非常低。事实上,低功耗并非是 ARM1 最初的设计目标,这纯属是无心插柳之举,究其原因应该归功于 ARM1 简单的结构以及较少的门电路数量。几乎与此同时,Apple 公司为了开发手持式 PDA(Personal Digital Assistant)产品,正在寻找一款低功耗处理器,于是 ARM1 顺理成章地成为了 Apple 公司第一款 PDA 产品 Newton 中的处理器。虽然 Newton 后来的销售情况并不理想,但是与 Apple 公司的合作迅速提高了 Acorn 公司的知名度。在 ARM1 之后,Acorn 公司又陆续推出了 ARM2 和 ARM3,并逐渐坚定了自己的设计理念:低成本、低功耗和高性能(low-cost, low-power and high-performance)。

1990 年 11 月,为了进一步加深与 Apple 公司的合作,Acorn 公司对 ARM 处理器研发部门实行了剥离,并将其作为出资与 Apple 和 VLSI(ARM 芯片代工厂商)合资成立了 ARM 公司,其产品名称也由 Acorn RISC Machine 更名为 Advanced RISC Machine。 ARM 公司成立之后,其商业模式逐步转向专门从事基于 RISC 技术的芯片设计、开发和授权业务,现已成为全球最大的 IP 供应商。因 ARM 处理器所具有的高性能、低成本和低功耗等特点,目前全世界超过 95% 的智能手机和平板电脑采用的都是基于 ARM 架构的处理器。

从 ARM1 诞生之日起,ARM 公司到目前为止先后推出了 ARMv1～ARMv8 共 8 个大的体系结构版本(可以看作 ISA),以下对各个版本的主要特点做简要介绍。

2. ARM 体系结构版本特性简介

1)v1 版架构

ARMv1 版架构是与 ARM1 原型机同时诞生的,仅用于 ARM1 原型机。ARM1 原型机虽然是 32 位处理器,但是仅设计了 26 条地址总线,内存寻址空间只有 64 MB,不过 64 MB 已经超过了当时许多小型机的内存容量。ARMv1 版架构只提供了一些基本指令,如:

- 基本数据处理指令,没有乘法运算指令;
- 数据存取指令,可以对字节、半字和字数据进行存取;
- 控制转移指令,包括子程序调用及链接指令[①];
- 供操作系统使用的软件中断(Software Interrupt,SWI)指令。

2)v2 版架构

为了提高数据处理能力,v2 版增加了乘法运算和乘积累加运算指令,以及若干协处理器操作指令。所谓乘积累加运算是指只用一条指令即可完成类似 $a + b \times c \rightarrow a$ 的运算。为了满足实时性应用的需求,v2 版增加了快速中断模式(Fast Interrupt Request,FIQ),以便 CPU 能够快速处理某些优先级较高的中断请求。此外,v2 版还增加了存储器与寄存器之间进行数据交换的 SWP(swap)指令,包括字交换指令 SWP 和字节交换指令 SWPB。但是 ARM2 的内存寻址空间仍然只有 64 MB。

基于 ARMv2(包括 v2a)版架构的 ARM 处理器有 ARM2、ARM2aS 和 ARM3。

3)v3 版架构

ARMv3 版架构对 ARM 体系结构进行了较大的升级和完善,将地址总线的数量增加到 32 条,内存寻址空间从 64 MB 扩展到了 4 GB,使得 ARM 处理器与同期其他主流 32 位处理器的内存寻址能力一致。此外,ARMv3 版架构还增加了若干新的寄存器和新的指令。在微架构方面也首次集成了高速缓存 Cache。v3 版的主要改进包括:

- 增加一个新的程序状态寄存器(Current Program Status Register,CPSR),不再使用原来的 R15 寄存器保存程序执行状态;
- 增加一个新的程序状态保存寄存器(Saved Program Status Register,SPSR),在异常处理时用于保存 CPSR 的状态,以便异常返回后能够恢复原来的工作状态;
- 增加了 MRS 和 MSR 指令,专门用来访问新增的 CPSR 和 SPSR 寄存器;
- 增加了从异常处理返回的指令功能;
- 新定义了中止(Abort)和未定义(Undefined)两种新的处理器工作模式;
- 将乘法运算和乘加运算指令扩展为 32 位长乘法运算和长乘加运算(长乘法运算:32

---

① 所谓链接指令是指在转移时,将转移指令的下一条指令存入 R14 寄存器。需要返回时,使用 MOV 指令将 R14 寄存器的内容写入 PC,即可实现程序的返回。

位×32 位＝64 位,长乘加运算:32 位×32 位＋32 位＝64 位)。

4) v4 版架构

ARMv4 版架构包括 ARMv4 和 ARMv4T 两个子版本。基于 ARMv4 子版本架构的处理器主要是 ARM8 和 StrongARM(现归属于 Intel 公司),而 ARMv4T 版本被认为是 ARM 处理器发展史上的一个重要里程碑。2.7 节介绍的 ARM7TDMI 和 ARM920T 处理器都是基于 ARMv4T 版本,尤其 ARM7T 系列处理器当属 ARM 公司的一款功勋产品,帮助 ARM 公司取代 MIPS 公司一举成为嵌入式处理器市场的领导者。

从 ARMv4T 版本开始,ARM 处理器引入了 Thumb 指令集。所谓 Thumb 指令集是 32 位的 ARM 指令集中最常用的一部分经过重新编码和压缩形成的一个 16 位指令集。Thumb 指令在执行时,被实时并且透明地解压成完整的 32 位 ARM 指令,并且没有任何性能损失。Thumb 指令集可以看作 ARM 指令集的一个子集,但在指令功能方面不如 ARM 指令集全面,某些复杂操作可能需要使用较多 Thumb 指令。

采用 Thumb 指令集主要有以下两方面的好处。其一是可以提高代码密度,Thumb 指令的代码容量一般只有 ARM 指令的 65%,减小存储容量意味着可以降低系统成本。其二是大多数外设的 I/O 接口位宽只有 8 位或者 16 位,还有一些存储系统的接口位宽也只有 8 位或者 16 位,在这种情况下,使用 Thumb 指令可以提高数据传送的效率。例如,当外部存储系统数据总线的位宽为 16 位时,采用 Thumb 指令的性能是 ARM 指令集的 160%。

在增加 Thumb 指令的同时,v4T 版将处理器的运行状态分为两个操作状态(Operation States,也称为工作状态),执行 Thumb 指令集的状态称为 Thumb 状态,执行 ARM 指令的状态称为 ARM 状态。处理器的操作状态是通过当前状态寄存器 CPSR 设定的,CPSR 中的 T 位(CPSR 的 bit[5])置位为 1,处理器工作在 Thumb 状态;若 T 位为 0,处理器工作在 ARM 状态。在 Thumb 状态下,ARM 处理器仍然是 32 位的,只不过指令码长度只有 16 位,处理器取指、译码和执行的都是 Thumb 指令集。在程序运行过程中,可根据需要对 CPSR 中的 T 位进行修改,实现两种状态的自由切换。处理器的操作状态切换不会影响其他寄存器的内容和工作模式。无论处理器处于何种工作状态,在响应异常时,都自动进入 ARM 工作状态。

v4T 版在 v3 版的基础上还做了其他一些完善和扩展,例如:

· 增加了系统模式(sys),可以运行具有特权的操作系统程序对系统进行管理。在该模式下可以使用用户模式(usr)下的所有寄存器,并具有直接切换到其他模式的特权。

· 对软件中断指令 SWI 的功能做了完善。

· 增加了无符号字节以及半字数据的加载/存储指令(LDRB/STRB、LDRH/STRH)。

· 增加了有符号字节以及半字数据的加载指令(LDRSB、LDRSH)。

· 把没有使用的指令空间都作为"未定义指令"(UND),并在"未定义指令"异常中对其进行处理。

在 ARMv4T 版本架构发布的同时,ARM 处理器的微架构也做了较大的改进,主要体现在内核全面采用了流水线技术。基于该版本的处理器有 ARM7T 系列和 ARM9T 系列。

5）v5 版架构

ARMv5 版架构也有 ARMv5TE 和 ARMv5TEJ 两个子版本，子版本名称后缀的字母 T、E 和 J 分别表示支持 Thumb 指令、增强的 DSP 指令和 Java 硬件加速技术。不同的子版本所对应的微架构配置了相应的功能部件。

v5 版中增加了数字信号处理指令，并为协处理器提供了更多可选择的指令，同时也更加严格地定义了乘法指令对条件标志位的影响。v5 版架构在 v4 版的基础上增加了以下一些新的指令：

• 增加了支持有符号数的加减饱和运算指令。所谓饱和运算是指出现溢出时，结果等于最大或者最小可表示范围，避免出现更大的误差，对于音视频信号处理，饱和运算尤为重要。

• BLX 指令，将可返回的转移指令和状态切换指令合二为一。

• CLZ 指令：用于计算寄存器操作数最高位 0（前导 0）的个数，该指令可提高归一化运算、浮点运算以及整数除法运算的性能；也使中断优先级排队操作更为有效。

• BRK 指令，软件断点指令。

为实现 ARMv5 版架构新增加的各项功能，从 v5 版开始，ARM 处理器在微架构方面增加了或者可以选配如下部件：

• DSP 部件，使得 MCU 兼具 DSP 功能，可将 MCU 和 DSP 合二为一。

• 可以选配的矢量浮点处理器（Vector Float Processor，VFP），为 ARM 处理器提供浮点计算能力。

• 可以选配的 TCM 或者 TCM 接口，对于内核采用哈佛结构的处理器，可以同时选配指令 TCM 和数据 TCM。

• 名为 Jazelle DBX（Direct Bytecode eXecution）的 Java 硬件加速器。带有 Jazelle DBX 处理器可以直接运行 Java 虚拟机的字节码程序，可以更加流畅快捷地运行采用 Java 语言编写的各种手机游戏程序。

• 带有 AHB 或者 AHB Lite 总线接口。

基于 ARMv5 版架构的 ARM 处理器包含 ARM7EJ、ARM9E 和 ARM10E 三个系列的多款产品，可在性能、功耗和实时性等方面满足不同需求。这些处理器的名称和主要特性参见表 5.1，本节稍后将对具体产品做更详细的介绍。

6）v6 版架构

ARMv6 版架构发布于 2001 年，也是 ARM 体系结构演进过程中的一个重要里程碑。ARMv6 包含了 ARMv5TEJ 的所有指令，并引入了许多突破性的新技术，在多媒体处理、存储器管理、多处理器支持、数据处理、异常和中断响应等方面做了较大改进。

在 ISA 方面，ARMv6 版架构增加了以下功能和指令：

• 首次引入 Thumb-2 指令集（v6T2 增强版），可以混合执行 32 位的 ARM 指令和 16 位的 Thumb 指令，同时兼具 ARM 指令集的性能和 Thumb 指令集的代码密度等优点，这也是 ARMv6 版架构中最前卫的技术之一。

• 增加了 SIMD 指令。SIMD 普遍应用于音视频信号处理。例如，使用 SIMD 指令可以同时计算立体声的左右声道;在视频和图形图像处理领域,每个像素的 RGB(红绿蓝三基色)元素可以用 8 位数据表示,使用 SIMD 指令可以对其进行并行处理。新增的 SIMD 指令使 ARM 处理器的音视频信号处理能力较之前提高了 2~4 倍。

- 支持混合大小端(Mixed-endian)和非对准存储访问。
- 采用了 TrustZone 安全技术(v6Z 版)。在处理器硬件层面划分了可信区域和不可信区域,两个区域里运行的代码有不同的权限,经认证的代码运行在可信区域,未经认证的代码运行在不可信区域,从而提高了系统的安全性。

基于 v6 架构的 ARM 处理器主要是 ARM11 产品系列。在微架构实现方面,ARM11 系列处理器将流水线级数增加到 8 级或 9 级(v6T2),并采用了动态和静态相结合的转移预测方式,预测准确率可以达到 85%。ARM11 内核与 Cache 之间,以及内核与协处理器之间的数据通路扩展到 64 位,每个流水线周期可以读入两条指令或存取两个连续的字数据,成倍提高了取指和数据访问的速率。ARM11 内部还增加了增强型的数字信号处理器以及用于功耗管理的 IEM(Intelligent Energy Management)部件,在性能和功耗两个方面又有新的突破。

v6 版本架构因其所具有的优良特性从而备受青睐。2007 年,在 v6 下一代版本 v7 面世的 3 年之后,ARM 公司仍然继续推出了 v6 版本的增强版 v6-M,并先后发布了三款基于该版本的 Cortex-M 系列处理器,均属于低成本、高性能、超小体积和超低功耗产品。关于 Cortex-M 处理器的主要特性将在下一小节中进一步介绍。

7) v7 版架构

ARMv7 版架构诞生于 2004 年,该版本可以看作 ARM 体系结构的一道分水岭,而在此之前的 ARM 处理器被 ARM 公司称为传统或者经典(Classical)处理器。与经典 ARM 处理器相比,ARMv7 版架构在处理器操作状态、工作模式、寄存器结构、存储器组织和映射、异常和中断管理等方面做了较大的调整和改进。同时,ARMv7 版架构也注意与经典 ARM 处理器软件保持一定的兼容性。

ARMv7 版架构全面支持 Thumb-2 技术和 Thumb-2 指令集。新的 Thumb-2 指令集比原来的 32 位 ARM 指令集减少了 31% 的内存使用量,其性能比原来的 Thumb 指令集提升了 38%,并且无须在 ARM 指令集和 Thumb 指令集之间来回切换。此外,为了满足日益增长的 3D 图形与手机游戏的应用需求,v7 架构支持 128 位(16 字节)的 SIMD 扩展,可以选配名为 NEON 的多媒体数据处理引擎(DSP + SIMD),将 DSP 和媒体处理能力提高了近 4 倍。ARMv7 还支持改良的运行环境,以迎合即时编译(Just In Time,JIT)以及自适应动态编译(Dynamic Adaptive Compilation,DAC)技术的需求。

从 ARMv7 版本架构开始,ARM 将体系结构划分为三种类型(architecture profile[①]),分别是类型 A(A-profile,Application-profile)、类型 R(R-profile,Real Time-profile)和类型 M(M-profile,Microcontroller-profile)。ARMv7 版架构相应地也分为三类,分别是

---

① "architecture profile"可以理解为体系结构的某个"剖面",从某个角度看体系结构所呈现出的"剪影",或者匹配某类应用的体系结构"类型"。本书将"architecture profile"统一称为体系结构类型。

ARMv7-A、ARMv7-R 和 ARMv7-M。同时，ARM 公司采用了新的处理器产品命名方式，摒弃了以往复杂并且需要解析的命名规则，将基于三种体系结构类型的处理器产品划分为三条产品线或者三个产品系列，分别冠名为 Cortex-A、Cortex-R 和 Cortex-M，以期改变之前体系结构版本与产品名称之间较为混乱的对应关系。1.4.5 小节已对 Cortex-A、Cortex-R 和 Cortex-M 的适用领域做过介绍，此处不再赘述。

从 ARMv4T 版架构到 ARMv7 版架构，ARM 指令集体系结构的演进过程可以用图 5.3 来表示。

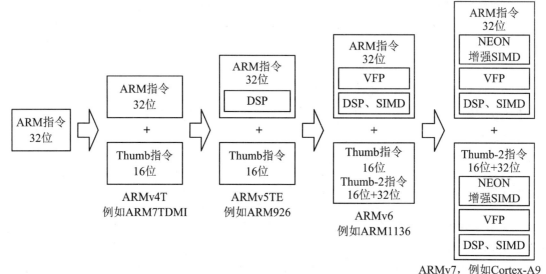

图 5.3　ARM 指令集体系架构(ISA)的演进过程

本书在 5.2 节之后，将详细介绍基于 ARMv7-M 版本架构的 ARM Cortex-M3/M4 处理器，并将其与经典处理器进行对比，以便读者能够更深入地了解 v7-M 版的新特性。

8）v8 版架构

ARMv8 是 ARM 公司首款支持 64 位指令集的 ISA 架构。ARMv8 版架构新增了一套 64 位指令集，称作 A64，并且继续支持原有的 ARM 指令集和 Thumb-2 指令集，同时将其重新命名为 A32 指令集和 T32 指令集。v8 版架构新定义了 AArch64 和 AArch32 两种运行状态，分别执行 64 位和 32 位指令集。ARMv8 的新特性包括：

- 在 ARMv7 安全扩展的基础上，新增加了安全模式，支持与安全相关的应用需求；
- 在 ARMv7 虚拟化扩展的基础上，提供完整的虚拟化框架，在硬件层面上提供对虚拟化的支持；
- AArch64 对异常等级赋予新的内涵，并重新解释了处理器运行模式和特权等级概念。

ARMv8 继续沿用 v7 版本所采用的体系结构类型划分方法，ARMv8 版本也分为 ARMv8-A、ARMv8-R 和 ARMv8-M 三种类型，它们各自的主要特性如下：

- ARMv8-A 架构是类型 A 中最新一代 ARM 架构，支持 64 位的 AArch64 和 32 位的

AArch32 两种运行状态,软件可以根据需要在两种运行状态之间进行切换。除了智能手机和平板电脑等传统高性能嵌入式应用以外,ARMv8-A 架构的目标市场也开始觊觎高端服务器市场。在这一领域内,ARM 公司的合作伙伴有中国的华为和飞腾等,以及国外的 AMD、三星、高通、英伟达和博通等传统半导体公司,甚至还包括谷歌、亚马逊和脸书在内的互联网公司。

• ARMv8-R 架构是类型 R 中最新一代 ARM 架构,该架构具有快速中断响应能力和确定的中断响应时延,采用容错设计并配置了内存保护单元 MPU,支持 A32 和 T32 指令集。ARMv8-R 架构的应用领域包括无人机、车辆自动驾驶、医疗设备、各种专业机器人以及 4G/5G 应用。这些应用对实时性和可靠性都有着极高的要求。

• ARMv8-M 架构是类型 M 中最新一代 ARM 架构,使用了与其他类型不同的异常处理模型,并且只支持 T32 指令集。ARMv8-M 架构面向的是低成本、小体积、低功耗、低中断延迟以及高性能的嵌入式应用。

ARMv8 版本架构诞生之后,ARM 公司对基于上述三种体系结构类型的处理器产品,仍然按照 Cortex-A、Cortex-R 和 Cortex-M 三个系列进行划分。

3. ARM 体系结构的增强型版本

为了满足不同类型的应用需求,ARM 公司在多个体系结构版本的基础上还定义了若干增强型版本。同时,在微架构方面也增加了或者可以选配相应的功能部件,例如 Cache、TCM、DSP、VFP、Java 加速器、多媒体处理单元以及各种跟踪调试部件等,形成了多种具有不同增强功能的处理器产品。在 ARMv7 版本架构之前,ARM 公司在版本名称后面增加若干英文字母后缀,以区分不同的增强型版本,例如:

1) T 增强版本

表示该版本支持 Thumb 指令集。

2) E 增强版本

支持增强的 DSP 算法。增加的主要指令包括:

• 增加了几条用于 16 位数据乘法运算和乘加运算指令;

• 增加了有符号数的加减饱和运算指令;

• 增加了双字数据操作指令,包括双字加载指令 LDRD,双字存储指令 STRD 和协处理器寄存器传输指令 MCRR/MRRC;

• 增加了 Cache 预取(PLD)指令。

3) J 增强版本

支持基于 Jazelle DBX 的 Java 硬件加速技术。与普通的 Java 虚拟机相比,Jazelle 技术可以使基于 Java 字节码的程序运行速度提高 8 倍,而功耗却可降低 80%。

4) S 增强版本

提供用于多媒体信号处理的 SIMD 指令。

5) F 增强版本

支持矢量浮点处理单元。

6）T2 增强版本

支持 Thumb-2 指令集。

此外，在 ARMv6 版本架构中还有 Z、K 和 M 三个增强版本。其中 Z 表示支持 TrustZone 安全增强，K 表示支持多核（最多 4 个），而 ARMv6-M 则是用于 Cortex-M0、Cortex-M0＋和 Cortex-M1 的增强版本。

在 ARMv7 版本之后，ARM 公司按照产品的应用领域，将体系结构分为 A、R 和 M 三种类型，以上用来表示版本增强特性的后缀基本上不再使用。

5.1.3　ARM 处理器主要产品系列简介

1. ARM 处理器的特点

第 2 章已经简要介绍了 ARM 处理器以及 ARM 处理器指令的主要特点，事实上，ARM 处理器以及 ARM 处理器指令还具有以下特色：

- 统一和固定长度的操作码，可以简化指令译码操作，便于指令流水线设计和实现；
- 具有多个通用寄存器，指令不局限在某个特定的寄存器上执行，可以实现对寄存器组的均匀访问；
- 操作数地址均由寄存器内容或者指令码的位域指定，具有地址自动增减寻址模式，寻址方式灵活，可以优化程序循环结构，程序执行效率高；
- 每条数据处理指令都可对算术逻辑单元和移位器进行控制，可最大限度地发挥 ALU 和移位器的效能；
- 具有多寄存器加载和存储指令，可增加处理器的数据吞吐速率；
- 所有指令都可以条件执行，以提升代码执行速率和执行效率；
- 支持精巧的 Thumb 指令集（包括 Thumb 和 Thumb-2），提高代码密度，减少所需的系统存储容量；
- 基于不同体系结构版本的 ARM 处理器，所支持的指令集在功能方面有所不同，但是只要基于同一种体系结构，即使在微架构和实现方式上有区别，所集成的功能部件存在差异，产品型号不同甚至属于不同系列产品，都可以做到软件相互兼容。

随着 ARM 体系结构版本的不断进步，ARM 公司面向不同的应用领域，推出了各具特色的系列处理器产品，分别满足用户在性能、成本、功耗、实时性、安全性、容错性、可综合、便于调试以及 DSP、多媒体处理和人工智能等方面的需求，ARM 处理器展现出越来越多的特点，同时 ARM 处理器指令功能也日渐丰富，本书后续内容将对此做进一步介绍。

2. ARM 处理器相关产品的层次关系

2.7 节已经介绍了 ARM 内核、ARM 处理器以及基于 ARM 处理器的 MCU 或者 SOC 芯片等概念，事实上，基于 ARM 处理器的相关产品涵盖了从简单到复杂，从基本到综合，从相对单一的内核到多种部件集成的 SOC 芯片，呈现一种逐级扩展的层次结构。在 v7 版本以后，基于 ARM 内核的嵌入式系统一般结构如图 5.4 所示，图中虚线框表示的部件在某些版本架构中可以作为可选件,在另外一些版本架构中可能不支持,而外设以及外设接口均由芯片制造商根据需要进行选配。

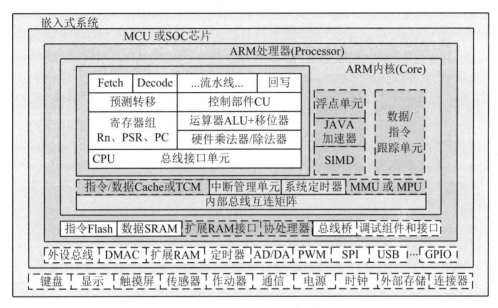

图 5.4　嵌入式系统层次结构

从图 5.4 中可以看出,在 ARM 内核(Core)中,除了 CPU 以外,必不可少的核心部件包括中断管理部件、系统定时器和内部总线互连矩阵,其中总线互连矩阵可以让指令和多种数据在不同的总线上同时传送。有些内核可以选配指令和数据 Cache 或 TCM、MMU 或者 MPU、浮点单元、Java 硬件加速器、多媒体处理部件以及指令和数据跟踪单元调试组件。

ARM 处理器(Processor)是以 ARM 内核为核心,通过总线将程序存储器、数据存储器、协处理器、外设总线桥接器、各种调试组件和调试访问接口等部件在片内进行互连,构成了功能相对完整的微处理器。如果需要进一步扩展存储,ARM 处理器可以通过扩展 RAM 接口进一步扩展存储容量。

获得 ARM 授权的芯片制造商在 ARM 处理器的基础上,再集成诸如 DMA 传送控制器、ADC 和 DAC、定时器/计数器、脉宽调制器以及多种多样的接口电路,形成了各具特色的 MCU 或者 SOC 芯片。嵌入式系统开发商或者用户利用这些芯片,再配置所需人机接口设备、传感器、动作器、通信接口和电源等部件,就构成了具有特定功能的专用计算机系统,即嵌入式应用系统。

图 5.4 中的各种功能部件是通过不同的总线进行互连的。在 ARM 内核中,有指令和数据可以同时并行传送的总线互连矩阵;在 ARM 处理器中,有高速的系统总线和相对低速的外设总线,系统总线和外设总线之间有总线桥接器,两者之间的关系以及各自所连接的功能部件如图 5.5 所示。

从图 5.4 和图 5.5 中还可以看出,在基于 ARM 体系结构的嵌入式系统中,核心是 ARM 内核或者 ARM 处理器。事实上,ARM 内核与 ARM 处理器都是由 ARM 公司设计的,两者的区别只是所包含的功能部件有所不同,彼此之间并没有明显的界限。因此,除非有特别说明,本书对 ARM 内核与 ARM 处理器也不进行严格区分。

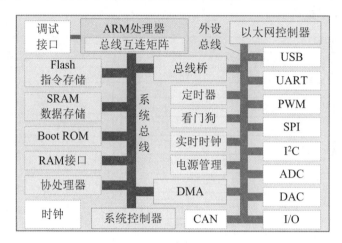

图 5.5　基于 ARM 处理器的 MCU/SOC 一般结构

3. ARM 处理器产品命名规则

ARM 公司所发布的 ARM 体系结构(ISA)版本号与 ARM 内核或者 ARM 处理器名称采用了两种不同的标识方式。自 ARMv3 版本之后,基于同一个架构版本有多个 ARM 处理器产品。经典 ARM 处理器的名称与体系结构版本编号之间的对应关系较为复杂,在 ARMv7 版以后,这种局面有所改观。目前仍在使用的 ARM 处理器产品家族与 ARM 体系架构版本之间的对应关系如图 5.6 所示。

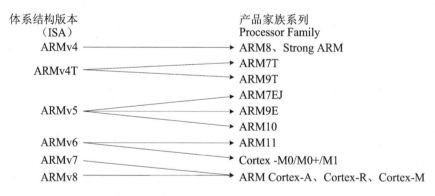

图 5.6　ARM 体系结构版本与 ARM 处理器产品家族之间的对应关系

在 ARMv7 版架构发布之前,经典 ARM 处理器产品的命名规则如下:

1) 处理器名称后缀中的英文字母含义

T、E、J、S、F、T2、Z 和 K 等字母表示所基于体系结构增强版本。在基于 ARMv4T 的 ARM7TDMI 以及 ARM9TDMI 产品名称中,还出现过 D、M 和 I 三个字母后缀,分别表示带有 Debug 调试接口、硬件乘法器和嵌入式 ICE,后来这些都成了 ARM 处理器的标准配置,不再使用后缀进行标识。

2）第一个（组）数字的含义

ARM 后面第一个（组）数字表示产品系列，如 ARM7TDMI 和 ARM920T 中的"7"和"9"分别对应 ARM7 系列和 ARM9 系列，但在 ARM10 和 ARM11 产品系列中，"10"和"11"两位数字被视为一组。

3）第二个数字的含义

2 表示带有 MMU，如 ARM720T 和 ARM920T；

3 表示带有改良型的 MMU；

4 表示带有 MPU，如 ARM946ES；

6 表示无 MMU 和 MPU，如 ARM966E-S 和 ARM968EJ-S。

4）第三个数字的含义

0 表示标准容量的 Cache；

2 表示减小容量的 Cache；

6 表示带有紧耦合内存 TCM。

5）名称最后的"-S"

表示是可综合版本，亦即软核。

在 v7 版架构发布之后，很多增强型部件都成了 ARM 处理器的标准配置或者可选配置，同时 ARM 也开始使用新的基于体系结构类型的产品分类方法，ARM 处理器名称中除了体系结构类型和产品序号之外，不再使用表示处理器特性的复杂编号。新的命名方式将 Cortex 作为整体品牌名称，用 A、R 和 M 表示体系结构类型，同一系列处理器只使用序号命名，以消除架构版本和处理器编号不一致所引起的混乱。例如，Cortex-A8、Cortex-R5 和 Cortex-M3 是分别属于 A、R 和 M 三个体系架构类型的产品。但是，仍有个别产品名称带有字母后缀，表示其所适用的应用领域。

4．ARM7 系列

ARM7 系列分为 ARM7 和 ARM7T 两个子系列，前者基于 ARMv3 版本架构，后者基于 ARMv4T 版本架构。真正获得广泛应用的是 ARM7T 产品系列。

ARM7T 系列的基本型产品是 ARM7TDMI 以及可综合版 ARM7TDMI-S，其内部结构参见 2.7.3 小节的介绍。ARM7T 其他几款处理器都以 ARM7TDMI 为核心，另外增加了 Cache、MMU 或者 MPU，以及 ASB 总线接口等功能部件。其中 MMU 和 MPU 都用于内存管理，两者的功能和主要区别简介如下。

在执行多任务的计算机系统中，必须提供一种机制来保证正在运行的任务不破坏其他任务的操作。在嵌入式系统中，MPU 就是实现这种机制的一种专门硬件部件，MPU 将内存空间划分成若干个域（regions）进行管理，域具有与存储空间一一对应的属性。MPU 将域的大小、起始地址和访问权限等存放在内部寄存器中。域的访问权限有可读/可写、只读和不可访问等。当程序代码试图访问存储器的一个域时，MPU 将该程序所具有的特权等级与该域的访问权限属性进行比较，如果符合域的访问标准，则 MPU 允许该程序进行访问；如果不符合域的访问标准，将产生一个异常。

MMU 在内存保护方面的功能以及原理与 MPU 基本相同,也是将内存划分为若干个域并设置了不同的访问权限属性。但除了提供内存保护功能以外,MMU 的主要使命是负责虚拟地址和物理地址之间的转换。在多任务计算机系统中,往往使用虚拟地址来编写大型程序。当 MMU 被使能之后,MMU 拦截处理器输出的虚拟地址,将其分解为页号和页内偏移地址,再通过查找存放在主存中的二级页表,生成访问内存所需的物理地址并输出到地址总线上(这部分内容参见第 3 章有关内容)。为了提高虚实地址的转换效率,MMU 中通常会设置一个转换旁视缓冲器(参见 3.6.3 小节),其作用类似于高速缓存,保存最近被访问过的页表项。如果访问的页不在主存中,MMU 将产生一个异常,请求将所需的页从辅存中调往内存。假如 MMU 没有使能(被关闭),处理器输出的地址将作为物理地址,直接送往地址总线。

MMU 对内存采用分页管理,减少了内存碎片,提高了内存的利用率。但是,虚拟地址到物理地址的转换过程可能会产生不可预期的延迟。因此,尽管使用虚拟地址有诸多优点,但并不适合某些对实时性有较高要求的应用系统。所以,在面向实时应用的 ARM 处理器中往往配置的是 MPU 而不是 MMU。不过,即便在实时系统中使用了带有 MMU 的处理器,也可以选择关闭 MMU 的功能。

常见的 ARM7T 系列处理器的主要特性如表 5.1 所示。ARM7T 系列的工作时钟频率小于 200 MHz,Dhrystone 基准测试结果为 0.9 DMIPS/MHz。采用 ARM7T 系列处理器为核心的 MCU/SOC 芯片主要有恩智浦(NXP)公司的 LPC20 系列、三星(Samsung)公司的 S3C44BO 系列以及意法(ST)半导体的 STR7 系列等。

5. ARM9 系列处理器

ARM9 系列也分为 ARM9T 和 ARM9E 两个子系列,前者与 ARM7T 相同,也是基于 ARMv4T 版本架构,但在微架构方面有较多改进。ARM9T 采用的是哈佛结构,流水线为 5 级。除了 2.7.3 小节简介的 ARM9TDMI 和 ARM920T 以外,ARM9T 系列中还有 ARM922T 和 ARM940T,这两款与 ARM920T 基本相同,只是 Cache 的大小有区别。

ARM9E 系列是基于 ARMv5TE 和 ARMv5TEJ 版本架构,根据上一小节关于 ARM 体系结构版本的介绍,通过版本名称的后缀不难看出它们之间的差别。ARM9E 系列处理器采用的也是哈佛结构,基本型产品为 ARM9E-S 和 ARM9EJ-S,前者带有 DSP 和可选的 VFP,后者还增加了 Jazelle,但是作为单个产品,ARM9E-S 和 ARM9EJ-S 现在均已退出使用。目前仍在使用的 ARM9E 系列产品有 ARM926EJ-S、ARM946E-S 和 ARM968E-S,分别适用于无线设备、数字消费品、成像设备、工业控制装置、存储系统控制器和网络设备等对实时性有较高要求的应用场合。

ARM926EJ-S 将 ARM9EJ-S 作为内核,另外增加了大小可选配的指令 Cache 和数据 Cache,并带有 TCM 接口、Jazelle DBX、DSP、ETM、AHB 总线接口以及外部协处理器接口等功能部件。ARM926EJ-S 配置了 MMU,可使用虚拟地址编程,支持多任务操作系统。

ARM946E-S 的内核是 ARM9E-S。与 ARM926EJ-S 的配置相比,也带有大小可选的指令 Cache 和数据 Cache,并且处理器内部还集成了 2 个 SRAM,分别作为指令 TCM 和数据

TCM,SRAM 的容量有 1 KB～1 MB 可选。ARM946E-S 带有 DSP 部件,但是没有 Jazelle DBX。ARM946E-S 没有使用 MMU,只有 MPU,因此只具有内存保护功能,不支持虚拟地址,应用领域多为实时任务系统。

ARM968E-S 的内核也是 ARM9E-S,但是没有 Cache 和片内 TCM,只配置了指令和数据 TCM 接口,TCM 的容量有 1 KB～4 MB(按照 2^n 配置)可选。ARM968E-S 既没有 MMU 也没有 MPU 和 AHB,总线也简配为 AHB Lite(只能支持一个 master 主设备),并将 ETM 作为选件,应属于 ARM9E 系列中最低端的产品。此外,还有一款已经不再使用的产品 ARM966E-S,与 ARM968E-S 极为类似,并且配置较 ARM968E-S 还略强一些。两者的主要区别是 ARM966E-S 的总线接口仍然是 AHB,TCM 的容量范围为 1 KB～64 MB。

常见的 ARM9 系列处理器的主要特性如表 5.1 所示。ARM9 系列的典型工作时钟频率为 400 MHz,Dhrystone 基准测试结果均为 1.1 DMIPS/MHz。采用 ARM9 系列处理器为核心的 MCU/SOC 芯片主要有三星公司的 S3C24 系列、飞思卡尔(Freescale,2015 年与恩智浦合并)公司的 i.MX27 系列、德州仪器(TI)公司的 OMAP 1 系列,以及恩智浦公司的 LPC3200(ARM926EJ)和 LPC2900(ARM968E-S)系列等。

6. ARM11 系列处理器

ARM11 系列处理器基于 ARMv6 版本架构,该系列产品都是软核。共有 ARM1136J(F)-S、ARM1156T2(F)-S、ARM1176JZ(F)-S 和 ARM11 MPCore 四款产品。产品名称中的"(F)"表示可选配矢量浮点单元 VFP。通过上一小节关于 ARMv6 版本架构的介绍,可以大致了解这几款 ARM11 系列处理器所具有的主要特点,例如,带有转移预测功能的 8 级或 9 级流水线、内核与 Cache 之间以及内核与协处理器之间具有 64 位数据通路、带有增强型数字信号处理器、支持混合大小端和非对准存储访问等。但是每款处理器又具有一些个性化的功能,这能从产品名称中得到一些反映。几款处理器的主要特性简介如下:

• ARM1136J(F)-S,基于 ARMv6 版本,主要特性有 SIMD、Thumb、Jazelle、MMU 以及可选配的 VFP;

• ARM1156T2(F)-S,基于 ARMv6T2 版本,主要特性有 Thumb-2 指令集、SIMD、可选配的 VFP,没有 MMU,只有可选配的 MPU;

• ARM1176JZ(F)-S,基于 ARMv6Z 版本,在 ARM1136J(F)-S 基础上增加了 TrustZone 安全功能和 IEM 部件;

• ARM11 MPCore,可以配置 1～4 颗 ARM1136J(F)-S 内核的全对称多核处理器。

ARM11 处理器的流水线仍然属于单发射的标量流水线,但在流水线的后几级,算术逻辑单元(ALU)、乘积累加单元(Multiply Accumulate,MAC)和数据加载/存储单元(LSU)采用了并行部署方式,属于一种分叉或者分支结构的流水线。ARM1136J(F)-S 和 ARM1176JZ(F)-S 的流水线结构如图 5.7 所示。ARM1156T2(F)-S 的流水线增加了一级 Thumb-2 指令取指,其结构如图 5.8 所示。

在上述分叉结构的流水线中,当指令完成译码和取操作数之后,不同类型的任务被分发到不同的流水线分支上执行。由于分支流水线上各个功能部件的分工更加具体,电路更加简单,执行速度更快,所需的流水线周期更短,从而可以提高整条流水线的时钟频率。ARM11 的工作时钟频率可以提高到 500 MHz 以上,最高可达到 1 GHz(取决于芯片所采用的工艺制程)。

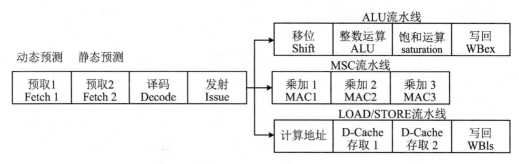

图 5.7　ARM1136J(F)-S 和 ARM1176JZ(F)-S 流水线结构①

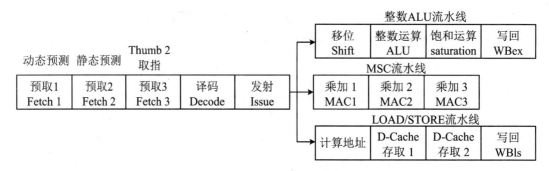

图 5.8　ARM1156T2(F)-S 流水线结构

通过以上新技术的应用,ARM11 系列处理器的性能较上一代产品有了较大幅度的提高。在时钟频率为 772 MHz 时,Dhrystone 基准测试指标为 965 DMIPS。配置 4 颗 ARM1136J(F)-S 内核的 ARM11 MPCore,可以达到 2 600 DMIPS。

ARM 处理器的设计理念并不是单纯追求高性能,而是要在性能、功耗、芯片面积和成本之间进行均衡。ARM11 可以通过软件动态调整时钟频率和工作电压,实现性能和功耗之间的平衡。采用 130 nm 工艺制作的 ARM11,当电源电压为 1.2 V 时,功耗仅为 0.4 mW/MHz。除了正常的工作模式以外,配置了 IEM 的 ARM1176JZ(F)-S 还支持休眠模式、待机模式和关机模式,进一步降低了系统功耗。

将 ARM11 系列处理器作为核心的 MCU/SOC 芯片主要有三星的 S3C64 系列、飞思卡尔公司的 i.MX31 系列、TI 公司的 OMAP2 系列,以及高通骁龙 S1 系列手机处理器中的部分产品。

常见的基于 ARMv1~ARMv6(不包括 ARMv6-M)版本架构的 ARM 处理器产品名

---

① WBex(Write back of data from the multiply or main execution pipelines),倍乘或执行流水线数据写回;WBls(Write back of data from the Load Store Unit),加载/存储单元数据回写。

称、体系结构版本和主要特性如表 5.1[①] 所示。

表 5.1　常见的经典 ARM 处理器产品特性一览表

产品家族	结构版本	内核或处理器型号	主要特性	Cache or TCM	典型性能 MIPS@ MHz
ARM1	ARMv1	ARM1	原型机,只有简单的基本指令,26位地址	−	
ARM2	ARMv2	ARM2	增加了乘法指令	−	0.5,0.33 D
ARM3	ARMv2a	ARM250	MMU、图形及 I/O 处理器、SWP/SWPB 指令		0.58
		ARM3	首次增加了 Cache	4 K 统一	0.48,0.5 D
ARM6	ARMv3	ARM60	32 位地址、长乘法和长乘加指令	−	0.83
		ARM600	Cache、协处理器(浮点单元)接口	4 K 统一	0.85
		ARM610	同 ARM60,Cache,无协处理器接口	4 K 统一	0.85,0.65 D
ARM7		ARM700		8 K 统一	40 MHz
		ARM710	同 ARM700,协处理器接口	8 K 统一	40 MHz
		ARM710a	同 ARM710	8 K 统一	40 MHz,0.68 D
ARM7T	ARMv4T	ARM7 TDMI(-S)	3 级流水线、Thumb 指令集	−	≤ 200 MHz 0.89 D
		ARM710T	同 ARM7TDMI,Cache,MMU	8 K 统一	0.9 D
		ARM720T	同 ARM710T,ASB(r4 以后 AHB)	8 K 统一	1 D
		ARM740T	同 ARM7TDMI,MPU	−	
ARM7EJ	ARMv5TEJ	ARM7EJ-S	5 级流水线、Thumb、Jazelle、DSP	−	
ARM8	ARMv4	ARM810	5 级流水线、静态转移预测、MMU	8 K 统一	1.17 D
ARM9T	ARMv4T	ARM9 TDMI(-S)	5 级流水线、哈佛结构、Thumb	−	典型时钟频率 400 MHz
		ARM920T	同 ARM9TDMI、Cache、MMU、ASB	16 K + 16 K	1.11 D
		ARM922T	同 ARM9TDMI、Cache、MMU、ASB	8 K + 8 K	
		ARM940T	同 ARM9TDMI、Cache、MPU、ASB	4 K + 4 K	

① 每款 ARM 处理器还有若干个小版本,以 ARM1136J(F)-S 为例,从 2002 年 12 月到 2009 年 2 月,先后有 r0p0、r0p1、r0p2、r1p1、r1p3 和 r1p5 等多个小版本,每个小版本的细节都有所不同,ARM 公司的产品手册中都会对小版本之间差异进行说明。

续表

产品家族	结构版本	内核或处理器型号	主要特性	Cache or TCM	典型性能 MIPS@ MHz
ARM9E	ARMv5TE	ARM946E-S	Thumb、DSP、容量可变 Cache、MPU、AHB	I/D TCM	
		ARM966E-S	Thumb、DSP、无 Cache(停止使用)	I/D TCM	
		ARM968E-S	DMA、比 ARM966E-S 尺寸小 20%，功耗小 10%	I/D TCM	
		ARM996HS	Clockless 处理器,同 ARM966EJ-S	I/D TCM	
	ARMv5TEJ	ARM926EJ-S	Thumb、DSP、Jazelle、VFP、MMU、I/D TCM 接口、协处理器接口	4～128 K I/D Cache	1.1
ARM10E		ARM1026EJ-S	DSP、Jazelle、VFP、MMU or MPU	容量可变	
	ARMv5TE	ARM1020E	6 级流水线、Thumb、DSP、VFP、MMU	32 K + 32 K	
		ARM1022E	同 ARM1020E	16 K + 16 K	
ARM11	ARMv6	ARM1136 J(F)-S	8 级流水线、SIMD、Thumb、Jazelle DBX、DSP、MMU、可选 VFP	TCM + Cache	400 MHz～ 1 GHz ≥ 1.3
	ARMv6T2	ARM1156 T2(F)-S	9 级流水线、SIMD、Thumb-2、Jazelle DBX、DSP、可选 VFP、可选 MPU	TCM + 可选 Cache	
	ARMv6Z	ARM1176 JZ(F)-S	同 ARM1136J(F)-S，TrustZone	TCM + Cache	
	ARMv6K	ARM11MPcore	同 ARM1136J(F)-S,1～4 核	容量可变	2600 D@4 核

7. Cortex-A

Cortex-A 是面向移动计算、智能手机、数字电视、企业网络和服务器的高性能处理器。Cortex-A 支持可伸缩(Scalable)的异构或者同构多核处理器架构,内置 VFP 和 NEON 以支持浮点运算和 SIMD 多媒体数据处理,时钟频率超过 1 GHz,支持 Linux、安卓和微软视窗等大型操作系统。Cortex-A 系列的首个处理器是 Cortex-A8,发布于 2005 年 10 月。截止到 2020 年 2 月,ARM 公司 Cortex-A 产品系列已有 A5～A77 共 20 款处理器,如表 5.2 所示。

表 5.2　Cortex-A 系列处理器型号以及体系结构版本

体系结构版本	处理器型号	支持指令集
ARMv7-A	A5、A7、A8、A9、A15、A17	A32 和 T32
ARMv8-A	A32	A32 和 T32
ARMv8-A	A34、A35、A53、A55、A58、A65、A72、A73、A75、A76、A77	A64、A32 和 T32
ARMv8-A	A65AE、A76AE(AE 后缀表示汽车增强型)	A64、A32 和 T32

其中 A5～A17 基于 32 位 ARMv7-A 体系结构类型;A32 虽然基于 ARMv8-A 体系结构类型,但只有 AArch32 运行状态;A34 以后的产品都基于 64 位 ARMv8-A 体系结构类

型,同时支持 AArch32 和 AArch64 两种运行模式;还有 A65AE 和 A75AE 两款是专门用于车辆控制的汽车增强型(Automotive Enhanced)产品。

上述处理器除了体系结构版本类型不同之外,其内部微架构和所配置的功能部件也有所不同。2011 年,ARM 公司推出了 Cortex-A 处理器的"bL"(big.LITTLE,大小核)技术,允许处理器搭载两种不同类型的内核。在采用 bL 技术的处理器中,内核的性能有高有低,功耗有大有小,轻负载时运行低功耗内核,高负载情况下运行高性能内核,以期在性能和节能之间寻求平衡。现代智能手机处理器 98%以上都采用了 bL 架构,旨在兼顾手机性能和电池的续航时间。2017 年,ARM 公司将 bL 技术进行升级,并命名为 DynamIQ 架构,该架构允许最多 8 个内核构成一个簇(cluster),单个处理器最多可搭载 32 个簇以及 256 个内核,进一步提高了大小核架构的灵活性与可扩展性。

2017 年面世的 A55 是 ARM 公司推出的第一款基于 DynamIQ 技术的小核。A55 采用 ARMv8.2 架构,引入神经网络算法以提高转移预测的准确性,并对 NEON、VFP 和缓存结构做了改进,同时也进一步降低了功率消耗。A55 可以作为一款高性能低功耗的 64 位处理器单独使用,应用领域包括数字电视、虚拟现实(Virtual Reality,VR)和增强现实(Augmented Reality,AR)等。但是,A55 设计目标更多的是作为 DynamIQ 结构中的小核,例如,在华为麒麟 980/990、高通骁龙 865/855、三星 Exynos98 系列以及联发科 Helio G 系列等目前较高端的手机处理器中,有些虽然采用了自研的大核,但小核几乎毫无例外地都选用了 A55。

A76 和 A77 是 ARM 公司分别于 2018 年和 2019 年发布的两款基于 DynamIQ 技术的"大核",分别刷新了当时 Cortex-A 系列处理器的最高性能纪录。A76 和 A77 不仅可以用于通用计算,还可以担负大部分机器学习、虚拟现实和增强现实任务。

A76 采用 ARMv8.2 版本架构,在微架构实现方面使用了可以乱序执行的超标量结构,拥有 4 个解码发射单元和 8 条并行流水线,流水线级数为 13 级。采用 7 nm 制程工艺时,A76 的峰值时钟频率可达 3 GHz。据 ARM 公司公布的基准测试数据,A76 的性能已经超过 Intel 酷睿 i5-7300U,是名副其实的"大核"。使用 A76 作为大核的处理器,可以通过 DynamIQ 技术实现多种大小核配置方案,例如"1 大＋7 小""2 大＋6 小"或者"4 大＋4 小",如图 5.9 所示。

图 5.9　基于 DynamIQ 的大小核搭配方式

ARM 公司于 2019 年 5 月 27 日发布的 A77,仍然基于 ARMv8.2 版本架构。与 A76 相比,A77 的基本配置没有太大变化。但是,A77 的设计目标是增加 IPC,其改进几乎触及了微体系结构的所有部分,包括采用具有更大带宽的前端(取指＋译码＋转移预测＋发射),使用新的指令缓存技术、新的整数 ALU 单元和改进的加载/存储队列,在相同制程工艺和时钟频率条件下,A77 的 IPC 比 A76 提高了 20%,可以看作 A76 的改良版。A77 的设计思路是希望通过 DynamIQ 技术与更多的同构或者异构内核进行集成,提供更强大的计算能力和实现更高的能源利用效率。

在通用计算领域,基于 ARM 架构和 Cortex-A 内核的高性能处理器也开始崭露头角。例如,采用 ARM 架构的国产飞腾系列和鲲鹏系列处理器已开始装备国产通用台式计算机和服务器,为实现我国信息化安全自主可控的目标迈出了坚定的一步。相信未来随着软件生态的不断改善,这类产品必定会得到广泛应用。

8. Cortex-R

Cortex-R 系列聚焦于高性能实时应用,所谓实时性是指严格的时间确定性。Cortex-R 的应用领域包括汽车电子、医疗设备、工业控制装置、智能手机的基带调制解调器、硬盘驱动器和企业级网络设备等。这些应用对处理截止时间都有着极其严格的要求,必须在规定的时间内完成规定的操作。此外,在汽车电子、医疗设备和重要的工业过程控制装置中,对安全稳健(Safety-Critical)也有极高的要求,绝对不允许因为处理器或数据错误而出现误操作。Cortex-R 的设计目标包括低延时、高可靠、可信赖、安全性、高性能和容错性,以确保嵌入式系统的时间确定性和行为确定性。

如前所述,在具有实时性的计算机系统中,一般不采用虚拟地址,避免虚拟地址与物理地址转换过程可能出现的访问延迟。此外,这类系统中的异常/中断处理程序一般也存储在内核的私有存储器(如 TCM)中,避免在使用物理地址访问公用内存时与其他内核产生冲突。

Cortex-R 系列现有 5 款处理器,分别是基于 ARMv7-R 版本架构的 R4、R5、R7 和 R8,以及基于 ARMv8-R 版本架构的 R52。其中 R4 是 Cortex-R 系列的第一款产品,而 R52 虽然基于 ARMv8-R 版本架构,但是只能运行在 AArch32 状态。所有 Cortex-R 系列处理器都支持 A32 和 T32 指令集,可以实现二进制代码兼容。

为了实现容错性,所有 Cortex-R 处理器都支持多处理器锁步(lock-step)技术。所谓锁步技术是一种利用硬件冗余设计以提高计算机系统的容错能力。如果使用两颗处理器进行锁步配置,两颗处理器分别作为主处理器和监控处理器,时间上严格同步并执行相同的指令。主处理器承担系统处理任务并负责驱动输出,监控处理器连续监测主处理器总线上的数据、地址和状态等信息,一旦发现两者之间出现不一致,说明某颗处理器出现了差错。由于仅有两颗处理器,无法判断究竟是哪颗处理器出现了问题,所以只能采用故障静默方式,本次计算结果不输出。如果采用 3 颗或 3 颗以上处理器进行锁步配置,在单颗处理器出现故障时,则可以通过硬件表决方式判断出现故障的处理器,并对其进行屏蔽,由其他处理器负责任务执行,从而实现故障的实时恢复。

在现有的 5 款 Cortex-R 系列处理器中,Cortex-R4 是单内核处理器,两颗 R4 可以通过锁步配置组成高可靠性的双核。R5 升级为一主一备的异构双内核,单颗处理器就可实现能够独立运行的锁步双核。R7 在异构双核中增加了 QoS[①]（服务质量保证）功能，另外又增加一对同构双核，以提高处理器的性能。R8 和 R52 在 R7 的基础上，将锁步配置的内核数量增加到 3 颗或者 4 颗，可以实现故障恢复。R8 和 R52 也增加了同构内核的数量。Cortex-R 系列各款处理器的特性和内核配置情况参见表 5.3。

表 5.3　Cortex-R 系列处理器特性对比表

型号 特性	R4	R5	R7	R8	R52
ISA	ARMv7-R	ARMv7-R	ARMv7-R	ARMv7-R	ARMv8-R
DMIPS	1.67/2.01/2.45 DMIPS/MHz		2.50/2.90/3.77 DMIPS/MHz		2.04/2.6/ 5.07 DMIPS/MHz
CoreMark	3.47		4.35	4.62	4.2
锁步	有				
内核	单内核	异构双核	异构双核 + QoS 同构双核	2~4 异构多核 + QoS 2~4 同构多核	
TCM	有				
LLPP	–	有			
处理器	双发射 8 级流水线、指令预取 转移预测		超标量 11 级流水线、乱序执行 静态 + 动态转移预测		双发射 8 级、指令 预取、转移预测
Cache	I-Cache 和 D-Cache				
	硬件除法器、SIMD、DSP				硬件除法器 NEON
FPU	双精度	双精度或者优化的单精度			
MPU	8 或 12 区域	12 或 16 区域		12,16,20 或 24 区域	第一级 & 第二级 0 或 16 区域
ECC 和 奇偶校验	Cache 和/或 TCM ECC&Parity	Cache 和/或 TCM ECC&Parity， AXI 接口 ECC	Cache 和/或 TCM ECC&Parity， AXI 接口 ECC， 基于错误库的出错管理		Cache 和/或 TCM ECC&Parity， AXI 接口 ECC， 互连交叉开关 总线保护
VIC 或 GIC	矢量中断控制器 VIC 或 通用中断控制器 GIC		集成 GIC		集成 GIC 32~960 个中断源

同样是为了提高可靠性，Cortex-R 系列所有处理器的 Cache 或 TCM 都支持 ECC 或奇偶校验（Parity），对于每次进出 Cache 或 TCM 的数据，可以进行 2 bit 的检错和 1 bit 的纠错。除了 R4 以外，R5~R52 还支持对总线接口的 ECC 纠错和检错，R52 则进一步增加了对内核交叉开关互连总线（Switch Fabric）的错误防护功能。

---

① 这里的 QoS（Quality of Service）可以理解为将需要处理任务按照轻重缓急进行分类，确保高优先级的任务能够得到优先处理。

为了满足实时性要求,所有 5 款 Cortex-R 处理器都采用指令和数据分离的哈佛结构,均配置了指令和数据 Cache、TCM 存储器、硬件除法器、双精度 FPU、MPU、内存和中断控制器。R4~R8 处理器搭载了 SIMD 单元和 DSP,R52 处理器增加了 NEON 引擎以提高多媒体数据处理能力。为了减少访问 I/O 端口时间,R5~R52 还带有低时延的外设接口(Low Latency Peripheral Port,LLPP),可以实现快速的外设读取和写入。

Cortex-R4 的性能为 2.45 DMIPS/MHz,峰值时钟频率为 600 MHz。R7 的性能为 3.77 DMIPS/MHz,峰值时钟频率可超过 1 GHz。R8 的异构和同构内核数量比 R7 翻了一番,每个内核都能够非对称运行,各自都带有电源管理部件,可以单独关闭某个内核以减少功率消耗。另外,R8 的每个核心都扩充了 Cache 和 TCM 的容量,峰值时钟频率可超过 1.5 GHz,总体性能是 Cortex-R7 的 2 倍。

基于 ARMv8-R 架构的 R52 是 Cortex-R 系列最新一款微处理器,支持硬件虚拟化技术,可以看作 Cortex-R5 的升级版。但 R52 与 R7 和 R8 在应用领域上有区别,R52 面向汽车、工业自动化和医疗设备领域,R7 和 R8 在存储低延迟和调制解调器(Modem)方面进行了强化,目标市场是车联网、物联网以及 4G 和 5G 解决方案。

9. Cortex-M

Cortex-M 系列面向的是低成本、低功耗和高性能应用领域。该系列第一款产品是基于 ARMv7-M 版本架构的 Cortex-M3,诞生于 2005 年(2006 年开始有芯片出现)。为了降低功耗,Cortex-M3 的流水线只有 3 级,但带有硬件除法器,支持 Thumb-2 指令集,并提供了全面的调试和跟踪功能,是一款高性能低成本的 MCU。2010 年,ARM 公司在 M3 基础上,推出了可选配单精度浮点单元(FPU)的 Cortex-M4。除了可选配 FPU 以外,Cortex-M4 还增加了 SIMD、饱和运算以及快速乘加运算指令,使其可以执行一些数字信号处理程序。Cortex-M3 和 Cortex-M4 处理器的应用非常广泛,有多家芯片厂商生产了众多基于这两款处理器的 SOC 产品。本书后续部分将详细介绍 Cortex-M3/M4 的主要组成、编程模型、存储器结构、中断处理过程、寻址方式、指令系统以及软硬件开发技术。

2007 年,在 ARMv7-M 版架构面世三年之后,ARM 公司没有舍弃 v6 版架构,又发布了支持 Thumb-2 指令集的 ARMv6-M 增强版。ARM 公司与 FPGA 器件的主要生产厂家赛灵思(Xilinx)公司合作,于 2007 年 3 月推出了面向 FPGA 设计的基于 v6-M 版本的 Cortex-M1 处理器。2009 年 2 月,ARM 公司又发布了一款同样是基于 v6-M 版架构的 Cortex-M0 处理器。为了降低功耗和减少系统复杂性,Cortex-M0 采用冯·诺依曼结构,流水线只有 3 级,配置了嵌套向量中断控制器(Nested Vectored Interrupt Controller,NVIC)、能源管理部件和 AHB Lite 总线接口,并可选配唤醒中断控制器(Wakeup Interrupt Controller,WIC)、单周期硬件乘法器、系统定时时钟(SysTick)和调试组件。Cortex-M0 的门电路数不到 12 000 个,如果采用 40 nm 低耗电(40LP)制程,布线面积仅有 0.008 mm^2,功耗仅为 5.3 μW/MHz@1.1v/25℃,性能却可达到 0.87~1.27 DMIPS/MHz,属于一种极低功耗的 32 位高性能处理器。M0 的内部结构如图 5.10 所示。

2012 年 3 月,ARM 公司在中国上海发布了 M0 的改进版 ARM Cortex-M0 +。M0 +

在 M0 的基础上增加了单周期 I/O 接口和微跟踪缓冲(Micro Trace Buffer,MTB)特性。采用 40LP 制程的 M0+布线面积仅有 $0.0066\ \mathrm{mm}^2$,功耗控制在 $3.8\ \mu\mathrm{W/MHz}\ @1.1\mathrm{v}/25\,\mathrm{℃}$ 以内,性能却比 M0 提高 8% 以上,把能效比推向一个新的高度。

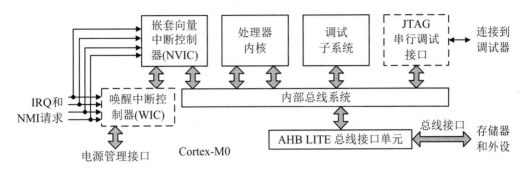

图 5.10　Cortex-M0 系统结构

2014 年 9 月问世的 Cortex-M7 则是在 Cortex-M4 的基础上,将流水线级数增加到 6 级,浮点单元升级为双精度,提供可选的 Cache 或者 TCM,以满足高端微控制器和密集型数据处理的需求。此后,ARM 公司又陆续推出了基于 ARMv8-M 版架构的 M23、M33 和 M35P,支持新的增强指令集并增加了 TrustZone 安全扩展。其中 M23 具有与 M0 类似的低成本和小体积特点;M33 与 M3 和 M4 类似,但系统设计更灵活,能效比更高;M35P 产品型号中的"P"表示具有物理(Physical)防篡改(tamper-resistant)功能,包含了多项防范物理攻击的安全特性。

2020 年 2 月 10 日,ARM 公司发布了基于 ARMv8.1 版本的 Cortex-M55 处理器,可看作 Cortex-M33 的下一代产品。M55 首次使用了名为 Helium 的矢量数据处理引擎,该引擎基于 MVE(M-Profile Vector Extension,矢量扩展)技术,将执行 SIMD 指令和 DSP 处理能力提升了 5 倍,机器学习能力提升了 15 倍。与此同时,ARM 公司还发布了一款与 Cortex-M55 配套使用的嵌入式 NPU(Neural network Processor Unit,神经网络处理器)Ethos-U55。在此之前 ARM 公司已有 Ethos-N37、Ethos-N57 和 Ethos-N77 三款 NPU,而 Ethos-U55 是专为下一代 Cortex-M 处理器定制的,具有低功耗和低成本特性。Cortex-M55 搭配 Ethos-U55 将进一步增强 ARM 公司在未来物联网应用领域的产品竞争力。

Cortex-M 系列处理器的主要特性和主要部件的配置参见表 5.4。虽然 Cortex-M 系列在性能、可靠性和实时性方面不如 Cortex-A 和 Cortex-R 系列,但是凭借其所具有的低功耗、小体积和高性价比的特点,问世之后一直是 ARM 公司销售量最大的产品。据 ARM 公司 2019 年第四季度财报数据显示,ARM 公司的合作厂商在一个季度内总共销售了 64 亿颗基于 ARM 处理器的各种芯片,其中有 42 亿颗属于 Cortex-M 系列,占出货总量的 66%,其余才是 Cortex-A 系列、Cortex-R 系列、经典处理器以及安全芯片等产品。

表 5.4　Cortex-M 系列处理器特性对比表

特性 \ 型号	M0	M0＋	M1	M23	M3	M4	M33	M35P	M55	M7
ISA	v6-M			v8-M Baseline	v7-M	v7E-M	v8-M Mainline		v8.1-M Mainline Helium	v7-M
DMIPS	0.87~1.27	0.95~1.36	0.8	0.98	1.25~1.89	1.25~1.95	1.5		1.6	2.14~3.23
CoreMark	2.33	2.46	1.85	2.64	3.34	3.42	4.02		4.2	5.01
流水线级数	3	2	3	2	3				4	6
MPU	−	可选	−	可选(2x)	可选		可选(2x)			可选
MPU 区域	−	8	−	16	8		16			
跟踪单元	−	MTB 可选	−	MTB 或 ETMv3 可选	ETMv3 可选		MTB 和/或 ETMv4 可选		ETMv4 可选	
DSP 扩展	−					有	可选			有
浮点单元	−						标量单精度		标量双精度、矢量单精度	标量单/双精度
SysTick Timer	可选			2 x	有		2 x			有
内置 Cache	−							仅 I,可选 2~16 KB	I-Cache/D-Cache 可选 4~64 KB	
TCM	−								I-TCM/D-TCM 可选 0~16 MB	
TrustZone	−			可选	−		可选			−
CP 接口	−						可选			−
总线协议	AHB Lite	AHB Lite Fast I/O	AHB Lite	AHB5 Fast I/O	AHB Lite,APB		AHB5,APB		AXI5 AHB APB	AXI4, AHB Lite, APB
WIC 支持	有			有						
NVIC	有									
外部中断数	32			240			480			240

续表

型号 特性	M0	M0 +	M1	M23	M3	M4	M33	M35P	M55	M7
硬件除法器	–			有						
单周期乘法	可选			可选						
双核锁步	–			有	–		有		–	有

5.2　Cortex-M3/M4 处理器结构

Cortex-M3 与 Cortex-M4 两款处理器极为相似,主要区别是 Cortex-M4 增加了一些增强的 DSP 运算指令,并且可选配浮点处理单元(FPU)。本章将详细介绍这两款处理器的主要特性、指令集架构、内部组成结构、编程模型、存储器管理以及异常/中断处理。

5.2.1　Cortex-M3/M4 处理器概述及指令集架构

虽然 Cortex-M3 和 Cortex-M4 分别基于 ARMv7-M 和 ARMv7E-M 版本架构,但是两者非常类似。Cortex-M3/M4 的内部各有一条三级流水线(取指、译码和执行),采用指令与数据分离的哈佛结构。这两款处理器共有的主要特性如下:

- 32 位处理器,可以处理 8 位、16 位和 32 位数据;
- 处理器本身不包含存储器,但提供了连接不同存储器的总线接口;
- 多种总线接口,可分别连接存储器、外设以及调试接口;
- 紧耦合的嵌套向量中断控制器 NVIC,能够以确定的周期快速响应中断;
- 丰富的调试和跟踪组件以及外部调试接口;
- 可选配 MPU,实现内存的分区保护;
- 低功耗,低成本(基于 M3 的低端 SOC 芯片单价只需几元人民币);
- 具有丰富的开发调试工具。

作为低成本 MCU,除了 Cortex-M4 可以选配 FPU 以外,两款处理器内部没有其他协处理器,也没有协处理器接口。

与 Cortex-M3 不同的是,Cortex-M4 可以选配符合 IEEE754 标准的单精度浮点单元(FPU),其功能主要包括:

- 提供多条浮点运算指令,以及多条单精度和半精度浮点数据之间的转换指令;
- 支持浮点数时,可以在全部计算完成之后再进行浮点数的舍入(rounding),减少舍入误差以提高 MAC 结果的精度;
- 如果不需要浮点单元,可以将其关闭从而降低功耗。

即使没有选配 FPU，Cortex-M4 也具有 Cortex-M3 所没有的一些特性，两者在指令集方面的差异如图 5.11 所示。

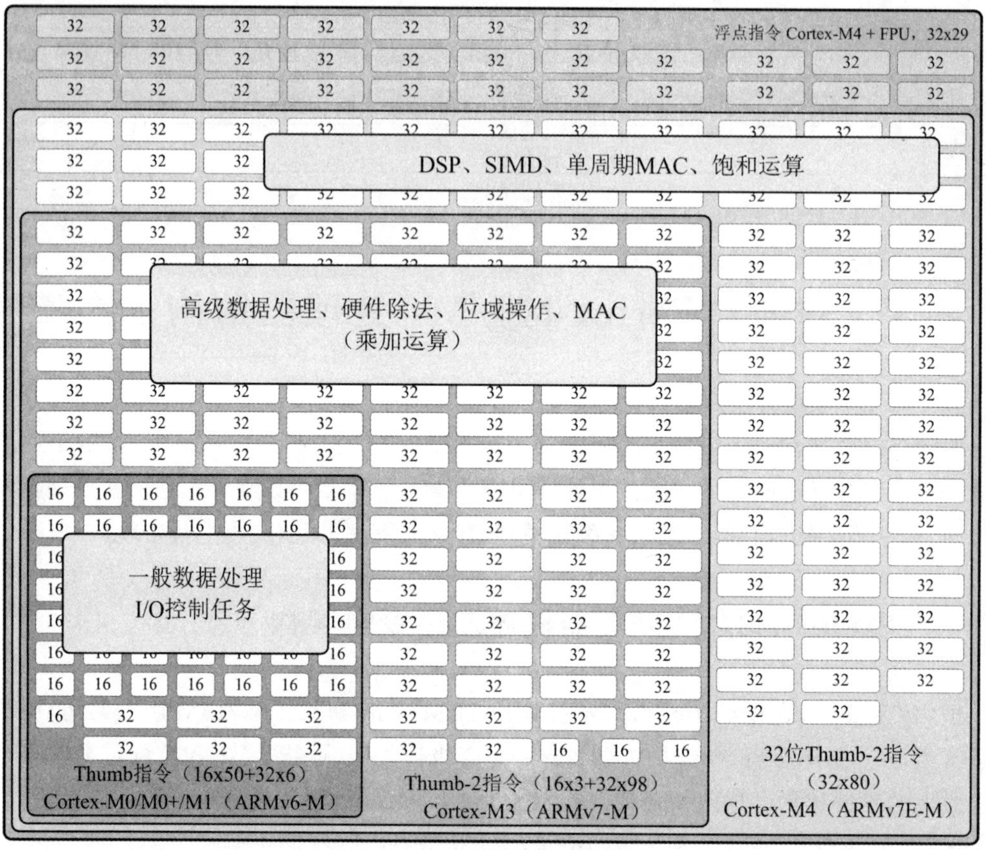

图 5.11　Cortex-M3/M4 处理器在指令集方面的差异

从图 5.11 中可以看出，Cortex-M3/M4 支持 Cortex-M0/M0＋/M1 的所有指令，这意味着 Cortex-M0/M0＋/M1 处理器可以向上兼容。Cortex-M4 支持 Cortex-M3 的所有指令，但是另外增加了 DSP 扩展功能，例如：

- 增加了支持 8 位和 16 位数据的 SIMD 指令，允许对多个数据同时进行并行处理；
- 支持多个(包括 SIMD 在内的)饱和运算指令，避免在出现上溢出和下溢出时计算结果出现较大畸变；
- 支持单周期 16 位、双 16 位以及 32 位乘加(MAC)运算。

尽管 Cortex-M3 也有几条 MAC 指令，而 Cortex-M4 的 MAC 指令则具有更多选项。其中包括寄存器高低 16 位多种组合的乘法以及 SIMD 形式的 16 位 MAC。Cortex-M4 处理器中的 MAC 运算可以在单周期内快速完成，而 Cortex-M3 则需要花费几个周期。

为了支持额外的浮点指令以及满足 DSP 的高性能需求，Cortex-M4 内部的数据通路和 Cortex-M3 处理器也有所不同。由于这些差异，Cortex-M4 某些指令执行所需的时钟周期要少于 Cortex-M3。因此，从某种意义上说，Cortex-M4 可以看作 Cortex-M3 的增强版。表 5.5 是 Cortex-M4 与 Cortex-M3，以及与 Cortex-M0/M0＋/M1 所支持的指令功能范围。

表 5.5　几种 Cortex-M 处理器的指令功能范围

指令组	Cortex-M0/M0＋/M1	Cortex-M3	Cortex-M4	带有 FPU 的 Cortex-M4
16 位 ARMv6-M 指令	●	●	●	●
32 位间接跳转链接指令	●	●	●	●
32 位系统指令	●	●	●	●
16 位 ARMv7-M 指令		●	●	●
32 位 ARMv7-M 指令		●	●	●
DSP 扩展指令			●	●
浮点指令				●

　　Cortex-M3/M4 处理器在设计时考虑了对嵌入式操作系统的高效支持,在处理器内核集成了一个系统节拍定时器(SysTick),可以为操作系统所需的定时提供周期性定时中断。SysTick 属于 Cortex-M3/M4 内核设备,所有 Cortex-M3/M4 都带有 SysTick 定时器,提高了在嵌入式操作系统环境下应用软件的通用性。

　　Cortex-M3/M4 具有两个堆栈指针,操作系统内核和异常处理使用主栈指针(Main Stack Point,MSP),用户程序使用进程栈指针(Process Stack Point,PSP)。这样设计的目的是将操作系统内核使用的堆栈与普通应用任务的堆栈进行分离,以提高系统可靠性,并且可以优化堆栈空间。对于不使用操作系统的简单应用,可以只使用 MSP。

　　为了进一步提高系统可靠性,Cortex-M3/M4 支持独立的特权和非特权访问等级。处理器启动后默认处于特权访问等级。当使用操作系统时,操作系统和中断处理任务具有特权访问等级,而普通用户任务只具有非特权访问等级。划分访问等级的目的是增加某些限制,如阻止非特权普通用户任务对某些特殊寄存器的访问,避免其可能对系统正常运行造成不利影响。特权和非特权访问等级还可以与 MPU 配合,防止非特权任务访问某些存储器区域,防止用户任务破坏内核以及其他任务的数据,以提高系统健壮性。对于高可靠性嵌入式应用系统,通过特权和非特权任务的分离,还可以实现应用软件故障隔离。当某个非特权任务出错后,系统和其他应用可能还会继续执行。但是,对于大多数没有操作系统的简单应用,没有必要使用非特权模式。

5.2.2　Cortex-M3/M4 处理器结构

　　ARM 公司给出的 Cortex-M3/M4 处理器系统结构如图 5.12 所示。按照各个部件的作用以及与总线系统的连接关系,整个处理器系统可以分为内核、处理器和系统三个层级,图中用虚线框表示的是可选配部件。

1. 内核

　　Cortex-M3/M4 处理器内核包括 CPU、嵌套向量中断控制器(NVIC)、系统节拍定时器(SysTick)以及可选的指令跟踪接口,Cortex-M4 内核还可以选配一个浮点单元(具有浮点单元的 Cortex-M4 产品型号为 Cortex-M4F)。

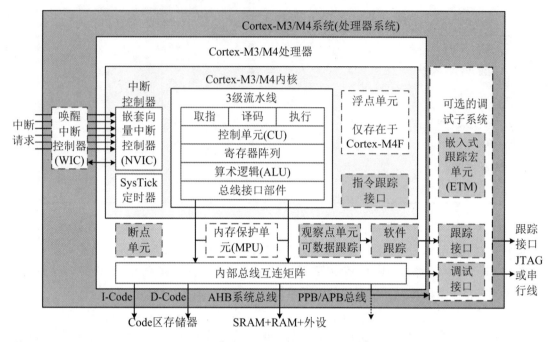

图 5.12　Cortex-M3 和 Cortex-M4 处理器结构框图

1）CPU

Cortex-M3/M4 的 CPU 是一个 32 位 RISC 微处理器，内部有一条三级（取指、译码和执行）流水线以及三个关键部件：算术逻辑运算单元（ALU）、控制单元（CU）和寄存器阵列。第 2 章已对 ALU、控制单元以及流水线的工作原理做了详细介绍，关于 Cortex-M3/M4 中寄存器组织请参见 5.3.4 小节。Cortex-M3/M4 的 CPU 采用哈佛结构，其总线接口部件有取指和数据存取两条总线。

2）NVIC 和 SysTick

在经典 ARM 处理器中，只有 7 种异常类型，分成了 6 个优先等级。这 7 种异常类型以及优先级排序如图 5.13 所示，其中优先级数值越小，优先级越高。

优先级	1	2	3	4	5	6	
异常名称	复位 (Reset)	数据中止 (Data Abort)	快速中断 (Fast RQ)	外部中断 (IRQ)	预取中止 (Prefetch Abort)	未定义指令 (Undefined)	软件中断 (SWI)

图 5.13　经典 ARM 处理器异常类型和优先级

如果需要管理的外部中断数不止一个，经典 ARM 处理器在内核之外可以增加矢量中断控制器（Vector Interrupt Controller，VIC）。与 ARM7TDMI 配套的 VIC 最多可管理 32 个外部中断，VIC 的功能包括中断排队、优先级管理、向量中断和中断屏蔽等。

Cortex-M 系列处理器在异常处理方面做了较大改进。Cortex-M 系列处理器在内核中集成了一个与 CPU 紧耦合的嵌套向量中断控制器（NVIC），对系统异常、不可屏蔽中断

（NMI）以及外部中断（IRQ）进行全面管理。此外，Cortex-M 系列处理器内核还集成了一个简单的倒计时计数器（SysTick），专门负责产生类型号为 15 的系统定时异常（中断）。鉴于异常/中断的重要性，将在 5.2.5 小节对 NVIC 和 SysTick 的特性进行概述，并在 5.5 节详细介绍 Cortex-M3/M4 的异常/中断处理机制和处理过程。

3）FPU

Cortex-M4 与 Cortex-M3 的主要区别之一是增加了一个可选的浮点运算单元（FPU），大大提高了 Cortex-M4 的浮点运算功能。Cortex-M4 浮点运算单元支持符合 IEEE 754-2008 标准的单精度浮点运算。该浮点单元主要功能如下：

- 浮点寄存器组包含 32 个 32 位寄存器，即可以作为 32 个寄存器单独使用，也可以两两配对作为 16 个双字寄存器使用；
- 支持的转换指令包括"整数↔单精度浮点""定点↔单精度浮点""半精度↔单精度浮点"；
- 支持单精度数据和双字数据在浮点寄存器组和存储器之间传输；
- 支持单精度数据在浮点寄存器组和整数寄存器组之间传输。

但是，Cortex-M4 浮点单元不支持双精度浮点运算以及二进制与 10 进制之间的转换，如若需要这些功能只能另外编程实现。Cortex-M4 浮点运算单元的版本为 FPv4-SP，是 ARMv7-A 和 ARMv7-R 中的矢量浮点单元 VFPv4-D16 的子集。这两个浮点单元版本中大部分指令是通用的，因此有时将 Cortex-M4 浮点单元 FPU 也称为 VFP，并且浮点运算指令的助记符都是以 V 开头的。

在 ARM 处理器架构中，浮点单元一般位于处理器内核设备与协处理器之间，具有和其协处理器类似的状态控制寄存器，用以标明浮点运算单元的当前运行状态，并可通过编程对其进行控制。为了与其他处理器中的协处理器编程控制方式保持一致，浮点单元也被看作 CPU 的一个协处理器。在 Cortex-M 系列处理器的系统控制块（System Control Block，SCB）中，有一个协处理器访问控制寄存器（Co-Processor Access Control Register，CPACR），其中 CP10 和 CP11 两位负责对 FPU 进行管理和控制，所以有时也将 FPU 视为协处理器 CP10 和 CP11。通过对 CPACR 寄存器中 CP10 和 CP11 两位置位或者复位操作，可以使能或禁用 FPU。

在经典 ARM 处理器（如 ARM7 和 ARM9）中，有单独的协处理器寄存器访问指令（MCR 和 MRC），通过这些专用传送指令向协处理器中的寄存器传送数据和操作码，从而实现对协处理器的操作控制。Cortex-M4 对 FPU 的操作控制方式与经典 ARM 处理器完全不同。Cortex-M4 有专门的浮点运算指令和数据传送指令，通过这些指令可以把数据从存储器取出并传送到 FPU 的寄存器中，在完成浮点运算之后再把运算结果写回存储器。在 Cortex-M4 的三级流水线中，浮点处理单元 FPU 和 CPU 共用取指部件，在译码和执行阶段则二者并行执行，如图 5.14 所示。

2．处理器

Cortex-M3/M4 处理器除了内核以外，最重要的部件就是总线交换矩阵（Bus Matrix）。

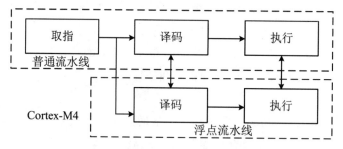

图 5.14　FPU 与 CPU 并行流水线

总线交换矩阵是一个基于 AHB 总线协议的交换网络。Cortex-M3/M4 通过总线交换矩阵，面向各种存储器，片上和片外不同类型的设备以及调试组件提供了多条总线，可以让数据和指令在不同的总线上并行传送（只要不是访问同一个器件）。Cortex-M3/M4 的总线矩阵还包含一个写缓冲区，可以加快存储器写操作速度。Cortex-M3/M4 处理器的系统总线基于 AHB-Lite 总线协议，属于 AHB 总线的"轻量级"版本，总线上只有一个主设备（主机），无须使用总线仲裁。第 4 章已对 AMBA 总线规范做了介绍，此处不再赘述。关于 Cortex-M3/M4 总线系统将在 5.2.4 小节介绍。

Cortex-M3/M4 都可以选配内存保护单元 MPU，通过 MPU 把存储空间划分为最多 8 个区域，区域之间也可以重叠。各个区域的存储特性和访问权限可以通过编程定义。如果使用了嵌入式操作系统，MPU 由操作系统进行管理，给每个任务分配不同存储区域以及访问权限，防止某个应用任务对操作系统或者其他任务的数据造成破坏。

在没有操作系统的简单应用中，MPU 也可以通过应用软件编程来设定需要保护的存储区域，例如，把某个存储空间设置为只读属性，或者把某个区域设置为只有特权用户才能访问，以提高系统安全性和可靠性。

3．处理器系统

从图 5.12 可以看出，在处理器的基础上，再选配唤醒中断控制器（WIC）以及若干调试组件之后，就构成 Cortex-M3/M4 处理器系统。关于 WIC 和调试组件的功能和作用简介如下。

1）WIC

为了减少功耗，Cortex-M 系列处理器引入了"睡眠"和"深度睡眠"两种模式。当处理器处于睡眠模式时，大部分功能模块/部件的时钟都被停掉；在深度睡眠模式时，甚至系统时钟和 SysTick 也被关闭。有些版本的 Cortex-M4 系列处理器采用了名为状态保持功率门控（State Retention Power Gating，SRPG）的电路，在深度睡眠模式时，包括内核和 NVIC 在内的大部分电路都处于掉电状态，以进一步减少功率消耗。处理器在几种不同工作方式下的电流消耗差异情况可以用图 5.15 表示。

但是，处理器处于深度睡眠模式时，所有时钟都停止运行，甚至所有的电路都处于"状态保持掉电"状态，无法再检测到中断信号。为了使处理器在深度睡眠模式时能够"醒来"，支持深度睡眠的 Cortex-M 处理器[①]引入了与之配套的 WIC 特性。

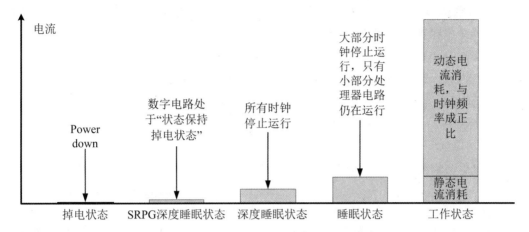

图 5.15　几种不同工作方式下的电流消耗情况

WIC 的电路非常小巧,通过专有接口与 NVIC 以及电源管理单元(Power Management Unit,PMU)相连。当处理器进入深度睡眠模式时,WIC 立即使能。如果在深度睡眠模式下出现了 NMI 或者未被屏蔽的 IRQ 时,WIC 触发电源管理单元,将整个系统唤醒。WIC 与系统部件之间的连接如图 5.16 所示。

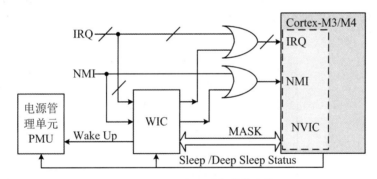

图 5.16　WIC 与系统部件的连接

2)调试组件

经典 ARM 处理器中也有多种调试组件,大多带有 JTAG 接口,并通过 JTAG 接口实现对寄存器和存储器的访问。Cortex-M 系列处理器采用了一种全新的调试架构,ARM 公司将其命名为 CoreSight。CoreSight 调试架构涵盖了调试接口协议、调试总线协议、调试部件控制、安全特性以及跟踪接口等。

在 Cortex-M3/M4 处理器中,调试过程是由 NVIC 和若干调试组件协作完成的。NVIC 中有一些用于调试的寄存器,通过这些寄存器对处理器的调试动作进行控制,如停机(halting)和单步执行(stepping)等。Cortex-M3/M4 可以选配多种调试组件。根据调试组件的作用和功能,不同的组件被连接到不同的总线上。各种调试组件与总线系统的连接关

---

① r1p1 以后版本的 Cortex-M3 才支持 WIC。

系如5.2.4小节图5.20所示。这些调试组件提供了指令断点、数据观察点、寄存器和存储器访问、性能分析（profiling）以及各种跟踪机制。这些调试组件中除了2.7节提到过的ETM（嵌入式跟踪宏单元）以外，还包括：

- ITM：Instrumentation Trace Macrocell Unit，指令跟踪宏单元；
- DWT：Data Watchpoint and Trace Unit，数据观察点和跟踪单元；
- FPB：Flash Patch and Breakpoint Unit，Flash 地址重载和断点单元；
- TPIU：Trace Port Interface Unit，跟踪端口接口单元。

所谓调试（Debug）是指通过调试接口读取或修改处理器内部的寄存器或存储器的内容，或者发布一些调试命令，让处理器执行某些调试动作，如暂停、单步执行或者断点执行等。而跟踪（Trace）是指在程序运行期间，无须停止处理器正常的指令执行流程，由相关的跟踪组件实时收集处理器在指令执行过程中产生的各种运行信息，并通过跟踪接口实时输出到外部调试主机中，再由调试分析软件（如 Keil）对这些信息进行分析，以便系统开发者了解系统的详细运行情况。

在 CoreSight 的调试架构中，ETM、DWT 和 ITM 等调试组件都属于跟踪数据源（Trace Source），由这些组件收集处理器运行过程中产生的各种调试信息，经调试总线（在 Cortex-M3/M4 中是 APB）发往 TPIU 进行汇集。TPIU 属于 CoreSight 的调试架构中 Trace Sink（调试信号汇集点）部件，TPIU 将汇集的调试信息进行格式转换和打包之后，再通过跟踪端口输出到外部的调试主机（PC 机）。Cortex-M3/M4 处理器中的调试信息流如图 5.17所示。

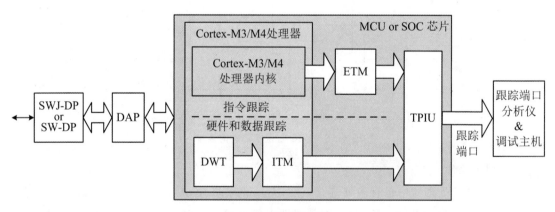

图 5.17　调试信息流

在 CoreSight 调试架构中，定义了处理器内部的调试访问接口（Access Port，AP）与外部调试端口（Debug Port，DP）。AP 的功能是接收来自 DP 的调试命令，并将这些命令转换成对处理器内部各寄存器和存储单元的访问。DP 和 AP 合称为调试访问端口（Debug Access Port，DAP），DAP 与系统的连接方式参见 5.2.4 小节图 5.22。

Cortex-M3/M4 处理器仍然支持传统的基于 JTAG 协议的 SWJ-DP（Serial Wire JTAG DP）接口。由于 JTAG 接口有 4 条线（模式 TMS、时钟 TCK、数据输入 TDI 和数据输出 TDO），为了减少芯片引脚，Cortex-M3/M4 还支持只有 2 条线的 SW-DP（Serial Wire DP）

接口,如图 5.18 所示,芯片制造商可以根据需要选择其中的一种或者两种。

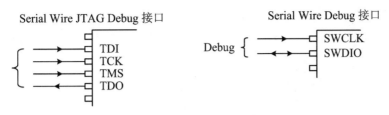

图 5.18　SWJ-DP 和 SW-DP 接口

以上各种调试组件都是可选件,不同芯片制造商针对不同的应用背景可以选配不同的调试组件。芯片制造商将所选的调试组件配置信息,都记录在一个称为 ROM 表的非易失存储器中,ROM 表的作用类似于注册表。

关于 ARM 处理器具体调试方法以及 CoreSight 的更多内容请参阅相关资料。

5.2.3　存储器管理

从图 5.12 所示 Cortex-M3/M4 处理器结构框图中可以看出,Cortex-M3/M4 处理器内核没有 Cache 或者 TCM 之类的高速存储器,而是通过多条总线连接片上的各种不同类型和容量的存储器件。如果需要进一步扩展存储容量,还可以通过存储器接口控制器,连接片外大容量存储器。本小节只对 Cortex-M3/M4 在存储管理方面的特性以及存储器的映射关系作简单介绍,更加具体的内容详见 5.4 节。

1. Cortex-M3/M4 存储器管理特性

在存储器管理方面,Cortex-M3/M4 处理器具有以下特性:

• 4 GB 线性地址空间。虽然 AHB-Lite 总线属于 32 位总线,但是通过适当的存储器接口控制器,可以连接 32 位、16 位和 8 位的存储器件。

• 确定的存储器映射关系定义,旨在优化处理器的性能。4 GB 存储空间被划分为多个区域,分别用于不同的存储器和外设。例如,Cortex-M3/M4 处理器具有多个总线接口,允许同时访问程序代码区以及 SRAM 区或者外设区域。

• 支持小端和大端的存储器系统。但是芯片制造商可能只选择其中一种配置类型。

• Bit-Band Operations(位带操作,也称为位段或者位域操作,可选)。在经典 ARM 处理器中,如果想修改某个存储单元或者 I/O 端口的某一个 bit 位而不影响其他位,需要顺序执行读出、修改和写入三个步骤。而位带操作可以使用地址直接对这个 bit 位进行操作,无须担心影响其他位。但是具体的 MCU 或者 SOC 芯片是否带有位带操作特性则由芯片制造商决定。

• 写缓冲。Cortex-M3/M4 处理器内置写缓冲,可以提高程序的执行速度。

• 存储器保护单元 MPU(可选)。Cortex-M3/M4 处理器中的 MPU 支持 8 个可编程区域,可在嵌入式操作系统环境下提高系统健壮性。

• 非对准传送。所有基于 ARMv7-M 的 Cortex-M 系列处理器都支持非对准传送,但是非对准传送将额外增加总线传送次数,影响数据传送效率。

2. 存储器映射

所有基于 ARMv7-M 的 Cortex-M 系列处理器,都采用图 5.19 所示的存储器映射关系方式。Cortex-M 系列处理器将 4 GB 地址空间分成以下几个区域:

- 程序代码访问区域(Code 区域),多采用 Flash 器件存储程序代码;
- 数据存储区域,又分为片内(片内也称为片上)SRAM 以及片内和片外 RAM 区域;
- 外设端口区域,也分为片内设备和片外设备两个区域;
- 处理器的内部控制和调试部件区域。

在 Cortex-M 系列处理器中,虽然有明确和清晰的存储区域划分,但是仍然不失灵活性。例如,程序代码既可以存放在 Code 区域,也可以存放在 AHB-Lite 总线所连接的 SRAM(主存)中;芯片制造商也可以在 Code 区域使用 SRAM 存储器。针对嵌入式系统的实际应用背景,芯片制造商往往只会使用每个区域的一小部分用于程序 Flash、SRAM 和外设,有些区域可能不会用到。不同的 MCU 或者 SOC 芯片使用的存储器大小和外设地址可能各不相同,芯片制造商的数据手册会对此有详细描述。

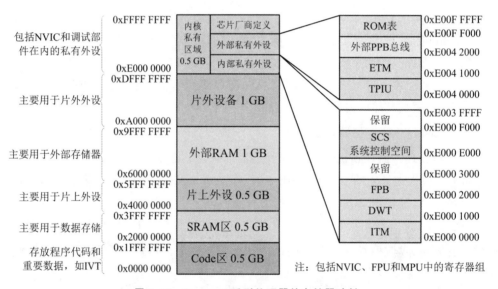

图 5.19　Cortex-M 系列处理器的存储器映射

Cortex-M 系列处理器将位于 0xE000 0000～0xFFFF FFFF 之间的空间划为内核私有区域,该区域又分为内部私有设备、外部私有设备和芯片厂商定义三个子区域。其中,位于内部私有外设子区域的 SCS(System Control Space,系统控制空间)区,包括 NVIC、SysTick、系统控制块 SCB、FPU 和 MPU 等在内的各种系统部件寄存器组。

此外,Cortex-M 系列处理器中各种调试组件,如 ITM、DWT、FPB、TPIU、ETM 和 ROM 表,也都映射在如图 5.19 所示的内部私有外设以及外部私有外设子区域。在所有 Cortex-M 系列处理器中,映射到内核私有区域的各类寄存器都有相同地址。这种统一的地址映射方案有助于提高基于 Cortex-M 设备之间的软件可移植性和代码可重用性。

5.2.4　总线系统

Cortex-M3/M4 处理器总线系统的结构如图 5.20 所示,其核心是基于 AHB 总线协议的总线交换矩阵,总线交换矩阵所连接的各类总线的作用以及主要特性简介如下。

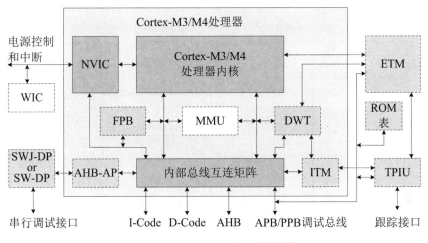

图 5.20　Cortex-M3/M4 总线结构

- I-Code 总线:基于 AHB-Lite 总线协议的 32 位总线,负责在 0x0000 0000～0x1FFF FFFF 之间(Code 区)进行取指操作。取指以字为单位,对于 16 位 Thumb 指令,一次取指操作可以取出两条指令。

- D-Code 总线:也是基于 AHB-Lite 总线协议的 32 位总线,所能访问的区域与 I-Code 总线相同,也是 0x0000 0000～0x1FFF FFFF 之间的 Code 区,负责对位于该区域的数据进行访问。

从以上两条总线可访问的地址范围可以看出,尽管 Cortex-M3/M4 的取指和数据读写是在两条总线上分别进行的,但是,I-Code 和 D-Code 只能访问 Code 区内共用的 512 MB 空间。两条总线在物理上互相独立,彼此之间有一个仲裁器。当 I-Code 和 D-Code 同时访问同一个存储部件或者存储区域时,将发生冲突,仲裁器判定 D-Code 优先,I-Code 等待。如果将代码和数据分别存放于 Code 区内两个地址不同的存储器中,则可以避免上述冲突。Code 区的程序代码通常使用 Flash 型闪存,而数据一般使用 SRAM 型存储器。

- System(系统总线),基于 AHB-Lite 总线协议的 32 位总线,有时也称为 AHB 总线,负责在 0x2000 0000～0xDFFF FFFF 以及 0xE010 0000～0xFFFF FFFF 之间的所有数据传送。

- APB/PPB(Private Peripheral Bus),32 位 APB 总线,负责连接 0xE004 0000～0xE00F FFFF 之间的外部私有外设。从图 5.19 所示的内存映射表中可以看出,在外部私有外设子区域中,有一部分空间已被 ETM、TPIU 等调试组件所占用,只有 0xE004 2000～0xE00F EFFF 之间可用于外部私有设备连接。但是,该总线是专用的,一般不用于普通外设,否则将会因特权管理问题出现各种错误。该接口包含了一条名为"PADDR31"的信号,以标识发起传送的"源"方。若该信号为0,则表示是内部软件发起的传送操作;若为1,则表示是调试硬件产生了传送操作。外设可以根据这个信号有选择地作出响应。例如,只响应调试硬件发起的请求,或者只部分响应软件发起数据传送请求。

以上 I-Code、D-Code、System 和 PPB 四条总线所能访问的区域如图 5.21 所示。注意到 0xE000 0000~0xE003 FFFF 是内核私有外设(参见图 5.19)区域,CPU 对该区域的访问不经过上述四条总线,而是通过内部总线互连矩阵直接对该区域进行访问。

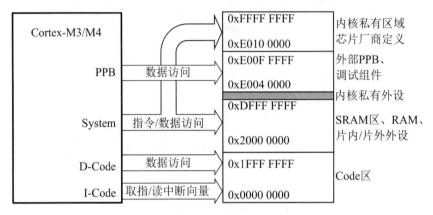

图 5.21 四条总线的访问区域

除了上述四条总线以外,Cortex-M3/M4 处理器还有一个调试访问端口(DAP),用于连接处理器内部的调试访问端口 AHB-AP 与外部调试端口 DP,如 SWJ-DP 和 SW-DP。AHB-AP 与内部总线互连矩阵之间有一条基于"增强型 APB 规格"的 32 位总线,其连接方式如图 5.22 所示。

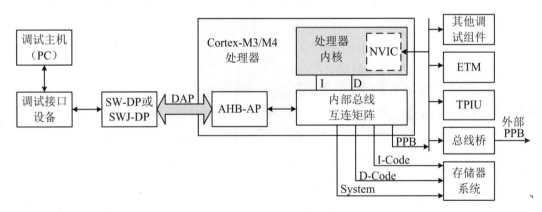

图 5.22 DP 与 AP 的连接

Cortex-M3/M4 各类总线与各种存储器以及外设的连接方式如图 5.23 所示。需要指出的是,图 5.23 中的 AHB 总线互连矩阵属于处理器内核设备,而 Code 区的总线矩阵或者总线复用器是 ARM 公司或者其他 IP 供应商和芯片制造商提供的选件,其作用是让 I-Code 和 D-Code 都能够访问 Code 区的 Flash 和 SRAM。

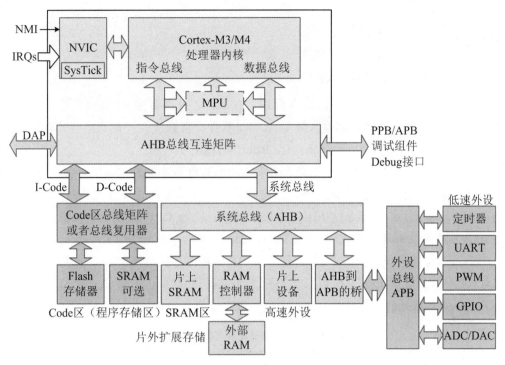

图 5.23　Cortex-M3/M4 总线与各个部件的连接方式

　　还需要说明的是,Code 区的总线矩阵和总线复用器是两种不同的选件,并具有不同的特性。如果选用总线矩阵,I-Code 对 Flash 的取指操作与 D-Code 对 SRAM 的数据存取操作可以同时进行;如果选用的是总线复用器,I-Code 和 D-Code 对 Code 区的访问只能分时进行,I-Code 和 D-Code 上的数据传送不再具有并行性,但是可以减少芯片中的电路数以及芯片面积。也有一些芯片制造商取消了原本应该放到 Code 区的 SRAM,将数据统一存放到由系统总线连接的片上 SRAM 中,利用系统总线与 I-Code 总线的并行性进行数据传送。这样不仅可以减少一块 SRAM,而且 Code 区只需使用相对简单和低成本的总线复用器即可。

　　片上 SRAM 也称为主存储器,必须连接到系统总线上,使其位于 SRAM 区,以便可以使用位带操作。关于位带区所处位置以及位带操作的具体内容详见 5.4 节相关内容。

　　如果需要扩展内存容量而使用片外存储,必须使用片外 RAM 控制器作为接口,Cortex-M3/M4 系统总线不能直接连接片外存储器。

　　图 5.23 中的总线矩阵或者总线复用器、片外 RAM 控制器、AHB 到 APB 的总线桥、AHB-AP 调试访问端口以及 UART 等各种外设接口都可以根据需要选配。除了 ARM 公司以外,还有其他 IP 供应商也能提供。

5.2.5 异常与中断处理

1. 嵌套向量中断控制器(NVIC)

第4章已对中断和异常的概念做了介绍。在 ARM 处理器中,中断被看作一种特殊的异常类型,通常由外设或者外部输入触发,或者由软件设置触发。异常和中断处理程序通常也被称为中断服务程序(Interrupt Service Routine,ISR)。

与经典 ARM 处理器相比(参见图 5.13),ARMv7-M 版本架构采用了一种全新的异常/中断处理机制,取消了 FIQ,取而代之的是逻辑关系更加清晰的中断优先级机制,并且全面支持嵌套中断管理。Cortex-M3/M4 处理器集成了一个与 CPU 紧耦合的嵌套中断控制器(NVIC),总共可以管理从 IRQ♯0 到 IRQ♯239 共 240 个外部中断、一个不可屏蔽中断(NMI)以及多个系统异常。其中,类型号为 0~15 的异常分配给系统异常(实际上只使用了11 个,包括 NMI,有 5 个作为保留);类型号为 16~255 的 240 个异常分配给了外部中断(IRQ)。异常类型号的具体分配方式以及优先级安排如表 5.6 所示。

表 5.6 异常类型分配和优先级一览表

编号	类型	优先级	简介
0	N/A	N/A	没有异常在运行
1	复位 Reset	−3(最高)	复位
2	NMI	−2	来自 NMI 引脚,一般由看门狗或者掉电监测单元 BOD 产生
3	Hard Fault 硬件错误	−1	如果相应的异常处理未使能,所有错误都可能引发此异常
4	MemManage 错误	可编程	访问内存的行为违反了 MPU 定义的规则
5	总线错误	可编程	AHB 收到从总线的错误响应,如指令预取和数据读写被终止
6	用法错误	可编程	无效指令或试图访问未配置的部件,如访问 M3/M4 没有的协处理器
7~10	保留		
11	SVC	可编程	有 OS 时,应用程序可借此调用系统服务(类似于 DOS 调用)
12	调试监视	可编程	使用基于软件的调试时,断点和数据观察点等调试事件的异常
13	保留		
14	PendSV	可编程	可挂起(缓期执行)的 SVC,常用于多任务 OS 的上下文切换
15	SysTick	可编程	系统节拍定时器产生的周期性异常,例如任务之间的切换定时
16	IRQ♯0	可编程	由片上外设或者外设中断源产生
17	IRQ♯1	可编程	
...	...	可编程	
255	IRQ♯239	可编程	

虽然 Cortex-M3/M4 处理器可以管理 240 个外部中断,但是,为了支持数量众多的外部中断需要增加相应门电路和芯片引脚,同时也增加了产品成本和芯片功耗。因此,芯片制造商一般根据具体应用场景选择合适的外部中断数量。实际 MCU 或者 SOC 产品的外部中断数量一般只有 8 个或者 16 个,很少超过 64 个。另外,某些产品也没有提供外部 NMI 引脚。

需要注意的是,在调用 CMSIS[①] 设备驱动库编程时,CMSIS 库的中断类型编号范围是 −15∼239,CMSIS 库的中断编号 0 对应的是 IRQ♯0,中断编号 239 对应的是 IRQ♯239;而编号为负数的 −15∼−1 依次对应的是复位到 SysTick 等系统异常。

NVIC 是 Cortex-M3/M4 内核不可分割的一部分,NVIC 在内核中的连接方式如图 5.24 所示。

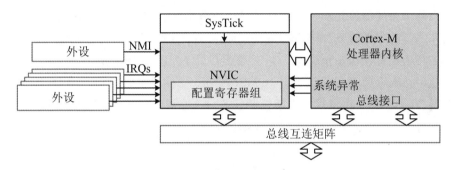

图 5.24　NVIC 在 Cortex-M 处理器中的连接方式

Cortex-M3/M4 通过 NVIC,可对 240 个外部以及大部分系统异常进行全面和细腻的集约化管理,其中包括优先级设定、中断屏蔽、嵌套(抢占)管理、中断状态识别、中断挂起[②] (Pending)和解挂等事务。在异常处理过程中,NVIC 与内核相互配合,使得 Cortex-M3/M4 的异常处理机制更加高效。Cortex-M3/M4 处理器在异常/中断处理方面的特性还包括:

- 除了复位和 NMI 之外,其他所有异常/中断都可以被屏蔽;
- 除了复位、NMI 和硬件错误之外,其他所有异常/中断都可以单独使能或禁止;
- 除了复位、NMI 和硬件错误具有固定的(高)优先级之外,其他所有异常/中断都具有多达 256 级可编程优先级,以及最多 128 个可抢占(嵌套)优先级(关于中断处理以及中断抢占等内容将在 5.5 节介绍);
- 支持优先级的动态修改(Cortex-M0/M0＋无此特性);
- 支持向量中断/异常方式,中断响应时自动给出中断/异常处理程序入口地址;
- 向量表可以重定位在存储器中的其他区域;
- 低中断处理延迟,对于零等待的存储器系统,中断处理延迟仅为 12 个时钟周期;

---

① 微控制器软件接口标准(Cortex Microcontroller Software Interface Standard),由 ARM 公司联合多家芯片和软件供应商合作定义,包含多个组件。其中,内核和设备访问库函数 CMSIS-core 提供了多种函数,可对 CPU 内部各种寄存器以及内核设备进行访问。关于 CMSIS 参见本书第 7 章相关内容。

② 由于优先级等因素,某个中断服务请求不能立刻得到处理,称为中断被挂起。

- 中断和多个异常可由软件触发；
- 可以按照优先级对中断进行屏蔽；
- 进入中断/异常服务程序时可自动保存包括 PSR 在内的多个寄存器,异常返回时自动恢复,无须另外编程；
- 可选配唤醒中断控制器(WIC),支持睡眠(Sleep)以及深度睡眠(Deep Sleep)。

在经典 ARM 处理器中,所有外部 IRQ 同属一个优先级,外部 IRQ 之间的优先级以及中断嵌套只能通过外部 VIC 或者软件编程实现。而 Cortex-M3/M4 最多可以设置 128 个可抢占(嵌套)优先级,可通过 NVIC 对所有的外部中断和大多数系统异常实现硬件嵌套管理,无须另外编程控制。当前正在处理的异常/中断优先级被存储在程序状态寄存器的专用字段中。在允许抢占(嵌套)的情况下,当出现新的异常/中断时,硬件电路自动将其可抢占优先级与当前正在处理的异常/中断进行比较,如果新异常/中断的抢占优先级更高,就会中断当前正在执行的中断服务程序,转而处理新的异常/中断,从而实现中断嵌套。

为了支持这些特性,Cortex-M3/M4 处理器以及 NVIC 使用了多个可编程寄存器,这些寄存器被映射在内存的 SCS 区。此外,CMSIS-Core 提供了丰富的访问函数(API),可以对这些寄存器进行定义,实现常规的中断控制任务。这些访问函数易于使用,而且其中大多数可同样用于包括 Cortex-M0 在内的其他 Cortex-M 处理器。

2. 中断向量表

Cortex-M3/M4 处理器将所有异常/中断处理程序的入口地址集中存放在中断向量表中。Cortex-M3/M4 处理器的中断向量表只有异常/中断服务程序的入口地址,每个入口地址为 32 位,占用 4 个字节,这与经典 ARM 处理器有很大的不同。在经典 ARM 处理器中,不仅所能处理的异常和中断数量较少,而且中断向量表中还包含了跳转到中断服务程序入口的转移指令。Cortex-M3/M4 处理器总共有 256 个异常/中断类型,所以中断向量表的容量为 $4 \times 256 = 1\ 024$ 个字节(1 KB)。中断向量表作为一类系统表,起始地址默认位于存储器空间最开始位置(地址 0x0)。Cortex-M3/M4 处理器的中断向量表中的具体内容如表 5.7 所示。

表 5.7 Cortex-M3/M4 处理器中断向量表

异常类型	CMSIS 中断编号	地址偏移	中断向量
N/A	N/A	0x00	主堆栈 MSP 初始值
1	N/A	0x04	Reset 复位
2	−14	0x08	NMI 不可屏蔽中断
3	−13	0x0C	Hard Fault 硬件错误
4	−12	0x10	MemManage Fault 存储管理错误
5	−11	0x14	Bus Fault 总线错误
6	−10	0x18	Usage Fault 用法错误
N/A	N/A	0x1C	保留

续表

异常类型	CMSIS 中断编号	地址偏移	中断向量
N/A	N/A	0x20	保留
N/A	N/A	0x24	保留
N/A	N/A	0x28	保留
11	−5	0x2C	SVC 系统服务调用
12	−4	0x30	Debug Monitor 调试监视
N/A	N/A	0x34	保留
14	−2	0x38	PendSV 可挂起请求
15	−1	0x3C	SysTick 系统定时
16	0	0x40	IRQ♯0
17	1	0x44	IRQ♯1
18~255	2~239	0x48~0x3FF	IRQ♯2~IRQ♯239

为了加快 Cortex-M3/M4 处理器的中断处理速度,在中断响应时,读取中断向量以及中断服务程序的取指操作应与保护断点的寄存器压栈操作同时进行。由于中断向量表位于存储空间最开始的位置,而这片区域属于存放程序代码的 Code 区,在中断响应时,应由 I-Code 总线负责读取中断向量。而中断响应时的压栈操作理论上可由 D-Code 或者系统总线完成,以充分发挥哈佛结构的优势。但是,有些芯片制造商为了减少一片 Code 区的 SRAM,把数据都存放在由系统总线负责管理的 SRAM 区,因此压栈操作只能由系统总线完成。

在某些时候,中断向量表在系统中的存放位置可能需要改变,这种改变称为中断向量表的重定位(relocate)。Cortex-M3/M4 提供了中断向量表重定位特性,中断向量表可以移至 Code 区其他位置或 SRAM 主存储区。关于中断向量表重定位将在 5.5 节介绍。

3. 系统节拍定时器(SysTick)

多任务操作系统大多采用分时处理的原则,将处理器时间划分成若干个时间片,在不同的时间片内,处理器轮流为每个任务进行服务。因此,系统中需要一个定时器来产生周期性的定时信号,"提醒"操作系统对任务进行切换。此外,计算机中还有其他系统事务也需要定时信号,例如 DRAM 的刷新定时和实时时钟等。

为了支持多任务操作系统,Cortex-M 系列处理器集成了一个系统节拍定时器 SysTick,其作用是产生周期性的 SysTick 中断(异常号♯15)。SysTick 定时器与 NVIC 捆绑在一起,也可以认为是 NVIC 的一部分,都属于内核设备。SysTick 内部包含一个 24 位递减计数器和如下 4 个寄存器:

- 状态控制寄存器(SysTick Control and Status Register,STCSR);
- 加载值寄存器(SysTick Reload Value Register,STRVR);
- 当前计数值寄存器(SysTick Current Value Register,STCVR);

- 校准值寄存器（SysTick Calibration Value Register，STCR）。

可以通过对这些寄存器的编程操作实现对 SysTick 的管理。例如，当 SysTick 被使能后，便从 STRVR 的数值开始，按照时钟周期进行递减计数，减至 0 后在下个时钟周期又从 STRVR 中重新加载，重复递减计数，每次减至 0 便产生一个标志事件，从而产生一个周期性的中断触发。

在没有使用操作系统的嵌入式系统中，SysTick 定时器可以作为普通定时器，用于产生周期中断、延时和时间测量等。

SysTick 设计时考虑了系统保护，非特权访问等级的用户程序不能随意访问 SysTick 的寄存器，以免影响其产生正常的周期性中断信号。若编程中使用了 CMSIS-Core，具有特权访问等级的用户程序可调用 SysTick_Config 函数对 SysTick 进行配置和管理。

5.3 Cortex-M3/M4 的编程模型

Cortex-M3/M4 处理器的编程模型（programmer's model）与经典 ARM 处理器有较大差别。例如，在以 ARM7T 系列为代表的经典 ARM 处理器中，具有 ARM 和 Thumb 两种操作状态，在不同的状态下有各自不同的指令系统。两种状态可以切换，但是状态切换会有一定的时间开销。而 Cortex-M3/M4 支持 16 位和 32 位指令并存的 Thumb-2 技术，没有 ARM 和 Thumb 两种操作状态之分，不再有状态切换所导致的时间开销。经典 ARM 处理器的运行模式有 7 种之多，如表 5.8 所示，Cortex-M3/M4 对这些运行模式进行了化简与合并，使得 Cortex-M3/M4 的操作状态和运行模式的逻辑关系更加清晰。本节将从编程的角度，介绍 Cortex-M3/M4 处理器的操作状态与运行模式、各类寄存器以及堆栈处理机制。

表 5.8 经典 ARM 处理器的运行模式

处理器模式			说明
1. 用户模式（usr）			User，正常的程序执行模式，不能直接修改 CPSR 切换到其他模式
特权模式	异常模式	2. 系统（sys）	System，运行具有特权的操作系统任务，可直接切换到其他模式
		3. 管理（svc）	Supervisor，操作系统使用的保护模式，复位和软件中断进入该模式
		4. 终止（abt）	Abort，当数据或指令预取遇到终止时进入该模式
		5. 未定义指令（und）	Undefined，当执行未定义或不支持的指令时进入该模式
		6. 中断（irq）	Interrupt request，通用外部中断处理，IRQ 异常响应时进入该模式
		7. 快速中断（fiq）	Fast Interrupt request，快速中断请求处理，FIQ 异常响应时进入该模式

5.3.1　操作状态与操作模式

Cortex-M3/M4 处理器只有两种操作状态和两个操作模式,另外还有特权和非特权两种访问等级。

1. 操作状态

Cortex-M3/M4 处理器具有以下两种操作状态。

1) Thumb 状态

若处理器执行 Thumb 指令程序代码,就会处于 Thumb 状态。由于 Cortex-M 系列处理器不支持 ARM 指令集,所以没有经典处理器中的 ARM 状态。

2) 调试状态

当处理器被暂停后,例如通过调试器发布暂停命令或触发程序断点后,就会进入调试状态,并停止指令执行。

调试状态仅用于调试操作,可以通过两种方式进入调试状态,调试器发起暂停请求,或处理器中调试部件产生调试事件。在调试状态下,调试器可以访问或修改处理器中寄存器数值。无论在 Thumb 状态还是调试状态下,调试器都可以访问系统存储器,包括位于处理器片内和片外的各种外设。

2. 操作模式

操作模式也称为处理器工作模式或者运行模式,Cortex-M3/M4 处理器将经典 ARM 处理器的 7 种运行模式归并成以下两种操作模式。

1) 处理模式(Handler mode)

也就是异常处理模式。在该模式下执行的是异常/中断服务程序(ISR)。处理模式相当于将经典处理器中的 5 种异常模式整合为一种模式。

2) 线程模式(Thread mode)

除了处理模式以外的所有运行模式。

3. 访问等级

在 Cortex-M3/M4 处理器中,有特权和非特权两种访问等级。两种访问等级可以访问的寄存器类型和存储区域存在差异。

如果处理器处于处理模式,正在执行异常/中断服务程序,此时具有特权访问等级,可以访问处理器中的所有资源。

而线程模式则根据特权访问等级分为两种类型,第一种是具有特权访问等级的线程模式,简称为特权线程模式;第二种是只有非特权访问等级的线程模式,简称非特权线程模式。如果与经典 ARM 处理器进行类比,特权线程模式相当于系统(sys)模式所具有的访问权限;非特权线程模式则类似于用户模式(usr)所具有的访问权限。

Cortex-M3/M4 处理器操作状态与操作模式之间的迁移关系如图 5.25 所示。

Cortex-M 系列处理器启动后默认处于 Thumb 状态以及特权线程模式。当执行普通应用程序代码时,处理器可以处于特权线程模式,也可以处于非特权线程模式。处于线程模式下,处理器所具有的特权访问等级由特殊寄存器 CONTROL 控制。关于 Cortex-M3/M4 的特殊寄存器将在本节稍后部分介绍。在特权线程模式下,通过对 CONTROL 寄存器的写操作,可以将处理器从特权线程模式切换到非特权线程模式。但是在非特权线程模式下,处理器无法访问 CONTROL 寄存器,因此也无法从非特权等级切换到特权等级。如若需要进行切换,只能借助异常机制才可实现。

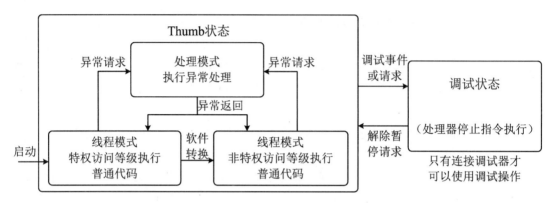

图 5.25　Cortex-M3/M4 处理器的操作状态与操作模式

非特权访问等级与特权访问等级的编程模型基本一致,仅在以下几个方面存在差异:

• 有几条指令只有特权访问等级才能执行,使用这些指令将引起用法错误(Usage Fault)异常;

• 非特权访问等级不能访问大部分的内核私有区域,也不能访问某些特殊寄存器,例如,Cortex-M3/M4 处理器所有的 NVIC 寄存器仅支持特权访问等级;

• 如果系统中配置了 MPU,并且 MPU 划定某些区域只允许特权等级访问,非特权等级也不能访问这些区域,否则将引起 MemManage Fault 异常。

线程模式和处理模式的编程模型也很类似。不过线程可以使用进程栈指针 PSP,也可以选择使用主栈指针 MSP,而处理模式只能使用 MSP,这种设计使得应用任务的栈空间和操作系统的主栈空间相互独立,提高了系统可靠性。但是对于许多简单的应用,一般不会使用非特权线程模式和进程栈指针。

特权和非特权访问等级是一种最基本的安全模型,系统设计者可以借此对关键区域提供必要的保护机制,以提高嵌入式应用系统的健壮性。例如,系统运行的程序可能既有具有特权访问等级的嵌入式操作系统,又有非特权访问等级的应用任务。可以通过特权等级划分限制应用程序可访问区域,避免不可靠应用任务破坏操作系统内核,或者破坏其他任务使用的存储区域和外设。如果某个应用程序出现崩溃,不至于影响到操作系统内核和其他应用任务继续运行。

基于 ARMv6-M 版本架构的 Cortex-M0 处理器不支持非特权线程模式,而 Cortex-M0＋处理器只是将其作为一个可选项。

5.3.2　常规寄存器

在经典 ARM 处理器(如 ARM7TDMI)中,虽然程序可访问的寄存器总数有 30 多个,但在不同的状态和不同的工作模式下只能看到其中的一部分,如表 5.9 所示。例如,在 ARM7TDMI 中,在 usr 和 sys 模式下只能看到其中的 17 个,其他模式可以看到 18 个。

表 5.9　经典 ARM 处理器中的寄存器

模式 寄存器	usr	sys	svc	abt	und	irq	fiq
通用寄存器	R0						
	R1						
	R2						
	R3						
	R4						
	R5						
	R6						
	R7						
	R8						R8-fiq
	R9						R9-fiq
	R10						R10-fiq
	R11						R11-fiq
	R12						R12-fiq
	R13(SP)		R13_svc	R13_abt	R13_und	R13_irq	R13-fiq
	R14(LR)		R14_svc	R14_abt	R14_und	R14_irq	R14-fiq
程序计数器	R15(PC)						
状态寄存器	CPSR						
	无		SPSR_svc	SPSR_abt	SPSR_und	SPSR_irq	SPSR_fiq

与经典处理器相比,Cortex-M3/M4 处理器将工作模式的数量从 7 种减为 2 种。同时,在力求与经典处理器保持相对兼容的前提下,Cortex-M3/M4 处理器对各类寄存器也进行了调整和梳理,并重新进行了分组,使得各类寄存器的组织结构更加清晰,功能更加全面。

Cortex-M3/M4 处理器中的常规寄存器组中共有 16 个寄存器,其中 13 个为 32 位通用寄存器,其他 3 个分别为堆栈指针、链接寄存器和程序计数器。与经典处理器相比,Cortex-M3/M4 处理器的常规寄存器少了 CPSR 和 SPSR,而是改用一种新程序状态信息保护机制,本小节稍后将介绍新的状态寄存器。Cortex-M3/M4 处理器各个寄存器名称如图 5.26 所示。

1. R0～R12 通用寄存器

编号 R0～R12 的寄存器为通用寄存器,其中前 8 个(R0～R7)也被称作低位寄存器。由于受指令编码空间的限制,许多 16 位 Thumb 指令只能访问低位寄存器。R8～R12 称为

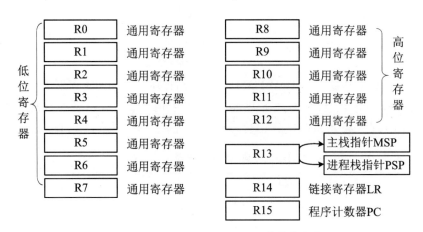

图 5.26　Cortex-M3/M4 处理器中的寄存器

高位寄存器，可用于 32 位指令和少数几个 16 位指令（如 MOV 指令）。系统复位之后，R0～R12 的初始值均未定义。

虽然 R0～R12 都是通用寄存器，但是为了能够实现汇编程序与 C 语言程序的相互调用，ARM 公司先后制定了 ATPCS 和 AAPCS[①] 规范，规定 R0～R3 用于子程序之间的参数传递，R4～R11 用于保存子程序的局部变量，R12 作为子程序调用的中间寄存器。因此，在编写需要进行参数传递的子程序时，应注意遵守上述寄存器使用规则。关于 ARM 汇编语言编程请参见第 7 章相关内容。

2. R13 栈指针

R13 为堆栈指针。Cortex-M3/M4 处理器采用了双堆栈设计，有两个物理栈指针，也就是说实际上有两个 R13 寄存器，一个是主栈指针（MSP），另一个是进程栈指针（PSP）。但是对于一般程序而言，两个堆栈指针寄存器只有一个可见。其中 MSP 为默认栈指针，在系统复位后或处理器处于处理模式时，处理器使用 MSP，而 PSP 只能用于线程模式。栈指针的选择是通过特殊寄存器 CONTROL 实现的。

在大多情况下，对于不需要嵌入式操作系统的应用，没有必要使用 PSP，许多简单应用只需使用 MSP 即可。系统复位之后，PSP 的初值未定义，而 MSP 的初值存放在整个存储空间的第一个字中（参见 5.2 节表 5.7），在系统初始化时，需要将其取出并对 MSP 进行赋值。

需要注意的是，尽管 v8 版架构之前的 ARM 处理器都是 32 位的，PUSH 和 POP 也是以字为单位进行操作，在理论上堆栈采用字（4 字节）对齐方式即可。但是考虑到 64 位双精度浮点数的压栈问题，AAPCS 规范要求堆栈应该采用双字（8 字节）对齐方式。如果没有遵守 AAPCS 的规范，在发生函数调用时可能会因对齐问题出现难以预料的错误。在 Cortex-M3/M4 处理器中，通过系统控制块（SCB）中的配置控制寄存器（Configuration Control

---

① ATPCS（ARM-Thumb Procedure Call Standard），ARM 公司制定的子程序调用规范，包括寄存器使用规则、数据栈使用规则以及参数传递规则。2003 年 ARM 公司将 ATPCS 升级为 AAPCS（ARM Architecture Procedure Call Standard），目前两者皆为可用标准。

Register,CCR),可以使能或禁止双字栈对齐特性。

无论是采用字对齐还是采用双字对齐,MSP 和 PSP 的最低两位总是为 00,对这两位进行写操作不起作用。

3. R14 链接寄存器

R14 也被称作链接寄存器(Link Register,LR),用于保存函数或者子程序调用时的返回地址。当函数或子程序运行结束时,可以将 LR 中的数值加载到程序计数器(PC)中,返回到调用程序处并继续执行。

在异常/中断处理时,LR 将自动保存一个名为 EXC_RETURN 的特殊值,指示异常/中断处理结束时的返回行为。如果是嵌套(被调用的函数或者子程序又调用另外一个函数或子程序)调用,调用前需要将 LR 中的数值压栈保存,否则在嵌套调用之后 LR 原来保存的信息丢失从而无法正常返回主程序。5.5 节将对异常/中断处理过程做更加深入的介绍。

由于 Cortex-M3/M4 中有些指令字长为 16 位,指令有时会对齐到半字地址,即便如此,返回地址总是偶数,LR 的最低位为 0。不过 LR 的第 0 位是可读可写的,有些转移/调用操作需要将 LR 的第 0 位置 1,用以表示处于 Thumb 状态。但是无论 LR 的最低位是什么数值,作为返回地址来说,总是默认其为 0。

4. R15 程序计数器

R15 为程序计数器(PC),对于 ARM 处理器,PC 不仅可读而且可写,读操作返回的是当前指令地址加 4,这是因为流水线的特性以及与 ARM7T 系列处理器兼容的需要。对 PC 的写操作可以使用数据传送指令以及数据处理指令,以实现程序的跳转。而在 Intel 8086 处理器中,不允许对代码段寄存器(CS)以及指令指针(IP)进行写操作,CS 和 IP 也不能作为数据传送和数据处理指令的目的操作数,程序转移或者过程调用只能通过专门的指令来实现。

在 Cortex-M3/M4 处理器中,由于指令必须要对齐到半字或字地址,作为代码地址,PC 的最低位总认为是 0。但是,无论是使用跳转指令还是直接写 PC 寄存器,写入值必须是奇数,确保其最低位是 1,以表示其处于 Thumb 状态,否则将被认为试图转入 ARM 模式,从而导致出现错误异常。如果使用高级编程语言(包括 C 和 C++),编译器会自动将跳转目标的最低位置 1,无须担心出错。PC 最低位为 1,只是表示其处于 Thumb 状态,作为指令地址,PC 最低位始终被认为是 0。

在多数情况下,跳转和调用操作都由专门指令实现,利用数据传送和数据处理指令更新 PC 的情况较为少见。在访问位于程序存储器中的字符数据时,经常将 PC 作为基地址寄存器,而偏移地址由指令中的立即数给出。

5. 关于寄存器的名称

使用 ARM 汇编指令编程时,在汇编代码中出现的上述寄存器可以使用不同的名称,如大写、小写或者大小写混用,如表 5.10 所示。常用的汇编工具(如 Keil MDK-ARM 和 ARM ADS)都能识别。

表 5.10　汇编代码中可以使用的寄存器名称

寄存器	可以使用的寄存器名称	备注
R0~R12	R0,R1,…,R12,r0,r1,…,r12	
R13	R13,r13,SP,sp,Sp	MSP 和 PSP 只能用特殊寄存器访问指令 MRS 和 MSR
R14	R14,r14,LR,lr,Lr	
R15	R15,r15,PC,pc,Pc	

5.3.3　特殊寄存器

Cortex-M3/M4 处理器中除了上述寄存器之外,还有几个特殊寄存器,如图 5.27 所示。这些寄存器用于表示处理器状态、定义处理器操作状态以及设置异常/中断屏蔽。在使用 C 或 C++ 等高级编程语言开发简单应用时,可能不太需要这些特殊寄存器。但在编写需要在嵌入式操作系统环境下运行的应用程序,或者需要使用高级中断屏蔽特性时,就需要访问这些特殊寄存器。

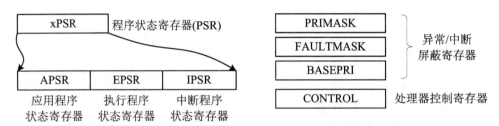

图 5.27　Cortex-M3/M4 处理器中的特殊寄存器

特殊寄存器没有经过存储器映射,只能利用 MSR/MRS 指令通过寄存器的名称对其进行访问。具体格式为:

　　　　MRS　<reg>,　<special_reg>;　　　将特殊寄存器读入某个通用寄存器 reg

　　　　MSR　<special_reg>,　<reg>;　　　将通用寄存器 reg 的内容写入特殊寄存器

CMSIS-core 也提供了几个用于访问特殊寄存器的函数。但应注意不要将特殊寄存器与其他 MCU 中的"特殊功能寄存器(SFR)"混淆,后者一般用于 I/O 控制。

1. 程序状态寄存器

以 ARM7TDMI 为代表的经典 ARM 处理器中,采用了 CPSR 和 SPSR 两个程序状态寄存器,其中,CPSR 用于保存当前程序状态,SPSR 用于异常/中断处理时保存 CPSR 的状态,以便异常返回后能够恢复处理器的工作状态。但在出现中断嵌套时,SPSR 的内容还必须使用堆栈保存,否则将会丢失。

从 ARMv7 版架构开始,ARM 采用新的程序状态寄存器(PSR)替代 CPSR,并且取消了 SPSR,在出现异常时,使用 R14(LR)寄存器或者堆栈(出现中断嵌套时)保存 PSR 的内容。

PSR 实际上包含了 APSR(应用程序状态寄存器)、EPSR(执行程序状态寄存器)和

IPSR(中断程序状态寄存器)三个寄存器,如图 5.27 所示。读取 PSR 的结果包含了 APSR、EPSR 和 IPSR 三个寄存器的内容。所以 PSR 又被称为 xPSR。

例如,使用如下 ARM 汇编指令可以读写组合程序状态字,所读到的 PSR 内容如表 5.11 所示。表中各个标志位的含义参见表 5.12。

　　MRS　r0,　PSR;　　读组合程序状态字到 R0 寄存器

　　MSR　PSR,　r0;　　将 R0 寄存器的内容写入组合程序状态字

表 5.11　PSR 组合状态字与 APSR、EPSR 和 IPSR

	31	30	29	28	27	26:25	24	23:20	19:16	15:10	9	8	7	6	5	4:0
APSR	N	Z	C	V	Q				GE[3:0]*							
EPSR						ICI/IT	T			ICI/IT						
IPSR													异常/中断编号			
PSR	N	Z	C	V	Q	ICI/IT	T		GE[3:0]*	ICI/IT			异常/中断编号			

*:仅 Cortex-M4 处理器中有 GE[3:0],Cortex-M3 没有此位域。

除了上述整体访问方式以外,使用下列 ARM 汇编指令可以单独访问 APSR 和 IPSR 两个状态寄存器,但是 IPSR 只能读出,写入操作对其无效。而 EPSR 不能使用 MRS(读出全是 0)和 MSR 指令对其进行单独访问,只能作为 PSR 中的一个组成部分被整体访问。

例 5.1　读写程序状态字。

　　MRS　r1,　APSR;　　读应用程序状态字至 R1 寄存器

　　MRS　r2,　IPSR;　　读当前正在处理的中断类型号至 R2 寄存器

　　MSR　APSR,　r0;　　将 R0 寄存器的内容写入应用程序状态寄存器

表 5.12　Cortex-M3/M4 处理器程序状态字各位的含义

位	描述
N	N=1,结果为负
Z	Z=1,结果为零
C	C=1,出现进位
V	V=1,出现溢出
Q	Q=1,出现饱和。基于 ARMv6-M 版架构的 Cortex-M0/M0+/M1 不存在此位
GE[3:0]	大于或等于标志,分别对应每个字节的数据通路,ARMv6-M 版架构以及 Cortex-M3 无
ICI/IT	Interrupt-Continuable Instruction/IF-THEN 指令状态标志位,用于指令条件执行,ARMv6-M 无
T	Thumb 指令标志。由于总是处于 Thumb 状态,所以该位总是 1,清除此位会引起错误异常
异常编号	表示正在处理的异常/中断编号,是新的异常/中断能否实现抢占(嵌套)的主要依据

表 5.12 所示 APSR 和 EPSR 的某些位域在 ARMv6-M 版架构(如 Cortex-M0)中不可用,甚至在 Cortex-M3 中也没有。ARMv7 版结构的程序状态寄存器与经典 ARM 处理器已

有很大差异。若将 Cortex-M3/M4 处理器的 PSR 与 ARM7TDMI 的 CPSR 进行比较,就会发现 ARM7TDMI 中反映工作模式的 M[4:0]位已被取消,Thumb 指令标志 T 更换了位置,中断标志 I 和 F 被中断屏蔽寄存器(PRIMASK)所取代。为了便于比较,表 5.13 列出了 Cortex-M3/M4 和经典 ARM 处理器以及 Cortex-A/R 处理器的程序状态字格式。

表 5.13　几种不同架构 ARM 处理器的程序状态字格式

	31	30	29	28	27	26:25	24	23:20	19:16	15:10	9	8	7	6	5	4:0
Cortex-A/R	N	Z	C	V	Q	IT	J	保留	GE[3:0]	IT	E	A	I	F	T	M[4:0]
ARMv4T	N	Z	C	V		保留							I	F	T	M[4:0]
Cortex-M4	N	Z	C	V	Q	ICI/IT	T		GE[3:0]	ICI/IT			异常编号			
Cortex-M3	N	Z	C	V	Q	ICI/IT	T			ICI/IT			异常编号			
ARMv6-M	N	Z	C	V			T									异常编号

2. PRIMASK、FAULTMASK 和 BASEPRI 寄存器

PRIMASK、FAULTMASK 和 BASEPRI 三个寄存器用于实现基于优先权等级的异常/中断屏蔽。

在 Cortex-M3/M4 处理器中,复位、NMI 和 Hard Fault 硬件错误三个系统异常具有固定的优先权等级,其中复位的优先级为 -3,具有最高的优先权等级(参见表 5.6);紧随其后的是 NMI(优先权等级为 -2)和硬件错误(优先权等级为 -1)。可以看出优先权等级的数值越小,优先级越高;而数值越大,优先级越低。

除了上述三个具有固定优先级的系统异常之外,可以通过对 NVIC 相关寄存器的设置,为其他所有异常/中断都分配一个优先权等级,优先权等级的数值范围为 0~255。

当每个异常/中断都有了优先权之后,如何通过 PRIMASK、FAULTMASK 和 BASEPRI 这三个寄存器对异常/中断进行屏蔽管理呢?首先让我们了解一下这三个寄存器的编程模型(如图 5.28 所示)。

	31:8	7:1	0
PRIMASK			PRIMASK
FAULTMASK			FAULTMASK
BASEPRI		3~8位可伸缩 ← →	5~0位无用

图 5.28　寄存器 PRIMASK、FAULTMASK 和 BASEPRI 的编程模型

从图 5.28 中可以看出,PRIMASK 和 FAULTMASK 寄存器各只有一位。如果 PRIMASK 的最低位被置位(写入 1),则系统将屏蔽除复位、NMI 和硬件错误以外的所有系统异常和外部中断,相当于优先级数值大于等于 0 的所有系统异常/中断均被屏蔽。当处理某些对时间有特殊要求的紧急任务时,往往需要这样做。这种方式有点类似 x86 系统的"关中断",但是 x86 系统的关中断只能屏蔽外部中断,无法屏蔽系统异常。需要注意的是,当这些任务处理完之后,要将 PRIMASK 的最低位进行复位(清零),以便恢复对异常/中断的处

理,此操作类似于 x86 系统的"开中断"。

FAULTMASK 与 PRIMASK 类似,如果将 FAULTMASK 的最低位置 1,硬件错误异常也被屏蔽,相当于把异常/中断的屏蔽门槛提高到优先级"-1"。这在执行负责错误处理的中断服务程序中较为常用。因为既然出现了错误并且正在处理,就无须理会此刻出现的包括硬件错误在内的其他异常,以便错误处理程序能够"专心致志"地进行错误修复。与PRIMASK 不同的是,FAULTMASK 无须清理,当负责错误处理的异常处理程序返回时,会自动复位 FAULTMASK。但是,ARMv6-M 中没有 FAULTMASK 寄存器。

为使异常/中断管理功能更加灵活和细腻,ARMv7-M 版架构增加了 BASEPRI 寄存器(ARMv6-M 没有),可以按照具体优先数值对中断屏蔽进行管理。BASEPRI 寄存器的最低8 位采用了如图 5.28 所示的可伸缩设计,其具体宽度取决于芯片制造商实际配置的中断优先级数量。芯片制造商配置的中断优先级至少为 8 级,此时 BASEPRI 中 7∶5 这 3 位用于设置中断屏蔽;如果配置了 256 级中断,则 BASEPRI 中 7∶0 共有 8 位用于设置中断屏蔽;如果实际配置了 32 级中断,BASEPRI 的宽度为 7∶3 共有 5 位。假如 7∶3 这 5 位的数值是 0b1 0000,将屏蔽优先级数值大于等于 0b1 0000 的所有中断。但是,如果 7∶3 这 5 位的数值是 0b0 0000,其含义则是对所有中断都不屏蔽。如果需要屏蔽所有优先级数值大于等于 0 的中断,应该使用 PRIMASK 寄存器。

显然,只有特权访问等级才可以对这些特殊寄存器进行读写访问,非特权状态下的写操作会被忽略,而读操作返回数值为 0。具有特权访问级别时,可以使用如下的汇编指令访问这些异常/中断屏蔽寄存器。

```
MRS     r0,   BASEPRI        ;将 BASEPRI 寄存器读入 R0
MRS     r0,   PRIMASK        ;将 PRIMASK 寄存器读入 R0
MRS     r0,   FAULTMASK      ;将 FAULTMASK 寄存器读入 R0
MSR     BASEPRI,   r0        ;将 R0 写入 BASEPRI 寄存器
MSR     PRIMASK,   r0        ;将 R0 写入 PRIMASK 寄存器
MSR     FAULTMASK,   r0      ;将 R0 写入 FAULTMASK 寄存器
```

例 5.2　关中断命令。

```
MOV     r0,   #1
MSR     PRIMASK,   R0
```

例 5.3　开中断命令。

```
MOV     R0,   #0
MSR     PRIMASK,   r0
```

例 5.4　假设系统中共有 16 级中断,BASEPRI 寄存器的宽度为 7∶4 共 4 位,现在需要屏蔽优先级大于等于 5 的所有中断。

```
MOV     R0,   #0b101
MSR     BASEPRI,   R0
```

例 5.5　取消 BASEPRI 寄存器的中断屏蔽设置。

```
MOV     R0,   #0
```

MSR   BASEPRI，R0

在特权访问等级下，也可以使用 CMSIS-Core 提供的多个 C 语言函数访问这三个屏蔽寄存器，例如：

x = _get_BASEPRI()；	//读 BASEPRI 寄存器
x = _get_PRIMASK()；	//读 PRIMASK 寄存器
x = _get_FAULTMASK()；	//读 FAULTMASK 寄存器
_set_BASEPRI(x)；	//设置 BASEPRI 的新数值
_set_PRIMASK(x)；	//置位 PRIMASK
_set_FAULTMASK(x)；	//置位 FAULTMASK
_disable_irq()；	/* 置位 PRIMASK，禁止异常/中断，相当于 _set_PRIMASK(1) */
_enable_irq()；	/* 清除 PRIMASK，使能异常/中断，相当于 _set_PRIMASK(0) */

此外，利用修改处理器状态 CPS 指令，也可以很方便地设置或清除 PRIMASK 和 FAULTMASK 的数值。例如：

CPSIE i	;使能异常/中断(清除 PRIMASK 位)
CPSID i	;禁止异常/中断(置位 PRIMASK 位)
CPSIE f	;使能异常/中断(清除 FAULTMASK 位)
CPSID f	;禁止异常/中断(置位 FAULTMASK 位)

3. CONTROL 寄存器

CONTROL 寄存器用于选择线程模式的特权访问等级以及栈指针。对于带有 FPU 的 Cortex-M4 处理器，还有一位用于指示当前正在执行的代码是否使用 FPU。CONTROL 寄存器的编程模型如表 5.14 所示。为了便于比较，表 5.14 中还给出了 Cortex-M0 和 M0+ 的 CONTROL 寄存器结构。

表 5.14   几款 Cortex-M 系列处理器的 CONTROL 寄存器

	31 : 3	2	1	0
Cortex-M3/M4			SPSEL	nPRIV
具有 FPU 的 Cortex-M4		FPCA	SPSEL	nPRIV
Cortex-M0			SPSEL	
Cortex-M0 +			SPSEL	nPRIV 可选

表 5.14 中的各位含义如下：

• nPRIV，设置处理器线程模式下的特权访问等级。若该位为 0，处理器进入特权线程模式；若该位为 1，处理器则处于非特权线程模式。

• SPSEL，选择线程模式下所使用的栈指针类型。当该位为 0 时，线程模式使用主栈指针(MSP)；当该位为 1 时，线程模式使用进程栈指针(PSP)；而在处理模式下，该位始终为 0，并且忽略对其所做的写操作。

• FPCA,只有选配了 FPU 的 Cortex-M4 中才有此位。当发生异常时,异常处理程序利用该位确定浮点单元中的寄存器是否需要压栈保存。当该位为 1 时,如果当前代码使用的是浮点指令,则需要压栈保存浮点寄存器。执行浮点指令时 FPCA 位自动置位,在异常入口处该位被硬件自动清除。

复位后,CONTROL 寄存器被恢复成默认值 0。这意味着在复位之后,处理器处于线程模式、具有特权访问等级并且使用主栈指针。在特权线程模式下,可以通过写 CONTROL 寄存器进入非特权线程模式。不过,当 CONTROL 寄存器的最低位 nPRIV 位被置位后,非特权线程模式下不能继续访问 CONTROL 寄存器了,也无法再切换回特权线程模式了(如图 5.29 所示)。

上述机制可以为嵌入式系统提供一个简单的基本安全保护。例如,嵌入式系统中可能会运行一些不受信任的应用程序,应该对这些程序的权限进行限制,防止不可靠程序对系统可能造成的损害。

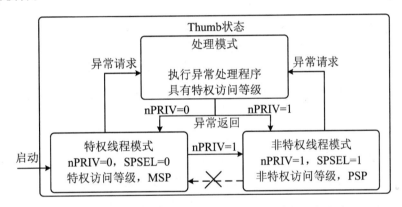

图 5.29   特权访问等级和栈指针选择的状态迁移图

如果需要将非特权线程模式切换回特权线程模式,则必须通过异常处理机制才能实现。在异常处理时,处理器处于处理模式并具有特权访问等级,可以清除 nPRIV 位,再从异常返回线程模式后(如图 5.30 所示),处理器就会进入特权线程模式。

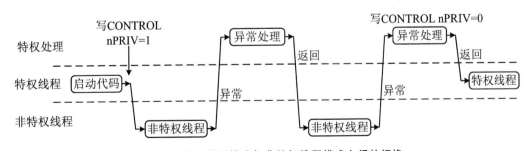

图 5.30   特权线程模式与非特权线程模式之间的切换

大多数简单应用都没有使用嵌入式操作系统,在这种情形下无须修改 CONTROL 寄存器的数值,整个应用可以一直运行在特权线程模式下,并且只使用 MSP,如图 5.31 所示。

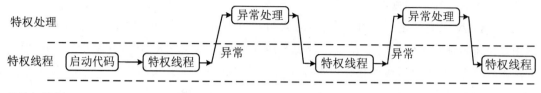

图 5.31　简单应用不需要非特权线程模式

除了可使用汇编指令 MRS/MSR 对 CONTROL 寄存器进行读写之外，CMSIS-Core 也提供了 CONTROL 的 C 语言访问函数。

$$x = \_get\_CONTROL(); \quad //读取 CONTROL 寄存器的当前值$$
$$\_set\_CONTROL(x); \quad //设置 CONTROL 寄存器的数值为 x$$

4．系统控制块（SCB）

系统控制块（SCB）是由多个寄存器组成的一个数据结构，属于 Cortex-M3/M4 内核的一部分并被综合在 NVIC 中。SCB 中各类寄存器的作用包括：

- 对处理器进行配置，如之前所述的双字栈对齐使能控制，以及低功耗模式设置等；
- 提供错误状态信息，SCB 中包含了多个反映不同类型错误的状态寄存器；
- 异常/中断管理，例如异常的挂起与解挂控制、优先级设置、优先级分组以及中断向量表的重定位；
- 反映处理器特性、指令集特性、存储模块特性以及调试特性（只读寄存器）。

对于配置了 FPU 的 Cortex-M4 处理器，还有一个协处理器访问控制寄存器。SCB 中的各类寄存器与 NVIC 中的其他寄存器相同，都被映射在系统控制空间（SCS）中，其地址范围为 0xE000 ED00～0xE000 ED88。如果使用汇编语言，只能通过地址对这些寄存器进行访问。不过 CMSIS-Core 为每个寄存器分配了一个符号，类似于将这些寄存器都赋予一个名称。例如，地址为 0xE000 ED04 的中断控制和状态寄存器（ICSR），CMSIS-Core 的符号为"SCB->ICSR"；地址为 0xE000 ED10 的系统控制寄存器（SCR），CMSIS-Core 的符号为"SCB->SCR"。使用 C 语言并利用 CMSIS-Core 定义的这些符号，可以更方便地对 SCB 中的各个寄存器进行访问。

SCB 中与异常/中断管理有关的寄存器将在 5.5 节详细介绍。

5.3.4　堆栈结构

与几乎所有的处理器相同，Cortex-M3/M4 处理器也需要使用堆栈和堆栈指针（SP）。并且为了提高系统的健壮性，Cortex-M3/M4 处理器采用了双堆栈结构，分别使用了 MSP 和 PSP 两个堆栈指针。

1．堆栈的作用和堆栈类型

堆栈是一种特殊的数据结构，是一种只能在一端进行插入和删除操作的线型表。堆栈的数据存取操作按照"后进先出"(LIFO)的原则,并通过堆栈指针指示当前的操作位置。使用压栈指令 PUSH 向堆栈中增加数据,使用出栈指令 POP 从堆栈中提取数据。每次 PUSH 和 POP 操作后,当前使用的堆栈指针都会自动进行调整。

ARM 处理器的堆栈可用于:

• 在异常/中断响应时,保存被中断程序的下一条指令的地址(断点),以及处理器状态寄存器的内容,以便在异常/中断返回之后处理器能够从断点处继续运行;

• 异常/中断服务程序,或者正在执行的函数或者子程序如果需要使用某些寄存器,可以使用堆栈保存这些寄存器原来的内容(保存现场),以便异常返回或者函数或子程序处理结束时可以恢复现场;

• 实现主程序与函数或者与子程序之间的参数传递;

• 用于存储局部变量。

按照堆栈区域在存储器中的地址增长方向,可以分为递增栈(Ascending Stack)和递减栈(Descending Stack)两种。所谓递增栈是指向堆栈写入数据时,堆栈区由低地址向高地址生长;而递减栈是指向堆栈写入数据时,堆栈区由高地址向低地址生长。

按照堆栈指针(SP)所指示的位置,堆栈又可以分为满堆栈(Full Stack)和空堆栈(Empty Stack)两种。所谓满堆栈是指堆栈指针(SP)始终指向栈顶元素,也就是指向堆栈最后一个已使用的地址(满位置)。而空堆栈的 SP 始终指向下一个将要放入元素的位置,也就是指向堆栈的第一个没有使用的地址(空位置)。

组合上述两种地址增长方向和两种堆栈指针指示位置,可以得到四种基本的堆栈类型:

• 满递增(FA):SP 指向最后压入的数据,且由低地址向高地址生长;

• 满递减(FD):SP 指向最后压入的数据,且由高地址向低地址生长;

• 空递增(EA):SP 指向下一个可用空位置,且由低地址向高地址生长;

• 空递减(ED):SP 指向下一个可用空位置,且由高地址向低地址生长。

2. Cortex-M 系列处理器的堆栈模型

许多经典 ARM 处理器以及 ARM T32 指令集可以支持以上四种堆栈类型,但在 Cortex-M 系列处理器只能使用满递减类型。处理器在启动或者复位后,系统初始化程序从位于系统 Code 区的 Flash 中,取出地址为 0x0000 0000 的第一个字,作为主栈指针(MSP)的初始值。以后每次 PUSH 操作时,处理器首先移动 SP(SP 的值减去 4),然后将需要压栈保存的数据存储在 SP 指向的存储器位置,如图 5.32 所示。

对于 POP 操作,SP 所指向的堆栈数据被读出,然后 SP 的数值自动加 4,指向 POP 之后新的栈顶位置。从图 5.32 还可以看出,POP 操作从堆栈读出的数据也可以存放到其他寄存器中,具体存放在何处取决于 POP 指令中的目的操作数,从而实现寄存器之间的数据交换。但在保护现场和恢复现场操作时,POP 指令和 PUSH 指令必须配对使用,保证所恢复的现场与原来一致。另外,在 POP 之后原来存放在堆栈中的数据依然存在,但无须理会,因为随后可能出现的 PUSH 操作会将其覆盖。更多关于堆栈操作的指令请参见第 6 章相关内容。

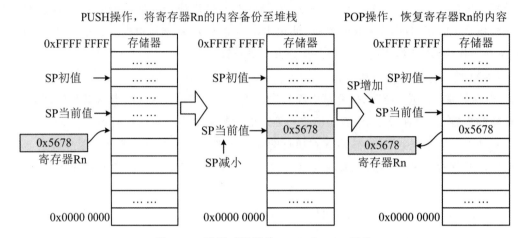

PUSH操作，将寄存器Rn的内容备份至堆栈　　　　　POP操作，恢复寄存器Rn的内容

图 5.32　满递减堆栈的 PUSH 和 POP 操作

如果 Cortex-M3/M4 处理器使能了双字栈对齐模式，当出现异常时，假如压栈操作之后堆栈指针没有对齐到双字边界，处理器会自动插入一个"空"字，强制堆栈对齐在双字边界上。同时，已经入栈保存的 xPSR 寄存器中的第 9 位将被置为 1（参见表 5.11），表示堆栈指针发生过调整。出栈时硬件电路对 xPSR 第 9 位进行检查，若为 1 则说明最后入栈的字是为了对齐双字边界插入的，出栈应将其丢弃。虽然双字对齐可能会造成堆栈空间的一点点浪费，但是为了提高软件的标准化程度以及便于程序之间的相互调用，建议使用双字对齐模式。

3．Cortex-M3/M4 处理器中的双堆栈

基于 ARMv7-M 版本架构的 Cortex-M3/M4 采用了双堆栈设计，并且有 MSP 和 PSP 两个堆栈指针，分别服务于不同的操作模式和特权访问等级。根据 CONTROL 寄存器中 nPRIV 和 SPSEL 位的不同组合，两个堆栈共有如表 5.15 所示的 4 种场景，其中前三种比较常见。

表 5.15　主堆栈和进程栈的应用场景

nPRIV	SPSEL	应用场景
0	0	运行在特权访问等级，使用主堆栈和 MSP。大多数简单应用都选择这种模式
0	1	具有特权访问等级的线程模式，选择使用进程栈和 PSP，主栈用于操作系统内核以及处理模式。常见于搭载了嵌入式操作系统的应用
1	1	非特权线程模式，只能使用进程栈和 PSP
1	0	这种情形只可能出现在处理模式，使用主栈和 MSP，但是只有非特权访问等级。线程模式不会出现这种情况

Cortex-M 系列处理器堆栈空间一般位于 SRAM 区的系统主存储器中，也可以放置在 Code 区中通过 D-Code 总线连接 SRAM 上。如果需要使用双堆栈，应该通过 MPU 在上述的 SRAM 中建立两个区域（region），其中一个定义为特权级，该区域的一部分用作主栈存

储区;另一个定义为非特权级,其中一部分用于进程栈存储区。注意到 Cortex-M3/M4 的堆栈是满递减类型,因此两个栈指针的初始值应该是如图 5.33 所示的两个区域的最大地址。

如果按照 AAPCS 要求,堆栈采用双字对齐,主栈和进程栈的栈顶都应该位于双字的边界(8 的整数倍)上,MSP 和 PSP 的最低三位应该是 000。

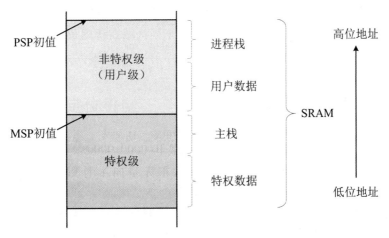

图 5.33　双堆栈的存储结构

用于堆栈的存储区需要事先做好规划,预留足够的空间,以防出现堆栈溢出。MSP 的初始值作为中断向量表的第一项,存放在整个存储空间的第一个字中,该位置通常位于 I-Code 总线所连接的 Flash 中。系统上电或者复位之后,系统初始化程序将从中断向量表中取出第一个字完成 MSP 的初始化,但是 PSP 的初始化需要另外编程实现。初始化 PSP 宜使用汇编指令代码,不仅简单高效,而且不易出错。

例 5.6　在特权线程模式下,调用 MPU 设置子程序划分 region,并将进程栈指针设在 SRAM 区的最大位置,然后转到非特权线程模式并启用进程栈。

```
BL      Mpusetup              ;调用 MPU 设置子程序,建立 region,并使能存储器保护
MOV     r0,  #0x4000 0000     ;设置进程栈栈顶
MSR     PSP,  r0              ;初始化进程栈指针
MOV     r0,  #0x3             ;准备置位 CONTROL 寄存器的 SPSEL 和 nPRIV
MSR     CONTROL,  r0          ;完成 CONTROL 寄存器的更改,切换到非特权线程模式
B       UserAppStart          ;已进入非特权线程模式,跳转到用户程序入口
```

在以上示例中,BL 是可返回的子程序调用指令,B 是分支指令,两者类似于模型机指令集中(参见第 2 章表 2.1)的 CALL 指令和 JMP 指令。关于示例中各条汇编指令的完整含义和功能将在第 6 章和第 7 章详细介绍,这里只是说明创建进程栈的方法和步骤。

5.4 Cortex-M 处理器存储系统

如 5.2.3 小节所述,Cortex-M 处理器可寻址的 4 GB 存储器地址空间划分成不同的区域,其地址映射方案如图 5.19 所示。存储空间的不同区域在访问权限、访问属性、总线连接方式、所支持的操作特性等方面均存在差异。本节将分析上述差异,并进行详细说明。

5.4.1 存储器映射

ARM 处理器支持非常灵活的存储器配置,因此基于 Cortex-M3 和 Cortex-M4 的微控制器产品往往具有许多不同的存储器大小和存储器映射。一些微控制器产品中还集成了一些设备相关的存储器特性,如存储器地址重映射。

依据图 5.19 地址映射方式,4 GB 可寻址的存储器空间中,有些区域被预定义为片内设备,有些被预定义为片外设备,有些用于代码区,有些用于数据区,还有些用来存储芯片信息。虽然预定义的存储器映射关系是固定的,但整体架构具有高度的灵活性,芯片生产厂家可以在产品中加入不同类型的存储器和外设。

图 5.19 中各个存储器区域的地址范围和用途说明如表 5.16 所示。

表 5.16 存储器区域的地址范围和用途说明

区域、地址范围	存储器区域的用途
代码 0x0000 0000～0x1FFF FFFF	512 MB 空间,一般连接 Flash 或 ROM,通过 I-Code 总线获取指令,通过 D-Code 总线获取数据。代码区主要用于存放程序代码、中断向量表,也可以存放数据
SRAM 0x2000 0000～0x3FFF FFFF	512 MB 空间,连接 SRAM(一般是片上 SRAM,也可连接其他类型的存储器),主要用于存放数据,也可以存放程序代码。 SRAM 区第一个 1 MB 区域支持位段操作,映射至位段别名区域
片上外设 0x4000 0000～0x5FFF FFFF	512 MB 空间,用于片上外设,连接系统总线。 和 SRAM 区类似,第一个 1 MB 区域支持位段操作
外部 RAM 0x6000 0000～0x9FFF FFFF	包括两个 512 MB 的空间共 1 GB,连接片外存储器等其他 RAM,可用于存放程序代码或数据。两个 512 MB 空间支持的缓存特性不同
片外外设 0xA000 0000～0xDFFF FFFF	包括两个 512 MB 空间共 1 GB,连接片外外设等其他类型存储器。两个 512 MB 空间对共享性的支持不同

续表

区域、地址范围	存储器区域的用途
系统 0xE000 0000～0xFFFF FFFF	系统区分为几个部分: ① 内部私有外设总线,0xE000 0000～0xE003 FFFF 用于访问 NVIC、SysTick、MPU 等内置系统部件及调试部件。一般情况下该存储器空间只能由运行在特权等级的代码访问。 ② 外部私有外设总线,0xE004 0000～0xE00F FFFF 用于其他的可选调试部件,芯片厂家可增加独有的调试部件或其他部件。该存储器空间只能由运行在特权等级的代码访问。 ③ 厂家定义区域,0xE010 0000～0xFFFF FFFF 用于供应商自定义的部件,多数产品中未使用

需要执行的程序建议存放在代码区。尽管可以将程序存放在 SRAM 和 RAM 区域,但处理器从这些区域读取指令时需要一个额外的周期。因此,通过系统总线从 SRAM 和 RAM 域执行程序代码时性能会稍微低些。此外,程序不允许在外设区域和系统存储器区域中执行。

表 5.17 中系统控制空间(SCS)的具体地址分配和功能描述如表 5.18 所示。本章的后续小节将会介绍这些部件内寄存器组的详细信息。

表 5.17　Cortex-M3/M4 存储器映射中私有区域的内置部件

部件	描述
SCS	系统控制空间区域,包括与 NVIC、SysTick、FPU 和 MPU 等系统部件相关的寄存器
FPB	Flash 补丁和断点单元,用于调试,包含 8 个服务于硬件断点事件的比较器
DWT	数据监视和跟踪单元,用于调试和跟踪,包含 4 个服务于数据监视点事件的比较器
ITM	指令跟踪宏单元,用于调试和跟踪,软件代码可利用它产生可被跟踪接口捕获的数据跟踪激励
ETM	嵌入式跟踪宏单元,用于产生调试软件可用的指令跟踪
TPIU	跟踪端口接口单元,将跟踪源产生的数据包转换至跟踪接口协议以减少调试引脚数目
ROM 表	调试工具用的查找表,存放调试和跟踪部件的地址,调试工具借此来识别系统中可用的调试部件,此外还提供了系统 ID 寄存器

表 5.18 Cortex-M3/M4 存储器映射的 SCS 区域

部件	地址范围	描述
系统控制和 ID 寄存器	0xE000 E000～0xE000 E00F	中断控制器类型及辅助控制寄存器
	0xE000 ED00～0xE000 ED8F	系统控制块（SCB），用于控制处理器行为的寄存器组
	0xE000 EDF0～0xE000 EEFF	SCS 区调试寄存器
	0xE000 EF00～0xE000 EF4F	软件触发中断寄存器
	0xE000 EF50～0xE000 EF8F	缓存和分支预测维护
	0xE000 EF90～0xE000 EFCF	实现方式定义
	0xE000 EFD0～0xE000 EFFF	微控制器相关 ID
SysTick	0xE000 E010～0xE000 E0FF	系统节拍定时器，用于 OS 或用户程序产生周期性的中断
NVIC	0xE000 E100～0xE000 ECFF	嵌套向量中断控制器，用于异常/中断管理的寄存器组
MPU	0xE000 ED90～0xE000 EDEF	存储器保护单元，用于设置各存储器区域的访问权限和访问属性

5.4.2 连接存储器和外设

如 5.2 节所述，Cortex-M 处理器主要的总线接口使用 AHB Lite 协议，而私有外设总线使用 APB 协议，各类总线通过总线交换矩阵连接后的总线结构如图 5.20 所示。基于这样的总线结构，Cortex-M3/M4 不同总线与各类存储器及外设的连接方式如图 5.23 所示。

用户可通过 AHB Lite 总线接口连接不同类型的数据存储器。尽管总线宽度固定为 32 位，使用适当的转换硬件后，也可以连接其他宽度的存储器（如 8 位、16 位、64 位及 128 位）。虽然使用了 SRAM 和 RAM 等作为存储器区域的名称，但可连接的存储器的种类是没有限制的，如可以是 SDRAM 或 DDR DRAM。

同时，连接到代码区的程序存储器的类型也没有限制。如程序代码可以位于 Flash 存储器、E^2 PROM 或 OTP ROM 等。程序存储器的大小也非常灵活，在一些低成本的 Cortex-M 微控制器中，仅有 8 KB 的 Flash 和 4 KB 的片上 SRAM。

由于图 5.23 所示 Code 区的总线矩阵/总线复用器是 ARM 公司提供的选件，一些微控制器供应商常在微控制器芯片内部放置自行设计的 Flash 访问加速器，以提升代码执行的效率。例如，意法半导体（ST Microelectronics）的 STM32F2（基于 Cortex-M3 的微控制器）和 STM32F4（基于 Cortex-M4 的微控制器）就在 I-Code 和 D-Code 总线接口处实现了 Flash 访问加速器，如图 5.34 所示。有两套缓冲连接到这两条总线上，而且缓冲还对每个总线的访问类型进行了优化。

AHB Lite 协议仅适用于单主控设备的情形，但很多基于 Cortex-M3 和 Cortex-M4 的微控制器产品中，会出现多个总线主控设备，如 DMA 控制器、以太网控制器或 USB 控制器等。这些产品往往用"总线矩阵"或"多层 AHB"等术语来描述芯片内部总线系统。例如，STM32F4 的总线矩阵就使用了图 5.35 所示的设计，多个总线主设备可以同时访问不同的存储器或外设。

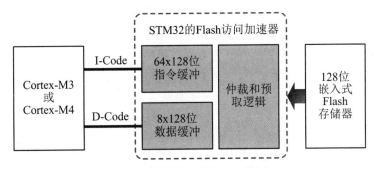

图 5.34　STM32F2 和 STM32F4 的 Flash 访问加速器示意图

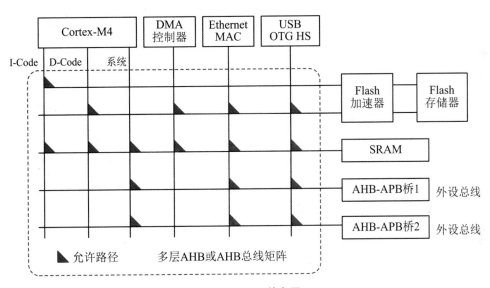

图 5.35　STM32F4 的多层 AHB

图 5.35 所示的多层 AHB 系统中，连接在总线矩阵上的各个从设备可以被不同的总线主设备访问。若出现两个主设备同时访问同一个从设备，则由总线矩阵内部的仲裁逻辑协调高优先级的主设备先访问。

为了支持多种高性能外设与 Cortex-M 处理器的连接，许多微控制器厂家采用了类似上述多层 AHB 的方法。但由于 AHB Lite 协议中并未定义对多主控设备支持的具体实现方式，不同厂家总线接口的实现方式会有差异，通常描述的术语也存在差异。对于较简单的应用场景，软件开发人员无须了解 AHB 操作的细节；但是如果开发高性能的嵌入式应用，开发人员则需要充分知晓存储器映射和编程模型。

5.4.3　存储器的端模式

我们在 2.2.3 小节中已经介绍了大端和小端模式的定义,本小节中结合 Cortex-M 处理器讨论更多细节。Cortex-M3/M4 处理器同时支持小端和大端的存储器系统,但不少微控制器厂商把存储器系统设计为只支持小端和大端中的一种。Cortex-M3/M4 处理器在复位时确定存储器系统的端配置;直至下次复位,存储器的端配置都不会改变。

Cortex-M 微控制器多数是小端的,具有小端的存储器系统和外设。对于小端的存储器系统,字数据中四个字节在存储单元中高、低字节存放的顺序如表 5.19 所示。

表 5.19　小端存储示例

地址	31～24 位	23～16 位	15～8 位	7～0 位
0x0003～0x0000	字节 0x0003	字节 0x0002	字节 0x0001	字节 0x0000
0x0007～0x0004	字节 0x0007	字节 0x0006	字节 0x0005	字节 0x0004
…	…	…	…	…
0x1003～0x1000	字节 0x1003	字节 0x1002	字节 0x1001	字节 0x1000
0x1007～0x1004	字节 0x1007	字节 0x1006	字节 0x1005	字节 0x1004
…	…	…	…	…

也可以将 Cortex-M 处理器的存储器系统设计为大端的,此时,字数据中四个字节在存储单元中高低字节存放的顺序如表 5.20 所示。

表 5.20　大端存储示例

地址	31～24 位	23～16 位	15～8 位	7～0 位
0x0003～0x0000	字节 0x0000	字节 0x0001	字节 0x0002	字节 0x0003
0x0007～0x0004	字节 0x0004	字节 0x0005	字节 0x0006	字节 0x0007
…	…	…	…	…
0x1003～0x1000	字节 0x1000	字节 0x1001	字节 0x1002	字节 0x1003
0x1007～0x1004	字节 0x1004	字节 0x1005	字节 0x1006	字节 0x1007
…	…	…	…	…

Cortex-M3/M4 处理器的大端体系被称作字节不变大端(或称为 BE-8)。ARMv6、ARMv6-M、ARMv7 及 ARMv7-M 等架构版本支持字节不变大端体系。表 5.21 是 BE-8 的 AHB 字节通道。与 BE-8 不同,在 ARM7TDMI 等经典 ARM 处理器中,使用的大端体系被称作字不变大端(或称为 BE-32)。这两种体系在数据传输时字节通道不同,字节通道指高、低字节与总线上高、低位数据线的映射关系。表 5.22 则是 BE-32 的 AHB 字节通道。

表 5.21　Cortex-M3/M4(字节不变大端)AHB 上的数据

地址,大小	31～24 位	23～16 位	15～8 位	7～0 位
0x1000,字	数据 bit[7:0]	数据 bit[15:8]	数据 bit[23:16]	数据 bit[31:24]
0x1000,半字	—	—	数据 bit[7:0]	数据 bit[15:8]
0x1002,半字	数据 bit[7:0]	数据 bit[15:8]	—	—
0x1000,字节	—	—	—	数据 bit[7:0]
0x1001,字节	—	—	数据 bit[7:0]	—
0x1002,字节	—	数据 bit[7:0]	—	—
0x1003,字节	数据 bit[7:0]	—	—	—

表 5.22　ARM7TDMI(字不变大端)AHB 上的数据

地址,大小	31～24 位	23～16 位	15～8 位	7～0 位
0x1000,字	数据 bit[7:0]	数据 bit[15:8]	数据 bit[23:16]	数据 bit[31:24]
0x1000,半字	数据 bit[7:0]	数据 bit[15:8]	—	—
0x1002,半字	—	—	数据 bit[7:0]	数据 bit[15:8]
0x1000,字节	数据 bit[7:0]	—	—	—
0x1001,字节	—	数据 bit[7:0]	—	—
0x1002,字节	—	—	数据 bit[7:0]	—
0x1003,字节	—	—	—	数据 bit[7:0]

虽然 Cortex-M3/M4 处理器使用的大端系统与经典 ARM 处理器不同,但对于小端系统,Cortex-M3/M4 和经典 ARM 处理器的字节通道都是相同的,如表 5.23 所示。

表 5.23　小端模式下 AHB 上的数据

地址,大小	31～24 位	23～16 位	15～8 位	7～0 位
0x1000,字	数据 bit[31:24]	数据 bit[23:16]	数据 bit[15:8]	数据 bit[7:0]
0x1000,半字	—	—	数据 bit[15:8]	数据 bit[7:0]
0x1002,半字	数据 bit[15:8]	数据 bit[7:0]	—	—
0x1000,字节	—	—	—	数据 bit[7:0]
0x1001,字节	—	—	数据 bit[7:0]	—
0x1002,字节	—	数据 bit[7:0]	—	—
0x1003,字节	数据 bit[7:0]	—	—	—

在 Cortex-M 处理器中:① 取指令总是处于小端模式;② 对包括系统控制空间(SCS)、调试部件和私有外设总线(PPB)在内的 0xE000 0000～0xE00F FFFF 区域的访问总是小端的;③ 若软件应用需要处理大端数据,而所使用的微控制器却是小端的,可以使用 REV、

REVSH 和 REV16 等指令将数据在大端和小端间转换。

有些情况下,从一些外设的寄存器中获得的数据,其大小端配置可能会与处理器不同。此时,需要在程序代码中将外设寄存器数据转换为正确的端。

5.4.4 非对准数据的访问

Cortex-M 的存储器系统是 32 位的,但处理器访问或处理的数据的大小可能是 32 位(4字节,或字),也可能是 16 位(2 字节,或半字),甚至是 8 位(字节)。在第 2 章中我们学习了字的对准存放,接下来分析处理器访问对准存放数据/非对准存放数据的具体情形。

对准存放数据可进行对齐传输。对齐传输是指访问存储器时地址值为传输数据大小的整数倍。例如,字大小的对齐传输可以执行的地址为 0x0000 0000,0x0000 0004,…,0x0000 0100 等。类似地,半字大小的对齐传输可以执行的地址则为 0x0000 0000,0x0000 0002,…,0x0000 0102 等。与对齐传输相反,若访问存储器时地址值不是传输数据大小的整数倍,称为非对齐传输。对齐和非对齐传输的实例如图 5.36 所示。

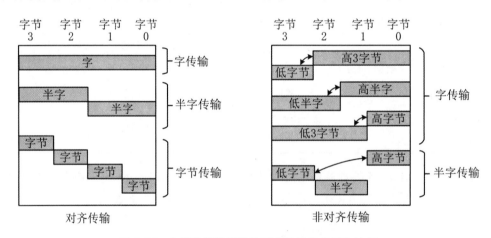

图 5.36 小端存储器系统的对齐访问和非对齐访问

大部分经典 ARM 处理器只允许对齐传输。对齐传输访问存储器时,字地址的 bit[1] 和 bit[0] 为 0,而半字地址的 bit[0] 为 0。例如,字数据的地址可以是 0x2000 或 0x2004,而不能是 0x2001、0x2002 或 0x2003。半字数据的地址可以是 0x2000 或 0x2002,而不能是 0x2001 或 0x2003。另外,所有的字节传输都是对齐的。

对于 Cortex-M3/M4 处理器,大部分存储器访问指令是支持非对齐数据传输的。发生非对齐传输时,数据传输过程会被总线接口电路单元转换为多个对齐传输。这个转换对程序员是不可见的,故而软件开发人员可以不考虑代码所访问的数据是否对准存放。然而,因为非对齐传输会被拆分为几个对齐传输,从而导致数据访问花费更多的时间,降低了存储器的访问效率。在高性能应用中,确保数据的对准存放与对齐传输是必要的。

注意,并非所有 Cortex-M3/M4 的存储器访问指令都支持非对齐的数据传输。例如,多加载/存储指令、栈操作指令、排他访问指令必须是对齐的;位段操作也不支持非对齐传输。

另外,可以设置 Cortex-M3/M4 处理器在非对齐传输出现时触发异常。需要设置的是,配置控制寄存器 CCR 的 UNALIGN_TRP(非对齐陷阱)位。这种设置有利于软件开发过程中,程序员测试程序是否会产生非对齐传输。

5.4.5　位段操作

1. 位段与位段别名

利用位段(Bit-Band,也称作位带)操作,一次存储器操作可以只访问一个位。Cortex-M3 或 Cortex-M4 处理器中,有两个预定义的存储器区域支持这种操作,其中一个位于 SRAM 区域的最低 1 MB(0x2000 0000～0x200F FFFF),另一个位于外设区域的最低 1 MB (0x4000 0000～0x400F FFFF)。注意,位段特性在 Cortex-M3 和 Cortex-M4 上是可选的。

这两个区域被称作位段区域,位段区域中的每一个字被映射为一个位段别名(alias)区域。换言之,一个位段别名地址将对应位段区域中特定字的某一个位,SRAM 区域内 1 MB 位段区与 32 MB 位段别名区域之间的映射关系如图 5.37 所示。图 5.37 中,0x2000 0000 地址的字节数据的 8 个比特被映射到了 0x2200 0000～0x2200 001C 处的别名区域;而 0x200F FFFF 地址的字节数据的八个比特被映射到了 0x23FF FFE0～0x23FF FFFC 处的别名区域。

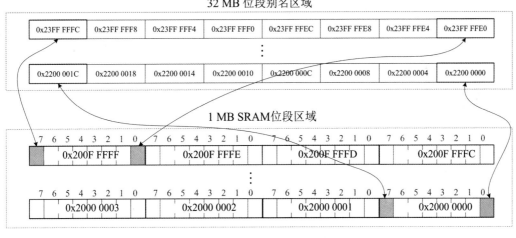

图 5.37　SRAM 区域位段与位段别名的映射关系

位段区域的存储单元可以像普通存储器一样访问,还可以通过名为位段别名的一块独立的存储器区域进行位段访问。当使用位段别名地址访问存储器时,所得到的字数据的 LSB 即对应位段区域中某个特定的位。外设区域的位段别名地址如图 5.38 所示,若读取别名地址 0x4200 002C,则返回结果可能是 0x0000 0000 或 0x0000 0001,分别代表 0x4000 0000 位置字数据的第 11 位取值为"0"和"1"。

例如,要设置地址 0x4000 0000 处字数据的第 2 位,在处理器不支持位段操作的情形

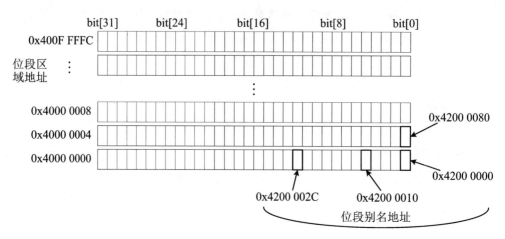

图 5.38　通过位段别名对位段区域进行位访问(外设区域)

下,需要"读→修改→写[1]"的流程:用三条指令读取数据、设置位,然后将结果写回。

```
LDR    R0, = 0x40000000[2]    ;设置地址
LDR    R1,[R0]                ;读字数据
ORR.W  R1,♯0x4                ;修改字数据中的第2位
STR    R1,[R0]                ;写回结果
```

　　而在支持位段操作的处理器中,可以仅使用一条单独的指令。Cortex-M3/M4 处理器帮用户完成了上述"读→修改→写"的流程。

```
LDR    R0, = 0x42000008    ;设置别名地址
MOV    R1,♯1               ;设置数据位
STR    R1,[R0]             ;写
```

　　类似地,若需要读出地址 0x4000 0000 处字数据的第 2 位,位段特性也可以简化读位操作的程序代码。在处理器不支持位段操作的情形下,程序员需要单独提取需要的位,代码如下:

```
LDR    R0, = 0x40000000    ;设置地址
LDR    R1,[R0]             ;读出子数据
UBFX.W R2,R1,♯2,♯1         ;提取 bit[2]至 R2
```

　　而在支持位段操作的处理器中,可以仅使用一条单独的指令,代码如下:

```
LDR    R0, = 0x42000008    ;设置别名地址
LDR    R1,[R0]             ;读
```

　　事实上,位段操作并不是 Cortex-M 处理器独有的设计。8051 等经典 8 位微控制器就

---

　　① 读-修改-写(Read-Modify-Write):存储器操作指令同时读取或写数据总线上的所有位,即便用户仅需要修改其中一个位,写入的时候也需要写全部位,故而在写入某个位前需要先读取其他所有数据位。

　　② "LDR Rd, = const"是 ARM 汇编中的伪指令,对于较大的立即数,该伪指令可自动将立即数保存到存储器单元,然后通过 LDR 指令装载到寄存器。

有类似特性:可位寻址的数据属于特殊数据类型,需要通过特殊的指令来访问位数据。Cortex-M3/M4 处理器中位操作有关的指令只能用于通用寄存器,虽然没有设计读/写存储器的特殊位操作指令,但对位段区域的数据访问会被自动转换为位段操作。

2．位段操作的优点

从上述例子可看出,利用位段操作可以方便地进行位数据的读取和写入,相比传统"读→修改→写"流程进行位数据操作,代码更为简洁,有利于提高一些指令的位操作速度。除此之外,Cortex-M3/M4 处理器位段操作还有一个重要的特性:能够保证操作的原子性。

原子性指对数据位进行"读→修改→写"的流程不被其他操作打断。若没有这种特性,在进行"读→修改→写"的软件流程时,可能会出现下面的问题:假定数据端口的 bit[1] 被主程序使用而 bit[0] 被中断处理使用,如图 5.39 所示,基于"读→修改→写"操作的软件可能会引起数据丢失。

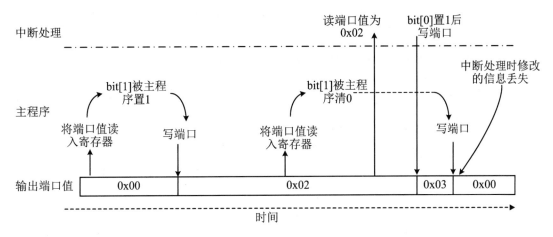

图 5.39 中断处理程序修改的位信息丢失

由于位段操作中"读→修改→写"是在硬件等级执行的,是原子性的,故可以避免这种主程序和中断处理程序之间对位数据资源的竞争。如图 5.40 所示,采用位段操作后,主程序修改 bit[1] 和中断处理程序修改 bit[0] 不会形成冲突。

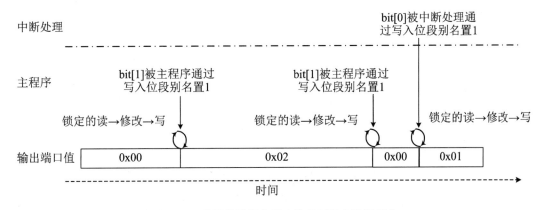

图 5.40 利用位段操作锁定传输以避免数据丢失

多任务系统中也存在类似的问题。例如,若数据端口的 bit[0]被进程 A 使用而 bit[1]被进程 B 使用,基于软件的"读→修改→写"可能会引起数据冲突,如图 5.41 所示。

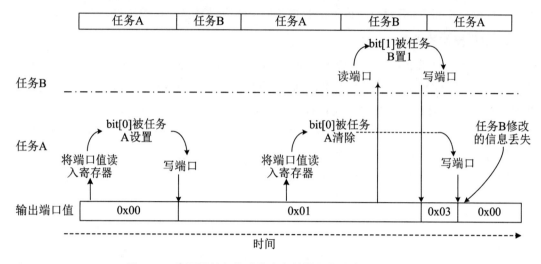

图 5.41　当不同任务修改共享存储器位置时出现数据丢失

与前述主程序和中断处理程序访问共享位置时类似,位段特性可以确保任务 A 和任务 B 的位访问独立,不会产生数据冲突,其操作过程如图 5.42 所示。

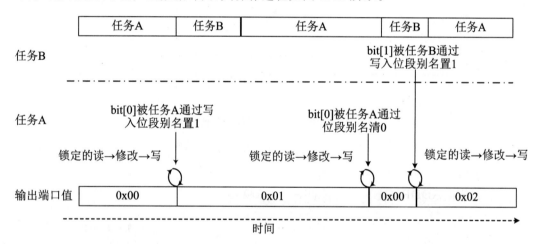

图 5.42　利用位段特性锁定传输以避免多任务写位数据的冲突

除了上述示例中将位段操作应用于 I/O 端口访问,还可以基于位段特性管理 SRAM 区域中的布尔型数据。如多个布尔型数据可被合并到同一个存储器位置的不同数据位,这样可以节省存储器空间。

3. C 程序实现位段操作

C/C++本身不支持位段操作,这是因为 C 编译器不知道能用两个不同的地址来寻址同一个存储器位置。另外,C 编译器也不知道对位段别名的访问只会操作存储器位置数值的 LSB。如果需要在 C 程序中实现位段特性,可以在程序中声明存储器位置的地址和位段

别名。例如,需要写 0x4000 0000 存储单元的 bit[1]时,代码如下:

```
#define DEVICE_REG0        *((volatile unsigned long *)(0x40000000))
#define DEVICE_REG0_BIT0  *((volatile unsigned long *)(0x42000000))
#define DEVICE_REG0_BIT1  *((volatile unsigned long *)(0x42000004))
...
DEVICE_REG0 = DEVICE_REG0|0x2;   //未使用位段特性设置 bit[1]
...
DEVICE_REG0_BIT1 = 0x1;          //利用位段特性通过位段别名地址设置 bit[1]
```

也可以利用 C 语言的宏定义进一步简化基于位段别名地址的访问。如定义一个宏将位段地址和位数转换为位段别名地址,定义另一个宏将地址作为一个指针来访问存储器地址。如下所示:

```
/* 将位段地址和位编号转换为位段别名地址,其中 addr 是位段地址,bitnum 指示
要访问的位 */
//用左移运算"≪5"实现了乘 32,左移运算"≪2"实现了乘 4
#define BIT_BAND(addr,bitnum)((addr & 0xF0000000) + 0x2000000 \
    + ((addr & 0xFFFFF)≪5) + (bitnum ≪2))
//将地址转换为指针,其中 addr 是拟访问存储单元地址
#define MEM_ADDR(addr) *((volatile unsigned long *)(addr))
```

前述写 0x4000 0000 存储单元 bit[1]的例子,代码可以重写如下:

```
#define DEVICE_REG0 0x40000000
#define BIT BAND(addr,bitnum)((addr & 0xF0000000) + 0x02000000 \
    + ((addr & 0xFFFFF)≪5) + (bitnum≪2))
#define MEM_ADDR(addr) *((volatile unsigned long *)(addr))
...
//未使用位段特性设置第 1 位
MEM_ADDR(DEVICE_REG0) = MEM_ADDR(DEVICE_REG0) | 0x2;
...
//利用位段特性设置第 1 位
MEM_ADDR(BIT_BAND(DEVICE_REG0,1)) = 0x1;
```

注意,使用位段特性时需要把被访问的变量定义为 volatile[①],由于 C 编译器不知道同一个数据能以两个不同的地址访问,为防止编译器自动执行不期望的优化,需要利用 volatile 属性。

---

① C 语言中,volatile 的作用是作为指令关键字,确保本条指令不会因编译器的优化而省略。

5.4.6　存储器访问权限

Cortex-M3/M4 处理器有默认的存储器访问权限配置,非特权用户程序不允许访问 SCS 空间。在没有 MPU 或有 MPU 但未使能时,默认的存储器访问权限如表 5.24 所示。若 MPU 存在且被使能,用户访问各存储器区域的权限由 MPU 的配置确定。

表 5.24　默认的存储器访问权限

存储器区域	地址	用户程序的非特权访问
供应商定义	0xE010 0000～0xFFFF FFFF	可访问
ROM 表	0xE00F F000～0xE00F FFFF	禁止访问,非特权访问将导致总线错误
外部 PPB	0xE004 2000～0xE00F EFFF	禁止访问,非特权访问将导致总线错误
ETM	0xE004 1000～0xE004 1FFF	禁止访问,非特权访问将导致总线错误
TPU	0xE004 0000～0xE004 0FFF	禁止访问,非特权访问将导致总线错误
内部 PPB	0xE000 F000～0xE003 FFFF	禁止访问,非特权访问将导致总线错误
NVIC	0xE000 E000～0xE000 EFFF	除了软件触发中断寄存器可被编程为允许用户访问,其他寄存器禁止访问,非特权访问将导致总线错误
FPB	0xE000 2000～0xE000 3FFF	禁止访问,非特权访问将导致总线错误
DWT	0xE000 1000～0xE000 1FFF	禁止访问,非特权访问将导致总线错误
ITM	0xE000 0000～0xE000 0FFF	除了存放跟踪信息的端口可非特权访问,其他寄存器为读允许,写忽略
外部设备	0xA000 0000～0xDFFF FFFF	可访问
外部 RAM	0x6000 0000～0x9FFF FFFF	可访问
外设	0x4000 0000～0x5FFF FFFF	可访问
SRAM	0x2000 0000～0x3FFF FFFF	可访问
代码	0x0000 0000～0x1FFF FFFF	可访问

当非特权用户程序访问了仅特权用户可访问的区域时,会产生异常。依据总线错误异常是否使能和优先级的配置,可能会触发硬件错误异常或总线错误异常。

5.4.7　存储器访问属性

存储器的不同区域功能不同,和总线连接关系不同,而且每个存储器区域的存储器访问属性也不同。Cortex-M3/M4 处理器中定义的存储器访问属性包括:

- 可缓冲(Bufferable):对存储器的写操作可由写缓冲执行,处理器不等待当前指令写操作完成就继续执行下一条指令。

• 可缓存(Cacheable):读存储器所得到的数据可被复制到缓存,下次再访问时可以从缓存中取出这个数值从而加快程序执行。

• 可执行(Executable):处理器可以从存储器区域读取并执行程序代码。

• 可共享(Sharable):这种存储器区域的数据可被多个总线主设备共用。存储器系统需要确保不同总线主设备之间数据的一致性。

处理器从存储器读取或写入数据时,存储器系统会检查所访问区域的存储器访问属性。若 MPU 存在并已使能,而且 MPU 配置和默认的存储器属性不同,则默认的存储器属性设置会被覆盖。

可缓冲属性用于处理器内部。为了提供更优越的性能,Cortex-M3/M4 处理器支持总线接口的写缓冲。即使总线接口上的实际传输需要多个时钟周期才能完成,对可缓冲存储器区域的写操作可在单个时钟周期内完成,接下来会继续后续指令的执行。例如,图 5.43 所示的 STR 指令需要写存储器,拟写入存储器的数据写入写缓冲后,继续执行 STR 之后的指令,而实际数据写入操作完成时间滞后于 STR 指令结束的时间。

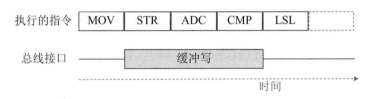

图 5.43　缓冲写操作

可缓存属性需要硬件缓存单元的支持。虽然 Cortex-M3/M4 处理器中并不存在缓存和缓存控制器,但多数微控制器厂商在其产品中设计了缓存单元。

根据可缓冲和可缓存特性的支持与否,可以确定存储器的不同类型,表 5.25 列出了 Cortex-M3 和 Cortex-M4 用户手册中对存储器类型的定义。

表 5.25　与存储器类型相关的存储器属性

可缓冲	可缓存	存储器类型及特点
0	0	强序(Strongly-ordered)存储器。处理器在继续下一个操作前会等待总线接口上的传输完成
1	0	设备。如果下一条指令不是存储器访问指令,则当前指令的写存储器操作可以交由写缓冲执行,继续执行下一条指令
0	1	具有写通(Write Through,WT)缓存的普通存储器
1	1	具有写回(Write Back,WB)缓存的普通存储器

若系统中存在多个处理器,且具备缓存一致性控制单元,如图 5.44 所示,就需要用到可共享属性。当数据为各个处理器的共享信息时,某个处理器缓存内的数据可能会被另外一个处理器缓存并修改,故需要缓存控制器来确保该数据在各个缓存单元均是一致的。

对于大多数指令的存储器访问,存储器系统并不确保多个存储器访问完成的顺序与指令的顺序一致。虽然存储器系统不会改变指令执行的顺序,但是多条顺序执行的指令中的存储器访问操作完成的时间不一定和指令的顺序一致。如果程序员需要确保存储器访问顺序和指令顺序完全一致,需要在程序中使用 5.4.9 小节所描述的存储器屏障指令。

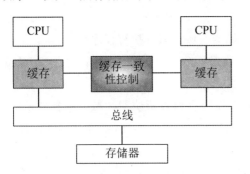

图 5.44　多处理器系统中的缓存一致性需要共享属性

但是,存储器系统会确保"强序"类型存储器和"设备"类型存储器的访问顺序。例如,A1 和 A2 两条存储器访问指令,程序中 A1 指令在前,A2 指令在后,当 A1、A2 指令所访问的存储器类型不同时,这两条指令实际存储器访问结束的先后顺序如表 5.26 所示。表 5.26 中"—"表示存储器系统不确保 A1 和 A2 的访问顺序;"<"表示存储器操作的顺序与代码一致,即 A1 的存储器访问先结束。

表 5.26　A1、A2 指令实际完成存储器访问的顺序

A1 ＼ A2	访问普通存储器	访问设备		访问强序存储器
		不可共享	可共享	
访问普通存储器	—	—	—	—
访问设备,不可共享	—	<	—	<
访问设备,可共享	—	—	<	<
访问强序存储器	—	<	<	<

每个存储器区域的默认访问属性如表 5.27 所示。其中,XN(eXecute Never)表示永不执行,这也就意味着该区域不允许程序执行。

表 5.27　默认的存储器属性

区域、地址范围	存储器类型	XN	缓存	备注
代码 0x0000 0000～0x1FFF FFFF	普通	—	WT①	内部写缓冲使能,输出存储器属性总是可缓存,不可缓冲
SRAM 0x2000 0000～0x3FFF FFFF	普通	—	WB-WA①	写回,写分配
外设 0x4000 0000～0x5FFF FFFF	设备	Y	—	可缓冲,不可缓存

---

① Write-allocate(WA,写分配):回写数据时若缓存未命中则分配一个缓存行。Write Through(WT,写通):CPU 写数据时,写入缓存的同时也写入主存,详见第 3 章。Write Back(WB,写回):CPU 写数据只写到缓存而主存中的数据不变,详见第 3 章。

区域、地址范围	存储器类型	XN	缓存	备注
RAM 0x6000 0000～0x7FFF FFFF	普通	—	WB-WA	写回,写分配
RAM 0x8000 0000～0x9FFF FFFF	普通	—	WT	写通
设备 0xA000 0000～0xBFFF FFFF	设备	Y	—	可缓冲,不可缓存
设备 0xC000 0000～0xDFFF FFFF	设备	Y	—	可缓冲,不可缓存
系统(PPB) 0xE000 0000～0xE00F FFFF	强序	Y	—	不可缓冲,不可缓存
系统(供应商定义) 0xE010 0000～0xFFFF FFFF	设备	Y	—	可缓冲,不可缓存

5.4.8　排他访问

当某个特定资源共享给多个用户使用时,常利用信号量来协调多个用户对该资源的占用。特别是,若某个共享资源只能满足一个用户使用时,该资源被称为互斥体(Mutex)。这种情况下,若某个资源被一个用户占用,它就会被锁定,在锁定解除前其他用户无法使用该资源。要创建互斥信号量,需要将互斥资源定义为锁定状态,以表示资源已被一个用户锁定。每个用户在使用资源前,需要先检查资源是否已被锁定,若未被使用,则设置为锁定状态,再开始使用资源。

ARM7TDMI 等传统的 ARM 处理器,锁定状态的访问由 SWP 指令执行,该指令可确保读写锁定状态的原子性,避免资源被两个用户同时锁定。较新的 ARM 处理器,如 Cortex-M3 和 Cortex-M4,读/写访问由独立的总线执行。但是 SWP 指令的锁定流程中只适用于读写复用同一总线的场景,此时使用 SWP 指令无法保证存储器访问的原子性,故已被新的排他(exclusive)访问指令取代了。

排他访问需要软硬件配合才能完成,一次排他写过程需要先用排他读指令(LDREX)获取拟访问地址的锁定状态;未被锁定时才可进行排他写(STREX)并设置锁定状态,该访问过程如图 5.45 所示。某特定资源没有被其他用户排他读或排他写时,处理器才能获得该资源的使用权。排他存储失败后,存储器中不会进行实际的写操作,其存储器操作会被处理器内核或外部硬件阻止。

多处理器环境中使用存储器排他访问,需要增加"排他传输监控"硬件。该监控硬件检查共享地址单元的数据传输,指示处理器排他访问是否成功。处理器总线接口向监控硬件提供额外的控制信号,指示传输是否为排他访问。若存储器设备已经被某一个总线主设备访问,且处于排他读或排他写状态,那么试图进行排他写时,排他访问监控硬件会产生一个排他失败状态。

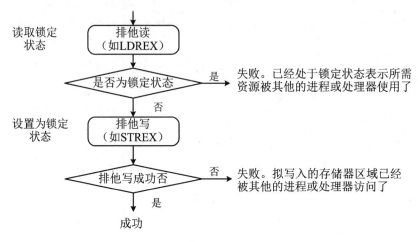

图 5.45　互斥体的排他访问

5.4.9　存储器屏障

Cortex-M3/M4 处理器支持存储器屏障指令(如 ISB、DSB 和 DMB)。利用存储器屏障指令,程序员可以控制不同指令存储器访问的先后顺序。

由于 Cortex-M3/M4 处理器不会调整程序中指令执行的顺序(在超标量处理或支持乱序执行的高性能处理器中可能会出现调整),所以多数应用程序中即便不使用存储器屏障指令,通常存储器操作的先后顺序也是和指令的先后顺序一致的。同时,由于 AHB Lite 和 APB 协议自身较为简单,不允许在前面的传输还未完成时就开始新的传输。故而绝大多数情况下,程序员不使用存储器屏障指令不会引起任何问题。

但处理器内部有一个写缓冲,数据写操作可能会和下一条指令的操作同步执行。在一些特殊的情况下,程序员可能需要保证下一条指令的操作不会在当前指令写操作完成前执行,就需要用到存储器屏障指令。例如,有些微控制器具有存储器重映射特性,存储器映射切换时,在写入重映射控制寄存器后,可使用 DSB 指令来保证缓冲写实际完成前,其他指令的存储器操作都不被执行。

5.5　Cortex-M 处理器的异常处理

如 5.2.5 小节所述,Cortex-M 处理器集成了一个嵌套中断控制器(NVIC),NVIC 能够响应外部中断、NMI、系统节拍定时器、系统异常等不同来源的异常,可以管理 256 种异常类型(如表 5.6 所示)。

由于第 4 章已经学习了中断的相关原理,本小节主要结合 Cortex-M 处理器的异常管理模型,来讨论在工程实践中常遇到的中断优先级的控制问题、向量表的重定位问题、异常/中断的挂起和激活状态转换问题,最后给出 NVIC 和 SCB 中部分基本寄存器的描述。同第 4 章一样,这里我们对术语"中断"和"异常"不作严格区分,统一以"异常处理"来描述 Cortex-M 处理器中 NVIC 技术。

5.5.1　Cortex-M 异常管理模型

配置了 NVIC 的 Cortex-M 处理器可以响应不同来源的异常,根据中断类型号在异常向量表中查询对应的异常处理程序入口地址,优先级高的异常可以打断优先级低的异常处理程序。为了实现对上述过程的有效管理,NVIC 中定义了异常的优先级和优先级分组、异常程序可能的工作状态以及异常挂起和解除挂起的条件。本小节对 Cortex-M 系列处理器涉及异常管理的概念做必要的说明。

1. 异常类型

如 5.2.5 小节所述,Cortex-M 处理器支持的多种异常类型,不同类型的异常及其产生原因分析如表 5.6 所示,此处不再赘述。

2. 异常状态

在 Cortex-M 处理器中,每个异常都会处于某个状态(激活、非激活、挂起、激活并挂起),各状态的含义如表 5.28 所示。

表 5.28　Cortex-M 处理器定义的异常状态

异常状态	英文全称	状态的含义
非激活状态	Inactive	异常既不在激活状态也不在挂起状态
挂起状态	Pending	异常源发出了服务请求,正在等待处理器
激活状态	Active	正在接受处理器服务但未结束的异常(如果某异常处理程序被更高优先级的异常服务打断,则两个异常均处于激活状态)
激活并挂起状态	Active and Pending	异常正在接受处理器服务,而相同异常源又产生了异常请求

3. 异常处理程序

Cortex-M 处理器在响应异常后,可以进入不同类别的异常处理程序(Exception handlers),如表 5.29 所示。如表 5.6 所示,不同来源的异常由不同类别的异常处理程序处理。

4. 异常向量表

当 Cortex-M3/M4 处理器接受了某异常请求后,处理器需要确定该异常对应的异常处理程序的起始地址。该信息位于存储器内的异常(中断)向量表中,向量表默认从地址

0x0000 0000 开始,按照异常类型号依次存放各个异常的入口地址,如表 5.7 所示。

表 5.29　Cortex-M 处理器可服务的异常处理程序类别

异常处理程序	英文名称	功能描述
中断服务子程序	ISR	片上外设或者外设中断源产生 IRQ 由 ISR 处理
错误程序	Fault handlers	硬件错误、MemManage 错误、总线错误、用法错误产生的异常由错误程序处理
系统异常程序	System handlers	NMI、PendSV、SVCall、SysTick 产生的异常由系统异常程序处理

如表 5.7 所示,向量表的开始(0x0000 0000)4 个字节存放的是主栈指针(MSP)的初始值,其后依次存放各个异常源对应的处理程序入口地址(该入口地址也称作异常向量)。异常向量的存放地址为异常编号乘 4,如总线错误异常类型号为 5,总线错误向量的地址为 0x0000 0014。此外,异常向量的 LSB 必须是"1",表示异常处理程序是 Thumb 代码[①]。

5. 异常的优先级

在 Cortex-M 处理器中,异常处理请求是否能被处理器接受以及何时进入异常处理程序,是与异常的优先级相关的。高优先级的异常(优先级编号更小)可以抢占低优先级的异常(优先级编号更大),这就是异常/中断嵌套的情形。有些异常(复位、NMI 和 Hard Fault)具有固定的优先级,其优先级编号为负数,因而这些异常的优先级总是比其他异常的优先级高。其他异常则具有可编程的优先级,范围为 0～255。

Cortex-M3/M4 处理器设计了 3 个固定的最高优先级(如表 5.6 所示,复位为 −3、NMI 为 −2、硬件错误为 −1)以及 256 个可编程优先级,芯片支持的可编程优先级的实际数量由芯片厂商决定。考虑到优先级数量较多时会增加 NVIC 复杂度和功耗,一般情况下厂商倾向于使用较少的优先级数量(如 16)。减少优先级数量是通过减少优先级配置寄存器的位数(去除最低位)实现的。

每个异常都有一个优先级寄存器与之对应。异常的优先级通过优先级寄存器配置,宽度为 3～8 位。例如,若芯片设计中只实现了 3 位优先级(可设置 8 个可编程优先级),优先级配置寄存器如图 5.46 所示。此时寄存器低 5 位未实现,故读出总是为 0,对这些位的写操作会被忽略。根据这种设置,可能的优先级为 0x00(高优先级)、0x20、0x40、0x60、0x80、0xA0、0xC0 以及 0xE0(最低),如图 5.47 中间部分所示。

类似地,若设计中实现了 4 位优先级,会得到 16 个可编程优先级,可能的优先级如图 5.47 最右边部分所示。

优先级配置寄存器中实现的位数越多,可用的优先级数量就越多。对于 ARMv7-M 架构,宽度最少为 3 位(8 个等级)。

---

① Cortex-M 系列的处理器支持的指令有 16 比特长和 32 比特长两种,指令所占用的存储单元最小单位是 2 个字节,因而程序入口地址的 LSB 被认为是"0"。最低位为 1,只是表示处于 Thumb 状态。

bit7	bit6	bit5	bit4	bit3	bit2	bit1	bit0
已使用			未使用				

图 5.46　三位优先级寄存器

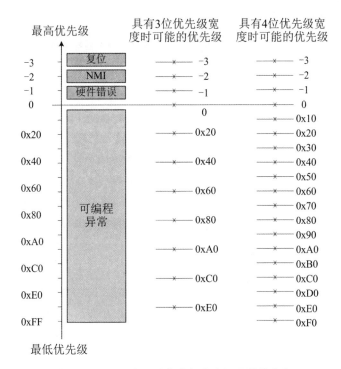

图 5.47　三位或四位优先级宽度可用的优先级

图 5.46 所示优先级寄存器实现了较高的位而不是较低的位,即弃用了最低的位。这样的处理使 Cortex-M 设备间移植软件更加容易。按这种方式,在具有 4 位优先级配置寄存器设备上写的程序,可直接在具有 3 位优先级配置寄存器的设备上运行。若弃用最高的位,则在 Cortex-M 设备间移植应用程序时优先级的配置可能会相反。例如,若对于某应用程序,IRQ♯0 的优先级是 0x09,IRQ♯1 的优先级是 0x03,那么 IRQ♯1 的优先级高。若弃用最高位 bit3,则 IRQ♯0 的优先级变为 0x01,且优先级大于 IRQ♯1。

注意:复位后所有可配置中断都处于禁止状态,默认的优先级为 0。如果多个相同优先级的异常均处于等待状态,处理器会先处理异常类型号低的。例如,IRQ♯0 和 IRQ♯1 均为等待状态,处理器会先处理 IRQ♯0 的 ISR。这种依据异常类型号大小决定处理顺序的机制常被称作自然顺序优先级。

6. 异常优先级分组

为了提高对异常优先级的控制能力,NVIC 设计了优先级分组的机制。8 位的优先级配置寄存器被分为两个部分:分组优先级[①]（group priority）和（组内的）子优先级

---

① 在 ARM 公司早期的技术资料中,分组优先级称为抢占优先级（preempt priority）。

(subpriority)。

通过设置系统控制块(SCB)中的应用中断和复位控制寄存器(AIRCR)的 PRIGROUP 域(AIRCR[10：8],共三位,对应八种优先级分组),优先级配置寄存器可被分为两部分。高位的部分(左边的位)为分组(抢占)优先级,而低位的部分(右边的位)则为子优先级,不同优先级分组时优先级寄存器位定义如表 5.30 所示。

表 5.30 优先级寄存器中抢占优先级域和子优先级域定义

优先级分组	抢占优先级域	子优先级域
0(默认)	bit[7：1]	bit[0]
1	bit[7：2]	bit[1：0]
2	bit[7：3]	bit[2：0]
3	bit[7：4]	bit[3：0]
4	bit[7：5]	bit[4：0]
5	bit[7：6]	bit[5：0]
6	bit[7]	bit[6：0]
7	无	bit[7：0]

图 5.48 给出了表 5.30 中优先级分组设置为 2,7,6,0 情形下优先级寄存器配置的直观示意图。由于抢占优先级域和子优先级域可配置为不同的宽度组合,提高了异常优先级配置管理的灵活度。

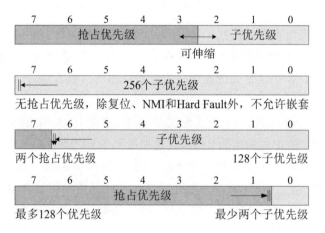

图 5.48 优先级域和子优先级域定义的不同情形

正在运行的一个异常处理是否会被新产生的异常打断,是由异常的抢占优先级决定的。抢占优先级高的异常可以打断抢占优先级低的异常。若新产生异常的抢占优先级没有比正在运行异常处理的抢占优先级高,则新产生的异常不会打断已经运行的异常。

子优先级只会用在两个抢占优先级相同的异常同时产生的情形,此时,具有更高子优先级(数值更小)的异常会被首先处理。

在确定实际的分组优先级和子优先级时,需要考虑:① 优先级配置寄存器实际实现的位宽度;② 优先级分组设置。例如,若优先级配置寄存器的宽度为 3(第 7～5 位可用)且优先级分组为 5,则会有 4 个分组/抢占优先级(第 7～6 位),而且每个分组/抢占优先级具有两个子优先级,如图 5.49 所示。

bit7	bit6	bit5	bit4	bit3	bit2	bit1	bit0
抢占优先级		子优先级	未使用				

图 5.49　3 位优先级寄存器中优先级分组为 5 时的位定义

对于相同的优先级配置寄存器设计(实现了 3 位),若优先级分组设置为 1,则只会有 8 个分组优先级,且每个抢占等级中没有进一步的子优先级(优先级寄存器的 bit[1:0]总是 0)。优先级配置寄存器的位定义如图 5.50 所示。

bit7	bit6	bit5	bit4	bit3	bit2	bit1	bit0
抢占优先级[5:3]			抢占优先级[2:0] (总是为0)			子优先级[1:0] (总是为0)	

图 5.50　3 位优先级寄存器中优先级分组为 1 时的位定义

若 Cortex-M3/M4 实现了优先级配置寄存器中的所有 8 位,优先级分组设置为 0,则有 128 个抢占优先级,每个抢占优先级有 2 个子优先级。此时优先级配置寄存器的位定义如图 5.51 所示。

bit7	bit6	bit5	bit4	bit3	bit2	bit1	bit0
抢占优先级							子优先级

图 5.51　3 位优先级寄存器中优先级分组为 0 时的位定义

若两个异常同时产生,且它们有相同的抢占优先级和子优先级,则异常编号更小的中断的优先级更高(IRQ♯0 的优先级高于 IRQ♯1),即前述自然顺序优先级机制。

7. 异常流程

异常处理的过程包括:处理器接受异常请求、进入异常处理、执行异常处理程序、异常返回。

1) 异常请求的接受

若异常没有被屏蔽,处于使能状态(NMI 和硬件错误总是使能的),且异常的优先级高于当前等级,处理器会接受异常请求。注意,如果异常处理程序中出现了 SVC 指令,而该异常的优先级不低于 SVC 的优先级,就会触发硬件错误,从而进入硬件错误的处理程序。

2) 异常进入流程

异常进入流程包括如下操作:

① 多个寄存器和返回地址被压入当前使用的栈。在不保护浮点运算寄存器组情形

下,被压入堆栈的寄存器包括 PSR、PC、LR、R0~R3、R12,共 8 个字;如果需要保护浮点运算单元状态,则有 26 字的状态信息会被压栈。若处理器处于线程模式且正使用进程栈指针(PSP),则压栈过程使用 PSP 指向的栈区域,否则就会使用主栈指针(MSP)指向的栈区域。

② 更新内核寄存器和多个 NVIC 寄存器。将从异常(中断)向量表中取出的异常向量存入 PC;根据压栈时使用的栈,MSP 或 PSP 的数值会在异常处理开始前自动调整;LR 被更新为特殊值 EXC_RETURN。EXC_RETURN 数值共 32 位,高 27 位为 1,低 5 位用于指示进入异常时保存的状态信息(即指示使用的是 MSP 还是 PSP,哪些寄存器被压入栈),其可能数值如表 5.31 所示。

3)执行异常处理程序

进入异常处理程序内部后,处理器进入处理模式,并运行于特权访问等级,栈操作使用 MSP。此过程中如果有更高优先级的异常产生,处理器会接受新的异常,当前正在执行的处理被更高优先级的处理抢占而进入挂起状态,此即异常嵌套。若执行过程中产生的其他异常具有相同或更低的优先级,新产生的异常就会进入挂起状态,待当前异常处理完成后才可能被处理。

4)异常返回

把 PC 设置为 EXC_RETURN 数值会触发异常返回流程,该数值在异常进入时产生且被存储在 LR 中。EXC_RETURN 取值不同时,返回行为的差异如表 5.31 所示。

表 5.31　异常返回的行为

EXC_RETURN[31∶0]	返回行为的描述
0xFFFF FFF1	返回至处理模式,使用 MSP 恢复非浮点状态信息①
0xFFFF FFF9	返回至线程模式,使用 MSP 恢复非浮点状态信息
0xFFFF FFFD	返回至线程模式,使用 PSP 恢复非浮点状态信息
0xFFFF FFE1	返回至处理模式,使用 MSP 恢复浮点状态信息
0xFFFF FFE9	返回至线程模式,使用 MSP 恢复浮点状态信息
0xFFFF FFED	返回至线程模式,使用 PSP 恢复浮点状态信息

异常返回可由表 5.32 所示的指令产生。异常返回机制被触发后,进入异常时被压入栈中的寄存器值会被恢复到寄存器组中,NVIC 的多个寄存器和处理器内核中的多个寄存器都会被更新。

---

① 使能 FPU 时,进入异常处理的现场保护过程会保存更多寄存器信息到栈中,故返回的时候也需要恢复更多的寄存器信息。未使能 FPU 时压栈信息共 8 字,而使能 FPU 后压栈的信息有 26 字。

表 5.32　可用于触发异常返回的指令

返回指令	描述
BX　LR	若 EXC_RETURN 数值仍在 LR 中,在异常处理结束时使用 BX LR 指令将 EXC_RETURN 写入 PC,触发异常返回
POP　PC	若异常处理过程把 LR 值压入栈,可使用 POP 指令将 EXC_RETURN 放到 PC 中,触发异常返回
LDR 或 LDM	以 PC 为目标寄存器的 LDR 或 LDM 指令也可以触发异常返回

5.5.2　向量表重定位机制

向量表默认从地址 0x0000 0000 开始,但有些应用可能需要在运行时修改向量表,Cortex-M3/M4 处理器设计了向量表重定位机制。向量表重定位使用 VTOR(Vector Table Offset Register,向量表偏移寄存器)指示向量表的位置。VTOR 中保存向量表相对于存储器的起始地址(0x0000 0000)的偏移量。Cortex-M3/M4 处理器中,VTOR 的低 7 位(VTOR[6∶0])总是为零,其高 25 位(VTOR[31∶7],称为 TBLOFF)可配置。特别是,当 VTOR[29]位为"0"时,VTOR 所表示的向量表地址处于代码区,VTOR[29]位为"1"时,则表示向量表地址在 SRAM 区,故很多资料中把 VTOR[29]称作 TBLBASE 位。

在设置 VTOR 时,要注意 TBLOFF 的值需要和向量表中异常向量数目匹配。TBLOFF 的最小值为 32 字(VTOR[6∶0]总是为"0"),考虑每个中断向量占 1 个字(4 字节),此时可以支持 16 个系统异常,以及 16 个 IRQ。Cortex-M3 和 Cortex-M4 技术手册中规定,TBLOFF 的值(以字为单位)必须为 2 的整数次幂,且大于中断向量数。

向量表偏移寄存器(VTOR),地址0xE000 ED08

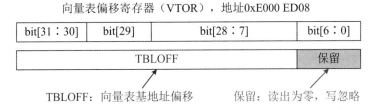

图 5.52　向量表偏移寄存器

例如,微控制器有 21 个中断源。向量表大小为:21(用于中断)+ 16(用于系统异常空间)= 37 字。取大于 37 的 2 的整数次幂最小为 64,故向量表大小取 64 字 = 256 字节,因此,向量表的地址可被设置为 0x0000 0000、0x0000 0100 以及 0x0000 0200 等。

向量表重定位机制非常有利于实现灵活的启动方式。例如,图 5.53 所示为典型的具有启动代码(Bootloader)的设备中向量表的重定位过程。多数微控制器芯片有多个程序存储器,例如启动 ROM 和 Flash 存储器。芯片厂商将 Bootloader 预先写入启动 ROM,故微控制器启动时,启动 ROM 中的 Bootloader 先执行,从 Bootloader 跳转到 Flash 存储器中的用户应用程序前,设置 VTOR 指向用户 Flash 存储器的开始处,从而将向量表切换为用户 Flash 中的向量表。

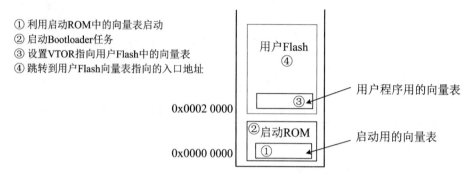

① 利用启动ROM中的向量表启动
② 启动Bootloader任务
③ 设置VTOR指向用户Flash中的向量表
④ 跳转到用户Flash向量表指向的入口地址

图 5.53　向量表在启动 ROM 和用户 Flash 间切换

有些微控制器芯片启动时,支持外部设备(如 SD 卡,或通过网络接口下载而来)加载用户程序。这种情形下,存储在芯片内的启动程序初始化相关硬件,从外部设备复制应用程序(含向量表)到 RAM,再更新 VTOR,然后依据载入的向量表执行已加载至 RAM 的程序。图 5.54 所示即为从外部存储卡加载应用并重定位向量表的过程。

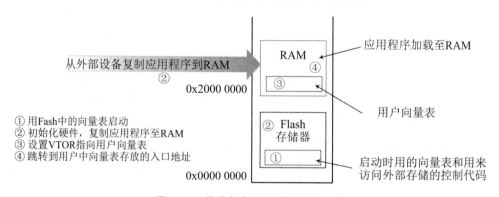

① 用Fash中的向量表启动
② 初始化硬件,复制应用程序至RAM
③ 设置VTOR指向用户向量表
④ 跳转到用户中向量表存放的入口地址

图 5.54　从外部存储加载的应用程序

5.5.3　异常请求和挂起

每个异常/中断都会处于表 5.28 所示的某个状态:挂起(等待服务的请求)或解除挂起,激活(正在处理)或非激活状态。本小节讨论不同状态之间转换的场景和条件。

在传统的 ARM 处理器中,若设备产生了中断请求,在得到处理前需要一直保持中断请求信号。而 Cortex-M 处理器的 NVIC 中,设计了用于保存中断请求的挂起请求寄存器,即便请求中断服务的源设备没有一直维持请求信号,已产生的中断仍会被处理,在被处理前该中断保持在挂起状态。

如果处理器空闲,处于挂起状态的中断请求会马上得到处理,此时,中断的挂起状态会被自动清除。但如果处理器正在处理另外一个更高优先级或同等优先级的中断,或者产生请求的中断源被屏蔽了（通过设置中断屏蔽寄存器），那么在其他中断处理结束前或中断屏蔽被清除前，该中断会一直保持在挂起状态。

当某个中断被处理时，该中断就会进入激活状态。NVIC 设计了中断激活状态寄存器来保存每个中断的激活状态，只有在中断服务完成，处理器执行了异常返回后，中断激活状态寄存器中对应位才会被清除（自动完成）。

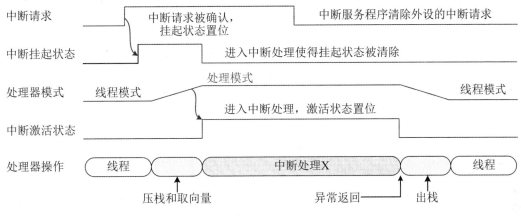

图 5.55　中断挂起和激活行为的简单情况

图 5.55 所示中断从挂起状态、挂起状态清除、进入激活状态、清除激活状态的过程中，处理器经历了从线程模式到处理模式再回线程模式的切换。在处理器从线程模式切换到处理模式时，多个寄存器会被自动压入栈中，同时 ISR 的起始地址会被从向量表中取出。而从处理模式回到线程模式时，之前自动压栈的寄存器会被恢复，继续执行此前被打断的程序。

实际使用异常/中断处理时，还有很多细节问题需要注意。例如，当某个特定中断处于激活状态时，同一个中断源如果再次产生中断请求，新的中断请求在本次中断服务结束前会持续保持在挂起状态。再如，对于脉冲形式的中断请求，若在处理器开始处理前，中断请求信号产生了多次，它们会被当作一次中断请求。还有些情况下，中断被禁止了，但其中断请求仍会引起挂起寄存器中对应位被置位，若稍后该中断被使能了，它仍可以进入激活状态得到服务。

5.5.4　NVIC 寄存器

NVIC 中有多个中断控制寄存器，这些寄存器位于系统控制空间（SCS）地址区域。这些寄存器服务于异常类型 16～255 的外部中断，但是不能管理 NMI、SysTick 等系统异常，SCB 中的寄存器才可用于系统异常管理。NVIC 中各寄存器名称与功能描述如表 5.33 所示。

表 5.33 用于中断控制的 NVIC 寄存器列表

地址	寄存器全称	寄存器名称	功能
0xE000 E200～ 0xE000 E11C	中断设置使能寄存器 (Interrupt Set-enable Registers)	NVIC_ISER0～ NVIC_ISER7	写 1 设置使能,系统 复位后清零
0xE000 E180～ 0xE000 E19C	中断清除使能寄存器 (Interrupt Clear-enable Registers)	NVIC_ICER0～ NVIC_ICER7	写 1 清除使能,系统 复位后清零
0xE000 E200～ 0xE000 E21C	中断设置挂起寄存器 (Interrupt Set-pending Registers)	NVIC_ISPR0～ NVIC_ISPR7	写 1 设置挂起状态, 系统复位后清零
0xE000 E280～ 0xE000 E29C	中断清除挂起寄存器 (Interrupt Clear-pending Registers)	NVIC_ICPR0～ NVIC_ICPR7	写 1 清除挂起状态
0xE000 E300～ 0xE000 E31C	中断激活位寄存器 (Interrupt Active Bit Registers)	NVIC_IABR0～ NVIC_IABR7	激活状态位,只读
0xE000 E400～ 0xE000 E4EF	中断优先级寄存器 (Interrupt Priority Registers)	NVIC_IPR0～ NVIC_IPR59	每个中断的中断优 先级
0xE000 EF00	软件触发中断寄存器 (Software Trigger Interrupt Register)	STIR	写中断类型号触发相 应中断

表 5.33 中除了软件触发中断寄存器(STIR)外,其他所有寄存器都只能在特权等级访问。STIR 默认只能在特权等级访问,但可配置为非特权等级访问。

1. 中断使能寄存器

在一些传统的微控制器芯片中,中断使能和禁止用一个寄存器实现。如某特定位为 1 表示对应的中断被使能,反之该中断被禁止。Cortex-M 处理器中,中断使能和禁止通过两个寄存器进行配置。设置特定中断源的使能需要写入 NVIC_ISERn 寄存器的相应位;清除使能(禁止中断)则需要写入 NVIC_ICERn 寄存器的相应位。通过这样的设计,使能或禁止某个中断时不会影响其他中断的使能状态。

每个 ISER/ICER 寄存器都是 32 位宽,每个位对应一个中断输入。若芯片厂家实现的 Cortex-M3/M4 处理器支持超过 32 个外部中断源,则需要多个 ISER 和 ICER 寄存器,如 NVIC_ISER0 和 NVIC_ISER1 等,寄存器的位定义如表 5.34 所示。

表 5.34 中断使能设置和清除寄存器

地址	名称	类型	描述
0xE000 E100	NVIC_ISER0	R/W	写 1 使能中断 #0～#31,写 0 无作用 读出值指示当前使能状态 bit[0]用于中断 #0(异常类型号 #16) … bit[31]用于中断 #31(异常类型号 #47)

地址	名称	类型	描述
0xE000 E104	NVIC_ISER1	R/W	写 1 使能中断♯32～♯63,写 0 无作用 读出值指示当前使能状态
…	…	…	…
0xE000 E180	NVIC_ICER0	R/W	清零中断♯0～♯31 的使能 写 1 清除使能,写 0 无作用 读出值指示当前使能状态 bit[0]用于中断♯0(异常类型号♯16) … bit[31]用于中断♯31(异常类型号♯47)
0xE000 E184	NVIC_ICER1	R/W	清零中断♯32～♯63 的使能 写 1 清除使能,写 0 无作用 读出值指示当前使能状态
…	…	…	…

2. 设置中断挂起和清除中断挂起寄存器

Cortex-M 处理器中,设置中断挂起、清除中断挂起(常简称为解挂)通过两个寄存器实现。若中断请求产生但没有立即执行,就会进入挂起状态。设置中断挂起状态可以通过访问中断设置挂起寄存器(NVIC_ISPRn)和清除中断挂起寄存器(NVIC_ICPRn)实现。与使能寄存器类似,若存在超过 32 个的外部中断输入,挂起状态控制寄存器就会不止一个。

挂起状态寄存器可软件修改,如通过设置 NVIC_ICPRn 取消一个当前被挂起的异常,或通过设置 NVIC_ISPRn 产生软件中断,寄存器的位定义如表 5.35 所示。

表 5.35　中断挂起设置和清除寄存器

地址	名称	类型	描述
0xE000 E200	NVIC_ISPR0	R/W	设置中断♯0～♯31 的挂起 写 1 即设置挂起,写 0 无作用 读出值指示当前挂起状态 bit[0]用于中断♯0(异常类型号♯16) bit[1]用于中断♯1(异常类型号♯17) … bit[31]用于中断♯31(异常类型号♯47)
0xE000 E204	NVIC_ISPR1	R/W	设置中断♯32～♯63 的挂起 写 1 即设置挂起,写 0 无作用 读出值指示当前挂起状态
…	…	…	…

地址	名称	类型	描述
0xE000 E280	NVIC_ICPR0	R/W	清零中断♯0～♯31 的挂起 写 1 即清零挂起,写 0 无作用 读出值指示当前挂起状态 bit[0]用于中断♯0(异常类型号♯16) bit[1]用于中断♯1(异常类型号♯17) ... bit[31]用于中断♯31(异常类型号♯47)
0xE000 E284	NVIC_ICPR1	R/W	清零中断♯32～♯63 的挂起 写 1 即清零挂起,写 0 无作用 读出值指示当前挂起状态
...	...	...	...

3. 激活状态寄存器

每个外部中断都在中断激活状态寄存器中有一个激活状态位。处理器执行中断处理时,该位会被置 1,该位在执行中断返回时会被清零。ISR 执行期间,如果产生更高优先级的中断请求,可能会发生抢占,如果发生抢占,需要暂停当前的 ISR 去执行更高优先级的 ISR。在此期间,尽管处理器在执行优先级高的中断处理,之前较低优先级的中断仍处于激活状态。程序员可以通过中断设置挂起寄存器(NVIC_ISPRn)获知特定的异常/中断是否处于挂起状态,通过中断激活状态寄存器(NVIC_IABRn)获知特定的异常/中断是否处于激活状态。

中断激活状态寄存器为 32 位宽。若外部中断的数量超过 32,则激活状态寄存器会不止一个。外部中断的激活状态寄存器是只读的,寄存器位的定义如表 5.36 所示。

表 5.36　中断激活状态寄存器

地址	名称	类型	描述
0xE000 E300	NVIC_IABR0	R	外部中断♯0～♯31 的激活状态 bit[0]用于中断♯0(异常类型号♯16) bit[1]用于中断♯1(异常类型号♯17) ... bit[31]用于中断♯31(异常类型号♯47)
0xE000 E304	NVIC_IABR1	R	外部中断♯32～♯63 的激活状态
...	...	...	...

4. 优先级寄存器

每个中断都有各自的优先级寄存器,寄存器最大宽度为 8 位,最小为 3 位。每个寄存器可以根据优先级分组设置被进一步划分为分组优先级和子优先级,详见 5.5.1 小节中"异常的优先级"。优先级寄存器可以通过字节、半字或字访问。优先级寄存器的数量取决于芯片中实际存在的外部中断数,如表 5.37 所示。

表 5.37　中断优先级寄存器

地址	名称	类型	描述
0xE000 E400	NVIC_IPR0	R/W	外部中断♯0～♯3 的优先级
0xE000 E401	NVIC_IPR1	R/W	外部中断♯4～♯7 的优先级
…	…	…	…
0xE000 E4EF	NVIC_IPR59	R/W	外部中断♯236～♯239 的优先级

5. 软件触发中断寄存器

除了 NVIC_ISPRn 寄存器外,还可以通过写软件触发中断寄存器(STIR,见表 5.38)来触发中断。Cortex-M 处理器中 STIR 只实现了 8 位,写入中断类型号即可触发对应的中断。

表 5.38　软件触发中断寄存器

位	名称	类型	复位值	描述
8:0	STIR	W	—	写中断编号可以设置对应编号中断的挂起位

NVIC_ISPRn 的访问只能由特权等级代码访问,但 STIR 可由非特权代码访问。非特权代码访问 STIR 的前提是,设置了配置控制寄存器中的 USERSETMPEND 域。由于 USERSETMPEND 位默认为清零状态,故未配置时只有特权等级代码才能访问 STIR。

5.5.5　SCB 寄存器

系统控制块(SCB)包含了一些用于中断控制的寄存器,表 5.39 为 SCB 中的寄存器列表。表 5.39 所示寄存器中只有一部分与中断或异常控制有关。本小节仅讨论 ICSR、AIRCR、SHPR 和 SHCRS 寄存器的功能,其他寄存器的详细信息可参阅 Cortex-M3 或 Cortex-M4 用户手册。

表 5.39　SCB 中的寄存器

地址	寄存器全称	寄存器简称	功能
0xE000 ED00	CPU ID	CPUID	指示处理器类型和版本的 ID
0xE000 ED04	中断控制和状态寄存器	ICSR	系统异常的控制和状态
0xE000 ED08	向量表偏移寄存器	VTOR	指示向量表相对于存储器的起始地址 (0x0000 0000)的偏移量

地址	寄存器全称	寄存器简称	功能
0xE000 ED0C	应用中断/复位控制寄存器	AIRCR	优先级分组、端配置和复位控制
0xE000 ED10	系统控制寄存器	SCR	配置休眠模式和低功耗特性
0xE000 ED14	配置控制寄存器	CCR	进入线程模式的高级特性配置
0xE000 ED18	系统处理优先级寄存器	SHPR1	系统异常的优先级设置
0xE000 ED1C	系统处理优先级寄存器	SHPR2	系统异常的优先级设置
0xE000 ED20	系统处理优先级寄存器	SHPR3	系统异常的优先级设置
0xE000 ED24	系统处理控制和状态寄存器	SHCRS	使能错误异常和系统异常状态控制
0xE000 ED28	可配置错误状态寄存器	CFSR	指示错误异常信息
0xE000 ED2C	硬件错误状态寄存器	HFSR	指示硬件错误异常信息
0xE000 ED30	调试错误状态寄存器	DFSR	指示调试事件信息
0xE000 ED34	存储器管理错误寄存器	MMFAR	指示存储器管理错误的地址值
0xE000 ED38	总线错误寄存器	BFAR	指示总线错误的地址值
0xE000 ED3C	辅助错误状态寄存器	AFSR	指示设备相关错误状态信息
0xE000 ED88	协处理器访问控制寄存器	CPACR	指示协处理器的访问权限

1. 中断控制和状态寄存器

ICSR(Interrupt Control and State Register,中断控制和状态寄存器)用于设置和清除系统异常的挂起状态。通过 ICSR 可以获知当前正接受处理异常的类型号、当前挂起异常中优先级最高者的类型号、是否发生了抢占等信息。ICSR 的位定义如表 5.40 所示。

表 5.40　中断控制和状态寄存器

位	名称	类型	描述
31	NMIPENDSET	R/W	写 1 挂起 NMI,读出值表示 NMI 挂起状态
28	PENDSVSET	R/W	写 1 挂起 PendSV,读出值表示挂起状态
27	PENDSVCLR	W	写 1 清除 PendSV 挂起状态
26	PENDSTSET	R/W	写 1 挂起 SysTick,读出值表示挂起状态
25	PENDSTCLR	W	写 1 清除 SysTick 挂起状态
23	ISRPREEMPT	R	指示调试退出后是否执行被挂起的异常
22	ISRPENDING	R	指示是否有外部异常处于挂起状态
20:12	VECTPENDING	R	指示被挂起的异常中优先级最高者的类型号

位	名称	类型	描述
11	RETTOBASE	R	当前正在执行异常处理程序时被置 1,中断返回且没有其他被挂起的异常则返回线程
8∶0	VECTACTIVE	R	当前执行的异常类型号

2. 应用中断和复位控制寄存器

AIRCR(Application Interrupt and Reset Control Register,应用中断和复位控制寄存器)用于控制异常/中断优先级管理中的优先级分组,指示系统的端配置信息,提供自复位特性。AIRCR 位定义如表 5.41 所示。

表 5.41　应用中断和复位控制寄存器

位	域	类型	描述
31∶16	VECTKEY	W	写 AIRCR 时必须要将 0x05FA 写入 VECTKEY 域,读出时读取 VECTKEYSTAT
	VECTKEYSTAT	R	
15	ENDIANESS	R	1 表示系统为大端,0 则表示系统为小端
10∶8	PRIGROUP	R/W	优先级分组
2	SYSRESETREQ	W	写入 1 引起芯片系统复位
1	VECTCLRACTIVE	W	写入 1 清除异常的激活状态
0	VECTRESET	W	写入 1 引起处理器局部复位,但不复位外设

3. 系统处理优先级寄存器

SHPR(System Handler Priority Register,系统处理优先级寄存器)共三个:SHPR1～SHPR3。SHPR 的位域定义与中断优先级寄存器定义相同,差别在于 SHPR 用于系统异常。这些寄存器并未实现所有的位,已实现的位及其定义如表 5.42 所示。

表 5.42　系统处理优先级寄存器

地址	名称	类型	描述
0xE000 ED18	SHPR1[7∶0]	R/W	存储器管理错误的优先级
0xE000 ED19	SHPR1[15∶8]	R/W	总线错误的优先级
0xE000 ED1A	SHPR1[23∶16]	R/W	用法错误的优先级
0xE000 ED1B	SHPR1[31∶24]	—	未实现
0xE000 ED1C	SHPR2[7∶0]	—	未实现
0xE000 ED1D	SHPR2[15∶8]	—	未实现
0xE000 ED1E	SHPR2[23∶16]	—	未实现
0xE000 ED1F	SHPR2[31∶24]	R/W	SVC 的优先级

地址	名称	类型	描述
0xE000 ED20	SHPR3[7：0]	R/W	调试监控的优先级
0xE000 ED21	SHPR3[15：8]	—	—
0xE000 ED22	SHPR3[23：16]	R/W	PendSV 的优先级
0xE000 ED23	SHPR3[31：24]	R/W	SysTick 的优先级

4．系统处理控制和状态寄存器

SHCSR(System Handler Control and State Register,系统处理控制和状态寄存器)可以使能的异常包括:用法错误、存储器管理错误和总线错误异常。上述异常及 SVC 异常的挂起状态和多数系统异常的激活状态也可从 SHCSR 获得,SHCSR 的位定义如表 5.43 所示。

表 5.43　系统处理控制和状态寄存器

位	名称	类型	描述
18	USGFAULTENA	R/W	用法错误异常使能
17	BUSFAULTENA	R/W	总线错误异常使能
16	MEMFAULTENA	R/W	存储器管理错误异常使能
15	SVCALLPENDED	R/W	指示 SVC 是否处于挂起状态
14	BUSFAULTPENDED	R/W	指示总线错误异常是否处于挂起状态
13	MEMFAULTPENDED	R/W	指示存储器管理错误异常是否处于挂起状态
12	USGFAULTPENDED	R/W	指示用法错误异常是否处于挂起状态
11	SYSTICKACT	R/W	指示 SysTick 异常是否激活
10	PENDSVACT	R/W	指示 PendSV 异常是否激活
8	MONITORACT	R/W	指示调试监控异常是否激活
7	SVCALLACT	R/W	指示 SVC 异常是否激活
3	USGFAULTACT	R/W	指示用法错误异常是否激活
1	BUSFAULTACT	R/W	指示总线错误异常是否激活
0	MEMFAULTACT	R/W	指示存储器管理异常是否激活

习　　题

5.1　计算机中的"ISA"和"μarch"各是什么意思？两者之间有何联系？

5.2　请简述哈佛结构的主要优缺点。

5.3　TCM 与高速缓存 Cache 有什么区别？

5.4　什么是饱和运算？试举例说明采用饱和运算的必要性。

5.5　ARM 指令集、Thumb 指令集和 Thumb-2 指令集之间的主要区别是什么？

5.6　MMU 和 MPU 的功能有何异同？

5.7　Cortex-R5、R7、R8 和 R52 处理器中，采用异构双核或者异构多核结构的主要目的是什么？

5.8　除了可以选配 FPU 以外，Cortex-M4 与 Cortex-M3 在指令功能上还有哪些不同？

5.9　Cortex-M 系列处理器定义的存储器映射关系是固定不变的，这样做有何利弊？

5.10　Cortex-M3 与 Cortex-M4 使用两个堆栈的目的是什么？在中断响应时，程序断点和程序状态寄存器的内容保存在哪个堆栈中？

5.11　Cortex-M3/M4 的 Code 区选用总线互连矩阵与总线复用器有什么区别？

5.12　有些芯片制造商将所有的数据集中存储在 SRAM 区，试分析这种方案的利弊。

5.13　Cortex-M3/M4 从 SRAM 域读取指令执行时有什么缺点？

5.14　I-Code 和 D-Code 总线全部连接到同一片 Flash 芯片上会有什么问题？

5.15　私有外设总线(Private Peripheral Bus,PPB)基于哪种总线协议？有何特点？

5.16　如果非特权线程试图访问内核私有区域，将会导致哪一类异常？如果 Cortex-M3 使用了一条 SIMD 运算指令，结果又将如何？

5.17　在 Cortex-M3/M4 中，寄存器 R0~R12 有何异同？如果这些寄存器都是空闲的，你觉得首先使用哪些？为什么？

5.18　写出如下术语的中英文全称：NVIC、WIC、SCB、FPU、DWT、ETM。

5.19　某段程序需要跳转到 0x0100 0000 执行，有人写了如下两行汇编指令代码：

　　MOV　R0,　　　♯0x0100 0000

　　MOV　R15,　　　R0

请问这样会有什么问题？

5.20　请说明特殊寄存器 PRIMASK 和 FAULTMASK 寄存器的异同。

5.21　Cortex-M 系列处理器的异常处理中有哪几个固定不可修改的系统异常优先级？

5.22　某基于 Cortex-M4 的 SOC 芯片共有 64 级外部中断，BASEPRI 寄存器的宽度共有几位？如果想屏蔽所有优先级大于 16 的中断，请写出对 BASEPRI 寄存器进行设置的汇编指令。如果想屏蔽所有优先级大于 0 的中断，又该如何设置？

5.23　有人写了一段对 Cortex-M4 的进程栈进行初始化的代码，其中 PSP 的初始值设为 0x8765 4321，并且使用了如下一条语句："MOV PSP,R0"对 PSP 进行赋值(其中 R0 = 0x8765 4321)。这样做存在哪些问题？请逐一说明。

5.24　如果堆栈采用了双字对齐方式，当出现异常时，若需要压栈数据只有奇数个字，请简述处理器是如何实现双字对齐的？

5.25　在特权线程模式下如何切换到非特权线程模式？在非特权线程模式下能否采用类似方法切换到特权线程模式？为什么？

5.26 为何 Cortex-M 系列处理器中外部中断的类型号从 16 开始编号,而不是从 0 开始?

5.27 字节不变大端(BE-8)和字不变大端(BE-32)的区别是什么?

5.28 什么情况下需要程序员自己进行大端和小端的数据转换?

5.29 Cortex-M3 存储空间的哪些区域支持位段(bit-band)操作?

5.30 举例说明位段操作有哪些好处。

5.31 写出利用位段操作读取 0x4000 1000 的第 3 位的代码。

5.32 存储器访问属性包括哪些?

5.33 Cortex-M 处理器内部的写缓冲在什么情况下会带来好处?

5.34 什么情况下需要在程序中使用排他访问指令?

5.35 Cortex-M 系列处理器不会改变代码的执行顺序,因而不需要存储器屏障指令,这个观点对吗?为什么?

5.36 处理器进入异常处理子程序之前保护断点需要把哪些寄存器的值保护起来?

5.37 为何异常向量是 32 比特长度?

5.38 解释 Cortex-M 处理器的中断优先级分组机制。

5.39 解释向量表重定位机制。

5.40 中断使能和中断禁止通过两个寄存器进行配置有什么好处?

5.41 假设某 MCU 实际上有 16 个外部中断,试分析当 AIRCR 中位[10:8]分别为 3,4 和 5 时,分组优先级和抢占优先级的数量(可画图表示)。

5.42 假设某 MCU 实际上有 32 个外部中断,如果中断向量表需要重定位,试分析中断向量表合法的起始位置是哪些(说明需要对齐的边界)。

第6章 ARM 处理器的指令系统

计算机系统中所有机器指令(机器码)的集合,被称作指令系统。机器码用二进制位串来表示,表示一条特定指令的二进制位串称为指令字,简称指令。通常一个指令字中包含操作码、操作数(可能有多个也可能没有)和操作数地址等字段,其中操作码字段表明指令的操作类型,同时还指明操作数的类型和寻址方式等。这些指令字的相关信息在计算机指令集中予以描述。本章以 Cortex-M3/M4 处理器为例,介绍 ARM 处理器的指令系统。

6.1 ARM 处理器指令集概述

如第 5 章所述,ARM 处理器经历了多次版本演进和更新,不同时期处理器对指令集的支持存在较大差异。目前(2019 年),ARM 公司将其不同系列处理器所支持的指令集体系结构统一为三个:A64、A32 和 T32。A32(过去称为 ARM 指令集)和 A64 的指令长度固定为 32 比特,而 T32(过去称为 Thumb-2 指令集)的指令长度既有 16 比特,也有 32 比特,是一种混合长度的指令集。依据 ARM 公司各个微处理器体系结构版本的描述,ARMv5、ARMv6-M、ARMv7、ARMv8 以及截至 2019 年 12 月的 ARMv8.1-M 版本的处理器所支持的指令集如表 6.1 所示。

表 6.1 ARM 各处理器版本支持的指令集体系结构

微架构	支持的指令集架构			重要特性
	A64	A32	T32	
ARMv8.1-M			是	支持矢量扩展(MVE)
ARMv8-A	是	是	是	支持虚拟内存管理(VMSA①)
ARMv8-R		是	是	支持内存保护管理(PMSA②)
ARMv8-M			是	可选支持内存保护管理(PMSA)
ARMv7-A		是	是	支持虚拟内存管理(VMSA)
ARMv7-R		是	是	支持内存保护管理(PMSA)

① 虚拟内存管理(Virtual Memory System Architecture,VMSA),由内存管理单元(MMU)实现。

② 内存保护管理(Protected Memory System Architecture,PMSA),由内存保护单元(MPU)实现。

续表

微架构	支持的指令集架构			重要特性
	A64	A32	T32	
ARMv7-M			是	支持 16 比特和 32 比特的 Thumb-2 指令
ARMv6-M			是	支持 ARMv7-M 指令集的子集
ARMv5				支持 16 比特 Thumb 指令

从表 6.1 可看出，较新版本的 ARM 处理器均支持 T32 指令集。在不同处理器的设计中，除了对指令集体系结构的支持外，会依据处理器的用途增加指令集扩展（也称扩展指令）。常见的指令集扩展有：数字信号处理、浮点数运算、SIMD、矢量处理、安全增强、Java加速等。表 6.2 列出了 Cortex-M 系列处理器所支持的指令集架构和指令集扩展。表中 Y表示支持，N 表示不支持，P 表示部分支持，O 表示可选支持。受篇幅限制，表 6.2 中并未列出所有的扩展指令类型，更详细的信息请参阅相应体系结构版本的 ARM 公司技术手册。

表 6.2　Cortex-M 系列处理器支持的指令集和扩展指令

指令集	指令长度 （bits）	指令	m0	m0＋	m1	m3	m4	m7	m23	m33
Thumb	16	51 条基本指令①	Y	Y	Y	Y	Y	Y	Y	Y
		CBNZ，CBZ	N	N	N	Y	Y	Y	Y	Y
		IT	N	N	N	Y	Y	Y	N	Y
Thumb-2	32	BL，DMB，DSB， ISB，MRS，MSR	Y	Y	Y	Y	Y	Y	Y	Y
		94 条基本指令	N	N	N	P	Y	Y	Y	Y
		SDIV，UDIV	N	N	N	Y	Y	Y	Y	Y
数字信号处理	32	80 条基本指令	N	N	N	N	Y	Y	N	O
单精度浮点	32	25 条基本指令	N	N	N	N	O	O	N	O
双精度浮点	32	14 条基本指令	N	N	N	N	N	O	N	N
TrustZone	16	BLXNS，BXNS	N	N	N	N	N	N	O	O
	32	SG，TT，TTT， TTA，TTAT	N	N	N	N	N	N	O	O

从通用性和易于学习的角度出发，本章依据 ARMv7-M 微处理器架构版本的相关技术文档，对 T32 指令集架构的相关知识点进行了整理和归类。T32 指令集与早期 16 比特的Thumb 指令集、32 比特的 ARM 指令集以及 Thumb-2 中 16 比特和 32 比特混合的指令集都存在交集。在 ARM 公司 ARMv7 版本后的文档中，逐渐不再对上述不同指令集进行区

---

① 此表中的"基本指令"指的是在多个版本处理器上被支持的指令。

别,在 2019 年 12 月发布的第十个 ARMv8 版本中,已经统一描述为 T32[1]。故本章内容也不对 Thumb 指令、Thumb-2 指令和 ARM 指令做严格区分。在不产生歧义的前提下,本章将指令描述为 T32 的 Thumb 指令(含 16 比特指令、32 比特指令)以及指令集扩展。

6.2　T32 指令格式

指令格式,即指令字所对应的二进制位串的格式定义。由于 ARM 的 T32 指令集既有 16 比特指令,又有 32 比特指令,故本节在介绍指令的基本字段后,分两种不同长度分别介绍 T32 的指令格式。毫无疑问,直接用二进制位串表示的机器指令可读性很差,习惯上常用汇编语言来表示机器指令。本节首先说明 T32 指令集中 16 比特指令和 32 比特指令的二进制格式(即机器码),然后以示例的形式阐述 T32 中机器指令对应的汇编语言格式。

6.2.1　16 比特指令二进制格式

T32 的指令由半字对齐(Halfword-aligned)的序列构成。若为 16 比特 Thumb 的指令,则指令中含有一个半字;若为 32 比特 Thumb 指令,则指令包含两个半字。通过半字中最高 5 个比特来区分是 16 比特指令还是 32 比特指令。图 6.1 所示最高 5 个比特含义解析见表 6.3,具体为,如果一个半字的最高 5 个比特(bits[15:11])为如下三种情况之一,则该半字是一个 32 比特指令的第一个半字:① 11101b;② 11110b;③ 11111b。其他情况的半字均为 16 比特指令。

15	14	13	12	11	10	9	8	7	6	5	4	3	2	1	0	15	14	13	12	11	10	9	8	7	6	5	4	3	2	1	0
op0			op1																												

图 6.1　T32 指令顶层(Top Level)编码格式

根据上述规则,最高 5 个比特可以确定半字是对应一条完整的 16 比特指令还是一条 32 比特指令的高半字。如果是 16 比特的指令,则该机器码编码格式如图 6.2 所示,高 6 比特为操作码。

表 6.3　T32 指令的子类型

op0	op1	指令类型(subgroup)
! = 111	−	16 比特的 T32 指令编码
111	! = 00	32 比特的 T32 指令编码

---

① 需要注意的是,T32 在不同版本下指令会略有差异。例如,ARMv8 版本中 T32 所含指令与 ARMv7 版本 T32 所含指令是存在差异的。不过这些细节的差异并不会影响对指令系统原理的学习。

图 6.2 所示高 6 比特的操作码定义了不同的指令类别,表 6.4 给出了 16 比特指令可能的操作类别。

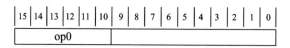

图 6.2　T32 中 16 比特指令编码格式

表 6.4 中操作码部分显示为"x"的位代表了任意值,既可以为"0",也可以为"1"。不同位组合后会产生不同的指令。

表 6.4　16 比特 Thumb 指令操作码格式

操作码	指令类别
00xxxx	基于立即数的指令如移位、加法、减法、比较和数据移动
010000	常规数据处理指令如位运算、移位、加法、减法、比较
010001	特殊的数据处理指令
01001x	基于 PC 的载入指令
0101xx	载入/保存(Load/Store)单个数据的指令
011xxx	
100xxx	
10100x	产生基于 PC(PC-relative)的地址
10101x	产生基于 SP(SP-relative)的地址
1011xx	一些不容易分类的杂类指令
11000x	保存多个寄存器的数到存储器区域
11001x	从存储器区域载入多个数到多个寄存器
1101xx	条件跳转指令
11100x	无条件跳转指令

6.2.2　32 比特指令二进制格式

图 6.3 所示为 T32 指令集中 32 比特指令的二进制编码格式,可以看到,操作码被分成了三段:"op1""op2""op"。按照表 6.3 定义,当 op1 为"00"时,表示该指令是 T32 指令集中的 16 比特指令。

图 6.3　T32 中 32 比特指令编码格式

当 op1 不为"00"时,根据"op1""op2"和"op"可以对 32 比特指令进行分类。表 6.5 给出了 ARMv7-M 中定义的 32 比特指令的类别。

表 6.5　32 比特 Thumb 指令操作码格式

op1	op2	op	指令类别/功能
01	00xx0xx	x	载入或存储多个数
01	00xx1xx	x	载入或存储双字,或者以独占方式执行载入或存储
01	01xxxxx	x	常规数据处理如位运算、移位、加法、减法、比较等
01	1xxxxxx	x	协处理器指令
10	x0xxxxx	0	使用移位后立即数的数据处理指令
10	x1xxxxx	0	使用未经过移位处理立即数的数据处理指令
10	xxxxxxx	1	分支控制指令和杂类指令
11	000xxx0	x	存储单个数据到存储器区域
11	00xx001	x	载入字节
11	00xx011	x	载入半字
11	00xx101	x	载入字
11	00xx111	x	未定义
11	010xxxx	x	寄存器处理指令
11	0110xxx	x	产生 32 比特结果的乘法、乘并累加指令
11	0111xxx	x	产生 64 比特结果的乘法、乘并累加指令
11	1xxxxxx	x	协处理器指令

6.2.3　T32 指令的汇编语法

由于二进制位串表示的机器指令可读性很差,因此普遍采用汇编语言来表示机器指令。在不同的设备中,汇编语言对应着不同的机器语言指令集,通过汇编过程转换成机器指令。特定的汇编语言和特定的机器语言指令集是一一对应的,不同平台之间不可直接移植。

早期的 ARM 处理器中,不同版本的处理器所支持的指令集有较大差异,所使用汇编语言也有不同。在 ARMv7 版本之后,为了增强兼容性,ARM 公司采用了统一汇编语言(Unified Assembly Language,UAL)进行机器指令的描述。使用 UAL 后,16 比特的汇编指令和 32 比特的汇编指令可以无缝地出现在同一份代码中,只是其编码格式不同。

在定义一条机器指令的时候,需要将指令的功能、源操作数、目标操作数、操作数地址等信息予以明确。ARM 处理器的汇编指令典型书写格式如下:

［标号］操作码　［cond］［q］［S］操作数 1,　操作数 2,　…　;　注释
其中,符号"［ ］"的内容是可选参数,指令其他部分的含义说明如下:

- ［标号］：标号（Label）是指令的符号地址，其作用是让汇编器能够计算指令的相对地址，便于在程序中找到语句所在的位置。标号是可选的，如果有标号则必须顶格书写。

- 操作码（opcode）：操作码也称为助记符。每条指令都必须有操作码，指明该条指令执行操作的类型。操作码不能顶格书写，操作码距离每行开始之处至少有一个空格。为了提高代码的可读性和美观性，编程时通常使用"Tab"键在操作码之前产生缩进。

- ［cond］：可选的条件码后缀，描述指令的执行条件。在 ARM 处理器中，可以通过条件码表明指令的执行条件，这是 ARM 处理器有别于其他处理器的一个特点。

- ［q］：可选的指令宽度后缀，".N"表示指令为 16 比特，".W"表示指令为 32 比特。

- ［S］：可选后缀。若操作码后面有"S"后缀，指令执行完毕后自动更新 APSR 中标志位的值。在以 ARM7TDMI 为代表的 ARM 经典处理器中，几乎所有的数据操作指令都默认更新 CPSR[1] 中的标志位。而在采用 Thumb-2 指令集的处理器中，允许指令不更新 APSR 中的标志位，如需更新则必须在操作码后面增加 S 后缀。

- 操作数：操作数的个数取决于指令的种类。有些指令不需要操作数，如 NOP（空操作）、WFI 和 WFE（进入休眠状态）等指令；有些指令只需要一个操作数，更多指令则需要两到三个操作数。

当使用 ARM 汇编器编写汇编程序时，以下是关于指令操作数的进一步说明：

- 相同操作码的后面可能会有不同类型的操作数，所对应的机器码编码也不同。例如，MOV（移动）指令可以在两个寄存器之间传递数据，也可以将立即数（以"♯"开头的数字或英文字符）加载到寄存器中。

- 对于数据处理指令，第一个操作数是目的操作数，指示一个用来存放数据处理结果的寄存器。在本书后续给出的指令格式中，使用 Rd 表示目的操作数寄存器。

- 对于存储器读指令（多加载指令除外），第一个操作数也是目的操作数，指示一个数据加载操作的目的寄存器。

- 对于存储器写指令（多存储指令除外），第一个操作数是源操作数，指示一个存放待写入存储器数据的寄存器。在本书后续给出的指令格式中，使用 Rs 表示源操作数寄存器。

6.2.4　T32 的条件执行指令

T32 中多数 Thumb 指令可以根据应用程序状态寄存器[2]（APSR）中的标志位决定当前指令是否被执行。这种在特定条件满足时才执行的指令被称作条件执行（Conditional execution）指令。APSR 寄存器的标志位定义如表 5.11 和表 5.13 所示。

---

① 早期 ARM 处理器中，标志寄存器的名称是 CPSR（Current Program Status Register），后更名为 APSR。

② 从 ARMv7 版架构开始，ARM 处理器中采用 PSR 整合了更早版本中 APSR、EPSR 和 IPSR 三个状态寄存器的位域，详见第 5 章。本章沿用 ARMv7-M 技术手册描述，不对 PSR 或 APSR 做描述上的区分。

处理器执行指令的时候,其运算过程可能会改变 APSR 中的标志位。当指令助记符添加了后缀"S"时,指令运算会影响到 APSR 中的标志位。

表 6.6 列出了整数运算时条件码的含义,浮点数运算的定义与此相似,详细信息可参阅 ARM 公司相应版本的架构技术手册。在 Thumb 指令中,只要条件码不为"1110",均为条件执行指令。

表 6.6　整数运算时 T32 指令集的条件码(Condition codes)含义

条件码	助记符	含义	标志位取值
0000	EQ	等于(Equal)	Z==1
0001	NE	不等于(Not equal)	Z==0
0010	CS	产生了进位(Carry set)	C==1
0011	CC	进位为零(Carry clear)	C==0
0100	MI	负数(Minus,negative)	N==1
0101	PL	正数或零(Plus,positive or zero)	N==0
0110	VS	溢出(Overflow)	V==1
0111	VC	没有溢出(No overflow)	V==0
1000	HI	无符号比较大于(Unsigned higher)	C==1 且 Z==0
1001	LS	无符号比较小于等于(Unsigned lower or same)	C==0 或 Z==1
1010	GE	有符号比较大于等于(Signed greater than or equal)	N==V
1011	LT	有符号比较小于(Signed less than)	N!=V
1100	GT	有符号比较大于(Signed greater than)	Z==0 且 N==V
1101	LE	无符号比较小于等于(Signed less than or equal)	Z==1 或 N!=V
1110	AL	无条件执行(Always)	N/A

6.2.5　T32 指令格式示例

表 6.7 给出几条常见的 T32 指令的操作码或者助记符。从表 6.7 可看出,助记符常采用英文单词的缩写,了解助记符的英文描述非常有利于区分并记住不同的助记符。

表 6.7　T32 指令集中常见助记符(操作码)含义中英文对照

助记符	指令功能英文描述	指令功能中文描述
ADD	Add	加法
SUB	Subtract	减法
LDR	Load register with word	将一个字数据存入寄存器
LDM	Load multiple registers	将多个字数据存入多个寄存器

续表

助记符	指令功能英文描述	指令功能中文描述
STR	Store register word	将一个寄存器的内容存入存储器
STM	Store multiple registers	将多个寄存器的数值存入特定存储器区域
MOV	Move	处理器内部的数据移动(复制)

以下将以数据移动指令为示例,分析 T32 指令集中汇编指令描述方式与机器码编码格式之间的关系。作为示例,假设要将寄存器 R1 中的数值装载到寄存器 R0 中,那么汇编指令格式如下:

MOV R0,R1;将寄存器 R1 中的数值装载到寄存器 R0

其中"MOV"为助记符,"R0"为目的操作数,"R1"为源操作数;助记符和第一个操作数之间需要放置至少一个空格,两个操作数之间需要使用英文逗号","进行分隔;英文分号";"的后面可以添加该指令的注释。

1. 不更新 APSR 的 MOV 指令

上述"MOV R0,R1"指令经过汇编语言编译器(简称汇编器)后转换为机器码。相同的汇编指令在不同的处理器中往往被编码为不同格式的机器码,甚至同一处理器也允许有多种机器码编码方式。例如,在 ARMv7-M 版本中,允许 MOV 指令生成如图 6.4 所示的 T1 编码格式,或者是如图 6.5 所示的 T2[①] 编码格式,或者如图 6.6 所示的 T3 编码格式,其中"Rd"为目标操作数,"Rs"为源操作数。

15	14	13	12	11	10	9	8	7	6	5	4	3	2	1	0
0	1	0	0	0	1	1	0	D		Rs			Rd		

图 6.4 T1 编码格式(Encoding T1)的 16 比特 MOV 指令

15	14	13	12	11	10	9	8	7	6	5	4	3	2	1	0
0	0	0	0	0	0	0	0	0	0		Rs			Rd	

图 6.5 T2 编码格式(Encoding T2)的 16 比特 MOV 指令

图 6.6 T3 编码格式(Encoding T3)的 32 比特 MOV 指令

三种编码格式对应的机器码存在较大差异。以图 6.4 所示的 T1 编码格式为例,指令"MOV R0,R1"中的目标操作数由 D 以及 Rd 共 4 个比特指定,由于目标操作数为 R0,所以"(D∶Rd)=0000";源操作数由 Rs 的 4 个比特指定,由于源操作数为 R1,所以"Rs=0001"。

---

① 事实上,"MOV R0,R1"指令只可能被转换为 T1 格式或 T3 格式,原因在"更新 APSR 的 MOV 指令"部分介绍。

因此,指令"MOV R0,R1"对应的 T1 格式机器码为"0100 0110 0000 1000"。

如果采用图 6.6 所示的 T3 编码格式,"MOV R0,R1"指令的目标操作数由 Rd 的 4 个比特指定,源操作数由 Rs 的 4 个比特指定,图 6.6 中比特"S"为可选后缀,"S"等于"1"或"0",表示指令执行完毕后自动更新或者不更新 APSR 中的标志位。由于"MOV R0,R1"指令中"MOV"后面没有"S"后缀,因此,指令"MOV R0,R1"对应的 T3 格式机器码为"1110 1010 0100 1111 0000 0000 0000 0001"。

T1、T2 和 T3 编码格式对应的机器码长度和适用处理器有所不同,T1 编码格式的指令长度为 16 比特,T2 编码格式的指令长度可以是 16 比特或 32 比特,ARMv6-M 和 ARMv7-M 版本处理器支持 T1 格式,所有支持 Thumb 指令的处理器均支持 T2 格式。由于 T3 编码格式的机器码长度为 32 比特,所以 ARMv6-M 版本处理器不支持 T3 格式。

如果"MOV R0,R1"指令中使用了可选后缀[q],将根据该后缀选择机器码的长度。例如"MOV.W R0,R1"指令将被编码为 32 比特的 T3 格式,而"MOV.N R0,R1"指令就会被编码为 16 比特的 T1 格式。

需要注意的是,在 ARMv7-A、ARMv7-R 和 ARMv7-M 等不同版本中,除了 T1、T2 和 T3 编码格式以外,还有 T4、A1 和 A2 编码格式。相同的汇编指令被汇编器转换为哪种二进制的位串,取决于需要支持的处理器类型以及汇编器内置的优化规则。

2. 更新 APSR 的 MOV 指令

上面所讨论的"MOV R0,R1"指令,由于助记符"MOV"没有携带后缀"S",表示该指令执行不会影响(更新)APSR 中的标志位。如果希望指令执行产生的运算结果影响 APSR 中的标志位(如记录是否溢出、是否为零等信息),需要在助记符后面增加后缀"S",具体指令应为如下格式:

MOVS R0,R1;将寄存器 R1 中的数值装载到寄存器 R0,更新 APSR

在 MOV 指令 T1、T2 和 T3 三种编码格式中,T1 格式默认不更新标志位,而 T2 格式默认更新标志位,T3 格式则显式地在机器码中定义了一个"S"位,表示是否更新 APSR 标志位(如图 6.6 所示)。正是因为 T32 指令集中这样的默认规则,使得不更新 APSR 标志位的"MOV R0,R1"指令不会被编码为 T2 格式,而更新 APSR 标志位的"MOVS R0,R1"指令可以被编码为 T2 格式或 T3 格式。

需要注意的是,并不是所有采用 T1 编码格式的指令都被默认为不更新标志位。当 MOV 指令的源操作数为立即数时,T1 编码格式也可以更新标志位。汇编器在编译过程中会根据软件工具内置的优化规则做出选择。

3. 条件执行的 MOV 指令

如果用户需要在满足特定条件(APSR 的某些标志位符合要求)时才执行 MOV 指令,那么就需要使用条件码。依据表 6.6 所定义的条件码和后缀助记符的映射关系,如果需要在 APSR 的标志位"Z"被置位为"1"(以下记为"Z==1")时才执行从寄存器 R1 到寄存器 R0 的数据移动操作,那么上述指令就需要修改为"MOVEQ R0,R1"指令。

考察图 6.4、图 6.5、图 6.6 所示的三种不同机器码格式,在二进制位串中并没有条件码

4 个比特出现。事实上，T32 指令集需要使用另外一条额外的指令来帮助实现"MOVEQ R0，R1"指令功能，这条额外的指令是"IT"指令，"IT"意为"If Then"。"IT"指令允许跟随其后的最多 4 条指令是条件执行的，跟随在"IT"指令后面的几条指令被称作一个 IT 块（IT block）。

"IT"指令只能被编码为 T1 格式，如图 6.7 所示。其中"firstcond"字段表示跟随在"IT"指令后第一条指令的条件码；"mask"字段分别对应跟随在"IT"指令后的 4 条指令是否使能条件执行功能，例如，mask[3] 为 1 表示第一条指令若满足条件则执行。

15	14	13	12	11	10	9	8	7	6	5	4	3	2	1	0
1	0	1	1	1	1	1	1	\multicolumn{4}{c}{firstcond}				\multicolumn{4}{c}{mask}			

图 6.7　编码方式 T1 的 16 比特"IT"指令

"IT"指令的汇编语法格式为：IT{x{y{z}}} cond。其中可选的后缀 x、y、z 的含义如下所示，汇编器将把后缀 x、y 和 z 转换为图 6.7 中的"mask"字段。

- cond 为 IT 块中第一条指令使用的条件码；
- x 指定 IT 块中第二条指令是否执行的开关；
- y 指定 IT 块中第三条指令是否执行的开关；
- z 指定 IT 块中第四条指令是否执行的开关。

IT 块中的每一条指令必须指定一个条件后缀来选择相等或逻辑相反的情况下执行。即，后缀 x、y、z 的取值只能是"T"或"E"，"T"意为"Then"，"E"意为"Else"。由于 IT 块最多允许 4 条指令，故 x、y、z 的取值组合包含如下情况：

- IT，意为"If-Then"，下一条指令为条件执行；
- ITT，意为"If-Then-Then"，以下两条指令为条件执行；
- ITE，意为"If-Then-Else"，以下两条指令为条件执行；
- ITTE，意为"If-Then-Then-Else"，以下三条指令为条件执行；
- ITTEE，意为"If-Then-Then-Else-Else"，以下四条指令为条件执行。

按照上面的规则，如果需要条件执行"MOVEQ R0，R1"指令，与"IT"指令配合使用时的汇编代码如下所示：

```
IT EQ                    ;  随后一条指令为条件执行
MOVEQ R0,R1              ;  当 APSR 中标志位"Z = = 1"时执行，否则不执行
```

如果有两条 MOV 指令需要条件执行，例如"MOVEQ R0，R1"和"MOVEQ R2，R3"，相应的汇编代码如下：

```
ITT EQ                   ;  随后两条指令为条件执行
MOVEQ R0,R1              ;  当 APSR 中标志位"Z = = 1"时执行，否则不执行
MOVEQ R2,R3              ;  当 APSR 中标志位"Z = = 1"时执行，否则不执行
```

如果需要条件执行的两条 MOV 指令分别是"MOVEQ R0，R1"和"MOVNE R2，R3"，那么汇编代码如下：

```
ITE EQ                   ;  随后两条指令为条件执行
```

MOVEQ R0,R1　　　　　；当 APSR 中标志位"Z＝＝1"时执行,否则不执行

MOVNE R2,R3　　　　　；当 APSR 中标志位"Z＝0"时执行,否则不执行

下面这个例子稍显复杂一些,假设有 4 条 MOV 指令需要条件执行,这 4 条指令依次是"MOVEQ R0,R1""MOVEQ R4,R5""MOVNE R2,R3"和"MOVNE R6,R7",汇编代码如下所示,各条指令的逻辑关系请读者自行分析。

ITTEE EQ　　　　　　；随后 4 条指令为条件执行

MOVEQ R0,R1　　　　　；当 APSR 中标志位"Z＝＝1"时执行,否则不执行

MOVEQ R4,R5　　　　　；当 APSR 中标志位"Z＝＝1"时执行,否则不执行

MOVNE R2,R3　　　　　；当 APSR 中标志位"Z＝0"时执行,否则不执行

MOVNE R6,R7　　　　　；当 APSR 中标志位"Z＝0"时执行,否则不执行

另外,如果用户书写的"IT"指令和随后的 IT 块中的指令冲突,汇编器在编译过程中会给出错误提示。

6.3　T32 指令集的寻址方式

所谓寻址方式就是处理器根据指令中给出的地址信息来寻找操作数有效地址的方式。寻址包括两种情形:① 确定当前指令中的操作数地址,称作操作数寻址或简称数据寻址;② 确定下一条待执行指令的地址,常称作指令寻址。

ARM 处理器支持多种寻址方式(Addressing modes),分别是立即数寻址、寄存器寻址、寄存器移位寻址、寄存器间接寻址、变址寻址、多寄存器寻址(块拷贝寻址)、堆栈寻址和相对寻址等。依据操作数所在位置的不同,可以把这些寻址方式分为四大类别,如表 6.8 所示。

表 6.8　寻址方式的分类

操作数位置	可能的寻址方式	英文名称
内含在指令中	(1) 立即数寻址	Immediate addressing
存放在寄存器中	(2) 寄存器寻址	Register addressing
	(3) 寄存器移位寻址	Shifted register addressing
存放在存储器数据区	(4) 寄存器间接寻址	Register addressing
	(5) 寄存器偏移寻址	Offset addressing
	(6) 前变址寻址	Pre-indexed addressing
	(7) 后变址寻址	Post-indexed addressing
	(8) 多寄存器寻址	Multiple registers addressing
	(9) 堆栈寻址	SP addressing
存放在存储器代码区	(10) PC 相对寻址	PC-related addressing

为了说明表 6.8 所示不同寻址方式的差异,本小节中会用到一些简单的汇编指令,所用到指令的助记符和功能描述参见表 6.7。

6.3.1　立即数寻址

立即数寻址也称为立即寻址。立即数寻址是一种特殊的寻址方式,操作数本身包含在指令中,在取指操作的同时也立即得到了操作数,所以这个操作数也称为立即数,对应的寻址方式称为立即寻址。

在立即数寻址中,要求立即数以"♯"为前缀,对于 16 进制表示的立即数,还要求在"♯"后加上"0X"或"0x"。如下三条指令均用到了立即数寻址:

MOV R0,♯66　　　　　;　将立即数 66 传送到寄存器 R0

ADD R0,R0,♯66　　　;　将立即数 66 与寄存器 R0 结果相加,结果保存在 R0

SUB R0,R0,♯0x33　　;　将寄存器 R0 中的数值减去 16 进制立即数 0x33,结果保存在 R0

受指令长度限制,T32 指令集中合法的立即数[①]需要满足一定的规则。以 MOV 指令为例,若指令编码为 T1 格式,允许使用 0~255 范围的立即数;T3 格式允许使用 0~65 535 范围的立即数;T2 格式中的立即数需要满足如下规则:

(1) 一个 8 位二进制数及其循环移位得到的数是合法的立即数。如 0x01FC 是合法的,把它写成二进制形式为:0001 1111 1100b,可看出用 0xFE(二进制形式为:1111 1110b)这个 8 位的数值在 16 位寄存器中循环左移一位就可以得到 0x01FC。但是 0x07FC 就是非法的立即数,因为它无法通过对一个 8 比特二进制数经过循环移位得到。

(2) 满足格式"0x00XY00XY"或"0xXY00XY00"或"0xXYXYXYXY"的数是合法的立即数,其中 X 和 Y 为 16 进制数。

注意:T3 指令集不同指令中对立即数的限制是有差异的,详情可查阅 ARM®v7-M 架构参考手册。实际编程时,汇编器会检查程序员所使用的指令是否符合规则,汇编器检测到立即数使用错误时会给出提示信息。

6.3.2　寄存器寻址

寄存器寻址就是把寄存器中的数值作为操作数,也称为寄存器直接寻址。这种寻址方式在各类微处理器经常被采用,执行效率高。以下指令用到了寄存器寻址:

ADD R0,R1,R2　　　　;　将 R1 和 R2 相加结果送入 R0

[①] 传统 ARM 处理器所使用的 32 位 ARM 指令中,要求 32 位立即数必须是一个"位图"数据:一个任意的 8 位立即数经过循环移位得到的数据。

6.3.3　寄存器间接寻址

寄存器间接寻址就是把寄存器中存放的数值作为操作数地址,通过这个地址去取得操作数,操作数本身存放在存储器中。如下指令使用了寄存器间接寻址:

LDR R0,[R1]　　　　　　; 以 R1 的值作为操作数地址,读取[R1]寻址的存储器内容
　　　　　　　　　　　　 ; 后传送到 R0

6.3.4　寄存器移位寻址

寄存器移位寻址是 ARM 指令集特有的寻址方式,在其他类型的处理器中并不多见。寄存器移位寻址方式先由寄存器寻址得到操作数,再对该操作数进行移位操作后得到最终的操作数。如下两条指令均用到了寄存器偏移寻址:

MOV R0,R2,LSL ♯3　; R2 中的值左移 3 位,结果送入 R0
MOV R0,R2,LSL R1　; R2 中的值左移 R1 位,结果送入 R0

在 32 位处理器中,移位操作可移动的位数最多为 32 位。ARM 处理器在寄存器偏移寻址时,可采用的移位操作包括如下几种方式:

- LSL,逻辑左移(Logical Shift Left),寄存器中字的低端空出的位补零;
- LSR,逻辑右移(Logical Shift Right),寄存器中字的高端空出的位补零;
- ASR,算术右移(Arithmetic Shift Right),移位过程中符号位不变,即如果源操作数是正数,则字的高端空出的位补零,否则补"1";
- ROR,循环右移(Rotate Right),由字的低端移出的位填入字的高端空出的位;
- RRX,带扩展的循环右移(Rotate Right eXtended),操作数右移一位,高端空出的位用进位标志 C 的值来填充,低端移出的位填入进位标志位。

6.3.5　寄存器偏移寻址

如果对寄存器间接寻址进行拓展,操作数地址是一个寄存器中存放的数值与指令中给出的地址偏移量相加之和,这种寻址方式称作寄存器偏移寻址(Offset addressing)。通常把存放在寄存器中的地址信息称作基址(base address),该寄存器称作基址寄存器。寄存器偏移寻址是将基址寄存器中数值与指令中给出的地址偏移量(offset)相加,得到一个新的操作数地址。其汇编语法为"opcode Rd,[<Rn>,<offset>]"。

在使用寄存器间接寻址的指令中,所给出的地址偏移量有如下三种不同形式:

- 立即数。偏移量是一个立即数,该数值与基址寄存器相加或相减得到操作数地址。
- 寄存器值。偏移量是另外一个寄存器中的数值,该数值与基址寄存器中数值相加或相减得到操作数地址。
- 寄存器值移位(Scaled register)。偏移量是另外一个寄存器中数值经过移位运算得

到的数值,并与基址寄存器中数值相加或相减得到操作数地址。

下面以 LDR/STR 指令为例说明寄存器偏移寻址的寻址过程。LDR 指令的功能是从存储器特定位置读取 32 比特数值后加载到指定寄存器;STR 指令则与之相反,把指定寄存器中的数值保存到存储器的特定位置。如下指令使用了寄存器偏移寻址方式:

```
LDR R0,[R1,♯4]        ; R1 加 4 形成操作数地址,读取操作数加载到 R0
LDR R0,[R1,R2]        ; R1 加 R2 形成操作数地址,读取操作数加载到 R0
STR R0,[R1,♯-4]       ; R1 减 4 形成操作数地址,把 R0 的值存放到该地址对应的
                       ; 存储器中
```

以上存放偏移量的寄存器也称为变址寄存器。在寻址过程中变址寄存器也可以进行移位操作,基址寄存器的内容与移位后的变址寄存器的内容相加得到操作数地址。以 LDR 指令为例,采用寄存器偏移寻址的典型汇编指令语法有如下三种形式:

```
LDR <Rd>,[<Rn>{,♯<imm>}]
LDR <Rd>,[<Rn>,<Rm>]
LDR <Rd>,[<Rn>,<Rm> {,LSL ♯<shift>}]
```

其中"<Rn>"为基址寄存器,"<Rm>"为变址寄存器,"LSL ♯<shift>"表示逻辑左移,移位次数由立即数 shift 指定。在以上三种寄存器偏移寻址指令中,偏移量有如下三种形式:

(1) 5 位立即数(<imm5>)或 8 位立即数(<imm8>)或 12 位立即数(<imm12>);
(2) 变址寄存器<Rm>中的数值;
(3) 变址寄存器<Rm>内容移位后的结果。

6.3.6 前变址寻址

在上述形如"LDR R0,[R1,♯4]"或"LDR R0,[R1,R2]"的寄存器偏移寻址方式中,指令中的操作数地址包含基址和偏移量两个部分。如果在指令执行之前,自动将基址与偏移相加形成的操作数地址写回到基址寄存器中,并按照更新后的基址寄存器内容进行寻址,这种方式称为前变址寻址(Pre-indexed addressing,有些资料将 Pre-indexed 翻译为"前序")。

前变址寻址方式的语法格式为"opcode Rd,[<Rn>,<offset>]!"。该方式与寄存器偏移寻址方式的语法区别仅仅是指令中增加了"!"后缀,表示指令执行前需要将新的操作数地址写回到基址寄存器。

对于某些采用循环方式处理数组数据的算法,前变址寻址方式非常有利于简化程序代码。以下仍以 LDR 指令为例,给出 3 条分别采用寄存器偏移寻址和前变址寻址的指令,读者可自行分析比较彼此之间的差异。

```
LDR R0,[R1,♯4]        ; R1 加 4 形成操作数地址,读取操作数送入 R0
LDR R0,[R1,♯4]!       ; R1 加 4 的结果写回 R1,更新后的 R1 内容为操作数地址,
                       ; 读取操作数送入 R0
```

LDR R0,[R1,R2]　　　；　R1 加 R2 形成操作数地址,读取操作数送入 R0

6.3.7　后变址寻址

后变址寻址(Post-indexed addressing)也建立在寄存器偏移寻址基础之上,其汇编语法为"opcode Rd,[<Rn>],<offset>"。执行指令时,操作数地址是基址寄存器 Rn 的内容,指令执行后将 Rn 加上偏移量 offset 的结果写入基址寄存器。由于偏移量 offset 在存储器访问期间不起作用,在数据传输结束后才更新基址寄存器,所以此寻址发生被称为后变址寻址(有些资料中将 Post-indexed 翻译为"后序")。

后变址寻址、寄存器偏移寻址和前变址寻址三者的语法结构类似。以下仍以 LDR 指令为例,对比这三种寻址方式之间的差异。如下三条指令分别使用了寄存器偏移寻址、前变址寻址和后变址寻址方式。

LDR R0,[R1,♯4]　　　；　读取 R1+4 寻址的内容并送入 R0
LDR R0,[R1,♯4]!　　；　读取 R1+4 寻址的内容并送入 R0,执行后 R1+4 存入 R1
LDR R0,[R1],♯4　　　；　读取[R1]寻址的内容并送入 R0,然后 R1 的值加 4

在以上三种寻址方式中,生成操作数地址时均使用了基址寄存器。但是,后变址寻址方式的操作数地址就是基址寄存器的内容,寄存器偏移寻址方式的操作数地址是基址寄存器与偏移量的相加结果,而前变址寻址方式是将基址寄存器更新后的结果作为操作数地址。三种寻址方式的特性对比如表 6.9 所示。

表 6.9　三类存储器的访问方式的对比

寻址模式	汇编语法	操作数地址	执行后基址寄存器的变化情况
偏移寻址	[<Rn>,<offset>]	基址加偏移量	无变化
前变址寻址	[<Rn>,<offset>]!	基址加偏移量	基址寄存器被更新为原基址寄存器的数值加偏移量
后变址寻址	[<Rn>],<offset>	基址	基址寄存器被更新为原基址寄存器的数值加偏移量

6.3.8　多寄存器寻址

在 ARM 处理器的 T32 指令集中,有些指令可以从一块连续的存储器区域装载多个数据到多个寄存器中,所采用的是一种被称为"多寄存器寻址"的特殊寻址方式,这种寻址方式可以一次完成多个寄存器值的传送。例如,多加载指令 LDM 可以从连续存储器区域装载多个数据到指定寄存器中,其典型汇编语法为:

LDM {addr_mode} <Rn>{!},<registers>

其中,可选后缀{addr_mode}为每传送一个数据后的地址改变方式,<Rn>为内存寻址基址寄存器,<registers>为需要载入数据的寄存器列表,可选项{!}表示是否需要将修改后的地址写回基址寄存器<Rn>。具体指令格式将在下一节介绍。

需要注意的是,多加载指令"LDM {addr_mode} <Rn>{!},<registers>"执行时,存储器最低地址单元的内容被送到寄存器列表中编号最小的寄存器,而最高地址单元的内容被装入编号最大的寄存器,其载入顺序取决于寄存器列表中的寄存器编号,与列表中所写的寄存器次序无关。

类似地,STM指令使用的也是多寄存器寻址方式。其作用和LDM相反,是将一组寄存器中的数值保存到连续的存储器区域。其典型汇编语法为:

STM {addr_mode} <Rn>{!},<registers>

同样需要注意的是,上述指令执行时,寄存器列表中编号最小的寄存器内容被存储到最低地址单元,而编号最大的寄存器内容被存储到最高地址单元,其存储顺序取决于寄存器列表中的寄存器编号,与列表中所写的寄存器次序无关。

在T32指令集中,LDM指令和STM指令的可选后缀{addr_mode}有如下4种方式:

- IA(Increment address After each access),每传送一个数据后基址寄存器加4;
- IB(Increment address Before each access),每传送一个数据前基址寄存器加4;
- DA(Decrement address After each access),每传送一个数据后基址寄存器减4;
- DB(Decrement address Before each access),每传送一个数据前基址寄存器减4。

但是,基于ARMv7-M版本架构的Cortex-M系列处理器只支持其中IA和DB两种方式。

多寄存器寻址是ARM处理器较有特色的功能,有些资料中也把上述多寄存器寻址方式称作块拷贝寻址,这种称呼更加突出了多个寄存器数据批量复制的特点。

6.3.9 堆栈寻址

堆栈结构只能在一端进行数据插入和删除操作。第5章中已经介绍,Cortex-M系列处理器只支持满递减(FD)类型的堆栈。在满递减类型的堆栈中,堆栈指针(SP),包括主栈指针(MSP)和进程栈指针(PSP),始终指向堆栈顶部。每次压栈操作时,SP自动减4,然后压栈数据存储到SP指向的存储器位置;每次出栈操作时,SP所指向的堆栈数据被读出,然后SP自动加4,指向出栈后新的栈顶位置。

与堆栈操作有关的寻址方式称为堆栈寻址。执行压栈指令(PUSH)和出栈指令(POP)时,SP以及堆栈中数据的变化情况如上一章图5.32所示。PUSH和POP的具体指令格式将在下一节介绍。

6.3.10 PC相对寻址

PC相对寻址(PC-relative Address)方式是以程序计数器(PC)的当前值作为基地址,指令中的地址标号作为偏移量,将两者相加获得操作数的地址。

最常见的PC相对寻址方式是程序跳转指令。例如在以下程序片段中,B(Branch)是程序跳转指令,其功能是跳转到标号"MY_SUB"所对应的语句执行。此时,基址寄存器是 PC (取 PC+4 作为基地址),偏移量是标号为"MY_SUB",其具体数值在汇编时由编译器自动完成计算。

```
B MY_SUB            ；  相对寻址,跳转到 MY_SUB 处执行
……                 ；  其他指令
MY_SUB
……                 ；  其他指令
```

读取文本池(Literal pool)内容也需要使用 PC 相对寻址方式。所谓文本池是 ARM 汇编语言代码段中的一块用来存放常量数据(非可执行代码)的区域。在 ARM 汇编程序中,如果一条指令需要使用一个 4 字节长度的常量数据(可以是内存地址也可以是数字常量),由于 ARM 指令是定长指令,T32 指令集中只有 16 比特和 32 比特两种指令长度,无法把这个 4 字节的常量数据编码在一条指令中。此时,可以在代码段中分配一块存储区域保存上述 4 字节的数据常量。随后,再使用一条指令把这个 4 字节的常量加载到寄存器中参与运算。在 C 语言源程序中,文本池存储位置是由编译器自动安排的。而在 ARM 汇编程序中,文本池存储位置可以由编译器分配,也可以由编程者自行分配。

例如,以下代码可以将相对当前代码位置之后 12 字节位置的数据(32 比特)传送到 R0 寄存器。

LDR R0,[PC,♯0xC]　；　PC 相对寻址,将[PC+12]所寻址的 4 个字节数据载入 R0

此外,ADR 指令也是一条使用 PC 相对寻址的指令,其格式为:

ADR Rd,Label

ADR 指令的功能是将标号为 Label 的语句的地址载入 Rd,该指令将 PC 作为基址寄存器,偏移量为 Label。ADR 指令允许用 12 比特表示偏移量,故寻址范围是 PC 前后的 4095。

6.4　Cortex-M3/M4 指令集

Cortex-M3/M4 处理器的指令可以按照功能分为不同的类别。常见的指令类别包括:处理器内数据传送、存储器访问、算术运算、逻辑运算、移位和循环移位运算、数据格式转换、位域处理指令、分支跳转、除法指令、乘并且累加类指令、存储器屏障指令、与异常相关的指令,以及与休眠模式相关指令等。另外,Cortex-M4 处理器还支持增强 DSP 指令,如 SIMD 运算和打包指令、快速乘法、扩展的乘积累加类指令、饱和运算指令和浮点运算指令等。

Cortex-M3/M4 处理器支持的指令繁多,但是目前在嵌入式系统开发工作中,大多数情

况下均使用 C 语言编程,一般情况下不需要了解全部指令的细节[①]。因此,本节只对主要指令做简要介绍,并且侧重于说明不同类别指令在功能上的差异。如需了解每条指令的使用细节,可以参考 Cortex-M3/M4 设备用户指南和 ARM®v7-M 架构参考手册。

6.4.1 处理器内部数据传送指令

在微处理器内,由于计算的需要,经常要在微处理器不同电路单元之间来回传送数据。例如,将数据从一个寄存器送到另外一个寄存器,或者在通用寄存器和特殊功能寄存器之间传送数据,或者将立即数送到寄存器。

表 6.10 中列出了 Cortex-M3/M4 均支持的处理器内部数据传送指令。表中 MOVS 指令和 MOV 指令类似,有后缀“S”表示该指令执行会更新 APSR 中的标志位。若将一个 8 位立即数送到低位寄存器(R0~R7),使用 16 位 Thumb 指令即可实现。若要将一个立即数送到高位寄存器,则需要使用 32 位的 MOV/MOVS 指令。在具有浮点单元的 Cortex-M4 处理器中,还需要在处理器与浮点单元的寄存器之间进行数据传送,故带有浮点单元的 Cortex-M4 还支持若干能够完成上述操作的传送指令(表 6.10 中未给出)。

表 6.10 Cortex-M3/M4 处理器内数据传送指令示例

指令	目标寄存器	源	操作
MOV	R1	R0	从 R0 复制数据至 R1
MOVS	R1	R0	从 R0 复制数据至 R1,并更新 APSR 标志位
MRS	R1	PRIMASK	将数据从特殊寄存器 RPIMASK 复制至 R1
MSR	CONTROL	R1	将数据从 R1 复制到特殊寄存器 CONTROL
MOV	R1	♯0x34	设置 R1 为 0x34
MOVW	R1	♯0x1234	设置 R1 为 16 位常量 0x1234
MOVT	R1	♯0x1234	设置 R1 的高 16 位为 0x1234
MVN	R1	R0	将 R0 中数据取反后送至 R1

6.4.2 存储器访问指令

Cortex-M3/M4 处理器内部通用寄存器的宽度均是 32 位的,但在访问存储器时,除了 32 位宽度以外,往往还需要 16 位或 8 位宽度的数据访问,为此,Cortex-M3/M4 处理器提供了多条不同位宽的存储器访问指令,如表 6.11 所示。对于配置了浮点单元的 Cortex-M4 处

[①] 有些情形下,出于优化性能考虑,程序员期望编译器优先使用某些特殊的指令,此时需要设定编译选项。例如 ARM Compiler 6.0 可通过指定编译参数“-fvectorize”指示编译器优先使用 SIMD 类指令。然而,多数编译器并不能很好支持 SIMD 类指令的使用,此时可以参考第 7 章嵌入汇编的方法在 C 程序局部插入所需 SIMD 指令。另外,在使用扩展指令集时,也往往需要程序员以汇编代码方式调用所需指令。

理器,还支持一些从存储器装载浮点数或保存浮点数到存储器的指令(表 6.11 未列出)。

表 6.11　Cortex-M3/M4 不同操作数类型的存储器访问指令

数据类型	加载(读存储器)指令	存储(写存储器)指令
8 位	-	STRB
8 位无符号	LDRB	-
8 位有符号	LDRSB	-
16 位	-	STRH
16 位无符号	LDRH	-
16 位有符号	LDRSH	-
32 位	LDR	STR
多个 32 位	LDM	STM
双字(64 位)	LDRD	STRD
栈操作(32 位)	POP	PUSH

在表 6.11 中,指令 LDR 和 STR 的功能已在上一节做了介绍。若助记符 LDR 和 STR 的后面有"B"后缀,表明该指令所传送的数据宽度为 8 位;若助记符 LDR 和 STR 的后面有 "H"后缀,表明该指令所传送的数据宽度为 16 位;对于助记符 LDR 后面有"S"后缀的指令 (如 LDRSB 和 LDRSH),表明执行时将对被加载数据进行符号位扩展[①],将其转换为有符号的 32 位数据。例如,若 LDRSB 指令读取的是 0x88(其符号位为"1",负数),则数据在被放到目标寄存器前会被转换为 0xFFFF FF88。

通过 6.3 节关于 T32 指令集寻址方式的介绍,我们了解了 ARM 处理器支持多种寻址方式,如立即数寻址、寄存器寻址、寄存器移位寻址、寄存器间接寻址、基址变址寻址、多寄存器寻址(块拷贝寻址)、堆栈寻址和相对寻址等。接下来,我们结合表 6.11 所示各存储器访问指令进一步分析不同指令的功能差异,以及它们在寻址方式方面的差异。

1. 偏移寻址模式

在偏移寻址模式下,操作数的存储器地址为基址寄存器中的数值和立即数(偏移)的加和。偏移值可以为正数也可以为负数,表 6.12 列出了一些常用的加载和存储指令在偏移寻址模式下的语法和功能。

---

① 符号位扩展:低位宽的数存到更高位宽的存储单元时,需要考虑多出来的位填充什么信息。例如,8 位的有符号数 1111 0000b 存储到 16 位的寄存器中,寄存器的低 8 位存放 1111 0000,高 8 位填充 1111 1111,这种操作称作符号位扩展,常简称符号扩展。有符号数为负数时高 8 位填充的都是"1",有符号数为正数时,符号位扩展会将高 8 位均填为"0"。与之对应的还有一个术语——零扩展。一个 8 位的数零扩展至 16 位就是将高 8 位全部填充"0"。习惯上把符号位扩展和零扩展统称为数据扩展。

表 6.12　偏移量为立即数的基址变址寻址指令语法

指令语法	描述
LDRB Rd,[Rn,♯offset]	读取由 Rn + offset 寻址的字节数据载入 Rd
LDRSB Rd,[Rn,♯offset]	读取由 Rn + offset 寻址的字节数据并做符号扩展后载入 Rd
LDRH Rd,[Rn,♯offset]	读取由 Rn + offset 寻址半字数据载入 Rd
LDRSH Rd,[Rn,♯offset]	读取由 Rn + offset 寻址的半字数据并做符号扩展后载入 Rd
LDR Rd,[Rn,♯offset]	读取由 Rn + offset 寻址的一个字载入 Rd
LDRD Rd1,Rd2,[Rn,♯offset]	读取由 Rn + offset 寻址的一个双字分别载入 Rd1 和 Rd2
STRB Rs,[Rn,♯offset]	将 Rs 中的最低字节数据存储到 Rn + offset 寻址的存储器中
STRH Rs,[Rn,♯offset]	将 Rs 中半字数据(低 16 比特)存储到 Rn + offset 寻址的存储器中
STR Rs,[Rn,♯offset]	将 Rs 内容存储到 Rn + offset 寻址的存储器中
STRD Rs1,Rs2,[Rn,♯offset]	将 Rs1 和 Rs2 存储的双字数据存储到 Rn + offset 寻址的存储器中

如下是一个偏移量为立即数的寄存器偏移寻址示例。该语句将基址寄存器 R1 与立即数 0x8 的相加结果作为操作数地址,从该地址取出操作数加载到 R0 中。

LDRB R0,[R1,♯0x8]　；　从 R1 + 0x8 寻址的存储器中读取一个字节(低 8 位)并加
　　　　　　　　　　；　载到 R0 中

2. 前变址寻址模式

前变址寻址模式中操作数地址的计算方式与偏移寻址模式相同,即操作数地址为基址寄存器中的数值和立即数(偏移)相加之和。区别在于前变址寻址将计算得到的操作数地址写回到基址寄存器。表 6.13 为前变址寻址模式下的指令语法。

表 6.13　前变址寻址模式的存储器访问指令语法

指令语法	描述
LDRB Rd,[Rn,♯offset]!	读取由 Rn + offset 寻址的字节载入 Rd,并更新 Rn 为 Rn + offset
LDRSB Rd,[Rn,♯offset]!	读取由 Rn + offset 寻址的字节并做符号扩展后载入 Rd,并更新 Rn 为 Rn + offset
LDRH Rd,[Rn,♯offset]!	读取由 Rn + offset 寻址的半字数据载入 Rd,并更新 Rn 为 Rn + offset
LDRSH Rd,[Rn,♯offset]!	读取由 Rn + offset 寻址的半字数据并做符号扩展后载入 Rd,并更新 Rn 为 Rn + offset
LDR Rd,[Rn,♯offset]!	读取由 Rn + offset 寻址的一个字载入 Rd,并更新 Rn 为 Rn + offset
LDRD Rd1,Rd2,[Rn,♯offset]!	读取由 Rn + offset 寻址的一个双字载入 Rd1 和 Rd2,并更新 Rn 为 Rn + offset

续表

指令语法	描述
STRB Rs,[Rn,♯offset]!	将 Rs 中的最低字节数据存储到 Rn + offset 寻址的存储器中,并更新 Rn 为 Rn + offset
STRH Rs,[Rn,♯offset]!	将 Rs 中的半字(低 16 位)数据存储到 Rn + offset 寻址的存储器中,并更新 Rn 为 Rn + offset
STR Rs,[Rn,♯offset]!	将 Rs 内容存储到 Rn + offset 寻址的存储器中,并更新 Rn 为 Rn + offset
STRD Rs1,Rs2,[Rn,♯offset]!	将 Rs1 和 Rs2 存储的双字存储到 Rn + offset 寻址的存储器中,并更新 Rn 为 Rn + offset

以下为一个采用前变址寻址模式的存储器访问指令示例:

LDRH R0,[R1,♯0x8]!;　将 R1 + 0x8 的结果写回到基址寄存器,并将该结果作为操
　　　　　　　　　;　作数地址,读取一个半字(低 16 位)并加载到寄存器 R0 中

3. 后变址寻址模式

后变址寻址模式的操作数地址由基址寄存器给出。指令执行后,基址寄存器内容与指令给出的偏移量相加并将结果写回到基址寄存器。表 6.14 为后变址寻址模式下的指令语法。

表 6.14　后变址寻址模式的存储器访问指令语法

指令语法	描述
LDRB Rd,[Rn],♯offset	读取由 Rn 寻址的字节载入 Rd,然后更新 Rn 为 Rn + offset
LDRSB Rd,[Rn],♯offset	读取由 Rn 寻址的字节并做符号扩展后载入 Rd,并更新 Rn 为 Rn + offset
LDRH Rd,[Rn],♯offset	读取由 Rn 寻址的半字数据载入 Rd,并更新 Rn 为 Rn + offset
LDRSH Rd,[Rn],♯offset	读取由 Rn 寻址的半字数据并做符号扩展后载入 Rd,并更新 Rn 为 Rn + offset
LDR Rd,[Rn],♯offset	读取由 Rn 寻址的一个字载入 Rd,并更新 Rn 为 Rn + offset
LDRD Rd1,Rd2,[Rn],♯offset	读取由 Rn 寻址的一个双字载入 Rd1 和 Rd2,并更新 Rn 为 Rn + offset
STRB Rs,[Rn],♯offset	将 Rs 中的字节数据存储到 Rn 寻址的存储器中,并更新 Rn 为 Rn + offset
STRH Rs,[Rn],♯offset	将 Rs 中的半字数据存储到 Rn 寻址的存储器中,并更新 Rn 为 Rn + offset
STR Rs,[Rn],♯offset	将 Rs 内容存储到 Rn 寻址的存储器中,并更新 Rn 为 Rn + offset
STRD Rs1,Rs2,[Rn],♯offset	将 Rs1 和 Rs2 存储的双字存储到 Rn 寻址的存储器中,并更新 Rn 为 Rn + offset

以下为一个采用后变址寻址模式的存储器访问指令示例：

STR R0,[R1],♯0x8　　; 将 R0 的内容写入由 R1 寻址的存储器中,然后将 R1 更新
　　　　　　　　　　; 为 R1+0x8

后变址寻址模式在处理数组时非常有用,在访问数组中的元素时,基址寄存器的内容自动调整,有助于精简代码并加快程序执行速度。

4. 寄存器移位寻址模式

存储器访问指令还可以使用寄存器移位寻址模式。待访问操作数的地址由一个基址寄存器和一个偏移量相加得到,该偏移量是另一个寄存器中数值经过移位(允许 0~3 位移位)后的结果。与立即数偏移寻址类似,不同的操作数类型对应多种指令形式,如表 6.15 所示,其中"≪n"表示左移的位数。

表 6.15　寄存器偏移的存储器访问指令语法

指令语法	描述
LDRB Rd,[Rn,Rm,LSL ♯n]	读取由 Rn+(Rm≪n)寻址的字节载入 Rd
LDRSB Rd,[Rn,Rm,LSL ♯n]	读取由 Rn+(Rm≪n)寻址的字节并做符号位扩展后载入 Rd
LDRH Rd,[Rn,Rm,LSL ♯n]	读取由 Rn+(Rm≪n)寻址的半字数据载入 Rd
LDRSH Rd,[Rn,Rm,LSL ♯n]	读取由 Rn+(Rm≪n)寻址的半字并做符号位扩展后载入 Rd
LDR Rd,[Rn,Rmf,LSL ♯n]	读取由 Rn+(Rm≪n)寻址的一个字载入 Rd
STRB Rs,[Rn,Rm,LSL ♯n]	将 Rs 中的字节数据写入由 Rn+(Rm≪n)寻址的存储器中
STRH Rs,[Rn,Rm,LSL ♯n]	将 Rs 中的半字数据写入由 Rn+(Rm≪n)寻址的存储器中
STR Rs,[Rn,Rm,LSL ♯n]	将 Rs 中的一个字写入由 Rn+(Rm≪n)寻址的存储器中

以下为两条使用寄存器移位寻址的存储器访问指令示例：

LDR R3,[R1,R2,LSL ♯2]; 将地址为 R1+(R2≪2)的存储器内容加载至 R3

STR R3,[R1,R2,LSL ♯3] ; 将 R3 写入由 R1+(R2≪3)寻址的存储器中

5. 多加载和多存储模式

多加载模式和多存储模式使用的是 6.3.8 小节所介绍的多寄存器寻址方式。多加载指令"LDM {addr_mode} <Rn>{!},<registers>"可以从一块连续的存储区域加载多个数据到指定寄存器中,多存储指令"STM {addr_mode} <Rn>{!},<registers>"可以将一组寄存器的内容存储到一块连续的存储区域。

如前所述,虽然 T32 指令集有 IA、IB、DA 和 DB 共 4 种基址寄存器的地址改变方式,但是,基于 ARMv7-M 版本架构的 Cortex-M 系列处理器只支持其中 IA 和 DB 两种方式。因此多加载和多存储指令有 LDMIA、LDMDB、STMIA 和 STMDB 共 4 种形式。

多加载和多存储指令 LDM 和 STM 如果不使用"!"符号,执行时不进行基地址写回,相应的指令语法格式如表 6.16 所示。

表 6.16　多加载/存储指令语法

指令语法	描述
LDMIA Rn,<reg list>	从[Rn]为起始位置的连续存储单元中读取多个字到 <reg list>给出的寄存器中,每次读取后地址加 4,但是不写回 Rn
LDMDB Rn,<reg list>	从[Rn]为起始位置的连续存储单元中读取多个字到 <reg list>给出的寄存器中,每次读取前地址减 4,但是不写回 Rn
STMIA Rn,<reg list>	将 <reg list>给出的寄存器的内容存储到[Rn]为起始位置的连续存储单元中,每次存储后地址加 4,但是不写回 Rn
STMDB Rn,<reg list>	将 <reg list>给出的寄存器的内容存储到[Rn]为起始位置的连续存储单元中,每次存储前地址减 4,但是不写回 Rn

表 6.16 中,<reg list>为寄存器列表,其中应至少包括一个寄存器。如果有多个寄存器,寄存器列表以符号"{"开始,以符号"}"结尾;对于按照从小到大的顺序排列并且编号连续的寄存器,可以使用"-"(连字符)表示范围,否则用","分隔书写。

例如,如下格式指令将存储器中以 R1 内容为起始地址的连续 5 个字数据载入 R4~R7 以及 R9 寄存器。

LDMIA R1,{R4-R7,R9}

其中 R1 为基址寄存器,IA 后缀表明每传送一个数据后操作数地址加 4。指令中没有"!"符号,表明传输过程中基址寄存器的内容不发生变化。注意到 6.3.8 小节所述执行 LDM 指令时的数据加载顺序,存储器最低地址单元的内容被送到寄存器列表中编号最小的寄存器,而最高地址单元的内容被装入编号最大的寄存器。在上述指令执行过程中,显然 R1 的初值为最低地址,编号最小的寄存器为 R4,编号最大的寄存器为 R9。所以上述指令执行后,依次将操作数地址为 R1、R1 + 4、R1 + 8、R1 + 12 和 R1 + 16 的连续 5 个字数据分别载入 R4、R5、R6、R7 和 R9。

以下指令将 R4~R7 以及 LR 共 5 个寄存器的内容存储到起始地址为 R0 的连续存储空间。

STMDB R0,{R4-R7,LR}

其中 R0 为基址寄存器,DB 后缀表明每传送一个数据之前操作数地址减 4。指令中没有"!"符号,表明传输过程中基址寄存器的内容不发生变化。如 6.3.8 小节所述,执行 STM 指令时,寄存器列表中编号最小的寄存器内容被存储到存储器最低地址单元,而编号最大的寄存器内容被存储到存储器最高地址单元。在上述指令执行过程中,显然 R0 - 4 为最高地址(因为后缀是"DB"),编号最大的寄存器是 LR(R14),而编号最小的寄存器是 R4。所以上述指令执行后,依次将 LR(R14)、R7、R6、R5 和 R4 的内容,分别存储到地址为 R0 - 4、R0 - 8、R0 - 12、R0 - 16 和 R0 - 20 存储器中。

进行多加载和多存储操作时,如果需要将修改后的地址写回基址寄存器<Rn>,可以在 LDM 和 STM 指令中使用符号"!",相应的指令格式如表 6.17 所示。

表 6.17　带写回的多加载/存储指令语法

指令语法	描述
LDMIA Rn!,<reg list>	从[Rn]为起始位置的连续存储单元中读取多个字到 <reg list>给出的寄存器中,每次读取后地址加 4 并写回 Rn
LDMDB Rn!,<reg list>	从[Rn]为起始位置的连续存储单元中读取多个字到 <reg list>给出的寄存器中,每次读取前地址减 4 并写回 Rn
STMIA Rn!,<reg list>	将 <reg list>给出的寄存器的内容存储到[Rn]为起始位置的连续存储单元中,每次存储后地址加 4 并写回 Rn
STMDB Rn!,<reg list>	将 <reg list>给出的寄存器的内容存储到[Rn]为起始位置的连续存储单元中,每次存储前地址减 4 并写回 Rn

表 6.17 与表 6.16 中对应指令所完成的数据传输操作结果完全相同,区别是表 6.17 中后缀为 IA 的指令在每次传送后,将基址 Rn 的内容加 4 并写回 Rn;而后缀为 DB 的指令在每次传送前,将基址 Rn 的内容减 4 并写回 Rn。

例如,对比指令"STMDB R0,{R4-R7,LR}",指令"STMDB R0!,{R4-R7,LR}"执行后,所完成的数据传输结果完全相同,但在每个数据传输之前,基址寄存器 R0 的内容减去 4 并写回 R0,即[R0]=[R0]－4。指令执行结束后,R0 的内容为执行前的[R0]减去 20(＝5*4)。而没有"!"符号的"STMDB R0,{R4-R7,LR}"指令,指令执行后 R0 中的数值不变。

由于 Cortex-M 系列处理器采用的是满递减类型堆栈,因此,如果将指令"STMDB Rn!,{reg list}"和指令"LDMIA Rn!,{reg list}"中的基址寄存器 Rn 替换为堆栈指针(SP),则以上两条指令执行结果完全等价于压栈和出栈操作。以"STMDB SP!,{R4-R7,LR}"和"LDMIA SP!,{R4-R7,PC}"指令为例,两条指令执行前后 SP 以及堆栈区的变化情况如图 6.8 所示。

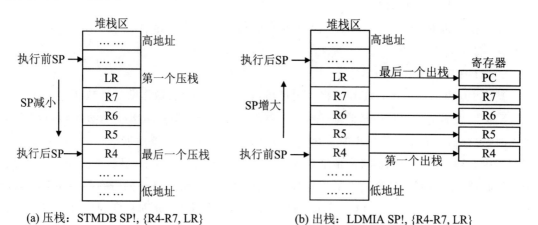

图 6.8　使用多加载和多存储指令进行压栈和出栈操作

通过图 6.8 可以看出,执行 STMDB 和 LDMIA 指令时,按照 6.3.8 小节中所介绍的数据传送顺序,保证了压栈和出栈数据"各归其位",不会出现"张冠李戴"的现象。

6. 压栈和出栈

压栈指令(PUSH)和出栈指令(POP)可视为另一种形式的多存储和多加载操作,PUSH 和 POP 指令都利用当前选定的栈指针进行堆栈寻址。当前栈指针可以是主栈指针(MSP),也可以是进程栈指针(PSP)(由处理器模式和 CONTROL 寄存器值确定)。

如果需要将多个寄存器的内容进行压栈,或者将堆栈中多个数据弹出并加载到指定寄存器中,可以使用如下格式的指令:

PUSH<reg list> ；　将列表中的寄存器压入堆栈

POP<reg list> ；　将堆栈中的数据弹出并加载到列表给出的寄存器中

注意,在满递减类型的堆栈中:

• 压栈操作的数据传送和存储顺序与 STMDB 指令相同,即<reg list>中编号最大的寄存器首先被压栈,存储到最高地址单元(初始 SP-4 对应的位置);编号最小的寄存器最后被压栈,存储到最低地址单元(压栈后的栈顶位置)。压栈顺序取决于寄存器列表中的寄存器编号,与列表中所写的寄存器先后次序无关。指令"PUSH<reg list>"与指令"STMDB SP!,{reg list}"完全等价。

• 出栈操作的数据传送和存储顺序与 LDMIA 指令相同,即最低地址单元的内容(栈顶位置)首先被弹出并加载到<reg list>中编号最小的寄存器中;最大地址单元的内容最后被弹出并加载到<reg list>中编号最大的寄存器中。出栈顺序完全取决于寄存器列表中的寄存器编号。指令"POP<reg list>"与指令"LDMIA SP!,{reg list}"完全等价。

若 Cortex-M4 处理器中配置了浮点单元,除了 PUSH 和 POP 指令以外,还提供了 VPUSH 和 VPOP 指令,压栈和出栈的指令如表 6.18 所示。

表 6.18　压栈和出栈指令语法

栈操作指令格式示例	描述	备注
PUSH <reg list>	将列表中的寄存器内容压栈	
POP<reg list>	将栈中数据弹出至列表所示寄存器	
VPUSH.32<s reg list>	将列表中的 32 位单精度寄存器内容压栈	仅用于浮点单元
VPUSH.64<d reg list>	将列表中的 64 位双精度寄存器内容压栈	仅用于浮点单元
VPOP.32<s reg list>	将栈中数据弹出至列表所示单精度寄存器	仅用于浮点单元
VPOP.64<d reg list>	将栈中数据弹出至列表所示双精度寄存器	仅用于浮点单元

其中<reg list>为寄存器列表,其语法格式与 LDM 和 STM 指令相同,至少应包括一个寄存器,如果是多个寄存器,寄存器列表以"{"开始,以"}"结束。对于编号连续并且按照从小到大排序的寄存器可以用"-"表示范围,否则使用","分割。

例如,假设在子程序开始处,为了保护现场需要将 R4~R7 以及 LR 的内容进行压栈,可以使用如下指令:

PUSH{R4-R7,LR}

在子程序结尾处,可以使用如下指令:

POP{R4-R7,PC}

将压栈数据弹出,恢复现场并将原来压栈的 LR 内容装入 PC 寄存器,实现子程序的返回。关于子程序调用将在 7.3.3 小节继续介绍。

7. 使用 PC 相对寻址的存储器访问

使用 PC 相对寻址的存储器访问指令通常用于读取文本池的内容,将文本池中的常量数据加载到寄存器中,相应的指令格式和操作类型如表 6.19 所示。

表 6.19 PC 相对寻址的存储器访问指令

指令语法	描述
LDRB Rd,[PC,♯offset]	读取 PC + offset 寻址的无符号字节数据载入 Rd
LDRSB Rd,[PC,♯offset]	读取 PC + offset 寻址的字节数据并做符号扩展后载入 Rd
LDRH Rd,[PC,♯offset]	读取 PC + offset 寻址的半字数据载入 Rd
LDRSH Rd,[PC,♯offset]	读取 PC + offset 寻址的半字数据并做符号扩展后载入 Rd
LDR Rd,[PC,♯offset]	读取 PC + offset 寻址的一个字载入 Rd
LDRD Rd1,Rd2,[PC,♯offset]	读取 PC + offset 寻址的一个双字载入 Rd1 和 Rd2

从表 6.19 中可以看出,使用 PC 相对寻址的存储器访问指令只是将 PC 作为基址寄存器。由于文本池位于代码段,对文本池的访问类型仅限于读操作,所以 STR 指令不能使用 PC 相对寻址,不得将 PC 作为基址寄存器。

8. 非特权等级加载和存储

ARM 处理器区分特权和非特权访问等级。对于具有特权访问等级才能访问的存储区域,非特权访问等级程序无法访问。例如,在有操作系统的情形下,操作系统代码运行在特权访问等级,而普通用户代码则运行在非特权访问等级。用户程序通过操作系统提供的 API 函数访问存储器时,可能会因目标存储位置的访问等级设置而无法正常访问,从而产生异常。

为使具有特权访问等级的程序事先了解哪些存储区域非特权访问等级程序不能访问,T32 指令集中提供了一组特殊的加载和存储指令,在特权访问等级程序中使用这些指令加载或保存数据时,其权限等同于非特权访问等级。例如,工作于特权等级的操作系统程序通过 API 向非特权等级的普通用户程序传递数据时,可使用这些特殊指令对目标存储器进行存取操作,如果存取过程发生异常,则操作系统可知普通用户程序不能访问这些存储位置,无法实现数据传递,需要进行调整。非特权等级加载和存储相关指令语法如表 6.20 所示。

表 6.20　非特权访问等级的存储器访问指令

指令语法	描述
LDRBT Rd,[Rn,♯offset]	读取 Rn+offset 寻址的无符号字节载入 Rd
LDRSBT Rd,[Rn,♯offset]	读取 Rn+ offset 寻址的字节并做符号位扩展后存入 Rd
LDRHT Rd,[Rn,♯offset]	读取 Rn+offset 寻址的无符号半字载入 Rd
LDRSHT Rd,[Rn,♯offset]	读取 Rn+ offset 寻址的半字并做符号位扩展后存入 Rd
LDRT Rd,[Rn,♯offset]	读取 Rn+offset 寻址的一个字载入 Rd
STRBT Rs,[Rn,♯offset]	将 Rs 中存储的字节存储到由 Rn+offset 寻址的存储器中
STRHT Rs,[Rn,♯offset]	将 Rs 中存储的半字数据存储到由 Rn+offset 寻址的存储器中
STRT Rs,[Rn,♯offset]	将 Rs 内容存储到由 Rn+offset 寻址的存储器中

与表 6.12 所示的偏移量为立即数的基址变址寻址指令相比,表 6.20 中对应指令操作码的后面增加了字母"T",用以指明是非特权访问等级的存储器访问指令。

9. 排他式访问

排他式(Exclusive,或称为独占式)访问指令为一组特殊的存储器访问指令,用于实现信号量或互斥量操作,常用于某个资源被多个应用甚至被多个处理器共享的情形。排他式数据加载和存储需要使用如表 6.21 所示的访问指令。

表 6.21　排他式存储器访问指令

指令语法	描述
LDREXB Rd,[Rn]	排他读取 Rn+offset 寻址的无符号字节数据载入 Rd
LDREXH Rd,[Rn]	排他读取 Rn+offset 寻址的无符号半字数据载入 Rd
LDREX Rd,[Rn,♯offset]	排他读取 Rn+offset 寻址的字数据载入 Rd
STREXB Rd,Rs,[Rn]	将 Rs 中存储的字节排他存储到由 Rn 寻址的存储器中,返回状态存于 Rd,"0"表示操作成功
STREXH Rd,Rs,[Rn]	将 Rs 中存储的半字数据排他存储到由 Rn 寻址的存储器中,返回状态存于 Rd,"0"表示操作成功
STREX Rd,Rs,[Rn,♯offset]	将 Rs 中存储的字数据排他存储到由 Rn+offset 寻址的存储器中,返回状态存于 Rd,"0"表示操作成功
CLREX	清空一个排他访问标识位

与表 6.12 所示的偏移量为立即数的基址变址寻址指令相比,表 6.21 中对应指令的操作码 LDR 和 STR 后面增加了"EX",用以指明是排他式存储器访问指令。

6.4.3　算术运算指令

Cortex-M3/M4 处理器提供多条用于算术运算的指令,表 6.22 列出了其中一部分常用算术运算指令。根据不同类型的操作数以及是否需要修改 APSR，许多算术运算指令的操作码可以携带不同的后缀，从而有多种形式。

表 6.22 Cortex-M3/M4 算术运算指令（可选后缀未列出）

算术指令	指令功能	操作
ADD Rd,Rn,Rm	Rd = Rn + Rm	加法运算
ADD Rd,Rn,#immed	Rd = Rn + #immed	
ADC Rd,Rn,Rm	Rd = Rn + Rm + 进位	带进位（APSR.C）的加法运算
ADC Rd,#immed	Rd = Rd + #immed + 进位	
ADDW Rd,Rn,#immed	Rd = Rn + #immed	寄存器与立即数相加
SUB Rd,Rn,Rm	Rd = Rn − Rm	减法
SUB Rd,#immed	Rd = Rd − #immed	
SUB Rd,Rn,#immed	Rd = Rn − #immed	
SBC Rd,Rn,#immed	Rd = Rn − #immed − 借位	带借位（APSR.C）的减法
SBC Rd,Rn,Rm	Rd = Rn − Rm − 借位	
SUBW Rd,Rn,#immed	Rd = Rn − #immed	寄存器与立即数相减
RSB Rd,Rn,#immed	Rd = #immed − Rn	减反转
RSB Rd,Rn,Rm	Rd = Rm − Rn	
MUL Rd,Rn,Rm	Rd = Rn * Rm	32 位乘法
UDIV Rd,Rn,Rm	Rd = Rn/Rm	无符号和有符号除法
SDIV Rd,Rn,Rm	Rd = Rn/Rm	

以下以 ADD 指令为例来说明不同后缀生成指令的差异。如下代码虽然都属于加法运算，但是操作数、进位方式以及对 APSR 标志位的更新要求都不一样，对应的二进制机器码也不同。按照传统的 Thumb 汇编语法，使用 16 位 Thumb 代码时，ADD 指令将修改 APSR 中的相关标志。但在 32 位 Thumb-2 指令中，可以选择修改或者不选择不修改这些标志。为了区分这两种操作，在 ARMv7M 之后提出的统一汇编语言（UAL）语法要求，如需更新 APSR 标志位时必须使用 S 后缀，而指定为 32 位的指令编码格式需要使用 W 后缀。

```
ADD R0,R0,R1        ;   R0 = R0 + R1
ADDS R0,R0,0x12     ;   R0 = R0 + 0x12,更新 APSR 标志位,16 位指令
ADDW R0,R0,0x123    ;   R0 = R0 + 0x123,32 位指令(允许 12 位的立即数)
ADC R0,R1,R2        ;   R0 = R1 + R2 + 进位
```

Cortex-M3 和 Cortex-M4 处理器都支持 32 位或 64 位结果的 32 位乘法指令和乘加（相乘并且累加，MAC）指令，APSR 标志不受这些指令的影响。如表 6.23 所示，这些指令支持有符号和无符号数这两种不同数据类型。Cortex-M4 处理器还支持额外的 MAC 运算指令。

表 6.23　Cortex-M3/M4 乘法和 MAC 指令

指令	指令功能	操作
MLA Rd,Rn,Rm,Ra	Rd = Ra + Rn * Rm	32 位 MAC 运算,32 位结果
MLS Rd,Rn,Rm,Ra	Rd = Ra − Rn * Rm	32 位乘减运算,32 位结果
SMULL RdLo,RdHi,Rn,Rm	{RdHi,RdLo} = Rn * Rm	有符号数的 32 位乘及 MAC 运算,
SMLAL RdLo,RdHi,Rn,Rm	{RdHi,RdLo} + = Rn * Rm	64 位结果
UMULL RdLo,RdHi,Rn,Rm	{RdHi,RdLo} = Rn * Rm	无符号数的 32 位乘及 MAC 运算,
UMLAL RdLo,RdHi,Rn,Rm	{RdHi,RdLo} + = Rn * Rm	64 位结果

6.4.4　逻辑运算指令

　　Cortex-M3/M4 处理器支持多种逻辑运算指令,如"与"操作、"或"操作以及"异或"操作等,如表 6.24 所示。

表 6.24　Cortex-M3/M4 逻辑运算指令(可选 S 后缀未列出)

指令	指令功能	操作
AND Rd,Rn	Rd = Rd & Rn	
AND Rd,Rn,♯immed	Rd = Rn & ♯immed	按位与
AND Rd,Rn,Rm	Rd = Rn & Rm	
ORR Rd,Rn	Rd = Rd | Rn	
ORR Rd,Rn,♯immed	Rd = Rn | ♯immed	按位或
ORR Rd,Rn,Rm	Rd = Rn | Rm	
BIC Rd,Rn	Rd = Rd & (∼Rn)	
BIC Rd,Rn,♯immed	Rd = Rn & (∼♯immed)	位清除
BIC Rd,Rn,Rm	Rd = Rn & (∼Rm)	
ORN Rd,Rn,♯immed	Rd = Rn | (∼♯immed)	按位或非
ORN Rd,Rn,Rm	Rd = Rn | (∼Rm)	
EOR Rd,Rn	Rd = Rd ^ Rn	
EOR Rd,Rn,♯immed	Rd = Rn ^ ♯immed	按位异或
EOR Rd,Rn,Rm	Rd = Rn ^ Rm	

6.4.5　移位和循环移位指令

　　Cortex-M3/M4 处理器支持多种移位和循环移位指令,如表 6.25 所示。

表 6.25　Cortex-M3/M4 移位和循环移位运算指令（可选 S 后缀未列出）

指令	指令功能	操作
ASR Rd，Rn，♯immed	Rd = Rn>>♯immed	Rn 算术右移，结果存入 Rd，右移位数由 ♯immed 或
ASR Rd，Rn，Rm	Rd = Rn>>Rm	者[Rm]指定
LSL Rd，Rn，♯immed	Rd = Rn≪♯immed	Rn 逻辑左移，结果存入 Rd，左移位数由 ♯immed 或
LSL Rd，Rn，Rm	Rd = Rn≪Rm	者[Rm]指定
LSR Rd，Rn，♯immed	Rd = Rn>>♯immed	Rn 逻辑右移，结果存入 Rd，右移位数由 ♯immed 或
LSR Rd，Rn，Rm	Rd = Rn>>Rm	者[Rm]指定
ROR Rd，Rn，Rm	Rd = Rn>>Rm	Rn 循环右移，结果存入 Rd，右移位数由[Rm]指定
RRX Rd，Rn	{C，Rd} = {Rn，C}	Rn 右移一位将 APSR.C 填充至最高位，移出的位填入 APSR.C，结果存入 Rd

几种不同移位方式的原理如图 6.9 所示。若使用了 S 后缀，这些循环和移位指令会更新 APSR 中的进位标志 C。要注意不同移位方式中 APSR.C 是否参与移位是有差异的。

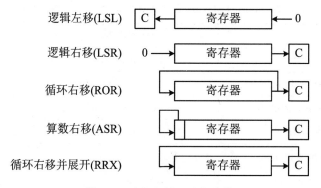

图 6.9　移位和循环移位运算

ARM 处理器在进行图 6.9 所示的多种移位运算时，使用了处理器内置的桶形移位器。寄存器移位寻址方式使用的也是桶形移位器电路。

除了移位运算和寄存器移位寻址以外，许多数据处理指令也可以使用桶形移位器电路，提高数据处理的效率。例如，可以使用如下格式的加法指令：

ADD Rd，Rm，Rn，<shift>

该指令的功能是将第二个操作数 Rn 按照<shift>指定方式进行移位后，再与第一个操作数 Rm 相加，结果存入 Rd。如此，使用一条指令即可完成通常需要两条指令才能完成的操作。如果记数据处理指令的操作码为 DataOP，如下形式的指令所实现的功能如图 6.10 所示。

DataOP Rd，Rm，Rn <shift>

其中，Rd 为目的操作数（寄存器），Rm 为第一个操作数，Rn 为存放在寄存器中的第二个操作数，在数据处理之前可以对第二个操作数按照<shift>指定的方式进行移位。

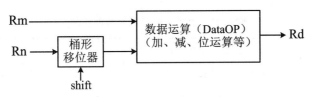

图 6.10　桶形移位器

在数据处理时,如果能够恰当地使用移位运算选项,充分利用桶形移位器电路的效能,可以提高数据处理指令的执行效率。支持桶形移位器的数据处理指令如表 6.26 所示。

表 6.26　支持桶形移位器的数据处理指令

指令	功能
MOV{S} Rd,Rm,<shift>	传送
MVN{S} Rd,Rm,<shift>	传送取负
ADD{S} Rd,Rm,Rn,<shift>	加法
ADC{S} Rd,Rm,Rn,<shift>	带进位(APSR.C)的加法
SUB{S} Rd,Rm,Rn,<shift>	减法
SBC{S} Rd,Rm,Rn,<shift>	带借位(APSR.C)的减法
RSB{S} Rd,Rm,Rn,<shift>	反转减法
AND{S} Rd,Rm,Rn,<shift>	逻辑与
ORR{S} Rd,Rm,Rn,<shift>	逻辑或
EOR{S} Rd,Rm,Rn,<shift>	逻辑异或
BIC{S} Rd,Rm,Rn,<shift>	逻辑与非(位清除)
ORN{S} Rd,Rm,Rn,<shift>	逻辑或非
CMP Rn,Rm,<shift>	比较
CMN Rn,Rm,<shift>	负比较
TEQ Rn,Rm,<shift>	测试相等(按位异或)
TST Rn,Rm,<shift>	测试(按位与)

6.4.6　数据格式转换

在 C 语言等高级语言中,不同类型的数可以做强制类型转换,例如,8 比特字符型转换为 32 比特有符号整数。同理,在微处理器的汇编语言中,针对不同类型数据格式转换也定义了专门的汇编指令。

在 Cortex-M3/M4 处理器中,用于数据的符号位扩展(Sign extend)和零扩展(Zero extend)操作有多条指令,例如,将 8 位数转换为 32 位或将 16 位转换为 32 位。有符号和无符号指令都有 16 位和 32 位的形式,如表 6.27 所示。

表 6.27　有符号和无符号数的扩展

指令	指令功能	操作
SXTB Rd,Rn	Rd = 符号位扩展(Rn[7：0])	字节符号扩展为字
SXTH Rd,Rn	Rd = 符号位扩展(Rn[15：0])	半字符号扩展为字
UXTB Rd,Rn	Rd = 零扩展(Rn[7：0])	字节零扩展为字
UXTH Rd,Rn	Rd = 零扩展(Rn[15：0])	半字零扩展为字

SXTB/SXTH 分别使用 Rn 的 bit7 和 bit15 进行符号位扩展,而 UXTB 和 UXTH 则将数据以零扩展的方式扩展为 32 位。例如,若 R0 中数值为 0x22AA 8765,如下指令完成不同形式的数据扩展:

SXTB R1,R0　　　;　R1 = 0x0000 0065
SXTH R1,R0　　　;　R1 = 0xFFFF 8765
UXTB R1,R0　　　;　R1 = 0x0000 0065
UXTH R1,R0　　　;　R1 = 0x0000 8765

在进行符号位扩展运算之前,表 6.27 中的指令可以选择将输入数据先进行循环右移,指令语法格式如表 6.28 所示。

表 6.28　具有可选循环移位的有符号和无符号展开

指令	操作
SXTB Rd,Rn{,ROR ♯n}　;n = 8/16/24	将移位后的字节符号扩展为字
SXTH Rd,Rn{,ROR ♯n}　;n = 8/16/24	将移位后的半字符号扩展为字
UXTB Rd,Rn{,ROR ♯n}　;n = 8/16/24	将移位后的字节零扩展为字
UXTH Rd,Rn{,ROR ♯n}　;n = 8/16/24	将移位后的半字零扩展为字

另外,还有一组数据反转指令可以实现寄存器中字节位置的转换,常用于大端格式与小端格式之间的数据转换。数据反转指令的语法格式如表 6.29 所示,所能实现的字节转换方式如图 6.11 所示。

表 6.29　数据反转指令

指令	指令功能	操作
REV Rd,Rn	Rd = rev(Rn)	反转字中的字节
REV16 Rd,Rn	Rd = rev16(Rn)	反转每个半字中的字节
REVSH Rd,Rn	Rd = revsh(Rn)	反转低半字中的字节并将结果做符号扩展

REV 反转字中的字节顺序,而 REV16 则反转半字中的字节顺序。例如,若 R0 为 0x1234 5678,执行下面的指令后,R1 会变为 0x7856 3412,而 R2 则会变为 0x3412 7856。

REV R1,R0

REV16 R2,R0

REVSH 和 REV16 类似,只是它只处理低半字,随后再将半字结果进行符号扩展。例如,若 R0 为 0x4455 8899,执行如下指令后,R1 中数值为 0xFFFF 9988。

REVSH Rl,R0

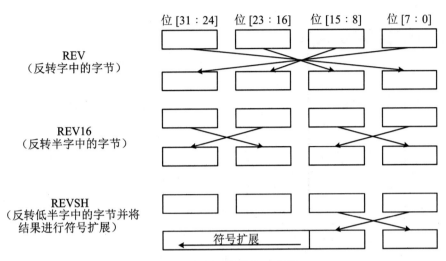

图 6.11　数据反转操作示意图

6.4.7　位域处理指令

位域(Bitfield)也称为位段,其概念与 C 语言中的位域相同,Cortex-M3/M4 处理器支持多种位域处理运算指令,如表 6.30 所示。

表 6.30　位域处理指令

指令	操作
BFC Rd,<♯Lsb>,<♯Width>	清除寄存器 Rd 中指定的位域
BFI Rd,Rs,<♯1st>,<♯2nd>	从 Rs 复制位域并插入 Rd 中
CLZ Rd,Rs	计算 Rs 中前导零的个数,结果存入 Rd
RBIT Rd,Rs	将 Rs 中每位的顺序反转后写入 Rd
SBFX Rd,Rs,<♯1st>,<♯2nd>	从 Rs 复制位域插入到 Rd 中并做符号扩展
UBFX Rd,Rs,<♯1st>,<♯2nd>	从 Rs 复制位域插入到 Rd 中并做零扩展

下面以 BFC 指令和 BFI 指令为例,说明表 6.30 中位域处理指令的功能和使用方法。

- 位域清除指令:BFC <Rd>,<♯lsb>,<♯width>。

将 Rd 中从 <♯lsb>位开始并且长度为<♯width>的连续相邻位清零。假设寄存器 R0 中的内容为 0x1234 5678,以下指令执行后 R0 = 0x1234 5008。

BFC R0,♯4,♯8　　　　　; 将 R0 中的 0x12345678 从第 4 位开始的连续 8 位清零

- 位域插入指令：BFI Rd,Rs,<♯1st>,<♯2nd>。

从 Rs 的最低位开始复制长度为<♯2nd>的位串并插入到 Rd 中以<♯1st>开始的位置。假设 R0 = 0x1234 5678,R1 = 0xAABB CCDD,以下指令执行后 R1 = 0xAA56 78DD。

BFI R1,R0,♯8,♯16　　；　将 R0[15：0]插入 R1[23：8]中

6.4.8　比较和测试指令

比较和测试指令用于更新 APSR 中的标志位,这些标志位可以被条件跳转指令使用。表 6.31 列出了这些指令。这些指令执行总是会更新 APSR,因此无须 S 后缀。

表 6.31　比较测试指令

指令	操作
CMP <Rn>,<Rm>	比较：计算 Rn − Rm,更新 APSR,不保存计算结果
CMP <Rn>,♯<immed>	比较：计算 Rn − 立即数♯immed,更新 APSR,不保存计算结果
CMN <Rn>,<Rm>	负比较：计算 Rn + Rm,更新 APSR,不保存计算结果
CMN <Rn>,♯<immed>	负比较：计算 Rn + 立即数♯immed,更新 APSR,不保存计算结果
TST <Rn>,<Rm>	测试（按位与）：将 Rn 和 Rm 进行相与运算,更新 APSR 中的 N 位和 Z 位,不保存运算结果,若使用了桶形移位则更新 C 位
TST <Rn>,♯<immed>	测试（按位与）：将 Rn 和立即数♯immed 进行相与运算,更新 APSR 中的 N 位和 Z 位,不保存运算结果
TEQ <Rn>,<Rm>	测试（按位异或）：将 Rn 和 Rm 进行异或运算,更新 APSR 中的 N 位和 Z 位,不保存运算结果,若使用了桶形移位则更新 C 位
TEQ <Rn>,♯<immed>	测试（按位异或）：将 Rn 和立即数♯immed 进行异或运算,更新 APSR 中的 N 位和 Z 位,不保存运算结果

6.4.9　程序流控制指令

ARM 处理器支持多种用于程序流控制的指令（也称为分支控制指令）,如跳转、函数调用、条件跳转、比较和条件跳转的组合、条件执行（IF-THEN 指令）和表格跳转等。在 ARM 处理器中,更新 R15(PC)的数据处理指令（如 MOV、ADD）,或将 PC 作为目的操作数的读存储器指令（如 LDR、LDM 和 POP）也会引起程序跳转执行。

表 6.32　Cortex-M3/M4 的程序流控制指令

助记符	英文名称	中文名称
B	Branch	无条件跳转
BL	Branch with Link	无条件跳转,返回地址保存至 LR,用于函数调用

助记符	英文名称	中文名称
BX	Branch and eXchange	寄存器间接寻址跳转
BLX	Branch and Link with eXchange	寄存器间接寻址跳转,返回地址保存至 LR,用于函数调用
CBZ	Compare and Branch if Zero	比较为零则跳转
CBNZ	Compare and Branch if Non Zero	比较不为零则跳转
IT	If-Then	条件执行指令
TBB	Table Branch Byte	按照跳转表跳转(字节)
TBH	Table Branch Halfword	按照跳转表跳转(半字)

以下对表 6.32 所给出的程序流控制指令做简要介绍。

1. 无条件跳转

使用无条件跳转指令可以跳转到标号(<label>)所在的语句,或跳转到由<Rm>指定位置的语句执行。不同跳转指令所支持的最大跳转范围也不同,具体范围如表 6.33 所示。

表 6.33　Cortex-M3/M4 无条件跳转指令

跳转指令	跳转的范围	功能
B <label>	-1 MB to +1 MB	跳转到标号 <label>处执行
BL <label>	-16 MB to +16 MB	跳转到标号 <label>处执行,并将返回地址保存在 LR 中
BX <Rm>	寄存器中的任何值	跳转到 Rm 指定的地址执行
BLX <Rm>	寄存器中的任何值	跳转到 Rm 指定的地址执行,并将返回地址保存在 LR 中

需要注意的是,表 6.33 中 BX 和 BLX 指令转移的目标地址只能由寄存器 Rm 给出。在 ARM 指令集中,BX 和 BLX 指令除了跳转功能以外,还可以进行处理器操作状态切换。如果 Rm 的最低位为"1",BX 和 BLX 在实现程序跳转的同时,还将操作状态切换到 Thumb 状态;如果 Rm 的最低位为"0",则进入 ARM 状态。由于 Cortex-M 系列处理器仅能工作在 Thumb 状态,如果 Rm 最低位为"0",会被认为试图进入不支持的 ARM 状态,从而引起一个 usage fault 异常。所以在执行 BX 或者 BLX 指令之前,要将 Rm 的最低位置为"1"。

2. 条件跳转

条件跳转指令是根据 APSR 寄存器中的标志位(N、Z、C 和 V 标志位)决定是否跳转,APSR 寄存器的标志位定义参见表 5.11 和表 5.13。在无条件跳转指令后面添加条件码后缀即称为条件跳转指令,其跳转范围如表 6.34 所示。注意,由于 B 指令的二进制编码格式中预留了 4 比特的条件码,故与一般的条件执行指令(如 MOVEQ)不同,不需要与 IT 指令配合,条件跳转指令可以单独执行。

表 6.34　Cortex-M3/M4 条件跳转指令

跳转指令	跳转的范围	功能
B[cond] <label>（在 IT block 外）	−1MB to ＋1MB	跳转到标号地址
B[cond] <label>（在 IT block 内）	−16MB to ＋16MB	跳转到标号地址
BL[cond] <label>	−16MB to ＋16MB	跳转到标号地址,并将返回地址保存至 LR
BX[cond] <Rm>	寄存器中任何值	跳转到 Rm 指定的地址
BLX[cond] <Rm>	寄存器中任何值	跳转到 Rm 指定的地址,并将返回地址保存至 LR

表 6.34 中所示可选的条件码后缀"[cond]"的取值及含义可参考表 6.6。例如,BEQ 的含义为"当 APSR 标志位 Z 为 1 时跳转",BNE 的含义为"当 APSR 的标志位 Z 为 0 时跳转"。下面为一个简单的使用示例:

```
CMP R0,#1        ; 比较 R0 和 1,如果相等 APSR 的标志位 Z 会被置为 1
BEQ R1           ; 若 APSR 的 Z 标志位为 1 则跳转到 R1 中的数值对应的
                 ; 地址
```

如前所述,Cortex-M 系列处理器只能支持 Thumb 状态,使用 BX 或者 BLX 实现条件跳转前,应将 Rm 最低位置"1",以避免出现 usage fault 异常。

3.比较和跳转

ARMv7-M 架构提供了两条新的跳转指令,它们合并了和零比较以及条件跳转操作。这两个指令为 CBZ(比较为零则跳转)和 CBNZ(比较非零则跳转)。

```
CBZ Rn,label     ; 比较 Rn 和 0,如果相等则跳转到 label 对应的地址
CBNZ Rn,label    ; 比较 Rn 和 0,如果不相等则跳转到 label 对应的地址
```

CBZ 指令的作用相当于 CMP 指令和 BEQ 指令的功能组合,区别在于 APSR 的值不受 CBZ 和 CBNZ 指令的影响。另外,CBZ 和 CBNZ 指令只支持向前跳转,不支持向后跳转,跳转范围为当前指令后的 4～130 字节,并且 Rn 只能使用 R0～R7。鉴于这样的特性,CBZ 和 CBNZ 指令适用于较小循环体内的分支控制。

4.条件执行指令

前述条件跳转指令根据 APSR 寄存器中的标志位来决定是否跳转。除此之外,Cortex-M3/M4 处理器还支持条件执行(If-Then)。对应的指令为 IT,"IT"意为"If Then"。在 6.2.5 小节介绍指令寻址格式时,我们曾以 MOV 指令为例分析过条件执行的基本过程。

IT 指令允许其后跟随最多 4 条指令是条件执行的,跟随在 IT 指令后面的几条指令被称作一个 IT 块(IT block)。"IT"指令的汇编语法格式为:IT{x{y{z}}} cond。其中 cond 为 IT 块中第 1 条指令使用的条件码;x、y、z 分别指定 IT 块中第 2 条、第 3 条和第 4 条指令

是否执行的开关。

以下示例使用了条件码"EQ",指令执行条件与 APSR 寄存器中的 Z 标志位有关。

IT EQ　　　　　　　　; 意为"If-Then",下一条指令是条件执行的

ADDEQ R0,R1,R2　　　; 若 APSR 的 Z 标志位是"1"则将 R1 + R2 的结果传送

　　　　　　　　　　　; 至 R0

以下示例使用了条件码"NE",指令执行条件也与 APSR 寄存器中的 Z 标志位有关。

ITETT NE　　　　　　 ; 意为"If-Then-Else-Then-Then",随后 4 条指令条件执行

ADDNE R2,R0,R1　　　; 若 APSR 的 Z 标志位是"0"则将 R0 + R1 的结果传送

　　　　　　　　　　　; 至 R2

ADDEQ R3,R0,R1　　　; 否则(Z 标志位为"1")将 R0 + R1 的结果传送至 R3

ADDNE R1,R0,♯1　　　; 若 Z 标志位是"0"则将 R0 + 1 的结果传送至 R1

MOVNE R1,R0　　　　 ; 若 Z 标志位是"0"则将 R0 中的数传送至 R1

某些汇编工具软件会在带有条件码后缀的语句前自动插入所需的 IT 指令,故程序员无须自己在代码中使用 IT 指令。需要注意的是,IT 指令块中的数据处理指令不应修改 APSR 的数值。

一般来说,使用 IT 指令可降低跳转指令的个数,从而提高程序代码的性能。例如,一个简短的 If-Then-Else 的程序流程通常需要一个条件跳转和无条件跳转,而用一个 IT 指令即可代替。但是,有时使用跳转方式可能会比使用 IT 指令更好,这是因为即使 IT 指令块中的条件失败也会执行一个周期,所以当发生条件失败时,使用条件跳转指令会比 IT 指令块效率更高。

5. 按跳转表跳转

汇编语言中的无条件跳转或条件跳转指令,跳转的目标地址是一个绝对物理地址或者一个 PC 相对地址。而类似 C 语言中 switch(case)的多分支跳转指令,跳转的目标地址与一个变量有关,当该变量取不同值时,跳转的目标地址不同,亦即跳转的偏移量不同。在汇编语言程序中,为了实现多分支跳转操作,可以预先定义一个数组,每个数组元素是一个目标地址。通过改变数组下标,就可以得到不同的目标地址,从而实现多分支跳转。跳转表(jump table)就是这样一个数据结构,跳转表的表项就是指明跳转偏移量的数组元素。

Cortex-M3/M4 处理器中,跳转表可以被组织成字节数组形式,或者半字数组形式,分别对应两条跳转表指令:TBB(按字节跳转)和 TBH(按半字跳转)。注意,TBB 和 THB 都只能向前跳转,也就是说偏移量是无符号整数。

TBB 指令的语法为:"TBB [Rn,Rm]"。其中,Rn 中存放的是跳转表基地址,SP 不能作为 Rn;Rm 存放的是跳转表表项的索引(数组下标或者表项距离表首地址的字节距离),Rm 不能是 SP 或 PC。由于 T32 指令集中最短指令长度是 16 比特,指令至少是半字对齐的,亦即每条指令均是偶地址。因此,TBB 和 TBH 指令均将跳转表表项中的数值左移一位(末位补零)后作为跳转偏移量。

若记 〈Rm〉是下标为 Rm 的表项数值,TBB [Rn,Rm]执行后,PC = Rn + 2×〈Rm〉;如果 Rn 为 PC,由于流水线的原因,TBB 指令执行后,PC = PC + 4 + 2×〈Rm〉(参见图 6.12)。

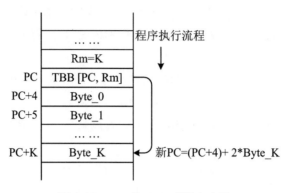

图 6.12 TBB[PC,Rm]指令功能

当跳转表每个表项为字节时,相对于表首地址(基地址),TBB 指令能够实现的前向跳转最大(偏移)范围为:$2×(2^8-1) = 510$。

TBH 指令与 TBB 指令非常类似,但是跳转表中每个表项的大小为两个字节,表项的索引应该为偶数,并且所能实现的向前跳转范围远远大于 TBB 指令。为此,TBH 的语法与 TBB 也稍有不同,其语法格式为"TBH [Rn,Rm,LSL ♯1]"。其中 Rn 和 Rm 的含义和内容与 TBB 指令完全相同,"LSL ♯1"表示将 Rm 左移一位,以确保数组索引为偶数。以指令"TBH [PC,Rm,LSL ♯1]"为例,该指令所实现的功能如图 6.13 所示。

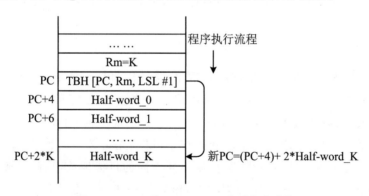

图 6.13 TBH[PC,Rm,LSL ♯1]指令功能

相对于表首地址(基地址),TBH 指令能够实现的向前跳转最大范围为:$2×(2^{16}-1) = 128 K - 2$,足以满足正常编程的需求。

6.4.10 饱和运算

饱和运算多用于数字信号处理类算法。例如,输入信号经过放大或者叠加等操作后,信号幅度可能会超出所允许的表示范围,若只是简单地去除结果数据的最高位(这种操作称作溢出),最终得到的波形可能会出现严重的畸变,如图 6.14(a)所示。饱和运算把超出部分的数值强制置为最大允许值,类似于电子线路中的"削波"处理,把超出范围的信号波形"削平",从而减小畸变。虽然采用饱和运算后仍然存在畸变,但相比于溢出,饱和运算至少保留了信号波形的大致形状,如图 6.14(b)和图 6.14(c)所示。在音视频信号处理中,饱和运算得到了广泛应用。

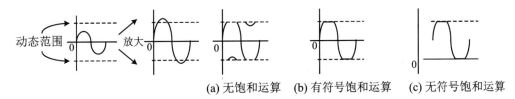

　　　　　　　　(a) 无饱和运算　　(b) 有符号饱和运算　　(c) 无符号饱和运算

图 6.14　有符号和无符号饱和运算

Cortex-M3 处理器支持两条用于有符号和无符号数据饱和运算指令:SSAT(用于有符号数据)和 USAT(用于无符号数据),其语法格式如下:

SSAT < Rd>,<♯immed>,<Rn>,{,<shift>}

USAT< Rd>,<♯immed>,<Rn>,{,< shift>}

其中,Rn 为输入值;shift 为饱和前可选的移位操作,可以是 LSL ♯N 或 ASR ♯N;♯immed 为执行饱和运算的有效位位数;Rd 为目标寄存器。例如,把 R0 中一个 32 位有符号数饱和为 16 位有符号数,结果存入 R1,可以使用下面的指令:

SSAT R1,♯16,R0

表 6.35 列出了 R0 寄存器存储不同数值时上述 SSAT 指令的运算结果。

表 6.35　有符号饱和结果示例

指令执行前 R0 数值	指令执行后 R1 数值
0x0002 0000	0x0000 7FFF
0x0000 8000	0x0000 7FFF
0x0000 7FFF	0x0000 7FFF
0x0000 0000	0x0000 0000
0xFFFF 8000	0xFFFF 8000
0xFFFF 7FFF	0xFFFF 8000
0xFFFE 0000	0xFFFF 8000

对于无符号数据,其饱和运算方式如图 6.14(c)所示。例如,可以利用下面指令将一个 32 位有符号数转换为 16 位无符号数:

USAT R1,♯16,R0

表 6.36 列出了 R0 寄存器存储不同数值时上述 USAT 指令的运算结果。

表 6.36　无符号饱和结果示例

指令执行前 R0 数值	指令执行后 R1 数值
0x0002 0000	0x0000 FFFF
0x0000 8000	0x0000 8000
0x0000 7FFF	0x0000 7FFF
0x0000 0000	0x0000 0000
0xFFFF 8000	0x0000 0000
0xFFFF 8001	0x0000 0000
0xFFFF FFFF	0x0000 0000

Cortex-M4 处理器除了支持这两条饱和运算指令之外,还支持其他多条饱和运算指令。需要进一步了解的读者可参阅 Cortex-M4 设备用户指南和 ARM®v7-M 架构参考手册。

6.4.11　其他杂类指令

Cortex-M3/M4 处理器还有一些指令用于设置处理器休眠模式、配置存储器访问顺序、改变处理状态以及对中断/异常进行管理等,这些指令被归类为杂类指令,如表 6.37 所示。

表 6.37　Cortex-M3/M4 的杂类指令

助记符	英文名称	中文名称
BKPT	Breakpoint	设置断点
CPSID	Change Processor State,Disable Interrupts	改变处理器状态并禁止中断
CPSIE	Change Processor State,Enable Interrupts	改变处理器状态并使能中断
DMB	Data Memory Barrier	数据内存屏障:在 DMB 指令之前的内存访问完成后,才可以执行 DMB 之后的内存访问相关的指令
DSB	Data Synchronization Barrier	数据同步屏障:在 DSB 指令之前的指令完成后,才可以执行 DSB 指令后的指令
ISB	Instruction Synchronization Barrier	指令同步隔离:清空流水线,ISB 指令之后执行的指令都是从内存或缓存中获得的
NOP	No Operation	空操作指令
SEV	Send Event	发送事件,多处理器系统用于向其他处理器传递信号
SVC	Supervisor Call	产生 SVC 异常,常用于操作系统请求特权操作或访问系统资源
WFE	Wait For Event	有条件地进入休眠状态
WFI	Wait For Interrupt	等待中断(进入休眠状态)

表 6.37 所示指令多数不含操作数,有些支持立即数方式的操作数。指令的语法相对简单,以下为部分上述指令的示例:

NOP　　　　　　　　　; 空操作,处理器什么也不做

BKPT ♯<immed>　　　; 产生断点异常,指令中的 8 位立即数可由调试器读取

SEV　　　　　　　　　; 发送事件,多处理器系统中可用于向其他处理器传递信号

SVC ♯<immed>　　　; 产生 SVC 异常,类似于 x86 系统中的调用系统服务,立即
　　　　　　　　　　　; 数表示需要调用的服务类型号

WFI　　　　　　　　　; 等待中断(进入休眠)

WFE　　　　　　　　　; 等待事件(有条件地进入休眠)

以下对表 6.37 所示的部分指令用途做简要说明,如需进一步了解可参阅 Cortex-M3/M4 设备用户指南和 ARM®v7-M 架构参考手册。

1. 存储器屏障指令 DMB、DSB、ISB

在 ARM7TDMI 等经典处理器中,指令都是按照程序设计编排的顺序依次执行的。但是在新一代采用超标量结构或者具有乱序执行能力的处理器中,可以对指令执行和数据访问顺序进行优化。例如,当检测到当前执行的是一条访问存储器并且需要等待的指令,而下一条指令并不依赖当前指令的执行结果,则不等待当前指令执行结束而可以直接执行下一条指令。

在多处理器共享数据的情形,这种对存储器访问的重新排序,可能会引起错误。因此,如果不希望出现上述乱序执行优化时,可使用内存屏障指令(Memory barrier instructions)告知处理器,存储器访问顺序和程序代码顺序要保持一致。Cortex-M3/M4 中,支持 DMB、DSB、ISB 三种存储器屏障指令,其功能如表 6.37 所示。

2. 休眠模式指令 WFI、WFE

Cortex-M3/M4 处理器可以调用休眠指令 WFI 使处理器立即进入休眠,也可以调用WFE 使处理器有条件地进入休眠。无论是通过哪种方式使处理器进入休眠状态,当发生中断、调试操作、复位或外部输入等事件时,处理器都将被唤醒,脱离休眠状态。

Cortex-M3/M4 处理器中有一个用来记录事件的寄存器,该寄存器只有一位。如果该寄存器被置位为"1",WFE 指令不会进入休眠,而只是清除该事件寄存器并继续执行下一条指令。如果该寄存器被清零,则执行 WFE 指令将使处理器进入休眠。但是 WFI 不受该寄存器影响,WFI 意为"Wait for Interrupt",执行后处理器立即进入休眠模式,并等待中断等事件将其唤醒。

另外一条与休眠模式控制有关的指令是事件输出(SEV)指令。在多处理器系统中,某个处理器可以使用 SEV 指令向其他处理器(包括其本身)发送信号,唤醒其他处于休眠状态的处理器,从而实现同步。

3. 与中断异常相关指令

管理调用(SVC)指令用于产生 SVC 异常(异常类型为 11)。在使用操作系统的嵌入式

系统中,运行在非特权状态下的应用可以通过 SVC 指令产生异常,从而调用运行在特权状态的 OS 服务。SVC 机制也可以作为应用任务访问各种服务(包括 OS 服务或其他 API 函数)的入口,应用任务无须了解服务程序的实际存储地址,只需知道 SVC 服务的调用编号和调用格式(输入参数和返回结果的存放位置)即可请求所需的服务。

SVC 指令要求 SVC 异常的优先级高于当前的优先级,而且异常没有被 PRIMASK 等寄存器屏蔽,不然就会触发错误异常。因此,由于 NMI 和 Hard Fault 异常的优先级总是比 SVC 异常高,也就无法在这两个处理中使用 SVC。

CPS 是另一条和异常相关的指令,用来改变处理器状态。使用 CPS 可以设置或清除 PRIMASK 和 FAULTMASK 等中断屏蔽寄存器(详见 5.3.3 小节)。CPS 指令使用时必须要带后缀 IE(中断使能)或 ID(中断禁止)。使用 CPS 切换 PRIMASK 和 FAULTMASK 可禁止或使能中断,如下为具体使用示例:

CPSID i	; 禁止中断并配置 PRIMASK
CPSID f	; 禁止中断并配置 FAULTMASK
CPSIE i	; 使能中断并配置 PRIMASK
CPSIE f	; 使能中断并配置 FAULTMASK

4. 空指令和断点指令

Cortex-M 处理器支持 NOP 指令,可用于产生指令延时。需要注意,NOP 产生的延时在不同系统间可能会有差异,如果需要精确的延时应使用硬件定时器。

在软件开发和调试过程中,断点(BKPT)指令用于实现程序中的软件断点,一般由调试器插入拟调试的代码。当到达断点时,处理器会被暂停,用户通过调试器执行调试任务。BKPT 指令也可以用于产生调试监控异常,调试器或调试监控异常可以把 BKPT 指令中的立即数提取出来,并根据该信息来确定下一步所要执行的调试动作。

6.4.12　Cortex-M4 特有指令

与 Cortex-M3 处理器相比,Cortex-M4 支持的指令更多。新增的功能包括:SIMD 指令、饱和运算指令、其他乘法和 MAC 指令、打包和解包指令以及可选的浮点指令(若配置了浮点单元)等。这些指令可以让 Cortex-M4 高效地进行实时数字信号处理。由于涉及较多的指令,下面仅选取其中一部分来说明这些指令在数字信号处理方面的用途,以便读者了解 Cortex-M4 处理器的功能。

1. SIMD 指令和饱和指令

32 位处理器的默认数据操作单位是 32 比特,但很多应用中,待处理数据往往是 8 比特或 16 比特的(如图像中像素点的灰度值,声音信号采样后的样本编码)。为使 32 位处理器在一条指令内能够同时处理四个 8 比特数据,或两个 16 比特数据,引入了单指令多数据(SIMD)处理模式。此时,一个 32 位寄存器可用于存储 4 种类型的 SIMD 数据,如图 6.15 所示。

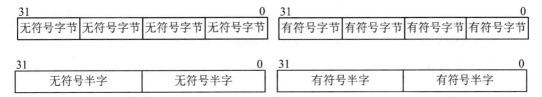

图 6.15　32 位寄存器中各种可能的 SIMD 数据类型

通常 SIMD 指令操作的每个数据类型都相同,不允许出现有符号和无符号数据混用以及 16 位和 8 位数混用的情况,以简化 SIMD 指令集设计。ARM 处理器和英特尔处理器对 SIMD 指令均按此原则设计。表 6.38 给出了 Cortex-M4 所支持的 SIMD 运算类型,同时处理的数据类型都是相同的,或为 4 个无符号或者有符号字节,或为 2 个无符号或者有符号半字。

表 6.38　Cortex-M4 的 SIMD 指令的基本运算

运算类型助记符	运算类型的说明
ADD8	4 对 8 位数加法
SUB8	4 对 8 位数减法
ADD16	2 对 16 位数相加
SUB16	2 对 16 位数相减
ASX	交换第 2 个操作数的半字,然后两个操作数的高半字相加,低半字相减
SAX	交换第 3 个操作数的半字,然后两个操作数的低半字相加,高半字相减

表 6.38 所示运算类型助记符需要配合不同的前缀才能形成 SIMD 指令。例如,无符号的 4 对 8 位数加法对应的指令是"UADD8",有符号的 4 对 8 位数加法对应的指令是"SADD8"。除了通过前缀指定操作数的类型外,SIMD 指令可以结合饱和运算功能,可使用的前缀及其与运算类型助记符组合形成的不同 SIMD 指令如表 6.39 所示。

表 6.39　用前缀区分的带饱和操作的运算指令

前缀 操作	S Signed 有符号	U Unsigned 无符号	Q Saturating 有符号饱和	UQ Unsigned saturating 无符号饱和	SH Signed halving 有符号半分	UH Unsigned halving 无符号半分
	GE 位更新		饱和时 Q 置位		每个数据会除 2	
ADD8	SADD8	UADD8	QADD8	UQADD8	SHADD8	UHADD8
SUB8	SSUB8	USUB8	QSUB8	UQSUB8	SHSUB8	UHSUB8
ADD16	SADD16	UADD16	QADD16	UQADD16	SHADD16	UHADD16
SUB16	SUB16	USUB16	QSUB16	UQSUB16	SHSUB16	UHSUB16
ASX	SASX	UASX	QASX	UQASX	SHASX	UHASX
SAX	SSAX	USAX	QSAX	UQSAX	SHSAX	UHSAX

除了表 6.38 和表 6.39 所示指令外,还有一些 SIMD 与饱和指令此处没有列出,如需进一步了解可参阅 Cortex-M4 设备用户指南和 ARM®v7-M 架构参考手册。

2. 乘法和 MAC 指令

数字信号处理算法中经常需要使用相乘并且累加运算。上一节的表 6.23 中已经给出了 Cortex-M3/M4 处理器都支持的乘法和 MAC 指令。除此之外,Cortex-M4 处理器还支持更多的乘法和 MAC 指令。这些指令具有多种形式,可以选择输入参数的低半字和高半字,表 6.40 以有符号数乘法 SMUL 和有符号数 MAC 运算为例,展示此类指令灵活的执行方式。更多的指令以及指令的语法可参阅 Cortex-M4 设备用户指南和 ARM®v7-M 架构参考手册。

表 6.40 乘法和 MAC 运算的操作数

运算类型	指令助记符及功能描述(操作数大小)
SMULxy	有符号乘法(16b×16b = 32b)
	SMULBB:第 1 操作数低半字×第 2 操作数低半字
	SMULBT:第 1 操作数低半字×第 2 操作数高半字
	SMULTB:第 1 操作数高半字×第 2 操作数低半字
	SMULTT:第 1 操作数高半字×第 2 操作数高半字
SMLAxy	有符号 MAC [(16b×16b) + 32b = 32b]
	SMLABB:(第 1 操作数低半字×第 2 操作数低半字) + 累加字
	SMLABT:(第 1 操作数低半字×第 2 操作数高半字) + 累加字
	SMLATB:(第 1 操作数高半字×第 2 操作数低半字) + 累加字
	SMLATT:(第 1 操作数高半字×第 2 操作数高半字) + 累加字

3. 打包和解包

使用 SIMD 指令同时操作多个数据时,把待处理的多个数据整合到一个 32 位寄存器的过程称作数据的打包(packing),其逆过程称为解包(unpacking)。表 6.41 列出了少数几条与打包和解包有关的指令,更多指令可参阅 Cortex-M4 设备用户指南和 ARM®v7-M 架构参考手册。其中有些指令可支持第二个操作数桶形移位或循环移位。移位或循环移位是可选的,下面表格中用于循环移位(ROR)的 n 可以为 8,16 或 24。PKHBT 和 PKHTB 可以进行任意数量的移位。

表 6.41 打包和解包指令示例

助记符	操作数	简介
PKHBT	{Rd,} Rn,Rm{,LSL #imm}	Rn 低半字和 Rm(或 Rm 移位后结果)高半字打包至 Rd
PKHTB	{Rd,}Rn,Rm{,ASR #imm}	Rn 高半字和 Rm(或 Rm 移位后结果)低半字打包至 Rd

助记符	操作数	简介
SXTB16	Rd,Rm{,ROR ♯n}	Rm(或 Rm 移位后结果)最低字节、最高字节分别做符号位扩展至 16 位后打包存入 Rd
SXTAB16	{Rd,} Rn,Rm {,ROR ♯n}	Rm(或 Rm 移位后结果)最低字节、最高字节分别做符号位扩展至 16 位后分别与 Rn 的低半字、高半字相加后存入 Rd
UXTAH	{Rd,} Rn,Rm {,ROR ♯n}	Rm(或 Rm 移位后结果)低半字做零扩展至 32 位后与 Rn 相加,结果存入 Rd

4. 浮点运算

数字信号处理算法常需要浮点数运算。在配置了浮点运算单元的 Cortex-M4 中,支持多条用于浮点数据处理和浮点数据传输的指令。浮点数运算经常涉及无符号数与有符号数的相互转换、整数与小数的相互转换、单精度浮点数与双精度浮点数的相互转换;同一条指令源操作数和目标操作数类型不同时也需要经过不同的处理,故在指令集中通过在助记符后添加后缀来区分操作数的类型。表 6.42 列出了若干浮点运算指令,以便于读者了解浮点数运算指令的一些功能以及常用后缀,完整的指令列表可查阅 Cortex-M4 设备用户指南和 ARM®v7-M 架构参考手册。浮点指令都是以字母 V 开头的。

表 6.42　浮点指令示例

助记符	操作数	简介
VADD.F32	{Sd,} Sn,Sm	浮点加法
VFMA.F32	Sd,Sn,Sm	浮点融合乘累加 Sd = Sd + (Sn × Sm)
VLDR.32	Sd,[Rn{,♯imm}]	从存储器中加载一个单精度数据
VLDR.64	Dd,[PC,♯imm]	从存储器中加载一个双精度数据
VMLA.F32	Sd,Sn,Sm	浮点乘累加 Sd = Sd + (Sn × Sm)
VMOV{.F32}	Sd,Sm	复制浮点寄存器 Sm 到 Sd(单精度)
VMRS.F32	Rt,FPCSR	复制浮点单元系统寄存器 FPSCR 中的数据到 Rt
VMUL.F32	{Sd,} Sn,Sm	浮点乘法
VPUSH.64	{D_regs}	浮点双精度寄存器压栈
VPOP.32	{S_regs}	浮点单精度寄存器出栈
VSQRT.F32	Sd,Sm	浮点平方根
VSTMIA.32	Rn{!},<S_regs>	浮点多存储后地址增加
VSTMDB.64	Rn{!},<D_regs>	浮点多存储前地址减小

习　　题

6.1　名词解释：指令、指令系统、汇编语言、指令字。

6.2　ARM 公司的指令集有哪些？

6.3　ARM 公司 T32 指令集如何区分 16 位指令和 32 位指令？

6.4　ARM 处理器中"字"（Word）、"半字"（Halfword）是如何定义的？

6.5　名词解释：指令二进制编码格式。

6.6　一条机器指令应该包含哪些要素？

6.7　请解释 ARM 处理器的条件执行指令。

6.8　解释 APSR 寄存器标志位 N、Z、C、V、Q 取值的含义。

6.9　请依据指令功能在下表中填写指令操作码的助记符和空缺的中文描述。

助记符	指令功能英文描述	指令功能中文描述
	Add	加法
	Add with Carry	
	Subtract	减法
	Multiply，32-bit result	
	Signed Divide	
	Multiply with Accumulate	
	Multiply and Subtract	
	Arithmetic Shift Right	
	Logical Shift Right	
	Move	数据移动
	Load Register with word	将 32 比特数值存入寄存器
	Store Register word	将一个寄存器的 32 比特数值存入存储器
	Load Multiple registers	将多个 32 比特数值存入多个寄存器
	Store Multiple registers	将多个寄存器的数值存入特定存储器区域
	Branch	
	Branch with Link	
	Branch indirect with Link	
	Compare	
	If-Then condition block	

6.10 名词解释：寻址方式、操作数寻址、指令寻址、立即数、立即数寻址、寄存器寻址、寄存器移位寻址。

6.11 Cortex-M3 处理器指令系统对立即数有什么限制？

6.12 指令中的操作数可以存放在哪些地方？

6.13 解释寄存器寻址和寄存器间接寻址的区别。

6.14 寄存器偏移寻址方式中地址偏移量有哪几种形式？

6.15 对比寄存器偏移寻址、前变址寻址和后变址寻址的异同。

6.16 前变址寻址汇编语法为"opcode [<Rn>,<offset>]!"，解释其中"!"的含义。

6.17 解释如下两条指令的含义：

LDR R0,[R1,♯0xA]

LDR R0,[R1,R4]

6.18 解释如下两条指令的含义：

LDR R0,[R9,R1]

LDR R0,[R1,R3]!

6.19 解释如下三条指令的含义：

LDR R0,[R1,♯0xB]

LDR R0,[R1,♯0xB]!

LDR R0,[R1],♯0xB

6.20 解释汇编语法"LDM {addr_mode} <Rn>{!},<registers>"中各部分要素的含义。

6.21 解释如下四条指令的含义：

STMIA R9,{R1-R4}

STMIB R9!,{R1-R4}

STMDA R9!,{R1-R4}

STMDB R9!,{R1-R4}

6.22 解释如下两条指令的含义：

STMFDSP!,{R1-R8}

STMDBSP!,{R1-R8}

6.23 解释如下两条指令的含义：

LTMFDSP!,{R1-R8}

LDMIASP!,{R1-R8}

6.24 堆栈寻址和 PC 相对寻址两种方式中基地址各存放在哪里？

6.25 一般处理器指令集应包含哪些类别的指令？

6.26 请写出功能"从[R1]+0x3 中读取一个字节并将其存入 R8"的汇编指令。

6.27 请写出功能"从[R1]+0x4 中读取一个半字并将其存入 R8"的汇编指令。

6.28 请写出功能"从[R1]+0x8 中读取一个字并将其存入 R8"的汇编指令。

6.29 请写出功能"R0 中数值的第 2 位取反"的汇编指令。

6.30 请写出功能"R0 中数值的第 2 位置 1"的汇编指令。

6.31 请写出功能"R0 中数值的第 2 位置 0"的汇编指令。

6.32 请写出功能"R0 和 R1 中数值按位与"的汇编指令。

6.33 请解释 AND、ORR、ORN、EOR 的区别。

6.34 什么是符号扩展？

6.35 MOV 指令是否可以完成从一个存储器单元到一个寄存器的数据传送？为什么？

6.36 解释"LSR"和"ASR"的区别。

6.37 解释"LSR"和"ROR"的区别。

6.38 解释"ROR"和"RRX"的区别。

6.39 解释"CMP"和"CMN"的区别。

6.40 为什么"BL"或"BLX"指令适用于函数调用,而"B"指令不适合？

6.41 解释使用指令"B"或"BL"进行条件跳转和"MOVEQ"条件执行指令的区别。

6.42 "CBZ"指令的作用与"CMP"指令组合"BEQ"指令有什么区别？

6.43 解释饱和与溢出的区别。

6.44 定性解释存储器屏障指令的作用。

6.45 为什么 ARM 的存储器访问指令要提供非特权加载和存储功能？

6.46 ＊阐述 SIMD 的产生背景和技术思想。

6.47 ＊乘并且累加的指令适用于什么样的算法？

6.48 ＊在什么情况下可以用相同的电路完成整数和定点小数的运算？

6.49 ＊浮点数的运算电路和定点小数的运算电路有哪些区别？

6.50 ＊为什么指令系统中乘法和除法往往用不同的指令对无符号数和有符号数进行运算？

6.51 ＊为什么在支持数字信号处理的处理器中要提供"符号扩展"和"补零"的功能？

6.52 ＊为什么 ARM 处理器的数据扩展对无符号数和有符号数要用不同的指令？

第 7 章　ARM 程序设计

目前在嵌入式系统开发过程中,编程工具大多采用 C 语言。但在编写系统启动程序、初始化处理器、设定 RAM 控制参数以及中断控制和管理等方面,使用 C 语言犹如隔靴搔痒,不及使用汇编语言那样简单明了。另一方面,汇编语言与处理器的指令系统密切相关,能够直接对底层硬件进行操作,使用汇编语言编写的程序具有运行速度快、实时性好和占用资源少等优点,因此,对实时性有一定要求的处理程序还需要使用汇编语言进行开发。此外,掌握必要的汇编程序设计知识,有助于深入地理解 ARM 处理器的硬件资源,为基于 ARM 处理器的高性能嵌入式软件开发奠定良好的基础。本章重点介绍 ARM 程序开发环境、汇编程序设计,以及汇编语言和 C 语言混合编程。

7.1　ARM 程序开发环境

在开发嵌入式应用系统时,选择一款合适的开发工具可以加快开发进度,节省开发成本。嵌入式系统开发工具往往包括编辑软件、编译软件、汇编软件、链接软件、调试软件、工程管理以及常用函数库等,被称为集成开发环境(Integrated Development Environment, IDE)。至于嵌入式实时操作系统、评估板等其他调试工具则可以根据实际需求进行选用。

本节首先简要介绍几种常见的或者曾经较为常见的 ARM 集成开发环境,再重点介绍目前使用较多的基于 Windows 平台的集成开发环境 MDK。

7.1.1　常用 ARM 集成开发环境简介

ARM 集成开发环境主要基于 Windows 平台和 Linux 平台。ARM 公司推出的基于 Windows 平台的 ARM 程序开发环境主要有 SDT、ADS、RVDS、MDK 和 ARM Development Studio 等。基于 Linux 平台的 ARM 程序开发环境主要有 ARM-Linux-GCC。此外,IAR 公司的 IAR EWARM(Embedded Workbench for ARM)也常用于基于 ARM 处理器的开发,IAR EWARM 既有 Windows 版本,也有 Linux 版本。以下对 ARM 公司推出的集成开发环境做简要介绍。

1. SDT

ARM SDT 的英文全称是 ARM Software Development Kit,是 ARM 公司最早推出的

开发工具,其目的是便于用户开发基于 ARM 处理器的嵌入式系统。ARM SDT 经过 ARM 公司逐年的维护和更新,最后的版本终结于 2.5.2。从版本 2.5.1 开始,ARM 公司发布了一套新的集成开发工具 ARM ADS 1.0 用以取代 ARM SDT。

2. ADS

ADS(ARM Developer Suite)诞生于 1999 年,包括 4 个模块:SIMULATOR、C 编译器、实时调试器和应用函数库。ADS 升级迭代后的最终版为 1.2.1,此后 ADS 就逐步被 RVDS 和 MDK 所替代。

3. RVDS

针对从事 SoC、FPGA 和 ASIC 设计的工程师们在开发复杂嵌入式系统的实际需求,继 ADS 之后,ARM 公司又推出了一套新的集成开发工具:RVDS(RealView Developer Suite)。RVDS 主要包含以下 4 个模块:

(1) 集成开发环境:Eclipse IDE。Eclipse IDE 用于代码编辑和管理,并以工程 (Project)的方式管理代码。Eclipse IDE 支持语句高亮和多颜色显示,并支持第三方 Eclipse 功能插件。

(2) 编译器:RVCT(RealView Compilation Tools)。RVCT 可对采用汇编、C 和 C++语言编写的代码进行编译,支持二次编译和代码数据压缩技术,并可提供多种优化级别。RVCT 支持全系列的 ARM 和 XSCALE 架构。

(3) 调试器:RVD(RealView Debugger)。RVD 支持多核调试,可提供多种调试手段并支持 Flash 烧写。

(4) 指令集仿真器:RVISS(RealView Instruction Set Simulator)。RVISS 支持虚拟外设,支持软件和硬件同步开发,并可对代码性能进行分析,为程序优化提供帮助。

在 RVDS 的基础上,ARM 公司于 2011 年推出了新一代的开发工具 ARM Development Studio 5(DS-5)以取代 RVDS,并在此之后逐渐停止了对 RVDS 的更新。

4. MDK

MDK(MicroController Development Kit)原名是 RealView MDK,是由德国 KEIL 公司(现已被 ARM 公司收购)开发的一套集成开发环境,也被称作 MDK-ARM 和 KEIL ARM。KEIL 公司原是一家业界领先的微控制器(MCU)软件开发工具的独立供应商,一度非常流行的单片机开发工具 KEIL C51 就是 KEIL 公司的明星产品。

MDK[①] 是 KEIL 公司为微控制器开发而推出的一款软件工具套件,其主要特点如下:

• 支持内核:ARM7、ARM9、Cortex-M4/M3/M1 和 Cortex-R0/R3/R4 等 ARM 微控制器内核,随着 ARM 公司处理器产品的不断增加,所支持的内核种类也会有所变化;

---

① 2005 年 KEIL 公司被 ARM 公司收购之后,ARM 公司的开发工具从此分为两大分支:MDK 系列和 RVDS 系列。MDK 系列是 ARM 公司推荐的针对微控制器,或者基于单核 ARMTDMI、Cortex-M 或 Cortex-R 处理器的开发工具链,基于 KEIL 公司一直使用的 μVision 集成开发环境;而 RVDS 系列(后升级为 DS-5)包含全部功能,支持所有 ARM 内核。

- IDE：μVision IDE；
- 编译器：ARM C/C++编译器（ARM Compiler 6、ARM Compiler 5）；
- 调试器：μVision Debugger，仅可连接到 KEIL 设备库中的芯片组；
- 模拟器：μVision CPU & Peripheral Simulator；
- 硬件调试单元：Ulink、Jlink、CMSIS-DAP 等多种调试器连接单元。

5. ARM-Linux-GCC

GNU Compiler Collection（GCC）是一套由 GNU[①] 开发的编译器集，不仅支持 C 语言编译，还支持 C++、Ada、Object C 等许多语言。GCC 还支持多种处理器架构，包括 X86、ARM 和 MIPS 等处理器架构，是在 Linux 平台下被广泛使用的软件开发工具。

ARM-Linux-GCC 是基于 ARM 目标机的交叉编译软件，所谓交叉编译简单来说就是在一个平台上生成另一个平台上的可执行代码。一个常见的例子是：嵌入式软件开发人员通常在个人计算机上运行基于 ARM、PowerPC 或 MIPS 目标机的编译软件。

ARM-Linux-GCC 使用命令行来调用命令执行，相比于 RVDS 和 MDK 而言不易掌握，使用时也颇为不便。但由于 ARM-Linux-GCC 不需要授权费用，仍然受到使用 Linux 的嵌入式系统工程师们的青睐。

6. ARM Development Studio

2011 年前后，ARM 公司发布了几款 Cortex-A 系列内核，并推出 ARMv8 版本架构，面对新的内核以及日益复杂的 SoC 系统开发需求，RVDS 逐渐显得力不从心。在此背景下，ARM 公司推出了 ARM Development Studio 5，简称 DS-5。DS-5 支持所有 ARM 内核芯片的开发，工具链包括 ARM C / C++编译器、Linux / Android^{TM}/RTOS 调试器、ARM Streamline^{TM} 系统性能分析器、实时系统仿真模型和基于 Eclipse 的集成开发环境。DS-5 的主要特点如下：

- 支持内核种类：ARM 公司现有的全部内核；
- IDE：Eclipse IDE；
- 编译器：ARM Compiler 6、ARM Compiler 5、GCC（Linaro GNU GCC Compiler for Linux）；
- 调试器：支持 ULINK2、ULINKPRO 和 DSTREAM 等调试器连接单元；
- 性能分析器：Streamline；
- 模拟器：RTSM，支持 Cortex-A8 固定虚拟平台（FVP，Fixed Virtual Platform）、多核 Cortex-A9 实时模拟器以及 ARMv8 固定虚拟平台。

KEIL MDK 和 DS-5 都属于面向 ARM 处理器的开发工具，两者的主要功能差异如表 7.1 所示。

---

① GNU 是 GNU's Not Unix! 的递归缩写，GNU 计划的主要目标是开发一个自由的操作系统，其内容软件完全以 GPL（GNU General Public License，GNU 通用公共许可证）方式发布。

表 7.1 KEIL MDK 与 DS-5 功能对比

功能	KEIL MDK	DS-5
编译器	支持 ARM CC	支持 ARM CC 或者 GCC
开发环境	μVision	Eclipse
内核支持	ARM7/9，ARM Cortex-M 全系列	支持所有 ARM 内核
RTOS RTX 内核库	有	无
调试器	μVision 调试器	DS-5 调试器
模拟器 Simulator	μVision Simulator	实时系统模型 RTSM
调试硬件	Ulink2/Ulink-me/Ulink-pro，支持 STLINK，JLINK 等第三方仿真调试器	DSTREAM，Ulinkpro-D
操作系统调试开发支持	KEIL RTX，CMSIS RTOS，Freescale MQX，CMX RTOS，Segger embOS，Quadros RTXC	KEIL RTX，FreeScale MQX，Linux & Android
多核支持	不支持	支持
GDB Server	不支持	支持
逻辑分析仪	有	无

通过以上对比可以看出，KEIL MDK 主要面向 ARM7、ARM9 和 Cortex-M 系列处理器的开发需求，包括它自带的 RTX 实时操作系统和中间库，都属于 MCU 应用领域。DS-5主要用于开发基于 Linux/Android 的复杂嵌入式系统、片上系统以及系统平台驱动接口。所以，对于基于 MCU 的嵌入式系统，推荐使用 KEIL MDK；如果是开发多核系统、片上系统以及基于 Linux/Android 的复杂应用，推荐使用 DS-5。

DS-5 近年来的升级版本已去除数字版本号信息，统一称为 ARM Development Studio，简称 DS。DS 在仿真及调试功能方面有明显的增强，支持多种架构的固定虚拟平台 FVP，其图形化分析器支持 OpenGL ES、Vulkan、OpenCL 等异构库的 API 调用。2019 年末，DS 又演变出一个适用于移动终端开发的独立版本，被命名为 ARM Mobile Studio，主要针对CPU 和 GPU 混合环境下的软件开发。

7.1.2 KEIL MDK 开发环境简介

KEIL MDK 通常也被简称为 KEIL，是目前基于 MCU 的嵌入式系统主流开发工具。KEIL 提供了包括 C 编译器、宏汇编、连接器、库管理和一个功能强大的仿真调试器在内的一套工具集，并通过一个集成开发环境（μVision）将这些功能组合在一起。μVision 的界面和微软 VC＋＋的界面相似，界面友好，在调试程序、软件仿真方面也有很强大的功能。

1. KEIL MDK 的软件开发周期

使用 KEIL MDK 开发嵌入式软件大致分为以下几个步骤：

（1）创建工程，选择目标芯片，并且做一些必要的工程配置；

（2）编写 C 或者汇编语言源文件；

（3）编译应用程序；

（4）修改源程序中的错误；

（5）联机调试。

2．μVision 集成开发环境

μVision IDE 是一款集编辑、编译和项目管理于一身的图形化软件开发环境。μVision 集成了 C 语言编译器、宏编译、链接/定位以及 HEX 文件产生器。μVision 具有如下特性：

（1）功能较为齐全的源代码编辑器；

（2）配套的设备库；

（3）用于创建工程和维护工程的项目管理器；

（4）所有的工具配置都采用对话框进行；

（5）集成了源码级的仿真调试器，包括高速 CPU 和外设模拟器；

（6）Flash 编程工具，可将应用程序写入 Flash；

（7）完备的开发工具帮助文档、设备数据表和用户使用向导。

μVision 具有良好的界面风格，图 7.1 是打开某个工程时的典型窗口界面。

图 7.1　μVision IDE 打开工程后的界面

图 7.1 中的工程管理（Project）窗口用于设置工程结构和管理工程文件；代码编辑窗口用于查看和编辑工程中的文件；输出（Build Output）窗口用于显示编译结果，可直接给出错误或警告的定位信息，该窗口也是调试命令的输入输出窗口，还可以显示查找结果。

图 7.2 是一个 MDK 工程在调试状态时的典型窗口界面。

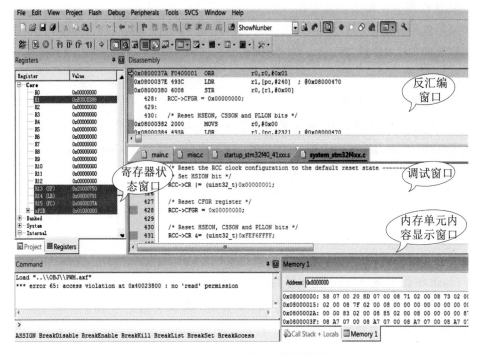

图 7.2　μVision IDE 调试界面

在调试状态，图 7.2 中的寄存器（Registers）窗口显示各个寄存器的内容；内存（Memory）窗口显示指定地址的存储内容；调用栈（Call Stack + Local）窗口用于查看和修改变量的值。如图 7.3 所示的反汇编窗口用于显示反汇编后的代码、源代码和相应反汇编代码的混合代码，可以在该窗口跟踪已执行的代码、按汇编代码的方式单步执行。

图 7.3　反汇编窗口

7.2　ARM 汇编程序中的伪指令

在 ARM 汇编语言程序里,有一些特殊指令助记符,这些助记符与指令系统的助记符不同,没有与之对应的操作码①,通常称这些特殊指令助记符为伪指令,它们所完成的操作称为伪操作(pseudo-operation)。伪指令不像机器指令那样在处理器运行期间由机器执行,只是在汇编期间指示汇编程序如何对源程序进行汇编处理,因此有些资料中按其英文名称(directive)将其直译为指示符。伪指令的功能包括定义变量、分配数据存储空间、控制汇编过程和定义程序入口等,这些伪指令仅在汇编过程中起作用,一旦汇编结束,伪指令的使命就完成了。本节首先介绍 ARM 汇编语言中常见的运算符和表达式,然后介绍 ARM 汇编程序中的主要伪指令。

7.2.1　汇编语言中常用运算符和表达式

表达式是程序设计课程中一个重要概念,在汇编语言程序设计中,也经常使用各种表达式。表达式是由运算符、操作符、括号、常量和一些符号连在一起的式子。常用的表达式有数值表达式、逻辑表达式和字符串表达式,其运算优先次序遵循如下规则:

- 优先级相同的双目运算符的运算顺序为从左到右;
- 相邻的单目运算符的运算顺序为从右到左,且单目运算符的优先级高于其他运算符;
- 括号运算符的优先级最高。

1. 数值表达式及运算符

数值表达式一般由数值常量、数值变量、数值运算符和括号构成。与数值表达式相关的运算符如下:

1)"＋""－""＊""/"及"MOD"算术运算符

以上算术运算符分别代表加、减、乘、除和取余数运算。例如,以 X 和 Y 表示两个数值表达式,则以上的算术运算符代表的运算如下:

X＋Y 表示 X 与 Y 的和;

X－Y 表示 X 与 Y 的差;

X＊Y 表示 X 与 Y 的乘积;

X/Y 表示 X 除以 Y 的商;

---

① ARM 汇编语言中,有少数几条伪指令是会产生真实指令的。典型的如"LDR Rd, ＝ const",汇编器解析该伪指令后,会将立即数保存到存储器单元,然后通过 LDR 指令装载到寄存器。为了和仅用于指示汇编器行为的"directive"作区分,这几条特殊的伪指令在英文资料中被称作"pseudo-instruction"。

X:MOD:Y 表示 X 除以 Y 的余数。

例 7.1

MOV R3，♯(3 + 4)　　　；　R3 = 0x07

MOV R3，♯(5 * 10)　　　；　R3 = 0x32

2) "ROL""ROR""SHL"及"SHR"移位运算符

以 X 和 Y 表示两个数值表达式，以上的移位运算符代表的运算如下：

X:ROL:Y 表示将 X 循环左移 Y 位；

X:ROR:Y 表示将 X 循环右移 Y 位；

X:SHL:Y 表示将 X 左移 Y 位；

X:SHR:Y 表示将 X 右移 Y 位。

例 7.2

MOV R1，♯(3:ROL:1)　；　R1 = 0x06

MOV R2，♯(2:ROR:1)　；　R2 = 0x01

MOV R3，♯(9:SHL:1)　 ；　R3 = 0x12

3) "AND""OR""NOT"及"EOR"按位逻辑运算符

以 X 和 Y 表示两个数值表达式，以上的按位逻辑运算符代表的运算如下：

X:AND:Y 表示将 X 和 Y 按位作逻辑与的操作；

X:OR:Y 表示将 X 和 Y 按位作逻辑或的操作；

:NOT:Y 表示将 Y 按位作逻辑非的操作；

X:EOR:Y 表示将 X 和 Y 按位作逻辑异或的操作。

例 7.3

MOV R0，♯(:NOT:3)　 ；　R0 = 0xFFFFFFFC

MOV R1，♯(3:AND:1)　；　R1 = 0x01

MOV R2，♯(2:OR:4)　　；　R2 = 0x06

MOV R3，♯(9:EOR:1)　；　R3 = 0x08

2. 逻辑表达式及运算符

逻辑表达式一般由逻辑量、逻辑运算符和括号构成，其表达式的运算结果为真或假。与逻辑表达式相关的运算符如下：

1) "="">""<"">=""<=""/="及"<>"运算符

以 X 和 Y 表示两个逻辑表达式，以上的运算符代表的运算如下：

X=Y 表示 X 等于 Y；

X>Y 表示 X 大于 Y；

X<Y 表示 X 小于 Y；

X>=Y 表示 X 大于等于 Y；

X<=Y 表示 X 小于等于 Y；

X/=Y 表示 X 不等于 Y；

X<>Y 表示 X 不等于 Y。

2）"LAND""LOR""LNOT"及"LEOR"运算符

以 X 和 Y 表示两个逻辑表达式,以上的逻辑运算符代表的运算如下:

X:LAND:Y 表示将 X 和 Y 作逻辑与的操作;

X:LOR:Y 表示将 X 和 Y 作逻辑或的操作;

:LNOT:Y 表示将 Y 作逻辑非的操作;

X:LEOR:Y 表示将 X 和 Y 作逻辑异或的操作。

3. 字符串表达式及运算符

字符串表达式一般由字符串常量、字符串变量、运算符和括号构成。编译器所支持的字符串最大长度为 5 120 字节,常用的与字符串表达式相关的运算符如下:

1）LEN 运算符

LEN 运算符返回字符串的长度(字符数),以 X 表示字符串表达式,其语法格式如下:

:LEN:X

2）CHR 运算符

CHR 运算符将 0～255 之间的整数转换为一个字符,以 M 表示某一个整数,其语法格式如下:

:CHR:M

3）STR 运算符

STR 运算符将一个数值表达式或逻辑表达式转换为一个字符串。对于数值表达式,STR 运算符将其转换为一个以 16 进制组成的字符串;对于逻辑表达式,STR 运算符将其转换为字符串 T 或 F,其语法格式如下:

:STR:X

其中,X 为一个数值表达式或逻辑表达式。

4）LEFT 运算符

LEFT 运算符返回某个字符串左端的一个子串,其语法格式如下:

X:LEFT:Y

其中,X 为源字符串,Y 为一个整数,表示要返回的字符个数。

5）RIGHT 运算符

RIGHT 运算符返回某个字符串右端的一个子串,其语法格式如下:

X:RIGHT:Y

其中,X 为源字符串,Y 为一个整数,表示要返回的字符个数。

6）CC 运算符

CC 运算符用于将两个字符串连接成一个字符串,其语法格式如下:

X:CC:Y

其中,X 为源字符串 1,Y 为源字符串 2,CC 运算符将 Y 连接到 X 的后面。

4. 与寄存器和程序计数器(PC)相关的表达式及运算符

常用的与寄存器和程序计数器(PC)相关的表达式及运算符如下:

1) BASE 运算符

BASE 运算符返回基于寄存器的表达式中寄存器的编号,其语法格式如下:

　　:BASE:X

其中,X 为与寄存器相关的表达式。

2) INDEX 运算符

INDEX 运算符返回基于寄存器的表达式中相对于其基址寄存器的偏移量,其语法格式如下:

　　:INDEX:X

其中,X 为与寄存器相关的表达式。

5．其他常用运算符

1)？运算符

？运算符返回某代码行所生成的可执行代码的长度,其语法格式如下:

　　？X

返回定义符号 X 的代码行所生成的可执行代码的字节数。

例 7.4

LA MOV R2，♯1

　　MOV R3，？LA ；　"MOV R2，♯1"的可执行代码长度为 4,所以 R3＝0x04

2) DEF 运算符

DEF 运算符判断是否定义某个符号,其语法格式如下:

　　:DEF:X

如果符号 X 已经定义,则结果为真,否则为假。

7.2.2　符号定义(Symbol Definition)伪指令

符号定义伪指令用于定义 ARM 汇编程序中的变量、对变量赋值以及定义寄存器的别名等。常见的符号定义伪指令有如下几种:

- 用于定义全局变量的 GBLA、GBLL 和 GBLS;
- 用于定义局部变量的 LCLA、LCLL 和 LCLS;
- 用于对变量赋值的 SETA、SETL 和 SETS;
- 为通用寄存器列表定义名称的 RLIST。

1．GBLA、GBLL 和 GBLS

语法格式:

GBLA(GBLL 或 GBLS) 全局变量名

GBLA、GBLL 和 GBLS 伪指令用于定义一个 ARM 程序中的全局变量,并将其初始化。其中,GBLA 伪指令用于定义一个全局的数字变量,并初始化为 0;GBLL 伪指令用于定义一个全局的逻辑变量,并初始化为 F(假);GBLS 伪指令用于定义一个全局的字符串变量,并初始化为空。由于以上三条伪指令用于定义全局变量,因此在整个程序范围内变量名必须唯一。

例 7.5

```
        GBLA Test1          ; 定义一个全局的数字变量,变量名为 Test1
Test1 SETA 0xaa             ; 将该变量赋值为 0xaa
        GBLL Test2          ; 定义一个全局的逻辑变量,变量名为 Test2
Test2 SETL {TRUE}           ; 将该变量赋值为真
        GBLS Test3          ; 定义一个全局的字符串变量,变量名为 Test3
Test3 SETS "Testing"        ; 将该变量赋值为"Testing"
```

2. LCLA、LCLL 和 LCLS

语法格式:

LCLA(LCLL 或 LCLS) 局部变量名

LCLA、LCLL 和 LCLS 伪指令用于定义一个 ARM 程序中的局部变量,并将其初始化。其中,LCLA 伪指令用于定义一个局部的数字变量,并初始化为 0;LCLL 伪指令用于定义一个局部的逻辑变量,并初始化为 F(假);LCLS 伪指令用于定义一个局部的字符串变量,并初始化为空。以上三条伪指令用于声明局部变量,在其作用范围内变量名必须唯一。

例 7.6

```
        LCLA Test4          ; 声明一个局部的数字变量,变量名为 Test4
Test3 SETA 0xaa             ; 将该变量赋值为 0xaa
        LCLL Test5          ; 声明一个局部的逻辑变量,变量名为 Test5
Test4 SETL {TRUE}           ; 将该变量赋值为真
        LCLS Test6          ; 定义一个局部的字符串变量,变量名为 Test6
Test6 SETS "Testing"        ; 将该变量赋值为"Testing"
```

3. SETA、SETL 和 SETS

语法格式:

变量名 SETA(SETL 或 SETS) 表达式

SETA、SETL 和 SETS 伪指令用于给一个已经定义的全局变量或局部变量赋值。其中,SETA 伪指令用于给一个数学变量赋值;SETL 伪指令用于给一个逻辑变量赋值;SETS 伪指令用于给一个字符串变量赋值。变量名为已经定义过的全局变量或局部变量,表达式为将要赋给变量的值。

例 7.7

```
        LCLA Test3          ; 声明一个局部的数字变量,变量名为 Test3
Test3 SETA 0xaa             ; 将该变量赋值为 0xaa
        LCLL Test4          ; 声明一个局部的逻辑变量,变量名为 Test4
Test4 SETL {TRUE}           ; 将该变量赋值为真
```

4. RLIST

语法格式：

名称 RLIST〔寄存器列表〕

RLIST 伪指令用于定义一个通用寄存器列表的名称，该伪指令定义的通用寄存器列表名称可在 ARM 指令 LDM/STM 中使用。在 LDM/STM 指令中，寄存器访问次序按照寄存器的编号由低到高，与列表中的寄存器排列次序无关。

例 7.8

RegList RLIST〔R0-R5，R8，R10〕　；将寄存器列表〔R0-R5，R8，R10〕名称定义为
　　　　　　　　　　　　　　　　；RegList，可在 LDM/STM 指令中通过该名称
　　　　　　　　　　　　　　　　；访问寄存器列表

7.2.3　数据定义(Data Definition)伪指令

数据定义伪指令一般用于为特定的数据分配存储单元，同时可完成已分配存储单元的初始化。常见的数据定义伪指令有如下几种：

- DCB 用于分配一段连续的字节存储单元并用指定的数据初始化；
- DCW(DCWU)用于分配一段连续的半字存储单元并用指定的数据初始化；
- DCD(DCDU)用于分配一段连续的字存储单元并用指定的数据初始化；
- DCFD(DCFDU)用于为双精度的浮点数分配一段连续的字存储单元并用指定的数据初始化；
- DCFS(DCFSU)用于为单精度的浮点数分配一段连续的字存储单元并用指定的数据初始化；
- DCQ(DCQU)用于分配一段以 8 字节为单位的连续的存储单元并用指定的数据初始化；
- SPACE 用于分配一段连续的存储单元；
- MAP 用于定义一个结构化的内存表首地址；
- FIELD 用于定义一个结构化的内存表的数据域。

1. DCB

语法格式：

标号 DCB 表达式

DCB 伪指令用于分配一段连续的字节(8 位)存储单元并用伪指令中指定的表达式初始化。其中，表达式可以为 0~255 的数字或字符串。DCB 也可用"＝"代替。

例 7.9

Str DCB "This is a test!"　　；分配一段连续的字节存储单元并初始化

2. DCW(或 DCWU)

语法格式：

标号 DCW（或 DCWU） 表达式

DCW（或 DCWU）伪指令用于分配一段连续的半字（16 位）存储单元并用伪指令中指定的表达式初始化。其中，表达式可以为程序标号或数值表达式。

用 DCW 分配的存储单元按照半字对齐，而用 DCWU 分配的存储单元并不严格按照半字对齐。

例 7.10

DataTest DCW 1，2，3　　　;　　分配 3 个连续的半字存储单元并用 1，2，3 初始化

3. DCD（或 DCDU）

语法格式：

标号 DCD（或 DCDU） 表达式

DCD（或 DCDU）伪指令用于分配一段连续的字（32 位）存储单元并用伪指令中指定的表达式初始化。其中，表达式可以为程序标号或数值表达式，DCD 也可用"&"代替。

用 DCD 分配的字存储单元按照字对齐，而用 DCDU 分配的字存储单元并不严格按照字对齐。

例 7.11

DataTest DCD 4，5，6　　　;　　分配 3 个连续的字存储单元并用 4，5，6 初始化

4. DCFD（或 DCFDU）

语法格式：

标号 DCFD（或 DCFDU） 表达式

DCFD（或 DCFDU）伪指令用于为双精度的浮点数分配一段连续的字存储单元并用伪指令中指定的表达式初始化，每个双精度的浮点数占据两个字单元。

用 DCFD 分配的存储单元按照字对齐，而用 DCFDU 分配的字存储单元并不严格按照字对齐。

例 7.12

FDataTest DCFD 0.1，0.2，0.3　;　分配 3 个连续的双字存储单元并初始化为 0.1，
　　　　　　　　　　　　　　　;　0.2 和 0.3 的双精度数

5. DCFS（或 DCFSU）

语法格式：

标号 DCFS（或 DCFSU） 表达式

DCFS（或 DCFSU）伪指令用于为单精度的浮点数分配一段连续的字存储单元并用伪指令中指定的表达式初始化，每个单精度的浮点数占据一个字单元。

用 DCFS 分配的存储单元按照字对齐，而用 DCFSU 分配的字存储单元并不严格按照字对齐。

例 7.13

FDataTest DCFS −0.1，−0.2，−0.3　;　分配 3 个连续的字存储单元并初始化为
　　　　　　　　　　　　　　　　　;　−0.1，−0.2，−0.3 的单精度数

6．DCQ(或 DCQU)

语法格式：

标号 DCQ(或 DCQU) 表达式

DCQ(或 DCQU)伪指令用于分配一段以 8 个字节为单位的连续存储区域并用伪指令中指定的表达式初始化。

用 DCQ 分配的存储单元按照字对齐,而用 DCQU 分配的存储单元并不严格按照字对齐。

例 7.14

DataTest DCQ 100，101，102 ； 分配 3 个连续的双字内存单元并用 100D,101D,
； 102D 的 16 进制数据进行初始化

以上这些数据定义伪指令可以在代码段中直接使用,并不是非要在数据段中。

7．SPACE

语法格式：

标号 SPACE 表达式

SPACE 伪指令用于分配一片连续的存储区域并初始化为 0。其中,表达式为要分配的字节数,SPACE 也可用"%"代替。

例 7.15

DataSpace SPACE 100 ； 分配连续 100 字节的存储单元并初始化为 0

8．MAP 和 FIELD

伪指令 MAP 和 FIELD 经常结合在一起使用。MAP 用于定义一个结构化的内存表的首地址。MAP 也可以用"^"代替。

语法格式：

MAP 表达式{,基址寄存器}

表达式可以为程序中的标号或数学表达式,基址寄存器为可选项,内存表的首地址为表达式的值与基址寄存器内容之和。如果基址寄存器选项缺失,表达式的值即为内存表的首地址。

例 7.16

MAP 0x100,R0 ； 定义结构化内存表首地址的值为 0x100 + R0

FIELD 伪指令常与 MAP 伪指令配合使用来定义结构化的内存表。MAP 伪指令定义内存表的首地址,FIELD 伪指令定义内存表中的各个数据域,并可以为每个数据域指定一个标号供其他的指令引用。

语法格式：

标号 FIELD 表达式

表达式的值为当前数据域在内存表中所占的字节数。

注意 MAP 和 FIELD 伪指令仅用于定义数据结构,并不实际分配存储单元。

例 7. 17

MAP 0x100	;	定义结构化内存表首地址的值为 0x100
A FIELD 16	;	定义 A 的长度为 16 字节,起始位置为 0x100
B FIELD 32	;	定义 B 的长度为 32 字节,起始位置为 0x110
S FIELD 256	;	定义 S 的长度为 256 字节,起始位置为 0x130

7.2.4　汇编控制(Assembly Control)伪指令

汇编控制伪指令用于控制汇编程序的执行流程,常用的汇编控制伪指令包括以下几条:

- IF、ELSE、ENDIF;
- WHILE、WEND;
- MACRO、MEND;
- MEXIT。

1. 条件判断指令:IF、ELSE、ENDIF

语法格式:

IF 逻辑表达式

　　……　　　　　;　　指令序列 1

ELSE

　　……　　　　　;　　指令序列 2

ENDIF

IF、ELSE 和 ENDIF 伪指令根据条件成立与否决定是否执行某个指令序列,若 IF 后面的逻辑表达式为真,则执行指令序列 1,否则执行指令序列 2。ELSE 及指令序列 2 也可以没有,此时若 IF 后面的逻辑表达式为真,则执行指令序列 1,否则执行 ENDIF 后面的指令。

IF、ELSE 和 ENDIF 伪指令可以嵌套使用。

例 7. 18

GBLL Test	;	声明一个全局的逻辑变量,变量名为 Test
……		
IF Test		
……	;	指令序列 1
ELSE		
……	;	指令序列 2
ENDIF		

2. 循环控制指令:WHILE、WEND

语法格式:

WHILE 逻辑表达式

　　……　　　　　;　　指令序列

WEND

WHILE、WEND 伪指令根据条件成立与否决定是否循环执行某个指令序列。若
WHILE 后面的逻辑表达式为真，则执行指令序列。该指令序列执行完毕再次判断逻辑表
达式的值，若为真则继续执行，一直到逻辑表达式的值为假。

WHILE、WEND 伪指令可以嵌套使用。

例 7.19

```
GBLA Counter        ;     声明一个全局的数学变量，变量名为 Counter
Counter SETA 3      ;     由变量 Counter 控制循环次数
......
WHILE Counter<10
指令序列
......
WEND
```

3．宏指令：MACRO、MEND

宏是一段独立的程序代码，由伪指令定义，在程序中使用宏指令即可调用宏。程序被汇
编时，汇编程序将对每个调用进行展开（称为宏展开），用宏定义取代源程序中的宏指令。

语法格式：

```
MACRO
{$ label} macroname {$ parameter1，$ parameter2，…}
    ......                ;     指令序列
MEND
```

MACRO 伪指令标识宏定义的开始，MEND 伪指令标识宏定义的结束，MACRO 和
MEND 之间的指令序列是宏定义体。在宏定义体的第一行应声明宏的原型，包含宏名和所
需的参数。汇编程序通过宏名来调用该指令序列。MACRO 和 MEND 伪指令可以嵌套
使用。

在宏定义体中，$ label 通常是一个标号，当宏指令被调用展开时，$ label 被替换为相应
的符号。在一个符号前使用"$"，表示汇编时将用相应的值来替代 $ 以及随后的符号。
macroname 为所定义的宏名称。$ parameter 为宏指令参数，当宏指令被调用展开时，
$ parameter 将被替换成相应的值，类似于函数中的形式参数。

宏的使用方式和功能与子程序有些相似。使用子程序可以实现模块化的程序设计，但
调用子程序时需要保护现场，从而增加了系统的开销。调用宏不需要保护现场，因此，在代
码较短且需要传递的参数较多时，可以使用宏代替子程序。

例 7.20

```
MACRO                    ;     宏定义开始
$ label test $ p1，$ p2，$ p3    ;     宏的名称为 test，有三个参数 p1，p2，p3
                         ;     宏的标号 $ label 可用于构造宏定义体内其他标号
```

```
                              ；    名称
    CMP    $ p1，$ p2          ；    比较参数 p1,p2 大小
    BHI    $ label.save        ；    无符号比较,若 p1>p2,跳转到 $ label.save 标号
                              ；    处, $ label.save 为宏定义体的内部标号
    MOV    $ p3，$ p2          ；    宏功能将参数 p1 和 p2 进行无符号比较,然后将较
                              ；    大值存入参数 p3

    B    $ label.end
$ label.save MOV $ p3，$ p1
$ label.end
    MEND                       ；    宏定义结束
```

在上述代码中,宏名为 test,标号为 $ label,有三个参数 $ p1, $ p2, $ p3。标号和参数在实际调用中可根据需要被替换成不同的符号,而宏名是唯一确定的。

以上被定义的宏被调用时的语法如下：

```
abc test R0，R1，R2            ；    通过宏的名称 test 调用宏,宏的标号为 abc,三个参
                              ；    数为寄存器 R0,R1,R2
```

汇编时,宏被展开成以下一段代码：

```
    CMP R0，R1
    BHI abc.save
    MOV R2，R1
    B abc.end
abc.save MOV R2，R0
abc.end
    ……
```

对比宏定义可以看出,原来宏定义中凡是出现 $ label 的地方均被替换成了 abc,出现 $ p1, $ p2, $ p3 的地方被替换成了 R0,R1,R2。对于程序员而言,采用宏定义的方法可以用一条语句替代一大段指令序列,从而极大地提高了编程效率。

4. MEXIT

MEXIT 用于从宏定义中跳转出去。

语法格式：

```
    MACRO                      ；    宏定义开始
{$ 标号} 宏名 {$ 参数 1, $ 参数 2, ……}
    ……                       ；    指令序列
    IF condition1
    ……                       ；    指令序列 1
    MEXIT
    ELSE
```

```
......                        ;   指令序列 2
ENDIF
MEND
```

在宏调用时,如果 IF 后面的条件成立,则展开指令序列1,然后跳出宏定义体;若条件不成立,则展开指令序列2。

7.2.5 其他常用的伪指令

还有一些其他的伪指令,在汇编程序中经常会被使用,包括如下这些:

- AREA;
- ALIGN;
- CODE16、CODE32;
- ENTRY;
- END;
- EQU;
- EXPORT(或 GLOBAL);
- IMPORT;
- EXTERN;
- GET(或 INCLUDE);
- INCBIN;
- RN;
- ROUT。

以下对上述伪指令做简要介绍。

1. AREA

语法格式:

AREA 段名 属性 1,属性 2,……

AREA 伪指令用于定义一个代码段或数据段。若段名以非字母开头,则该段名需用"|"符号括起来,如|1_test|、|.text|。

属性字段表示该代码段(或数据段)的相关属性,多个属性之间用","分隔。常用的属性有:

(1) CODE 属性:用于定义代码段,默认为 READONLY。

(2) DATA 属性:用于定义数据段,默认为 READWRITE。

(3) READONLY 属性:指定本段为只读,代码段默认为 READONLY。

(4) READWRITE 属性:指定本段为可读可写,数据段的默认属性为 READWRITE。

(5) ALIGN(对齐)属性:使用方式为 ALIGN 表达式。在默认时,ELF(可执行连接文件)的代码段和数据段按字对齐,表达式的取值范围为 0~31。

(6) COMMON 属性：该属性定义一个通用的段，不包含任何的用户代码和数据。各源文件中同名的 COMMON 段共享同一段存储单元。

一个汇编语言程序至少要包含一个段，当程序太长时，也可以将程序分为多个代码段和数据段。

例 7.21

```
AREA Buf,DATA,READWRITE      ;    定义了一个数据段，段名为 Buf,属性为
                            ;    可读可写
……                          ;    其他代码
AREA RESET, CODE, READONLY ; 定义了一个代码段，段名为 RESET,属性
                            ;    为只读
……                          ;    其他代码
```

2. ALIGN

语法格式：

ALIGN {表达式{,偏移量}}

在 Cortex-M3/M4 所支持的 T32 指令集中，既有 16 比特长度的 Thumb 指令，也有 32 比特长度的 ARM 指令。此外，在程序代码中往往还会使用 DCB 或者 DCW 伪指令，定义不同长度的字节或者半字。因此，程序代码往往并没有对齐在字或者双字边界。针对这一情况，可以使用 ALIGN 伪指令通知汇编程序，使下一条指令对齐到由"{表达式{,偏移量}}"指定的位置，例如字节边界、字边界、双字边界或段落边界。其中，表达式的值若为 m（$m = 0 \sim 31$），则下一条指令对齐到 2^m 边界。例如，若 $ALIGN = 0$，对齐到字节边界（应避免出现这种情况）；若 $ALIGN = 1$，对齐到半字边界（仅 Thumb 指令代码可以使用）；若 $ALIGN = 2$，对齐到字边界；若 $ALIGN = 3$，对齐到双字边界；若 $ALIGN = 10$，对齐到 2^{10}（1 KB）边界。如果 ALIGN 伪指令后面没有指定表达式，则对齐到下一个字边界。

ALIGN 伪指令后面的偏移量可以是一个数值表达式，假设该字段为 $offset$，$ALIGN = m$，则下一条指令的对齐方式为 $2^m + offset$。

例 7.22

```
AREA RESET, CODE, READONLY, ALIGN = 3  ;  指定后面的指令为 8 字节
                                       ;  对齐
……                                     ;  其他代码
END
```

3. CODE16、CODE32

语法格式：

CODE16（或 CODE32）

使用 ARM 指令和 Thumb 指令混合编程时，汇编源程序中同时包含有 ARM 指令和 Thumb 指令，此时可用 CODE16 伪指令通知汇编软件，其后的指令序列为 16 位的 Thumb 指令；或者使用 CODE32 伪指令通知编译器，其后的指令序列为 32 位的 ARM 指令。注意：

这两条伪指令只能通知编译器其后指令的类型,并不能切换处理器的状态。

例 7.23

AREA RESET,CODE,READONLY

……

CODE32	;	通知编译器随后的指令为 32 位 ARM 指令
LDR R0,=NEXT+1	;	将跳转地址放入寄存器 R0
BX R0	;	跳转到新的位置执行,并切换到 Thumb 状态
……	;	(此不适用于 Cortex-M 系列处理器)
CODE16	;	通知编译器随后的指令为 16 位 Thumb 指令

NEXT LDR R3,=0x3FF

……

END   ; 程序结束

4. ENTRY

语法格式:

ENTRY

ENTRY 伪指令用于指定汇编程序的入口点。在一个(由多个源文件组成的)完整的汇编程序中,至少要有一个 ENTRY,也可以有多个。当有多个 ENTRY 时,程序的真正入口点由链接器指定。但在一个源文件里最多只能有一个 ENTRY,也可以没有。

例 7.24

AREA RESET,CODE,READONLY

ENTRY   ; 指定应用程序的入口点

……

5. END

语法格式:

END

END 伪指令是一个汇编源文件的结束标记,在编译器编译过程中,如果碰到伪指令 END,就结束对该源文件的编译。

例 7.25

AREA RESET,CODE,READONLY

……

END   ; 这是源程序的结尾

6. EQU

语法格式:

名称 EQU 表达式{,类型}

EQU 伪指令用于定义一个符号以表示程序中的常量或者标号。EQU 伪指令的作用类似于 C 语言的预处理命令♯define,其中 EQU 可用"*"代替。

其中"表达式"可以是基于寄存器的地址值、程序中的标号、32 位的地址常量或者 32 位的常量。当表达式为 32 位常量时,可以使用"类型"指示表达式的数据类型,取值为 CODE32、CODE16 或 DATA。

例 7.26

Stack_Size	EQU 0x00000400	;	定义符号 Stack_Size 的值为 0x00000400
ABCD	EQU label+16	;	定义符号 ABCD 的值为(label+16)
EFGH	EQU 0x1c,CODE32	;	定义符号 EFGH 的值为 0x1c,且此处为 ARM 指令

7. EXPORT(或 GLOBAL)

语法格式:

EXPORT 标号 〔[WEAK]〕

EXPORT 伪指令用于声明程序中的一个全局标号,该标号可在其他文件中引用。[WEAK]选项表示程序中其他同名标号优先于该标号引用。EXPORT 可用 GLOBAL 代替。

例 7.27

AREA RESET,CODE,READONLY

EXPORT Stest　　　　　　　; 声明一个可全局引用的标号 Stest

……

END

8. IMPORT

语法格式:

IMPORT 标号 〔[WEAK]〕

IMPORT 伪指令用于通知编译器,其后的标号在其他源文件中已被定义,需要在当前源文件中引用。无论当前源文件是否引用了该标号,该标号均会被加入当前源文件的符号表中。[WEAK]选项表示即使在所有源文件中都没有定义这样一个标号时,编译器也不给出错误信息(在多数情况下编译器将该标号置为 0,若该标号被 B 或 BL 指令引用,则将 B 或 BL 指令置为 NOP 操作)。

例 7.28

AREA RESET,CODE,READONLY

IMPORT MAIN　　　; 通知编译器当前文件要引用标号 MAIN,但 MAIN 在其他源
　　　　　　　　　　; 文件中定义

……

END

9. EXTERN

语法格式:

EXTERN 标号 〔[WEAK]〕

EXTERN 伪指令的作用与 IMPORT 类似,也是用于通知编译器要使用的标号在其他

的源文件中已经定义,需要在当前源文件中引用。[WEAK]选项的含义与 IMPORT 伪指令完全相同。与 IMPORT 伪指令不同的是,如果当前源文件实际上并未引用该标号,则该标号不会被加入当前源文件的符号表中。

例 7.29

AREA RESET,CODE,READONLY

EXTERN Main　　　; 通知编译器当前文件要引用其他源文件已定义的标号 Main

......

END

10. GET(或 INCLUDE)

语法格式:

GET 文件名

GET 伪指令用于将一个源文件包含到当前的源文件中,并在当前位置对被包含的源文件进行汇编处理。GET 伪指令的作用与 C 语言中"♯INCLUDE"预处理命令相同,也可以使用 INCLUDE 代替 GET。

设计汇编语言程序时,可在某个源文件中定义一些宏指令,用 EQU 伪指令定义一些表示常量的符号,用 MAP 和 FIELD 伪指令定义一些结构化的数据类型,然后用 GET 伪指令将这个源文件包含到其他的源文件中,这样可以提高程序开发的效率。

注意:GET 伪指令只能包含源文件,包含目标文件需要使用 INCBIN 伪指令。

例 7.30

AREA RESET,CODE,READONLY

GET a1.s　　　　; 通知编译器当前源文件包含当前目录下的 a1.s 文件

GET D:\lib\a2.s　; 通知编译器当前源文件包含 D:\lib\目录下的 a2.s 文件

......

END

11. INCBIN

语法格式:

INCBIN 文件名

INCBIN 伪指令用于将一个目标文件或数据文件包含到当前的源文件中,被包含的文件不作任何变动地存放在当前文件中,编译器不对文件内容进行编译,编译器从其后开始继续处理。

例 7.31

AREA RESET,CODE,READONLY

GET a1.s

INCBIN a1.dat　　; 通知编译器当前源文件包含文件 a1.dat

INCBIN C:/a2.txt　; 通知编译器当前源文件包含 C 盘根目录下文件 a2.txt

......

END

12．RN

语法格式：

名称 RN 表达式

RN 伪指令用于给一个寄存器定义一个别名。采用这种方式可以方便程序员记忆该寄存器的功能。其中，名称为给寄存器定义的别名，表达式为寄存器的编码。RN 可以理解为 rename 的缩写。

例 7.32

Temp RN R0　　　　　　　；将 R0 定义一个别名 Temp

13．ROUT

语法格式：

〈名称〉ROUT

ROUT 伪指令用于定义一个局部变量的作用范围。在程序中未使用该伪指令时，局部变量的作用范围为所在的 AREA，而使用 ROUT 后，局部变量的作用范围为当前 ROUT 和下一个 ROUT 之间。

7.2.6　汇编语言中常用的符号

设计汇编语言源程序时，为了增强程序的可读性，通常会使用各种符号代替地址、变量和常量等。编程者在命名符号时必须遵循以下约定：

* 符号名在其作用范围内必须是唯一的；
* 符号应严格区分大小写，大小写不同的同名符号将被编译器认为是两个符号；
* 局部标号可以使用数字开头，但是其他标号不得以数字开头；
* 符号名不能与系统的保留字相同，也不能与指令或伪指令相同。

1．程序中的变量

程序中的变量是指其值在程序运行过程中可以改变的量。ARM 汇编程序所支持的变量有如下三种类型。

1）数字变量

数字变量用于保存程序运行中的数值，数值大小不应超出数字变量所能表示的范围。

2）逻辑变量

逻辑变量用于保存程序运行中的逻辑值，逻辑值只有真与假两种取值。

3）字符串变量

字符串变量用于保存程序运行中的字符串，字符串长度不应超出字符串变量所能表示的范围。

设计汇编语言源程序时，可以使用前述的 GBLA、GBLL 和 GBLS 伪指令声明全局变量，使用 LCLA、LCLL 和 LCLS 伪指令声明局部变量，以及使用 SETA、SETL 和 SETS 对其进行初始化。

例 7.33

LCLS S1

LCLS S2   ; 定义局部字符串变量 S1 和 S2

S1 SETS "Test…"   ; 字符串变量 S1 的值为"Test…"

S2 SETS "Hello!"   ; 字符串变量 S2 的值为"Hello!"

2. 程序中的常量

程序中的常量是指其值在程序运行过程中不能被改变的量。ARM 汇编程序常用的是数字型常量。数字型常量一般为 32 位的整数,对于无符号数,其取值范围为 $0 \sim 2^{32} - 1$,对于有符号数,其取值范围为 $-2^{31} \sim 2^{31} - 1$。

例 7.34

CNT_N EQU −64   ; 定义符号 CNT_N 的值为数字常量 −64

Addr EQU 0x00001234 ; 定义符号地址 Addr 为 0x00001234

注意:数字常量只能使用 EQU 伪指令定义。

3. 程序中的变量代换

程序中的变量可通过代换操作取得一个常量。代换操作符为" $ "。如果在数字变量前面有一个代换操作符" $ ",编译器会将该数字变量的值转换为 16 进制的字符串,并将该 16 进制的字符串代换" $ "后的数字变量。

如果在逻辑变量前面有一个代换操作符" $ ",编译器会将该逻辑变量代换为它的取值(真或假)。如果在字符串变量前面有一个代换操作符" $ ",编译器会将该字符串变量的值代换" $ "后的字符串变量。

例 7.35

LCLS S1   ; 定义局部字符串变量 S1

LCLS S2   ; 定义局部字符串变量 S2

S1 SETS "Test!"

S2 SETS "This is a $ S1" ; 字符串变量 S2 的值为"This is a Test!"

7.3 ARM 汇编语言程序设计

虽然 C 语言功能强大并且有大量的支持库,是当前嵌入式系统程序设计时普遍采用的编程语言,但是对于硬件系统的初始化,例如设定 CPU 状态和主频、分配堆栈空间、定义中断处理函数和名称、设置中断优先级和使能中断等底层操作,仍然需要使用汇编语言程序来完成。因此,有必要学习和掌握 ARM 汇编语言程序设计的一些基本方法。

7.3.1　ARM 汇编语言的语句格式

如 6.2.3 小节所述,ARM 汇编语句的格式如下:

[LABEL] OPERATION [OPERAND] [;COMMENT]
标号域　　　操作助记符域　　　操作数域　　　　注释域

汇编语句中各域的要求和注意事项如下。

1.标号域(LABEL)

- 标号域用来表示指令的地址、变量和过程名、数据的地址和常量。
- 标号是可以自己起名的标识符,语句标号可以是大小写字母混合,通常以字母开头,由字母、数字、下划线等组成。
- 标号不能与寄存器名、指令助记符、伪指令(操作)助记符和变量名等同名。
- ARM 汇编语法规定,标号必须在一行的开头顶格书写,不能留有空格,并且标号后面不能添加":"(x86 汇编语言程序的标号后面必须有":"符号)。

2.操作助记符域(OPERATION)

- 操作助记符域可以为指令、伪指令或宏指令的助记符。
- ARM 编译器对大小写敏感,一条 ARM 指令、伪指令或者寄存器名可以全部为大写字母,也可以全部为小写字母,但不要大小写字母混合使用。
- ARM 汇编语法规定,所有指令助记符都不能在行的开头顶格书写,必须在指令助记符之前至少留有一个空格(建议使用"Tab"制表符以使代码整齐美观,提高可读性)。
- 操作助记符域和紧随其后的第一个操作数之间必须留有一个空格,不可以使用逗号。

3.操作数域(OPERAND)

- 操作数域表示操作的对象,操作数可以是常量、变量、标号、寄存器名或表达式,不同对象之间必须用","分开。

4.注释域

- 注释的开头必须使用";",注释内容由";"开始到此行结束,注释可以在一行开始位置顶格书写。

7.3.2　ARM 汇编语言程序结构

在 ARM 汇编语言程序中,通常以段为单位来组织代码。段是具有特定名称且功能相对独立的指令或数据序列。段根据内容分为代码段和数据段,一个汇编程序至少应该有一个代码段,当程序较长时,可以分割为多个代码段和数据段。

说明:本节以下所有汇编程序都是利用 MDK IDE 编写的,Device 设置为

STM32F407ZG，代码段和数据段均放在 IROM 中，起始地址为 0x08000000①。

一个汇编语言程序段的基本结构如下所示：

	AREA Buf，DATA，READWRITE	;	定义一个段名为 Buf 的可读写数据段
Num	DCD 0x11		
Nums	DCD 0x22，0x33，0x44，…	;	分配一片连续字存储单元并初始化
	AREA RESET，CODE，READONLY;		定义一个段名为 RESET 的只读代码段
	DCD 0x800	;	MSP 指针，须提前规划栈在存储器中使用的
		;	区域，此处 0x800 仅为示例
	DCD START	;	复位中断的入口地址
	ENTRY	;	程序入口点
START	LDR R0，= Num	;	取 Num 地址赋给 R0
	LDR R1，[R0]	;	取 Num 中内容赋给 R1
	ADD R1，♯0x9A	;	R1 = R1 + 0x9A
	STR R1，[R0]	;	R1 内容赋给 Num 单元
	LDR R0，= Nums	;	……
	LDR R2，[R0]		
	ADD R2，♯0xAB		
	STR R2，[R0]		
LOOP	B LOOP	;	无限循环反复执行
	END	;	段结束

观察以上示例可以了解 ARM 汇编语言程序的基本结构。在 ARM 汇编语言程序中，除了程序主体需要使用 ARM 指令完成之外，程序其他部分使用了多条伪指令。上例程序定义了两个段，先定义了名为 Buf 的数据段，属性为可读可写（对于简单程序，数据段也可以不用单独的段结构而直接在代码段内定义）。然后又定义了代码段，属性为只读。一个完整的 ARM 汇编语言程序，在代码段的起始区域必须定义中断向量表，上例程序定义了最开始的两项，第一个项为 MSP，第二个项为复位中断的入口地址（这部分知识点可参见第 5 章中有关异常/中断的内容）。为增强可读性，后续例子中不再给出中断向量表的定义，读者测试示例代码时需自行添加中断向量表定义。伪指令 ENTRY 标明程序的入口，即该程序段被执行的第一条指令，接下来为程序主体。程序的末尾为伪指令 END，告诉编译器源文件已经结束，每一个汇编程序源程序的结尾都必须有一条伪指令 END。

---

① 嵌入式处理器可能拥有多种不同类型的存储器，例如用于存放代码的片上 Flash，存放数据的片上 SRAM，以及片外扩展 RAM 等。在单纯的汇编环境中，如果希望汇编程序将数据加载到某个指定的区域，可以编写扩展名为 .sct 的分散加载文件进行说明，并在链接器选项中指定使用该加载文件，通过链接程序完成数据加载操作。而在 C 语言编程环境中，一般函数库内置的启动代码即可实现此类操作。

7.3.3　ARM 汇编程序设计实例

ARM 汇编程序的结构主要分为以下三种:顺序结构、分支结构和循环结构,本节将通过实例来介绍这 3 种结构以及如何使用子程序调用。通过学习这些实例,可帮助读者掌握 ARM 汇编程序设计的基本方法,为设计更复杂的 ARM 程序奠定基础。

1. 顺序结构

顺序结构是一种最简单的程序结构,这种程序按指令排列的先后顺序逐条执行。

例 7.36　对数据段中数据进行寻址操作。

```
    AREA BUF, DATA, READWRITE    ; 定义数据段 Buf
ARR DCB   0x11, 0x22, 0x33, 0x44
    DCB 0x55, 0x66, 0x77, 0x88
    DCB 0x00, 0x00, 0x00, 0x00            ; 定义 12 个字节的数组 ARR

    AREA   RESET, CODE, READONLY
    ENTRY
    LDR R0, = ARR                ; 取得数组 ARR 的首地址
    LDR R2, [R0]                 ; 从数组 ARR 起始处取 32 位数据给 R2,R2
                                 ; = 0x44332211
    MOV R1, #1                   ; R1 = 1
    LDR R3, [R0, R1, LSL#2]      ; 将存储器地址为 R0 + R1×4 的 32 位数据
                                 ; 读入 R3,R3 = 0x88776655
LOOP B LOOP
    END
```

例 7.37　64 位数据的求和计算。

对于 32 位的 ARM 处理器,一次只能完成两个 32 位数据之间的运算。为了实现 64 位数据的求和运算,可以先计算低 32 位的求和结果,然后利用带进位的加法运算求得高 32 位的求和结果,最终得到 64 位的求和运算结果。

```
    AREA BUF, DATA, READWRITE        ; 定义数据段 BUF
ARR1   DCD   0x11223344,0xFFDDCCBB   ; 假设 ARR1 为数据 1
ARR2   DCD   0x11223344,0xFFDDCCBB   ; 假设 ARR2 为数据 2
Result DCD   0,0
    AREA RESET, CODE, READONLY       ; 定义代码段 RESET
    ENTRY
    LDR R0, = ARR1                   ; 取得数组 ARR1 的首地址存入 R0
    LDR R1, [R0]                     ; 读数组 ARR1 的高 32 位到 R1
```

LDR R2,[R0,♯4]	; R2＝[R0＋4]读数组 ARR1 的低 32 位
	; 到 R2
LDR R0,＝ARR2	; 取得数组 ARR2 的首地址存入 R0
LDR R3,[R0]	; 读数组 ARR2 的高 32 位到 R3
LDR R4,[R0,♯4]	; 读数组 ARR2 的低 32 位到 R4
ADDS R6,R2,R4	; 低 32 位相加,影响标志位,保存进位,
	; 结果放入 R6
ADC R5,R1,R3	; 带进位的高 32 位相加,结果放入 R5
LDR R0,＝Result	; R0 中保存 Result 的地址
STR R5,[R0]	; R5 内容存入[R0],保存结果的高 32 位
STR R6,[R0,♯4]	; R6 内容存入[R0＋4],保存结果的低
	; 32 位

LOOP B LOOP

    END

2．分支结构

在通常情况下,程序按指令的先后顺序逐条执行,但有时会要求程序根据不同条件选择不同的处理方法(流程),也就是说程序的处理步骤出现了分支。此时就需要根据某一特定条件选择其中某一个分支执行。在 ARM 处理器中,当程序执行到分支点时,可以根据当前 CPSR/APSR 中的某些状态标志位,使用条件指令或条件转移指令选择执行路径,从而实现程序的分支结构。

6.4.9 小节已对 ARM 处理器的程序流控制指令做了介绍,包括比较和转移指令以及指令的条件执行。以下通过部分示例,展现利用这些指令实现程序分支结构的几种方法。

1)利用条件码实现 IF ELSE 分支结构

假设利用 C 语言实现如下分支结构：

int x＝76;

int y＝88;

if(x＞y)   z＝100;

else z＝50;

……

使用 ARM 汇编语言可以实现同样功能的分支结构(此例使用的条件码后缀定义参见表 6.6),代码片段如下：

MOV R0,♯76	;	初始化 R0 的值
MOV R1,♯88	;	初始化 R1 的值
CMP R0,R1	;	判断 R0＞R1?
MOVHI R2,♯100	;	利用指令的条件执行,当 R0＞R1 时,R2＝100
MOVLS R2,♯50	;	利用指令的条件执行,当 R0＜R1 时,R2＝50

……

2）使用 B(Branch)条件转移及衍生指令实现分支结构

（1）B 指令

B 指令是最简单的跳转指令,作为条件转移指令,其格式为:B{条件}　目标地址。

当程序执行过程中遇到 B 指令,并且条件成立,将立即跳转到给定的目标地址继续执行。关于 B 指令的跳转范围参见表 6.34。

例 7.38

B　Label	;	程序无条件跳转到标号 Label 处执行
……	;	其他代码
Label……	;	标号 Label

例 7.39

CMP R1,♯0		
BEQ Label1	;	当 CPSR 中 Z 条件码置位时,跳转到标号 Label1 处
	;	执行
……	;	其他代码
Label1……	;	标号 Label1

例 7.40

B 0x1234	;	程序跳转到绝对地址 0x1234 处执行

例 7.41　若 R5 的值等于 10,则将 R5 赋给 R1,否则赋给 R0。

CMP　　R5,♯10	;	比较
BEQ　　Doequal	;	若 R5 的值等于 10,则转移到标号 Doequal 处执行
MOV　　R0,R5	;	否则将 R5 的内容赋给 R0
B ENDIF	;	无条件跳转到 ENDIF
Doequal MOV　　R1,R5	;	将 R5 的内容赋给 R0
ENDIF……		

（2）BL 指令

BL 指令可以看作 B 指令的一种衍生指令。与 B 指令的区别是,BL 指令在跳转时还将返回地址保存到 LR(R14)寄存器中。所谓返回地址是指紧随 BL 指令之后的下一条指令的地址。BL 指令的跳转范围参见表 6.34,其语法格式为:

BL[cond]　<label>

注意:BL 指令的转移目标地址只能是标号(B 指令的转移地址可以是绝对地址,如例 7.40)。标号可以是子程序(函数)名称。BL 指令执行时,如果条件成立,程序将转移到标号所在的地址执行,同时将返回地址保存在 LR 中。如果标号是子程序名称,当子程序运行结束时,LR 的内容将重新加载到 PC 中,从而实现子程序的调用返回。

事实上,BL 指令是实现子程序调用的一个基本且常用的手段。需要注意的是,由于指令至少是半字对齐,指令地址均为偶数,而 Cortex-M 系列处理器只有 Thumb 状态,为防止子程序返回时出现 usage fault 异常,处理器硬件电路在将返回地址(下一条指令地址)保存到 LR 的同时,自动将 LR 的最低位置"1"。亦即 LR 保存中的数值等于"返回地址 + 1",以确保 LR 的 bit(0) = 1。

例 7.42　查找两个无符号数中的最小值。假设两个无符号数分别在数据段的 Arr1 和 Arr2 单元中,要求将其中小值存入数据段的 Result 单元。

```
        AREA  RESET，CODE，READONLY
        ENTRY
        LDR R0，Arr1
        LDR R1，Arr2
        CMP R0，R1
        BLS SAVE           ;    无符号数比较,小于等于则跳转
        MOV R0，R1          ;    无符号比较后较小数存入 R0
SAVE STR R0，Result        ;    将 R0 中较小数存入 Result
        END
```

如果使用 BL 调用函数或者子程序,当函数或者子程序执行完毕之后需要返回时,应在子程序的尾部添加一行 MOV PC，LR 指令,将保存在 LR(R14)的返回地址赋给 PC,实现调用返回。关于子程序设计将在本节稍后介绍。

（3）BX 指令

BX 指令也是 B 指令的一种衍生指令,其功能是在跳转的同时还可以实现 ARM 状态和 Thumb 状态的切换,其语法格式为:

BX ＜Rm＞（只能是寄存器）

注意:BX 指令跳转的目标地址只能由寄存器给出,并且 Rm 寄存器的最低位 bit[0]为 1 时,跳转后处理器切换到 Thumb 状态;若 Rm 的 bit[0]为 0,则切换到 ARM 状态。

例 7.43　带 ARM/Thumb 状态切换的分支程序。从 ARM 指令程序段跳转到 Thumb 指令程序,然后再返回 ARM 状态。

```
     ;   ARM 指令程序
CODE32                     ;    以下为 ARM 指令程序段
     ……
        ADR R0，Into_Thumb+1;   因指令至少是半字节对齐,所以标号 Into_Thumb
                          ;    为偶数,Into_Thumb+1 使得 R0 的 bit[0]为 1
        BX R0             ;    跳转到标号 Into_Thumb 处并切换到 Thumb 状态
     ……                  ;    其他代码
     ;   Thumb 指令程序
CODE16                     ;    以下为 Thumb 指令程序段
     ……                  ;    其他代码
Into_Thumb  …             ;    Thumb 指令程序段某处的标号
     ……                  ;    其他代码
        ADR R5，Back_to_ARM ;   目标地址送至 R5,标号 Back_to_ARM 为偶数
```

```
        BX R5                    ;    R5 的 bit[0]为 0,跳转到 ARM 指令程序段
    ;    ARM 指令程序
CODE32                           ;    以下为 ARM 指令程序段
    ……                          ;    其他代码
Back_to_ARM  …                   ;    ARM 指令程序段某处的标号
    ……                          ;    其他代码
```

注意:以上示例不适用于 Cortex-M 系列处理器,这是因为 Cortex-M 系列处理器只能工作在 Thumb 状态。6.4.9 小节中曾经指出,在 Cortex-M 系列处理器中,如果指令 BX 或者 BLX 中的 Rm 最低位 bit(0)="0"时,将引起 usage fault 异常。因此,在 Cortex-M 系列处理器中,如果因转移目标地址位于 Rm 中并且需要使用 BX 或者 BLX 指令时,必须先将 Rm 的最低位置为"1"。

3. 循环结构

对于需要循环往复执行的某些算法,通常情况下都毫无例外地选择循环结构。循环结构也是最能发挥计算机特长的一种程序结构。循环结构有 3 个要素:循环变量、循环体和循环终止条件。在高级语言中有 for 和 while 等不同的语句来设置循环条件,而汇编语言的循环结构主要依靠比较指令和带条件的跳转指令来实现。

1) for 循环结构实现

假设利用 C 语言实现如下循环结构:

for(i=0; i<10; i++)
{
    x++;
}

以下是使用 ARM 汇编语言实现同样功能的循环结构代码片段,其中 R0 为 x,R2 为 i,x 和 i 均为无符号整数。

```
    MOV R0,♯0              ;    初始化 R0=0
    MOV R2,♯0              ;    初始化 R2=0
LOOP CMP R2,♯10            ;    判断 R2<10?
    BCS FOR_E              ;    若条件失败(即 R>=10),退出循环
    ADD R0,R0,♯1           ;    执行循环体,R0=R0+1,即 x++
                          ;    也可以使用"ADD R0,♯1"
    ADD R2,R2,♯1           ;    R2=R2+1,即 i++
    B LOOP
FOR_E……
```

2) While 循环结构实现

假设利用 C 语言实现如下循环结构:

While (x<=y);

x ∗ =2；

以下是使用 ARM 汇编语言实现同样功能的循环结构代码片段，其中 x 为 R0，y 为 R1。

MOV R0，♯1	；假设 x 初值为 1，初始化 R0＝1
MOV R1，♯20	；假设 y 的值为 20，初始化 R1＝20
W1 CMP R0，R1	；判断 R0＜＝R1，即 x＜＝y
MOVLS R0，R0，LSL♯1	；循环体，R0 × 2 → R0
BLS W1	；若 R0＜＝R1，继续循环体

W_END……

例 7.44 实现 $1+2+3+\cdots+N$ 的累加求和，其中 $N=100$。

AREA   RESET，CODE，READONLY

ENTRY

MOV R0，♯0	；初始化寄存器
MOV R1，♯0	
LOOP ADD R0，R0，1	；计数器加 1
ADD R1，R1，R0	；累加求和
CMP R0，♯100	；将 R0 与 100 比较看循环是否结束
BNE LOOP	；判断循环是否结束，结束则进行下面的步骤
LDR R2，＝RESULT	；将存储结果单元 RESULT 的地址赋给 R2
STR R1，［R2］	；保存计算结果到 RESULT 单元

END

有些算法需要使用较为复杂的多重循环结构程序。多重循环设计方法与单重循环基本相同，但应注意以下几点：

(1) 各重循环的初始控制条件以及程序实现；

(2) 循环可以多层嵌套，但各层循环之间不能交叉；

(3) 内循环结束返回上一层循环时，要注意循环条件的变化。

例 7.45 一个无符号数组共有 5 个元素：12,7,19,8,24，它们存放在 SRC 开始的数据单元中，要求编程将数组中的数按从大到小的次序排列（元素个数 $n=5$）。

采用冒泡排序算法，从第一个数据开始，相邻的数进行比较，如果大数在前，则不做操作，若次序不对，两数交换位置。第一遍比较 $n-1$ 次后，最小的数已到了数组结尾。第二遍仅需比较 $n-2$ 次，共比较 $n-1$ 遍就完成了排序，这样共有两重循环。比较过程中数的排列如下所示：

原始数据	12	7	19	8	24
第一轮比较后 12	19	8	24	7	找出最小值 7
第二轮比较后 19	12	24	8	7	找出第二小值 8
第三轮比较后 19	24	12	8	7	找出第三小值 12
第四轮比较后 24	19	12	8	7	已排好次序，外循环次数为 $n-1=4$

利用 ARM 汇编语言实现冒泡排序算法的代码如下：

```
    AREA Array，DATA，READWRITE
SRC DCD 12，7，19，8，24        ；初始化待排序数组
CNT EQU  5                    ；CNT 为数组个数
    AREA RESET，CODE，READONLY
    ENTRY
    MOV R0，  CNT-1            ；R0＝比较轮数(外循环次数)
LP1 MOV R1，  R0              ；外循环起点,待循环次数暂存于 R0
    LDR R2，  ＝SRC            ；待排序的首个数据地址
LP2 LDR R3，  [R2]            ；R3＝[R2],内循环起点
    LDR R4，  [R2,♯4]         ；R4＝[R2+4]
    CMP R3，  R4              ；[R2]与[R2+4]前后比较
    BGE NO_CHNG              ；大数在前,无须交换,转到标号 NO_CHNG
    STR R4，  [R2]            ；否则交换存储位置
    STR R3，  [R2,♯4]
NO_CHNG
    ADD R2，  R2，  ♯4        ；修改 R2 指向下一单元
    SUB R0，  R0，  ♯1        ；循环次数减 1
    CMP R0，  ♯0             ；循环是否结束?
    BNE LP2                  ；内循环一轮没结束,转到 LP2 继续
    MOV R0，  R1             ；内循环结束,暂存的待循环次数送入 R0
    SUB R0，  R0，  ♯1        ；待循环次数减 1
    CMP R0，  ♯0             ；外循环结束?
    BNE LP1                  ；转到 LP1 处继续外循环
    END
```

冒泡排序算法共有内外两重循环,例 7.45 中内循环从标号 LP2 开始到指令 BNE LP2 结束。在循环体中,R0 为循环控制变量,若 R0 的值减 1 不为零,继续内循环。外循环则从标号 LP1 开始,到指令 BNE LP1 结束。需要注意的是,在上述冒泡排序算法中,所需外循环次数与内循环次数相同。

4. 子程序调用与返回

在汇编语言程序中,往往把某些能够完成特定功能而又要经常使用的程序段,编写成独立的模块,这些模块被称为子程序,也称为过程或者函数。需要实现这项功能时就调用这段程序,当这段程序执行完毕后再返回到原来调用它的主程序,继续执行调用指令的下一条指令。这种处理方式称为子程序调用和返回。如果在子程序中又调用其他子程序,称为子程序嵌套调用。子程序并不是一种基本的程序结构,但是采用子程序调用方法进行编程,可以减少重复编程,使程序结构清晰、简练和易读,同时也便于代码修改和维护。

针对 Cortex-M 系列处理器编写的汇编语言程序,子程序调用是通过 BL 指令实现的。

BL 指令完成 2 个操作,首先将子程序的返回地址存放到 LR 寄存器中(如前所述,LR 中的数值实际上是返回地址+1),然后将 PC 寄存器内容替换为子程序入口地址。当子程序执行完毕需要返回主程序时,可以使用 MOV PC, LR 指令将 LR 中内容重新载入 PC,或者使用 BX LR 指令使程序跳转,从而实现调用返回。BL 调用子程序的经典用法如下:

```
BL    SBRNTn      ;   跳转到子程序 SBRNTn
……
SBRNTn            ;   子程序名也是标号
……              ;   子程序中的指令序列
MOV   PC,LR       ;   在 SBRNTn 结尾处将 LR 赋予 PC,实现子程序返回;或者使用
                  ;   BX LR 指令,使程序跳转到返回地址继续执行
```

调用子程序时如需传递入口参数和返回结果等,可以使用寄存器实现。为了能够在汇编程序与 C 语言程序之间进行相互调用和参数传递,ARM 公司先后制定了 ATPCS 和 AAPCS 规范(详见 7.4.1 小节)。ATPCS/AAPCS 规定,R0～R3 专门用于子程序之间的参数传递,子程序只能使用 R4～R11(Thumb 程序只能使用 R4～R7)保存局部变量,在编写需要进行参数传递的子程序时,应注意遵守以上规则。

如果子程序需要使用某些寄存器,而这些寄存器很可能已被主程序用来保存一些临时数据,为了防止这些临时数据在子程序调用后丢失,在子程序最开始处应该保护现场,把子程序需要使用的寄存器内容压入堆栈予以保护;在子程序返回之前恢复现场,把保存在堆栈中的数据弹出并装入相应的寄存器中。

如果主程序 M 使用 BL 指令调用子程序 S1,主程序 M 的返回地址将保存在 LR 中。如果子程序 S1 又调用了另外一个子程序 S2,亦即出现了子程序调用嵌套,子程序 S1 的返回地址也要保存到 LR 中,这样将使 LR 中原先保存的主程序 M 的返回地址被覆盖,造成子程序 S1 无法返回主程序 M。为了避免出现上述问题,调用子程序时也应将 LR 的内容压栈保存,调用结束时再恢复 LR。

保存和恢复寄存器可以用 PUSH/POP 指令实现,例如,使用 PUSH {R4-R7,LR}指令,可将寄存器 R4～R7 以及 LR 全部压入堆栈;而 POP {R4-R7,LR}指令将堆栈中的数据顺序弹出到寄存器 R4～R7 及 LR 中。如果出栈指令使用的是 POP {R4-R7,PC},原先压栈保存的 LR 内容出栈时被加载到 PC 中,出栈后自动实现子程序调用返回。

对于满递减类型堆栈,保护现场可以使用 STMFD SP!,{reg list}指令,恢复现场可以使用 LDMFD SP!,{reg list}指令,这两条指令与 PUSH {reg list}和 POP {reg list}指令完全等价。关于压栈和出栈已在 6.4.2 小节讨论,此处不再赘述。

例 7.46 利用子程序嵌套调用方式计算 $N(N \leqslant 12)$ 的阶乘 $N!$,主程序将 N 存放在 R7 中,子程序完成计算后将结果存入 R8,然后返回主程序。

```
AREA   RESET, CODE, READONLY, ALIGN=2
ENTRY
START LDR SP,=0x20000460
      MOV R1,#0x04              ;  R1 和 R4 对算法没有影响,对其赋值是为了展现
```

```
                                   ; 压栈后的堆栈结构
    MOV R4，♯0x05
    MOV R7，♯0x07                    ; 计算 7 的阶乘,N＝7 存入 R7
    BL.W POW                        ; 调用子程序 POW
LOOP B LOOP                         ; 子程序 POW 返回后进入无限循环
POW STMFD SP!,{R0-R7，LR}          ; 阶乘子程序,首先压栈 R0～R7 及 LR
    MOVR0，♯1
POW_L1                             ; 采用循环结构计算阶乘
    BL DO_MUL                       ; 嵌套调用乘法子程序
    SUB R7，R7，♯1                  ; 准备下一个乘数
    CMP      R7，♯1                 ; N－1＝1?
    BNE      POW_L1                 ; N－1＞1,计算没有完成,继续循环
POW_END
    MOV R8，R0                      ; N－1＝1,计算完成,结果存入 R8
    LDMFD    SP!,{R0-R7,PC}        ; 出栈并返回主程序
DO_MUL
    MUL      R0，R0，R7             ; 相乘结果存放在 R0 中
    MOV      PC，LR                ; 子程序 DO_MUL 调用返回
    END
```

以上程序在运行过程中,指令 BL.W 执行前以及 STMFD 执行前后相关寄存器的状态如图 7.4 所示。

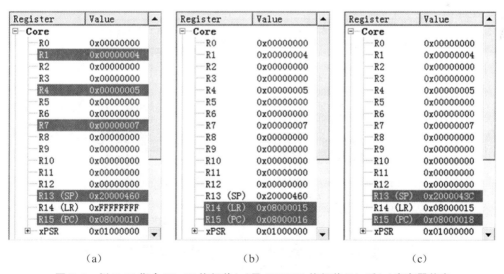

(a)   (b)   (c)

图 7.4 例 7.46 指令 BL.W 执行前(a)及 STMFD 执行前(b)、后(c)寄存器状态

如图 7.4(a)所示,BL.W 指令执行前 PC 的值为 0x0800 0010,而 BL.W 指令长度是 4 字节,所以下一条指令的地址是 0x0800 0014,因此,BL.W 指令执行后 LR 中保存的返回地

址为(0x0800 0014 + 1 =) 0x0800 0015,如图 7.4(b)所示。

例 7.46 中的主程序调用了阶乘子程序 POW,在 POW 入口处将 R0~R7 以及 LR 进行压栈保护,使用的指令为 STMFD SP!,{R0-R7,LR}。该指令执行前 SP 的值为 0x2000 0460,执行后 SP 的值为 0x2000 043C,如图 7.4(c)所示。压栈后堆栈状态如图 7.5 所示。由于 LR 寄存器编号最大,所以最先入栈,而编号最小的 R0 寄存器最后入栈(参见 6.3.8 小节)。

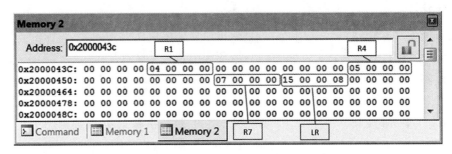

图 7.5 例 7.46 中指令 STMFD SP!,{R0-R7,LR}执行后的堆栈状态

阶乘子程序 POW 使用循环结构计算 N 的阶乘 N!,在循环结构中又多次嵌套调用了 DO_MUL 子程序。DO_MUL 子程序结尾处使用了 MOV PC,LR 语句返回调用处。当阶乘计算完成后,POW 子程序使用指令 LDMFD SP!,{R0-R7,PC}出栈,出栈后原来保存在堆栈中的返回地址加载到 PC 中,返回主程序。出栈指令 LDMFD SP!,{R0-R7,PC}执行前后寄存器状态如图 7.6 所示。对比图 7.6(a)和图 7.6(b)可以看出,出栈后 R0~R7 的值恢复原样,SP 的值重新变成 0x2000 0460,与调用前一致。R8 的值为 7 的阶乘结果 13B0H = 5040D。

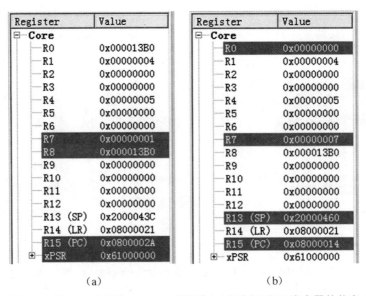

图 7.6 例 7.46 中指令 LDMFD 执行前(a)和执行后(b)寄存器的状态

以下是一个简单的子程序调用示例程序,请读者利用 MDK 集成开发环境,通过设置合

适的断点,观察程序运行过程中各个寄存器数值的变化情况,进一步理解汇编子程序的调用和返回过程。

例 7.47　编写一段完整的汇编语言程序,利用子程序结构判断数据大小

```
X EQU 19                    ; 定义符号 X 的值为 19
N EQU 20                    ; 定义符号 N 的值为 20
    AREA RESET, CODE, READONLY
    ENTRY                   ; 标识程序入口
START LDR R0, = X           ; 给 R0,R1 赋初值
    LDR R1, = N
    BL MAX                  ; 调用子程序 MAX
HALT B HALT
MAX CMP R0, R1              ; 声明子程序 MAX
    MOVHI R2, R0            ; 比较 R0,R1,R2 等于最大值
    MOVLS R2, R1
    MOV PC, LR              ; 返回语句
    END
```

7.4　ARM 汇编语言与 C/C++ 的混合编程

由于汇编语言和 C/C++ 语言各有所长,所以在嵌入式系统开发过程中,更多的是采用汇编语言和 C/C++ 语言混合编程。一般来说,主程序大多采用 C/C++ 语言编写,而处理器启动阶段的初始化工作则使用汇编语言来完成。此外,一些对处理器运行效率要求较高的底层算法以及对响应时限有严格要求的实时处理程序也会采用汇编语言编写。因此,嵌入式系统软件开发人员应该掌握汇编语言与 C/C++ 语言混合编程技能。

7.4.1　ATPCS/AAPCS——C 语言与汇编语言之间的函数调用规则

为了确保单独编译的 C 语言程序和汇编语言程序能够相互调用,必须为程序之间的调用制定相应的规则。

ARM 公司于 1998 年推出了 ATPCS(ARM-Thumb Procedure Call Standard,基于 ARM 指令集和 Thumb 指令集的过程调用标准),旨在制定一套基本规则,以解决使用不同语言开发的程序之间的相互调用问题,这些规则包括寄存器使用规则、数据栈使用规则以及参数传递规则等。2003 年,ARM 公司将 ATPCS 升级为 AAPCS(ARM Architecture Procedure Call Standard,ARM 架构过程调用标准)。随着 ARM 版本架构的不断升级,AAPCS 也做了多次修订和完善。目前,AAPCS 和 ATPCS 都是可用的标准。

使用 C 语言开发 ARM 处理器应用程序时，C 编译器需要符合 AAPCS/ATPCS 规则（MDK 集成开发环境默认设置符合 AAPCS）。而使用汇编语言编写源程序时，所创建的程序是否符合 AAPCS 规范要求，只能完全依赖编程者本身。因此，为了能够编写出符合 AAPCS 规范的汇编语言程序，有必要了解 AAPCS 关于子程序调用的一些基本规则，这些规则主要包括以下三方面内容：

- 各寄存器使用规则及其相应的名称；
- 数据栈使用规则；
- 参数传递规则。

1. 寄存器使用规则

(1) 寄存器 R0～R3 用于子程序调用时的参数传递。寄存器 R0～R3 可记作 a0～a3。被调用的子程序在返回前无须恢复寄存器 R0～R3 的内容。

(2) 在子程序中，使用寄存器 R4～R11 来保存局部变量。寄存器 R4～R11 可以记作 v1～v8。如果在子程序中使用了寄存器 v1～v8 中的某些寄存器，则子程序进入时必须保存这些寄存器的值，在返回前必须恢复这些寄存器的值。但在 Thumb 程序中，只能使用寄存器 R4～R7 来保存局部变量。

(3) 寄存器 R12 用作过程调用中间临时寄存器，记作 IP。链接器在链接处理时需要使用 R12。

(4) 寄存器 R13 用作堆栈指针，记作 SP。在子程序中寄存器 R13 不能用作其他用途。寄存器 SP 在进入子程序时的值和退出子程序时的值必须相等。

(5) 寄存器 R14 称为连接寄存器，记作 LR，用于保存子程序的返回地址。

(6) 寄存器 R15 是程序计数器，记作 PC，不能用作其他用途。

2. 数据栈使用规则

AAPCS 默认的数据栈是满递减（FD）类型，压栈和出栈操作经常使用的指令有 PUSH/POP 以及 STMFD/LDMFD。为了兼容 64 位双精度浮点数的压栈和出栈，AAPCS 规范要求堆栈应该采用双字对齐方式（参见 5.3.4 小节）。如果目标文件包含外部调用，在汇编程序中应该使用"PRESERVE8"伪指令通知链接器：本汇编程序的堆栈采用的是双字对齐方式。

3. 参数传递规则

调用子程序需要传递的参数个数不超过 4 时，可以使用寄存器 R0～R3 进行传递。如果参数多于 4 个，前 4 个参数仍然使用寄存器 R0～R3 传递，其余参数可以通过堆栈传递。

子程序结果返回规则：

(1) 结果为一个 32 位的整数时，可通过寄存器 R0 返回；

(2) 结果为一个 64 位的整数时，可通过 R0 和 R1 返回，以此类推；

(3) 结果为一个浮点数时，可通过浮点部件的寄存器 f0,d0 或者 s0 返回；

(4) 结果为一组浮点数时，可通过浮点部件的寄存器 f0～fN 或者 d0～dN 返回；

(5) 对于位数更多的结果，需要使用存储器进行传递。

7.4.2　C 程序调用 ARM 汇编函数

C 程序调用汇编函数时必须严格按照 ATPCS/AAPCS 规则,以确保调用时能够准确地传递参数。如果汇编函数和执行调用的 C 程序不在同一个文件中,需要在汇编语言源程序中使用"EXPORT"伪指令,声明汇编语言起始处的标号为外部可引用符号,可作为 C 语言程序调用的函数名称。如此,当链接器在链接各个目标文件时,会把标号的实际地址赋给各引用符号。在 C 语言中需要声明函数原型并加 extern 关键字,然后才能在 C 语言中调用该函数。从 C 语言的角度看,函数名起到的作用是标识函数代码的起始地址,其作用和汇编中的标号类似。

例 7.48　C 语言程序调用汇编函数,实现把字符串 srcstr 复制到字符串 dststr 中。

```
//main.c
extern void strcopy(char * d, char * s)  //需调用的汇编函数原型并加 extern 关键字
int main()
{
   char * srcstr = "0123456";
   char   dststr[] = "abcdefg";
   strcopy(dststr, srcstr);
   return 0;
}
```

```
                                      ;  汇编语言源程序 Scopy.s,汇编文件和
                                      ;  * .c 文件在同一工程中
       AREA Scopy, CODE, READONLY
       EXPORT strcopy               ;  两个入口参数,R0 为 dststr 地址,R1 为 srcstr 地址
strcopy                              ;  起始处标号,必须与 EXPORT 后面的名称一致
LOOP    LDRB R2, [R1], #1            ;  后变址寻址方式,R1 指向源字符串地址,读取一个
                                      ;  字节载入 R2,然后更新 R1 = R1 + 1,第一次调用时
                                      ;  R1 指向源字符串首地址
        STRB R2, [R0], #1            ;  后变址寻址方式,R0 指向目的字符串地址,R2 中
                                      ;  内容存入 R0 寻址的内存单元,更新 R0 = R0 + 1,
                                      ;  第一次调用时 R0 指向目的字符串首地址
        CMP R2, #0
        BNE LOOP                     ;  先执行后判断,C 程序中的源字符串的终止符"\0"
                                      ;  也复制到目的字符串
        MOV PC, LR                   ;  返回
        END
```

完成字符串初始化之后,源字符串和目的字符串在存储器中的状态如图 7.7 所示。执

行汇编子程序 strcopy 时,寄存器状态如图 7.8 所示,其中 R0 和 R1 分别存放的是目的字符串和源字符串的起始地址。

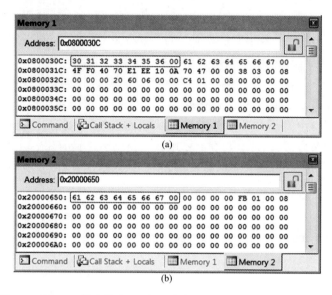

图 7.7　例 7.48 源字符串(a)和目的字符串(b)初始化后的存储状态

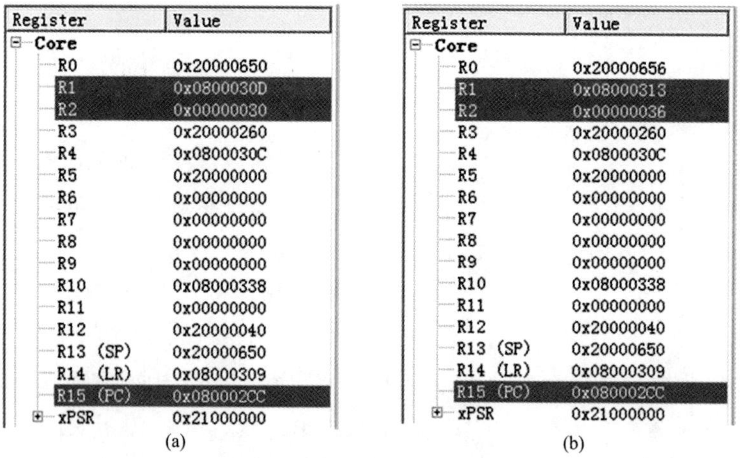

图 7.8　例 7.48 复制字符"0"(a)和字符"6"(b)之前的寄存器状态

从例 7.48 中可以看出,在 C 语言中使用 strcopy(dststr,srcstr)语句调用汇编函数时,目的字符串 dststr 的首地址 dststr 是第一个参数,被传递到 R0 中;而源字符串 srcstr 的首地址是第二个参数,被传递到 R1 中。汇编程序利用后变址寻址方式读取源字符串 srcstr 中的一个字符载入 R2,并在每次读操作之后修改 R1,使其指向下一个字符。对目的串 dststr 也使用了后变址寻址方式,将 R2 中的字符存放到 R0 寻址的存储单元,并在每次存储操作之后修改 R0 的内容,使其指向下一个存储位置。直到读到字符串终止符"\0"结束循环,执行结果如图 7.9 所示。

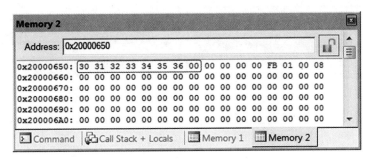

图 7.9 例 7.48 汇编子程序 strcopy 执行后目的字符串的内容

7.4.3 ARM 汇编程序调用 C 函数

汇编程序调用 C 语言函数时,需要使用伪指令"IMPORT"说明所要调用的 C 语言函数名称。在按照 ATPCS/AAPCS 的传参规则完成各项准备工作之后,利用跳转指令跳转到 C 函数入口处开始执行,跳转指令后面的标号为已说明的 C 语言函数名称。

例 7.49 汇编程序中调用 C 函数计算两个整数相加之和。

```
PRESERVE8                    ; 声明调用 C 函数时,采用双字对齐栈
AREA RESET，CODE，READONLY
ENTRY
IMPORT CAL                   ; 声明 CAL 为外部引用符号
LDR    SP，＝0x20000460       ; 设置堆栈指针
MOV R0，♯1                    ; 参数 1 赋给 R0
MOV R1，♯2                    ; 参数 2 赋给 R1
BL CAL
LDR R4，＝0x20000000          ; 0x20000000 为存放结果的地址
STR R0，［R4］                 ; 结果 R0 存入内存单元
END
//C 语言函数在另一个文件中定义,并和汇编文件在同一工程中
int CAL(int a，int b)
{
    return(a＋b)；
}
```

例 7.49 调用 C 函数 CAL 计算两个立即数之和,利用 R0 和 R1 传递参数。执行指令 BL CAL 前后寄存器的状态如图 7.10 所示。

由图 7.10 可知,BL 指令完成 2 个操作,一是将主程序的返回地址放在 LR 寄存器中,二是将 PC 寄存器指向函数 CAL 的入口点。函数 CAL 的反汇编结果如图 7.11 所示。

由图 7.11 可知,函数 CAL 执行了以下 3 个操作:

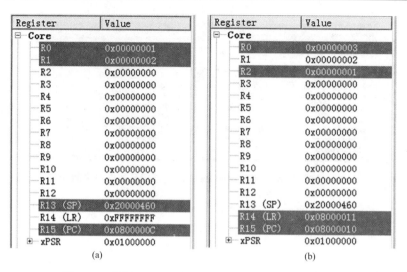

图 7.10　执行 BL CAL 前(a)和执行后(b)寄存器的状态

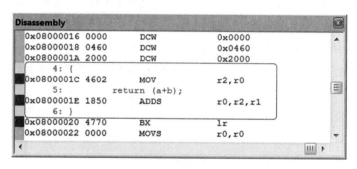

图 7.11　函数 CAL 的反汇编的结果

（1）MOV R2，R0，由于 R0 需要保存函数调用的返回结果，所以将 R0 中的第一个参数传送到 R2 寄存器进行保存。

（2）ADDS R0，R2，R1，执行加法计算 R0 = R2 + R1。

（3）使用 BX LR 跳转到 LR 所保存的主程序返回地址，实现调用返回。

例 7.49 中传递的参数个数小于 4，可以使用 R0～R3 寄存器进行传递。而且函数 CAL 较为简单，没有使用 R0～R3 以外的寄存器，所以无须保护现场和恢复现场。

如果调用 C 函数所需传递的参数个数大于 4，则多于 4 个的其余参数可以使用堆栈进行传递，以下为示例程序。

例 7.50　汇编程序中调用 C 函数求 6 个整数相加之和。

```
PRESERVE8
AREA RESET，CODE，READONLY
DTS DCD 0x1，0x2，0x3，0x4，0x5，0x6；  需要相加的 6 个整数
ENTRY
IMPORT SUM                            ；  SUM 为需要调用的外部函数名称
LDR SP，= 0x20000460                  ；  设置堆栈指针
```

```
        LDR R9,= DTS                    ;  数组首地址
        LDM R9,{R0-R5}                  ;  将 6 个待相加数据加载到 R0～R5
        PUSH {R4,R5}                    ;  超过 4 个的参数使用堆栈传递
        BL SUM                          ;  调用 C 函数,返回结果在 R0 中
        POP {R4,R5}                     ;  将压栈数据弹出,恢复 SP 以及 R4
        NOP                             ;  此处设置断点,便于观察
HALT B HALT
        END
```

//C 源程序 example.c,和汇编文件在同一工程中

```c
int SUM(int a, int b, int c, int d, int e, int f)
{
    return (a+b+c+d+e+f);
}
```

例 7.50 调用 C 函数 SUM 计算 6 个整数相加之和,由于需要传递参数超过 4 个,第 5 个和第 6 个参数采用堆栈方式传送。

主程序 PUSH {R4,R5}指令执行后,堆栈区的状态如图 7.12 所示。从中可以看出,编号较大的 R5 寄存器首先被压栈,存放地址为 0x2000 045C;其次压栈的是 R4 寄存器,存放地址为 0x2000 0458。

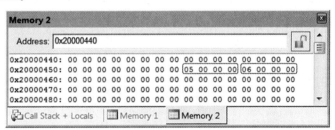

图 7.12　例 7.50 PUSH {R4,R5}指令执行后的堆栈区状态

C 函数 SUM 反汇编后的指令序列如图 7.13 所示。

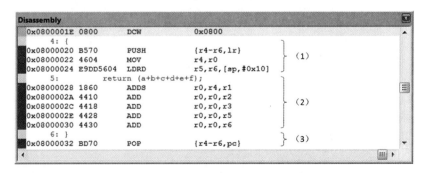

图 7.13　例 7.50 中 C 函数 SUM 反汇编结果

从图 7.13 可以看出,C 函数 SUM 执行了如下 3 部分的操作:

（1）因为 R0 需要用于传递返回的计算结果（函数出口参数），所以将 R0 寄存器内容存入 R4；然后使用堆栈偏移寻址，取出通过堆栈传递的第 5 和第 6 个参数并加载到 R5 和 R6 寄存器中，其中偏移量"♯0x10"由编译器计算得到。由于 SUM 需要使用 R4～R6 寄存器，所以首先压栈 R4～R6 和 LR 寄存器。

（2）对 6 个整数进行累加求和，计算结果保存在 R0 寄存器中。

（3）从堆栈中弹出 R4～R6，并将 LR 中的主程序返回地址加载到 PC，实现函数返回。

如果在 C 函数 SUM 反汇编后的指令 MOV R4，R0 之前设置断点（图 7.13 左侧圆圈处），可以观察到 C 函数 SUM 在保护现场后的堆栈状态如图 7.14 所示，寄存器状态如图 7.15(a)所示。

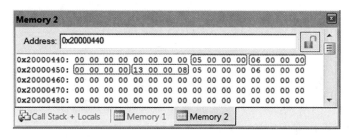

图 7.14　例 7.50 被调用的 C 函数在保护现场之后的堆栈状态

C 函数 SUM 返回后寄存器状态如图 7.15(b)所示。R0 为函数调用后的返回结果（累加之和为 0x15 = 21），SP 为 0x2000 0458，与调用前一致。图 7.15（c）是主程序中指令 POP{R4，R5}执行后的寄存器状态，原来压栈保存的两个调用参数 R4 和 R5 被弹出，堆栈区被清空，SP 恢复为 0x2000 0460。

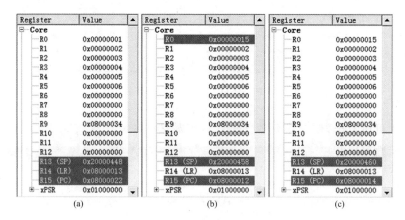

图 7.15　例 7.50 程序运行过程中寄存器的堆栈状态

7.4.4　内嵌汇编和内联汇编

在使用 C/C＋＋开发嵌入式系统时，除了可以在 C/C＋＋程序中调用汇编语言编写的函数之外，在 C/C＋＋程序中还可以嵌入汇编代码，以实现 C/C＋＋不能完成的一些操作，同时也可以提高程序的运行效率和减少资源占用。

在 C 程序中嵌入汇编程序有两种实现方法:内嵌汇编(embedded assembler)和内联汇编(inline assembler)。

1. 内嵌汇编

ARM 工具链(包括 Keil MDK 和 ARM DS-5)均支持内嵌汇编(也称为嵌入式汇编)功能,可在 C 程序中嵌入汇编函数/子程序。在嵌入的汇编函数/子程序之前需要使用__asm(注意:是连着一起的两根下划线"_")加以说明。C 程序与汇编函数之间的参数传递应符合 ATPCS/AAPCS 规则。

例 7.51　在 C 程序中使用内嵌汇编实现字符串复制。

```
#include <stdio.h>
__asm void my_strcpy(const char * src, char * dst);  定义汇编函数 my_strcpy
{
LOOP LDRB   R2, [R0], #1              ; R0 保存第一个参数,标号也需
                                       ; 要顶格书写
  STRB   R2, [R1], #1                 ; R1 保存第二个参数
  CMP    R2, #0                       ; 测试字符串是否结束
  BNE    LOOP                         ; 未结束则继续
  BX     LR                           ; 汇编函数需要返回指令
}
int main(void)
{
  const char * a = "Hello World!";
  char b[64];
  my_strcpy (a, b);
  return 0;
}
```

从例 7.51 可以看出,在 C 程序中使用内嵌汇编类似于在 C 程序中调用汇编函数。但是,内嵌汇编函数可以直接嵌入 C 程序中,和 C 程序同在一个文件,这样可以简化编程,使得所在的工程结构更加简单清晰。

2. 内联汇编

ARM C 编译器还支持内联汇编功能。但在早期版本的 ARM C 编译器中,内联汇编仅能在 ARM 状态下使用,不支持 Thumb 状态。而在 ARM C 编译器 5.01 和 Keil MDK 4.60 以后,Thumb 状态也可以使用内联汇编,不过仍有如下一些限制:

- 只能用于 v6T2、v6-M 和 v7/v7-M 内核(包括 Cortex-M3/M4);
- 尚不支持 TBB、TBH、CBZ 和 CBNZ 指令;
- 不允许使用 SETEND 等系统指令;
- 不能直接向 PC 寄存器赋值,程序跳转要使用 B 或者 BX 指令;

- 在使用物理寄存器时,不要使用过于复杂的 C 表达式,避免物理寄存器冲突;
- R12 和 R13 可能被编译器用来存放中间编译结果,计算表达式值时可能将 R0~R3、R12 及 R14 用于子程序调用,因此要避免直接使用这些物理寄存器;
- 一般不要直接指定物理寄存器,而让编译器进行分配。

以下是使用内联汇编的一个示例。

例 7.52 在 C 程序中使用内联汇编代码实现字符串复制。

```
#include <stdio.h>
void asm_strcpy(const char * src, char * dst)          //定义 C 函数 asm_strcpy()
{
char ch;                                                //定义临时中间变量 ch
__asm                                                   //定义内联汇编指令序列
  {
  LOOP:                           ；标号不能顶格书写,并且后面必须有冒号":"
  LDRB ch，[src]，#1
  STRB ch，[dst]，#1
  CMP ch，#0
  BNE LOOP
  }                               ；可以返回
}
int main()
{
  char * a = "Hello World!";
  char b[64];
  asm_strcpy(a, b);
  return 0;
}
```

需要注意,不同的编译器(如 ARM Compiler 6、ARM Compiler 5)对内嵌汇编和内联汇编的语法要求存在细微差别。故而在使用时应根据采 IDE 环境的工具链版本查阅对应版本的联机资料,如 MDK 自带的《ARM Compiler 5 User's Guides》或《ARM Compiler 6 User's Guides》。

7.4.5 使用 C 语言实现底层操作

1. CMSIS

微控制器软件接口标准(CMSIS)是 ARM 公司为统一软件结构而为 Cortex 微控制器制定的软件接口标准。CMSIS 为处理器和外设提供了简单并且一致的软件接口,旨在便于软件开发和软件重用,缩短开发人员的学习过程和应用项目的开发进程。目前,绝大部分针对 Cortex-M 系列微控制器的软件产品都与 CMSIS 兼容。

CMSIS 始于为 Cortex-M 微控制器建立统一的设备驱动程序库,其核心组件为 CMSIS-CORE,此后又添加了 CMSIS-RTOS 和 CMSIS-DSP 组件。

· CMSIS-CORE:为 Cortex-M 处理器核和外设定义的应用程序接口(API),包括一致的系统启动代码;

· CMSIS-RTOS:提供标准的实时操作系统(RTOS),以便软件模板、中间件、程序库和其他组件能够获得 RTOS 支持;

· CMSIS-DSP:数字信号处理(DSP)函数库,包含各种定点和单精度浮点数据类型,函数总数超过 60。

CMSIS 提供了一个与厂家无关的、基于 Cortex-M 处理器的硬件抽象层,如图 7.16 所示。从软件角度看,其核心组件 CMSIS-CORE 进行了一系列标准化工作,包括处理器外设的标准化定义、处理器访问函数的标准化、系统异常处理程序函数名的标准化等。用户应用程序既可以通过 CMSIS 层提供的函数(包括设备厂商提供的外设驱动程序)访问微控制器硬件,也可以利用 CMSIS 的标准化定义直接对外设进行编程,控制底层设备。如果移植了实时操作系统,用户应用程序也可以调用操作系统函数。CMSIS 文件包含在微控制器厂商提供的设备驱动程序包中,在开发应用程序的时候,用户应用程序需要引用相关的头文件。

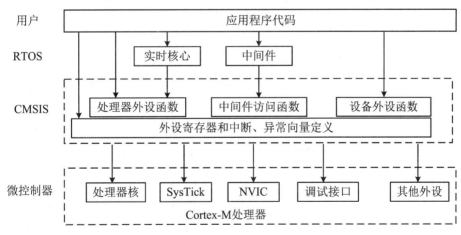

图 7.16　基于 CMSIS-CORE 的开发结构

2. 使用 C 语言指令实现底层操作

在嵌入式系统中,有一些涉及底层操作的汇编指令,如触发休眠(WFI、WFE)及存储器屏障(ISB、DSB 和 DMB)等,如果需要通过 C 语言来实现类似操作,可以利用以下几种方法:

· 使用 CMSIS 提供的内在函数(位于 CMSIS-CORE 头文件中);

· 使用编译器提供的内在函数;

- 利用内联汇编或内嵌汇编插入所需指令；

- 利用关键字（如 ARM/KEIL 工具链可用_svc 产生 SvC 指令）或习语识别等编译器相关的特性。

以下对这几种方法予以简单介绍。

1）CMSIS-CORE 内在函数

CMSIS-CORE 的头文件定义了一组内在函数，它们位于 CMSIS-CORE 文件 core_cmInstr. h 和 core_c4_simd. h（用于 Cortex-M4 的 SIMD 指令）中。不过，CMSIS-CORE 内在函数生成的代码可能并不是最优的。

2）编译器相关的内在函数

编译器相关的内在函数内置在 C 编译器中，其使用方法和 C 函数类似。这种方式通常会提供最优化的代码，但是函数定义依赖于编译工具，因此，应用代码在工具链间移植时会遇到兼容性问题。

有些工具链的编译器直接支持 CMSIS-CORE 内在函数，而另外一些工具链（如 ARM C 编译器）则会对上述两种内在函数进行区分。需要注意的是，有时编译器相关的内在函数的名称可能会和 CMSIS__CORE 的类似，如 ARM C 编译器中的内在函数__wfi（void）和 CMSIS-CORE 中的内在函数__WFE（void），但是所需的参数可能会不同。

3）内嵌汇编和内联汇编

如例 7.51 和例 7.52 所示，可以在 C 代码中利用内嵌汇编或者内联汇编插入汇编指令以实现所需的底层操作。内嵌汇编和内联汇编可以控制指令顺序，从而可以优化所生成的代码。不过，利用内联汇编创建的程序与工具链相关，因此可移植性相对较差。

4）使用其他的编译器相关的特性

多数 C 编译器具有可以生成特殊指令的特性。例如，对于 ARM C 编译器或 Keil MDK，可以利用__svc 关键字插入 SVC 指令。

另外一个编译器相关的特性为习语识别。若是以某种形式书写的数据运算 C 语句，C 编译器会识别出这种功能并以简单的指令代替。

3. 用 C 指令访问特殊寄存器

在许多情况下，C 语言程序需要访问处理器内部的特殊寄存器。为实现这一操作可以选择以下几种方法：

- 使用 CMSIS-CORE 提供的处理器访问函数；
- 使用 ARM C 编译器中的寄存器名变量等编译器相关的特性；
- 利用内嵌汇编和内联汇编插入汇编代码。

对于 Cortex-M3/M4 处理器，CMSIS-CORE 提供了访问内部特殊寄存器的多个函数。大多数情况下，首选使用 CMSIS-CORE 提供的处理器访问函数，因为这些操作与编译器相对独立，方便程序移植。

若使用 ARM C 编译器（包括 Keil MDK 和 DS-5），可以使用"已命名寄存器变量"特性来访问特殊寄存器。其语法为：

register type var-name __arm(reg)；　　　//注意__asm 前面的空格以及相连的两个"_"

其中，type 为已命名寄存器变量的数据类型，var-name 为已命名寄存器变量的名称，reg 为指明要使用哪个寄存器的字符串。

例如，可以将寄存器名声明为：

register unsigned int reg_apsr _asm("apsr")；

之后"reg_apsr"就成为"已命名寄存器变量"，在程序中可以使用"reg_apsr"代替 APSR 寄存器，例如：

reg_apsr = reg_apsr & 0xF7FFFFFF；　　　//清除 APSR 中的 Q 标志

可以使用已命名寄存器变量特性来访问的特殊寄存器如表 7.2 所示。

表 7.2　利用"已命名寄存器变量"特性访问处理器寄存器

寄存器	asm 中的字符串
APSR	"apsr"
BASEPRI	"basepri"
BASEPRI_MAX	"basepri_max"
CONTROL	"control"
EAPSR（EPSR + APSR）	"eapsr"
EPSR	"epsr"
FAULTMASK	"faultmask"
IAPSR(IPSR + APSR)	"iapsr"
IEPSR(IPSR + EPSR)	"iepsr"
IPSR	"ipsr"
MSP	"msp"
PRIMASK	"primask"
PSP	"psp"
PSR	"psr"
R0～R12	"r0"～"r12"
R13	"r13"或"sp"
R14	"r14"或"lr"
R15	"r15"或"pc"
XPSR	"xpsr"

习　　题

7.1　汇编语言和 C 语言相比各有什么特点？

7.2　什么是 ATPCS/AAPCS 标准？

7.3　编写一个完整 ARM 汇编程序实现如下功能：当 R3＞R2 时，将 R2＋10 存入 R3，否则将 R2＋100 存入 R3。

7.4　将数据段中 10 个数据中的偶数个数统计后放入 R0 寄存器。

7.5　将数据段中 10 个有符号数中的正数个数统计后放入 R0 寄存器。

7.6　试编写一个循环程序，实现 1～100 的累加。

7.7　汇编程序如何定义子程序？如何调用子程序？

7.8　从子程序返回主程序有哪几种方法？

7.9　编写完整程序并利用汇编子程序计算 $N!$（$N \leqslant 10$）。

7.10　编写完整汇编程序调用 C 函数计算 $N!$（$N \leqslant 10$）。

7.11　使用 C 程序调用汇编函数的方法计算字符串长度，并返回长度值。

7.12　C 程序调用汇编函数有哪两种方式？

7.13　与 C 程序调用汇编函数相比，在 C 程序中嵌入汇编有什么特点？

第8章 基于 ARM 的硬件与软件系统设计开发

8.1 嵌入式系统设计与开发综述

嵌入式系统是以处理器为核心,以计算机技术为基础,为完成特定功能而定制的专用计算机软硬件系统。嵌入式系统中,硬件平台是基础,提供软件运行所需的物理平台和通信接口;软件平台(包括引导程序、操作系统、驱动程序和应用程序等)是控制核心,提供人机交互及设备间通信的功能。

8.1.1 概述

一个典型的嵌入式系统中,硬件平台由嵌入式处理器、存储器和 I/O 接口三大部分通过相应的总线互连而构成。其中嵌入式处理器包含外围电源电路、时钟电路和复位电路;存储器包括 ROM、Flash、SDRAM 以及各种外部扩展存储器件;典型的 I/O 接口电路有 A/D 转换器、D/A 转换器以及各种外部总线适配器。嵌入式系统的软件平台通常分为应用层、操作系统 OS 层和驱动层,可固化在 ROM 或者 Flash 中。

在硬件平台中,嵌入式处理器以外的硬件常被称为外围硬件。外围硬件为嵌入式系统提供一些基本运行条件以及实现一些处理器所不具备的功能。外围硬件中最基础的是时钟和电源部件,它们对于处理器的正常运转必不可少。此外还有各类存储器、各种通信接口以及 A/D 和 D/A 转换器等。嵌入式处理器典型外围硬件的逻辑结构如图 8.1 所示。

8.1.2 嵌入式生态系统

嵌入式生态系统(embedded ecosystem)是一个整体的概念,常指某嵌入式系统从芯片到应用所拥有的全部资源,涵盖其自身配套的软件库、评估板、第三方提供的软件和硬件(IP)以及应用参考方案等方方面面。嵌入式生态系统能够帮助开发者更高效地完成嵌入式系统设计和实现。本小节以意法半导体公司 STM32 系列嵌入式处理器为例,简要描述其生态系统的主要组成部分。

意法半导体公司 STM32 系列嵌入式处理器的生态系统总体上可分为硬件、软件和文档三大部分。

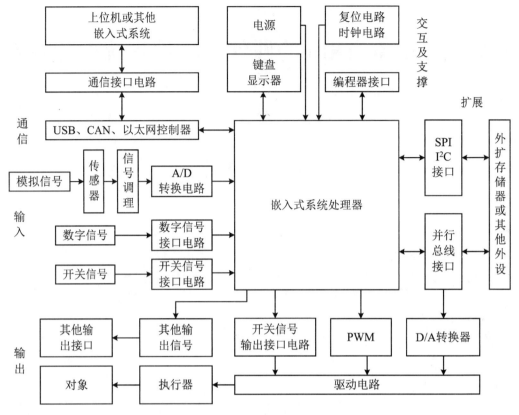

图 8.1　嵌入式系统典型外围硬件逻辑结构示意图

1．硬件

硬件部分主要包括仿真器和开发板。

1）仿真器

仿真器包含为数众多的调试和编程工具，如 ST 的 ST-LINK/V2、SEGGER 的 J-LINK 和 ARM/KEIL 的 ULINK 等。

2）开发板

各种类型的 STM32 硬件开发板主要有：

· 专业评估板，如 IAR、ARM/KEIL 以及 Raisonance 的 STM32 专用评估板等；

· 低成本评估板，如 ST 的探索套件、Raisonance Primers 和 Hitex 套件等；

· 开源评估板，例如开源的 Arduino 电子原型平台以及与之兼容的 Leaflabs Maple、Olimexino-STM32 和 SecretLabs Netduino 等。

2．软件

软件部分主要包括软件开发工具和软件资源，以提供良好的软件支持。

1）软件开发工具

常用软件开发工具有 ARM/KEIL MDK 和 IAR EWARM（IAR Embedded

Workbench for ARM)等,详见第 7 章 7.1 节,此处不再赘述。

2)软件资源

STM32 生态系统包含了丰富的软件资源,可显著降低 STM32 应用开发的难度,提高应用开发的效率和质量。这些软件资源大多使用标准 C 语言开发,自下而上包括底层驱动、固件协议和应用模块 3 个层次,适用于整个 STM32 系列。

(1)底层驱动

主要有开源的标准外设驱动库(Standard Peripheral Driver)、DSP 库和板卡支持包(Board Support Package,BSP)等,这些底层驱动的主要特点如下:

- 标准外设驱动库。又称固件函数库、固件库或者库函数,是一个固件函数包,由驱动函数、数据结构和宏组成,涵盖微处理器所有片上外设的性能特征。标准外设驱动库为开发者提供一个通用的项目模板(也称为工程模板),并为每个外设配备相应的驱动描述和应用例程,以方便二次开发。

- DSP 库。针对配置有浮点运算单元 FPU 的 STM32 微处理器(如 STM32F407),ST 提供了 DSP 库,帮助开发者更有效地进行数字信号处理相关的应用开发。DSP 库实现的功能包括浮点数基本运算、向量运算、矩阵运算、滤波函数、变换功能(如傅里叶变换等)和其他常用的 DSP 算法。

- 板卡支持包。由 ST 公司为各个专业评估板定制开发的驱动程序。

(2)固件协议

主要有 RTOS、File Systems、USB(包括 HOST、DEVICE 和 OTG)、TCP/IP、Bluetooth、ZigBee、Graphic 等多种解决方案,有免费开源和授权源码两种形式。

(3)应用模块

应用模块包括一些针对不同领域的应用软件,例如:

- 电机控制模块,针对各种电机的控制方案。

- 音频应用模块,音频及语音编解码算法以及各种音频处理方案。

3．技术资料和文档

嵌入式系统开发所需的资料文档包括产品选型手册、数据手册、应用参考手册和应用开发笔记等,其内容涵盖芯片选型、性能参数、寄存器编程和应用设计等各个方面。为了推广微处理器的应用,各个芯片生产厂商都不遗余力地发布了大量的针对系统开发所需的各类资料。基于 STM32 系列芯片的嵌入式系统所有文档均可从 ST 官方网站获得。

8.1.3　嵌入式系统的开发环境和开发工具

嵌入式系统的开发与通用计算机系统有很多共同之处,但是嵌入式系统与具体应用紧密相关,并且在资源受限的情况下对实时性、可靠性和功耗有着更高或者较为特殊的要求,因此,嵌入式系统开发又有其独特之处。

与通用计算机系统的应用开发相比,嵌入式系统的开发环境、开发工具和调试方式都有着明显区别。对于通用计算机系统的应用开发而言,系统开发所使用的计算机与系统正式运行的计算机基本相同,仅在配置的资源方面存在差别,系统的开发环境即是系统的运行环境;而对于嵌入式系统开发而言,由于嵌入式系统大多不具备良好的人机交互接口,绝大多数情况下,系统开发都使用通用计算机,开发机器不是系统的运行机器,系统的开发环境也不是系统的运行环境。嵌入式系统需要专门的开发环境、开发工具和调试方法,本小节将对此做简要介绍,更加详细的内容可参见具体产品的应用手册。

1. 嵌入式系统的开发环境

通用计算机系统一般拥有较为丰富和强大的资源,具有标准的输入设备(如键盘、鼠标等)和输出设备(如显示器等)。因此,它往往既是实际应用系统的运行平台又是开发平台。而嵌入式系统通常是一个资源受限的系统,其运算能力相对较弱,存储能力有限,具有各种各样的输入和输出设备,有的甚至没有显示设备,很难直接在嵌入式系统的硬件平台上进行应用开发。因此,与通用计算机系统不同,嵌入式系统的开发平台一般并不是最终的运行平台。构建嵌入式系统的开发环境是进行嵌入式系统开发的基础和前提。

嵌入式系统的开发环境称为交叉开发环境(cross development environment),由宿主机 host 和目标机 target 彼此互连构成。

1)宿主机

宿主机是用于嵌入式系统开发的计算机,一般为通用的 PC 或工作站,是嵌入式开发工具的运行环境。它通常拥有丰富的硬件资源(足够的内存和硬盘)和软件资源(桌面操作系统和嵌入式系统开发工具等),为嵌入式系统开发提供全过程(包括代码编写、编译、链接、定位、调试和下载等)的支持。

2)目标机

目标机是所开发的嵌入式系统,是嵌入式软件的实际运行环境。它以某种处理器内核(如 ARM 内核)为核心,但软硬件资源有限,针对具体应用所定制。

3)宿主机和目标机之间的连接

嵌入式系统的开发环境仅有宿主机和目标机还不够。宿主机上生成的可执行映像文件(二进制代码)需要通过宿主机和目标机之间的连接,下载到目标机上进行调试和运行。

宿主机和目标机之间的连接分为物理连接和逻辑连接。要正确地构建交叉开发环境,需要正确设置这两种连接,缺一不可。

物理连接是指宿主机与目标机上的某些物理端口通过物理线路连接在一起,它是逻辑连接的基础。物理连接要注意物理线路连接方式正确,线路质量良好,并且确认硬件设备完好,能正常工作。物理连接方式主要有三种:串口、以太网接口和 JTAG 接口。目前嵌入式系统开发中使用最多的是 JTAG 接口。

逻辑连接是指宿主机与目标机间按某种通信协议建立起来的通信链路。目前已逐步形成了一些通信协议的标准。逻辑连接的关键在于正确配置宿主机和目标机之间的协议参数和物理端口等,并与实际的物理连接保持一致。

2. 嵌入式系统硬件开发工具

嵌入式硬件开发工具用来设计和仿真嵌入式硬件。常用的有印刷电路板(PCB)设计软件和可编程逻辑器件(Programmable Logic Device,PLD)开发软件等。

1) PCB 设计软件

PCB 几乎出现在每个电子设备中,用于固定电子元器件并为它们提供电气连接。PCB 以绝缘板为基材,上有覆铜导线连接各个元器件。按照覆铜导线的层数划分,可将 PCB 分为单面板、双面板和多层板。单面板是最简单的 PCB,电子元器件集中在其中一面,而导线则集中在另一面。双面板是单面板的延伸,双面均有覆铜走线,中间有导孔连接两面导线。多层板是指具有三层以上的导电图形层(并按要求互连)的印制板。应用中,根据嵌入式系统硬件的复杂度,可选择单面板、双面板或多层板作为嵌入式系统的底板,并设计版图连接嵌入式处理器、存储器和外设等其他器件。早期常用的 PCB 设计软件有 Protel 和 ORCAD 等,现在应用较多的有 Altium Designer 和 Cadence Allegro 等。

2) PLD 开发软件

PLD 的逻辑功能由器件编程确定,可使用 PLD 开发软件和硬件描述语言对 PLD 进行编程来实现指定的逻辑功能。常用的 PLD 开发软件有 Altera 公司的 Quartus Ⅱ 和 Xilinx 公司的 VIVADO 等。

3. 嵌入式软件开发过程以及所需的工具

嵌入式软件开发可分成几个阶段:编辑、编译、链接、调试和下载等。在不同的阶段,需要用到不同的软件开发工具,如编辑器、编译器、链接器、调试和下载工具等,如图 8.2 所示。这些嵌入式软件开发工具都运行于宿主机上。以下对嵌入式软件开发过程中需要使用的工具做简要介绍。

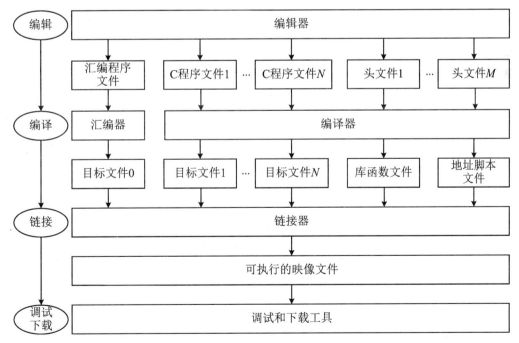

图 8.2　嵌入式软件开发阶段及其工具

1）编辑器

编辑器用于编辑阶段在宿主机上编写代码。嵌入式软件的源代码文件一般由汇编语言程序文件（通常是以 s 为扩展名的文件）、C 语言程序文件（通常是以 c 为扩展名的文件）和头文件（通常是以 h 为扩展名的文件）等构成。从理论上说，这些源代码可以用任何一个文本编辑器编写。目前，使用较多并且功能较强的编辑器有 UltraEdit 和 Source Insight 等。

UltraEdit 可以编辑文本、ASCII 码、二进制和 16 进制文件，可以用来编辑源代码，甚至 EXE 或 DLL 文件。内建英文单词检查和常用语法加亮显示（如 C＋＋、Visual Basic、HTML、PHP 和 JavaScript 等），支持搜寻替换以及无限制还原功能，可同时编辑多个文件。

Source Insight 能在编辑、快速导航源代码的同时分析源代码，为开发人员提供实用的信息和分析结果。对于 C、C＋＋、C♯ 和 Java 的源代码，能自动解析程序的语法结构，动态地保持符号信息数据库，并主动显示有用的上下文信息，适合编辑大型嵌入式软件。

2）编译器和汇编器

对于已经编辑好的源代码文件，可以使用编译器或者汇编器对其进行编译或者汇编，编译器和汇编器将根据不同目标机的嵌入式处理器芯片在宿主机上生成对应的目标文件。嵌入式系统中，宿主机和目标机所采用的处理器芯片通常不一样，如宿主机一般采用 Intel x86 系列处理器，而目标机可能采用的是 ARM 系列处理器。因此，为把宿主机上编写的高级语言程序和汇编语言程序编译成可以在目标机上运行的二进制代码，需要分别借助交叉编译器和汇编器。

例如，在 7.1 节介绍的 ARM-Linux-GCC 工具中，arm-linux-gcc 是为目标机 ARM 处理器编译 C 语言程序的编译器，arm-linux-as 是编译汇编语言程序的汇编器，两者均可生成能在 ARM 处理器上运行的目标文件。

3）链接器

在完成所有源程序模块的编译或者汇编之后，还需使用链接器把编译生成的所有目标文件、相关的库函数文件和地址脚本文件组合生成一个可执行的映像文件。与运行于通用计算机上的应用软件开发相比，嵌入式软件开发的链接阶段多了地址脚本文件。地址脚本文件又称链接脚本文件，用来指定代码段、只读数据段和可读写数据段的存储布局，即预设各段在存储器中地址。例如，ARM-Linux-GCC 工具中的 arm-linux-ld 把由 arm-linux-gcc、arm-linux-as 生成的目标文件和 C 链接库 glibc 进行组合，生成 elf 格式的可执行文件。

4）调试和下载工具

可执行映像文件生成后，宿主机上的调试器和下载工具将该文件下载到目标机的 RAM 或 ROM 中运行，并在运行过程中使用各种调试方法（如单步调试、断点调试、监测变量及寄存器和存储器信息等）进行查错和排错。如 GNU 的 gdb 为常用程序调试工具。

4. 常见嵌入式软件开发工具

嵌入式软件开发工具正朝着集成化、可视化、智能化和更加开放的方向发展，目前趋势是将各种类型、功能强大的开发工具如编辑器、编译器/汇编器、链接器和调试器等有机地集成在一个统一的集成开发环境 IDE 中。嵌入式软件开发工具常根据软件运行的目标机硬

件平台(嵌入式处理器)划分,目前常用的有:

- 面向 ARM 内核的 KEIL MDK 和 IAR EWARM;
- 面向 PIC 微处理器的 MPLAB;
- 面向 ATMEL AVR 微处理器的 WINAVR;
- 面向 Android 平台的 Android Studio 和面向 iOS 平台的 XCODE 等。

8.1.4　嵌入式系统的调试方式

调试是嵌入式系统开发中不可缺少的重要环节。嵌入式系统调试时,调试器(debugger)和被调试程序通常运行在不同的机器上,调试器运行于宿主机,而被调试程序运行于目标机[①],调试器通过某种方式控制目标机上被调试程序的运行方式,并能查看和修改目标机上的内存、寄存器以及被调试程序中的变量等。嵌入式系统的这种调试被称为交叉调试。

嵌入式系统在调试过程中,宿主机上的调试器通过某种通信方式与目标机上的被调试程序建立物理连接。常见的通信方式有串口、以太网接口或 JTAG 接口等。

处于调试状态下的目标机中,一般装有宿主机调试器的代理(agent)。代理可以是某种软件(如监视器),也可以是某种支持调试的硬件(如 JTAG)。代理用于解释和执行目标机接收到的来自宿主机的各种命令(如设置断点、读内存、写内存等),并将执行结果返回给宿主机,配合宿主机调试器完成对目标机的调试。

交叉调试(即通过调试器控制被调试程序运行)的方式有多种,常见的简介如下。

1. 软件模拟器

软件模拟器是运行在宿主机上的纯软件工具,它通过模拟目标机的指令系统或模拟目标机操作系统的系统调用来实现在宿主机上运行和调试嵌入式应用程序。软件模拟器可以分为指令集模拟器和系统调用级模拟器两大类。

1) 指令集模拟器(Instruction Set Simulator,ISS)

指令集模拟器在宿主机上模拟目标机的指令系统,此方式相当于在宿主机上建立了一台虚拟的目标机。指令集模拟器不仅可以模拟目标机的指令系统,还可以模拟目标机的外设,如串口、网口、键盘和 LCD 等。常用的指令集模拟器有 ARMulator 和 SkyEye。

- ARMulator:ARM 公司推出的面向 ARM 处理器的指令集模拟器,作为一个插件集成在 ARM 集成开发工具 SDT 2.51 和 ADS 1.2 的 AXD 调试器中。ARMulator 无须使用 ARM 开发板即可对嵌入式软件的源代码进行调试。ARMulator 通常用于仿真基于 ARM 处理器的汇编语言和 C 语言程序,如键盘驱动程序和 LCD 驱动程序等,适合 ARM 硬件测试平台和小规模 ARM 应用程序的开发。

　　[①] 目标机也可以是虚拟机。在这种情况下,虽然调试器和被调试程序运行在同一台计算机上,但调试的本质并没有变化,调试并不是直接通过宿主机操作系统的调试支持实现的,而是通过虚拟机代理的方式完成的。

• SkyEye：是一个基于 GNU 的开源自由软件工具，可模拟 ARM、MIPS、PowerPC、Blackfin、Coldfire 和 SPARC 等 6 种不同体系架构的 CPU 以及 Cache、内存、串口和网口等多种硬件。嵌入式软件可使用 gdb 提供的各种调试手段对 SkyEye 仿真系统上的软件进行源代码级的调试。

2）系统调用级模拟器

系统调用级模拟器可以在宿主机上模拟目标机操作系统的系统调用。此方式相当于在宿主机上安装了目标机的操作系统，使得基于目标机操作系统的应用程序可以在宿主机上运行。常见的系统调用级模拟器有 Android 模拟器 Android SDK、BlueStacks 以及 iOS 模拟器 iPadian 等。

综上所述，软件模拟器调试方式的优点在于：可在无硬件支持的情况下，借助开发工具提供的虚拟平台进行软件开发和调试，提高了开发效率，降低了开发成本。其缺点在于：模拟环境与实际运行环境差别较大，被调试程序在模拟环境中的执行时间与在目标机真实环境中的执行时间差别较大，实时性较差，并且只能模拟一些常见的外围设备。因此，软件模拟器只适用于嵌入式系统开发的早期阶段。

2. ROM 监控器

采用 ROM 监控器（ROM Monitor）的调试环境是由宿主机端的调试器、目标机端的 ROM 监控器以及两者间的连接构成的。ROM 监控器作为驻留在目标机的调试代理，被固化在目标机 ROM 中。目标机复位后首先执行 ROM 监控器程序，对目标机及自身的程序空间进行初始化，然后按照远程调试协议通过指定的通信端口接收宿主机端调试器的命令（例如下载被调试程序、读/写目标机的内存或者寄存器、设置断点和单步执行被调试程序等），同时监控目标机上被调试程序的运行。

ROM 监控器调试方式的主要优点是简单方便、成本低廉、扩展性强、可支持多种高级调试功能（如代码分析和系统分析）等，不需专门硬件调试和仿真设备等。其缺点主要是 ROM 监控器需要占用目标机的一部分资源（CPU、ROM 和通信资源等），不便于调试有时间特性的应用程序。

3. ROM 仿真器

ROM 仿真器（ROM Emulator）主要用于替代目标机上 ROM 芯片。ROM 仿真器有 2 根通信电缆，一根通过 ROM 芯片的插座同目标机相连，另一根通过串口同宿主机相连。对于目标机上的 CPU，ROM 仿真器如同一个只读存储器芯片，目标机无须使用自己的 ROM，而是利用 ROM 仿真器提供的存储空间来代替。而对于宿主机上的调试器，ROM 仿真器上的 ROM 芯片地址可以实时映射到目标机 ROM 的地址空间，从而仿真目标机的 ROM。

在调试时，ROM 仿真器设备只能替代调试时目标机的 ROM 芯片，可以避免每次修改程序后都必须重新烧写到目标机 ROM 的操作，但是 ROM 仿真器是一种不完全的调试方式。通常可以将 ROM 仿真器与 ROM 监控器两种方式相结合，形成一种较完备的调试方式。

4．在线仿真器

在线仿真是最直接的仿真调试方法。在线仿真器（ICE）拥有自己的 CPU、RAM 和 ROM，可以执行目标机 CPU 的指令。ICE 利用自身的 CPU 模拟目标机上 CPU 的行为，无须依赖目标机中的处理器和存储器。使用 ICE 调试前要完成 ICE 和目标机的连接，通常先将目标机的 CPU 取下，然后将 ICE 的 CPU 输出线接到目标机的 CPU 插槽中。调试时，目标机应用程序驻留在目标机的内存中，监控器（调试代理）驻留在 ICE 的存储器中，使用 ICE 的 CPU 和存储器以及目标机的输入输出接口对目标机内存中的应用程序进行调试。

在线仿真器调试方式具有以下特点：

• 能同时设置软件断点和硬件断点。软件断点通常只能到指令级别，指定目标机被调试程序在某一指令前停止运行；如果设置硬件断点，多种事件①均可以使目标机被调试程序在一个硬件断点处停止运行，这些事件包括内存读/写、I/O 读/写以及中断等。

• 能设置各种复杂的断点和触发器。

• 能实时跟踪目标机的被调试程序的运行以及选择性跟踪。

• 能够不中断目标机被调试程序的运行实时查看内存和变量，可以实现非干扰的调试查询。

ICE 适合调试实时应用系统、硬件设备驱动程序以及对硬件进行功能测试，广泛应用于低速和中速的嵌入式系统，例如大多数 8 位 MCS-51 单片机仿真器。而在 32 位高速嵌入式处理器领域，对 ICE 的技术要求很高，ICE 的价格也较为昂贵，因此应用场合受限。

5．片上调试

近年来，越来越多的嵌入式处理器（如 ARM 系列）借助片上调试技术进行调试。片上调试（On-Chip Debugging，OCD）是内置于目标机 CPU 内的调试模块提供的一种调试功能，可看成一种廉价 ICE。OCD 将目标机的 CPU 工作模式分为正常模式和调试模式。目标机的 CPU 在正常模式下从内存读取指令执行，在调试模式下从调试端口读取指令执行。通过调试端口可以控制目标机的 CPU 进入和退出调试模式。在调试时，宿主机的调试器直接向目标机发送指令并执行，读写目标机的内存和各种寄存器，控制目标机被调试程序的运行，完成各种复杂的调试功能，如图 8.3 所示。

OCD 的优点主要有价格低廉、不占用目标机的资源、调试环境与程序最终运行环境基本一致、支持软硬件断点、可以精确计算程序的执行时间、具备实时跟踪和时序分析等功能。其主要缺点是调试的实时性不如 ICE、不支持非干扰的调试查询（无法在不中断被调试程序运行的情况下查看内存和变量）、不支持没有 OCD 功能的 CPU。常用 OCD 的实现方式有：后台调试模式（Background Debugging Mode，BDM）、JTAG 和片上仿真器（On Chip Emulation，OnCE）等。其中，JTAG 是目前主流 OCD 方式。基于 JTAG 的嵌入式调试已成

---

① 事件与中断的区别：产生中断和事件的源可以相同，不同之处在于中断的处理过程需要 CPU 参与，需要运行中断服务程序；但是事件处理未必需要 CPU 介入，可由其他电路按照事先设置的逻辑完成事件响应和处理。例如 I/O 触发产生事件，然后联动触发 ADC 转换，ADC 转换结束作为另外一个事件，启动 DMA 机制读取转换结果，在此过程中无须 CPU 运行任何程序。

为嵌入式系统目前最有效、使用最广泛的一种调试方式,以下予以简单介绍。

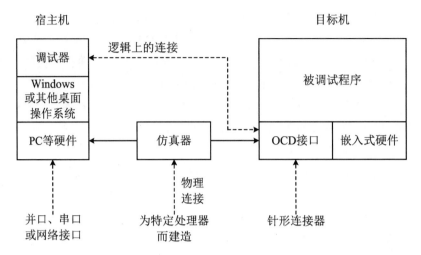

图 8.3　片上调试方式的调试环境

1) JTAG 标准

JTAG 是一种关于测试访问端口和边界扫描结构的国际标准,由联合测试工作组(JTAG)提出,1990 年成为 IEEE 1149.1 规范,也称为 JTAG 标准或 JTAG 协议,主要用于芯片内部测试。支持 JTAG 协议的芯片内部封装了专门的测试电路以及测试访问端口(TAP),测试时通过专用的 JTAG 仿真器对被测目标机进行程序下载和调试。由于 JTAG 是一个开放的协议,已被全球各大电子企业广泛采用,成为片上测试技术的一种通用标准。现今大多数嵌入式处理器都支持 JTAG 标准,如 32 位 ARM 处理器,不论出自哪个半导体厂商,都兼容 JTAG 接口。具有 JTAG 接口的芯片都有若干 JTAG 引脚,其具体描述如表 8.1 所示。目前,JTAG 接口的连接有 3 种常用标准,即 10 针、14 针和 20 针接口。

表 8.1　JTAG 接口的引脚定义

引脚	功能描述
TCK	时钟信号线,同步 JTAG 接口逻辑操作的时钟输入(10～100 MHz)
TDI	测试数据输入
TDO	测试数据输出
TMS	测试模式选择,用于设置测试访问端口(TAP)的工作状态
nTRST	低电平有效的复位信号线(可选),用来使 TAP 控制器复位(TMS 也可以做到)

2) 基于 JTAG 的嵌入式调试环境

基于 JTAG 的嵌入式调试环境由包含 JTAG 接口模块的目标机、JTAG 仿真器和宿主机 3 部分构成,如图 8.4 所示。宿主机通过 JTAG 仿真器与目标机上带有 JTAG 接口模块的 CPU(如 AVR、MSP430 和 STM32 等)相连,使用测试访问端口和边界扫描技术进行通信。

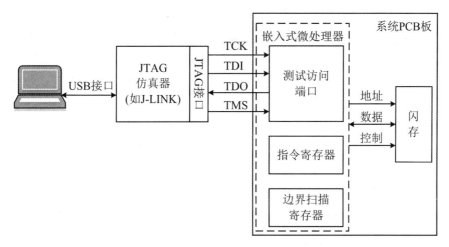

图 8.4　基于 JTAG 的嵌入式调试环境

调试时,利用宿主机上嵌入式集成开发工具(如 KEIL MDK 或 IAR EWARM 等)中的调试工具,使用独立于目标机 CPU 指令系统的 JTAG 命令,通过 JTAG 接口访问目标机 CPU 的内部寄存器以及总线上挂载的设备,如 Flash、RAM 以及各种外设接口模块的内部寄存器,实现调试功能。

3) JTAG 仿真器

JTAG 仿真器又称 JTAG 适配器,是基于 JTAG 的嵌入式系统调试时不可或缺的重要工具。它一方面通过 USB 接口与宿主机相连,另一方面通过 JTAG 接口与目标机的 CPU 相连。调试时,JTAG 仿真器将宿主机上调试软件发出的调试命令解析成 JTAG 的信号时序(即协议转换),设置 TAP 控制器的工作状态,控制边界扫描寄存器的操作,完成对目标机 CPU 的调试。

JTAG 仿真器不仅是嵌入式程序调试的重要工具,也是嵌入式软件经固化后的工具。嵌入式软件固化是指将调试完毕的二进制可执行映像文件烧写到目标机的非易失性存储器中,这项工作往往需要借助专门的烧写设备和烧写软件来完成。对于不支持 JTAG 协议的 CPU(例如 MCS-51 等),通常需要使用被称为"编程器"的硬件设备和宿主机上的烧写软件来完成嵌入式软件的固化工作。对于支持 JTAG 的 CPU(如 ARM 等),只需通过 JTAG 接口连接 JTAG 仿真器,利用宿主机的调试工具或烧写工具即可完成嵌入式软件的固化工作。

目前,市场上常用的 JTAG 仿真器有 J-LINK 和 ULINK 等。

• J-LINK:SEGGER 公司推出的用于嵌入式处理器仿真调试和软件固化的 JTAG 仿真器,支持 ARM7/9/11、ARM Cortex-M0/M0＋/M1/M3/M4、ARM Cortex-R4/R5、ARM Cortex A5/A8/A9、Microchip PIC32 和 Renesas RX 等仿真和程序下载。J-LINK 可与 IAR EWARM、KEIL MDK、Rowley CrossWorks、Atollic TrueSTUDIO、Renesas HEW 等开发工具无缝连接,配有 USB 转接线(宿主机端)和 20 针 JTAG 仿真插头(目标机端),即插即用,操作简单方便。Flash 下载速度一般在 200 KB/s 左右,RAM 下载速度最高可达 3 MB/s。

• ULINK：KEIL MDK 使用的 JTAG 仿真器，支持 ARM 7/9、ARM Cortex-M 及部分 8051 和 C166 微处理器，配有 USB 转接线（宿主机端）和 JTAG 仿真插头（目标机端），Flash 和 RAM 的下载速度为每秒几十千字节。结合使用 KEIL MDK 的调试器和 ULINK 仿真器，通过 JTAG 或 SWD 接口，可以方便地在目标机的硬件上进行片上调试和 Flash 编程。

8.2　嵌入式系统开发过程

嵌入式系统的开发过程涉及硬件、软件甚至机械结构等诸多方面的内容，一般包括需求分析、系统设计、系统实现、系统测试和系统发布 5 个阶段。本节以一个常见的嵌入式可穿戴设备手环的开发作为实例，简要介绍嵌入式系统的开发过程。

8.2.1　需求分析

在此阶段，需要调研、收集和整理嵌入式系统的需求并加以提炼，确定设计任务和目标，形成规格说明书。需求一般分为功能性需求（指基本功能，如系统的输入输出、操作方式等）和非功能性需求（指性能、成本、尺寸、重量和功耗等）两方面。由功能性需求和非功能性需求构成的嵌入式系统规格说明书可以采用表格的形式描述，如表 8.2 所示。

表 8.2　嵌入式系统规格说明书

	说　　明
名称	嵌入式系统的总体概括
目的	基本功能的简单描述，主要特点的概括介绍
输入	详细描述输入特征（如信号类型、最高频率、动态范围等）以及人机接口类型
输出	详细描述所需的输出信号类型和展现形式
功能	详细描述所需完成的工作内容，给出从输入到输出的处理流程
性能	包括对采样频率、分辨率、精度/误差、实时性、可用性、数据存储和抗干扰能力等方面要求
环境	对工作环境的要求，如供电电压、温度和湿度范围等
功耗	功耗要求（对于电池供电尤为重要），通常用系统所载电池容量以及待机工作时长表示
体积	大小（长、宽、高），有些对于尺寸有严格限制，如放在标准柜里的智能仪表
重量	有些嵌入式系统对重量有较高的要求，如手持设备
成本	成本估算，主要包括生产成本和人力成本

手环是一种穿戴式嵌入智能设备，可对穿戴者的行走步数进行统计，测算运动距离和热量消耗，监测穿戴者的运动量。根据对手环的应用需求进行调研、分析、整理和提炼，可得手环的规格说明书如表 8.3 所示。

表 8.3　手环规格说明书

	说　明
名称	手环型计步器
目的	监测用户运动量
输入	1 个按键（数字量）
输出	OLED 屏
功能	监测、记录和统计用户的运动，并根据按键输入，在 OLED 屏上依次切换显示当前运动步数、运动距离和消耗热量等信息
性能	计步误差不超过 3%，计步范围 0～99999 步，运动距离精度 0.01 km，消耗热量精度 0.1 卡
环境	直流 3 V 供电。温度 −20～45 ℃，相对湿度 30%～85% 下正常工作
功耗	CR2032 电池供电（3 V/210 mAh），可待机工作 6 个月
体积	小于 120 mm×80 mm×70 mm
重量	≤30 g
成本	≈50 元

8.2.2　系统概要设计

系统概要设计又称为总体设计。概要设计首先应根据需求分析的结果确定系统拟采用的体系架构和主要技术路线，然后进行软件和硬件的功能划分，最后进行相关硬件和软件的概要设计。系统概要设计大体由如下几步构成。

1. 体系架构设计

体系架构描述整个系统的整体构造和组成。首先，应确认待开发系统对实时性要求。如果是实时系统，还应进一步确认是硬实时系统还是软实时系统。如果是硬实时系统，对外部事件响应的要求非常严格，必须进行详细的定时分析；如果是软实时系统，对外部事件响应的要求低于硬实时系统，偶尔出现的处理延迟不会对系统造成较大的影响。

其次，应明确待开发系统的组成结构。是由单个嵌入式系统还是由多个子系统（子系统可以是嵌入式系统，也可以是通用计算机）共同构成。对于由单个嵌入式系统构成的产品，可以用系统结构图描述其构成，通常是以某个 MCU 为核心，辅以若干外设；对于由多个子系统构成的产品，不仅要解析各子系统的功能，用结构图分别描述每个子系统的构成，还要用总图描述各子系统间的连接方式，分析彼此之间的关系。

例如，根据前述的手环需求规格说明书，手环的硬件结构设计如图 8.5 所示。可见，手环以 MCU 为核心，辅以切换按键 KEY、加速度传感器 ACC 和

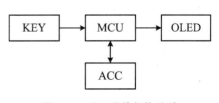

图 8.5　手环硬件架构设计

OLED 屏等构成。

2．软硬件功能划分

对系统结构进行软硬件划分,确定某项功能是用硬件还是用软件实现,如加密/解密、编码/解码、压缩/解压、浮点运算和快速傅里叶变换等功能。例如,在 DVD 或者机顶盒系统中,视频解码功能可用硬件芯片或者软件算法实现。

系统功能采用硬件或者软件实现各有优劣。采用硬件实现的特点为:处理速度快、应用软件相对简单,但成本高、灵活性差且不易升级。采用软件实现的特点为:成本低、灵活性高、易于升级,但处理速度相对较慢,应用软件设计相对复杂。因此,进行软硬件功能划分时,在细致分析应用环境和需求的基础上,还应考虑以下因素:

- 性能。无论使用硬件还是软件实现某项功能,都必须满足系统性能要求,这是最重要的一点,也是进行软硬件划分的首要原则。

- 成本。在采用软件或者硬件实现都能满足系统性能要求的前提下,尽可能考虑性价比高的方案。

- 其他因素。需要考虑系统的资源利用率,软硬件技术的熟悉程度,产品迭代升级方式,对开发周期的要求,所需的开发工具和第三方支持等因素。

3．硬件概要设计

硬件是嵌入式系统的基础和运行载体,为嵌入式软件提供执行环境并限定其能够访问的资源。嵌入式系统所能完成的功能首先在硬件上得以体现。硬件概要设计是对系统硬件部分的功能单元进行设计,一般包含嵌入式处理器的选型、外设和其他器件的选择及设计、开发平台以及调试仿真工具的选用等。

1）嵌入式处理器选型

嵌入式处理器选型时应从以下几方面加以考虑:

(1) 根据系统应用特点确定嵌入式处理器的类型。例如,对于涉及信号处理(如音频编码、视频信号处理、图像处理等)和数学计算的应用,应选择内置数字信号处理器的嵌入式处理器,以提高系统的算力。

(2) 根据系统所处理数据的主要类型确定嵌入式处理器的字长。如果实际应用中的主要数据位数大于 8 位,就应该选择 16 位或 32 位的嵌入式处理器。例如,假设模拟信号采样所使用的 ADC 分辨率为 12 bit,如果使用 8 位的 CPU,在数据输入和处理时都要进行数据位长的转换,势必影响程序运行效率,因此应选用字长为 16 位或 32 位的嵌入式处理器。

(3) 嵌入式处理器应满足系统的功能性需求。例如,嵌入式处理器内置和外部存储器的容量、I/O 接口的类型和数量等,必须能够满足实现系统各项功能的需要。其中,系统所需要的各种 I/O 接口尽可能集成在嵌入式处理器中(所谓的单芯片方案)。

(4) 系统的非功能性需求也是重要的选型依据,例如嵌入式处理器的性能(速度)、高可用性和安全性、电源电压和功耗等。对于采用电池供电的设备,其功耗大小将直接影响嵌入式系统的续航时间(例如移动终端和可穿戴设备等)。

(5) 选型时需要考虑的其他因素还有处理器的价格、供货渠道(不能被"卡脖子")、开发者对其熟悉程度、相关开发工具、处理器制造商和第三方技术支持等。

总而言之,嵌入式处理器选型时的一个重要原则是选取能够满足系统各方面要求的处理器,而不是挑选性能最高、速度最快、功能最强的嵌入式处理器。

以手环为例,根据产品的各项需求,可以选用低成本低功耗的 32 位增强型微处理器 STM32F103C8T6。该处理器的内核为 ARM Cortex-M4,支持较低的电源电压(2.0~3.6 V)、能在较高主频(72 MHz)下工作,其内部带有 20 KB RAM,64 KB ROM,37 条 GPIO 引脚,2 个 10 通道的 12 比特 ADC,1 个高级定时器,3 个通用定时器以及多个常用的通信接口(2 个 SPI、2 个 I^2C、3 个 USART、1 个 CAN 和 1 个 USB),完全能够满足手环这种小型嵌入式应用的功能需求。

2)外设和其他器件的选型

除嵌入式处理器外,嵌入式系统的硬件还可能需要外置的嵌入式存储器、I/O 接口以及其他设备。例如,手环中的三轴加速度传感器和 OLED 显示屏、导航仪中的北斗定位芯片、机器人中的舵机及其驱动芯片等。这些器件连接嵌入式处理器和外部世界,对系统功能的实现起着关键作用。因此,这些器件的选型也同样重要。选型时不仅要查阅备选器件的数据手册以保证其性能参数(如精度、体积、重量等)满足应用的要求,还要确认其电源电压范围、数据通信接口(如 SPI、I^2C 和 UART 等)等与所选嵌入式处理器的通信接口是否匹配。

以手环为例,一种可行的外设选型方案如下:

(1)三轴加速度传感器。选用亚诺德公司(Analog Devices Inc,ADI)的 ADXL345 加速度计,其主要特性如下:

- 可对高达 ±16 g 的加速度进行高分辨率(最高分辨率 13 bit,4 mg/LSB)测量,能满足手环的测量要求;
- 电源电压范围为 2.0~3.6 V,测量结果以 16 位二进制补码的数字形式输出,可通过 SPI / I^2C 接口与已选定的手环微处理器 STM32F103 无缝连接;
- 采用微机电 MEMS 技术,体积小(3 mm×5 mm×1 mm),功耗低(在典型电压 2.5 V 下,测量模式下电流 23 μA,待机模式下电流 0.1 μA),重量轻(30 mg),非常适合手环使用。

(2)显示输出设备。选用分辨率为 128×32 的 OLED 作为显示设备,选择 SSD1306 芯片作为驱动,支持 128×32 点阵显示,可显示数字、字母、汉字和图形等,完全能满足本手环中对步数、距离和卡路里等信息的显示需求。该方案的主要特点还有:

- OLED 器件可自发光,而不像 LCD 需借助背光源显示,因此功耗更低;
- 体积 30 mm×11.5 mm×1.45 mm,重量约 19 克,非常适于手环应用;

支持 3.0~5.0 V 供电,可通过 I^2C 接口访问,与 STM32F103 微处理器可无缝连接。

4. 软件概要设计

嵌入式系统软件概要设计通常包括软件架构设计、软件功能模块划分、软件处理流程设计和数据字典定义等方面的内容。嵌入式软件概要设计应遵循软件工程的标准和规范,关于软件工程方法学方面的内容已超出本书的范围。此处仅对软件架构设计以及软件功能模块划分应考虑的若干问题做简要介绍。

1) 嵌入式软件架构设计

在嵌入式软件架构设计之前,应该根据应用需求确定是否使用嵌入式操作系统。按照是否采用操作系统,嵌入式软件架构可分为以下两种类型。

(1) 无操作系统的嵌入式软件结构

无操作系统的嵌入式软件对系统资源需求较少,应用程序独占全部系统资源,适合单任务或者少任务的简单应用场景。其优点是控制粒度细、专注度高、成本低。但是,无操作系统的嵌入式软件需要直接访问底层硬件资源,与硬件关联度高,不易移植,适用于任务单一、成本受限并且无须复杂人机交互的简单应用场景。

无操作系统的嵌入式软件仅由引导程序和应用程序两部分组成。引导程序一般由汇编语言编写,上电复位后启动运行,完成系统自检、存储映射、时钟系统和外设接口配置等一系列硬件初始化操作。应用程序目前大多采用 C 语言编写,在引导程序之后运行,实现嵌入式系统主要功能。

无操作系统嵌入式软件结构主要有两种方式:循环轮询(polling loop)结构和前后台(foreground/background)结构。两种结构的特点简述如下。

① 循环轮询结构

循环轮询结构是最简单的嵌入式软件结构,由一个初始化函数和一个无限循环构成,代码的一般结构如下:

```
Initialize();
while(1) {
        if(condition_1)
           action_1();
        if(condition_2)
           action_2();
        ……
        if(condition_N)
           action_N();
}
```

基于循环轮询结构的嵌入式系统在完成初始化操作后,进入一个无限循环,周而复始地依次检查系统的每个输入条件,一旦满足某个条件就进行相应处理。循环轮询结构简单,易于理解和编程,但遇到紧急事件无法及时作出响应,只能等待下一轮循环进行处理,一般仅适用于规模较小并且对实时性要求不高的简单嵌入式系统。

② 前后台结构

在循环轮询结构的基础上增加中断功能,就形成了前后台结构,也称为中断驱动(interrupt driven)结构。该结构由一个后台程序(也称为任务级程序或者主程序)和多个前台程序构成。后台程序仍然是一个循环轮询,依次检测条件是否满足并做出相应处理;前台由一些中断服务程序(ISR)组成,负责处理需快速响应的事件。前后台结构的嵌入式软件平常运行的是后台程序,当某个前台事件(通常是外部事件)发生时,产生中断,打断后台程序的运行,转入相应的前台程序(即中断服务程序)进行处理,处理完毕后中断返回,后台程序从被打断处继续执行。

在前后台结构中,大多数前台程序只完成一些基本操作,例如在 I/O 接口与内存缓冲区之间进行数据交互,而其他操作,如数据处理、存储和人机交互等,则由后台程序完成。

相比循环轮询结构,前后台结构可以利用中断机制及时处理紧急事件,并且无须增加存储系统开销。但对于复杂的多任务应用,前后台结构的实时性和可靠性还是无法满足要求。

以手环为例,手环是一个简单的小型嵌入式系统,功能单一且没有特殊要求,无须使用嵌入式操作系统,因此可选用基于中断的前后台架构。

(2) 有操作系统的嵌入式软件架构

如果嵌入式系统工作在多任务环境下并且功能相对复杂,则应选用嵌入式操作系统,由操作系统对多任务进行管理(如作业调度和资源分配)。采用操作系统的嵌入式系统拥有较为丰富的逻辑资源,应用程序只需关注自身的任务协调,基本上无须考虑硬件驱动问题。在嵌入式系统中使用较多的嵌入式操作系统详见 8.5.2 小节。

在选用嵌入式操作系统时,通常要考虑以下两个因素:

① 嵌入式操作系统应该与系统硬件相适配。例如,嵌入式操作系统 WinCE 和嵌入式 Linux 都需要存储管理单元(MMU)的支持,只能运行在带有 MMU 的嵌入式处理器中。同时,嵌入式操作系统需要占用一定的存储空间,需要增加必要的 RAM 和 ROM 容量以满足操作系统运行的要求。

② 实时性和可裁剪性。有的嵌入式操作系统具有较好的实时性能,如 μC/OS-II、VxWorks 等;有的嵌入式操作系统具有较强的可裁剪性,如嵌入式 Linux、VxWorks 等,应根据实际应用要求进行选择。

此外,还应考虑第三方对嵌入式操作系统的支持、是否开源、开发者对嵌入式操作系统及其 API 的熟悉程度等因素。

2) 嵌入式软件模块划分

嵌入式软件架构确定之后,应根据需求将嵌入式软件按功能划分为若干个模块或任务,并设计全局数据结构、模块间的接口及任务间的通信方式。

按照是否采用嵌入式操作系统,软件模块划分可以分为以下两种情况:

(1) 无操作系统的嵌入式软件模块划分

无论是采用循环轮询结构还是前后台结构,无操作系统的嵌入式软件通常分为一个主模块和若干个子模块,主模块和子模块的主要功能和特点大致如下:

① 主模块:用于实现嵌入式系统的主流程,贯穿于应用软件运行的始终。主模块一般根据嵌入式软件的架构(循环轮询结构或前后台结构),通过调用各子模块中函数实现嵌入式系统的具体功能。

② 子模块:用于实现嵌入式系统各个子功能。按其功能,可大致划分为硬件驱动类子模块和数据处理类子模块两大类:

• 硬件驱动类子模块通常对应微处理器的某个片内外设(如定时器、DMA 和中断控制器等)或片外外设(如 LED、按键和传感器等)。硬件驱动类子模块对外设直接进行操控,负责实现诸如初始化、参数配置、数据输入输出和中断处理等各种操作。例如,精确延时模块通过控制片内外设定时器实现微秒级的可控延时功能;又如,LED 模块负责控制片外连接的外设 LED,实现初始化 LED(即配置微处理器上连接 LED 的 GPIO 引脚)、按需点亮 LED 和熄灭 LED 等。

- 数据处理类子模块不涉及具体硬件操作,一般利用各种规则或算法对数据进行整理、过滤、计算和转换等处理。例如,滤波模块根据数字滤波算法,对多个输入数据(通常是由硬件驱动类子模块多次采集到的数据)进行滤波处理,提取所需的结果。

以前述手环为例,根据功能描述和硬件设计,其软件可划分为 1 个主模块和 5 个子模块,5 个子模块分别是 OLED 模块、加速度传感器模块、按键模块、计步模块和转换模块,如图 8.6 所示。在 5 个子模块中,前 3 个模块(OLED 模块、加速度传感器模块和按键模块)是硬件驱动类子模块,分别负责管理手环中 3 种不同类型的设备(OLED、加速度传感器和屏显切换按键);后 2 个模块(计步模块和转换模块)是数据处理类子模块,分别完成计步判断、统计、步数与距离以及热量转换等功能。

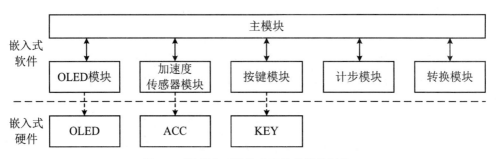

图 8.6　无操作系统的手环软件模块划分

(2) 带操作系统的嵌入式软件任务划分

带操作系统的嵌入式软件常被划分为若干任务,其划分结果对系统的运行效率、实时性和吞吐量有着很大的影响。一个好的任务划分,应具备合理的任务数量,满足系统的实时性指标,同时能简化软件设计,降低资源需求。例如,如果任务划分过细,会引起任务频繁切换,增加系统开销;如果任务划分过粗,会造成原本可以并行的操作只能串行完成,降低了系统吞吐量。

为了达到系统效率和吞吐量之间的平衡,任务划分一般遵循以下原则:

- 以 CPU 为中心,与各种输入输出设备相关的功能分别划分为独立的任务。
- 找出“关键”功能,用一个独立的任务或中断服务程序完成,与其他任务通过通信机制进行通信。关键功能是指某种功能很重要,必须得到运行机会(即使遗漏一次也不行),如果该功能不能正常实现,将造成重大影响,甚至引发灾难性的后果。
- 对于既“关键”又“紧迫”的功能,按“紧迫”功能处理。
- 将耗时较多的数据处理功能独立出来,划分为低优先级任务。
- 将关系密切的若干功能组合成一个任务,达到功能聚合的效果。
- 将由相同事件触发的若干功能组合成一个任务,减少事件分发。

• 将若干按固定顺序执行的功能组合成一个任务,减少任务间同步通信开销。

8.2.3　系统详细设计和实现

此阶段的主要任务是根据概要设计的结果,对系统做进一步细化和深化设计,并加以实现。在硬件方面,根据已选定嵌入式处理器和外设等器件,使用硬件设计和制作辅助工具,完成嵌入式硬件的设计与制作;在软件方面,根据已确定软件架构和模块/任务划分,选择合适的嵌入式开发语言和开发工具,设计每个模块/任务的具体处理流程并编写具体代码。

1. 硬件详细设计与实现

硬件详细设计与实现常分为嵌入式处理器最小硬件系统构建、嵌入式处理器资源规划和嵌入式处理器与外设的接口设计三个步骤。

1) 嵌入式处理器最小硬件系统构建

所谓嵌入式处理器最小硬件系统,是指用最少的电子元件组成一个可工作系统。最小硬件系统一般由嵌入式处理器、电源电路、时钟电路、复位电路以及调试和下载电路等构成。具体描述详见 8.4 节。

2) 嵌入式处理器资源规划

规划内容包括嵌入式处理器引脚和外设(如定时器、中断、ADC、UART 和 SPI 等),确保其引脚和外设不存在冲突或重复使用的现象。规划工作的最终目的是列出嵌入式处理器资源规划表。

以前述手环为例,采用 STM32F103C8T6 微处理器为控制核心,至少需分配 1 个 SPI 或 I^2C(如 SPI1 或 I^2C1)接口与带 SPI/I^2C 接口的加速度传感器 ADXL345 通信(本例采用 SPI 接口),1 个不冲突的 I^2C(本例采用 I^2C2)接口与带 I^2C 接口的 OLED 通信,以及 1 个 GPIO 引脚与屏显切换按键相连。因此,手环的资源规划,包括引脚和片上外设分配,如表 8.4 和表 8.5 所示。

表 8.4　手环的控制核心——微处理器 STM32F103C8T6 的资源规划 1(引脚分配)

微处理器引脚	连接的片外设备	备注
PA13(EXTI-EXTI13)	KEY	连接手环的屏显切换按键
PA5(SPI1-SCK)	ADXL345	连接加速度计时钟线 SCLK
PA6(SPI1-MISO)	ADXL345	连接加速度计数据线 SDO
PA7(SPI1-MOSI)	ADXL345	连接加速度计数据线 SDI
PB10(I^2C2 – SCL)	OLED	连接 OLED_I^2C 时钟线 SCL
PB11(I^2C2 – SDA)	OLED	连接 OLED_I^2C 数据线 SDA

表 8.5　手环的控制核心——微处理器 STM32F103C8T6 的资源规划 2(片上外设分配)

微处理器的片上外设	连接的片外设备	备注
GPIO(PA13)	KEY	手环的屏显切换按键
SPI1(PA5、PA6 和 PA7)	ADXL345	手环的加速度计
I^2C2(PB10 和 PB11)	OLED	手环的 OLED
EXTI〔EXTI13〕		STM32 的外部中断/事件控制器,用于按键中断
NVIC		STM32 的中断控制器,用于按键中断

3) 嵌入式处理器与外设的接口设计

接口电路的作用是实现嵌入式处理器或内置存储器与外设(如 LED、按键和传感器等)之间的信息交换,此处的接口设计是指拟定嵌入式处理器与相关外设之间的连接方式。

以手环为例,为实现手环的基本功能,需要分别设计微处理器通过 GPIO 引脚 PA13 与屏显切换按键、通过 SPI1 接口与加速度传感器,以及通过 I^2C2 接口与 OLED 之间的接口电路,如图 8.7、图 8.8 和图 8.9 所示。

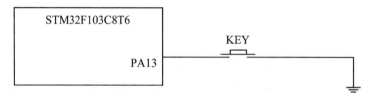

图 8.7　STM32F103C8T6 与手环屏显切换按键 KEY 之间的接口设计

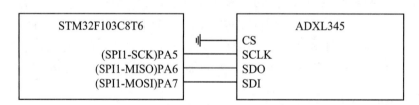

图 8.8　STM32F103C8T6 与手环加速度传感器 AXDL345 之间的接口设计

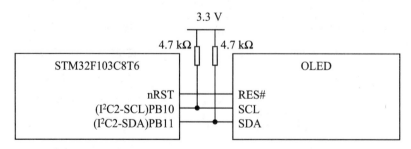

图 8.9　STM32F103C8T6 与手环 OLED 屏之间的接口设计

4）电路设计、制作与仿真

在以上硬件系统的详细设计过程中，可以使用 EDA（电子线路设计）工具软件绘制电路原理图（有时也称为逻辑图），生成最终的网表（netlist）文件。并在网表文件的基础上利用EDA 完成印刷线路板文件（包括元件布局图、PCB 板各层的布线图、过孔图、阻焊图和助焊图等）的制作，以及电路仿真测试。

2．应用软件详细设计与实现

此阶段的工作过程通常包括嵌入式软件开发语言的选择、开发工具的选择、软件模块/任务的具体处理流程设计，以及编写代码等步骤。

1）嵌入式软件开发语言选择

选择嵌入式软件开发语言时，主要应考虑以下因素：

• 通用性：不同类型嵌入式处理器有各自不同的汇编指令，使用汇编语言进行嵌入式软件开发和维护的难度较大。而高级语言（例如 C 语言），与硬件关联较少，通用性较好。

• 可移植性：汇编语言和具体嵌入式处理器密切相关，可移植性较差；高级语言具有较好的可移植性。

• 执行效率：虽然汇编语言指令复杂，编程难度较大，需要较长的开发周期，但是由汇编语言编写的软件执行效率高，所需的系统资源较少。而由高级语言开发的应用软件执行效率相对较低。因此，需在开发效率和系统性能之间进行权衡。

• 可维护性：使用汇编语言编写的程序，调试难度较大，可维护性不高；而高级语言往往使用模块化设计，便于系统功能扩充和升级，在出现问题时能够快速定位和解决。

例如，对于前述手环，其软件开发选用 C 语言作为主要开发语言，仅有微处理器STM32F103C8T6 的启动程序使用汇编语言编写。

2）嵌入式软件开发工具选择

选择嵌入式软件开发工具时，主要应考虑以下因素：

• 对系统硬件的支持。开发工具必须能够编译生成目标机嵌入式处理器的可执行代码，这是选择的首要条件。

• 系统调试器的功能。系统调试特别是远程调试是开发工具的重要功能之一，包括设置断点、查看寄存器和存储器等。

• 库函数的支持。开发工具应自带较多的库函数、项目工程模板和代码，方便开发。

• 其他因素。包括成本、支持服务、生态以及开发者的熟悉程度。

以前述手环为例，可选用 KEIL MDK 作为嵌入式软件开发工具。

3）应用软件详细设计与实现

此阶段的任务是根据概要设计的软件功能模块划分结果，分析模块之间的关系，为每个模块设计程序流程图或函数原型，并编写相应代码以实现各模块功能（函数）。根据嵌入式软件中是否使用操作系统，应用软件的结构不同，各个功能模块/任务的处理流程也有所不同，以下分别进行讨论：

（1）无操作系统的嵌入式软件

无操作系统的嵌入式软件结构分为循环轮询结构和前后台结构,两种结构都包含一个主模块和若干个子模块,现结合示例对主模块与子模块的设计与实现分别予以简述。

· 主模块

主模块对应嵌入式软件主体架构。不同嵌入式软件架构,主模块构成也不尽相同。基于循环轮询的架构,主模块仅由一个主函数构成;基于前后台的架构,主模块由一个主函数和若干个中断服务函数构成,在主函数或中断服务函数中调用各子模块的驱动函数,实现外设输入输出和信息处理以及各模块间信息共享,进而实现嵌入式系统的整体功能。

例如,用于手环的嵌入式软件采用的是基于中断的前后台架构。主模块由主函数和屏显切换按键的中断服务函数构成,定义显示标志、步数、距离和卡路里4个全局变量。主函数和中断服务函数的程序流程图,分别如图8.10和图8.11所示。

手环的主函数由系统初始化和无限循环构成。系统初始化包括硬件初始化和软件初始化两部分,分别完成对硬件(微处理器STM32F103C8T6、外设OLED屏)的初始配置和全局变量(显示标志、步数、距离和卡路里4个全局变量)的初始赋值,其中显示标志指示OLED屏显示信息的类别(0显示步数、1显示距离、2显示卡路里)。紧接初始化的无限循环是手环主函数的主体部分,通过调用各相关子模块的函数完成计步、统计和切换显示等功能。

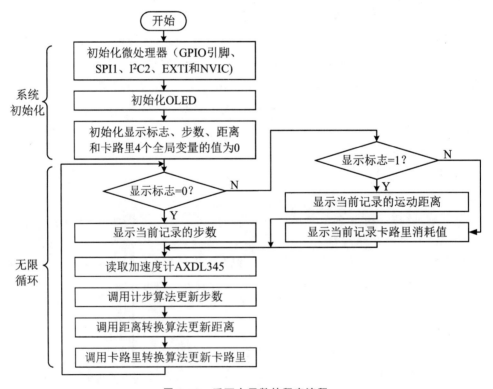

图 8.10　手环主函数的程序流程

在主程序的无限循环过程中,一旦出现屏显切换按键被按下,就进入中断服务程序。为了避免因可能出现的抖动而引起误判,在中断服务函数中还需要再次确认按键是否被按下,然后根据判断结果更新显示标志变量。

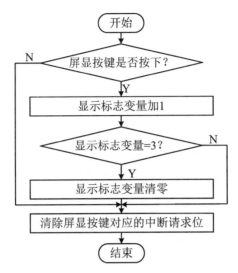

图 8.11　手环屏显切换按键的中断服务函数的程序流程

- 子模块

子模块具体负责操控某个硬件外设或者实现某种软件算法。通常每个子模块由源程序文件.c(一般以子模块名.c 命名,用于存放子模块中各函数的定义)和头文件.h(一般以子模块名.h 命名,用于存放子模块各函数的声明,供主模块或其他子模块调用)构成。

子模块的设计与实现通常可分为函数原型设计和函数代码编写两步。

首先,依据前一步骤中对子模块的功能做进一步划分,设计必要的函数。例如,以 OLED 模块为例,其负责操控手环中 OLED 屏,实现 OLED 屏的初始化配置、清屏、填充、字符显示等基本功能。因此,可为其设计 9 个驱动函数,分别为:$I^2C2\_Configuration$、OLED_WriteByte、OLED_WriteCmd、OLED_WriteData、OLED_Init、OLED_SetPos、OLED_Fill、OLED_CLS 和 OLED_ShowStr,分别实现初始化 STM32F103C8T6 的 I^2C2 接口、(向某个寄存器地址)写字节、写命令、写数据、初始化 OLED 屏、设置起始点坐标、全屏填充、全屏清除、从 OLED 屏的指定位置开始显示字符串等操作。OLED 模块由源程序文件 oled.c 和头文件 oled.h 构成。oled.c 用来存放 OLED 各驱动函数的定义,oled.h 用来存放 OLED 各驱动函数的声明,供主模块或其他子模块调用。

在完成函数原型设计之后再使用选定的嵌入式开发语言和开发工具编写代码,实现子模块的每个函数。

(2) 使用操作系统的嵌入式软件

在使用操作系统的嵌入式系统中,任务调度和系统资源分配由操作系统负责,应用软件只需关注如何实现自身的业务逻辑。根据概要设计阶段的功能模块划分结果,每个模块的详细设计与实现只需确定自身任务(包括中断服务程序)的具体处理流程,并在此基础上编写相应的代码。按照自顶向下的原则,各个功能模块的详细设计与实现一般可分为以下步骤:

① 分析并明确每个任务在系统整体中的位置、角色及其之间的关系,用系统总体任务关联图来表示。任务之间的关系可分为两种类型:一种是行为同步关系,体现为时序上的触发关系,例如本任务的运行受到哪些任务的制约,即本任务在运行过程中需要等待哪些任务发出的信号量或消息;又如本任务可控制哪些任务的运行,即本任务在运行过程中会向哪些任务发出信号量或消息,以达到触发这些任务的目的。另一种是资源同步关系,体现为信息的流动和共享关系,例如本任务在运行过程中需要获取哪些任务以何种形式提供的数据,又如本任务在运行过程中会以何种形式向哪些任务提供数据。

② 根据每个任务的具体功能和任务之间的关联分析结果,合理设计本任务的工作流程,使得本任务和其他任务能够彼此协调,完成预定的功能。

③ 按照每个任务的程序流程编写对应的函数代码,并尽可能通过调用操作系统提供的系统服务函数实现各项操作,如外设管理、通信管理和时间管理等,以提高系统工作的可靠性和稳定性。

3．系统测试

测试是系统开发过程不可或缺的环节。嵌入式系统的测试与 PC 上应用软件的测试既有许多共同之处,也有显著的区别,其不同之处主要体现在以下两方面。

首先,对于 PC 上的应用软件,测试环境通常就是开发和运行环境。而嵌入式系统一般不具备显示功能或结果输出能力,因此通常采用基于宿主机和基于目标机的两种测试方法。基于宿主机的测试虽然实现较为简单,但毕竟在仿真环境中运行,难以完全反映嵌入式系统运行的真实情况。基于目标机的测试则需要花费较多的时间,实现动态显示测试结果的难度较大。基于宿主机和基于目标机的两种测试方法可以发现不同的缺陷,需要对两种方法的测试内容进行合理的取舍。目前的趋势是把更多的测试放在宿主机环境中进行,但目标机环境的复杂性和独特性不可能完全被模拟,有些测试内容(例如实时性测试、硬件接口测试和中断测试等)只能在目标机上进行。

其次,与 PC 上的应用软件相比,由于嵌入式系统的资源有限,软件固化在内部存储介质上从而不易维护升级,并且运行环境相对较为恶劣(可能发生断电、物理损坏等极端情况),所以嵌入式系统测试除了验证逻辑上或功能上的正确性外,还要关注系统的性能和健壮性。

下面从嵌入式测试方法、测试工具及测试步骤三个方面简单介绍系统测试涉及的主要内容。

1）嵌入式测试方法

嵌入式测试方法分为黑盒测试和白盒测试两种。

（1）黑盒测试

黑盒测试又称功能测试,把嵌入式系统看成黑盒,在完全不考虑其内部结构和特性的情况下,测试其外部特性。因此,黑盒测试主要关心的是哪些输入是可以接受的,这些输入会产生怎样的输出,而不关心在输入和输出之间进行数据处理的软件算法或硬件电路等是如何实现的。一般来说,黑盒测试主要包括以下方面:

- 边界测试。测试输入范围中的边界输入值以及对应的输出值,测试到达输出范围中的边界值所对应的输入值。例如,对于室温监测仪,应选择功能性需求中规定的所能测量的最大温度值、最小温度值和 0 摄氏度值。

- 极限测试,有时也称为过载测试。在测试过程中,已经达到系统某一功能的最大承载极限或某一部件的最大容量,仍然对其进行相关操作。常见的测试手段有使输入信道、UART 缓冲区、内存缓冲区和磁盘等部件超载等。例如,对于手机这样的典型嵌入式系统连续进行短信的接收和发送,当超过收件箱和 SIM 卡所能存储的最大短信条数时,仍然进行短信接收,以观察过载情况下系统功能是否符合预期。

- 健壮性测试,又称容错性测试,用于测试系统在出现故障时能否自动恢复并继续运行。例如,在故意按错按键或输入非法日期后,系统能否自动屏蔽输入;出现突然掉电,在恢复供电后系统能否恢复正常工作。健壮性对于生命周期较长、工况恶劣、无人值守和工作在不易维护升级环境下的嵌入式系统尤为重要。

- 性能测试。主要包括时间性能和空间性能两方面。时间性能是指嵌入式系统对一个具体事件的响应速度。如果嵌入式系统对实时性有特殊要求,就要借助专用测试工具,对嵌入式软件的算法复杂度和嵌入式操作系统的任务调度策略进行分析测试,并以此作为优化依据。空间性能是指嵌入式软件运行时所消耗的系统资源,如 CPU 利用率和内存占用率。嵌入式系统由于资源有限,与 PC 上的应用软件相比,对空间性能有着更严格的约束。

综上,黑盒测试根据嵌入式系统的用途和外部特征查找缺陷,其最大优点在于不依赖具体的软件代码或硬件电路,而是从实际使用的角度进行测试。

(2) 白盒测试

白盒测试又称结构测试,把嵌入式系统看成透明的白盒,根据程序或电路的内部结构和逻辑来设计测试用例,对程序或电路的路径进行测试,检查是否满足设计的需要。典型的白盒测试包含以下方面:

- 语句或路径测试。被选择的程序语句或电路模块在测试实例至少执行一次。
- 判定或分支覆盖。选择的测试实例应使每个分支至少执行一次。
- 条件覆盖。选择的测试实例使每个用于判定的条件(项)具有所有可能的逻辑值。

因此,白盒测试要求对软件或电路的结构有详细的了解。尤其在软件测试中,白盒测试与代码覆盖率密切相关,需要在白盒测试的同时计算出测试代码的覆盖率,保证测试的充分性。测试 100% 的代码几乎是不可能的,应该选择最重要的代码进行白盒测试。由于安全性和可靠性方面的特殊要求,与 PC 上的应用软件相比,嵌入式软件测试通常要求有更高的代码覆盖率。而且,对于嵌入式软件,白盒测试不必在目标硬件上运行,更实际的方法是在开发环境中通过硬件仿真进行。因此,选用的嵌入式测试工具应支持基于宿主机环境的测试。

2) 嵌入式测试工具

常用的嵌入式测试工具有以下几种:

(1) 内存分析工具

内存分析工具用来捕捉在动态内存分配中可能存在的缺陷。动态内存分配错误现象通常难以再现,致使失效难以追踪,使用内存分析工具可以发现稍纵即逝的此类错误,从而避免将这类缺陷带入现场测试阶段。

（2）性能分析工具

许多应用对代码的执行时间有严格要求。但是在多数嵌入式应用中，少量代码（占代码总量的 5%～20%）占据了大部分执行时间。性能分析工具可以提供相关测试结果数据，描述系统执行时间是如何消耗的，是在哪个环节上消耗的，以及每个函数运行所花费的时间。根据这些数据，可以发现哪些函数消耗了较多执行时间，明确代码优化目标，避免漫无边际的盲目查找，从而提高系统优化工作的效率。

（3）代码覆盖率测试工具

代码覆盖率测试工具用来追踪哪些代码在测试过程中被执行，通过统计有多少以及有哪些代码在测试中被执行，从而在代码层面衡量测试的完全度。代码覆盖率测试工具通常提供语句覆盖、分支覆盖、修正的条件/分支覆盖、函数覆盖和函数调用覆盖等多种测试功能。

3）嵌入式系统的测试步骤

嵌入式系统的测试步骤可分为以下四步：

（1）平台测试

平台测试的内容包括硬件电路测试、嵌入式操作系统及底层驱动程序测试等。硬件电路需专门测试工具进行测试；嵌入式操作系统及底层驱动程序测试包括测试嵌入式操作系统的任务调度、实时性能、通信端口的数据传输速率等。

（2）单元测试

单元测试又称为模块测试。完成各模块编写后，须对每个模块分别进行调试。单元测试一般在宿主机环境下进行，常采用白盒测试方法，尽可能地测试每一个函数、每一个条件分支、每一条语句，提高代码测试的覆盖率。其中，模块接口、局部数据结构、重要的执行路径、出错处理和边界条件应被重点检查。

（3）集成测试

集成测试也称为组装测试，把各个模块按照软件设计中确定的要求组装之后进行测试。即使所有模块都通过了各自的单元测试，在组装后仍有可能出现问题，例如全局数据结构出错，一个模块的功能对其他模块造成不利影响，可接受的单个模块误差经过模块组合后误差累积达到不可接受的程度等。集成测试可在宿主机环境下进行，采用黑盒测试与白盒测试相结合方法，最大限度地模拟实际运行环境。为提高测试效率，集成测试时可暂时屏蔽一些不影响系统执行的函数以及一些数据传递难以模拟的函数。

（4）现场测试

现场测试是将嵌入式系统的硬件、软件、网络和物理环境等各种因素结合，对整个嵌入式系统进行测试。现场测试一般在实施环境中的目标机上进行，需要根据规格说明书设计测试样例，采用黑盒测试方法进行测试，验证每一项具体的功能，并与规格说明书中的要求进行比较。常见的现场测试包括一般性测试、稳定性测试、负载测试和压力测试等，这些测试的主要内容如下所述：

- 一般性测试，是指被测的嵌入式系统运行在现场正常的软硬件、网络及物理环境下，不向其施加任何压力和极端条件,测试系统的各项功能及性能指标。

- 稳定性测试,是指让被测系统在现场连续运行一段较长时间,检查其在运行期间各项功能和性能指标的一致性。
- 负载测试,是指让被测系统在其所能承受的最大处理负荷范围内连续运行,测试系统在最大负载情况下连续运行的稳定性。
- 压力测试,测试时持续不断地增加被测系统的处理负荷,直到被测系统的性能出现显著下降。压力测试的目的是用来验证被测系统所能承受的最大处理压力。

4. 系统发布

完成系统测试后,可对嵌入式系统进行发布,交付使用。在系统发布的同时,还应提供完整的产品使用手册,包含产品硬件清单、基本性能参数、使用说明和日常维护保养的注意事项等。

8.3　基于 ARM 内核的典型微处理器简介

8.3.1　恩智浦 LPC2132 微处理器

LPC2132 是一款基于 ARM7 TDMI 内核的微处理器,支持在线实时仿真和嵌入式跟踪,支持 32 位 ARM 指令集和 16 位 Thumb 指令集,拥有 64 KB 片内高速 Flash 存储器和 16 KB 片内 SRAM。LPC2132 片内资源丰富,具有宽波特率范围的串行通信接口、多个 32 位定时器、一个 8 通道 10 比特分辨率的 ADC、一个 10 比特的 DAC、一个 PWM 通道和 47 个 GPIO 及多个边沿或电平触发的外部中断等。LPC2132 适用于工业控制、消费类电子和医疗系统,较小封装和极低功耗也使其适用于小型系统和手持式设备。

1. 功能特性

LPC2132 主要特性如下:

- 小型 LQFP64(Low-profile Quad Flat Package,64 引脚的薄型四角扁平封装)封装,32 位 ARM7 TDMI-S 微处理器;
- 64 KB 片内高速 Flash 存储器,16 KB 片内静态 RAM;
- 片内 BOOT 装载软件实现在系统/在应用中编程(ISP/IAP);
- 嵌入式跟踪接口可实时调试,高速跟踪执行代码;
- 1 个 8 路 10 位 A/D 转换器,每通道转换时间低至 2.44 μs;
- 2 个 32 位定时/计数器(4 路捕获/比较通道)、拥有 6 路输出的 PWM 单元和看门狗;
- 实时时钟具有独立电源和时钟源,节电模式下可极大降低功耗;
- 2 个与 16C550 完全兼容的 UART、2 个高速 I^{2}C 接口(400 kb/s)和 2 个 SPI;

- 向量中断控制器,可配置优先级和向量地址;
- 47 个 5 V GPIO 引脚;
- 9 个边沿或电平触发的外部中断引脚;
- 内部锁相环(Phase Locked Loop,PLL)可提供最大 60 MHz 的时钟信号;
- 片内晶振频率范围 1~30 MHz;
- 具有空闲和掉电 2 种低功耗模式;
- 可通过单独使能/禁止外部功能以及降低外部时钟频率以减少功耗;
- 可通过外部中断将处理器从掉电模式中唤醒;
- 单电源供电,含上电复位 POR 和掉电检测 BOD 电路;
- CPU 工作电压范围为 3.0~3.6 V(3.3 V±10%),I/O 口可承受的最大电压为 5 V。

2．系统结构

LPC2132 包含 ARM7 TDMI-S(软核)CPU、连接片内存储器控制器的 ARM7 局部总线、连接中断控制器的 AHB 总线和连接片内外设功能的 VPB[①] 总线。默认配置为小端字节顺序访问模式,系统结构如图 8.12 所示。

AHB 连接了向量中断控制器(VIC)、外部存储器访问控制器(External Memory Controller,EMC)等。AHB 桥用于微处理器与 AHB 总线信号与时序协议的桥接与适配。其他外设(中断控制器除外)都连接在 VPB 总线上。AHB 到 VPB 的桥将 VPB 总线与 AHB 总线相连。片内外设与器件引脚的连接由引脚连接模块控制,须由软件控制以符合应用需求。

3．引脚及连接模块

1)引脚

LPC2132 共有 64 个引脚,如图 8.13 所示。每个引脚的详细说明可参考相关手册。

ARM 处理器的片内资源丰富功能强大,器件功能一般需通过引脚表现出来。如果将芯片全部功能都安排对应专用引脚,则引脚总数将会相当庞大,这既增加了产品成本也增加了硬件实现的复杂性。考虑到在实际应用中极少会用到器件的全部资源,可将某几个功能分配到同一个引脚上,通过编程设定该引脚在某个时刻对应某个功能,此举可大大减少引脚总数,这种方法称为引脚功能复用技术。

2)引脚连接模块结构原理

引脚连接模块(Pin Connect Block)用于配置引脚的具体功能。通过对其编程设置,可将片内功能资源连接到相应引脚。在使用片内外设时,除非该外设仅在片内应用(如用于产生内部定时信号的定时器),片内外设在激活之前应连接到适当引脚。任何被使能的外设功能如果没有映射到相关引脚,该外设功能就无法对外呈现,将被认为无效。对于功能复用的引脚,某一时刻某个引脚只能选择一个应用功能,当选定某功能时,其他功能自动失效。

---

① VPB 即 AMBA 总线中的 APB,NXP 在 2011 年后已经将其芯片手册中缩略语 VPB 统一更改为 APB。

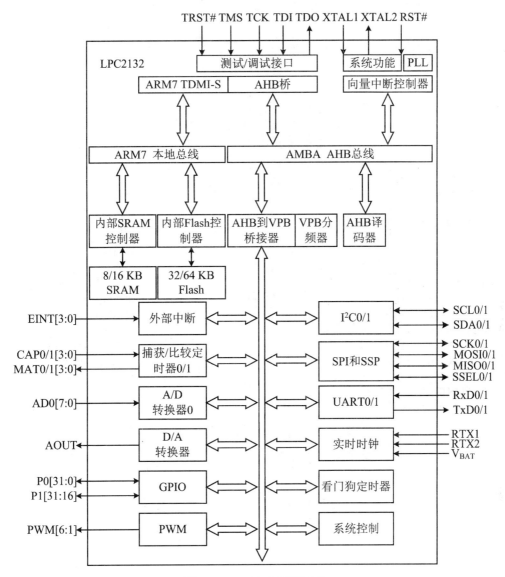

图 8.12　LPC2132 系统结构

说明：① TRST＃、TMS、TCK、TDI 和 TDO 引脚与 GPIO 共用；② 只有 LPC2138 含有 D/A 转换器；③ SSP 为同步串行接口（Synchronous Serial Port）。

LPC2132 的每个引脚最多可有 4 种功能选择。通过对引脚连接模块中的多路选择寄存器 PINSELx 进行编程，控制多路选择开关连通某功能模块信号与某个引脚，从而将不同功能模块的信号引出到引脚上。

3）端口寄存器与操作

LPC2132 芯片的引脚连接模块中有 3 个 32 位的多路选择寄存器，即 PINSEL0、PINSEL1 和 PINSEL2，如表 8.6 所示。对这 3 个寄存器编程，可分别选择对应各引脚的具体应用功能。各寄存器相应位的取值与引脚功能的对应关系参见表 8.7、表 8.8 和表 8.9。

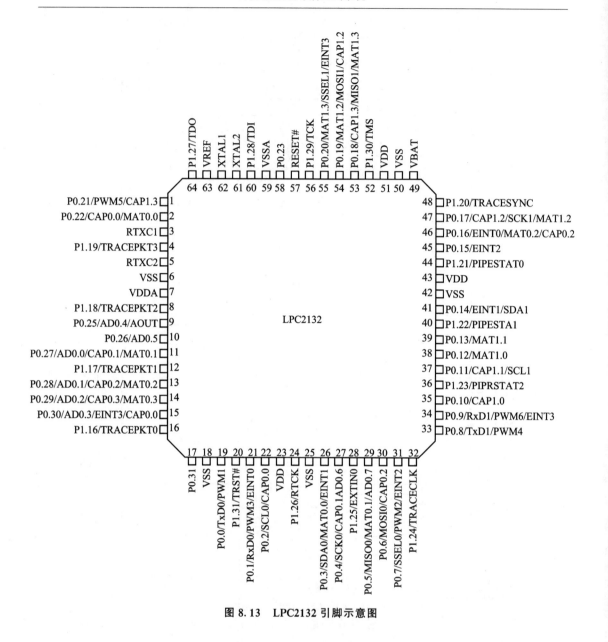

图 8.13 LPC2132 引脚示意图

表 8.6 引脚功能选择寄存器

地址	寄存器名	寄存器说明
0xE002 C000	PINSEL0	引脚功能选择寄存器 0,选择 P0[15:0]各引脚功能,每 2 位对应一个引脚
0xE002 C004	PINSEL1	引脚功能选择寄存器 1,选择 P0[31:16]各引脚功能,每 2 位对应一个引脚
0xE002 C014	PINSEL2	引脚功能选择寄存器 2,用于选择 P1[31:26]、P1[25:16]两引脚簇的功能

注:复位值参见表 8.7、表 8.8、表 8.9;访问属性均为 R/W。

表 8.7　PINSEL0 寄存器说明

位号	引脚名	PINSEL0[n+1:n]取值				复位值
		00b	01b	10b	11b	
1:0	P0.0	GPIO P0.0	TxD(UART0)	PWM1	保留	00
3:2	P0.1	GPIO P0.1	RxD(UART0)	PWM3	EINT0	00
5:4	P0.2	GPIO P0.2	SCL0(I^2C0)	CAP0.0(Timer0)	保留	00
7:6	P0.3	GPIO P0.3	SDA0(I^2C0)	MAT0.0(Timer0)	EINT1	00
9:8	P0.4	GPIO P0.4	SCK(SPI0)	CAP0.1(Timer0)	AD0.6	00
11:10	P0.5	GPIO P0.5	MISO(SPI0)	MAT0.1(Timer0)	AD0.7	00
13:12	P0.6	GPIO P0.6	MOSI(SPI0)	CAP0.2(Timer0)	保留	00
15:14	P0.7	GPIO P0.7	SSEL(SPI0)	PWM2	EINT2	00
17:16	P0.8	GPIO P0.8	TxD(UART1)	PWM4	保留	00
19:18	P0.9	GPIO P0.9	RxD(UART1)	PWM6	EINT3	00
21:20	P0.10	GPIO P0.10	保留	CAP1.0(Timer1)	保留	00
23:22	P0.11	GPIO P0.11	保留	CAP1.1(Timer1)	SCL1(I^2C1)	00
25:24	P0.12	GPIO P0.12	保留	MAT1.0(Timer1)	保留	00
27:26	P0.13	GPIO P0.13	保留	MAT1.1(Timer1)	保留	00
29:28	P0.14	GPIO P0.14	保留	EINT1	SDA1(I^2C1)	00
31:30	P0.15	GPIO P0.15	保留	EINT2	保留	00

PINSEL0 用于设置 P0 端口的 P0.0～P0.15 引脚的功能。只有引脚设置为 GPIO 功能时,相应 IO0DIR 引脚方向控制寄存器的信号方向控制位才有效,用于确定对应的 GPIO 引脚的输入/输出属性。对于其他功能,引脚信号的方向是自动控制的。

表 8.8　PINSEL1 寄存器说明

位号	引脚名	PINSEL1[n+1:n]取值				复位值
		00b	01b	10b	11b	
1:0	P0.16	GPIO P0.16	EINT0	MAT0.2(Timer0)	CAP0.2(Timer0)	00
3:2	P0.17	GPIO P0.17	CAP1.2(Timer1)	SCK(SSP)	MAT1.2(Timer1)	00
5:4	P0.18	GPIO P0.18	CAP1.3(Timer1)	MISO(SSP)	MAT1.3(Timer1)	00
7:6	P0.19	GPIO P0.19	MAT1.2(Timer1)	MOSI(SSP)	CAP1.2(Timer1)	00
9:8	P0.20	GPIO P0.20	MAT1.3(Timer1)	SSEL(SSP)	EINT3	00
11:10	P0.21	GPIO P0.21	PWM5	保留	CAP1.3(Timer1)	00
13:12	P0.22	GPIO P0.22	保留	CAP0.0(Timer0)	MAT0.0(Timer0)	00

续表

位号	引脚名	PINSEL1[n+1:n]取值				复位值
		00b	01b	10b	11b	
15：14	P0.23	GPIO P0.23	保留	保留	保留	00
17：16	P0.24	GPIO P0.24	保留	保留	保留	00
19：18	P0.25	GPIO P0.25	AD0.4	Aout(DAC)	保留	00
21：20	P0.26	GPIO P0.26	AD0.5	保留	保留	00
23：22	P0.27	GPIO P0.27	AD0.0	CAP0.1(Timer0)	MAT0.1(Timer0)	00
25：24	P0.28	GPIO P0.28	AD0.1	CAP0.2(Timer0)	MAT0.2(Timer0)	00
27：26	P0.29	GPIO P0.29	AD0.2	CAP0.3(Timer0)	MAT0.3(Timer0)	00
29：28	P0.30	GPIO P0.30	AD0.3	EINT3	CAP0.0(Timer0)	00
31：30	P0.31	GPIO P0.31	保留	保留	保留	00

表 8.9　PINSEL2 寄存器说明

位号	引脚名	取值	功能说明	复位值
1：0	—	—	保留,不可修改	NA
2：2	GPIO/DEBUG	0	P1.31～P1.26 用作 GPIO 功能	P1.26/RTCK 引脚状态非
		1	P1.31～P1.26 用作一个调试端口	
3：3	GPIO/TRACE	0	P1.25～P1.16 用作 GPIO 功能	P1.20/TRACESYNC 引脚状态非
		1	P1.25～P1.16 用作一个调试端口	
31：4	— —	— —	保留,不可修改	NA

在对 ARM 处理器内部的控制寄存器进行操作时,建议采用"读→修改→写回"方式对目标寄存器进行访问。首先读出目标寄存器中的数据,再对需要更新的位进行修改,然后再将更新后数据写回到目标寄存器。这种操作方式不会改变目标寄存器其他位的数据,不会影响其他引脚的功能属性。

8.3.2　三星 S3C2440A 微处理器

三星 S3C2440A 是一款基于 ARM920T 内核的 32 位微处理器,曾经获得广泛应用。S3C2440A 使用 0.13 μm 工艺,内置存储器管理单元 MMU 和 AMBA 总线,采用了基于哈佛架构的高速缓冲,具有独立的 16 KB I-Cache 和 16 KB D-Cache,配置了较为丰富的外设接口,为手持设备和普通小型应用提供低功耗高性能的解决方案。

1. 功能特性

S3C2440A 主要特性如下:

- 1.2 V 内核供电,1.8 V/2.5 V/3.3 V 存储器供电,3.3 V 外部 I/O 供电;
- 集成外部存储控制器(SDRAM 控制和片选逻辑);
- LCD 控制器,并提供 LCD 专用的 DMA 通道;
- 4 个 DMA 通道并有外部请求引脚;
- 3 个兼容 IrDA1.0 的 UART 通道;
- 2 个 SPI 通道;
- 1 个支持多主机的 I^2C 总线接口;
- 1 个基于持 I^2S 总线的音频编码器接口;
- 1 个符合 AC'97 协议的编解码器接口;
- 兼容 SD 卡和 MMC 卡接口;
- 2 个 USB 主机控制器/1 个符合 USB1.1 标准的 USB 设备控制器;
- 4 通道 PWM 定时器和 1 通道内部定时器/看门狗定时器;
- 1 个 8 通道 10 比特的 ADC 以及触摸屏接口;
- 具有日历功能的 RTC;
- 1 个摄像头接口,最大支持 4 096×4 096 像素输入;
- 130 个通用 I/O 口和 24 通道外部中断源;
- 具有普通、慢速、空闲和掉电等多种功耗模式;
- 具有 PLL 片上时钟发生器。

2. 系统结构

S3C2440A 的 ARM920T 内核通过 AHB 总线连接存储器,外设通过 APB 总线挂接 AHB,其内部资源和逻辑结构如图 8.14 所示。

8.3.3　意法半导体 STM32 系列微处理器

STM32 是意法半导体公司基于 Cortex-M 内核的微处理器系列产品,具有低成本、低功耗、高性能和多功能等特点。常用的有基于 Cortex-M3 内核的 STM32F103～STM32F107 系列,简称"1 系列",简记为 STM32F10x,以及基于 Cortex-M4 内核的 STM32F4xx 系列,简称"4 系列"。

"4 系列"有诸多优化,例如,增加了浮点运算和 DSP 处理器,存储空间可高达 1 M 字节以上,运算速度更快(以 168 MHz 高速运行时可达到 210 DMIPS 的处理能力),支持更高级的外设接口(如照相机、加密处理器、USB 和 OTG)等。

STM32 集成了诸多通过总线相连的基本功能部件,主要包括:Cortex-M 内核、总线、系统时钟发生器、复位电路、程序存储器、数据存储器、中断控制、调试接口以及各种外设。对于不同芯片系列和型号,外设的数量和种类不完全一样,常用外设有:输入/输出接口 GPIO、定时/计数器、串行通信接口 USART、串行总线 I^2C 和 SPI 或 I^2S,SD 卡接口 SDIO 和 USB 接口等。

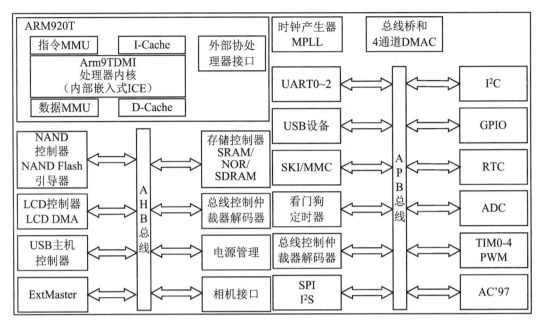

图 8.14　S3C2440A 内部结构图

1．功能特性

根据程序存储容量,ST 的微处理器芯片可分为三大类:LD(小于 64 KB),MD(大于 64 KB 但是小于 256 KB),HD(大于 256 KB)。例如型号为 STM32F103ZET6 的微处理器属于第三类,其性能简介如下:

• 基于 ARM Cortex-M3 内核,系统频率 72 MHz,LQFP144 封装;

• 64 KB 的片内 RAM(数据存储器,其作用相当于内存),512 KB 的片内 Flash(程序存储器,其作用类似于硬盘),片内 Flash 支持在应用编程(In Application Programming,IAP);

• 独立设置的数据流水线和指令流水线,以避免总线资源冲突;

• 通过片内 BOOT 区,可通过串口实现在线系统编程(In System Programming,ISP);

• 片内双 RC 晶振,提供 8 MHz 和 40 kHz 的频率信号;

• 支持片外高速晶振(8 MHz)和片外低速晶振(32 kHz),带后备电源引脚,用于掉电后的时钟运行;

• 42 个 16 位的后备寄存器,利用外置电池可实现掉电后的数据暂存;

• 支持 JTAG 和 SWD 调试;

• 80 个 GPIO(大部分兼容 5 V 逻辑)引脚,可配置成 4 个通用定时器,2 个高级定时器,2 个基本定时器,3 个 SPI,2 个 I^2S,2 个 I^2C,5 个 USART,1 个 USB,1 个 CAN,1 个

SDIO 和一个 16 位的可变静态存储控制器(FSMC[①]);

· 3 个 16 通道的 12 比特 ADC,2 个 2 通道的 12 比特 DAC,支持片外独立精密参考电压(Vref),ADC 的转换时间最快为 1 μs;

· CPU 工作电压范围:2.0~3.6 V。

2. 系统结构

基于 ARM Cortex-M3 内核的 STM32F103 微处理器系统结构可参见第 4 章图 4.39,其主要部件的功能简述如下:

(1) I-Code 总线。将内核指令总线与闪存的指令接口相连,在此总线上完成指令预取。

(2) D-Code 总线。将内核数据总线与闪存的数据接口相连,用于数据加载和调试访问。

(3) 系统总线。连接内核的系统总线(外设总线)到总线矩阵。

(4) DMA 总线。将 DMA 的 AHB 主控接口与总线矩阵相连,总线矩阵协调 D-Code 和 DMA 与 SRAM、闪存和外设之间的访问。

(5) 总线矩阵。协调内核系统总线和 DMA 主控总线之间的访问仲裁,包含 4 个驱动部件(CPU 的 D-Code、系统总线、DMA1 总线和 DMA2 总线)和 4 个被动部件(闪存接口 FLITF、SRAM、FSMC 和 AHB-APB 桥),总线仲裁采用轮换算法。AHB 外设通过总线矩阵与系统总线相连,允许 DMA 访问。

(6) AHB-APB 桥。两个 AHB-APB 桥在 AHB 和两个 APB 总线间提供同步连接。APB1 操作速度限于 36 MHz,APB2 的最高操作速度为 72 MHz(全速)。

STM32F103 采用 Cortex-M3 内核,程序存储器、静态数据存储器和所有的外设都统一编址(地址空间为 4 GB),各自都有固定的存储区域。具体地址空间分配方案参阅第 5 章相关内容以及 ST 官方手册。如果采用固件库进行程序开发,可不必关注具体地址。程序存储器、静态数据存储器和所有的外设均通过相应的总线再经总线矩阵与内核相接。其中外设可分为高速和低速两类,各自通过桥接后再经 AHB 系统总线连接至总线矩阵。

STM32F103 外设时钟可各自配置,速度可各不相同。所有外设均支持 CPU 控制读写和 DMA 两种访问模式。前者由 CPU 通过相应总线发出读写指令进行访问,适用于数据量较小、对读写速度要求相对较低的场合;后者是在外设发出 DMA 请求后,由 DMA 控制器在外设和存储器之间建立直接的数据传输通道,可大大提高数据传输的速度。

STM32F103 的系统时钟均由复位与时钟控制器(Reset and Clock Control,RCC)产生。STM32F103 有一整套时钟管理电路,为系统和各种外设提供所需的时钟,并以此确定各自的工作速度。

3. 引脚定义

STM32F103 系列共有从 36 脚至 144 脚的 6 种不同的封装形式,每种封装的产品型号

---

① FSMC(Flexible Static Memory Controller,可变静态存储控制器)是 STM32 系列采用的一种存储器扩展技术,可根据应用需要方便地进行不同类型的大容量静态存储器的扩展,例如 SRAM、ROM、NOR Flash、NAND Flash,以及用于移动终端的 PSRAM(Pseudo SRAM)。

不同,相应的外设配置也不相同。例如 STM32F103RCT6 只有 64 条引脚,LQFP64 封装,其引脚分布和名称如图 8.15 所示,具体引脚定义可参阅相关手册。

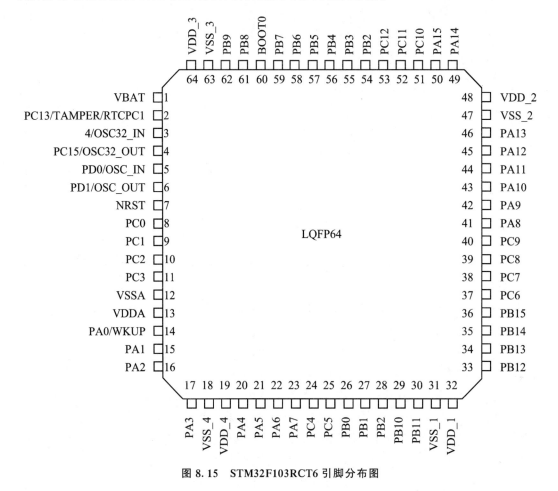

图 8.15　STM32F103RCT6 引脚分布图

8.4　ARM 微处理器最小硬件系统

8.4.1　微处理器最小硬件系统

微处理器最小硬件系统除了必不可少的微处理器以外,仅包含正常工作所需的最少元/部件。这些元/部件一般包括电源、时钟和复位等保障电路,以及用于引导与装载基本程序的存储器电路和用于系统调试监控的调试下载电路,如图 8.16 所示。

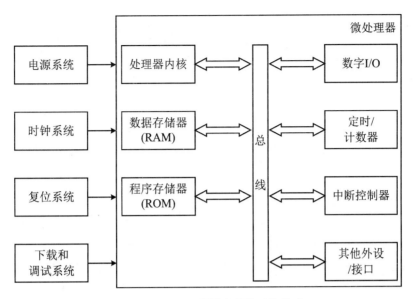

图 8.16　微处理器最小硬件系统构成

8.4.2　S3C2440A 的最小硬件系统

S3C2440A 最小硬件系统如图 8.17 所示。除微处理器以外，主要包括以下电路模块：

- 电源模块，包括 CPU 内核和 I/O 接口电源；
- 时钟模块，包括系统主时钟（频率较高，12～20 MHz）和实时时钟（频率较低，32 kHz）
- 复位模块，包括系统加电、手动、内部复位 3 种复位方式；
- JTAG 调试接口模块，完成基本调试工作；
- 外部存储器模块，程序存储和运行空间。

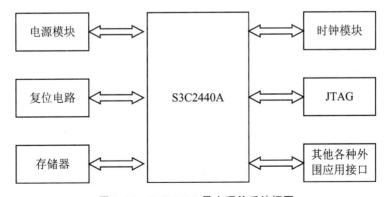

图 8.17　S3C2440A 最小硬件系统框图

1. 电源模块

电源模块提供了系统工作的能量来源，其电压、纹波、内阻和驱动能力等性能直接影响到系统工作的稳定性。对电源模块一般有如下一些要求：

- 输出电压要在系统允许的正常工作电压范围之内（可参考芯片手册）；
- 有的系统在加电时有电压上升斜率的特殊要求；
- 内核和外围接口电路供电需要独立设计，断电时要按照先外后内的顺序；
- 电源驱动能力应满足系统正常工作的最大需求，并有合理的裕量；
- 应使用二次滤波和电路隔离等手段，对电源纹波和电路干扰进行抗干扰处理；
- 数字电源和模拟电源应独立设置，并进行物理隔离，防止数字噪声对模拟电路形成干扰。

2. 时钟模块

时钟模块提供系统正常工作所需的同步信号，其稳定性直接关系到系统工作稳定性。时钟模块的输入通常包括频率较高的系统主时钟和频率较低的实时时钟。对于系统主时钟，时钟模块还需使用锁相环 PLL 对其进行倍频和同步处理，从而得到不同频率的时钟信号供各模块使用。S3C2440A 时钟模块的输入包括 1 路 12～20 MHz 的系统主时钟（从 XTO_{PLL} 和 XTI_{PLL} 引脚输入）和 1 路 32.768 kHz 的实时时钟（从 XTOrtc 和 XTIrtc 引脚输入）。

时钟信号既可由外接晶体作谐振单元构成振荡器来产生，也可由外部有源时钟信号模块输入。以系统主时钟为例，不同输入方式的电路连接如图 8.18 所示。其中，左图为外接晶体与芯片内部放大器共同构成振荡器电路，当晶体振荡频率在 12～20 MHz 时，配合使用的 C_{EXT} 可以选择 15～22 pF，并将 EXTCLK 引脚连接至正电源端。右图为采用外部时钟信号源，时钟信号由 EXTCLK 引脚输入，XTO_{PLL} 引脚断开，XTI_{PLL} 引脚接正电源。

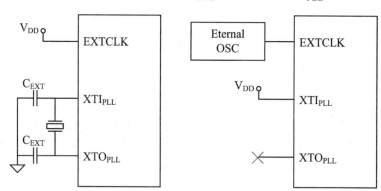

图 8.18　S3C2440A 的时钟输入方式

系统主时钟可由 S3C2440A 内部的锁相环进行相应的处理，得到 FCLK、HCLK、PCLK 和 UCLK 这 4 组时钟信号。其中：

- FCLK 主要供给 ARM920T 内核使用；
- HCLK 主要供给 AHB 总线、存储器控制器、中断控制器、LCD 控制器、DMA 控制器和 USB 主机使用；
- PCLK 主要供给挂在 APB 总线的外设使用，如 WDT、I^2S、I^2C、PWM 定时器、

MMC、ADC、USART/UART、GPIO、RTC 和 SPI 等；

- UCLK 主要提供 USB 所需 48 MHz 时钟。

3．复位模块

复位模块提供加电复位、手动复位和内部复位 3 种复位方式。加电复位和手动复位信号来自外部复位电路，内部复位信号来自系统的内部事务，如看门狗复位等。系统对外部复位信号波形有一定要求，若不能满足要求，如持续时间过短等，则系统不能正常复位。处理器内部产生的复位信号，除完成自身复位外，还可用于输出驱动以控制系统中其他电路，并保证其信号的完整性。

外部复位信号从 nRESET 引脚输入。要完成正确的系统复位，nRESET 引脚需维持低电平状态至少 4 个 FCLK 时钟周期。当 nRESET 引脚信号变为低电平后，内核将丢弃当前正在执行的指令；当 nRESET 引脚再次变为高电平后，内核将会执行如下操作：

- 复制当前的 PC 和 CPSR 的值，以覆盖 R14_SVC 和 SPSR_SVC 寄存器；
- 强制 M[4∶0] 寄存器值变为 10011（进入超级用户模式），并将 CPSR 中的 I 位和 F 位置位，将 CPSR 中的 T 位清零；
- 强制 PC 从地址 0x00 处取得下一条指令；
- 恢复 ARM 正常的工作状态。

4．JTAG 调试接口模块

JTAG 接口主要包含 nTRST、TMS、TCK、TDI 和 TDO 共 5 个信号，其中 TMS、TCK 和 TDI 信号需要连接上拉电阻。宿主机通过 JTAG 调试器与目标机连接，以实现对目标机 S3C2440A 的调试。

5．外部存储器模块

外部存储器模块为系统程序的保存和运行提供扩展空间，外部存储器包括 SRAM、SDRAM、NOR Flash 和 NAND Flash 等。在实际应用中，NAND Flash 通常用于存放程序，SDRAM 用于程序运行，SRAM 用于存放引导系统（也称为"Steppingstone"，容量为 4 KB）。当系统加电后，系统引导程序会将外部 NAND Flash 中最低地址开始 4 KB 容量的代码（即系统引导代码）装载进 SRAM 中，并由硬件完成 ECC 校验以保证数据正确性，然后转向 SRAM 地址空间运行用户程序，例如操作系统或应用程序等，完成系统启动引导。

8.4.3　STM32F103 的最小硬件系统

STM32F103 微处理器的最小硬件系统如图 8.19 所示。除 STM32 处理器芯片以外，最小硬件系统还包含：

- 电源电路：包括数字电源和模拟电源 VREF＋。其中 VREF＋是 ADC 和 DAC 部件的精密参考电压源，VREF－引脚可看作系统中模拟电路的基准（模拟地）。
- 复位电路：当图 8.19 中的手动复位按键 B1 被按下时，产生低电平的复位信号；复位引脚 NRST 同时与 JTAG 接口相连，也可以通过调试工具进行复位。

• 时钟电路:包括频率分别为 8 MHz(高速 HSE)和 32 kHz(低速 LSE)两个外接晶振电路。

• 调试和下载电路:通过此电路连接上位机或仿真器,供程序下载和调试使用。

• 启动电路:通过跳线开关 JP3,可设置 BOOT0 和 BOOT1,从而选择从用户 Flash 或片内 SRAM 运行启动代码。

如果需要,STM32F103 的最小硬件系统可以进一步精简。例如,采用 LQPF100 封装的芯片因其内部包含了 RC 振荡器和复位电路,只需为其提供电源和下载调试接口即可。但通常为了精确和可靠,仍可在其外部配置晶振和复位电路。

现以 STM32F103 的最小硬件系统为例,对上述几个部分做进一步说明。

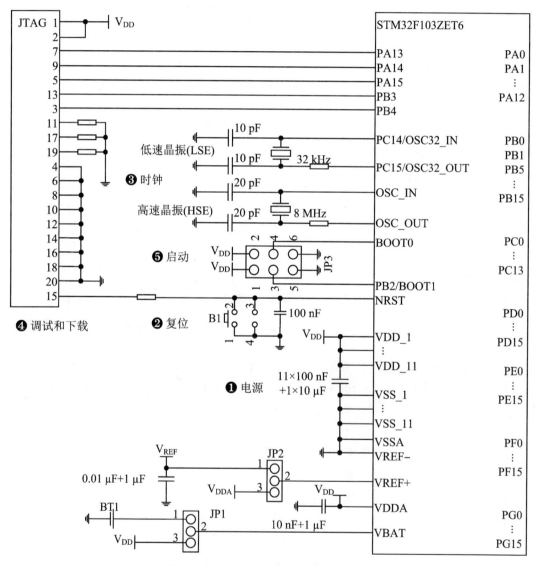

图 8.19   STM32F103 最小硬件系统原理图

1．电源电路

1）供电需求

STM32F103 的整体供电需求如图 8.20 所示。

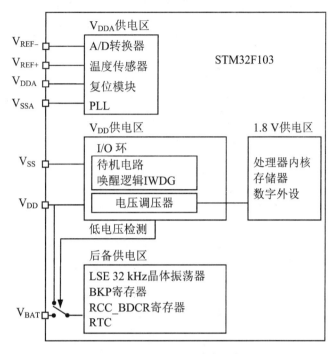

图 8.20　STM32F103 的整体供电需求

2）供电方案

根据图 8.20 所示的 STM32F103 的供电需求，整体供电方案简述如下。需要注意的是，为了去除干扰，每个电压输出引脚都必须接至少一个去耦电容。

（1）主电源 V_{DD}（必需）

主电源一般采用稳定的单电源供电，电压范围为 2.0～3.6 V，同时由其内部电压调压器为处理器内核、内存以及数字外设提供 1.8 V 的工作电压。此调压器应能根据 STM32F103 功耗模式，灵活调整供电方式和供电范围，直至停止供电。如果需要使能 ADC，则主电源 V_{DD} 的电压范围须为 2.4～3.6 V。

（2）实时时钟 RTC 和一部分备份寄存器的电源 V_{BAT}（可选）

V_{BAT} 可保证在 STM32F103 进入深度睡眠模式时保持数据不丢失（或掉电时提供后备电源）。可选用备用电池（如纽扣电池，或者使用其他电源提供的备用电压）作为该电源。V_{BAT} 的电压范围须为 1.8～3.6 V。如果最小系统没有使用备用电池作为该电源，则 V_{BAT} 引脚须与主电源 V_{DD} 相连。

V_{BAT} 的开关由复位模块内的掉电复位（Power Down Reset，PDR）电路控制。V_{BAT} 供电时，可使用以下功能：PC14 和 PC15 仅用于 LSE 引脚；PC13 可作为 TAMPER 引脚、RTC 闹钟或秒输出（由 BKP 的 RTC 时钟校准寄存器 BKP_RTCCR 控制，进一步的详细说明可参阅相关芯片手册)。

(3) V_{DDA} 和 V_{SSA}

由于 ADC 和温度传感器等部件内部有较多的模拟电路,而模拟电路极易受到数字噪声和电源波动的干扰,从而影响数据采集结果的精度。因此,在对精度有较高要求的应用场合,ADC 和温度传感器等部件需要使用低噪声、低纹波和低扰动的高质量电源。V_{DDA} 一般由主电源经滤波和去耦后提供。

(4) ADC 模块所需参考电压 V_{REF+} 和 V_{REF-}(可选)

在引脚数量大于或等于 100 的微处理器中,ADC 和 DAC 模块有额外的参考电压引脚 V_{REF+} 和 V_{REF-}。V_{REF+} 的电压范围可以在 2.4 V 与 V_{DD} 之间,而 V_{REF-} 作为模拟地,必须与数字地 V_{SSA} 相连。图 8.19 中 V_{REF+} 使用了单独的外部精密参考电压,必须连接两个并联的去耦电容(0.01 μF 和 1 μF)。

在引脚数量小于等于 64 的微处理器(如 STM32F103RCT6)中,ADC 模块的参考电压引脚 V_{REF+} 和 V_{REF-} 分别被默认连接到 ADC 的供电电源 V_{DDA} 和 ADC 的数字地 V_{SSA}。

(5) 电压调压器

复位后,电压调压器始终开启。根据应用模式的不同,调压器有以下三种工作模式:

• 运行模式。调压器以正常功耗模式提供 1.8 V 电源,供处理器内核、内存和数字外设使用。

• 停止模式。调压器以低功耗模式提供 1.8 V 电源,保护寄存器和 SRAM 所存储的内容不至于丢失。

• 待机模式。调压器停止供电,除了备用电路和备份区域外,寄存器和 SRAM 的内容全部丢失。

3) 电源管理

(1) 电源电压检测器(PVD)

电源电压检测器(Programmable Voltage Detector,PVD)可用来监控电源。STM32F103 集成了一个上电复位(Power On Reset,POR)和掉电复位(PDR)电路。当供电电压 V_{DD} 达到 2 V 时,系统正常工作。当 V_{DD} 低于特定的电压阈值 $V_{POR/PDR}$ 时,系统就一直处于复位状态。电源控制寄存器 PWR_CR.PLS 位用于选择监控电源的电压阈值 $V_{POR/PDR}$,将 V_{DD} 与之比较,即可实现 PVD 的电源监控功能。

具体应用时,电源控制寄存器的 PWR_CR.PVDE 位使能 PVD,电源控制/状态寄存器 PWR_CSR.PVDO 位指示 V_{DD} 是高于还是低于 PVD 的电压阈值(即前述所设定的 $V_{POR/PDR}$)。该事件在内部连接到外部中断的第 16 线 EXTI16。若该中断在外部中断控制寄存器中被使能,事件发生时将产生一个 PVD 中断。这一特性在实际应用中可用作执行紧急关闭的任务。

(2) 低功耗模式

若希望降低系统运行模式下的功耗,可通过对预分频寄存器进行编程,降低任意一个系统的内部时钟(如 SYSCLK、HCLK、PCLK1 和 PCLK2 等)或外设时钟的频率;还可以通过设置 AHB 外设时钟使能寄存器 RCC_AHBENR,或者 APB1 外设时钟使能寄存器 RCC_

APB1ENR,或者 APB2 外设时钟使能寄存器 RCC_APB2ENR,选择关闭某些时钟(如 HCLK、PCLKx)以降低功耗。

如果 CPU 不需要继续运行,可利用 Cortex-M 系列内核所具有的低功耗模式以进一步减少功耗。例如,在等待某个外部事件时,可根据最低电源消耗、最快速启动时间和可用的唤醒源等条件,选定一个最佳的低功耗模式。STM32F103 有 3 种低功耗模式,如表 8.10 所示:

• 睡眠(Sleep)模式,内核停止工作但外设仍在运行。在 3 种低功耗模式中,此模式的功耗相对较高。

• 停止(Stop)模式,所有时钟都停止运行,也称为停机模式。此模式的功耗较低,典型值约为 20 μA。

• 待机(Standby)模式,此时 1.8 V 电源被关闭,功耗最低,典型值仅有 2 μA。

表 8.10　STM32F103 低功耗模式一览

模式	进入操作	唤醒	对 1.8 V 区域时钟影响	对 V_{DD} 区域时钟影响	电压调压器
睡眠 Sleep-now 或 Sleep-on-exit	WFI 指令	任一中断	CPU 时钟关,对其他时钟或 ADC 时钟无影响	无	开
	WFE 指令	唤醒事件			
停机	配置 PWR_CR.PDDS 位 + PWR_CR.LPDS 位 + SCR.SLEEPDEEP 位 + WFI 或 WFE 指令	任一外部中断 EXT(设置外部中断 EXTI 寄存器)	所有 1.8 V 区域时钟关闭	HSI 和 HSE 振荡器关闭	开启或处于低功耗模式(依据 PWR_CR 的设定)
待机	配置 PWR_CR.LPDS 位 + SCR.SLEEPDEEP 位 + WFI 或 WFE 指令	WKUP 引脚的上升沿、RTC 闹钟事件、NRST 引脚上的外部复位、IWDG 复位			关

注:停机和待机模式均属于深度睡眠模式。即使处于深度睡眠状态,实时时钟(RTC)、独立看门狗(IWDG)及其时钟源不会被关闭。

由表 8.10 可见,进入 3 种低功耗模式所需的操作主要涉及两个寄存器:一是系统控制块(SCB)中系统控制寄存器(SCR),另一个是电源控制寄存器(PWR_CR)。PWR_CR 寄存器将在稍后介绍,SCR 寄存器中与低功耗相关的控制位的作用简介如下:

• SCR.SEVONPEND 位(Send EVent on interrupt PEND 位,SCR[4:4]):该位为 0 表示只有使能的中断或事件才能唤醒内核;为 1 表示任何中断和事件都可以唤醒内核。

• SCR.SLEEPDEEP(SCR[2:2]):该位为 0 表示低功耗模式为睡眠模式;为 1 表示进入低功耗时为深度睡眠模式(即停机或待机模式)。

• SCR.SLEEPONEXIT(SCR[1:1]):该位为 0 表示系统被唤醒后进入线程模式,然后不再进入睡眠模式;为 1 表示被唤醒后执行相应的中断处理函数,执行完毕再次进入睡眠模式。

以下对进入和退出上述三种低功耗模式的流程以及低功耗模式的特性分别予以介绍。

① 睡眠模式

若 SCR. SLEEPDEEP 位被设置为 0,并且 SCR. SLEEPONEXIT 位也为 0,执行 WFI 或 WFE 指令后微处理器立即进入睡眠模式(即 Sleep-now 模式);若 SCR. SLEEPDEEP 位为 0,但是 SCR. SLEEPONEXIT 位为 1,系统从最低优先级中断处理程序退出后进入睡眠模式(即 Sleep-on-exit 模式)。

如果用 WFI 指令进入睡眠模式,任一被 NVIC 响应的外设中断都能唤醒。如果使用 WFE 指令进入睡眠模式,可以唤醒的条件根据 SCR. SEVONPEND 位的值有所不同。当 SCR. SEVONPEND 位为 0 时,只有使能的(EXTI 中使能,非 NVIC 中使能)外部中断或事件才可以唤醒;当 SCR. SEVONPEND 位为 1 时,任一使能或者非使能的中断/事件(包括 SEV 指令发送的事件)都能唤醒。

② 停机模式

该模式在睡眠模式基础上引入了外设时钟控制机制。进入停机模式后,1.8 V 供电区域的所有时钟都被停止,PLL、HSI(High Speed Internal clock signal)、HSE(High Speed External clock signal)被关闭,SRAM 和寄存器正常供电(内容被保留),此时电压调压器可运行于正常或低功耗模式。

进入停机模式的流程是先确定所有外部中断/事件标志(位于挂起寄存器 EXTI_PR 中)和 RTC 的闹钟标志均已清除,否则进入停机的流程会被跳过,程序继续运行,使得进入停机模式的操作失效。然后设置 SCR. SLEEPDEEP = 1,PWR_CR. PDDS = 0,开启(并正常运行)电压调节器(设置 PWR_CR. LPDS 位为 0)或使之低功耗模式运行(设置 PWR_CR. LPDS 位为 1),最后执行 WFI 或 WFE 指令,进入停机模式。

系统处于停机模式时,任何一个使能的外部中断或外部事件将把系统唤醒,并清除相关低功耗标志。

③ 待机模式

待机模式可实现系统的最低功耗,在停机模式基础上关闭电压调压器,SRAM 和寄存器内容丢失,只有备份寄存器和待机电路维持供电。

进入待机模式的流程是先设置电源控制寄存器 PWR_CR. CWUF 位为 1 以清除电源控制/状态寄存器 PWR_CSR 中的 WUF 位,然后设置 SCR. SLEEPDEEP = 1,PWR_CR. PDDS = 1,再执行 WFI 或 WFE 指令进入待机模式。

待机模式的唤醒事件包括外部复位(NRST 引脚)、独立看门狗 IWDG 复位、WKUP 引脚上的上升沿或 RTC 闹钟等。唤醒后,除 PWR_CSR(指示内核由待机状态退出)以外的所有寄存器均被复位。

从待机模式下唤醒后的代码执行过程与复位后相同。除了复位引脚、配置为防侵入或校准输出的 TAMPER 引脚,以及使能的唤醒引脚 WKUP 之外,所有 I/O 口引脚均处于高阻态(因此进入待机模式前不需特意配置引脚的低功耗特性)。

④ 低功耗模式下的 RTC 自动唤醒

RTC 可在不依赖外部中断的情况下唤醒低功耗模式下的微处理器(所谓自动唤醒模

式)。RTC 提供一个可编程的时间基数,用于周期性将处理器从停机或待机模式下唤醒。通过对备份区域控制寄存器 RCC_BDCR 的 RTCSEL[1∶0]位的编程,可选择 3 个 RTC 时钟源中的两个(LSE 和 LSI)之一实现此功能。

自动唤醒模式除了需要配置 RTC 使其可产生 RTC 闹钟事件以外,如果是从停机模式下唤醒,须配置外部中断线 17 为上升沿触发;如果是从待机模式中唤醒,则不必配置外部中断线 17。

⑤ 与低功耗相关的部分库函数如下:

PWR_WakeUpPinCmd,唤醒引脚配置;

PWR_GetFlagStatus,读 PWR 寄存器状态标识;

PWR_ClearFlag,清除 PWR 寄存器状态标识;

PWR_EnterSleepMode,进入睡眠模式;

PWR_EnterSTOPMode,进入停机模式;

PWR_EnterSTANDBYMode,进入待机模式。

⑥ 3 种低功耗模式的对比如下:

• 睡眠模式:内核停止运行,但其片上外设以及内核自带的外设仍然全都照常运行,在软件上表现为不再执行新的代码,保留睡眠前内核寄存器及内存的数据。唤醒后,若由中断唤醒,先进入中断服务,在退出中断服务程序后,接着执行 WFI 指令之后的程序;若由事件唤醒,直接执行 WFE 指令后的程序。睡眠模式没有唤醒延迟。

• 停止模式:进一步关闭其他所有时钟,所有外设停止工作,但由于部分电源没有关闭,还保留内核寄存器及内存信息。唤醒后,重新开启时钟,从上次停止处继续执行代码。若由中断唤醒,先进入中断,退出中断服务程序后,接着执行 WFI 指令之后的程序;若由事件唤醒,直接执行 WFE 指令之后的程序。因为唤醒后会使用 HSI 作为系统时钟,因此有必要在程序中重新配置系统时钟,将时钟切换回 HSE。唤醒的基础延迟为 HSI 振荡器的启动时间,若调压器工作在低功耗模式,还需加上调压器从低功耗切换至正常模式下的时间,若 FLASH 工作在掉电模式,还需加上 FLASH 从掉电模式唤醒的时间。

• 待机模式:不仅关闭所有时钟而且完全关闭 1.8 V 区域电源。从待机模式唤醒后,由于没有之前的代码运行记录,只能对芯片复位,重新检测 BOOT 条件,从头开始执行程序。

(3) 电源控制寄存器和电源控制/状态寄存器

电源控制寄存器(PWR_CR),地址偏移为 0x00;复位后的值为 0x0000 0000(从待机模式唤醒时被清除),PWR_CR 各位定义如表 8.11 所示。

表 8.11　电源控制寄存器(PWR_CR)各位定义

位	定　义	取值及含义
31∶9	保留	始终读为 0
8	DBP,取消备份区域的写保护	复位后,RTC 和备份寄存器处于被保护状态以防意外写入,设置该位禁止/允许写入这些寄存器,0:禁止写入;　1:允许写入

位	定义	取值及含义
7:5	PLS[2:0],PVD 电平选择	选择电源电压监测器 PVD 的电压阈值,000～111 对应 2.2～ 2.9 V
4	PVDE,PVD 使能	0:禁止 PVD; 1:开启 PVD
3	CSBF,清除待机位	写入 0 无效;写入 1 清除 SBF 待机位;读操作结果始终为 0
2	CWUF,清除唤醒位	写入 0 无效;写入 1 在 2 个系统时钟周期后清除 PWR_CSR 中的 WUF 唤醒位;读操作结果始终为 0
1	PDDS,掉电深睡眠	与 LPDS 位协同操作,PDDS=1:进入待机模式;PDDS=0:进入停机模式,调压器状态由 LPDS 位控制
0	LPDS,深睡眠下的低功耗	与 PDDS 位协同操作。在停机模式下(PDDS=0),LDPS=0,电压调压器开启,运行于正常模式;LDPS=1:处于低功耗模式

电源控制/状态寄存器(PWR_CSR),地址偏移为 0x04;复位后的值为 0x0000 0000(从待机模式唤醒后不会被清除)。与标准的 APB 读操作相比,读此寄存器需额外的 APB 周期。PWR_CSR 的各位定义如表 8.12 所示。

表 8.12 电源控制/状态寄存器(PWR_CSR)各位定义

位	定义	取值及含义
31:9	保留	读操作结果始终为 0
8	EWUP,使能 WKUP 引脚	0:WKUP 引脚为通用 I/O,引脚上事件不能将 CPU 从待机模式唤醒; 1:WKUP 引脚用于将 CPU 从待机模式唤醒,被配置为输入下拉模式,上升沿唤醒。复位时清除此位
7:3	保留	读操作结果始终为 0
2	PVDO,PVD 输出	当 PVD 被 PWR_CR.PVDE 位使能后该位才有效。0:V_{DD}/V_{DDA} 高于由 PLS[2:0]选定的 PVD 阈值; 1:V_{DD}/V_{DDA} 低于由 PLS[2:0]选定的 PVD 阈值。注:待机模式下 PVD 被停止。因此复位或者从待机模式唤醒之后,直到 PWR_CR.PVDE 位置位之前,该位为 0
1	SBF,待机标志	0:系统不在待机模式; 1:系统进入待机模式。由硬件置位,只能由 POR/PDR(上电/掉电复位)或设置电源控制寄存器 PWR_CR.CSBF 位清除
0	WUF,唤醒标志	0:未发生唤醒事件; 1:WKUP 引脚发生唤醒事件或出现 RTC 闹钟事件。由硬件置位,只能由 POR/PDR(上电/掉电复位)或设置电源控制寄存器 PWR_CR.CWUF 位清除。注:当 WKUP 引脚已经是高电平时,(通过设置 EWUP 位)使能 WKUP 引脚时,会检测到一个额外唤醒的事件

2．复位电路

当微处理器上电时,电压不是直接跃变至可工作的范围(如 3.3 V),而是有一个逐步上升的过程。在此过程中,如果微处理器启动工作将导致程序无序执行。此外,当微处理器的供电电压波动较大时也可能会发生同样的情况。因此,需要采用复位电路使微处理器处于复位状态,暂不工作,确保 CPU 及各部件处于确定的初始状态,直至电压稳定后才脱离复位状态。显而易见,复位电路会直接影响到系统稳定性和可靠性。未添加复位电路或复位电路设计不可靠可能会引起"死机"及"程序跑飞"等现象。

STM32F103 支持系统复位、电源复位和备份区域复位这三种复位方式,简述如下。

1）系统复位

系统复位时,复位除备份区域寄存器以外的所有寄存器(其中,时钟控制/状态寄存器 RCC_CSR 中的复位标志不会被清除)。

最简单的系统复位电路是外部异步手动复位电路。该电路一般由外部复位按键、施密特触发器以及无源滤波器组成。当按下外部复位按键并保持很短一段时间后,NRST 引脚上出现一定宽度的负(低电平)脉冲,即可完成微处理器的一次外部手动复位。除此之外,STM32F103 还包含内部复位电路,可分别通过以下几种方式之一触发一次系统复位:

- 窗口看门狗(WWDG)复位(窗口看门狗出现计数溢出);
- 独立看门狗(Independent Watch Dog,IWDG)复位(独立看门狗出现计数溢出);
- 软件复位(SW 复位);
- 低功耗管理复位。

关于系统复位的几点说明:

- 可通过查看 RCC_CSR 中的复位状态标志位识别复位事件来源。
- 可通过置位应用中断和复位控制寄存器中的 AIRCR.SYSRESETREQ 位为 1,实现软件复位。
- STM32F10xxx 的 Flash 中有一段称为用户选项字节的特殊存储区域(参见图 8.24),芯片将根据其内容设置内部存储器的读写保护以及配置复位电压等。如果将用户选项字节中的 nRST_STDBY 位或 nRST_STOP 位置 1,当处理器试图进入待机或停止模式时将产生低功耗管理复位,而不是进入待机或停止模式。

2）电源复位

当发生上电/掉电复位 POR 和 PDR(V_{DD} 引脚电压小于特定的阈值 V_{POR}/V_{PDR})时,或从待机模式返回时,将产生电源复位。电源复位将复位除了备份区域外的所有寄存器。电源复位也是在芯片内部作用于复位引脚,并在复位过程中保持低电平。

3）备份区域复位

备份区域寄存器(BKP)由 42 个 16 位的寄存器组成,可存储 84 字节的用户程序数据。由于 BKP 处于备份区域并采用电池供电,因此当系统复位或者掉电时不会丢失数据。但是当图 8.20 中的 V_{DD} 和 V_{BAT} 都出现掉电,V_{DD} 或 V_{BAT} 的上电将引发备份区域复位。此外,将备份域控制寄存器(RCC_BDCR)中的 RCC_BDCR.BDRST 位置位,将产生备份区域的软件复位(仅影响备份区域)。

3. 时钟电路

对于复杂的时序逻辑电路需要稳定的时钟信号,需要使用专门的时钟源和相关电路产生各种时序脉冲信号。

STM32F103 芯片可使用内部集成的 RC 谐振单元构成内部 RC 振荡器,与使用外接晶体作为谐振单元的晶体振荡器相比,内部 RC 振荡器的频率不够准确和稳定。

外部主时钟源主要用于内核和外设的驱动时钟,一般称为高速外部时钟信号(High Speed External clock signal,HSE)。HSE 可由以下两种时钟源产生:

(1) 外部晶体/陶瓷谐振器作谐振单元(常与内部放大器一起统称外部晶振)。时钟电路由外部晶体、负载电容和芯片内部放大器组成。负载电容的值应根据选定的晶振进行调节。电容位置应尽可能地靠近晶振引脚,以减小输出失真和缩短启动稳定时间。外部晶振频率可以是 4~16 MHz(常选用 8 MHz)。此模式能产生非常精确而稳定的主时钟,是主时钟源的首选。HSE 可通过设置时钟控制寄存器 RCC_CR.HSEON 位来启动和关闭;RCC_CR.HSERDY 位用来指示高速外部振荡器是否稳定。系统启动时,直到此位被硬件置 1 后时钟才被释放出来。此时若时钟中断寄存器 RCC_CIR 允许中断,将产生相应的中断。

(2) 外部输入的时钟信号。可通过设置 RCC_CR.HSEBYP 位和 RCC_CR.HSEON 位选择使用外部时钟信号(即 HSE 旁路)。外部时钟信号可以是占空比为 50% 的方波、正弦波或三角波,最高频率为 25 MHz。外部时钟信号须连接到如图 8.19 所示的 OSC_IN 引脚,同时保证 OSC_OUT 引脚悬空。

另外,STM32F103 带有时钟安全系统(Clock Security System,CSS)。CSS 可通过软件激活,用于实时监控 HSE,并随 HSE 的关闭而关闭。若 HSE 时钟发生故障,HSE 振荡器被自动关闭,并产生时钟安全中断(CSSI)。CSSI 被连接到 NMI,持续产生 NMI 中断,直到 CSS 中断挂起位被清除。HSE 失效后,CSS 强制将 HSI(内部 8 MHz 的 RC 振荡器)切换为系统时钟源。

STM32F103 为了实现低功耗,设计了一个功能完善但略显复杂的时钟系统,如图 8.21 所示。现从不同角度,对 STM32F103 的时钟系统分五个部分进行简述。

1) 使用内部 RC 振荡器的硬件连接方式

若使用内部 RC 振荡器而不使用外部晶振,对于引脚数量为 100 或 144 的产品,OSC_IN 应接地,OSC_OUT 应悬空。对于引脚数量少于 100 的产品,有以下两种接法:

(1) OSC_IN 和 OSC_OUT 分别通过一个 10 kΩ 的电阻接地,此方法可提高系统的电磁兼容(EMC)性能;

(2) 分别重映射 OSC_IN 和 OSC_OUT 至 PD0 和 PD1,再配置 PD0 和 PD1 为推挽输出并输出 0,此方法可减小系统功耗并节省两个外部电阻。

STM32F103 内部的 RC 振荡器的频率误差通常在 1% 左右,精度仅为外部晶振的 10%;STM32F103 在系统中编程(ISP)使用的是内部 RC 振荡器。

2) STM32F103 的时钟树

微处理器以及周边许多部件的运行都依赖不同频率的时钟信号。这些时钟信号往往由一个输入时钟为起始,通过不同的电路转换为多个不同频率的时钟信号为末端,这种时钟"能量"扩散流动的路径,犹如大树的养分通过主干流向各个分支,因而常称之为"时钟树"。

　　传统的低端 8 位单片机以及基于 Intel 8086 CPU 的 16 位计算机也都具备自身的时钟系统,但绝大部分的时钟不受软件控制,当系统上电后,时钟就固定在某种不可更改状态。例如 51 单片机使用典型的 12 MHz 晶振作为时钟源,定时器、并行和串行接口芯片的驱动时钟由硬件确定,用户无法通过软件更改,除非对硬件电路进行调整或者更换外接晶体。

　　STM32F103 的时钟树可以配置,其输入时钟与最终到达外设处的时钟关系灵活可变,可按需生成不同频率的时钟信号。在如图 8.21 所示的 STM32F103 的时钟树中,输入至输出之间的某条路径一可表示为①→②→③→④→⑤→⑥→⑦,某条路径二可表示为①→⑤→⑥→⑦。其中,图 8.21 中的数字序号①~⑦所标识的电路功能如下:

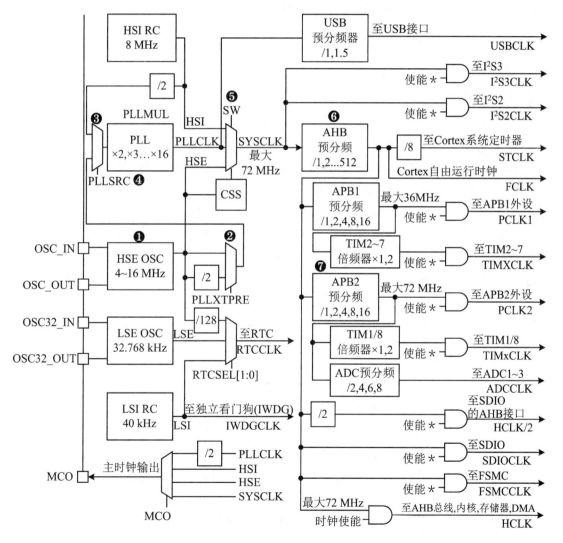

图 8.21　STM32F103 微处理器的时钟树

① 输入,外部晶振 HSE,可选为 4~16 MHz。

② 第一个分频器 PLLXTPRE(HSE divider for PLL entry)，可以选择 1 分频或 2 分频。

③ 时钟源选择，开关 PLLSRC(PLL entry clock source)，可选择其输出为外部高速时钟 HSE(1 或 2 分频后)或是内部高速时钟 HSI(2 分频后)。

④ 锁相环 PLL，具有倍频功能，可编程设置的倍频因子 PLLMUL(PLL multiplication factor)为 2～16 倍频；经过 PLL 的时钟称为 PLLCLK；若倍频因子设定为 9 倍频，则经过 PLL 之后，时钟从原来 8 MHz 的 HSE 变为 72 MHz 的 PLLCLK。

⑤ 多选一开关 SW，此开关有 HSI、PLLCLK 和 HSE 三个输入时钟信号，输出为系统时钟 SYSCLK。对 SW 进行编程，可选择其中一个输入作为系统时钟 SYSCLK。

⑥ AHB 预分频器，分频系数可编程设置为 1/2/4/8/16/64/128/256/512。如果选为 1，则分频系数为 1，AHB 的时钟频率就是系统时钟 SYSCLK。

⑦ APB2 预分频器，分频系数可编程设置为 1/2/4/8/16。如果选为 1，则分频系数为 1，高速外设 APB2 的 PCLK2 的时钟频率与 AHB 相同。

图 8.21 中从左至右，相关时钟依次可分为 3 种：输入时钟、系统时钟和由系统时钟分频后得到的其他时钟(主要是各种外设时钟)，现分别介绍如下。

(1) 输入时钟

输入时钟可来自不同时钟源。这些时钟源，从时钟频率来分，可分为高速时钟和低速时钟。高速时钟为主时钟提供时钟信号，低速时钟仅为实时时钟(RTC)和独立看门狗(IWDG)提供时钟信号。从芯片角度，可分为内部时钟(片内时钟)和外部时钟(片外时钟)。内部时钟由芯片内部 RC 振荡器产生，起振较快，因此，芯片刚上电时默认采用片内高速时钟作为系统主时钟。外部时钟常由外部晶振输入，在频率精度和稳定性方面都具有很大优势。因此系统上电稳定后一般通过软件配置将主时钟切换为外部高速时钟。

总体来说，输入的时钟源主要有 5 种，分别为 HSE、HSI、LSE、LSI 和 PLL，具体如下：

① 高速外部时钟(HSE)

HSE 可源自外接的晶体/陶瓷谐振器，或外部输入的时钟源，但以外接晶体/陶瓷谐振器居多。HSE 的频率可取范围为 4～16 MHz(一般常用 8 MHz)。

② 高速内部时钟(HSI)

HSI 由片内 RC 振荡器产生，频率为 8 MHz，可直接作为系统时钟或在 2 分频后作为 PLL 输入。系统上电时默认选择 HSI 作为系统初始时钟。

HSI 的优势在于其 RC 振荡器能在无任何外部器件的条件下提供系统时钟，启动时间比 HSE 短。但其不足之处也很明显，首先是制造工艺决定了不同芯片的 RC 振荡器频率会有所不同，即使校准之后其时钟频率精度仍较差(系统复位时，工厂校准值被装载到 RCC_CR.HSICAL[7：0]位)；其次是不同外界环境因素和电源电压会影响 RC 振荡器的频率，虽然可利用 RCC_CR.HSITRIM[4：0]位来调整 HSI 频率，但因外界环境的变化，其频率仍然不太稳定。

在实际应用中，RCC_CR.HSIRDY 位用于指示 HSI 的 RC 振荡器是否稳定，在时钟启动过程中，直到此位被硬件置 1 后 HSI 才会生效。RCC_CR.HSION 位用来启动和关闭

HSI 的 RC 振荡器。若 HSE 晶振失效,HSI 会作为备用时钟源被使用。

③ 低速外部时钟(Low Speed External clock signal,LSE)

LSE 通常以外部晶体和内部放大器构成时钟源,主要提供给实时时钟,或其他需要低功耗且精确时钟源定时的功能模块。LSE 的频率一般采用 32.768 kHz。

LSE 可通过设置 RCC_BDCR.LSEON 位来启动和关闭;RCC_BDCR.LSERDY 位用来指示低速外部振荡器是否稳定,在启动时,直到此位被硬件置 1 后 LSE 时钟信号才会生效;若 RCC_CIR 中允许中断,将会产生相应的中断申请。

可通过设置 RCC_BDCR.LSEBYP 和 RCC_BDCR.LSEON 位来选择 LSE 时钟源。如果 LSE 被旁路,应提供一个频率为 32.768 kHz 的外部时钟信号(可以是占空比为 50% 的方波、正弦波或三角波)与 OSC32_IN 引脚相连,同时保证 OSC32_OUT 引脚悬空。

④ 低速内部时钟(Low Speed Internal clock signal,LSI)

LSI 由片内 RC 振荡器产生,频率为 40 kHz。LSI 担当一个低功耗时钟源角色,可在停止和待机模式下保持运行,为独立看门狗(IWDG)和自动唤醒单元(AWU)提供时钟。LSI 通过 RCC_CSR.LSION 位启动和关闭,RCC_CSR.LSIRDY 位指示是否稳定,当被硬件置 1 后 LSI 才会生效,并产生 LSI 中断申请(中断允许时)。

只有大容量产品才会对片内的 LSI 进行校准,对其频率偏移进行补偿,具体校准方法可参阅相关技术手册。

⑤ 锁相环倍频输出(PLL)

PLL 的时钟输入源可选择为 HSI/2、HSE 或者 HSE/2。倍频可选择 2~16 倍。输出频率最大不超过 72 MHz。PLL 应在激活前完成设置,一旦 PLL 激活后其参数就无法改动。若 PLL 中断在 RCC_CIR 里被允许,当 PLL 准备就绪时,即可产生中断申请。若应用中需要使用 USB 接口,PLL 的输出频率应设置为 48 或 72 MHz,用于提供 48 MHz 的 USBCLK 时钟。

(2) 系统时钟 SYSCLK

STM32F103 可按照软件设置,通过多路选择开关 SW 选择 PLLCLK、HSE 或 HSI 中的某一路作为 SYSCLK,其最高工作频率为 72 MHz(也是正常工作频率)。从图 8.21 中可以看出,SYSCLK 通过 AHB 预分频器后的输出是系统中绝大多数部件的时钟源。

为了能够实时检测时钟系统是否运行正常,系统专门提供主时钟输出(Main Clock Output,MCO)引脚,可通过软件选择 SYSCLK、PLLCLK、HSE 或 HSI 中的某一路通过 MCO 输出,以供检测。

(3) 由系统时钟 SYSCLK 分频得到的其他时钟

系统时钟 SYSCLK 经过 AHB 预分频器分频后,输出到各个部件的时钟(参见图 8.21)特性简介如下:

① HCLK:高速总线 AHB 的时钟,由 SYSCLK 经 AHB 预分频器后直接得到。通常,将 AHB 预分频系数设置为 1,HCLK 的频率与 SYSCLK 相同,最高也是 72 MHz。HCLK 是内核(包括内存和 DMAC)的运行时钟,也就是 CPU 的主频。

② FCLK:内核的"自由运行"时钟,同样由 SYSCLK 经 AHB 预分频器后得到。它与

HCLK 互相同步,最高也是 72 MHz。所谓"自由"是因其不是源自 HCLK,不受 HCLK 的时钟使能控制(参见图 8.21 最下方)。当 HCLK 停止时 FCLK 仍能继续运行,即使在内核睡眠时也能采样到中断和跟踪休眠事件。

③ PCLK1:外设时钟,由 SYSCLK 经 AHB 预分频器,再经 APB1 预分频器后得到。通常情况下 AHB 的预分频系数设置为 1,APB1 的预分频系数设置为 2,PCLK1 为 36 MHz(也是最高频率)。PCLK1 为挂载在 APB1 总线上的低速外设提供时钟信号,如需使用挂载在 APB1 总线上的某个外设,应先开启该外设的时钟。

④ PCLK2:外设时钟,由 SYSCLK 经 AHB 预分频器,再经 APB2 预分频器后得到。通常情况下,将 AHB 的预分频系数和 APB2 的预分频系数都设置为 1,PCLK2 为 72 MHz(也是最高频率)。PCLK2 为挂载在 APB2 总线上的高速外设提供时钟信号。如需使用挂载在 APB2 总线上的某个外设,应先开启该外设的时钟。

⑤ SDIOCLK:SDIO 外设的时钟,由 SYSCLK 经 AHB 预分频器后直接得到。如需使用 SDIO 外设,须先开启 SDIOCLK。

⑥ FSMCCLK:可变静态存储控制器 FSMC 的时钟,由 SYSCLK 经 AHB 预分频器后直接得到。如需使用 FSMC 外接存储器,应先开启 FSMCCLK。

⑦ STCLK:系统时间定时器 SysTick 的外部时钟源,由 SYSCLK 经 AHB 预分频器,再经过 8 分频后得到,等于 HCLK/8。除了 STCLK,SysTick 也可选择自由时钟 FCLK 作为时钟源。

⑧ TIMXCLK:定时器 2~7 的内部时钟源,由 APB1 总线上的时钟 PCLK1 经过倍频后得到。如需使用定时器 2~7 中的任意一个或多个,应先开启相关定时器的时钟。

⑨ TIMxCLK:定时器 1 和定时器 8 的内部时钟源,由 APB2 总线上的时钟 PCLK2 经过倍频后得到。如需使用定时器 1 或定时器 8,应先开启定时器 1 或定时器 8 的时钟。

⑩ ADCCLK:ADC1~ADC3 的时钟,由 APB2 总线上的时钟 PCLK2 经过 ADC 预分频器得到。ADCCLK 最大为 14 MHz。

除上述三大类时钟(输入时钟、系统时钟、系统时钟分频所得其他时钟)之外,还有 RTC 时钟及看门狗时钟。

RTC 时钟 RTCCLK 可通过设置 RCC_BDCR.RTCSEL[1∶0]位来选择 HSE/128、LSE 或 LSI 三者之一,选定之后除非发生备份域复位不能改变。LSE 时钟位于备份域(HSE 和 LSI 不是),因此若 LSE 被选为 RTC 时钟,只要 V_{BAT} 维持供电,尽管 V_{DD} 供电被切断,RTC 仍继续工作。若电压调压器也被关闭,1.8 V 域的供电被切断,则 RTC 状态不确定。

如果独立看门狗(IWDG)被硬件选项或软件启动,LSI 振荡器将被强制打开且不能关闭,在 LSI 振荡器稳定后,为 IWDG 提供时钟。

3) 时钟输出使能及其流程

上述时钟的输出绝大多数带使能控制,如 AHB 总线时钟、内核时钟、各种挂载在 APB1 和 APB2 总线上的外设时钟等。当需要使用某模块时,应先使能对应的时钟。

连接在 APB1 上的低速外设有:电源接口、备份接口、CAN、USB、I^2C1、I^2C2、USART2

～5、SPI2/I^{2}S、SPI3/I^{2}S、BKP、IWDG、WWDG、RTC、CAN、DAC、PWR 和 TIM2～7 等。其中 USB 虽需使用一个单独的 48 MHz 时钟,但该时钟不是 USB 的工作时钟,而是供串行接口引擎 SIE 使用的时钟。USB 的工作时钟由 APB1 提供。

连接在 APB2 上的高速外设有:GPIOA～G、USART1、ADC1～ADC3、TIM1、TIM8、SPI1、EXTI 和 AFIO 等。

如果需要使用 HSE 时钟,利用 ST 固件库配置时钟参数的典型流程以及所需使用的库函数如下:

第 1 步:将 RCC 寄存器重新设置为默认值,RCC_DeInit;

第 2 步:打开外部高速时钟晶振 HSE,RCC_HSEConfig(RCC_HSE_ON);

第 3 步:等待 HSE 晶振工作,HSEStartUpStatus = RCC_WaitForHSEStartUP();

第 4 步:设置 AHB 时钟,RCC_HCLKConfig;

第 5 步:设置高速 APB 时钟,RCC_PCLK2Config;

第 6 步:设置低速 APB 时钟,RCC_PCLK1Config;

第 7 步:设置 PLL,RCC_PLLConfig;

第 8 步:打开 PLL,RCC_PLLCmd(ENABLE);

第 9 步:等待 PLL 工作,while(RCC_GetFlagStatus(RCC_FLAG_PLLRDY) == RESET);

第 10 步:设置系统时钟,RCC_SYSCLKConfig;

第 11 步:判断 PLL 是否是系统时钟,while(RCC_GetSYSCLKSource()! = 0x08);

第 12 步:打开外设时钟,RCC_APB2PeriphClockCmd 或 RCC_APB1PeriphClockCmd。

4) 时钟管理寄存器

涉及时钟管理的寄存器共有 9 种,常用的主要有时钟控制寄存器(RCC_CR)、时钟配置寄存器(RCC_CFGR)和时钟中断寄存器(RCC_CIR)等。这些寄存器均可以字、半字或字节方式访问。这些寄存器的主要功能如下:

• RCC_CR:用于使能外部时钟和内部时钟,使能 PLL 功能;在各种时钟就绪时,系统自动置位其中的就绪标志;可通过软件配置内部时钟的校准值和设置偏移量。

• RCC_CFGR:选择某时钟源作为系统时钟 SYSCLK;指示当前哪个时钟源是系统时钟;配置 AHB、APB、ADC 的预分频系数,确定 AHB、APB 和 ADC 的时钟频率;选择 PLL 的输入时钟源,设置其倍频系数;选择输出引脚 MCO 的时钟源。

• RCC_CIR:使能 PLL、HSE、HSI、LSE 和 LSI 的就绪中断,显示或清除 PLL、HSE、HSI、LSE 和 LSI 的就绪中断标志。

在实际应用中,进行寄存器级别编程时,可参考 STM32 技术手册以查看详细说明,现仅将几个常用时钟管理寄存器的主要特性以表格形式略述如下。

(1) 时钟控制寄存器(RCC_CR)

偏移地址:0x00;复位值:0x0000 XX83,X 代表未定义。各位定义如表 8.13 所示。

表 8.13　时钟控制寄存器(RCC_CR)各位定义

位	定义	取值及含义
31：26	保留	读操作结果始终为 0
25	PLLRDY PLL 时钟就绪标志	0:未就绪；　1:PLL 就绪,PLL 就绪(锁相环锁定)后由硬件置 1
24	PLLON PLL 使能	0:关闭；　1:PLL 使能。可由软件置 1 或清 0;进入待机或停止模式时,由硬件清 0;PLL 被用作或将要用作系统时钟时不能被清 0
23：20	保留	读操作结果始终为 0
19	CSSON 时钟安全系统使能	0:关闭；　1:若 HSE 就绪,时钟监测器开启由软件置 1 或清 0,以使能或者关闭时钟监测器
18	HSEBYP HSE 旁路设置	0:未旁路；　1:HSE 被旁路,仅在 HSE 被关闭时才可写入可由软件置 1 或清 0 选择是否旁路 HSE
17	HSERDY HSE 就绪标志	0:未就绪；　1:HSE 就绪,HSE 就绪后由硬件自动置 1,指示时钟稳定
16	HSEON HSE 使能	0:关闭；　1:HSE 振荡器开启,可由软件置 1 或清 0,进入待机或停止模式时由硬件置 0,关闭外部时钟
15：8	HSICAL[7：0] HSI 时钟校准	系统启动时,被自动初始化为出厂校准值
7：3	HSITRIM[4：0] HSI 调整	软件写入以调整 HSI 频率,其值与 HSICAL[7：0]相加,对 HSI 的频率进行调整,其值增大则频率增大,反之减小,默认值为 16,每步调整变化约为 40 kHz
2	保留	读操作结果始终为 0
1	HSIRDY HSI 就绪标志	0:未就绪；　1:HSI 就绪,HSI 就绪后由硬件自动置 1
0	HSION HSI 使能	0:关闭；　1:HSI 开启。可由软件置 1 或清 0;从待机/停止模式返回或 HSE 出现故障时由硬件置 1

（2）时钟配置寄存器(RCC_CFGR)

偏移地址:0x04;复位值:0x0000 0000。各位定义如表 8.14 所示。

表 8.14　时钟配置寄存器(RCC_CFGR)各位定义

位	定义	取值及含义
31：27	保留	读操作结果始终为 0
26：24	MCO 选择微处理器时钟输出源	0xx:无时钟输出；　100:SYSCLK；　101:HSI；　110:HSE；　111:PLL/2
22	USBPRE 选择 USB 预分频系数	0:1.5(倍分频)；　1:1(倍分频)。PLL 时钟分频后作为 USB 时钟

位	定义	取值及含义
21：18	PLLMUL 选择 PLL 倍频系数	0000～1111:2～16 倍频。仅在 PLL 关闭情况下才可写入
17	PLLXTPRE 选择 HSE 分频器分频系数	0:不分频;　1:2 分频。仅在 PLL 关闭情况下才可写入
16	PLLSRC 选择 PLL 输入时钟源	0:HSI/2;　1:HSE。仅在 PLL 关闭情况下才可写入
15：14	ADCPRE 选择 ADC 时钟预分频系数	00:2;　01:4;　10:6;　11:8
13：11	PPRE2 选择 APB2 时钟预分频系数	0xx:不分频;　100:2;　101:4;　110:8;　111:16
10：8	PPRE1 选择 APB1 时钟预分频系数	0xx:不分频;　100:2;　101:4;　110:8;　111:16
7：4	HPRE 选择 AHB 时钟预分频系数	0xxx:不分频;　　1000～1111:/2/4/8/16/64/128/256/512 分频
3：2	SWS 系统时钟切换状态	00:HSI;　01:HSE;　10:PLL;　11:不可用硬件置位,指示当前系统时钟源
1：0	SW 系统时钟切换	00:HSI;　01:HSE;　10:PLL;　11:不可用软件写入以选择系统时钟源

（3）时钟中断寄存器（RCC_CIR）

偏移地址:0x08;复位值:0x0000 0000。RCC_CIR 用于对 5 个时钟源的就绪中断进行管理,各位定义如表 8.15 所示。

表 8.15　时钟中断寄存器（RCC_CIR）各位定义

位	定义	取值及含义
31：24	保留	读操作结果始终为 0
23	CSSC	清除 CSS 中断标志,只能写入,读操作结果为 0
22：21	保留	读操作结果始终为 0
20	PLLRDYC	清除 PLL 就绪中断标志,只能写入,读操作结果为 0
19	HSERDYC	清除 HSE 就绪中断标志,只能写入,读操作结果为 0
18	HSIRDYC	清除 HSI 就绪中断标志,只能写入,读操作结果为 0
17	LSERDYC	清除 LSE 就绪中断标志,只能写入,读操作结果为 0
16	LSIRDYC	清除 LSI 就绪中断标志,只能写入,读操作结果为 0
15：13	保留	读操作结果始终为 0
12	PLLRDYIE	软件置 1/置 0:允许/禁止 PLL 就绪中断,可读可写
11	HSERDYIE	软件置 1/置 0:允许/禁止 HSE 就绪中断,可读可写

位	定义	取值及含义
10	HSIRDYIE	软件置 1/置 0:允许/禁止 HSI 就绪中断,可读可写
9	LSERDYIE	软件置 1/置 0:允许/禁止 LSE 就绪中断,可读可写
8	LSIRDYIE	软件置 1/置 0:允许/禁止 LSI 就绪中断,可读可写
7	CSSF	只读,由硬件置位。0:无 PLL 就绪中断;　1:出现 PLL 就绪中断
6:5	保留	读操作结果始终为 0
4	PLLRDYF	只读,由硬件置位。0:无 PLL 就绪中断;　1:出现 PLL 就绪中断
3	HSERDYF	只读,由硬件置位。0:无 HSE 就绪中断;　1:出现 HSE 就绪中断
2	HSIRDYF	只读,由硬件置位。0:无 HSIL 就绪中断;　1:出现 HSI 就绪中断
1	LSERDYF	只读,由硬件置位。0:无 LSEL 就绪中断;　1:出现 LSE 就绪中断
0	LSIRDYF	只读,由硬件置位。0:无 LSI 就绪中断;　1:出现 LSI 就绪中断

（4）APB2 和 APB1 的外设复位寄存器 RCC_APB2RSTR 和 RCC_APB1RSTR

分别用于挂载在 APB2 和 APB1 总线上的外设复位。

（5）AHB、APB2 和 APB1 的外设时钟使能寄存器 RCC_AHBENR、RCC_APB2ENR 和 RCC_APB1ENR

分别用于挂载在 AHB 总线上的外设（SDIO、FSMC、CRC、FLITF、SRAM、DMA1 和 DMA2）以及挂载在 APB2 和 APB1 总线上的外设的时钟使能控制。

（6）备份域控制寄存器 RCC_BDCR

偏移地址:0x20;复位值:0x0000 0000。RCC_BDCR 位于备份域,其内容受到写保护,只有 PWR_CR.DBP 置位 1 后,才能对这些位进行改动。RCC_BDCR 只能由备份域复位或 V_{BAT} 上电复位进行清除,不受其他内部或外部复位的影响。RCC_BDCR 各位的定义如表 8.16 所示。

表 8.16　备份域控制寄存器 RCC_BDCR 各位定义

位	定义	取值及含义
31:17	保留	读操作结果始终为 0
16	BDRST 备份域软件复位	由软件置 1 或清 0。0:复位未激活;　1:复位整个备份域
15	RTCEN RTC 使能控制	由软件置 1 或清 0。0:RTC 关闭;　1:RTC 开启
14:10	保留	读操作结果始终为 0
9:8	RTCSEL RTC 时钟源选择	由软件设置。00:无时钟;　01:LSE;　10:LSI;　11:HSE/128
7:3	保留	读操作结果始终为 0

位	定义	取值及含义
2	LSEBYP LSE 旁路控制	LSE 关闭时才能写入,在调试模式下由软件写入控制。0:不旁路 LSE;　1:LSE 旁路
1	LSERDY LSE 就绪	由硬件根据 LSE 状态自动置 1 或清零。0:LSE 未就绪;　1:LSE 就绪
0	LSEON LSE 使能控制	由软件置 1 或清 0。0:关闭 LSE;　1:开启 LSE

（7）控制/状态寄存器 RCC_CSR

偏移地址:0x24;复位值:0x0C00 0000。其中各种复位标志只能由电源复位或者通过软件将 RMVF 位置 1 清除,其余位均由系统复位清除,各位定义如表 8.17 所示。

表 8.17　控制/状态寄存器 RCC_CSR 各位定义

位	定义	取值及含义
31	LPWRRSTF 低功耗复位标志	发生低功耗复位时由硬件置 1;软件写 RMVF 位清除。0:没有发生低功耗管理复位;　1:发生低功耗管理复位
30	WWDGRSTF 窗口 WDG 复位标志	发生窗口 WDG 复位时由硬件置 1;软件写 RMVF 位清除。0:没有发生窗口看门狗复位;　1:发生窗口看门狗复位
29	IWDGRSTF 独立 WDG 复位标志	发生窗口 WDG 复位时由硬件置 1;软件写 RMVF 位清除。0:没有发生独立看门狗复位;　1:发生独立看门狗复位
28	SFTRSTF 软件复位标志	发生软件复位时由硬件置 1;软件写 RMVF 位清除。0:没有发生软件复位;　1:发生软件复位
27	PORRSTF 上电/掉电复位标志	发生上电/掉电复位时由硬件置 1;软件写 RMVF 位清除。0:没有发生上电/掉电复位;　1:发生上电/掉电复位
26	PINRSTFNRST 复位标志	NRST 复位标志,发生 NRST 引脚复位时由硬件置 1;软件写 RMVF 位清除。0:没有发生 NRST 引脚复位;　1:发生 NRST 引脚复位
25	保留	读操作结果始终为 0
24	RMVF 清除复位标志	由软件置 1 来清除复位标志。0:无作用;　1:清除复位标志
23:2	保留	读操作结果为零
1	LSIRDY LSI 就绪标志	根据 LSI 状态由硬件置 1 或清 0。0:LSI 未就绪;　1:LSI 就绪
0	LSION LSI 使能控制	由软件置 1 或清 0。0:关闭 LSI;　1:开启 LSI

5）STM32F103 时钟系统相关库函数

如果使用固件库方式配置 STM32F103 时钟系统,需要使用名称为 stm32f10x_rcc.h 的头文件和 stm32f10x_rcc.c 的源代码文件。前者存放所有与时钟系统相关的库函数声明、结构体和宏定义,后者存放所有与时钟系统相关的库函数定义。如果应用程序需要使用与时钟系统相关的库函数,需要包含 stm32f10x_rcc.h,并将 stm32f10x_rcc.c 加入工程。此步骤在后续各小节相关库函数应用中类似,以后不再赘述。

常用 STM32F103 时钟系统相关库函数如下(源于 STM32F10x 标准外设库 3.50 版本,后续小节来源相同):

- RCC_GetSYSCLKSource:返回用作系统时钟的时钟源;
- RCC_GetClocksFreq:返回不同片上总线时钟的频率;
- RCC_AHBPeriphClockCmd:使能或禁止 AHB 总线上的外设时钟;
- RCC_APB2PeriphClockCmd:使能或禁止 APB2 总线上的外设时钟;
- RCC_APB1PeriphClockCmd:使能或禁止 APB1 总线上的外设时钟。

在了解 STM32F103 的时钟电路以后,读者难免会产生疑问,为什么 STM32F103 的时钟系统会如此复杂? 为什么需要如此之多的倍频器、分频器和一系列的外设时钟控制开关? 其首要原因是需要解决电磁兼容性(EMC)问题,如果芯片直接外接一个 72 MHz 的晶振,过高的时钟信号频率会给芯片之外的硬件(如 PCB 版)的制作和安装带来极大的挑战,此外还要考虑时钟信号的稳定性,故而采用了片外低频晶振 + 锁相环 + 片内倍频器的解决方案。其次,由于片上各种外设的工作频率不尽相同,因此必须使用多个分频系数可以编程控制的分频器,以产生频率各不相同并且灵活可变的外设时钟信号。此外,为了降低系统功耗,如果某个外设没有启用应该关闭其时钟,当需要使用该外设时再开启该外设的输入时钟,因此为每个外设配置了一个时钟使能控制开关。上述倍频器、分频器、控制开关以及与之配套的控制/状态寄存器,构成了嵌入式微处理器的时钟系统。

4．调试和下载电路

微处理器的调试和下载接口与仿真器(如 ST-LINK/V2 或 J-LINK 等)相连,再通过仿真器与宿主机进行通信。调试和下载电路的功能一方面是从宿主机下载已开发的程序和数据,并将这些程序和数据存储或烧写到微处理器内部的 RAM 或 ROM 中;另一方面是接收宿主机中调试器的调试指令以控制程序运行,同时向宿主机报告程序运行的相关信息(如程序中的变量、寄存器状态和存储单元内容等),实现对嵌入式系统的调试和运行状态跟踪。

1) STM32F103 调试端口 SWJ-DP

STM32F103 内部集成了符合 ARM CoreSight 标准的调试端口——SWJ-DP(串行线/JTAG 调试端口,参见图 5.18),包括:

- JTAG-DP:JTAG 调试端口,5 针标准 JTAG 接口;
- SW-DP:串行线调试端口,2 针(时钟 + 数据)接口。

为了减少芯片引脚,STM32F103 的 SWJ-DP 端口中 SW-DP 的 2 个引脚与 JTAG-DP 的 5 个引脚中的部分引脚是复用的,具体引脚功能和分布如表 8.18 所示。复位后,属于 SWJ-DP 的 5 个引脚都被初始化为被调试器使用的专用引脚。

表 8.18　SWJ-DP 的 5 个引脚分配

SWJ-DP	JTAG-DP	SW-DP	引脚号
JTMS/SWDIO	输入:JTAG 模式选择	输入输出:串行数据输入输出	PA13
JTCK/SWCLK	输入:JTAG 时钟	输入:串行时钟	PA14
JTDI	输入:JTAG 数据输入		PA15
JTDO/TRACESWO	输出:JTAG 数据输出	跟踪时为 TRACESWO 信号	PB3
JNTRST	输入:JTAG 模块复位		PB4

2) STM32F103 与标准 20 针 JTAG 插座的连接

STM32F103 调试端口 SWJ-DP 与标准 20 针 JTAG 插座的连接如图 8.22 所示。

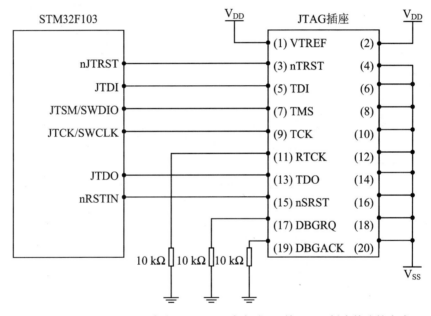

图 8.22　STM32F103 调试端口 SWJ-DP 与标准 20 针 JTAG 插座的连接方式

5. 启动电路

STM32F103 有两个启动引脚 BOOT0 和 BOOT1。通过设置这两个引脚的电平高低可将存储空间的起始地址 0x0000 0000 映射到不同存储区域的起始位置,以实现在不同的存储区域运行启动代码,这些存储区域可以是用户 Flash、系统 Flash 和片内 SRAM。这两个引脚电平所对应的存储区域起始地址映射关系如表 8.19 和图 8.23 所示。

表 8.19　引脚 BOOT0 和 BOOT1 电平与存储区域起始地址的映射关系

BOOT0	BOOT1	存储空间起始地址 0x0000 0000 的映射关系	启动模式
0	x	映射到用户 Flash(主 Flash)的起始地址	从用户 Flash 启动
1	0	映射到系统 Flash 的起始地址	从系统 Flash 启动
1	1	映射到片内 SRAM 的起始地址	从片内 SRAM 启动

1）从用户 Flash 启动

将存储空间的起始地址 0x0000 0000 映射为用户 Flash 的起始地址 0x0800 0000。复位后，从用户 Flash 启动，这是最常用的启动方式。因此，最小系统中常选择将 BOOT0 引脚接地。

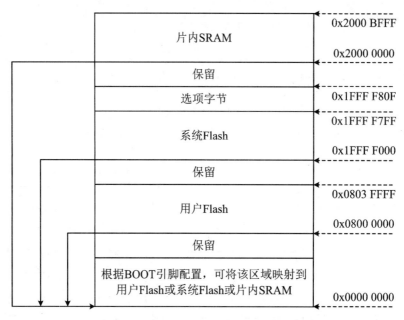

图 8.23　STM32F103 启动存储器映射图

2）从系统 Flash 启动

将存储空间的起始地址 0x0000 0000 映射为系统 Flash 的起始地址 0x1FFF F000。复位后，从系统 Flash 启动。系统 Flash 中存放出厂时固化的启动程序 Bootloader，实现复位后对用户 Flash 进行擦除和再编程。此外，ST 公司还提供 PC 端的 Bootloader 下载软件，供用户编写修改，以支持现场升级及产品编程。

3）从片内 SRAM 启动

将存储空间的起始地址 0x0000 0000 映射为片内 SRAM 的起始地址 0x2000 0000。复位后，从片内 SRAM 启动。可在产品开发阶段将程序下载到片内 SRAM 中并只在 SRAM 中运行。这样，不仅可通过修改 NVIC 相关寄存器实现异常向量表的重定义，还可加快下载速度，减少因反复擦写对 Flash 存储器造成的"磨损"。

6. 启动代码和启动过程

每个微处理器都有自己的启动代码，用于系统的初始化，以及为嵌入式操作系统或应用软件运行做好准备工作。启动代码执行一系列的初始化工作，例如设置中断/异常向量表、时钟系统、存储器系统和堆栈等。

启动代码一般使用汇编语言编写，因此与具体微处理器密切相关，可读性差，难以在不同微处理器间进行移植。因此，几乎所有微处理器厂商都提供与微处理器产品相对应的启动代码文件。许多嵌入式开发工具（如 KEIL MDK 和 IAR EWARM）也会提供不同厂家和不同型号的多种微处理器的启动代码,供开发者使用。开发者不用考虑具体微处理器的启动过程,可以直接进入基于高级语言(例如 C 语言)的应用程序开发阶段,减少了对微处理器底层知识的依赖,并且便于应用软件在不同微处理器平台间的移植。

STM32F103 的启动代码是一段典型的 ARM 汇编程序,共由 4 个段构成:STACK 段、HEAP 段、RESET 段(数据段)和|.text|段(代码段,通过某种方式与 C 库关联)。其主要功能包括定义栈空间(STACK 段)、堆空间(HEAP 段)、异常/中断向量表(RESET 段)和异常/中断服务程序(|.text|段)等,并对堆栈进行初始化(|.text|段)。启动代码的具体细节可参阅相关技术手册。

在启动过程中,微处理器所完成的主要工作总结如下:

1) 根据 BOOT0 和 BOOT1 引脚确定启动区域的映射关系

上电后,首先根据 BOOT0 和 BOOT1 引脚的电平高低确定从哪个存储区启动,即选择将哪个存储区映射到 0 地址区(参见表 8.19 和图 8.23)。通常情况下会选择从片内用户 Flash 启动,即将用户 Flash 的起始地址 0x0800 0000 映射到 0 地址。

2) 从地址 0x0000 0000 处取出栈顶指针值放入 MSP

假设选择从片内用户 Flash 启动(最为常见),那么从地址 0x0000 0000(实际上是地址 0x0800 0000,如图 8.24 左下角所示)处取出 4 个字节,作为主堆栈的栈顶指针送入 MSP。

执行复位异常处理程序之前应该先初始化 MSP。因为第 1 条指令可能还没来得及执行就发生了 NMI 或是其他 fault 异常。MSP 初始化完成后就为中断/异常服务程序准备好了堆栈。

3) 获取复位异常服务程序的入口地址

接下来,微处理器从地址 0x0000 0004 处取出 4 个字节作为 PC 的初始值,这个值即是复位向量。类似地,如果选择从片内用户 Flash 启动,那么复位向量的实际存放地址是 0x0800 0004。此时存储空间和寄存器如图 8.24 所示。

需要说明的是,由于 STM32F103 只能在 Thumb 状态下执行,向量表中的每个地址都必须把 LSB 置 1。因此,图 8.24 中复位向量使用 0x0800 0145 来表示复位异常处理程序的地址 0x0800 0144,即 0x0000 0144 。以上信息可从工程编译和链接后生成的.map 文件看到。

4) 执行复位异常服务程序

复位异常服务程序 Reset_Handler 在启动代码中定义,负责初始化时钟系统和 C 应用程序运行环境,并跳转到应用程序的 main 函数,其具体执行过程如图 8.25 所示。

复位异常服务程序执行完成后,STM32F103 将工作在特权级线程模式,默认使用主堆栈 MSP,并根据用户设置,配置 CPU 主频、各总线时钟以及片上外设时钟。一般情况下,复位异常服务程序执行完成后的时钟系统配置如下:

- 主时钟源:HSE(外接 8 MHz 晶振);
- 系统时钟 SYSCLK:72 MHz;
- AHB 总线时钟 HCLK:72 MHz;
- APB2 总线时钟 PCLK2:72 MHz;
- APB1 总线时钟 PCLK1:36 MHz;
- 所有片上外设时钟:关闭。

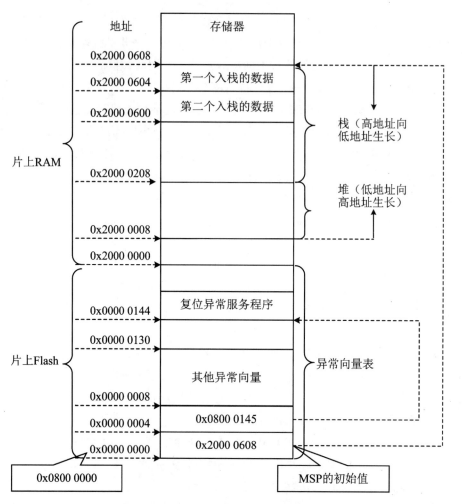

图 8.24 复位时 STM32F103 的存储空间和重要寄存器

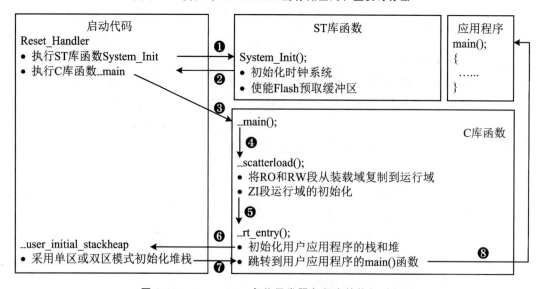

图 8.25 STM32F103 复位异常服务程序的执行过程

8.5　嵌入式软件系统设计

嵌入式软件系统一般固化于嵌入式系统的存储器中，是嵌入式系统的控制核心，控制其运行并实现其功能。伴随着嵌入式系统网络化和智能化的发展，目前对嵌入式软件系统的复杂度、可靠性和用户友好性的要求越来越高。

嵌入式软件系统一般包括引导程序、操作系统、驱动程序和应用软件等。在使用了操作系统的嵌入式系统中，操作系统将作为软件平台，由引导程序在系统上电时进行系统引导，对底层硬件采用驱动程序的方式进行调用，各类应用程序运行在操作系统之上。

8.5.1　嵌入式软件系统结构及工作流程

1. 嵌入式软件系统结构

为使嵌入式软件的结构更加清晰，嵌入式软件一般均采用如图 8.26 所示的分层体系结构。在图 8.26 中，嵌入式软件中的各个模块自下而上地分为驱动层、操作系统层、中间件层和应用层，各层的作用略述如下：

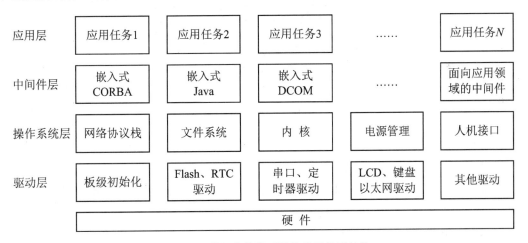

图 8.26　嵌入式软件系统的分层体系结构

1）驱动层

驱动层直接与硬件交互，为操作系统和上层应用提供所需的驱动支持。该层主要包括如下 3 类驱动程序：

- 板级初始化程序。在嵌入式系统上电后，负责初始化系统硬件环境，包括嵌入式处理器、存储器、中断控制器、DMA 和定时器等。
- 与系统软件（如操作系统和中间件）相关的驱动，如网络适配器、键盘、显示和外存等驱动程序(操作系统内核所需硬件支持一般已集成于处理器中)。

- 与应用软件相关的驱动。不一定与操作系统关联,其功能取决于不同的应用。

2)操作系统层

包括嵌入式内核、文件系统、网络协议栈、电源管理和人机接口等部分。其中,嵌入式内核是基础和必备部分,其他部分根据需要进行裁剪。

3)中间件层

许多较为复杂的嵌入式应用系统采用了中间件技术,如嵌入式 CORBA、嵌入式 Java、嵌入式 DCOM 和面向应用领域的中间件软件。

4)应用层

由多个相对独立的应用任务组成。每个应用任务完成特定工作,如 I/O 任务、计算任务和通信任务等,由操作系统调度各任务的运行。

2. 嵌入式软件系统工作流程

嵌入式软件的工作流程可以分为如图 8.27 所示的 5 个阶段。每一阶段所实现的主要功能简述如下:

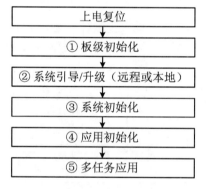

图 8.27　嵌入式软件系统工作流程

1)上电复位和板级初始化

上电复位后首先进行的是板级初始化。板级初始化工作一般用汇编语言实现。对于不同的嵌入式系统,板级初始化时所要完成的工作有所不同,但以下工作一般是必不可少的。

- CPU 中堆栈指针寄存器初始化;
- BSS[①] 段初始化;
- CPU 芯片级初始化,如中断控制器和内存等初始化。

2)系统引导/升级

板级初始化完成之后,再根据特定开关的状态或者对通信接口数据进行测试,判断系统是否需要升级。如果不需要升级就进入系统引导阶段。有如下几种不同的系统引导方式。

---

① BSS(Block Started by Symbol)是用于存放程序中未初始化的全局变量和静态变量的一块内存区域,可读可写的,在程序执行之前 BSS 段会自动清 0。

• 从 Flash 中读出系统软件并加载到 RAM 中运行。这种方式可解决 Flash 速度比 RAM 慢的问题。系统软件压缩存储于 Flash 中。

• 将软件从外存(如 CF 卡和 SD 卡等)中读出并加载到 RAM 中运行。系统软件存储在外存介质中。

• 让系统软件直接在 Flash 中运行,不需要将其引导和加载到 RAM 中。受 Flash 读写性能的限制,这种方式速度最慢。

如果判断系统需要升级则进入升级阶段,可通过网络对系统进行远程升级,或通过本地通信接口(如 USART 或者 USB)进行本地升级。

3)系统初始化

对操作系统和其他系统软件进行初始化,构建基本工作环境。例如,根据系统配置初始化堆栈空间和数据空间,初始化系统所需接口和外设等。此阶段需按特定顺序进行,如首先完成内核初始化,然后完成网络和文件系统等初始化,最后完成中间件等初始化。

4)应用初始化

进行应用任务的创建,信号量和消息队列等的创建以及完成与应用相关的其他初始化工作。

5)多任务应用

在上述各种初始化工作完成之后,进入由操作系统管理的多任务状态。操作系统将按照确定的算法进行任务调度,由具体应用任务分别实现特定的功能。

3. 嵌入式软件系统引导和加载

系统上电复位后,任何处理器都会从预先指定的一个地址获得第一条指令,开始运行程序,通常为引导程序 Bootloader。引导程序一般负责初始化硬件设备,建立内存空间映射图,将系统软硬件环境准备一个合适的状态,并准备最终调用操作系统内核。

引导程序与硬件密切相关,目前在实际应用中有多种引导程序。例如 U-boot 就是一款开源并获得广泛应用的引导程序,不仅能够引导嵌入式 Linux 操作系统,还支持 VxWorks、Android、NetBSD、QNX、RTEMS、ARTOS 和 LynxOS 等众多嵌入式操作系统。

引导程序一般有两种操作模式,启动加载(Boot loading)模式以及供开发和维护人员使用的下载模式。两者的主要区别如下:

• 启动加载模式,又称为自主(Autonomous)模式或正常工作模式。该模式从某种固态存储设备中将操作系统加载至 RAM 中运行,全程无须用户介入。

• 下载模式,该模式通过串口或网络下载文件(如内核映像和根文件系统映像等),并保存至系统内部 RAM 中,然后再烧写到 Flash 一类的固态存储器件上。下载模式通常用于第一次安装或系统升级。下载模式一般会有一个简单的命令行接口。

从 Flash 启动的引导程序运行时,大多分为以下两个阶段依次进行。

① 运行由汇编语言编写的硬件初始化代码,顺序完成硬件设备初始化,为加载 Bootloader 的 stage2 准备 RAM 空间,复制 stage2 到 RAM,设置堆栈,然后跳转至第二步入口。

② 加载操作系统内核映像与根文件系统,调用操作系统运行(只能使用 C 语言,但是不

能用 glibc 库函数），依次完成初始化本阶段需要使用的硬件设备，检查系统内存映射，将核与根文件映像从 Flash 读入 RAM，设置内核启动参数，最后调用操作系统内核。

8.5.2　嵌入式操作系统

操作系统的基本思想是隐藏底层不同硬件的差异，向其上运行的应用程序提供一个统一调用接口，应用程序通过该接口实现对硬件的使用和控制，而不必考虑不同硬件操作方式的差异。操作系统主要提供三大功能：内存管理、多任务管理和外围设备管理。

嵌入式操作系统（Embedded Operating System，EOS），是一种工作在嵌入式系统上的操作系统。EOS 负责嵌入式系统中的软硬件资源分配，实现任务的调度、控制和协调。EOS 除了提供应用程序的运行环境之外，还提供了功能丰富的系统调用服务，包括文件系统、内存分配、I/O 存取、中断、多种通信协议和用户接口函数库等。在应用软件开发过程中，可以通过调用这些服务安全快捷地实现所需功能。

EOS 和硬件密切相关，需要移植和配置后才可跨平台使用。因 ROM 容量有限，EOS 的内核通常较小，并且可以使用加载或卸载（裁剪）某些模块的方法使之与系统功能和规模相适配。在实际应用中，因为嵌入式系统将所有程序，包括操作系统、驱动程序、应用程序等全部烧写进 ROM 里执行，所以 EOS 更像一套函数库。

EOS 除具备一般操作系统基本功能外，还有以下特点：

• 强稳定性，弱交互性。嵌入式系统开始运行后一般不需要用户过多地干预，但是要求负责系统管理的 EOS 具有很强的稳定性。

• 较强实时性，可用于某些设备的实时控制。

• 可伸缩性。可以根据实际应用的需求，加载或卸载某些模块。

• 外设接口的统一性。提供各种设备相对一致的驱动接口。

EOS 有很多种，比较常见的有 μC/OS、VxWorks、QNX、WinCE、FreeRTOS、MQX 和 Zephyr 等。EOS 的主要性能指标包括内核大小、时间片调度算法、实时任务响应时间和一般任务响应时间等。以下对几款典型的嵌入式操作系统的主要特点做简要介绍。

1. MQX

MQX 是一款开源的实时操作系统，由 Freescale（已被 NXP 公司收购）负责维护，广泛应用于医疗电子和工业控制等领域。使用 MQX 作为实时操作系统的产品已达数百万台套。MQX 具有以下主要特点：

• 实时性高，具有高效的任务调度和内存管理等功能，特别适合医疗电子和工业控制等对实时性有较高要求的应用场合；

• 系统精简，代码最小 16 K，RAM 最小开销 2 K，硬件系统开销较小；

• 内核精简，效率高，由 NXP 公司提供技术支持和升级服务；

• 支持 KDS、CW、Keil 和 IAR 等成熟开发工具，开发较为方便；

• 提供丰富的驱动函数、中间件和应用程序库等，并且能够根据新出现的微处理器芯片及时扩充内容。

2．嵌入式 Linux

Linux 操作系统是由很多高性能的微内核采用分层结构所组成的,具有良好的可裁剪性。Linux 的内核代码完全开放,用户可以按需"量体裁衣",对内核进行裁剪,使之成为既能满足实际应用需求又能够节省硬件资源的嵌入式计算机操作系统。嵌入式 Linux 在众多领域内得到广泛应用,这主要得益于其所具有的如下特性:

- 内核精简,整体性能高,稳定性好,能够很好地支持多任务。
- 支持多种体系架构,如 x86、ARM、MIPS、ALPHA 和 SPARC 等。
- 良好的可伸缩结构,适用于从简单到复杂的各种嵌入式应用。
- 以设备驱动程序方式为应用程序提供统一的外设接口。
- 开放源代码,软件资源丰富,技术文档齐全,便于应用开发。

嵌入式 Linux 的应用包括信息家电、个人数字处理、机顶盒、数字电话、网络设备、通信设备、医疗电子、交通运输、计算机外设、工业控制和航空航天等领域。

3．Windows CE

Windows CE 是由微软公司推出的嵌入式操作系统,所有源码均由微软自行开发。微软对 CE 缩写的解释是:C 代表袖珍(Compact)、消费(Consumer)、通信能力(Connectivity)或伴侣(Companion);E 代表电子产品(Electronics)。Windows CE 的操作界面源于 Windows95,但基于 WIN32 API 重新进行了开发。Windows CE 具有模块化、结构化、基于 Win32 应用程序接口以及与处理器无关等特点。使用由微软提供的编程工具(如 Visual Basic 和 Visual C++等)开发的多数应用软件,只需简单修改就可移植在 Windows CE 平台上继续使用。基于 Windows CE 产品大致分为 3 条产品线:掌上计算机(Pocket PC)、手持设备(Handheld PC)以及汽车信息化(Auto PC)。应用领域有:基于互联网的 IP 机顶盒、全球定位系统(GPS)、无线投影仪、各种消费电子产品、工业自动化和医疗设备等。

4．VxWorks

VxWorks 是由美国 WindRiver 公司于 1983 年设计和开发的,因在多款火星探测器上使用而闻名。VxWorks 具有高可靠性、实时性、可裁剪性、高性能内核及开发环境友好等特点,广泛应用于通信、军事、航空和航天等对实时性和可靠性有极高要求的关键任务领域,互联网核心交换机/路由器、电信传输和交换设备、卫星通信设备、防务电子设备、制导和导航设备等。

5．μC/OS-Ⅱ

1992 年,Jean J. Labrosse 使用 C 和少量的汇编语言编写了一个嵌入式多任务实时操作系统,称为 μC/OS(读作 micro C OS)。μC/OS 经多年的迭代完善,1999 年升级为 μC/OS-Ⅱ。μC/OS-Ⅱ 具有移植方便、结构简练、可读性好、实时性强等特点,并于 2000 年获得了美国联邦航空局关于商用飞机机载电子设备符合 RTCA DO-178B 软件符合性标准的认证,证明其具备足够的稳定性和安全性。

μC/OS-II的内核可固化、可剪裁、支持实时多任务,可在种类超过40种的不同架构的8/16/32位微处理器和DSP上运行,基于μC/OS-II的嵌入式产品涵盖了移动终端、网络接入设备、不间断电源、飞行器、医疗设备及工业控制等领域。

6. Android

Android是由Google公司开发的基于Linux的开源操作系统,是目前移动终端设备使用的主流操作系统之一。Android能与Google公司的其他应用无缝结合,能够获得众多的硬件设备厂商的支持,具有良好的生态链。开发基于Android的应用程序(如智能手机和平板电脑中的各类App)时,通常选择Eclipse作为IDE,使用Java编程语言和Android SDK开发套件。

7. 鸿蒙(Harmony)

鸿蒙操作系统(HarmonyOS)是华为公司为了不被他人"卡脖子",在基于开源项目OpenHarmony开发的面向多种全场景智能设备的商用软件产品。HarmonyOS具备分布式软总线、分布式数据管理和分布式安全三大核心能力。HarmonyOS通过SDK、源代码、开发板/模组和HUAWEIDevEco等装备共同组成了较为完备的开发平台与工具链,构建了全场景应用的智慧生态体系。HarmonyOS分布式应用框架能够将复杂的设备间协同封装成简单接口,实现跨设备的应用协同,现已有13 000多个API,支持智能电视、移动终端、可穿戴电子设备以及车载信息娱乐产品等应用。

8. IOS

IOS是Apple公司开发的闭源嵌入式操作系统,应用于Apple公司生产的各类移动终端和消费类电子产品,如iPhone、iPad、Apple TV及iPod touch等。IOS与Mac操作系统都以基于微内核的Darwin为基础,具有界面简单易用、功能丰富和超强稳定等特点。开发基于IOS的应用程序时,可选择基于Mac OS X的集成开发工具Xcode,使用Objective-C语言和Cocoa类库。

9. Zephyr

Zephyr是一个由Linux基金会托管的协作项目。Zephyr采用Apache 2.0协议许可,其内核源自VxWorks的商用内核VxWorks Microkernel Profile。Zephyr针对低功耗和资源受限设备进行了优化,可在最小内存仅有8 kB的系统上运行,是一款适合物联网应用的可扩展嵌入式实时操作系统。Zephyr支持多种硬件架构以及Bluetooth、Wi-Fi、6Lowpan、IPv4、IPv6、和NFC等通信协议。2017年推出的Zephyr v1.6.0内核版本采用了统一内核代替了原来分离的超微内核和微内核,并且简化了Zephyr整体架构和编程接口。

8.5.3 嵌入式软件开发模式

8.2节描述了嵌入式系统的开发过程,其中包括嵌入式软件的概要设计、详细设计与实现等方面的内容。以下以 STM32F103 微处理器为例,简述常用的嵌入式软件开发模式及其特点。

嵌入式软件开发模式大体可以分为如下四种:① 基于寄存器的开发模式;② 基于固件库的开发模式;③ 基于嵌入式操作系统的开发模式;④ 基于代码生成工具的开发模式。

1. 基于寄存器的开发模式

顾名思义,基于寄存器的开发模式需要直接访问内核中的各类寄存器。因此,采用这种开发模式需要开发者对嵌入式系统的硬件(如寄存器、内存、总线和总线桥、异常/中断机制、DMA、计数器/定时器、GPIO 以及各类外设接口等)有足够的了解,熟悉内核的各种寄存器的作用和功能,理解这些寄存器中每一位的定义和访问方式。

在开发过程中,应根据程序设计要点明确所要使用的功能部件,在初始化时按照要求完成相关寄存器的设置;在程序处理过程中,熟练使用寄存器访问指令或者函数对各类寄存器进行读写操作,完成特定任务。

基于寄存器的开发模式的特点包括:

- 软件与硬件密切相关,直接面对底层部件、寄存器甚至引脚编写程序;
- 程序紧凑,占用资源少,运行效率高,生成的可执行文件体积较小;
- 对开发者的要求较高,开发难度较大,周期较长,后期的产品维护、优化和迭代升级等工作较为困难。

随着嵌入式处理器的不断进步和升级,并且嵌入式系统的外设资源日趋丰富,内核的寄存器数量和复杂度大幅增加,基于寄存器的开发模式带来的开发速度慢和程序可读性差两大缺陷更加凸显,直接影响了产品开发效率、系统维护成本和移植代价。

2. 基于固件库的开发模式

库函数有着非常广泛的应用,如 C 语言中的标准输入输出库函数 printf( )和 scanf( )。编写程序时通过调用库函数可以极大地简化应用软件开发的复杂度,提高开发效率,降低软件系统维护、升级和移植的难度。类似地,出于推广产品的目的,各个嵌入式处理器的生产厂商也都推出了大量的针对嵌入式系统开发所需的库函数,以方便应用系统的开发。这些与具体芯片硬件密切相关的库函数也称为固件库。

事实上,固件库就是用于访问微处理器内部各个寄存器的应用程序接口(API),是一类位于寄存器与编程者之间的预定义代码,包括各种宏、数据结构和函数等。固件库向下实现与寄存器的相关操作,向上为应用程序提供访问寄存器的标准接口。例如,STM32 固件库就是 ST 公司提供的针对 STM32 微处理器的一种库函数。

采用基于固件库的开发模式时,开发者也需要了解处理器内部主要部件的功能,理解各个功能部件的工作原理。但主要是需要熟悉固件库中各主要库函数所作用的功能部件、各自的作用、调用方法、使用要领和注意事项等。

基于固件库开发模式的主要特点包括:

- 由于函数封装,使得底层硬件接口变得透明,编程时无须关注硬件细节,只需对处理器结构和工作原理有基本了解,降低了对开发者掌握硬件知识程度的要求。

- 需要开发者熟悉库函数的资源,能够正确地调用相关库函数,按照要求给出函数调用入口参数,实现对某个部件或者寄存器的访问,并且应能够准确理解和使用函数调用的返回值。

- 考虑到系统的稳健性和函数功能的可扩充性,库函数对应的代码量较大,冗余部分较多,致使编译后生成的可执行文件体积较大。

- 开发难度较小、开发周期较短,后期维护、调试较容易。外围设备相关函数较易获取,也较易修改。

相比基于寄存器的开发模式,基于固件库的开发模式易于上手,代码可读性好,程序维护和升级迭代容易,显著降低了嵌入式系统开发难度和技术门槛,缩短了开发周期。通常,只有在对实时性有严格要求的场合才会选择基于寄存器的开发模式。以开发基于 STM32 系列处理器的嵌入式系统为例,随着 ST 公司官方固件库的不断丰富和完善,基于固件库的开发模式已经成为首选。

3. 基于操作系统的开发模式

在传统的 8 位或者 16 位的嵌入式系统中,处理器可用的资源较少,针对简单任务可在应用程序中直接管理处理器的资源,可以不使用操作系统。如果在多任务环境下,处理流程相对复杂,并且使用了 32 位及以上的嵌入式处理器,应该选用合适的操作系统,对多任务进行合理调度,同时有效地利用和调配处理器的各种资源。

在嵌入式系统中使用操作系统至少还有以下几方面的好处:

- 使用操作系统之后,编写应用程序在很大程度上与目标机的硬件和结构无关,因此开发者无须过多关注底层硬件结构以及资源管理;

- 操作系统除了本身提供的一些系统功能调用之外,还可以嵌入各种外设驱动程序,使得应用开发更加简单快捷;

- 许多操作系统都提供了一定级别的安全防护和硬件故障屏蔽机制,使用操作系统可以提高嵌入式系统的安全性、稳定性和可靠性;

- 应用软件基于操作系统,与硬件无关,因此,在相同的操作系统环境中都可以进行移植。

采用基于操作系统的开发模式时,首先要根据任务的需要选择适合的嵌入式操作系统,其次是熟悉操作系统自身所带的各种系统功能调用接口(也可以看作 API),并且能够正确使用这些系统功能调用实现所需的操作,完成应用程序开发。

但是基于操作系统的开发模式也存在一些不足,例如,操作系统本身也需要占用资源,对系统硬件有一定要求,增加了系统实现成本;需要开发者深入了解操作系统的原理和系统功能调用方法。此外,操作系统自身提供的系统功能调用不够全面,操作不够细腻,有些功能无法实现。因此,采用基于操作系统的开发模式时,往往还"混搭"基于固件库的开发模式甚至基于寄存器的开发模式。

4. 基于代码生成工具的开发模式

尽管固件库为嵌入式应用开发带来了极大便利,但还存在一些问题,例如,尚未有生成初始化 C 代码所需的 GUI 配置工具;因固件库不同导致应用程序无法在不同系列的微处理器之间便捷地进行移植等。针对这些不足,ST 公司于 2014 年 4 月发布了用于 STM32 开发的初始化代码生成器——STM32Cube。

STM32Cube 是一个统一的集成化开发平台,全面支持从超低功耗到高性能的所有 STM32 系列微处理器。STM32Cube 平台具有如下主要特点:

• 整合 STM32CubeMX 图形式配置器和初始化 C 代码生成器,提供 Wizard 向导功能,帮助用户高效配置微处理器引脚、时钟树和外设接口;配置过程完成后,按照所选条件自动生成初始化 C 代码。

• 可以创建支持第三方集成开发环境的应用代码;还可直接生成 KEIL MDK 和 IAR EWARM 等工程。

• 配有大量代码示例和应用演示,适用于各类 ST 开发板,包括评估板、探索套件及 STM32 Nucleo 系列电路板。

• 集成了开源的 TCP/IP 协议栈 LwIP、可支持 CMSIS-RTOS 的嵌入式实时操作系统 FreeRTOS、开源的文件系统 FatFS、USB 固件库 USB Host&Device、触控资料库及 STemWin 专业图形软件。

在 STM32Cube 的软件包内,可以找到应用开发所需的绝大多数通用软件组件,无须对不同厂商软件之间的相容性进行验证,进一步地降低了应用开发难度,减少微处理器配置所需的时间,可以更轻松地上手,同时简化了不同系列处理器之间的应用移植问题。

8.5.4　基于工程方式的嵌入式软件开发流程

一个实际应用软件往往包含多个功能,每个功能都需要几十行甚至几千行、上万行代码来实现,如果将这些代码都放到一个源文件中,不但源文件打开速度极慢,代码的编写和维护也极为困难。此外,除了源码以外,软件可能还附带了图片、视频、音频、控件、自定义的类、库或者框架等其他资源,这些都是以单个文件方式存在的。为了有效管理这些种类繁杂、数量众多的文件,现代软件开发工具(如各种 IDE)把它们分门别类地存放在不同的文件夹中,再将这些文件夹集中放到一个目录下,这个目录中只存放与当前程序有关的各种资源。IDE 将这个目录称为"Project",中文含义为"工程"或者"项目"。

以 KEIL MDK 中的 μVision IDE 为例,与一个具体项目(假设项目名称为"PWM")有关的所有资源都存放在一个自动生成的目录下,该目录被命名为"Project:PWM",各种资源都分类存放在"Project:PWM"中的各个子目录中,形成如图 7.1 所示的树状结构。

8.2 节结合手环的设计与实现对嵌入式系统的软件开发过程做了简介,以下以 STM32F103 处理器为例,简述采用工程方式和基于固件库模式的嵌入式软件开发流程。

(1) 从 ST 官网(https://www. st. com/en/embedded-software/stm32-standard-peripheral-libraries. html)下载相关固件库文件(标准外设库)。

STM32 固件库根据 ARM Cortex 微控制器软件接口标准(CMSIS)设计,由程序、数据结构和各种宏组成,提供驱动各种外设的标准 API 接口,其体系架构如图 8.28 所示。

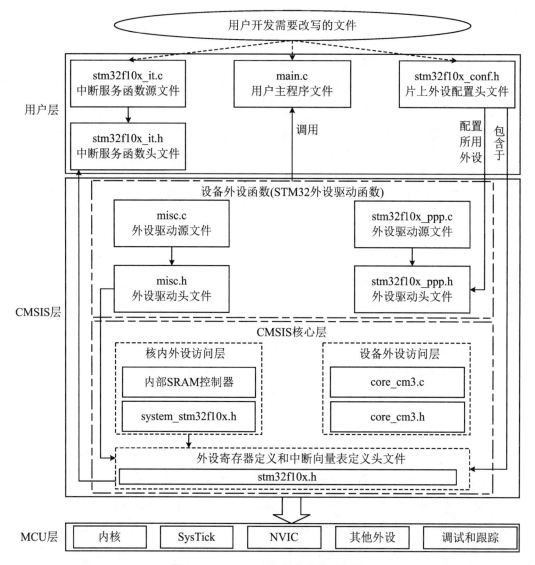

图 8.28　STM32F103 固件库体系架构

　　版本号为 STM32F10x_StdPeriph_Lib_V3.5.0 的固件库结构如图 8.29 所示,其中 Libraries 子目录即为库文件。

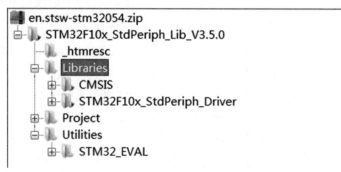

图 8.29　STM32F10x 库文件结构

（2）在宿主机上安装支持标准库的嵌入式开发工具（如 KEIL MDK 等）。

（3）创建工程。在 μVision 中点击顶端菜单栏的“Project”，再点击“New μVision Project”进入工程创建向导，顺序完成指定源文件存储位置、为工程命名和选择目标芯片等操作。

（4）添加文件到工程。将下载的 STM 固件库进行解压到 Project 目录下。假设源文件存储位置为“/example”，工程名为“test”，解压后的库文件存储位置如图 8.30 所示。从图中可以看出，文件夹“STM32F10x_StdPeriph_Lib_V3.5.0”与名为“test. uvoptx”的文件都位于“/example”文件夹下。

图 8.30　库文件的存储位置

（5）设置工程选项。鼠标右键点击“Target1”打开工程选项如图 8.31 所示。除了处理器类型以外，工程选项还包括存储器配置、输出目标文件类型/名称/存放位置、编译器优化、链接方式、仿真器调试和代码下载等内容。具体设置方式请参阅 μVision 的联机帮助文档或者相关技术手册。

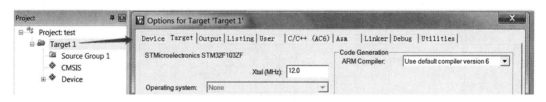

图 8.31　工程选项配置界面

（6）编写源程序代码。

（7）编译和链接。将每个源文件编译成相应的目标文件，并根据编译器可能报告的错误和警告信息对源程序进行修改。然后将编译器输出目标文件链接成完整的可执行程序映像。

（8）以软件模拟 Simulator 方式执行程序并进行调试，使用仿真器单步/断点测试功能查看 MCU 的运行状态。

(9) Flash 编程。用仿真器把可执行程序映像下载至 MCU 的 Flash 中(也可下载到 SRAM 中)运行,并再次进行调试。

8.6 ARM 中的 GPIO

8.6.1 概述

GPIO 的含义是通用输入/输出端口,是 ARM 处理器与外设进行数据交换的通用接口。可以实现对外设(如 LED 和按键等)最简单和最直观的状态信息采集和控制,还可用于串/并行通信和存储器扩展等。本节以 STM32F103 系列微处理器为例,介绍 ARM 处理器 GPIO 的特性、功能和使用方法。

STM32F103 系列微处理器的 GPIO 最多可以提供 112 个多功能双向 I/O 引脚,分布在 GPIOA、GPIOB、GPIOC、GPIOD、GPIOE、GPIOF 和 GPIOG 等 7 个端口中。其中,大写字母表示端口号 A~G(有些型号的处理器会少一些);每个端口有 16 个 I/O 引脚,以数字命名,分别为 0~15。例如,STM32F103RCT6 的 GPIOA 有 16 个引脚,分别用 PA0,PA1,PA2,…,PA15 进行表示。

为方便和简化描述,本小节有如下几个约定:所有 GPIO 寄存器的名称略去前缀 GPIOx_,其中 x 在本小节里用于代表不同端口(A~G);每个寄存器中的各状态/控制位等均统一以"寄存器.位"形式表示,如复位寄存器 BRR 的 BR0 位表示为 BRR.BR0。

8.6.2 工作原理

1. 内部结构

GPIO 的内部结构如图 4.72 所示,分为输出驱动器(下方虚线框)和输入驱动器(上方虚线框)两部分。

1) 输出驱动器

输出驱动器由两部分组成:多路选择器以及输出控制逻辑和一对互补的 MOS 管。

(1) 多路选择器

通过对多路选择器的编程设置,确定某引脚是普通输出还是复用功能(Alternate Function,AF)输出。若是普通输出,该引脚的输出来自 GPIO 的输出数据寄存器;若是复用功能输出,该引脚的输出可能来自片上多个不同的外设,即一个引脚可对应多个复用功能输出,但一个引脚在同一时刻只能使用这些复用功能中的某一个,其他复用功能被禁止。

例如,引脚 PA9 在系统复位后默认是普通输出,还可作为片内外设 USART1 的发送端 Tx,也可作为另一片内外设定时器的 TIM1_CH2 输出,但在同一时刻,PA9 只能选择普通输出、USART1 的发送端 Tx 或 TIM1_CH2 输出这三者之一。

（2）输出控制逻辑和一对互补的 MOS 管

输出控制逻辑根据编程设置,控制 PMOS 管和 NMOS 管的导通或者关闭,继而确定 GPIO 的输出模式为推挽输出、开漏输出或者关闭三者之一。推挽输出和开漏输出的工作特点分别简介如下:

- 推挽（Push-Pull,PP）输出,可输出高电平和低电平。当需要输出 1 时,PMOS 管导通,NMOS 管截止,输出高电平为 V_{DD}（通常是 3.3 V）;当需要输出 0 时,NMOS 管导通,PMOS 管截止,输出低电平 0 V。电路工作时,PMOS 管和 NMOS 管每次只有一个导通,所以导通损耗小、效率高。推挽输出既可以向负载扇出电流,也可以从负载吸入电流。相比于普通输出方式,推挽输出提高了负载能力,适用于需要输出 V_{DD} 和 0 V 的场合。

- 开漏（Open-Drain,OD）输出,OD 输出与三极管的 OC 输出原理完全相同。如果选择 OD 输出,与 V_{DD} 相连的 PMOS 管始终处于截止状态。

2）输入驱动器

输入驱动器由 TTL 肖特基触发器、带开关的上拉电阻和带开关的下拉电阻组成。与输出驱动器不同,输入驱动器没有多路选择开关,输入信号送到输入数据寄存器的同时,也作为复用功能输入（包括作为模拟输入）信号送给片上其他外设。

根据 TTL 肖特基触发器、上拉电阻和下拉电阻串联的两个开关状态,GPIO 的输入可分为以下 4 种:

- 模拟输入,TTL 肖特基触发器关闭;

- 上拉输入,上拉电阻端的开关闭合,下拉电阻端的开关断开,在默认情况下引脚输入为高电平;

- 下拉输入,下拉电阻端的开关闭合,上拉电阻端的开关断开,在默认情况下引脚输入为低电平;

- 浮空输入,上拉和下拉电阻端的开关都处于断开状态,此时引脚电平由外部输入电路确定。

2. 工作模式

根据以上对 GPIO 内部结构的分析,可以看出 GPIO 引脚共有 8 种工作模式,包括 4 种输出模式和 4 种输入模式,归纳如下:

1）普通推挽输出 PP

引脚可以输出低电平 0 V 和高电平 V_{DD},适用于需要较大功率驱动的应用。当 I/O 引脚需要与 LED 和蜂鸣器等外设连接时宜采用这种模式。

2）普通开漏输出 OD

OD 模式常用于构造 OD 门,实现线与方式输出。

3）复用推挽输出 AF_PP

引脚不仅具有推挽输出的特点,而且还可以用作片内外设的输出,例如作为 USART 的发送端 Tx,或者作为 SPI 的 MOSI、MISO 和 SCK 引脚等。

4）复用开漏输出 AF_OD

引脚不仅具有开漏输出的特点,而且还可以用作片内外设的 OD 门输出引脚。例如作为 I^2C 的 SCL 或 SDA 等。

5）上拉输入 IPU

引脚用于默认上拉至高电平输入。

6）下拉输入 IPD

引脚用于默认下拉至低电平输入。

7）浮空输入 IN_FLOATING

引脚用于不确定高低电平的输入端。例如,连接外部按键、用于 USART 接收端 Rx 或者 I^2C 电路等。

8）模拟输入 AIN

引脚用于外部模拟信号输入。

通过对 GPIO 寄存器编程,用户可设置每个端口的工作模式。与 GPIO 相关的寄存器包含端口配置低寄存器(CRL)、端口配置高寄存器(CRH)、端口输入寄存器(IDR)、端口输出寄存器(ODR)、端口位设置清除寄存器(BSRR,又称置位/复位寄存器)、端口位清除寄存器(BRR,又称复位寄存器)、端口锁定寄存器(LCKR)。各寄存器的格式及功能描述详见 8.6.3 小节的内容。

需要说明的是,如果把某引脚配置成复用输出模式,则该引脚与片上相应外设的输出连接,并与输出寄存器断开。与此同时,如果外设没有被激活,则该引脚的输出将不确定。

此外,GPIO 的锁定机制允许冻结 I/O 配置。当对某一个端口位执行了锁定(LOCK)操作后,在下一次复位之前,不能更改该端口位的配置。

3. 输出速度

如果某个 GPIO 引脚被设定为某种输出模式,通常还需设置其输出速度。这个输出速度是指 I/O 口驱动电路的响应速度,而不是输出信号的速度,输出信号的速度取决于软件程序和通信协议。

STM32F103 的 I/O 口输出部件有多个响应速度不同的输出驱动电路,用户可根据实际需要进行选择。为保证信号输出波形的质量,同时兼顾系统的 EMI(电磁干扰)指标,通常 I/O 引脚的输出速度应是其输出信号速度的 5～10 倍较为合适。

GPIO 引脚的输出速度只有 3 种选择:2 MHz、10 MHz 和 50 MHz。对一些常见应用,下面给出选用参考:

• 用作连接 LED 和蜂鸣器等外部设备的普通输出引脚:一般设置为 2 MHz;

• 用作 USART 的复用功能输出引脚:假设 USART 工作时的最大波特率是 115.2 K Baud,应选用 2 MHz;

• 用作 I^2C 的复用功能输出引脚:假设 I^2C 工作在快速模式(传输速率为 400 Kbps),可选用 10 MHz;

- 用作 SPI 的复用功能输出引脚：假设 SPI 总线的最高传输速率为 18 Mbps 或 9 Mbps，应选用 50 MHz；
- 用作连接 FSMC 存储器的复用功能输出引脚：一般设置为 50 MHz。

4．复用功能重映射

引脚复用通常有以下几种情况：

- I/O 引脚除通用功能外，还可设置为一些片上外设的复用功能，此时被复用的引脚又称为 AFIO(Alternate Function I/O)；
- 一个 I/O 引脚除了作为某个默认外设的引脚之外，还可作为其他（多个）不同外设的复用引脚；
- 一个片上外设，除了默认的复用引脚，还可有多个备用的复用引脚。

所谓 I/O 引脚的复用功能重映射，是指根据需要可把某些外设的复用功能从默认引脚转移到备用引脚上。

从 I/O 引脚角度看，以引脚 PB10 为例，其主功能是 PB10，默认复用功能是 I^2C2 的时钟端 SCL 和 USART3 的发送端 Tx，重定义功能是 TIM2_CH3。上电复位后，PB10 默认为普通输出，I^2C2 的 SCL 和 USART3 的 Tx 是它的默认复用功能，若 TIM2 进行 I/O 引脚重映射（即重定义）后，TIM2_CH3 也可成为它的复用功能。若想使用 PB10 的默认复用功能 USART3，则需编程配置 PB10 为复用推挽输出模式，同时使能 USART3 并保持 I^2C2 禁止状态。若要使用 PB10 的重定义复用功能 TIM2_CH3，则需编程对 TIM2 进行重映射，然后再按复用功能方式配置。

从外设复用功能角度看，以 USART2 为例，发送端 Tx 和接收端 Rx 默认映射到引脚 PA2 和 PA3。若此时 PA2 已被另一复用功能 TIM2_CH3 占用，就需对 USART2 进行重映射，将 Tx 和 Rx 重新映射到引脚 PD5 和 PD6。

以 LQFP144 封装的 STM32F103xE 处理器为例，该型号微处理器部分常用引脚的主功能、默认复用功能和重映射功能如表 8.20 所示。

表 8.20　STM32F103xE(LQFP144 封装)部分常用引脚的默认复用功能和重映射功能

引脚	主功能（复位后）	可选的复用功能	
		默认复用功能	重定义（映射）功能
PA0	PA0	WKUP/USART2 _ CTS/ADC123 _ IN0/TIM2 _ CH1_ETR/TIM5_CH1/TIM8_ETR	
PA1	PA1	USART2_RTS/ADC123_IN1/TIM2_CH2/TIM5 _CH2	
PA2	PA2	USART2 _ TX/ADC123 _ IN2/TIM2 _ CH3/TIM5 _CH3	
PA3	PA3	USART2 _ RX/ADC123 _ IN3/TIM2 _ CH4/TIM5 _CH4	

引脚	主功能（复位后）	可选的复用功能	
		默认复用功能	重定义（映射）功能
PA4	PA4	USART2_CK/ADC12_IN4/DAC_OUT1/SPI1_NSS	
PA5	PA5	ADC12_IN5/DAC_OUT2/SPI1_SCK	
PA6	PA6	ADC12_IN6/SPI1_MISO/TIM8_BKIN/TIM3_CH1	TIM1_BKIN
PA7	PA7	ADC12_IN7/SPI1_MOSI/TIM8_CHIN/TIM3_CH2	TIM1_CHIN
PA8	PA8	USART1_CK/TIM1_CH1/MCO	
PA9	PA9	USART1_TX/TIM1_CH2	
PA10	PA10	USART1_RX/TIM1_CH3	
PA11	PA11	USART1_CTS/TIM1_CH4/USBDM/CAN_RX	
PA12	PA12	USART1_RX/TIM1_CH3/USBDP/CAN_TX	
PA13	JTMS-SWDIO		PA13
PA14	JTCK-SWCLK		PA14
PA15	JTDI	SPI3_NSS/I2S3_WS	PA15/TIM2_CH1_ETR/SPI1_NSS
PB0	PB0	ADC12_IN8/TIM8_CH2N/TIM3_CH3	TIM1_CH2N
PB1	PB1	ADC12_IN9/TIM8_CH3N/TIM3_CH4	TIM1_CH3N
PB2	PB2/BOOT1		
PB3	JTDO	SPI3_SCK/I2S3_CK	PB3/TRACESWO/TIM2_CH2SPI1_SCK
PB4	JNTRST	SPI3_MISO	PB4/TIM3_CH1/SPI1_MISO
PB5	PB5	SPI3_MOSI/I2S3_SD/I2C1_SMBA	TIM3_CH2/SPI1_MOSI
PB6	PB6	I2C1_SCL/TIM4_CH1	USART1_TX
PB7	PB7	I2C1_SDA/TIM4_CH2/FSMC_NADV	USART1_RX
PB8	PB8	TIM4_CH3/SDIO_D4	I2C1_SCL/CAN_RX
PB9	PB9	TIM4_CH4/SDIO_D5	I2C1_SDA/CAN_TX
PB10	PB10	I2C2_SCL/USART3_TX	TIM2_CH3
PB11	PB11	I2C2_SDA/USART3_RX	TIM2_CH4
PE7	PE7	FSMC_D4	TIM1_ETR
PE8	PE8	FSMC_D5	TIM1_CHIN

续表

引脚	主功能（复位后）	可选的复用功能	
		默认复用功能	重定义（映射）功能
PE9	PE9	FSMC_D6	TIM1_CH1
PE10	PE10	FSMC_D7	TIM1_CH2N
PE11	PE11	FSMC_D8	TIM1_CH2
PE12	PE12	FSMC_D9	TIM1_CH3N
PE13	PE13	FSMC_D10	TIM1_CH3
PE14	PE14	FSMC_D11	TIM1_CH4
PE15	PE15	FSMC_D12	TIM1_BKIN
PD5	PD5	FSMC_NWE	USART2_TX
PD6	PD6	FSMC_NWAIT	USART2_RX
PD8	PD8	FSMC_D13	USART3_TX
PD9	PD9	FSMC_D14	USART3_RX
PD10	PD10	FSMC_D15	USART3_CK
PD11	PD11	FSMC_D16	USART3_CTS
PD12	PD12	FSMC_D17	USART3 _ RTS/TIM4 _CH1
PD13	PD13	FSMC_D18	TIM4_CH2
PD14	PD14	FSMC_D0	TIM4_CH3
PD15	PD15	FSMC_D1	TIM4_CH4
PD0	OSC_IN	FSMC_D2	CAN_RX
PD1	OSC_OUT	FSMC_D3	CAN_TX

合理利用 GPIO 引脚复用功能的 I/O 重映射，可优化引脚布局，利于 PCB 布线设计和减少信号交叉干扰。同时可以分时复用某些外设，增加虚拟端口数量。

1）复用功能重映射的实现过程

为实现引脚复用功能的重映射，需要对复用重映射和调试 I/O 配置寄存器 AFIO_MAPR 进行设置。具体实现过程如图 8.32 所示。

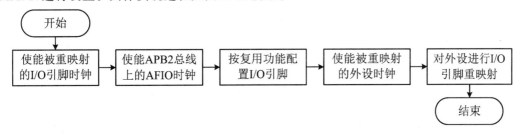

图 8.32　GPIO 的复用功能重映射的操作流程

例如,要将 USART2 的 Tx 和 Rx 从默认引脚 PA2 和 PA3 重新映射到引脚 PD5 和 PD6,可根据图 8.32 所示步骤,使用如下库函数进行编程:

RCC_APB2PeriphClockCmd(RCC_APB2Periph_GPIOD,ENABLE);

　　　　　　　　　//使能 GPIOD 时钟

RCC_APB2PeriphClockCmd(RCC_APB2Periph_AFIO,ENABLE);

　　　　　　　　　//使能 APB2 的 AFIO 时钟

　　　　　　　　　/* 根据 USART2 的 Tx 和 Rx,分别将引脚 PD5 和 PD6 设置为推挽复用输出和浮空输入模式 */

GPIO_InitStructure.GPIO_Pin = GPIO_Pin_5;

GPIO_InitStructure.GPIO_Mode = GPIO_Mode_AF_PP;

GPIO_Init(GPIOD,&GPIO_InitStructure);

　　　　　　　　　//将 PD5 设置为推挽复用输出

GPIO_InitStructure.GPIO_Pin = GPIO_Pin_6;

GPIO_InitStructure.GPIO_Mode = GPIO_Mode_IN_FLOATING;

GPIO_Init(GPIOD,&GPIO_InitStructure);

　　　　　　　　　//将 PD6 设置为浮空输入

RCC_APB1PeriphClockCmd(RCC_APB1Periph_USART2,ENABLE);

　　　　　　　　　//使能 USART2 时钟

GPIO_PinRemapConfig(GPIO_Remap_USART2,ENABLE);

　　　　　　　　　//USART2 的 I/O 引脚重映射

以上语句中所用库函数可参考本章后续内容以及相关技术手册。

2) 特殊的复用功能重映射——将 JTAG 引脚重新映射为 GPIO 普通引脚

STM32F103 复位后,属于 SWJ-DP 的 5 个引脚(PA13～PA15、PB3 和 PB4)都被初始化为调试器所需的专用引脚。某些封装类型的处理器引脚较少,在完成调试后,可通过复用功能重映射禁止 SWJ-DP 的部分或所有专用引脚的调试功能,将这些专用引脚释放,以扩展普通 I/O 引脚的数量。STM32F103 的 5 个专用引脚复用功能重映射及其说明如表 8.21 所示。

表 8.21　SWJ-DP 引脚的可用性

调试端口	PA13/JTMS/ SWDIO	PA14/JTCK/ SWCLK	PA15/JTDI	PB3/JTDO	PB4/ JNTRST
使能 SWJ-DP 所有引脚(JTAG-DP 和 SW-DP)	专用	专用	专用	专用	专用
使能 SWJ-DP 所有引脚,JNTRST(JTAG-DP 和 SW-DP)除外	专用	专用	专用	专用	用于普通 I/O

调试端口	PA13/JTMS/SWDIO	PA14/JTCK/SWCLK	PA15/JTDI	PB3/JTDO	PB4/JNTRST
禁止 JTAG-DP, 使能 SW-DP	专用	专用	用于普通 I/O	用于普通 I/O	用于普通 I/O
禁止 SWJ-DP 所有引脚	用于普通 I/O	用于普通 I/O	用于普通 I/O	用于普通 I/O	用于普通 I/O

例如,如果仅使用 2 根线的 SW-DP 接口进行调试,可以禁用 JTAG-DP 接口,释放引脚 PA15、PB3 和 PB4 作为普通 I/O 引脚,编程方式如下:

GPIO_PinRemapConfig(GPIO_Remap_SWJ_Disable,ENABLE);

为避免出现任何不受控制的 I/O 引脚电平,STM32F103 在 SWJ-DP 的输入引脚内部使用了上拉或下拉电阻,其中 PB4/JNTRST、PA15/JTDI 和 PA13/JTMS/SWDIO 为内部上拉,PA14/JTCK/SWCLK 为内部下拉。如果 SWJ-DP 的某些调试引脚被释放,复位后这些引脚就成为普通 I/O 引脚,并被设置到相应工作模式,其中 PB4/JNTRST、PA15/JTDI 和 PA13/JTMS/SWDIO 为上拉输入,PA14/JTCK/SWCLK 为下拉输入,PB3/JTDO 为浮空输入。

5．外部中断映射和事件输出

借助复用 I/O 端口 AFIO,I/O 引脚不仅可实现外设复用功能的重映射,还可实现外部中断映射和事件输出。

1)外部中断映射

当某条 I/O 引脚被映射为外部中断输入信号线后,就成为一个外部中断源。此时,该引脚须配置成输入模式。

所有 I/O 引脚都具有引入外部中断能力。每个外部中断线 EXTIn 和所有 GPIO 端口 GPIOAn～GPIOGn 共享。具体细节可参见 8.8.2 小节的相关内容。

2)事件输出

除端口 F 和端口 G 之外的每个 I/O 引脚都可用作事件输出。例如使用 SEV 指令产生脉冲,通过事件输出信号将 STM32F103 从低功耗模式中唤醒。

6．GPIO 主要特性小结

结合以上介绍,可将 STM32F103 的 GPIO 的主要特性总结如下:

- 提供最多 112 个多功能的双向 I/O 引脚;
- 几乎每个 I/O 引脚(除 ADC 外)都兼容 5 V,并具有 20 mA 驱动能力;
- 每个 I/O 引脚有 8 种工作模式,在复位时和刚复位后,复用功能未开启,被配置成浮空输入模式;
- 绝大多数 I/O 引脚都具备复用功能;
- 某些复用功能引脚可通过复用功能重映射,使用另一复用功能;
- 所有 I/O 引脚都可作为外部中断输入,同时可有 16 个中断输入;

- 除端口 F 和 G 外,其他端口的每个 I/O 引脚都可用作事件输出;
- 每个 I/O 引脚可选择 2 MHz、10 MHz 或 50 MHz 三种不同的输出速率;
- PA0 可作为从待机模式唤醒引脚,PC13 可作为入侵检测引脚。

8.6.3　与 GPIO 相关的库函数及寄存器

1. 库函数

与 GPIO 相关的库函数存放于 STM32F10x 标准外设库的 stm32f10x_gpio.h 和 stm32f10x_gpio.c 文件中。

1）常用库函数

- GPIO_DeInit:将 GPIOx 端口寄存器恢复为复位启动时的默认值;
- GPIO_Init:根据 GPIO_InitStruct 中指定的参数初始化 GPIOx 端口;
- GPIO_SetBits:将指定 GPIO 端口的一个或多个指定引脚置位;
- GPIO_ResetBits:将指定 GPIO 端口的一个或多个指定引脚复位;
- GPIO_Write:向指定 GPIO 端口写入数据;
- GPIO_ReadOutputDataBit:读取指定 GPIO 端口的指定引脚的输出值(1 b);
- GPIO_ReadOutputData:读取指定 GPIO 端口的输出值(16 b);
- GPIO_ReadInputDataBit:读取指定 GPIO 端口的指定引脚的输入值(1 b);
- GPIO_ReadInputData:读取指定 GPIO 端口的输入值(16 b);
- GPIO_EXTILineConfig:选择被用作外部中断/事件线的 GPIO 引脚。

2）初始化结构体

（1）初始化结构体 GPIO_TypeDef,定义于文件 stm32f10x_map.h 中,具体内容如下:

```
typedef struct
{
    vu32 CRL;
    vu32 CRH;
    vu32 IDR;
    vu32 ODR;
    vu32 BSRR;
    vu32 BRR;
    vu32 LCKR;
}GPIO_TypeDef;                //对 GPIO 的各个控制寄存器进行设置
```

（2）初始化结构体 GPIO_InitTypeDef,定义于文件 stm32f10x_gpio.h 中,具体内容如下:

```
typedef struct
{
    u16 GPIO_Pin;                    /* 选择待设置引脚,取值为以下任意组合:None,
```

无；x，0～15；All，选中全部 */

GPIOSpeed_TypeDef GPIO_Speed；　　/* 设置选中引脚的最高输出速率，取值：10MHz；2MHz；50MHz */

GPIOMode_TypeDef GPIO_Mode；　　/* 设置选中引脚工作状态，取值：AIN，模拟输入；IPU，上拉输入；FLOATING，浮空输入；IPD，下拉输入；Out_OD，开漏输出；Out_PP，推挽输出；AF_OD，复用开漏输出；AF_PP，复用推挽输出 */

}GPIO_InitTypeDef；　　　　//对 GPIO 进行初始化配置的各参数定义

3）典型库函数简介

GPIO 初始化函数 GPIO_Init 的功能和输入参数如表 8.22 所示。

表 8.22　GPIO 初始化函数 GPIO_Init

项目	定义和描述
函数名	GPIO_Init
函数原型	void GPIO_Init(GPIO_TypeDef * GPIOx，GPIO_InitTypeDef * GPIO_InitStruct)
功能描述	根据 GPIO_InitStruct 中指定参数初始化外设 GPIOx 端口（寄存器）
输入参数	GPIOx：x 可为 A～G，用来选择 GPIO 外设； GPIO_InitStruct：指向结构 GPIO_InitTypeDef 的指针，包含外设 GPIO 的配置信息

2. GPIO 的常用寄存器

每个 GPIO 端口（以 x 区分）有 7 个寄存器，每个寄存器均为 32 位。这些寄存器分别为：2 个配置寄存器（低 CRL，高 CRH）、2 个位数据寄存器（输入 IDR，输出 ODR）、1 个置位/复位寄存器 BSRR、1 个复位寄存器 BRR 和 1 个锁定寄存器 LCKR。每个 GPIO 端口的各个引脚可自由编程设置，但寄存器须按字进行访问（不允许半字、字节或位访问）。GPIO 各个寄存器中每位的含义如表 8.23 所示。

表 8.23　GPIO 各寄存器的位含义一览表

偏移地址	寄存器	位 31	位 30	位 29	位 28	位 27～16	位 15～4	位 3	位 2	位 1	位 0
0x00	CRL	CNF7[1：0]		MODE7[1：0]		……	……	CNF0[1：0]		MODE0[1：0]	
0x04	CRH	CNF15[1：0]		MODE15[1：0]		……	……	CNF8[1：0]		MODE8[1：0]	
0x08	IDR	保留					IDR[15：0]				
0x0C	ODR	保留					ODR[15：0]				
0x10	BSRR	BR[15：0]					BSR[15：0]				
0x14	BRR	保留					BR[15：0]				
0x18	LCKR	保留（其中位 16 为 LCKK）					LCK[15：0]				

以下对上述 7 个寄存器的功能和配置逐一进行介绍。为简便明了起见,在以下描述中,位 i 即指第 i 位,i 可以为从 0 到 31 的数。

1）端口配置低寄存器（CRL）

偏移地址：0x00；复位值：0x4444 4444。

每个 GPIO 端口有 16 条引脚,每个端口的 CRL 寄存器用于控制端口的低 8 位（编号为 0～7）的引脚。CRL 为 32 位寄存器,其中以连续 4 位作为 1 组,控制 1 个引脚的配置（输入/输出模式）,总共可以控制 8 个引脚。CRL 每位的定义和功能如表 8.24 所示。

表 8.24　CRL 端口配置低寄存器各位定义

引脚号	位	取值及含义
0	$[1:0]$ 即 MODE0$[1:0]$	00:输入模式（复位后状态）；　01:输出模式（最大频率 10 MHz）；　10:输出模式（最大频率 2 MHz）；　11:输出模式（最大频率 50 MHz）
	$[3:2]$ 即 CNF0$[1:0]$	在输入模式下（即 MODE0$[1:0]$=00 时）： 00:模拟输入模式；　01:浮空输入模式（复位后状态）；　10:上拉/下拉输入模式；　11:保留。 在输出模式下（即 MODE0$[1:0]$≠00 时）： 00:通用推挽输出模式；　01:通用开漏输出模式；　10:复用功能推挽输出模式；　11:复用功能开漏输出模式
1～6	……	……
	……	……
7	$[29:28]$ 即 MODE7$[1:0]$	00:输入模式（复位后状态）；　01:输出模式（最大频率 10 MHz）；　10:输出模式（最大频率 2 MHz）；　11:输出模式（最大频率 50 MHz）
	$[31:30]$ 即 CNF7$[1:0]$	在输入模式下（即 MODE0$[1:0]$=00 时）： 00:模拟输入模式；　01:浮空输入模式（复位后状态）；　10:上拉/下拉输入模式；　11:保留。 在输出模式下（即 MODE0$[1:0]$≠00 时）： 00:通用推挽输出模式；　01:通用开漏输出模式；　10:复用功能推挽输出模式；　11:复用功能开漏输出模式

2）端口配置高寄存器（CRH）

偏移地址：0x04；复位值：0x4444 4444。

每个端口的 CRH 寄存器用于控制端口的高 8 位（编号为 8～15）的引脚,其结构和含义与 CRL 类似。CRH 各位定义和功能如表 8.25 所示。

表 8.25　CRH 端口配置高寄存器各位定义

引脚号	位	取值及含义
8	[1:0] 即 MODE0[1:0]	00:输入模式(复位后状态)；　01:输出模式(最大频率 10 MHz)；　10:输出模式(最大频率 2 MHz)；　11:输出模式(最大频率 50 MHz)
	[3:2] 即 CNF0[1:0]	在输入模式下(即 MODE0[1:0] = 00 时)： 00:模拟输入模式；　01:浮空输入模式(复位后状态)；　10:上拉/下拉输入模式；　11:保留。 在输出模式下(即 MODE0[1:0] ≠ 00 时)： 00:通用推挽输出模式；　01:通用开漏输出模式；　10:复用功能推挽输出模式；　11:复用功能开漏输出模式
9～14	…… ……	…… ……
15	[29:28] 即 MODE7[1:0]	00:输入模式(复位后状态)；　01:输出模式(最大频率 10 MHz)；　10:输出模式(最大频率 2 MHz)；　11:输出模式(最大频率 50 MHz)
	[31:30] 即 CNF7[1:0]	在输入模式下(即 MODE0[1:0] = 00 时)： 00:模拟输入模式；　01:浮空输入模式(复位后状态)；　10:上拉/下拉输入模式；　11:保留。 在输出模式下(即 MODE0[1:0] ≠ 00 时)： 00:通用推挽输出模式；　01:通用开漏输出模式；　10:复用功能推挽输出模式；　11:复用功能开漏输出模式

例 8.1　将 GPIOD 引脚 4 设置为频率为 50 MHz 的推挽输出,引脚 15 为上拉/下拉输入模式。

GPIOD 对应的 CRL 和 CRH 寄存器应该设置如下:

GPIOD_CRL 的 CNF4[1:0]为 00,GPIOD_CRL 的 MODE4[1:0]为 11。

GPIOD_CRH 的 CNF7[1:0]为 10,GPIOD_CRH 的 MODE7[1:0]为 00。

实现代码片段如下:

```
GPIOD->CRL& = 0XFFF0FFFF;      //清除引脚 4 的配置,不对其他引脚产生影响
GPIOD->CRL| = 0X00030000;      /* 设置引脚 4 的配置为 0011b(50 MHz 的通用推挽
                                  输出)*/
GPIOD->CRH& = 0X0FFFFFFF;      //清除引脚 15 的配置,不对其他引脚产生影响
GPIOD->CRH| = 0X8000000;       /* 设置引脚 15 的配置为 1000b(上拉/下拉输入模
                                  式)*/
```

其中 GPIOx->CRL 和 GPIOx->CRH 是 CMSIS-core 用于表示 GPIOx 端口 CRL 和 CRH 寄存器的符号。由于只能以字为单位对 CRL 和 CRH 进行访问(GPIO 端口的其他寄存器也是如此),而本例只对个别引脚进行设置,为了避免对其他引脚造成影响,所以只能采用上述这种间接方式。如果对整个 GPIOD 口进行配置,可以采取直接赋值的方式以减少

代码量。

3）端口输入数据寄存器（IDR）

地址偏移：0x08；复位值：0x0000 XXXX。

IDR 为只读寄存器，仅低 16 位[15：0]有效，读操作结果是对应的端口 I/O 引脚的状态，0 表示低电平，1 表示高电平。IDR 的高 16 位[31：16]保留，读结果始终是 0。IDR 各位定义如表 8.26 所示。

表 8.26　输入数据寄存器（IDR）各位定义

位 31	位 30～位 17	位 16	位 15	位 14～位 1	位 0
读结果始终为 00H			IDR15	IDR14～IDR1	IDR0

如果需要读取某个端口输入的数据，应先将该端口设置为输入模式，然后再读取 IDR 才能得到正确的结果。

4）端口输出数据寄存器（ODR）

地址偏移：0x0C；复位值：0x0000 XXXX。

ODR 可读可写，仅低 16 位[15：0]有效，高 16 位[31：16]保留。对 ODR 低 16 位进行写操作时，写入的内容影响对应 I/O 引脚的输出电平，写入 0 时为低电平，写入 1 时为高电平；对 ODR 低 16 位的读操作结果是对应引脚前次输出的数据。ODR 的各位定义如表 8.27 所示。

表 8.27　输出数据寄存器（ODR）各位定义

位 31	位 30～位 17	位 16	位 15	位 14～位 1	位 0
保留			ODR15	ODR14～ODR1	ODR0

利用稍后将要介绍的 BSRR 寄存器，可分别对各个 ODR 位进行独立的设置/清除（即置位 1/复位 0）。

例 8.2　假设 GPIOD 的引脚 4 和引脚 5 是频率为 50 MHz 的推挽输出端口，现需要完成以下操作：(1) 在 GPIOD 的引脚 4 上输出高电平；(2) 使 GPIOD 的引脚 4 输出低电平；(3) 使 GPIOD 的引脚 4 输出低电平，引脚 5 输出高电平。

(1) 在 GPIOD 的引脚 4 上输出高电平，实现代码如下：

GPIOD->ODR | = 1≪4；　　　　　　　//等同于 GPIOD->ODR | = 0x10；

注意：以上语句若写成：

GPIOD->ODR = 0x10；　　　　　　　//误用"="代替复合运算符"| ="

将把 GPIOD 的其他端口都清 0，会引发不可预测的后果。

(2) 使 GPIOD 的引脚 4 输出低电平，实现代码如下：

GPIOD->ODR&= (～(1≪4))；　　//等同于 GPIOD->ODR &= 0xEF(11101111B)

(3) 使 GPIOD 的引脚 4 输出低电平，引脚 5 输出高电平，实现代码如下：

GPIOD->ODR &= (～(1≪4))；

GPIOD->ODR | = 1≪5；

采用写 ODR 的方式完成(3)所要求的操作，需要使用两条语句，先设置引脚 4 为低电平,然后再设置引脚 5 为高电平,两条语句之间有时间间隔,两个引脚的电平将不能同步变化。此外复合赋值运算符还隐含了回读操作,增加了操作延时,这些缺陷在某些应用场合是不允许的。为解决上述问题,可以使用下面介绍的 BSRR 和 BRR 寄存器。

5）端口位的置位/复位寄存器（BSRR）

地址偏移:0x10;复位值:0x0000 0000。

BSRR 寄存器为只写,用于设置某些引脚的输出电平而保持其他引脚输出不变。BSRR 的高 16 位[31∶16]用于复位对应引脚（15～0）为 0,低 16 位[15∶0]用于置位对应引脚（15～0）为 1。BSRR 各位定义如表 8.28 所示。

表 8.28　端口位置位/复位寄存器 BSRR 各位定义

位 31	位 30～位 17	位 16	位 15	位 14～位 1	位 0
BR15	BR14～BR1	BR0	BS15	BS14～BS1	BS0
BRi＝1(i＝15～0),复位引脚 i;BRi＝0,对引脚 i 无影响			BSi＝1(i＝15～0),置位引脚 i;BSi＝0,对引脚 i 无影响		

需要说明的是,如果对相同的位同时设置了 BSi 和 BRi,BSi 起作用;无论是复位还是置位操作,BSRR 中相应位都必须是 1,才产生相应操作,而 0 不产生影响。

例 8.3　假设 GPIOD 的引脚 4 和引脚 5 是频率为 50 MHz 的推挽输出端口,现在需要同时将 GPIOD 的引脚 4 输出低电平,引脚 5 输出高电平,利用 BSRR 寄存器实现这一操作的代码如下:

GPIOD->BSRR＝0x00100020

这种方法没有使用复合赋值语句(&＝或|＝),避免了回读操作,并且能够一次实现多个引脚的同步输出,效率高且速度快。

6）端口位的复位寄存器（BRR）

地址偏移:0x14;复位值:0x0000 0000。

BRR 寄存器也是只写,用于复位某些引脚的输出电平为 0,而保持其他引脚输出不变。BRR 仅低 16 位[15∶0]有效,用于复位对应引脚（15～0）为 0;高 16 位[31∶16]保留。BRR 各位定义如表 8.29 所示。

表 8.29　端口位复位寄存器 BRR 各位定义

位 31	位 30～位 17	位 16	位 15	位 14～位 1	位 0
保留			BR15	BR14～BR1	BR0
			BRi＝1(i＝15～0),复位引脚 i; BRi＝0,对引脚 i 无影响		

例 8.4　将 GPIOD 的引脚 4 输出低电平,利用 BRR 寄存器的实现代码如下:

GPIOD->BRR＝1≪4

7）端口配置锁定寄存器（LCKR）

地址偏移:0x18;复位值:0x0000 0000。

LCKR 仅低 17 位[16：0]有效,高 15 位[31：17]保留。当执行正确的写序列将位 16 (LCKK)置位后,该寄存器低 16 位[15：0]中某位为 1,锁定对应引脚(端口位)的配置,若为 0,不锁定对应引脚(端口位)的配置。当某个引脚被锁定之后,在下次系统复位之前不能更改端口位的配置。

位 16 称为 LCKK 或者锁键位,该位可随时读出,若读得 LCKK 为 0,端口配置锁键未激活;若读得 LCKK 为 1,端口配置锁键被激活,下次系统复位前 LCKR 被锁定,其内容不能被修改。

LCKK(位 16)只可通过正确的锁键写入序列进行置 1。锁键写入序列为"写 1→写 0→写 1→读 0→读 1",最后一次读虽然可以省略,但可以通过读结果确认锁键是否已被激活。在执行锁键写入序列时,不能改变 LCKR 低 16 位的值。在执行锁键写入序列中的任何错误将导致锁键激活失败。

LCKR 的低 16 位虽然可读可写,但只能在 LCKK(位 16)为 0 时写入。读结果中某位为 0,表示对应的引脚没有被锁定,可以更改端口位配置;若某位为 1,则对应的引脚已被锁定,在下次复位之前,不能更改端口位的配置。

3. AFIO 寄存器

AFIO 寄存器是一组用于实现外设复用功能重映射、外部中断引脚映射和事件输出的寄存器,包括事件控制寄存器 AFIO_EVCR、复用重映射和调试 I/O 配置寄存器 AFIO_MAPR 和外部中断配置寄存器 1～4(AFIO_EXTICR1～AFIO_EXTICR4)。这些寄存器的作用简述如下:

• AFIO_EVCR:用于将事件输出重映射到指定端口的某个引脚上。该寄存器的高 24 位[31：8]保留,位[7]置 1 后事件输出将重定位,位[6：4]指定重定位的端口(只有 PA～PE 5 个端口),位[3：0]指定重定位的引脚 0～15。

• AFIO_EVCRMAPR:用于设置 SWJ(JTAG-DP ＋ SW-DP)和配置 ADCx、TIMx、USARTx、OSC_IN/OSC_OUT、CAN、SPI1 和 I^2C1 等 I/O 端口的重映射;对于不同规格的产品,AFIO_EVCRMAPR 每位的定义有所不同。

• AFIO_EXTICR1～AFIO_EXTICR4:用于配置 I/O 口作为外部中断源输入。

上述寄存器每位的定义、作用和详细操作请参见 ST 公司官方发布的 STM32F10xxx 参考手册(RM0008)或者中文译本《STM32F10xxx 参考手册》。

8.6.4 GPIO 应用实例

GPIO 可实现输入数据的三态隔离和选通输入以及输出数据的输出锁存缓冲。设置为输入属性的 GPIO 与外部输入装置相连接,对输入的高低电平起隔离作用。CPU 读取该 GPIO 端口时,输入数据经过该 GPIO 端口到片内总线再传到 CPU;CPU 不读取该 GPIO 端口时,输入的高低电平数据被该 GPIO 端口三态隔离,不会影响片内总线其他应用。

GPIO 还可实现输出数据的输出锁存缓冲。设置为输出属性的 GPIO 与外部输入装置相连接,对输出数据起锁存作用。CPU 向 GPIO 端口写数据时,输出数据经过片内总线传到该 GPIO 端口并被锁存,供外设随时使用;GPIO 端口保持 CPU 本次写入的数据直到写入新数据。

此外,GPIO 引脚还可以用于模拟信号的输入。

为适应各种应用场合需要,不同规格的处理器芯片具有不同数量的 GPIO,其命名规则亦可能有所差别,但基本原理及使用方法大同小异。现以 STM32F103 为例,简介 GPIO 的两个典型应用。

1. 实例一:LED 周期性闪烁

1) 功能要求

使目标板上 LED 按固定周期一直闪烁。

2) 硬件设计

目标板上 LED(LED0)通过一个限流电阻与引脚 PA8 相连,具体电路如图 8.33 所示。

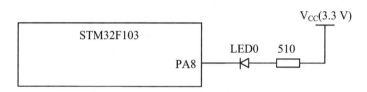

图 8.33 LED(LED0)与 STM32F103 接口电路图

本例只使用了一个外围设备发光二极管 LED。LED 是嵌入式系统中最为常见的输出设备。需要注意的是,LED 的发光亮度与通过的电流成正比,一般在几毫安至几十毫安之间,典型值为 20 mA。为防止电流过大损毁 LED,LED 应串联一个如图 8.33 所示的限流电阻。

引脚 PA8 应设置为普通推挽输出 GPIO_Mode_Out_PP 工作模式。当 PA8 输出低电平(0 V)时,LED0 点亮;当 PA8 输出高电平(3.3 V)时,LED0 熄灭。

3) 软件处理流程设计

(1) 主流程设计

主流程由一个初始化函数加上一个无限循环程序构成,其工作流程如图 8.34 所示。

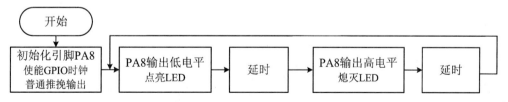

图 8.34 LED 闪烁程序的软件流程图

(2) 延时子程序流程设计

延时时间是 LED 闪烁程序的重要指标,若延时时间太短(即 LED 闪烁频率过快),由于 LED 的余晖和人眼视觉暂留效应,将使 LED 近乎全亮,无法看出闪烁效果;若延时时间太长,则 LED 亮灭的间隔时间过长,也无法看出闪烁效果。本例使用简单空循环实现不精确延时,循环变量取值决定延时时间,可通过反复修改调试,得到合适取值。

（3）初始化引脚 PA8 流程设计

除延时外,图 8.34 中的其他步骤都可利用相应库函数编程实现。例如,初始化 PA8 可通过以下两步实现:

- 使能 APB2 总线上引脚 PA8 所属端口 GPIOA 的时钟,所需使用的库函数为 RCC_APB2PeriphClockCmd;
- 将引脚 PA8 配置为通用推挽输出模式 GPIO_Mode_Out_PP。

4）软件代码实现

编辑代码前,需新建或配置已有工程,将代码文件包含在该工程内。根据图 8.34 所示软件流程,结合相关库函数,主流程的 main.c 的代码如下:

```
# include "stm32f10x.h"
void LED0_Config(void);
void LED0_On(void);
void LED0_Off(void);
void Delay(unsigned long x);
int main(void)
{
    LED0_Config();
    while(1)
    {
        LED0_On();
        Delay(0x5FFFFF);        //点亮持续时间
        LED0_Off();
        Delay(0x5FFFFF);        //熄灭持续时间,与点亮持续时间可以不同
    }
}
void LED0_Config(void)
{
    GPIO_InitTypeDef GPIO_InitStructure;
    RCC_APB2PeriphClockCmd(RCC_APB2Periph_GPIOA, ENABLE);
                                        //使能 GPIOA 时钟
    GPIO_InitStructure.GPIO_Pin = GPIO_Pin_8;        //配置 PA8 引脚
    GPIO_InitStructure.GPIO_Mode = GPIO_Mode_Out_PP;
    GPIO_InitStructure.GPIO_Speed = GPIO_Speed_2MHz;
    GPIO_Init(GPIOA, &GPIO_InitStructure);
}
```

```
void LED0_On(void)
{
    GPIO_ResetBits(GPIOA,GPIO_Pin_8);          //复位PA8,PA8输出低电平,点亮LED
}
void LED0_Off(void)
{
    GPIO_SetBits(GPIOA,GPIO_Pin_8);            //置位PA8,PA8输出高电平,LED熄灭
}
void Delay(unsigned long x)
{
    unsigned long i;
    for(i=0;i<x;i++);
}
```

5）小结：使用库函数的应用开发步骤

使用库函数开发基于STM32F103的应用可分为以下几个步骤：

① 从ST官网下载STM32F10x标准外设库,从ST提供的官方工程模板起步；

② 根据目标微处理器型号,修改官方工程模板各项配置；

③ 根据实际应用需求,在主程序文件和异常服务程序文件中编写程序代码；

④ 编译链接工程,确保结果没有错误和警告；

⑤ 采用软件模拟仿真或目标硬件方式反复调试应用程序,直至没有错误；

⑥ 使用仿真器等工具将可执行文件下载到目标微处理器片内Flash中运行。

2. 实例二：按键控制LED亮灭

1）功能要求

当按键KEY0按下时,目标板上LED点亮；当按键KEY0释放时,LED熄灭。

2）硬件设计

目标板上按键KEY0和LED0分别与引脚PC5和PA8相连,具体电路如图8.35所示。

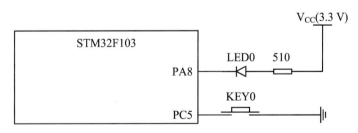

图8.35　按键KEY0和LED0与STM32F103的接口电路图

本例使用两个外围设备,LED和按键。按键是一种按压式常开型（Normal Open,NO）开关,也是一种嵌入式系统常见的用户输入设备,根据其构造,按键的使用寿命为3万～1 000万次不等。

图 8.35 中引脚 PA8 与 LED0 的硬件连接方式与应用实例一相同,PA8 设置为普通推挽输出 GPIO_Mode_Out_PP 工作模式。当 PA8 输出低电平时,LED0 点亮;当 PA8 输出高电平时,LED0 熄灭。

根据图 8.35 中引脚 PC5 与按键 KEY0 的连接方式,PC5 应设置为上拉输入 GPIO_Mode_IPU 模式。当按下按键时,PC5 输入低电平(0 V);当释放按键时,PC5 输入高电平 V_{CC}(3.3 V)。

3)软件处理流程设计

主流程由初始化函数和无限循环两部分组成,程序主体是无限循环,根据引脚 PC5 上读到的电平高低,判断按键 KEY0 是否被按下,通过控制引脚 PA8 输出高/低电平熄灭或点亮 LED。主流程如图 8.36 所示,所有步骤均可采用库函数编程实现。

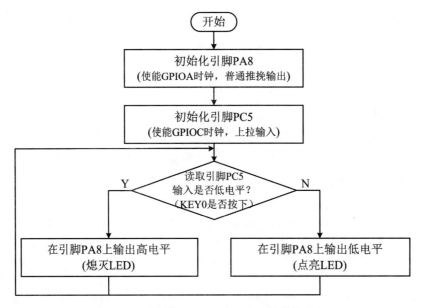

图 8.36　按键控制 LED 亮灭程序的软件流程

4)软件代码实现

与应用实例一相同,在编辑代码前,需要新建或配置已有工程,将代码文件包含在该工程内。根据图 8.36 所示软件处理流程,结合相关库函数,主流程 main.c 的代码如下:

```
# include "stm32f10x.h"
void LED0_Config(void);
void LED0_On(void);
void LED0_Off(void);
void KEY0_Config(void);
unsigned int Key0_Read(void);
int main(void)
{
    unsigned int key_no = 0;
```

```
            LED0_Config();
            KEY0_Config();
            LED0_Off();
            while(1)
            {
                key_no = Key0_Read();
                if(key_no)
                    LED0_On();
                else
                    LED0_Off();
            }
        }
        void LED0_Config(void)
        {
            GPIO_InitTypeDef GPIO_InitStructure;
            RCC_APB2PeriphClockCmd(RCC_APB2Periph_GPIOA，ENABLE);
                                                //使能 GPIOA 时钟
            GPIO_InitStructure.GPIO_Pin = GPIO_Pin_8;       //配置 PA8 引脚
            GPIO_InitStructure.GPIO_Mode = GPIO_Mode_Out_PP;
            GPIO_InitStructure.GPIO_Speed = GPIO_Speed_2MHz;
            GPIO_Init(GPIOA，&GPIO_InitStructure);
        }
        void LED0_On(void)
        {
            GPIO_ResetBits(GPIOA，GPIO_Pin_8);
        }
        void LED0_Off(void)
        {
            GPIO_SetBits(GPIOA，GPIO_Pin_8);
        }
        void KEY0_Config(void)
        {
            GPIO_InitTypeDef GPIO_InitStructure;
            RCC_APB2PeriphClockCmd(RCC_APB2Periph_GPIOC，ENABLE);  //使能 GPIOC 时钟
            GPIO_InitStructure.GPIO_Mode = GPIO_Mode_IPU;         //配置 PC5 引脚
            GPIO_InitStructure.GPIO_Pin = GPIO_Pin_5;
            GPIO_Init(GPIOC，&GPIO_InitStructure);
        }
```

```
unsigned int Key0_Read(void)
{
    if(! GPIO_ReadInputDataBit(GPIOC,GPIO_Pin_5))
        return 1;                                          //if KEY0 is pressed
    else
        return 0;
}
```

5) 小结：使用库函数开发 GPIO 的步骤

对连接到某外围设备(如 LED、按键等)的普通 I/O 引脚,编程开发的一般步骤如下：

(1) 使能该引脚所属 GPIO 端口(如 GPIOA、GPIOB 等)的时钟。使用任何一个片上外设,这一步必不可少,一般在初始化一开始就进行。

(2) 通过 GPIO_InitTypeDef 结构体变量配置 GPIO 引脚。GPIO_InitTypeDef 结构体是配置 GPIO 引脚的关键。分析该结构体的成员组成,可快速了解 GPIO 的特性。将指定工作模式和输出速度写入对应成员,并用此结构体变量初始化指定 GPIO 引脚,可实现对 GPIO 引脚的快速配置。

(3) 操作该引脚。若引脚被设置为输出(如本例中连接 LED0 的 PA8),则操作该引脚是往该引脚输出数据;若引脚被设置为输入(如本例中连接按键 KEY0 的 PC5),则操作该引脚是从该引脚读取数据。

8.7 定 时 器

8.7.1 STM32F103 定时器概述

STM32F103 定时器适用于各类控制,具有延时、信号频率测量、PWM 输出、三相六步电机控制及编码接口等功能。

STM32F103 内部集成的多个可编程定时器,可分为 2 个 16 位基本定时器、4 个 16 位通用定时器和 2 个 16 位 6 通道高级定时器共三种类型。从功能上看,基本定时器是通用定时器的子集,通用定时器又是高级定时器的子集,三种类型的定时器功能如表 8.30 所示。

除此之外,STM32F103 还包含 2 个看门狗定时器(独立看门狗 IWDG 和窗口看门狗 WWDG)和 1 个系统定时器 SysTick。

为方便并简化描述,本节内容中定时器 TIMx(x 为 1~8)表示对应的定时器,各寄存器略去前缀 TIMx_,如自动重装载寄存器 TIMx_ARR(Auto Reload Register)表述为 ARR;各寄存器的位以"寄存器.位"形式表示,如控制寄存器 CR1 的 URS 位表示为 CR1.URS。

表 8.30　STM32F103 可编程定时器主要类型

主要特点	基本定时器 TIM6/7	通用定时器 TIM2～5	高级定时器 TIM1/8
内部时钟 CK_INT 的来源 TIMxCLK	APB1 分频器输出	APB1 分频器输出	APB2 分频器输出
内部预分频器的位数(分频系数范围)	16 位(1～65 536)	16 位(1～65 536)	16 位(1～65 536)
内部计数器的位数(计数范围)	16 位(1～65 536)	16 位(1～65 536)	16 位(1～65 536)
更新中断和 DMA	有	有	有
计数方向	向上	向上、向下、双向	向上、向下、双向
外部事件计数	无	有	有
其他定时器触发或级联	无	有	有
4 个独立的输入捕获、输出比较通道	无	有	有
单脉冲输出方式	无	有	有
正交编码器输入	无	有	有
霍尔传感器输入	无	有	有
刹车信号输入	无	无	有
7 路 3 对 PWM 互补输出带死区产生	无	无	有

1. 基本定时器 TIM6 和 TIM7

2 个基本定时器主要用于产生 DAC 触发信号,为 DAC 提供准确的时间基准。除此之外,基本定时器也可作为普通的 16 位时基计数器使用。

2. 通用定时器 TIM2、TIM3、TIM4 和 TIM5

4 个通用定时器每个都具有如下特点:

· 各包含一个 16 位可自动装载预设值的递增/递减计数器,计数器由各自的 16 位可编程预分频器驱动;

· 均具有 4 个独立通道(CH1～4),每个通道都可用于输入捕获、输出比较、PWM 和单脉冲模式输出;

· 使用时,需要先配置一个时基单元(即设定一个基准时间),确定计数一次所需时间(一般从几微秒到几毫秒)。时基单元核心部件为 16 位预分频器,通过对时钟源的分频,确定基准时间。

最多引脚封装的芯片包含了 4 个通用定时器,最多可提供 16(即 4×4)个输入捕获、输出比较或 PWM 通道,可用于测量输入信号的脉冲长度(输入捕获)或者产生输出波形(输出比较和 PWM)等。

3. 高级定时器 TIM1 和 TIM8

高级定时器可作为完整的通用定时器使用,也可看成是拥有 6 个通道的三相 PWM 发生器。每个高级定时器的 4 个独立通道可用于输入捕获、输出比较、产生 PWM(边缘或中心对齐模式)、单脉冲输出和互补 PWM 输出。因加入了死区控制和紧急制动等特性,高级定时器常用于电机控制。

4．独立的看门狗 IWDG

IWDG 由一个 12 位递减计数器和一个 8 位预分频器所构成，并由一个内部独立的 40 kHz 的 RC 振荡器提供时钟，因独立于主时钟，IWDG 可运行于停机和待机模式。 IWDG 用于在发生问题时复位整个系统，或作为一个自由定时器为应用程序提供超时管理。 通过配置字节可选择由软件或硬件启动 IWDG。在调试模式时，IWDG 的计数器可被冻结。

5．窗口看门狗 WWDG

WWDG 内部有一个 7 位递减计数器，可设置成自由运行，在发生问题时用于复位整个 系统。WWDG 由主时钟驱动，具有早期预警中断功能。在调试模式时，WWDG 的计数器 也可以被冻结。

6．系统定时器 SysTick

SysTick 常用于操作系统，也可当成一个标准的 24 位递减计数器。

8.7.2　STM32F103 基本定时器 TIM6 和 TIM7

TIM6 和 TIM7 只具备最基本的定时功能，即累计时钟脉冲数超过预定值时，产生定时 器溢出事件，如果使能了中断或 DMA 操作，则会产生中断或 DMA 操作。定时功能可提供 时间基准，例如为数模转换器 DAC 提供时钟。在 STM32F103 内部，TIM6 和 TIM7 直接连 接到 DAC 并通过触发输出直接驱动 DAC。

1．内部结构

TIM6 和 TIM7 均由一个触发控制器、一个可编程 16 位预分频器和一个带自动重装载 寄存器的 16 位计数器构成，如图 8.37 所示。其中，计数器 CNT 由预分频器驱动，具有自动 重装载（预设值）功能，是整个定时器的核心。

2．时钟源

TIM6 和 TIM7 的输入时钟 CK_CNT（又称计数器时钟）是计数器的基准计数频率。从 图 8.37 可以看出，CK_CNT 源自内部时钟 CK_INT。其中 CK_INT 就是来自复位和时钟 控制 RCC 输出的 TIMxCLK，TIMxCLK 又源自 APB1 预分频器的输出。TIMxCLK 与 APB1 预分频器的关系如图 8.38 所示。

从图 8.38 中可以看出，若 APB1 预分频系数等于 1，输出的 TIMxCLK 的频率等于 APB1 时钟 PCLK1 的频率；若 APB1 预分频系数不等于 1，TIMxCLK 的频率是 PCLK1 频 率的两倍。

在上电复位后，APB1 预分频系数通常为 2。假设 APB1 分频器的输入时钟频率为 72 MHz，经过 APB1 预分频器 2 分频后，输出的 PCLK1 频率是 36 MHz（也是最高上限频 率）。此时，由于 APB1 预分频器的分频系数不等于 1，输出的 TIMxCLK 频率为 72 MHz。

TIM6 和 TIM7 的时钟源路径可以总结如下：① APB1 预分频器→② TIMxCLK →

③ CK_INT→④ 预分频 PSC→⑤ CK_CNT。

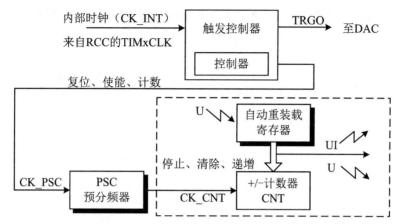

注：U—事件（event）；UI—中断和 DMA 输出（interrupt & DMA output）

图 8.37　STM32F103 基本定时器 TIM6 和 TIM7 内部结构图

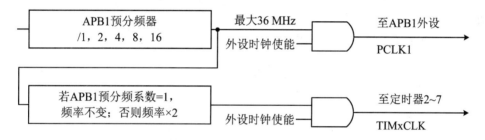

图 8.38　STM32F103 基本定时器内部时钟源 TIMxCLK

3. 计数模式

基本定时器只能工作在向上（递增）计数模式,自动重装载寄存器 ARR 存放的是计数器计数溢出门限值。定时器启动后,在输入时钟 CK_CNT 的触发下,计数器不断加"1"进行向上（递增）计数。当计数值等于 ARR 中保存的溢出门限值时,定时器产生溢出事件。在中断或者 DMA 已经使能时,该事件可触发中断或 DMA 请求,然后计数器被清零,重新开始新一轮的向上计数。

基本定时器延时时间可由以下公式计算：

$$延时时间 = (ARR + 1) \times (PSC + 1) \div TIMxCLK$$

其中 ARR 预设值和 PSC 预分频系数都是 16 位,取值范围 0～65 535。在通常情况下,上电复位后的 TIMxCLK 频率等于 72 MHz。

例 8.5　假设 TIMxCLK 为 72 MHz,PSC 预分频系数 35 999,需要定时 1 s,计算所需的 ARR 值。

按照以上公式：$1(s) = (ARR + 1) \times (35\ 999 + 1) \div 72(MHz)$

经计算得出 ARR = 1 999

4. 与基本定时器相关的寄存器

与其他两种类型的定时器相比,基本定时器的功能较少,所以与基本定时器相关的寄存器类型和数量也相对较少。与基本定时器相关的各个寄存器的偏移地址、名称、中文含义以及寄存器中各位的名称(代号)如表 8.31 所示。

表 8.31 与基本定时器相关的寄存器一览表

偏移	寄存器名称	31:16	15	14	13	12	11	10	9	8	7	6	5	4	3	2	1	0
000H	CR1 控制寄存器 1	保留									ARPE	保留			OPM	URS	UDIS	CEN
004H	CR2 控制寄存器 2	保留										MMS [2:0]			保留			
00CH	DIER DMA 和中断 使能寄存器	保留								UDE	保留							UIE
010H	SR 状态寄存器	保留																UIF
014H	EGR 事件产生寄存器	保留																UG
024H	CNT 计数器	保留	CNT[15:0]															
028H	PSC 预分频寄存器	保留	PCS[15:0]															
02CH	ARR 自动重装载 寄存器	保留	ARR[15:0]															

以下对上述寄存器中的 PSC 和 ARR 寄存器以及涉及定时器工作的重要概念进行介绍,其他寄存器在使用时只给出其名称和相关位的代号,这些寄存器的详细说明请参见8.7.7 小节内容或者《STM32F10xxx 参考手册》。

1) 预分频寄存器 PSC(Prescaler)

PSC 用于存放分频系数,16 位,取值范围为 0~65 535。

2) 影子寄存器(shadow register)和预装载寄存器(preload register)

在物理上,STM32F103 定时器中的多个寄存器对应着 2 个寄存器:一个是可以访问(写入或读出)的预装载寄存器,另一个则是对用户透明(不可见),但在定时器工作过程中真正起作用的寄存器,称为影子寄存器。

设计预装载寄存器和影子寄存器的好处是,在计数过程中可通过预装载寄存器配置下一轮计数参数而无须打断当前计数周期,并且多个影子寄存器可在同一个时刻(如发生更新事件时)被更新为所对应的预装载寄存器的内容,从而保证多个通道的操作能够准确同步。如果缺少这样的设计,软件不可能在同一时刻同时更新多个寄存器,结果造成多个通道的时序不能同步,如果再加上其他因素(例如中断),多个通道的时序关系有可能会发生混乱,从而导致不可预知的结果。

STM32F103 定时器中具有此特性的寄存器有 PSC、ARR、重新计数寄存器 RCR (Repetition Counter)、自动捕获寄存器 CCR1～4(Capture/Compare Register),但是基本定时器没有 RCR 和 CCR1～4。以下是关于影子寄存器和预装载寄存器的进一步说明。

* 影子寄存器是真正起作用的寄存器,但对用户透明,用户只能访问与之对应的预装载寄存器;影子寄存器又称为对应某寄存器的缓冲区。
* 可以访问的 PSC、ARR、RCR 和 CCRx 均不是影子寄存器,而是对应的预装载寄存器;凡是用户能够访问的都是预装载寄存器。
* 影子寄存器的值来自于对应的预装载寄存器。
* 将预装载寄存器的内容传送到影子寄存器中有两种方式,一种是立刻更新,另一种是发生触发事件时更新;具体更新方式取决于相应控制寄存器里控制位的设置。

3) 自动重装载寄存器 ARR

ARR 的内容决定了计数器发生上溢的时刻,基本定时器的计数器在递增计数过程中,一旦计数值达到了 ARR 中预设的溢出门限,计数器归零并重新开始新的一轮递增计数。因此,ARR 的值决定了定时器的工作周期。

4) ARR(作为预装载寄存器)和影子寄存器的关系

通过对 CR1.APRE 的设置,可以选择 ARR 的内容以何种方式传送到影子寄存器。如果:

* CR1.APRE = 0,当 ARR 值被修改时,立刻更新影子寄存器(无预装功能);
* CR1.APRE = 1,当 ARR 值被修改后,须在下一次更新事件(UEV,稍后介绍)发生时,才更新影子寄存器的内容(即有缓冲区,有预装功能)。

如果需要立刻更改影子寄存器的值,而不是等待下一个事件,可通过如下两种方法实现:

(1) 使 CR1.APRE = 0,即 TIM_ARRPreloadConfig(ch1_Master_Tim,DISABLE);

(2) 在 CR1.ARPE = 1 时,即 TIM_ARRPreloadConfig(ch1_Master_Tim,ENABLE),在完成 ARR 更改后,立刻设置 UEV 事件,即更改 EGR.UG,所需代码片段如下:

```
TIM1_ARR = period - 1;                          //设置周期
TIM1_CCR1 = period>>1;                          //设置占空比 50%
TIM_GenerateEvent(TIM1,TIM_EventSource_Update);
                                                //主动产生 UEV 事件,UG = 1
```

5) 更新事件(Update Event,UEV)

UEV 指此事件发生后,预装载寄存器的内容被立即传送到相关影子寄存器,改变定时器的配置,并使定时器按照新的配置工作。当计数器达到溢出条件并且 CR1 寄存器中的

UDIS 位等于 0 时,将产生更新事件;此外,通过软件或使用从模式控制器(SMCR)设置 EGR 寄存器的 UG 位也可以产生更新事件。

当发生一个 UEV 时,硬件依据 CR1. URS 位当前的数值,设置 SR. UIF(即更新中断标记 update interrupt flag)为 0 或 1(是/否产生中断或 DMA 请求),同时所有寄存器均被更新,ARR、PSC 和 RCR(基本定时器中没有)都被装入预装载寄存器中的内容。

通过设置 CR1. UDIS = 1,可禁止 UEV,用来避免在写入新寄存器值时更新影子寄存器。在 CR1. UDIS 被清零之前,不会产生 UEV。

在计数器工作过程中,如果产生了 UEV,计数器将被清零,同时预分频器中用于分频的计数器也被清零,但预分频器的分频系数不变。

如果设置了 CR1. URS = 1(选择更新请求),当设置 EGR. UG = 1 时将产生一个 UEV,但硬件不设置 SR. UIF(即此时其值为 0),不会产生中断或 DMA 请求,以避免在捕获模式下清除计数器时,同时产生更新和捕获中断。

下面以一个常见的简单应用场景,说明 ARR 和对应的影子寄存器之间数据更新关系。

当 CR1. ARPE = 1 时,定时器中的 ARR 包含了预装载寄存器和影子寄存器,在定时器一个计数周期结束时,将产生一个更新中断。若在中断服务程序中修改 ARR,由于中断发生时刻早于修改时刻,新写入的数值只是装入 ARR 对应的预装载寄存器,并未更新影子寄存器,亦即没有立即生效。在更新中断发生时,只是将之前的预装载寄存器的内容装入了影子寄存器,所以下一个定时器计数周期的长度取决于"原来 ARR 的值",而非在中断服务程序中的修改值。那么什么时候修改值才起作用呢? 只有在发生新的更新事件(例如下一个定时器计数周期结束)时,预装载寄存器的内容将被复制到影子寄存器,并立即被硬件自动装入 ARR。所以,新的修改值只能在下一个更新事件发生(例如下一个定时器计数周期结束)之后才会生效。

而当 CR1. ARPE = 0 时,定时器的 ARR 中只有预装载寄存器,没有影子寄存器,即 ARR 没有缓冲区。修改 ARR 的预装载寄存器,就是对 ARR 直接进行修改。此时,如果在定时器一个计数周期结束时产生了一个更新中断,在中断服务程序中修改 ARR 将立即生效,下一个定时器周期的定时长度取决于新写入的修改值。

在应用中,通过设置 CR1. ARPE = 1,可以保证 ARR 在合适的时候被更新,以避免在过渡时期出现不期望的结果。在需要不断切换定时器的周期并且周期都比较短时,利用这种机制对定时器进行操作,可保证定时器周期的平稳过渡。

6) 时基单元

基本定时器的时基单元包含 CNT、PSC 和 ARR 三部分,这些寄存器均可由软件进行读/写(实际操作的是其对应的预装载寄存器)。

7) 基本定时器工作原理小结

• 计数器由输入时钟 CK_CNT 驱动。仅当 CR1. CEN(计数器使能位)= 1 时,CK_CNT 才有效,并在 CR1. CEN 被设置为 1 的一个时钟周期后,计数器开始计数。

• 预分频器可将 CK_CNT 的时钟频率按 1~65 536 之间的任意值进行分频。

• ARR 是预先装载的,对 ARR 的访问实际上是访问预装载寄存器。

- 根据 CR1.ARPE 的设置,在不使用缓冲区时,预装载寄存器的内容将立即传送到 ARR;在使用缓冲区时,预装载寄存器的内容在出现 UEV 时传送到 ARR。
- 当计数器达到溢出条件并当 CR1.UDIS＝0 时,产生 UEV。UEV 也可由软件产生。
- 若允许中断(DIER.UIE＝1)或者允许 DMA(DIER.UDE＝1),计数溢出可同时触发中断请求或者 DMA 请求。

8.7.3　STM32F103 通用定时器 TIM2～TIM5

与基本定时器 TIM6 和 TIM7 相比,通用定时器 TIM2～TIM5 的功能更丰富,除具备基本定时功能外,还可用于测量输入脉冲的频率和宽度,输出可控脉冲和 PWM 脉冲。每个通用定时器完全独立,无须共享任何资源,但彼此可实现同步操作。

1. 内部结构

TIM2～TIM5 内部的逻辑结构如图 8.39 所示,其中主要部件简介如下。

1) 计数器 CNT

CNT 是 TIM2～TIM5 的核心,其功能与基本定时器基本相同,都是可编程 16 位预分频器驱动的具有自动重装载功能的 16 位计数器。但是通用定时器中的计数器可以向上(递增)或者向下(递减)计数,而基本定时器中的计数器只能递增计数。

2) 捕获/比较(Capture/Compare)通道

每个通用定时器内部都有 4 个捕获/比较通道,简称 CC1～CC4。4 个捕获/比较通道的输入分别为 TI1～TI4。每个通道都包含输入捕获部分(包含数字滤波、多路复用和预分频器)、输出比较部分(包含比较器和输出控制)、捕获/比较模式寄存器 CCMR 和捕获/比较寄存器 CCR 等。其中捕获/比较通道的核心是 CCR(包括其影子寄存器)。CCR 在输入捕获模式和输出比较模式中的含义和作用各不相同。

- 输入捕获模式:此时 CCR 的作用是捕获寄存器。发生捕获时,CNT 的值会被锁存到捕获寄存器中。
- 输出比较模式:此时 CCR 是一个比较寄存器,用于存储一个数值,并将此数值与 CNT 的当前计数值进行比较,再根据比较结果输出不同的电平。

捕获/比较通道不同于输入通道。输入通道用来输入信号,捕获/比较通道用于捕获输入信号电平的变化(上升沿或者下降沿)。一个输入信号可同时送往两个捕获/比较通道。例如,输入信号 TI1 经过滤波和边沿检测器输出的 TI1FP1 和 TI1FP2,可同时送往 CC1 和 CC2,作为 CC1 和 CC2 中预分频器的输入信号 IC1 和 IC2,分别用于捕获 TI1 的上升沿和下降沿。捕获/比较通道和输入通道的映射关系由 CCMR.CCxS[1：0]位配置。

3) 与通用定时器相关的寄存器

与基本定时器相比,通用定时器增加了许多功能。因此,在基本定时器的基础上,通用定时器增加了内部寄存器的类型和数量,基本定时器原有寄存器中的某些保留位也有了新的用途。通用寄存器内部各个寄存器的偏移地址、名称、中文含义以及寄存器中各位的名称

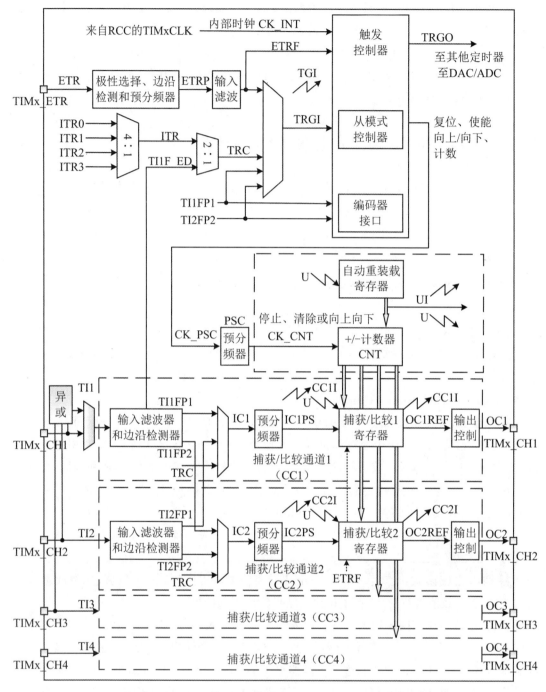

图 8.39　STM32F103 通用定时器 TIM2~TIM5 内部逻辑结构

（代号）如表 8.32 所示。其中，"（原有）"表示基本定时器中已有的寄存器（参见表 8.31），表 8.32 省略了这些寄存器的名称，并将含义和作用与基本定时器基本相同的各位用浅色填充。另外，表 8.32 也给出了高级定时器才具有的重复计数寄存器 RCR 以及刹车和死区寄存器 BDTR 的偏移地址。

表 8.32　与通用定时器相关的寄存器一览表

偏移	名称	31:16	15	14	13	12	11	10	9	8	7	6	5	4	3	2	1	0
000H	CR1（原有）	保留							CKD[1:0]		ARPE	CMS[1:0]		DIR	OPM	URS	UDIS	CEN
004H	CR2（原有）	保留									TTIS	MMS[2:0]			CCDS	保留		
008H	SMCR 从模式控制寄存器	保留	ETP	ECE	ETPS		EFT[3:0]				MSM	TS[2:0]			保留	SMS[2:0]		
00CH	DIER（原有）	保留		TDE	保留	CC4DE	CC3DE	CC2DE	CC1DE	UDE	保留	TIE	保留	CC4IE	CC3IE	CC2IE	CC1IE	UIE
010H	SR（原有）	保留				CC4OF	CC3OF	CC2OF	CC1OF	保留		TIF	保留	CC4IF	CC3IF	CC2IF	CC1IF	UIF
014H	EGR（原有）	保留										TG	保留	CC4G	CC3G	CC2G	CC1G	UG
018H	CCMR1 输出比较模式寄存器	保留	OC2CE	OC2M[2:0]			OC2PE	OC2FE	CC2S[1:0]		OC1CE	OC1M[2:0]			OC1PE	OC1FE	CC1S[1:0]	
018H	CCMR1 输入捕获模式寄存器	保留	IC2F[3:0]				IC2 PSC[1:0]		CC2S[1:0]		IC1F[3:0]				IC1 PSC[1:0]		CC1S[1:0]	
01CH	CCMR2 输出比较模式寄存器	保留	OC4CE	OC4M[2:0]			OC4PE	OC4FE	CC4S[1:0]		OC3CE	OC3M[2:0]			OC3PE	OC3FE	CC3S[1:0]	
01CH	CCMR2 输入捕获模式寄存器	保留	IC4F[3:0]				IC4 PSC[1:0]		CC4S[1:0]		IC3F[3:0]				IC3 PSC[1:0]		CC3S[1:0]	
020H	CCER 捕获/比较使能寄存器	保留			CC4P	CC4E	保留		CC3P	CC3E	保留		CC2P	CC2E	保留		CC1P	CC1E
024H	CNT（原有）	保留	CNT[15:0]															
028H	PSC（原有）	保留	PCS[15:0]															
02CH	ARR（原有）	保留	ARR[15:0]															
030H	RCR 重复计数寄存器	保留									重复计数值（仅用于高级定时器）							

续表

偏移	名称	31：16	15	14	13	12	11	10	9	8	7	6	5	4	3	2	1	0
034H	CCR1 捕获/比较 寄存器 1	保留							CCR1[15：0]									
038H	CCR2 捕获/比较 寄存器 2	保留							CCR2[15：0]									
03CH	CCR3 捕获/比较 寄存器 3	保留							CCR3[15：0]									
040H	CCR4 捕获/比较 寄存器较 4	保留							CCR4[15：0]									
044H	BDTR 刹车和死区 寄存器	保留							仅用于高级定时器									
048H	DCR DMA 控制 寄存器	保留				DBL[4：0] DMA 连续传输次数				保留			DBA[4：0] DMA 传送的基地址					
04CH	DMAR 连续模式 DMA 地址	保留				DMAB[15：0](DMAB,DMA 连续传送寄存器),高级定时器为 32 位												

以下内容将重点介绍通用定时器的工作原理和操作方式,对涉及的寄存器只给出其名称和相关位的代号,这些寄存器的详细说明请参见 8.7.7 小节或者《STM32F10xxx 参考手册》。

2. 时钟源

相比于基本定时器只有单一的内部时钟源,通用定时器的 16 位计数器的输入时钟有更多选择,如图 8.39 中左上角所示。其时钟源可为以下几种之一:

1)内部时钟 CK_INT

CK_INT 来自 RCC 的 TIMxCLK,与基本定时器相同,TIMxCLK 来自 APB1 预分频器输出。通常情况下,APB1 预分频器分频系数不等于 1,TIM2~TIM5 的 TIMxCLK 频率是 APB1 总线时钟的 PCLK1 的 2 倍。

如果禁止了从模式(SMCR.SMS = 000),则 CR1.CEN(使能计数器)、CR1.DIR(计数方向)及 EGR.UG(产生更新事件)是事实上的控制位,并且只能被软件修改。一旦 CR1.CEN 被置 1,预分频器的时钟就由内部时钟 CK_INT 提供,并在一个时钟周期后计数器开始计数。

2）内部触发输入 ITR0～ITR3

ITR0～ITR3 来自芯片内部其他定时器的输出。通用定时器可使用某个定时器作为另一定时器的预分频器，例如可配置 TIM1 作为 TIM2 的预分频器。图 8.39 中的 TRC 是 2:1 选择器输出的触发信号，2:1 选择器的一个输入是 TI1 经滤波器输出的边沿 TI1F_ED，另一个是 ITR0～ITR3 经 4:1 选择器的输出。

3）外部时钟模式 1：外部输入捕获信号 TI1～TI2

在从模式时，可以选择外部时钟模式 1。在该模式下，输入捕获通道的输入信号 TI1～TI2 经过滤波和边沿检测后的输出可作为计数器的时钟源。计数器可在选定的输入端（例如通道 1 可以选择 TI1FP1 或 TI2FP2）的每个上升沿或下降沿计数。

例 8.6　将通道 2 的计数器配置成在 TI2 输入端的上升沿递增（向上）计数。

实现步骤如下（相关寄存器各位的含义参见 8.7.7 小节，以下不再赘述）：

- 配置 SMCR.SMS 为 111，定时器时钟源选择外部时钟源模式 1；
- 配置 SMCR.TS 为 110，选择 TI2 滤波后输出的 TI2FP2 用于同步计数器的触发输入；
- 配置 CCMR1.CC2S 为 01，CC2 通道为输入，TI2 映射在 IC2 上；
- 配置 CCER.CC2P 为 0，选择检测上升沿；
- 配置 CCMR1.IC2F 为 0000，不需要滤波器；
- 配置 CR1.CEN 为 1，启动计数器。

配置完成并且系统启动后，每当 TI2 出现一个上升沿，计数器计数一次。

4）外部时钟模式 2：外部触发输入引脚 ETR

计数器触发信号来自外部引脚 ETR，计数器可在外部输入的 ETR 上升沿或下降沿计数。

例 8.7　将通道 2 的计数器配置成每 2 个 ETR 的上升沿向上计数一次。

实现步骤如下：

- 配置 SMCR.ETP 为 0，选择检测 ETR 的上升沿或者高电平；
- 配置 SMCR.ETF 为 0000，不需要滤波器；
- 配置 SMCR.ETPS 为 01，设置预分频器，预分频系数为 2；
- 配置 SMCR.ECE 为 1，选择使能外部时钟源模式 2；
- 配置 SMCR.TS 为 110，选择滤波后的 TI2FP2 用于同步计数器的触发输入；
- 配置 CR1.CEN 为 1，启动计数器。

以上是通过设置图 8.39 左上角预分频器的分频系数，对输出 ETR 进行 2 分频，实现计数器在每 2 个 ETR 上升沿计数一次。

3. 计数模式

计数模式是定时器最基本的工作模式。与基本定时器不同，TIM2～TIM5 这 4 个 16 位计数器有 3 种工作模式：向上计数、向下计数和双向计数（向上/向下计数，也称中央对齐模式）。

1）向上计数

定时器使能后,如果 CR1.DIR = 0,计数器在时钟 CK_CNT 驱动下不断加"1"向上计数,当计数器中的计数值到达 ARR 的预设值时产生一个更新事件 UEV(计数器上溢出事件),并可触发中断或 DMA 请求(若中断或 DMA 已使能),然后重新从 0 开始累加计数。

假设某计数器输入时钟的预分频系数是 2(即 PSC 值为 1),ARR 预设值为 36,开始计数前计数器中原来的数值是 34。如果选择向上计数模式,当计数器使能(CR1.CEN = 1)后,计数器工作时序如图 8.40 所示。从图中可见,计数器在 CK_CNT 驱动下不断加"1"向上计数,直至计数值到达 ARR 预设值 36,计数值清零并产生计数器溢出事件,然后从 0 开始重新向上计数。

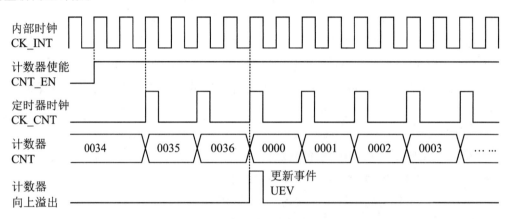

图 8.40　向上计数模式下通用定时器的计数时序图

2）向下计数

定时器使能后,如果 CR1.DIR = 1,计数器在时钟 CK_CNT 驱动下不断减"1"向下计数,当计数值为 0 时产生一个更新事件 UEV(计数器下溢出事件),并可触发中断或 DMA 请求(已使能时),然后再从 ARR 的预设值重新开始向下计数。

假设某计数器输入时钟的预分频系数是 2,ARR 预设值为 36,开始计数前计数器中原来的数值是 2。如果选择向下计数模式,当计数器使能(CR1.CEN = 1)后,计数器工作时序如图 8.41 所示。从图中可见,计数器在 CK_CNT 驱动下不断向下减"1"计数,当计数值为 0 时产生计数器下溢出事件,然后从 ARR 的预设值开始重新向下计数。

3）双向计数

双向计数又称为向上/向下计数或者中央对齐模式计数。双向计数时,计数器在时钟 CK_CNT 驱动下从 0 开始向上计数到 ARR 的预设值 -1,然后产生一个计数器溢出事件;接着再向下计数到 1 又产生一个计数器下溢事件,然后再从 0 开始重新计数,其过程如图 8.42 所示。

在图 8.42 中,假设计数器输入时钟的预分频系数为 1(CK_CNT 的频率等于 CK_INT),ARR 预设值为 6,开始计数前计数器中原来的初值为 4,定时器使能后计数器先向下计数。

双向计数模式不能写 CR1.DIR,只能由硬件更新并指示当前计数方向。UEV 可产生于每次计数上溢时和每次计数下溢时。

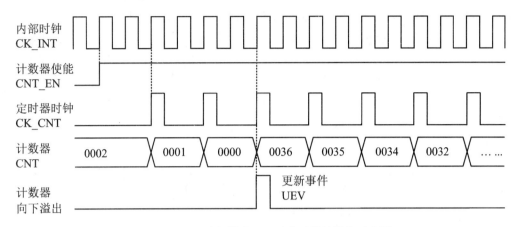

图 8.41　向下计数模式下通用定时器的计数时序图

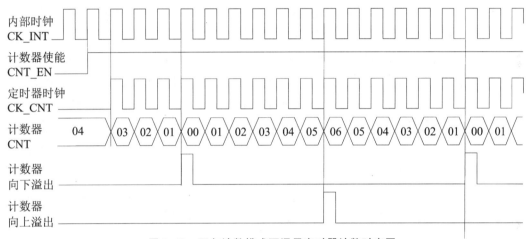

图 8.42　双向计数模式下通用定时器计数时序图

4．普通输入捕获模式

捕获是对捕获/比较通道输入的信号边沿进行检测,如果检测到输入信号发生跳变(比如上升沿/下降沿)时,则将当前计数器的值存放到对应通道的捕获/比较寄存器 CCR 中。

STM32 定时器有两种输入捕获模式:普通输入捕获模式和 PWM 输入模式。其中 PWM 输入模式可以看作普通输入捕获模式的一种特殊应用,稍后对其介绍。

普通输入捕获模式可用来测量输入信号的脉冲宽度或频率。其原理是当检测到输入信号的边沿时,当前计数器的值被锁存到对应通道的捕获/比较寄存器 CCR 中,将前后两次捕获到的 CCR 值相减,就可以计算出脉宽或频率。除了基本定时器 TIM6 和 TIM7 之外,STM32 的其他 6 个定时器都具有输入捕获功能。图 8.39 中捕获/比较通道各个部件的功能简介如下。

1）输入通道

待测量信号从定时器外部引脚 CH1～CH4 输入,称为 TI1～TI4。

2）捕获/比较通道

捕获/比较通道 CC1～CC4,每个通道均有一个相应的捕获寄存器 CCR1～CCR4。某个通道发生捕获时,计数器 CNT 的值会被锁存到相应的捕获寄存器中。

3）输入滤波和边沿检测

在现实应用中,输入信号受各种因素的影响时常会伴随着干扰。例如,在机械开关通断时,会因机械或者材质方面的影响使得流经开关的信号发生抖动,如图 8.43 所示。叠加在输入信号上的干扰将导致系统出现误判。为了消除干扰的影响可以采用对输入信号进行滤波的方法。

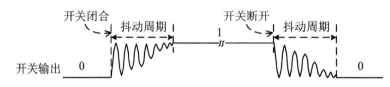

图 8.43 开关通断时信号抖动示意图

STM32 捕获/比较通道可以根据输入信号的特点,选择不同的采样频率 f_{SAMPLE} 对输入信号连续检测 N 次,以 N 次检测结果来判定是否出现信号边沿,而不再是以一次检测结果作为依据。捕获/比较通道中的滤波器实质上是一个事件计数器,当记录到 N 个事件后将产生一个输出跳变,即连续采样 N 次以确认检测到一个真实的边沿。其中 N 由 CCMR.ICxF(长度为 4 位)设置,其大小也被称为滤波器的带宽或者长度;采样频率 f_{SAMPLE} 也是由 CCMR.ICxF 设置,f_{SAMPLE} 可以选用内部时钟 $f_{\text{CK\_INT}}$,或者选用 f_{DTS} 分频后的结果(分频因子可以是 2/4/8/16/32);f_{DTS} 是 $f_{\text{CK\_INT}}$ 经过分频后得到的,分频因子由 CR1.CKD 位确定,可为 1,2 或者 4。

例如,假设已知输入信号的最大抖动长度在 5 个 $f_{\text{CK\_INT}}$ 周期以内,如果采样频率 f_{SAMPLE} 选择为 $f_{\text{CK\_INT}}$,滤波器长度 N 应该大于 5 个 $f_{\text{CK\_INT}}$ 周期。假设选择 $N = 8$,对应的 CCMR.ICxF 应该设置为"0011"。

捕获/比较使能寄存器的 CCER.CCxP 位用于选择需要检测和捕获的信号边沿,CCER.CCxP = 0 时选择上升沿,CCER.CCxP = 1 时选择下降沿。

4）预分频器

捕获/比较通道 ICx 中的预分频器用于确定发生多少个事件后进行一次捕获。具体事件个数(即预分频器的值)由 CCMR.ICxPSC 位配置。如果希望捕获信号的每一个边沿,则不需要分频。

5）捕获寄存器 CCR

经过预分频器后的信号 ICxPS 是最终被捕获信号。发生第一次捕获时,计数器 CNT 值被锁存在 CCR 中,并产生中断(CCxI),相应中断位 SR.CCxIF 置 1。通过软件可将 SR.CCxIF 清 0,对 CCR 的读操作也会将 SR.CCxIF 清 0。如果已经发生一次捕获并且 SR.CCxIF 已被置 1,此时若又发生了第二次捕获,则捕获溢出标志位 SR.CCxOF 将被置 1。SR.CCxOF 只能通过软件将其清零。

捕获寄存器也由一个预装载寄存器和一个影子寄存器组成。读/写操作的对象是预装载寄存器。在捕获模式下,发生捕获时 CNT 的数值被锁存在影子寄存器中,然后再复制到预装载寄存器中。

例 8.8　假设由 IC1 输入一路带有前后沿抖动的正脉冲信号,已知最大抖动周期为内部时钟周期的 5 倍,利用输入捕获模式测量其脉冲宽度和脉冲周期。

测量脉冲宽度有两种方案。第一种方案是将输入信号同时映射到两个捕获/比较通道,使用两个捕获/比较通道分别检测输入信号的上升沿(脉冲前沿)和下降沿(脉冲后沿)。当下降沿被检测并捕获时表明脉冲已经结束,计算两个通道 CCR 所记录的数值之差,再结合 CK_INT 的频率和预分频器的分频系数就可得到脉冲宽度。

第二种方案只需使用一个捕获/比较通道,具体方法是先设置该通道对输入信号 ICx 的上升沿进行检测,同时允许捕获中断。当发生捕获时,ICx 上升沿发生时刻对应的 CNT 值被锁存到 CCR 中,并引起捕获中断。在捕获中断服务程序中,读取 CCR 中的数值并保存,同时将该通道设置成对 ICx 的下降沿进行检测。当检测并捕获到 ICx 的下降沿时,将当前 CCR 的值减去前次(已保存)的 CCR 的值就可计算出 ICx 脉冲宽度。第二种方案在前后两次捕获之间需要调用中断服务程序等操作,有一定的时间开销,因此对输入信号的最窄脉宽有一定限制。

测量脉冲周期只需要检测脉冲的前沿或者后沿,使用一个捕获/比较通道即可实现。例如对输入信号上升沿进行检测,根据前后两次捕获所得到的 CCR 的差值可以计算出输入信号的脉冲周期。对 CC1 进行初始化的步骤如下:

- 配置 CCMR1.CCIS 为 01,CC1 为输入,IC1 映射在 TI1 上;
- 配置 CCMR1.IC1F 为 0011,配置输入滤波器所需带宽,连续采样 8 次;
- 配置 CCER.CCIP 为 0,TI1 通道选择检测上升沿;
- 配置 CCMR1.ICIPS 为 00,输入无分频器,每一个边沿都触发一次捕获;
- 配置 CCER.CCIE 为 1,允许捕获计数器的值到捕获寄存器中;
- 配置 DIER.CC1IE 为 1,允许中断请求;
- 配置 DIER.CCIDE 为 1,允许 DMA 请求。

发生第一次捕获时,应该及时读取 CCR 的数值并保存,避免在第二次捕获时 CCR 原有的数据被覆盖从而造成数据丢失。

5. PWM 输入模式

在例 8.8 中,如果采用第一种方案测量输入信号的脉宽,将一路输入信号同时映射至两个 ICx 信号(例如 IC1 和 IC2),利用一个捕获/比较通道检测信号的上升沿,另一个捕获/比较通道检测信号的下降沿,然后在中断服务程序中读取上升沿和下降沿分别对应的 CCR 数值,根据上升沿和下降沿之差计算出脉宽 W,根据前后 2 次上升沿之间的时间间隔计算出脉冲周期 T。上述应用就是 PWM 输入模式。

使用 PWM 输入模式对外部信号进行测量时,同一输入信号 TIx 需要映射到两个 ICx 信号,其中一个 TIxFP 信号应作为触发输入信号,从模式控制器 SMCR 被配置成复位模式(具体工作模式及配置方法详见 8.7.5 小节内容)。

从图 8.39 中可见,连接到从模式控制器的只有 TI1FP1 和 TI2FP2,所以 PWM 输入模式只能使用捕获通道 CH1 和 CH2,可以测量 TI1 输入的 PWM 信号周期(利用 CCR1)和脉宽(利用 CCR2 和 CCR1)。

使用 PWM 输入模式测量外部输入脉冲信号周期和脉宽一种可行的方法如图 8.44 所示,具体测量过程简述如下:

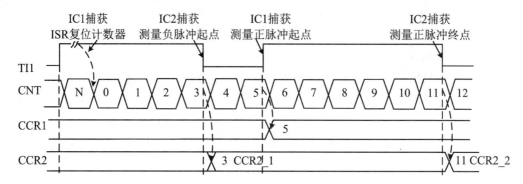

图 8.44　使用 PWM 输入模式测量外部输入信号的周期和脉宽示意图

① 将待测 PWM 输入信号通过 GPIO 引脚输入到定时器 PWM 输入脉冲检测通道(即图 8.44 中信号 TI1),选择 CNT 为向上计数,IC1 检测脉冲上升沿,IC2 检测下降沿,将 ARR 的预设值置为足够大,关闭更新事件,然后启动定时器并使其工作在输入捕获模式。

② 当输入脉冲 TI1 的上升沿到达时,触发 IC1 的输入捕获事件,在中断服务程序中将 CNT 计数值清零。随后,CNT 计数值在 CK_CNT 驱动下从 0 开始累加向上计数。

③ 当 TI1 的下降沿到来时,触发 IC2 的输入捕获事件,CNT 当前值被锁存到 CCR2 中,CNT 继续向上计数。在中断服务程序中读取并保存 CCR2 锁存的 CNT 计数值(记为 CCR2_1)。

④ 当 TI1 第二个上升沿到达时,触发 IC1 的输入捕获事件,CNT 此时的计数值被锁存到 CCR1 中,CNT 继续向上计数。在中断服务程序中读取并保存 CCR1 锁存的 CNT 计数值(记为 CCR1)。

⑤ 当 TI1 第二个下降沿到来时,再次触发 IC2 的输入捕获事件,新的 CNT 计数值又被锁存到 CCR2 中,在中断服务程序中读出该值(记为 CCR2_2)。

不难看出,(CCR2_2 - CCR2_1) × TCK_CNT 就是 TI1 输入脉冲信号的周期;(CCR1 - CCR2_1) × TCK_CNT 就是脉冲低电平的持续时间,而 (CCR2_2 - CCR1) × TCK_CNT 则是脉冲高电平的持续时间。

如果使用定时器的从模式中的复位模式(稍后介绍),并且设置计数器在 TI1 的上升沿复位,上述测量过程更加简单。具体方法请参见《STM32F10xxx 参考手册》。

6. 输出比较模式

1) 输出比较模式概述

输出比较模式可用于指示一段定时时间已到,或者在输出引脚上产生一个特定的脉冲波形,该脉冲的周期、占空比(脉宽)以及脉冲起始位置(相位)均可编程控制。

通用定时器中捕获/比较寄存器的输出 OCxREF 与引脚 OCx 之间的关系如图 8.45 所

示。其中,OCxREF 始终是高电平有效,而 OCx 的有效电平由 CCER 寄存器的 CCxP 位确定,CCxP 为 0 表示高电平有效,CCxP 为 1 表示低电平有效。OCx 的输出使能则由 CCER.CCxE 位控制。

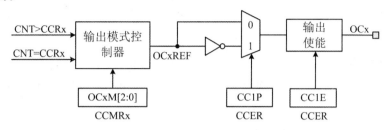

图 8.45　OCxREF 与 OCx 之间的关系示意图

定时器工作在输出比较模式时,当 CNT 的计数值(变动至)与 CCR 值相等时,将触发以下操作:

- 根据 CCMRx 寄存器中 OCxM 位的设置,控制 OCx 引脚的电平保持不变(OCxM = 000),或被置为有效电平(OCxM = 001),或被设为无效电平(OCxM = 010),或引脚电平翻转(OCxM = 011)。
- 中断状态寄存器中相应标志位置位;
- 如果相应中断屏蔽位置位(置 1,即不屏蔽),则产生中断;
- 如果 DMA 请求使能置位,则产生 DMA 请求。

假设 CCR1 初始值为 003AH,CNT 与 CCR1 相等时 OC1 被设置成引脚电平反转,输出比较模式的输出时序如图 8.46 所示。如果不使用预装载寄存器(即 CCMR.OCxPE = 0),在随后某一时刻(可以是任意时刻)又向 CCR1 写入新的数值 B201H,新写入的数值立刻生效(立刻进入 CCR1),当 CNT 的计数值到达 B201H 时,OC1 引脚电平再次发生反转。如果使用了预装载寄存器(即 CCMR.OCxPE = 1),写入的数值只能在发生下一次更新事件时进入 CCR。

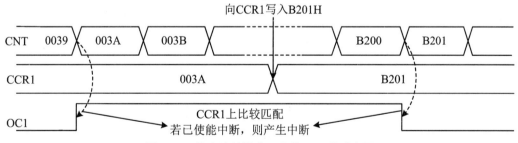

图 8.46　输出比较模式下翻转 OC1 的时序图

2) 输出比较模式种类

输出比较总共有 8 种模式:冻结、匹配时输出有效电平、匹配时输出无效电平、引脚电平翻转、强制为无效电平、强制为有效电平、PWM1 模式和 PWM2 模式。在实际应用中,具体的模式选择由 CCMR.OCxM 位设置。

在上述这些模式中,PWM 输出模式(即 PWM1 和 PWM2)是输出比较模式中的一种特殊应用,应用非常广泛,稍后将对其介绍;而强制为无效电平和强制为有效电平又统称为强制输出模式,输出比较信号 OCxREF 和相应的 OCx/OCxN 直接由软件强制为有效(高电平)或无效(低电平)状态,而不依赖于输出比较寄存器和计数器间的比较结果。工作在强制输出模式时,CCRx 影子寄存器和计数器之间的比较仍然在进行,相应的标志也会被修改,因此仍然会产生相应的中断和 DMA 请求。

3)输出比较模式的设置方法和步骤

① 选择计数器时钟(如内部,外部或者预分频器),并设置 CCMRx.CCxS 位 = 00,选择相应的通道为输出模式。

② 将相应的数值写入 TIMx_ARR 和 TIMx_CCRx 寄存器中。

③ 如果要产生中断请求和/或 DMA 请求,设置 CCxIE 位和/或 CCxDE 位。

④ 选择输出模式。例如,若需 OCx 输出且高电平有效,应设置 CCxP = 0;若需禁止 CCRx 预装载功能,应设置 OCxPE = 0;若需 CNT 与 CCRx 匹配时 OCx 的输出引脚电平翻转,应设置 OCxM = 011 和 CCxE = 1。

⑤ 设置 TIMx_CR1 寄存器的 CEN 位启动计数器。

关于输出模式的几点说明:

- 输出比较模式下,更新事件 UEV 对 OCx 引脚的输出没有影响;
- 输出比较的精度可达到计数器的一个计数周期;
- 在单脉冲模式下,输出比较模式也能用来输出一个单脉冲。

7. PWM 输出模式

PWM 信号因其控制简单、灵活、动态响应好等优点,广泛应用于通信、测量、伺服控制、功率调节与变换、开关电源和节能控制等诸多领域。例如,通过输出不同脉宽(占空比)的 PWM 信号控制热处理装置中的电加热部件,以实现精确控温之目的。

如果采用传统数字电路方式实现 PWM 信号,不仅电路复杂,抗干扰能力差,而且控制精度也难以提高。而采用具有 PWM 输出功能的微处理器,只需简单配置即可在指定引脚上输出所需的 PWM 脉冲,其控制精度可以达到计数器的一个计数周期。

STM32 除了基本定时器 TIM6 和 TIM7 外,其他定时器都具有产生 PWM 输出的功能。其中,通用定时器 TIM2~TIM5 每个都能同时产生 4 路 PWM 输出。

1)PWM 输出模式的工作过程

如果计数器 CNTx 设置为向上计数模式,ARRx 预设值为 N,CCRx 预设值为 A,时钟 CK_CNT 周期为 TCK_CNT,CNTx 启动后在 CK_CNT 的驱动下将不断累加计数,其计数值与 CCRx 的预设值 A 也不断进行比较。若:

① 若 CNTx 的计数值 $<A$,OCxREF(参见图 8.39)输出高电平(或低电平);

② 若 CNTx 的计数值 $\geqslant A$,OCxREF 输出低电平(或高电平);

③ 当 CNTx 的计数值 $>N$ 时,CNTx 清零并重新开始计数。

如此循环往复,OCxREF 的输出即为 PWM 信号,其周期为 $(N+1) \times$ TCK_CNT,脉冲宽度为 $A \times$ TCK_CNT。

通过设置 CCMRx.OCxM 位,可以选择两种 PWM 工作模式:模式 1 和模式 2。

① PWM 模式 1(CCMRx.OCxM 位 = 110)

· 向上计数时,如果 CNTx＜CCRx,OCxREF 输出有效电平(OCxREF = 1),而当 CNTx≥CCRx 时,OCxREF 输出无效电平(OCxREF = 0);

· 向下计数时,如果 CNTx ＞ CCRx,OCxREF 输出无效电平(OCxREF = 0),而当 CNTx≤CCRx 时,OCxREF 输出有效电平(OCxREF = 1)。

② PWM 模式 2(CCMRx.OCxM 位 = 111,OCxREF 的输出电平与模式 1 正好相反)

· 向上计数时,如果 CNTx＜CCRx,OCxREF 输出无效电平(OCxREF = 0),而当 CNTx ≥CCRx 时,OCxREF 输出有效电平(OCxREF = 1);

· 向下计数时,如果 CNTx ＞ CCRx,OCxREF 输出有效电平(OCxREF = 1),而当 CNTx≤CCRx 时,OCxREF 输出无效电平(OCxREF = 0)。

假设 4 个通用定时器均工作在 PWM 模式 1,CNT 设置为向上计数,ARR 预设值 N 都为 8,4 个 CCRx 的预设值 A 分别设为 0,4,8 和大于 8 时,4 个 PWM 通道输出时序 OCxREF 和触发中断时序 CCxIF 如图 8.47 所示。

其中,若 CCR2 = 4,当 CNT＜4 时,OC2REF 输出高电平;当 CNT≥4 时,OC2REF 输出低电平,在比较结果改变时会触发 CCxIF 中断标志。

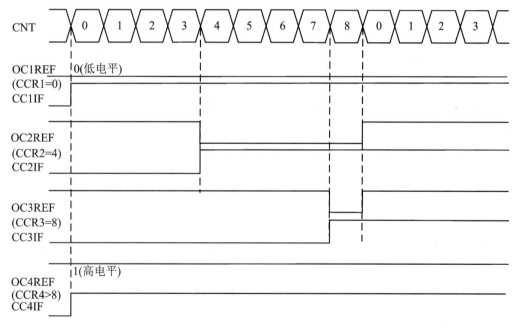

图 8.47　向上计数模式下 PWM 输出时序图

从图 8.47 中可以看出,改变 ARR 和 CCRx 的预设值,就可以得到不同周期和不同宽度或占空比的 PWM 信号。

2) 关于 PWM 输出模式的一些补充说明

· CNT 采用上述的向上计数或者向下计数时,所输出信号称为边沿对齐 PWM 信号。如果 CNT 采用双向(向上/向下)计数方式,还可以产生中央对齐 PWM 信号。

- 设置 CCMRx.OCxPE 位 =1，可使能相应 CCR 的预装载寄存器（即有缓冲区）。
- 设置 CR1.ARPE 位 =1，可使能 ARR 的预装载寄存器（即有缓冲区）。
- 因为仅当发生一个更新事件时，预装载寄存器才能被传送到影子寄存器，因此在计数器开始计数之前，须通过设置 EGR.UG 位 =1 来初始化所有寄存器。
- 输出引脚 OCx 的极性通过 CCER.CCxP 位设定（高/低电平有效），OCx 的输出使能通过 CCER.CCxE 控制。

8．单脉冲模式（One Pulse Mode，OPM）

单脉冲模式是前述输入捕获、输出比较和 PWM 等模式的一个特例。该模式允许计数器响应一个激励，使其在一个可控延时后产生一个脉宽可控的脉冲。当 ARR 预设值为 N 以及 CCR 预设值为 A 时，延时时间为 $A \times TCK\_CNT$，脉冲宽度为 $(N - A + 1) \times TCK\_CNT$。

例 8.9 如果在 TI2 引脚上检测到一个上升沿之后，需要延迟 8 个计数脉冲周期 TCK_CNT 之后在 OC1 引脚上产生一个宽度为 $4 \times TCK\_CNT$ 的正脉冲。

实现方法和步骤如下：

- 配置 CCMR1.CC2S 为 01，CC2 通道为输入，TI2 映射到 TI2FP2；
- 配置 CCER.CC2P 为 0，对 TI2FP2 的上升沿进行捕获；
- 配置 SMCR.TS 为 110，将滤波后的 TI2FP2 作为从模式控制器的触发（TRGI）；
- 配置 SMCR.SMS 为 110，计数器在 TI2FP2 的上升沿启动；
- 配置 SMCR.TS 为 110，选定滤波后的 TI2FP2 用于同步计数器的触发输入；
- 配置 CR1.DIR 为 0，向上计数；
- 配置 CR1.CMS 为 00，选择边沿对齐模式（非中央对齐模式）；
- 配置 CR1.OPM 为 1，因只需产生一个脉冲，发生下一次更新事件（清除 CEN）时计数器停止计数，若需产生连续脉冲应设置 OPM = 0；
- 配置 CCMR1.OC1M 为 111，选择 PWM 模式 2；
- 配置 CCER.CCIP 为 0，因为需要产生正脉冲，OC1 高电平有效；
- 配置 CCMR1.OC1PE 为 1，启用输出比较寄存器 CCR 预装载功能（根据需要也可以不用）；
- 配置 CR1.ARPE 为 1，启用 ARR 的预装载功能（根据需要也可以不用）；
- 配置 CCR1 为 8，延迟 8 个 TCK_CNT；
- 配置 ARR1 为 11，脉冲宽度为 $(11 - 8 + 1) \times TCK\_CNT = 4 \times TCK\_CNT$；
- 配置 EGR.UG 为 1，产生一个更新事件，将预装载寄存器内容加载到影子寄存器，然后等待 TI2 输入。

本例产生的单脉冲波形如图 8.48 所示。

9．编码器接口

编码器接口模式常用于测量运动系统（直线和圆周运动）位置和速度。计数器可提供当前位置信息（例如电动机转子的旋转角度）。为获取动态信息（速度、加速度），须通过另一定时器测量产生两个周期性事件之间的计数值。

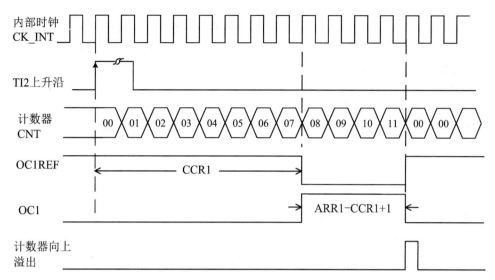

图 8.48   单脉冲模式输出波形示意图

8.7.4   STM32F103 高级定时器 TIM1 和 TIM8

高级定时器 TIM1 和 TIM8 除具备通用定时器所有功能外,还具有三相六步电机的接口,最多可以产生 7 路 3 对互补的 PWM 输出,并具有刹车功能以及用于 PWM 驱动电路的死区时间控制等功能,非常适于控制电机。TIM1 和 TIM8 与 TIM2~TIM5 完全独立,不共享任何资源,可以同步操作。

1．内部结构

高级定时器内部结构比通用定时器略微复杂一些,但具有相同核心,仍然是一个由可编程预分频器驱动的具有自动重装载功能的 16 位计数器。与通用定时器相比,高级定时器带有重复计数器 RCR,如果启用重复计数器,只有向上或者向下计数的溢出次数达到预设数值(RCR 的值)时,才产生更新事件。此外高级计数器还多了 BRK(Break,刹车控制)和DTG(Dead-time generator,死区时间发生器)两个结构。

2．时钟源

高级定时器的时钟源与通用定时器基本相同,唯一的区别在于,TIM1 和 TIM8 内部时钟 CK_INT 的来源 TIMxCLK 是源自 APB2 预分频器输出,如图 8.49 所示。而在通用定时器中,TIMxCLK 是源自 APB1 的预分频器输出(参见图 8.38)。

与通用定时器类似,TIMxCLK 根据预分频系数也分为两种情况:
- 若 APB2 预分频系数等于 1,TIMxCLK 等于 APB2 时钟频率 PCLK2;
- 若 APB2 预分频系数不等于 1,TIMxCLK 等于 APB2 时钟频率 PCLK2×2。

通常情况,上电复位后,APB2 预分频系数为 1,APB2 时钟频率 PCLK2 为 72 MHz,TIM1 和 TIM8 的 TIMxCLK 也是 APB2 时钟频率 PCLK2,即 72 MHz。

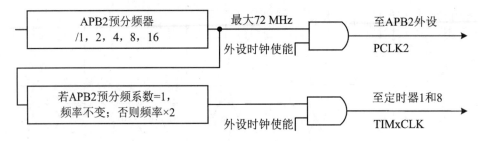

图 8.49　STM32F103 高级定时器内部时钟源 TIMxCLK

3．主要特性

与通用定时器相比，高级定时器具有以下增强功能：

- 具有重复计数器功能；
- 触发输入可作为外部时钟或按周期的电流管理；
- 刹车（也称中止）输入信号可将输出信号置于复位状态或一个已知状态；
- 死区时间可编程的互补输出。

8.7.5　定时器的主从模式、触发与同步

1．主从模式

所有 TIMx 定时器均在内部可以相连，以便于定时器的同步或级联。定时器一般通过软件设置启动，或者由外部信号触发启动。但是每个定时器也可由另一定时器触发启动，还可由另一个定时器的某个条件触发启动。某个条件包括定时时间到、定时器超时或者比较成功等。这种通过一个定时器触发另一定时器的工作方式也称为定时器的同步，其中，发出触发信号的定时器工作于主模式，接受触发信号而启动的定时器工作于从模式，图 8.50 为主从模式的一个示例。

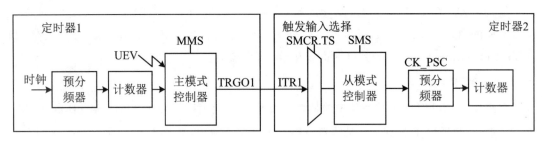

图 8.50　主/从模式的示例

当一个定时器工作于主模式时，能产生触发输出信号，并作为其他定时器的触发输入；还可对另一个从模式定时器中的计数器进行复位、启动、停止或提供时钟等操作。

当一个定时器工作于从模式时，受到外来触发信号的影响或控制，其具体工作模式又可分为多种。

除了主模式和从模式之外，定时器还可以工作在主/从模式。对于某些输入触发信号，

定时器的工作受外来触发信号的影响或控制,其扮演的是从模式角色;而该定时器又能输出触发信号影响或控制其他从定时器工作,其身份又属于主模式。工作在主/从模式下的定时器具有双重身份。

2．触发

定时器的触发信号分为两类:一类是输出的触发信号 TRGO,是本定时器输出至其他定时器或外设的触发信号;另一类是输入的触发信号 TRGI,由外部输入到本定时器。

输出的触发信号 TRGO 一般由以下几种方式产生:

- 通过软件方式对定时器复位:置位 EGR.UG 位 = 1;
- 使能计数器:置位 CR1.CEN 位 = 1;
- 定时器更新事件 UEV;
- 定时器的捕获/比较事件;
- 各输出通道的输出参考信号 OCxREF。

根据 SMCR.TS 的设置,输入的触发信号 TRGI 大致可分为三类共 8 个,如图 8.51 所示(为简单起见,图中的滤波和边沿检测只画出了 TI2 通道)。

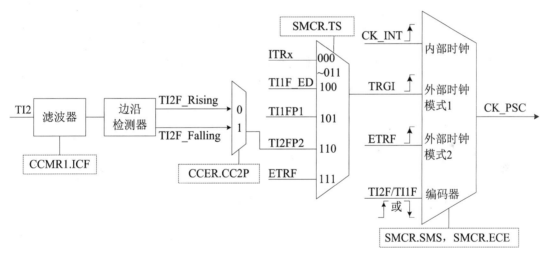

图 8.51　触发输入信号示意图

1) 4 个来自其他定时器的触发输入信号 ITRx(x = 0～3)

ITRx 是其他定时器输出的触发信号,最多有 4 路,经内部线路连接到图 8.39 左上方的 4∶1 选择器输入端,通过设置 SMCR.TS[2∶0] = 000～011,选择其中的一路。

2) 3 个来自定时器自身的触发信号

由通道 1 或通道 2 输入的信号,经过极性选择和滤波后所生成的触发信号 TI1FP1、TI2FP2,以及来自通道 1 的输入信号经过上升沿和下降沿双沿检测后生成的脉冲信号,再经逻辑或之后生成的双沿脉冲信号 TI1F_ED。

3) 1 个来自外部触发引脚 ETRF

ETRF 是由 ETR 引入的信号经过极性选择、分频和滤波(分频和滤波非必需)后所生成的触发信号。

来自定时器外部的各种触发输入信号,均经过触发输入选择器 SMCR.TS 被选定后,连接至从模式控制器 SMCR。

3. 从模式下的工作模式

从模式控制器检测到触发输入信号时,有多种方式可以控制或影响计数器工作,形成了以下几种工作模式:

- 复位模式(Reset Mode):对计数器复位;
- 触发模式(Trigger Mode):使能计数器的工作;
- 门控模式(Gate Mode):启动或停止计数器的计数动作;
- 外部时钟模式 1(External Clock Mode 1):利用触发信号为计数器提供时钟源;
- 编码器模式(Encode Mode)。

其中,编码器模式是针对编码器应用的一个特定从模式,应用时需注意使用通道 1/2 引进编码器脉冲。如需深入了解编码器模式,请参见《STM32F10xxx 参考手册》。以下仅介绍前 4 种工作模式。

1) 从模式下的复位模式

当有效触发输入信号出现时,计数器被复位,同时产生更新事件和触发事件。如果计数器是向上计数或中央对齐模式,复位后计数器从 0 开始计数;如果向下计数,复位后计数器从 ARR 值开始计数。实际应用中,复位操作与触发沿之间往往会有一个小延时,这是由于触发信号作为有效触发脉冲时,还需经过定时器内的同步电路确认。

关于复位模式有两点说明:

- 只要有复位触发脉冲出现,计数器就会被复位重置;
- 工作在复位模式下的定时器,须通过软件置位 CR1.CEN 位才能使能。

例 8.10 检测到 TI1 输入端的上升沿之后,将计数器清零并向上计数。

实现方法和步骤如下:

- 配置 CCMR.ICIF 为 0000,本例无须滤波;
- 配置 CCMR.CC1S 为 01,CC1 通道为输入,IC1 映射在 TI1;
- 配置 CCER.CC1P 为 0,检测 IC1 上升沿;
- 配置 SMCR.SMS 为 100,复位模式;
- 配置 SMCR.TS 为 101,TI1 作为触发输入源;
- 配置 CR1.DIR 为 0,向上计数;
- 配置 CR1.CEN 为 1,启动计数器。

计数器启动后根据内部时钟正常计数,直至 TI1 出现一个上升沿;此时计数器被清零,然后从 0 重新开始计数。同时,触发标志 SR.TIF 位被置 1,根据 DIER.TIE 位(中断使能位)和 DIER.TDE 位(DMA 使能位)的设置,产生一个中断请求或一个 DMA 请求。

利用从模式下的复位模式的特点,读者可尝试对图 8.44 所示的脉冲周期和脉冲宽度测量方法进行优化。

2）从模式：触发模式

当有效触发输入信号出现时，将原来处于未使能状态的计数器使能激活，使计数器开始计数，同时产生触发事件。此模式下，触发信号具有相当于软件使能计数器的作用，等同于软件置位 CR1.CEN 位。

例 8.11　配置计数器，使其在 TI2 输入的上升沿开始向上计数。

实现方法和步骤如下：

- 配置 CCMR.ICIF 为 0000，本例无须滤波；
- 配置 CCMR.CC2S 为 01，CC2 通道为输入，IC2 映射在 TI2；
- 配置 CCER.CC2P 为 0，检测上升沿；
- 配置 SMCR.SMS 为 110，设置为触发模式；
- 配置 SMCR.TS 为 110，TI2 作为触发输入源；
- 配置 CR1.DIR 为 0，向上计数。

当 TI2 出现一个上升沿时，计数器开始在内部时钟驱动下计数，同时设置 SR.TIF 位。触发模式无须设置 CR1.CEN＝1 使能计数器，当出现触发条件时由硬件使能。

3）门控模式

定时器根据触发输入信号的电平来启动或停止计数器的计数。在计数器启动或停止时，都会产生触发事件并置位相关标志位 SR.TIF 位。同样，门控模式的使能也需要依赖软件置位 CR1.CEN。

例 8.12　配置计数器，使其在 TI1 为低时向上计数。

实现方法和步骤如下：

- 配置 CCMR.ICIF 为 0000，本例无须滤波；
- 配置 CCMR.CC1S 为 01，CC1 通道为输入，IC1 映射在 TI1；
- 配置 CCER.CC1P 为 1，检测 IC1 低电平；
- 配置 SMCR.SMS 为 101，设置为门控模式；
- 配置 SMCR.TS 为 101，TI1 作为触发输入源；
- 配置 CR1.CEN 为 1，启动计数器。

门控模式下，如果 CR1.CEN＝0，不论触发输入电平如何，计数器都不能启动。而在 CR1.CEN＝1 时，只要 TI1 为低，计数器即开始根据内部时钟计数，在 TI1 变高时停止计数。

4）外部时钟模式 1

在 8.7.3 小节关于时钟源的描述中，已对外部时钟模式 1 做了介绍。在该模式下，计数器时钟可以是前述 3 类触发输入信号中的任一种，不仅限于来自通道 TI1/TI2 的输入信号，还可来自其他定时器的触发输入信号。计数器可在选定的输入端（例如可以选择 TI1FP1 或 TI2FP2）的每个上升沿或下降沿计数。设置外部时钟模式 1 的实例可参见例 8.6。

在以上 4 种模式中，触发模式的特点是触发信号可使能计数器的工作，而另外几种模式下计数器工作需要通过软件置位 CR1.CEN 来使能计数器。

4. 定时器级联及同步

所有 TIMx 定时器在内部相连,用于定时器之间的同步或连接。当一个定时器处于主模式时,它可以对另一个处于从模式的定时器的计数器进行复位、启动、停止或提供时钟等操作。各定时器间的主从模式关系如表 8.33 所示。

表 8.33 定时器主从模式对应关系

从模式定时器	ITR0(TS = 000)	ITR1(TS = 001)	ITR2(TS = 010)	ITR3(TS = 011)
	主模式定时器			
TIM1	TIM5	TIM2	TIM3	TIM4
TIM8	TIM1	TIM2	TIM4	TIM5
TIM2	TIM1	TIM8	TIM3	TIM4
TIM3	TIM1	TIM2	TIM5	TIM4
TIM4	TIM1	TIM2	TIM3	TIM8
TIM5	TIM2	TIM3	TIM4	TIM8

以下通过几个示例,介绍如何配置定时器的级联和同步。因以下内容需要使用多个定时器,为避免混淆,故在定时器名称之前增加了前缀 TIMx 以示区分。

1) 使用一个定时器作为另一个定时器的预分频器

例 8.13 配置定时器 1 作为定时器 2 的预分频器。

配置方法和步骤如下:

• 配置 TIM1_CR2.MMS 为 010,TIM1 为主模式,UEV 作为触发输出 TRGO1,主定时器被用作从定时器的预分频器;

• 配置 TIM2_SMCR.TS 为 000,TIM2 为从模式,TIM1 的输出为 TIM2 的内部触发输入 ITR0;

• 配置 TIM2_SMCR.SMS 为 111,TIM2 使用外部时钟源模式 1,由选中的触发输入 TRGI 上升沿驱动计数器;

• 配置 TIM1.ARR 为 n,n 为主定时器的定时周期,相当于分频系数;

• 配置 TIM1_CR1.CEN 为 1,使能 TIM1;

• 配置 TIM2_CR1.CEN 为 1,使能 TIM2。

计数器启动后,TIM1 每次计数到 n 后产生溢出事件,输出周期性的 UEV 信号作为 TIM2 的内部触发输入,TIM2 在每个 UEV 信号的上升沿计数。

2) 使用一个定时器使能另一个定时器

例 8.14 定时器 1 和定时器 2 的连接关系如图 8.50 所示。定时器 1 的输出比较信号 TIM1_OC1REF 作为 TRGO 信号,高电平时使能定时器 2 对内部时钟计数,低电平时定时器 2 则停止计数。

配置方法和步骤如下:

• 配置 TIM1_CR2.MMS 为 100,TIM1 为主模式,TIM1_OC1REF 作为触发输出 TRGO;

- 配置 TIM1_CCMR1.OC1M 为 001,TIM1_OC1REF 的波形捕获时输出高电平;
- 配置 TIM2_SMCR.TS 为 000,TIM2 选择 TIM1 的输出作为触发(ITR0);
- 配置 TIM2_SMCR.SMS 为 101,TIM2 选择门控模式,ITR0 有效时计数;
- 配置 TIM1_CR1.CEN 为 1,使能 TIM1;
- 配置 TIM2_CR1.CEN 为 1,使能 TIM2。

TIM2 工作门控模式,TIM1 的 OC1REF 输出是 TIM2 的门控信号。当 TIM1 发生捕获时,TIM1_OC1REF 输出高电平,TIM2 对内部时钟进行计数。若 TIM1_OC1REF 输出低电平,TIM2 停止计数。

3) 使用一个定时器启动另一个定时器

例 8.15　使用定时器 1 的更新事件启动定时器 2。

配置方法和步骤如下:

- 配置 TIM1_CR2.MMS 为 010,TIM1 为主模式,UEV 作为触发输出 TRGO;
- 配置 TIM1_ARR 为 32,假设 TIM1 的更新周期为 32 个时钟周期;
- 配置 TIM2_SMCR.TS 为 000,TIM2 选择 TIM1 的输出作为触发(ITR0);
- 配置 TIM2_SMCR.SMS 为 110,TIM2 为触发模式,在 TRGI 上升沿启动计数(不复位);
- 配置 TIM1_CR1.CEN 为 1,使能 TIM1。

一旦 TIM1 计数器溢出产生更新事件,TIM2 收到触发信号,TIM2 的 CEN 位被自动地置 1,TIM2 从当前数值按照内部时钟开始计数,直到 TIM2_CR1.CEN 写入 0 后才停止计数。

4) 使用一个外部触发同步启动 2 个定时器

例 8.16　当定时器 1 的 TI1 输入出现上升沿时,使能定时器 1,并且同步使能定时器 2。

为保证两个计数器的同步,定时器 2 应配置为从模式下的触发模式,而定时器 1 必须配置为主/从模式。定时器 1 对于 TI1 为从模式,对于定时器 2 则为主模式。上述任务的实现方法和步骤如下:

- 配置 TIM1_SMCR.MSM 为 1,TIM1 为主/从模式;
- 配置 TIM1_CR2.MMS 为 001,即作为主模式,TIM1 的 CNT_EN 用于触发输出 TRGO;
- 配置 TIM1_SMCR.TS 为 100,作为从模式,TIM1 从 TI1 获得输入触发;
- 配置 TIM1_SMCR.SMS 为 110,TIM1 为触发模式,TIM1 在 TI 的上升沿启动;
- 配置 TIM2_SMCR.TS 为 000,TIM2 从 TIM1 获得输入触发;
- 配置 TIM2_SMCR.SMS 为 110,TIM2 为触发模式;
- 配置 TIM1_CR1.CEN 为 1,使能 TIM1。

当 TIM1 的 TI1 上出现一个上升沿时,TIM1 和 TIM2 同步地按照内部时钟开始计数,两个 TIF 标志也同时被设置。

8.7.6　与 STM32F10x 定时器相关的库函数和寄存器

与定时器相关的库函数存放于 STM32F10x 标准外设库的 stm32f10x_tim.h 和

stm32f10x_tim.c 两个文件中。

1. 常用定时器库函数

- TIM_DeInit：将 TIMx 的寄存器恢复为复位启动时的默认值；
- TIM_TimeBaseInit：根据 TIM_TimeBaseInitStruct 中指定参数初始化 TIMx；
- TIM_OCyInit：根据 TIM_OCInitStruct 中指定参数初始化 TIMx 的通道 y；
- TIM_ICInit：根据 TIM_ICInitStruct 中指定参数初始化 TIM；
- TIM_PWMIConfig：根据 TIM_ICInitStruct 中参数设置 TIM 工作在 PWM 输入模式；
- TIM_OCyPreloadConfig：使能或禁止 TIMx 在 CCRy 上的预装载寄存器；
- TIM_ARRPreloadConfig：使能或禁止 TIMx 在 ARR 上的预装载寄存器；
- TIM_CtrlPWMOutputs：使能或禁止 TIMx 的主输出；
- TIM_Cmd：使能或禁止 TIMx；
- TIM_GetFlagStatus：检查指定 TIMx 标志位状态；
- TIM_ClearFlag：清除 TIMx 待处理标志位；
- TIM_ITConfig：使能或禁止指定 TIMx 中断；
- TIM_GenerateEvent：设置 TIM 事件由软件产生；
- TIM_GetITStatus：检查指定 TIMx 中断是否发生；
- TIM_ClearITPendingBit：清除 TIMx 中断挂起位；
- TIM_InternalClockConfig：配置 TIMx 为内部时钟源
- TIM_ITRxExternalClockConfig：设置 TIM 内部触发为外部时钟模式；
- TIM_TIxExternalClockConfig：设置 TIM 外部触发为外部时钟；
- TIM_ETRClockMode1Config：配置 TIM 外部时钟源模式 1；
- TIM_ETRClockMode2Config：配置 TIM 外部时钟源模式 2；
- TIM_ETRConfig：配置 TIM 外部触发；
- TIM_PrescalerConfig：设置 TIM 预分频；
- TIM_CounterModeConfig：设置 TIM 计数器模式；
- TIM_SelectInputTrigger：选择 TIM 输入触发源；
- TIM_CCxCmd：使能或禁止 TIM 捕获/比较通道 x；
- TIM_SelectOCxM：选择 TIM 输出比较模式；
- TIM_UpdateDisableConfig：使能或者禁止 TIM 更新事件；
- TIM_UpdateRequestConfig：设置 TIM 更新请求源；
- TIM_SelectOutputTrigger：选择 TIM 触发输出模式；
- TIM_SelectSlaveMode：选择 TIM 从模式；
- TIM_SelectMasterSlaveMode：设置或重置 TIM 主/从模式；
- TIM_SetCounter：设置 TIM 计数器寄存器值；
- TIM_SetAutoreload：设置 TIM 自动重装载寄存器值；

- TIM_SetComparey：设置 TIM 捕获/比较通道 y 寄存器值；
- TIM_SetICyPrescaler：设置 TIM 输入捕获通道 y 的预分频系数；
- TIM_SetClockDivision：设置 TIM 的时钟分割值；
- TIM_GetCapturey：获取 TIM 输入捕获通道 y 的值；
- TIM_GetCounter：获取 TIM 计数器的值；
- TIM_GetPrescaler：获取 TIM 预分频器的值。

2. 初始化结构体

在使用定时器时,需先配置相应初始化结构体,然后再调用初始化函数。针对基本定时器、通用定时器和高级定时器分别有如下 4 个初始化结构体:

① 基本初始化结构体：TIM_TimeBaseInitTypeDef(基本/通用/高级定时器)；

② 输出比较初始化结构体：TIM_OCInitTypeDef(通用/高级定时器)；

③ 输入捕获初始化结构体：TIM_ICInitTypeDef(通用/高级定时器)；

④ 断路和死区初始化结构体：TIM_BDTRInitTypeDef(高级定时器)。

以上 4 个初始化结构体各个成员的含义及其取值简介如下。

1) 基本初始化结构体：TIM_TimeBaseInitTypeDef

typedef struct

{

uint16_t TIM_Prescaler；	//定时器预分频:0～0xFFFF
uint16_t TIM_CounterMode；	/* 选择计数器模式,Up/Down 向上/向下计数; CenterAligned1/2/3 中央对齐模式 1/2/3 */
uint16_t TIM_Period；	//在下一个更新事件装入 ARR 值:0～0xFFFF
uint16_t TIM_ClockDivision；	/* CK_INT 与死区发生器以及数字滤波器采样系数,TIM_CKD_DIV1/2/4 */
uint8_t TIM_RepetitionCounter；//重复定时器值(仅限于高级计数器)	

}TIM_TimeBaseInitTypeDef；

2) 输出比较初始化结构体：TIM_OCInitTypeDef

typedef struct

{

uint16_t TIM_OCMode；	/* 输出比较模式选择,Timing:时间模式;Active:主动模式;Inactive:非主动模式;Toggle:触发模式;PWM1/2:PWM 模式 1/PWM 模式 2; */
uint16_t TIM_OutputState；	//输出比较使能,Disable:0;Enable:1
uint16_t TIM_OutputNState；	//比较互补输出使能
uint16_t TIM_Pulse；	//输出比较脉冲宽度,设置占空比:0x0000～0xFFFF
uint16_t TIM_OCPolarity；	//输出比较极性,High:高;Low:低
uint16_t TIM_OCNPolarity；	//比较互补输出极性,High:高;Low:低
uint16_t TIM_OCIdleState；	//空闲状态输出电平,High:高;Low:低

uint16_t TIM_OCNIdleState；//空闲状态互补输出电平,与 TIM_OCIdleState 相反

}TIM_OCInitTypeDef；

3）输入捕获初始化结构体:TIM_ICInitTypeDef

typedef struct

{

        uint16_t TIM_Channel；   //输入通道选择,TIM_Channel_1～4:TIM 通道 1～4

        uint16_t TIM_ICPolarity；   /* 输入捕获边沿触发选择,Rising:上升沿;Falling:

                                下降沿 */

        uint16_t TIM_ICSelection；   /* 输入通道选择,TRC:与 TRC 相连;DirectTI:TIM

                                输入 1/2/3/4 与 IC1/2/3/4 对应相连;IndirectTI:

                                TIM 输入 1/2/3/4 与 IC2/1/4/3 相连;*/

        uint16_t TIM_ICPrescaler；   /* 输入捕获/比较通道预分频,DIV1/2/4/8:每 N

                                （1/2/4/8）个事件执行一次捕获;*/

        uint16_t TIM_ICFilter；   //输入捕获滤波器设置:0x0～0x0F

}TIM_ICInitTypeDef；

4）断路和死区初始化结构体:TIM_BDTRInitTypeDef

typedef struct

{

        uint16_t TIM_OSSRState；   //运行模式下关闭状态使能,0/1:Disable/Enable

        uint16_t TIM_OSSIState；   //空闲模式下关闭状态使能

        uint16_t TIM_LOCKLevel；   //锁定配置,TIM_LOCKLevel_OFF/1/2/3

        uint16_t TIM_DeadTime；   //死区时间:0x0～0xFF

        uint16_t TIM_Break；   //短路输入使能

        uint16_t TIM_BreakPolarity；   //断路输出极性:High 高;Low 低

        uint16_t TIM_AutomaticOutput；//自动输出使能

}TIM_BDTRInitTypeDef；

3. 典型库函数简介

以下以定时器初始化函数 TIM_TimeBaseInit 和中断使能函数 TIM_ITConfig 为例,对定时器相关库函数进行简单介绍。定时器初始化函数 TIM_TimeBaseInit 和中断使能函数 TIM_ITConfig 分别如表 8.34 及表 8.35 所示。

表 8.34　定时器初始化函数 TIM_TimeBaseInit

项目	定义和描述
函数名	TIM_TimeBaseInit
函数原型	void TIM_TimeBaseInit（TIM_TypeDef * TIMx, TIM_TimeBaseInitTypeDef * TIM_TimeBaseInitStruct)

项目	定义和描述
功能描述	根据 TIM_TimeBaseInitStruct 中指定的参数初始化 TIMx 的时间基数单位。TIMx:x 可以是 1~8,用以选择 TIM 外设
输入参数	TIM_TimeBaseInitStruct:指向结构 TIM_TimeBaseInitTypeDef 的指针,包含了 TIMx 时间基数单位的配置信息(结构体及成员可参见前述)

表 8.35　中断使能函数 TIM_ITConfig

项目	定义和描述
函数名	TIM_ITConfig
函数原型	void TIM_ITConfig(TIM_TypeDef * TIMx, u16 TIM_IT, FunctionalState NewState)
功能描述	使能或者禁止指定的 TIM 中断。TIMx:x 可以是 1~8,用以选择 TIM 外设
输入参数	TIM_IT:待使能或禁止的 TIM 中断源,可取一值或多值的组合;NewState:中断新状态,可以是 ENABLE(使能)或 DISABLE(禁止)

8.7.7　定时器中的常用寄存器

在 STM32F10x 的定时器中,总共有 20 个寄存器。其中与基本定时器相关的寄存器共有 8 个,与通用定时器相关的寄存器共有 18 个,这些寄存器的名称、偏移地址和数据格式分别如表 8.31 和表 8.32 所示。在通用寄存器的基础上,高级定时器增加了 1 个重复计数器 RCR 和 1 个中止与死区寄存器 BDTR。

由于基本定时器和通用定时器最为基础和最为常用,在表 8.31 和表 8.32 的基础上,以下将围绕这两类定时器,对相关寄存器的主要用途以及各位的定义做简要说明。更详细的内容可参阅《STM32F10xxx 参考手册》。

1. 控制寄存器 CR1

CR1 是定时器中最重要最常用的控制寄存器,主要控制位有:使能计数器 CEN、使能 ARR 缓冲区 ARPE、允许或禁止产生更新事件 UDIS、设置分频系数 CKD、设置计数方向 DIR、选择能产生中断或 DMA 请求的 UEV 源 URS、选择边沿或中央对齐模式 CMS、选择单脉冲模式 OPM 等 8 种功能。

CR1 的偏移地址为 0x00;复位值为 0x0000。各位定义如表 8.36 所示。其中:

• CKD[1:0]位,定义定时器时钟频率 CK_INT 与数字滤波器采样时钟频率 DTS 之间的分频比例 n,$t_{DTS} = t_{CK\_INT} \times n$。

• CMS[1:0]位,选择边沿对齐还是中央对齐。其中,中央对齐有 1,2 和 3 三种模式,三种模式的计数器都是交替地向上和向下计数,区别仅在于被配置为输出通道的比较中断标志位 CCxIF(x = 1~4)何时被置位。模式 1 是发生下溢时置位,模式 2 是发生上溢时置位,模式 3 是下溢和上溢均被置位。

表 8.36 控制寄存器 CR1 各位定义

位	定义	取值及含义
15：10	保留	读操作结果始终为 0
9：8	CKD[1：0] 分频因子 n 选择	00：$n=1$；　01：$n=2$；　10：$n=4$；　11：保留，不使用
7	ARPE ARR 预装载允许	0：ARR 没有缓冲区（不使用影子寄存器）；　1：ARR 被装入缓冲区
6：5	CMS[1：0] 中央对齐模式选择	00：边沿对齐模式；　01：中央对齐模式 1；　10：中央对齐模式 2；　11：中央对齐模式 3
4	DIR 计数方向选择	0：计数器向上计数；　1：计数器向下计数
3	OPM 单脉冲模式	在发生更新事件（清除 CEN 位）时，0：计数器不停止；　1：计数器停止
2	URS 选择更新请求源	在允许产生更新中断或 DMA 请求时，0：计数器上溢/下溢、设置 UG 位、从模式控制器产生的更新等任一事件将产生更新中断或 DMA 请求；　1：只有计数器上溢/下溢才产生更新中断或 DMA 请求
1	UDIS 禁止更新	0：允许产生更新事件 UEV；　1：禁止产生更新事件 UEV
0	CEN 使能计数器	0：禁止计数器；　1：使能计数器。注：触发模式可自动通过硬件设置 CEN 位

2. 控制寄存器 CR2

CR2 主要用于选择主模式定时器送到从模式定时器的同步信息 TRGO。CR2 的偏移地址为 0x04；复位值为 0x0000，各位定义如表 8.37 所示。

表 8.37 控制寄存器 CR2 各位定义

位	定义	取值及含义
15：8	保留	读操作结果始终为 0
7	TI1S TI1 选择	0：CH1 引脚连到 TI1 输入；　1：CH1、CH2 和 CH3 引脚经异或后连到 TI1 输入
6：4	MMS[2：0] 主模式选择	选择在主模式下送到从模式定时器的同步信息（TRGO）。000：选择 EGR.UG 位；001：选择使能信号 CNT_EN；　010：选择更新事件；　011：选择捕获/比较成功时输出的比较脉冲；　100/101/110/111：选择 OC1REF～OC4REF 作为 TRGO
3	CCDS	捕获/比较 DMA 选择，在何时发出 CCx 的 DMA 请求。0：当发生 CCx 事件时；1：当发生更新事件时
2：0	保留	读操作结果始终为 0

3. 从模式控制寄存器 SMCR

从模式控制寄存器 SMCR 主要用于选择从模式定时器的工作模式、计数器同步时的触发输入以及是否启用外部时钟源。SMCR 的偏移地址为 0x08；复位值为 0x0000，各位定义如表 8.38 所示。

表 8.38　从模式控制寄存器 SMCR 各位定义

位	定义	取值及含义
15	ETP 外部触发极性	选择用 ETR 或 ETR 反相作为触发操作。0:ETR 不反相,高电平/上升沿有效;　1:ETR 反相,低电平/下降沿有效
14	ECE 外部时钟使能	启用外部时钟源模式 2。0:禁止外部时钟源模式 2;　1:使能外部时钟源模式 2,计数器由 ETRF 信号的任意有效边沿驱动
13:12	ETPS[1:0] 外部触发预分频	对外部触发信号 ETRP 的频率 $f_{ETR}P$ 进行预分频。00:关闭预分频;　01:$f_{ETRP}/2$;　10:$f_{ETRP}/4$;　11:$f_{ETRP}/8$
11:8	ETF[3:0] 外部触发滤波	定义对 ETRP 信号的采样频率 fs 以及数字滤波的带宽 N,例如:0011:$fs = f_{DTS},N = 8$;　0100:$fs = f_{DTS}/2,N = 6$;　1010:$fs = f_{DTS}/16,N = 5$
7	MSM 主/从模式	0:无作用;　1:选择主/从模式,定时器兼具主模式和从模式双重角色
6:4	TS[2:0] 触发输入选择	000:内部触发 0(ITR0);　001:内部触发 1(ITR1);　010:内部触发 2(ITR2);　011:内部触发 3(ITR3);　101:滤波后的定时器输入 1(TI1FP1);　110:滤波后的定时器输入 2(TI2FP2);　100:TI1 的边沿检测器(TI1F_ED);　111:外部触发输入(ETRF)
3	保留	读操作结果始终为 0
2:0	SMS 从模式选择	000:关闭从模式;　001/010/011:编码器模式 1/2/3;　100:复位模式;　101:门控模式;　110:触发模式;　111:外部时钟模式 1

4．中断及 DMA 使能寄存器 DIER

DIER 用于使能各种事件的中断请求和 DMA 请求。DIER 的偏移地址为 0x0C;复位值为 0x0000,各位定义如表 8.39 所示。

表 8.39　中断及 DMA 使能寄存器 DIER 各位定义

位	定义	取值及含义
15	保留	读操作结果始终为 0
14	TDE	0:禁止触发 DMA 请求;　1:允许禁止触发 DMA 请求
13	保留	读操作结果始终为 0
12	CC4DE	0:禁止捕获/比较通道 4 的 DMA 请求;　1:允许捕获/比较通道 4 的 DMA 请求
11	CC3DE	0:禁止捕获/比较通道 3 的 DMA 请求;　1:允许捕获/比较通道 3 的 DMA 请求
10	CC2DE	0:禁止捕获/比较通道 2 的 DMA 请求;　1:允许捕获/比较通道 2 的 DMA 请求
9	CC1DE	0:禁止捕获/比较通道 1 的 DMA 请求;　1:允许捕获/比较通道 1 的 DMA 请求
8	UDE	0:禁止更新的 DMA 请求;　1:允许更新的 DMA 请求
7	BIE	0:禁止中止中断;　1:允许中止中断
6	TIE	0:禁止触发中断使能;　1:允许触发中断使能

位	定义	取值及含义
5	保留	读操作结果始终为 0
4	CC4IE	0：禁止捕获/比较通道 4 中断； 1：允许捕获/比较通道 4 中断
3	CC3IE	0：禁止捕获/比较通道 3 中断； 1：允许捕获/比较通道 3 中断
2	CC2IE	0：禁止捕获/比较通道 2 中断； 1：允许捕获/比较通道 2 中断
1	CC1IE	0：禁止捕获/比较通道 1 中断； 1：允许捕获/比较通道 1 中断
0	UIE	0：禁止更新中断； 1：允许更新中断

5. 状态寄存器 SR

SR 用于保存各种事件发生的标记。这些标记均由硬件置 1，可通过软件写 0 清除。在中断允许时，大部分标记被置 1 时会产生中断请求。SR 的偏移地址为 0x10；复位值为 0x0000，各位定义如表 8.40 所示。

表 8.40　状态寄存器 SR 各位定义

位	定义	取值及含义
15：13	保留	读操作结果始终为 0
12	CC4OF	捕获/比较通道 4 重复捕获标记，参考 CC1OF 的描述
11	CC3OF	捕获/比较通道 3 重复捕获标记，参考 CC1OF 的描述
10	CC2OF	捕获/比较通道 2 重复捕获标记，参考 CC1OF 的描述
9	CC1OF	捕获/比较通道 1 重复捕获标记。当通道 1 为输入捕获模式时，0：没有发生重复捕获； 1：发生了重复捕获（在 CC1IF＝1 时，又发生了一次捕获，CNT 值又被捕获至 CCR1）
8：7	保留	读操作结果始终为 0
6	TIF	触发器中断标记。0：无触发器事件产生； 1：出现触发器中断并等待响应
5	保留	读操作结果始终为 0
4	CC4IF	捕获/比较通道 4 中断标记。参考 CC1IF 的描述
3	CC3IF	捕获/比较通道 3 中断标记。参考 CC1IF 的描述
2	CC2IF	捕获/比较通道 2 中断标记。参考 CC1IF 的描述
1	CC1IF	捕获/比较通道 1 中断标记。若 CC1 配置为输出，0：无匹配发生， 1：CNT 值与 CCR1 值匹配；若 CC1 配置为输入，0：无输入捕获产生， 1：CNT 值已被捕获至 CCR1
0	UIF	更新中断标记。0：无更新事件产生； 1：有更新事件等待响应

6. 事件产生寄存器 EGR

事件产生寄存器用于产生各种事件，各位均由软件置位，由硬件自动清零。EGR 的偏移地址为 0x14;复位值为 0x0000,各位定义如表 8.41 所示。

表 8.41　事件产生寄存器 EGR 各位定义

位	定义	取值及含义
15:7	保留	读操作结果始终为 0
6	TG	0:无动作;　1:产生一个触发事件,使 SR.TIF = 1
5	保留	读操作结果始终为 0
4	CC4G	产生捕获/比较通道 4 事件,参考 CC1G 的描述
3	CC3G	产生捕获/比较通道 3 事件,参考 CC1G 的描述
2	CC2G	产生捕获/比较通道 2 事件,参考 CC1G 的描述
1	CC1G	产生捕获/比较通道 1 事件。若 CC1 配置为输出,0:无动作,　1:置 SR.CC1IF = 1;若 CC1 配置为输入,0:无动作,　1:捕获当前 CNT 值至 CCR1,置 SR.CC1IF = 1;若 SR.CC1IF 已为 1,再置 SR.CC1OF = 1
0	UG	0:无动作;　1:产生更新事件

7. 捕获/比较模式寄存器 CCMR1 和 CCMR2

捕获/比较模式寄存器用于设置通道 CC1~CC4 的输入捕获和输出比较的工作模式。捕获/比较模式寄存器共有两个,其中 CCMR1 用于设置通道 CC1 和 CC2,CCMR2 用于设置通道 CC3 和 CC4。

CCMR1 的偏移地址为 0x18;复位值为 0x0000。CC1 和 CC2 被配置为输入捕获模式或者输出比较模式时,CCMR1 各位的含义有所不同。工作在输出比较模式时,CCMR1 各位定义如表 8.42 所示;工作在输入捕获模式时,CCMR1 各位定义如表 8.43 所示。

表 8.42　输出比较模式下 CCMR1 各位定义

位	名称	取值及含义
15	OC2CE	输出比较通道 2 清零使能,参考 OC1M 的描述
14:12	OC2M	输出比较通道 2 工作模式,参考 OC1M 的描述
11	OC2PE	输出比较通道 2 预装载使能,参考 OC1M 的描述
10	OC2FE	输出比较通道 2 快速使能,参考 OC1M 的描述
9:8	CC2S	定义通道 2 工作在输入捕获模式还是输出比较模式,参考表 8.43 中关于 CC1S 的描述
7	OC1CE	输出比较通道 1 清零使能。0:OC1REF 不受 ETRF 输入的影响;　1:检测到 ETRF 输入高电平,复位 OC1REF
6:4	OC1M	输出比较通道 1 模式选择。000:冻结,CCR1 与 CNT 的比较结果对 OC1REF 不起作用;　001:匹配时 OC1REF 输出高电平;　010:匹配时 OC1REF 输出低电平;　011:匹配时反转 OC1REF 电平;　100:强制 OC1REF 输出低电平;　101:强制 OC1REF 输出高电平;　110:PWM 模式 1;　111:PWM 模式 2

续表

位	名称	取值及含义
3	OC1PE	输出比较通道 1 预装载使能,即使能影子寄存器(缓冲区)。0:禁止 CCR1 预装载功能; 1:开启 CCR1 预装载功能
2	OC1FE	输出比较通道 1 快速使能,加快 CC1 输出对触发输入事件的响应,仅 PWM1/2 模式有效
1:0	CC1S	定义通道 1 工作在输入捕获模式还是输出比较模式,参考表 8.43 中关于 CC1S 的描述

表 8.43 输入捕获模式下 CCMR1 各位定义

位	名称	取值及含义
15:12	IC2F	定义输入捕获通道 2 滤波器参数,参考 IC1F 的描述
11:10	IC2PSC	定义输入捕获通道 2 输入(IC2)的预分频器系数,参考 IC1PSC 的描述
9:8	CC2S	定义通道 2 工作在输入捕获模式还是输出比较模式,参考 CC1S 的描述
7:4	IC1F	定义输入捕获通道 2 滤波器参数,选择采样频率 f_{SAMPLE} 及数字滤波器长度 N。0000:无滤波器,以 f_{DTS} 采样; 1000:采样频率 $=f_{\text{DTS}}/8,N=6$; 0001:采样频率 $=f_{\text{CK\_INT}},N=2$; 1001:采样频率 $=f_{\text{DTS}}/8,N=8$; 0010:采样频率 $=f_{\text{CK\_INT}},N=4$; 1010:采样频率 $=f_{\text{DTS}}/16,N=5$; 0011:采样频率 $=f_{\text{CK\_INT}},N=8$; 1011:采样频率 $=f_{\text{DTS}}/16,N=6$; 0100:采样频率 $=f_{\text{DTS}}/2,N=6$; 1100:采样频率 $=f_{\text{DTS}}/16,N=8$; 0101:采样频率 $=f_{\text{DTS}}/2,N=8$; 1101:采样频率 $=f_{\text{DTS}}/32,N=5$; 0110:采样频率 $=f_{\text{DTS}}/4,N=6$; 1110:采样频率 $=f_{\text{DTS}}/32,N=6$; 0111:采样频率 $=f_{\text{DTS}}/4,N=8$; 1111:采样频率 $=f_{\text{DTS}}/32,N=8$
3:2	IC1PSC	定义输入捕获通道 1 输入(IC1)的预分频器系数。00:无预分频器; 01:2; 10:4; 11:8
1:0	CC1S	定义通道 1 工作在输入捕获模式还是输出比较模式。00:CC1 通道被配置为输出; 01:CC1 通道被配置为输入,IC1 映射在 TI1 上; 10:CC1 通道被配置为输入,IC1 映射在 TI2 上; 11:CC1 通道被配置为输入,IC1 映射在 TRC 上,仅适用于内部触发器输入被选中时

CCMR2 的偏移地址为 0x1C;复位值为 0x0000。CC3 和 CC4 被配置为输入捕获模式或者是输出比较模式时,CCMR2 各位的含义可参考表 8.42 和表 8.43。

8. 捕获/比较使能寄存器 CCER

CCER 用于设置 4 个输入/捕获通道的输出和输入信号极性、使能输出以及使能输入捕获。CCER 的偏移地址为 0x20;复位值为 0x0000,各位定义如表 8.44 所示。

表 8.44　捕获/比较使能寄存器 CCER 各位定义

位	定义	取值及含义
15:14	保留	读操作结果始终为 0
13	CC4P	配置 CC4 输出和输入信号的极性,参考 CC1P 的描述
12	CC4E	CC4 的输出使能和输入捕获使能,参考 CC1E 的描述
11:10	保留	读操作结果始终为 0
9	CC3P	配置 CC3 输出和输入信号的极性,参考 CC1P 的描述
8	CC3E	CC3 的输出使能和输入捕获使能,参考 CC1E 的描述
7:6	保留	读操作结果始终为 0
5	CC2P	配置 CC2 输出和输入信号的极性,参考 CC1P 的描述
4	CC2E	CC2 的输出使能和输入捕获使能,参考 CC1E 的描述
3:2	保留	读操作结果始终为 0
1	CC1P	配置 CC1 输出和输入信号的极性。若 CC1 配置为输出,0:OC1 高电平有效, 1:OC1 低电平有效;若 CC1 配置为输入,用于选择 IC1 或 IC1 的反相信号作为触发或捕获信号;0:不反相,捕获发生在 IC1 的上升沿;用做外部触发器时,IC1 不反相; 1:反相,捕获发生在 IC1 的下降沿;用做外部触发器时,ICI 反相
0	CC1E	CC1 输出使能和输入捕获使能。若 CC1 配置为输出,0:OC1 禁止输出, 1:OC1 信号输出到对应引脚;若 CC1 配置为输入,0:禁止捕获 CNT 的值至 CCR1, 1:捕获使能

9. 计数器 CNT、预分频器 PSC 和自动重装载寄存器 ARR

计数器 CNT 的内容是计数器在计数过程中的计数值,预分频器 PSC 保存的值加 1 为预分频系数,自动重装载寄存器 ARR 保存用于自动重装的预设计数值。CNT、PSC 和 ARR 的偏移地址分别为 0x24、0x28 和 0x2C,复位值均为 0x0000,其格式如表 8.32 所示。

10. 捕获/比较寄存器 CCR1~CCR4

捕获/比较寄存器共有 4 个,分别用于保存 4 个捕获/比较通道的计数值。若 CCx 通道配置为输出,CCRx 保存由软件写入的比较值,与 CNT 值进行比较,并根据比较结果在 OCx 端口产生输出信号;若 CCx 配置为输入,CCRx 保存上一次所捕获的 CNT 值。4 个捕获/比较寄存器的偏移地址分别为:0x34、0x38、0x3C 和 0x40;复位值均为 0x0000,其格式如表 8.32 所示。

11. DMA 控制寄存器 DCR 和 DMA 连续传送寄存器 DMAR

在定时器应用中,在发生某个事件时,如果希望能够利用 DMA 方式对定时器的多个寄存器进行连续访问(也称为 DMA Burst 传输),实现从内存到寄存器或从寄存器到内存的数据传输,这就需要事先配置和使用 DCR 和 DMAR。DCR 和 DMAR 的格式如表 8.32 所示。另外,通过表 8.32 还可以看出,各个定时器的所有寄存器都存放在片内某一固定地址开始的连续空间内。不同种类的定时器所拥有的寄存器个数可能有差异,但每个定时器中(地址最小的)第一个寄存器一定是 TIMx_CR1,所有寄存器在内存空间以字对齐的方式依次顺序存放。

在 DMA Burst 传输之前,除了需要配置源地址和目的地址等基本信息之外,还得告知 DMA Burst 传输模块每次访问从哪个寄存器开始,需要连续访问几个寄存器。DMA 控制寄存器 DCR 中的 DBL[4:0]就是用于定义 DMA 连续访问的次数,亦即需要连续访问的寄存器个数,也称为 DMA 索引;DCR 中的 DBA[4:0]用于定义第一个被访问的寄存器相对于 CR1 地址的偏移量(偏移量从 0 开始计算)。而 DMAR 称为 DMA 连续传送寄存器,其存放的是 TIMx_CR1 的绝对地址。在 DMA Burst 传输时,按照"TIMxCR1 地址 +(DBA +DBL)×4"的寻址方式对定时器中的多个寄存器进行连续访问。

8.7.8　定时器应用实例

1. 实例一:精确定时的 LED 闪烁

1)功能要求

使用精确定时的方式使目标板上 LED 按固定周期一直闪烁,其中点亮时间 500 ms,熄灭时间 500 ms。同时在主程序中定义一个 32 位无符号变量 CountOfToggle,用于统计 LED 的闪烁次数,每当 LED 完成一次闪烁时,在调试窗口中输出该变量值。

2)硬件设计

目标板上 LED(LED0)通过一个限流电阻与引脚 PA8 相连,具体电路如图 8.33 所示。其中,引脚 PA8 设置为通用推挽输出模式,PA8 输出低电平时,LED 点亮;PA8 输出高电平时,LED 熄灭。

3)软件流程设计

(1)主流程

类似 8.6.4 小节实例一,主流程由初始化函数加一个无限循环构成,如图 8.52(a)所示。

相比 8.6.4 小节的实例一,就功能而言,本例的主要变化是把"不精确延时"改为"精确延时"。因此,体现在软件流程图上的主要差别是将使用简单空循环进行延时改为使用 TIM2 实现精确延时。

(2)使用定时器 TIM2 实现精确延时流程

实现精确延时的流程如图 8.52(b)所示。在图 8.52(b)中,通过 TIM_TimeBaseInitTypeDef 结构体变量配置 TIM2 是关键,重点是对相关结构体成员的设置,例如 TIM_Prescaler、TIM_Period、TIM_CounterMode 等。

4)软件代码实现

主程序文件 main.c 的代码如下:

```
# include "stm32f10x.h"
# include <stdio.h>
```

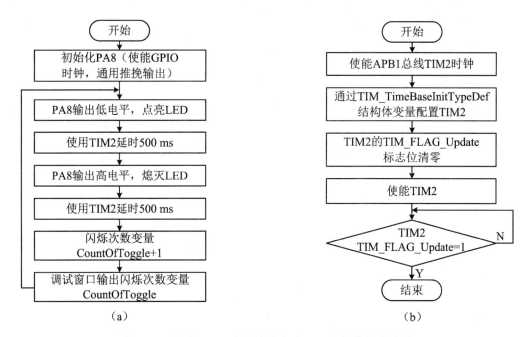

图 8.52　使用 TIM2 实现精确定时 LED 闪烁的程序流程

//以下这段代码为输出重定向,重写 fputc 函数

```
#define ITM_Port8(n)      ( * (volatile unsigned char * )(0xE0000000 + 4 * n)))
#define ITM_Port16(n)     ( * (volatile unsigned short * )(0xE0000000 + 4 * n)))
#define ITM_Port32(n)     ( * (volatile unsigned long * )(0xE0000000 + 4 * n)))
#define DEMCR             ( * (volatile unsigned long * )(0xE000EDFC)))
#define TRCENA            0x01000000
int fputc(int ch, FILE * f)
{
    if(DEMCR & TRCENA)
    {
        while(ITM_Port32(0) = =0);
        ITM_Port8(0) = ch;
    }
        return(ch);
}
```

//以下代码为主程序及精确延时函数

```
unsigned int CountOfToggle = 0;
void LED0_Config(void);
void LED0_On(void);
void LED0_Off(void);
void TIM2_Delay500MS(void);
```

```
int main(void)
{
    LED0_Config();
    while(1)
    {
        LED0_On();
        TIM2_Delay500MS();
        LED0_Off();
        TIM2_Delay500MS();
        CountOfToggle + + ;
        printf("The Count of Toggle is % d\ n ", CountOfToggle);
    }
}
void LED0_Config(void)
{
    GPIO_InitTypeDef GPIO_InitStructure;            //Enable GPIO_LED0 clock
    RCC_APB2PeriphClockCmd(RCC_APB2Periph_GPIOA, ENABLE); //PA8 Configuration
    GPIO_InitStructure. GPIO_Pin = GPIO_Pin_8;
    GPIO_InitStructure. GPIO_Mode = GPIO_Mode_Out_PP;
    GPIO_InitStructure. GPIO_Speed = GPIO_Speed_2MHz;
    GPIO_Init(GPIOA, &GPIO_InitStructure);
}
void LED0_On(void)
{
    GPIO_ResetBits(GPIOA, GPIO_Pin_8);
}
void LED0_Off(void)
{
    GPIO_SetBits(GPIOA, GPIO_Pin_8);
}
void TIM2_Delay500MS()
{
    TIM_TimeBaseInitTypeDef TIM_TimeBaseStructure;
    RCC_APB1PeriphClockCmd(RCC_APB1Periph_TIM2, ENABLE);
    /*    TIM2 Time Base Configuration:
          TIM2CLK /((TIM_Prescaler + 1) * (TIM_Period + 1)) = TIM2 Frequency
          TIM2CLK = 72MHz ,   TIM2 Frequency = 2Hz,
              TIM_Prescaler = 36000 - 1,    TIM_Period = 1000 - 1      */
```

TIM_TimeBaseStructure. TIM_Prescaler = 36000 − 1；

TIM_TimeBaseStructure. TIM_Period = 1000 − 1；

TIM_TimeBaseStructure. TIM_CounterMode = TIM_CounterMode_Up；

TIM_TimeBaseInit(TIM2，&TIM_TimeBaseStructure)；

TIM_ClearFlag(TIM2，TIM_FLAG_Update)；　　// Clear TIM2 update pending flag

TIM_Cmd(TIM2，ENABLE)；　　　　　　　　// Enable TIM2 counter

while(TIM_GetFlagStatus(TIM2，TIM_FLAG_Update) = = RESET)；

}

2. 实例二：PWM 输出

1) 功能要求

使用 PWM 输出，点亮 LED，但是 LED 的亮度可编程控制。例如，在连接 LED 的 TIM1 通道 1 引脚 PA8 上输出频率为 20 kHz，占空比为 94% 的矩形脉冲信号，如图 8.53 所示。

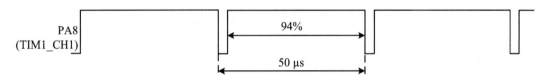

图 8.53 在连接 LED 的引脚 PA8 上输出指定波形

2) 硬件设计

硬件连接方式与 8.6.4 小节实例一相同，具体电路如图 8.33 所示。PA8 配置为 TIM1 的复用引脚，并设置为复用推挽输出工作模式 GPIO_Mode_AF_PP。PA8 上输出低电平的时间决定 LED 的亮度：PA8 输出低电平时间越长，即 PWM 占空比越小，LED 的亮度越高；反之 LED 的亮度越低。

3) 软件流程设计

(1) 主流程设计

主流程先对 TIM1 进行初始化，初始化工作包括完成引脚映射、设置引脚输出方式和使能时钟等操作，然后指定引脚 PA8 上输出 PWM 波形。上述工作完成后进入一个无限循环。具体流程如图 8.54 所示。

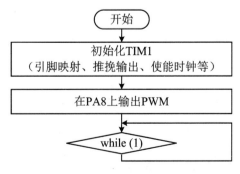

图 8.54 PWM 输出程序的主流程

（2）初始化定时器 TIM1 以及在指定引脚上输出 PWM 波形的流程

本例的主要处理流程是初始化 TIM1，并使其在指定引脚 PA8 上输出 PWM 波形，具体如图 8.55 所示。

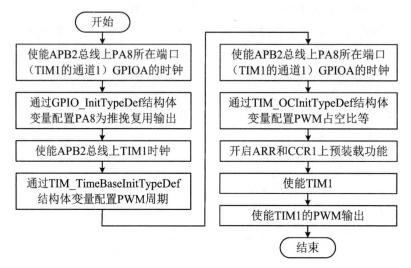

图 8.55　初始化 TIM1 并在其通道 1 复用引脚 PA8 上输出 PWM 波形的流程

图 8.55 所示处理流程可分为两个步骤：第一步，完成引脚映射，并配置 TIM1 通道 1 的复用功能引脚 PA8 为推挽输出；第二步，配置 TIM1，通过配置 TIM_TimeBaseInitTypeDef 和 TIM_OCInitTypeDef 两个结构体变量，设置 TIM1 的相关寄存器。关键是对两个结构体中重要成员的设置：

· 结构体 TIM_TimeBaseInitTypeDef 的成员：TIM_CounterMode、TIM_Prescaler、TIM_Period；

· 结构体 TIM_OCInitTypeDef 的成员：TIM_OCMode、TIM_OCPolarity、TIM_Pulse。

4）软件代码实现

主程序文件 main.c 的代码如下：

```c
# include "stm32f10x.h"
void TIM1_PWMInit(void);
int main(void)
{
    TIM1_PWMInit();
    while(1);
}
void TIM1_PWMInit()
{
    GPIO_InitTypeDef GPIO_InitStructure;
    TIM_TimeBaseInitTypeDef TIM_TimeBaseStructure;
    TIM_OCInitTypeDef TimOCInitStructure;
```

```
//TIM1 GPIO(PA8：TIM1_CH1）Configuration
//Enable GPIO_REDLED clock
RCC_APB2PeriphClockCmd(RCC_APB2Periph_GPIOA，ENABLE)；
//GPIO_REDLED Pin Configuration
GPIO_InitStructure.GPIO_Pin = GPIO_Pin_8；
GPIO_InitStructure.GPIO_Mode = GPIO_Mode_AF_PP；
GPIO_InitStructure.GPIO_Speed = GPIO_Speed_50MHz；
GPIO_Init(GPIOA，&GPIO_InitStructure)；
RCC_APB2PeriphClockCmd(RCC_APB2Periph_TIM1，ENABLE)；　//Enable TIM1 clock
/*      TIM1 Time Base Configuration：
        TIM1CLK /((TIM_Prescaler + 1) * (TIM_Period + 1)) = TIM1 Frequency
        TIM1CLK = 72MHz    TIM1 Frequency = 20kHz，
        TIM_Prescaler = 72 - 1，TIM_Period = 50 - 1
*/
//Time base corfiguration
TIM_TimeBaseStructure.TIM_Prescaler = 72 - 1；
TIM_TimeBaseStructure.TIM_Period = 50 - 1；
TIM_TimeBaseStructure.TIM_CounterMode = TIM_CounterMode_Up；
TIM_TimeBaseInit(TIM1，&TIM_TimeBaseStructure)；
//PWM Configuration PWM Mode 1：
/*      When counting up
        TIMx_CNT<TIMx_CCR：ActivePolarity - - TIMx_CNT>
        TIMx_CCR：InActive Polarity
        When counting down
        TIMx_CNT<TIMx_CCR：InActivePolarity - - TIMx_CNT>
        TIMx_CCR：Active Polarity
*/
TimOCInitStructure.TIM_OCMode = TIM_OCMode_PWM1；
//PWM Output Active(during the TIM Pulse) Polarity
TimOCInitStructure.TIM_OCPolarity = TIM_OCPolarity_High；
TimOCInitStructure.TIM_Pulse = 47；
TimOCInitStructure.TIM_OutputState = TIM_OutputState_Enable；
TIM_OC1Init(TIM1，&TimOCInitStructure)；      //Initialize TIM1_CH1
TIM_OC1PreloadConfig(TIM1，TIM_OCPreload_Enable)；
TIM_ARRPreloadConfig(TIM1，ENABLE)；      //Enables TIM1 Preload on ARR
TIM_Cmd(TIM1，ENABLE)；                    //Enable TIM1 counter
TIM_CtrlPWMOutputs(TIM1，ENABLE)；        //Enables TIM(1,8) Main Outputs
}
```

3．实例三：SysTick

1）SysTick 功能及特点

本书 5.2 节已对系统节拍定时器 SysTick 做了介绍。SysTick 常用于操作系统，作为系统滴答 tick 服务，为其任务调度提供一个必不可少的心跳时钟。操作系统所提供的各种定时功能也都可通过 SysTick 实现。SysTick 的用途还包括延时、闹钟定时和时间测量等。对 SysTick 进行设置和管理的代码移植方便，大多不需修改。

2）与 SysTick 相关的寄存器

与 SysTick 相关的可编程寄存器共有 4 个，分别是：

- 控制及状态寄存器 STCSR，用于配置时钟源、使能定时器及中断，读取溢出标志；
- 重装载寄存器 STRVR，用于设置并保存计数初值；
- 当前计数值寄存器 STCVR，供读取当前计数值；
- 校准数值寄存器 STCR，为定时器提供校准。

以上 4 个寄存器的格式及功能如表 8.45 所示，表中没有列出的位均为保留位。

表 8.45　SysTick 各寄存器格式及功能一览表

① 控制及状态寄存器 STCSR，地址：0xE000 E010				
位	定义	类型	复位值	取值及含义
16	COUNTFLAG	R	0	计数溢出标志，向下计数到零后为 1；读 STCSR 后该位自动清零
2	CLKSOURCE	R/W	0	时钟源选择，0：外部时钟源 STCLK；1：内核时钟 FCLK
1	TICKINT	R/W	0	中断使能，1：计数至 0 产生异常；0：计数至 0 无动作
0	ENABLE	R/W	0	SysTick 使能，1：工作；0：禁止/停止
② 重装载寄存器 STRVR，地址：0xE000 E014				
位	定义	类型	复位值	取值及含义
23：0	RELOAD	R/W	0	当倒数至 0 时，将被重新装载的计数初值
③ 当前数值寄存器 STCVR，地址：0xE000 E018				
位	定义	类型	复位值	取值及含义
23：0	CURRENT	R/W	0	读操作返回当前计数值，写入则使之清零，同时清除 CTRL.COUNTFLAG 位
④ 校准数值寄存器 STCR，地址：0xE000 E01C				
位	定义	类型	复位值	取值及含义
31	NOREF	R	—	1：无外部参考时钟，STCLK 不可用；0：外部参考时钟可用
30	SKEW	R	—	1：校准值不是准确的 10 ms；0 = 校准值是准确的 10 ms
23：0	TENMS	R/W	0	与具体产品相关的校准值，其数值由芯片生产者给出；若读结果为零，表示无法使用校准功能

关于 SysTick 相关寄存器的进一步说明：

· 若 STCSR. CLKSOUCE = 0，选择 STCLK 作为 SysTick 的选择外部时钟源。STCLK 一般是 HCLK 的 1/8；当 HCLK 为 72 MHz 时，STCLK 为 9 MHz。

· STRVR. RELOAD[23：0]位保存计数初值，取值范围为 $0 \sim 2^{23} - 1$；

· 当向下计数到零时，STCSR. COUNTFLAG 位变为 1；读取 STCSR 寄存器后，该位自动清零。

· STCSR. TICKINT 为中断使能位，当其为 1 时，计数完成（向下计数到 0）产生溢出异常，异常号为 15；若 STCSR. TICKINT 为 0，计数完成不会产生异常。

3）应用实例

例 8.17　利用 SysTick 每 10 ms 产生一次中断，假设内核时钟 FCLK 频率为 72 MHz，无须校准。

实现方法和代码片段如下：

```
# define    OSFREQ 100                                      //中断周期 10ms，即频率 100Hz
# define    SysTick_CSR( * ((volatile unsigned int * ) 0xE000E010))       //控制寄存器
# define    SysTick_LOAD( * ((volatile unsigned int * ) 0xE000E014))      //重载寄存器
# define    SysTick_VAL( * ((volatile unsigned int * ) 0xE000E018))       //当前值寄存器
# define    SysTick_CALRB( * ((volatile unsigned int * ) 0xE000E01C))     //校准值寄存器
            //此处关键字 volatile 的作用是放弃优化，绕过缓存直接对寄存器进行读写
SysTick_Init()
{
    SysTick_VAL = 0;                    //当前值寄存器清零
    SysTick_CSR | = 0x07;    //时钟源选择内核时钟 FCLK，使能 SysTick 和 SysTick 中断
    SysTick_LOAD = 72000000 /OSFREQ；    //计数值，内核时钟 FCLK 为 72MHz
}
int main(void)
{
        SysTick_Init();                //设置和启动 10ms 一次的中断
        while(1)
        {
            ……                        //用户代码
        }
}
void SysTick_Handler(void)
{
        ……                            //中断服务程序，实现应用相关功能
}
```

SysTick 是内核自带时钟模块，不属于片内外设，新版本的库函数中没有专门的固件库

函数与之对应,相关寄存器定义及操作被封装于固件库自带的 CMSIS 中(core_cm3.h 及 core_cm3.c)。例如,3.5 固件版本中自带的 CMSIS 定义了 2 个函数:SysTick_CLKSourceConfig 及 SysTick_Config,提供初始化、打开中断并设置优先级以及启动等功能,借助这两个函数可实现各种实际应用。这两个函数在使用中需要注意以下几点:

- 使用 SysTick,仅需调用 SysTick_Config。
- 若要修改中断优先级调用,需调用 NVIC_SetPriority。
- 因 SysTick 非外部设备,不需要使用 RCC 寄存器组打开时钟。
- 每次溢出会置位计数标志和中断标志;计数标志在计数器重装载后被清除,中断标志会随中断服务程序响应也会被清除,所以两个标志位都无须手动清除。
- 使用这两个函数,宜采用中断方式(定时时间到),如要使用查询方式,只能直接对寄存器进行操作加以实现。

8.8　中断控制器

第 4 章(4.4.3 小节)介绍了中断的相关原理,第 5 章(5.2.5 小节及 5.5 节)探讨了 Cortex-M 处理器的中断、异常的处理机制。本节结合中断的基本概念,介绍 STM32F103 系列微处理器中断系统的功能特性与使用方法。

8.8.1　STM32F103 中断系统概述

STM32F10x 中断系统基于 Cortex-M3 内核的 NVIC,如表 5.6 所示。其中类型号为 0～15 的异常分配给内核的系统异常,STM32F103 片内集成的外设模块(如定时/计数器、串行通信接口、串行总线 I^2C 和 SPI 或 I^2S 等)及外部中断可使用类型号 16～255。由于 STM32F10x 系列芯片配置的外设模块有限,并未使用所有的中断类型号。

以下结合 STM32F103 中断系统功能,首先简要回顾中断系统中几个最重要的基本概念,例如嵌套向量中断控制器 NVIC、中断优先级、中断向量表和中断服务程序等,然后从应用角度介绍中断设置过程。

1.嵌套向量中断控制器 NVIC

NVIC 的作用是统一管理并控制整个处理器的中断系统,其核心功能为中断优先级分组以及设置、读取或者清除中断请求标志、使能或者禁止中断等。

STM32F10x 的中断分类如表 8.46 所示,其 NVIC 具有以下主要特性:

- 支持 84 个中断,包括 16 个内核中断和 68 个可屏蔽非内核中断(STM32F103 仅实现 60 个);
- 实现了 4 位优先级设置,具有 16 级可编程中断优先级;

- 中断响应/返回时处理器状态的自动保存/恢复,无须额外指令;
- 支持中断嵌套;
- 支持咬尾中断和晚到中断等快速中断技术。

表 8.46　STM32F10x 的中断分类

STM32F10x 中断,共 84 个					
内核中断 16 个	可屏蔽中断 68 个,STM32F103 可供用户编程使用 60 个				
	内部中断 41 个		外部中断 19 个		
	定时器中断	片上外设中断	外部特定中断 3 个		EXTI0~15
	基本/通用/高级定时器	USART/SPI/CAN/DMA…	EXTI16	EXTI17	EXTI18	同一时刻线 n 只能对应 PAn~PGn 中的一个 *
			PVD 输出	RTC 时钟	USB 唤醒	
			19 个外部中断均可独立设置上升沿/下降沿/双沿触发		

* 除 3 个特定中断外,EXTI0~15 与端口引脚的映射需要满足一定的规则,详见 8.8.2 小节。

2．中断优先级

1) 优先级分组

中断优先级分为抢占优先级和子优先级。

- 抢占优先级,又称主/组/占先优先级,标识一个中断抢占式优先响应能力高低,决定是否会有中断嵌套发生。如一个具有高抢占先优先级的中断会打断当前正在执行的中断服务程序,转而执行较高优先级中断所对应 ISR。
- 子优先级,又称从优先级,仅在抢占优先级相同时才有影响,标识一个中断非抢占式优先响应能力高低。在抢占优先级相同时,如果有中断正被处理,高子优先级中断须等待正在被响应的低子优先级中断处理结束后才能得到响应;如果没有中断正被处理,高子优先级中断将优先被响应。

2) 优先级实现

STM32F103 每个中断源有 4 位优先级配置寄存器,可根据实际应用需求编程设定抢占优先级和子优先级(可参考表 5.30)。

3) 中断响应顺序

中断响应的顺序遵循以下原则:

- 先比较抢占优先级,抢占优先级高的中断优先响应;
- 当抢占优先级相同时,比较子优先级,子优先级高的中断优先响应;
- 抢占优先级和子优先级都相同时,比较中断向量表中位置,位置低的中断优先响应。

3．中断向量表

中断向量表用于统一存放各中断对应的 ISR 入口地址。中断向量表的起始地址默认为 0x0000 0000,按照中断/异常类型号依次存放各个中断/异常的入口地址,如表 5.7 所示。当使用 STM32F10x 标准外设库时,标准中断/异常向量表文件可参阅 startup_stm32f10x_yy * .s(STM32F10x 不同 Flash 容量子系列的中断向量表定义不同,如表 8.47 所示),该文件内标明了中断处理函数名称,用户不能随意改变。中断通道(即类型)NVIC_IRQChannel 在 stm32f10x.h 文件中进行了宏定义。68 个可屏蔽中断中,除了个别中断的优先级是固定的之外,其余均可设置。

表 8.47　CMSIS 定义的中断向量表(STM32F10x 标准外设库)

向量表定义文件	子系列产品线英文全称	片内 Flash 容量
startup_stm32f10x_cl.s	Connectivity line devices	N/A
startup_stm32f10x_hd.s	High-density devices	256～512 KB
startup_stm32f10x_hd_vl.s	High-density value line devices	256～512 KB
startup_stm32f10x_ld.s	Low-density devices	16～32 KB
startup_stm32f10x_ld_vl.s	Low-density value line devices	16～32 KB
startup_stm32f10x_md.s	Medium density devices	64～128 KB
startup_stm32f10x_md_vl.s	Medium density Value line devices	64～128 KB
startup_stm32f10x_xl.s	XL-density devices	768 KB～1 MB

在中断向量表中,编号越小的中断类型优先级越高。作为表 5.6 的补充,以下摘录了 stm32f10x.h 文件中 CMSIS 定义的部分中断向量(仅包含系统异常和本小节及后续内容将要用到的中断向量),供读者参考。

```
/* \ STM32F10x _ StdPeriph _ Lib _ V3. 5. 0 \ Libraries \ CMSIS \ CM3 \ DeviceSupport \ ST \
STM32F10x\stm32f10x.h */
typedef enum IRQn
{
    // Cortex－M3 处理器的 CMSIS 异常编号
    NonMaskableInt_IRQn       = -14,      // NMI 不可屏蔽中断
    MemoryManagement_IRQn     = -12,      // MemManage Fault 存储管理错误
    BusFault_IRQn             = -11,      // Bus Fault 总线错误
    UsageFault_IRQn           = -10,      // Usage Fault 用法错误
    SVCall_IRQn               = -5,       // SVC 系统服务调用
    DebugMonitor_IRQn         = -4,       // Debug Monitor 调试监视
    PendSV_IRQn               = -2,       // PendSV 可挂起请求
    SysTick_IRQn              = -1,       // SYSTICK 系统定时
    //STM32 的 CMSIS 中断编号
    EXTI0_IRQn                = 6,        //EXTI Line0 Interrupt
    EXTI1_IRQn                = 7,        //EXTI Line1 Interrupt
    EXTI2_IRQn                = 8,        //EXTI Line2 Interrupt
    EXTI3_IRQn                = 9,        //EXTI Line3 Interrupt
    EXTI4_IRQn                = 10,       //EXTI Line4 Interrupt
```

```
EXTI9_5_IRQn          = 23,        //External Line[9:5] Interrupts
I2C1_EV_IRQn          = 31,        //I2C1 Event Interrupt
I2C1_ER_IRQn          = 32,        //I2C1 Error Interrupt
I2C2_EV_IRQn          = 33,        //I2C2 Event Interrupt
I2C2_ER_IRQn          = 34,        //I2C2 Error Interrupt
SPI1_IRQn             = 35,        //SPI1 global Interrupt
SPI2_IRQn             = 36,        //SPI2 global Interrupt
USART1_IRQn           = 37,        //USART1 global Interrupt
USART2_IRQn           = 38,        //USART2 global Interrupt
USART3_IRQn           = 39,        //USART3 global Interrupt
EXTI15_10_IRQn        = 40,        //External Line[15:10] Interrupts
SPI3_IRQn             = 51,        //SPI3 global Interrupt
UART4_IRQn            = 52,        //UART4 global Interrupt
UART5_IRQn            = 53,        //UART5 global Interrupt
……
}
```

4. 中断服务函数(ISR)

在结构上 ISR 与函数相似,但 ISR 一般没有调用入口参数以及返回值,中断发生时自动隐式执行。每个中断都有相应的 ISR,用于中断发生后执行相应的中断服务操作。

1) 特点

所有 ISR 在启动代码文件中都有预先定义,常以 XXX_IRQHandler 命名,其中 XXX 为中断对应的外设名称,如 TIM1、USART1 等。在实际应用时,可根据需要在 stm32f10x_it.c 中对 ISR 代码进行修改。在链接生成可执行程序阶段,系统将用户自定义的同名 ISR 替代启动代码中默认的 ISR,以实现用户自定义的功能。因此,用户不能随意更改 ISR 的名称。

使用 STM32F10x 标准外设库时,ISR 具有以下特点:

· 除复位程序外,其他所有 ISR 均在启动代码中预设弱定义属性 WEAK,使之能被其他文件中的同名 ISR 替代。

· 全部使用 C 语言实现,在 ISR 首尾无须使用汇编语言保护和恢复现场。在中断处理过程中,保护和恢复现场的工作由硬件自动完成。

2) ISR 实例

例如,要自定义定时器 2 的 ISR,可直接在 stm32f10x_it.c 中新增或修改定时器 2 的 ISR。

```
void TIM2_IRQHandler(void)
{
    ……      //user code
}
```

注意,stm32f10x_it.c 中定义的 ISR 和启动代码 startup_stm32f10x_yy.s 中相应的 ISR 名称必须完全相同。例如,对应 TIM2 的 ISR 同为 TIM2_IRQHandler。否则在链接生成可执行文件时无法使用自定义 ISR 替换系统默认的 ISR。

5. 中断设置过程

设置或者建立一个中断的过程大体可分为 5 步,如图 8.56 所示。

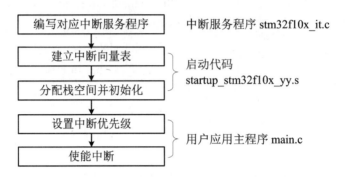

图 8.56　STM32F103 中断的建立过程

1) 编写中断服务程序(ISR)

ISR 的具体内容由用户编写,实现所需的中断服务功能。通常在 ISR 的结尾处并在退出 ISR 之前,应清除对应的中断标志位,表示该中断已处理完毕。否则该中断请求始终存在,该 ISR 将被反复执行。

2) 建立中断向量表

可根据应用需求选择在 Flash 或 RAM 中建立中断向量表,二者区别如下:

· 在 Flash 中建立中断向量表,中断向量表无须重新定位;应用程序运行过程中,每个中断对应固定的 ISR,不能更改。

· 在 RAM 中建立中断向量表,中断向量表需要重定位(参见 5.5.2 小节);在应用程序运行过程中,可根据需要动态地改变 ISR。

此步骤须在应用程序执行前完成,通常在启动过程中实现。

3) 分配栈空间并初始化

· 分配栈空间;栈空间通常分配在启动代码的起始位置;为保证中断响应时有足够的空间保护现场(共有 PSR、PC、LR、R12 和 R3~R0 等 8 个寄存器),应在 RAM 中为栈分配足够大空间,避免中断发生(尤其是出现中断嵌套)时主堆栈溢出。

· 初始化栈;通常在上电复位后执行复位服务程序时完成。

执行 ISR 时进入处理模式(handler mode),会使用主堆栈的栈顶指针 MSP。

4) 设置中断优先级

中断优先级的设置通过配置 NVIC 实现,可依次分以下两个步骤完成。

① Cortex-M3/M4 支持的优先级分组共 8 种模式,如表 5.30 所示。但 STM32F103 的优先级寄存器仅有 4 位,只需要确定在位长为 4 位的优先级寄存器中抢占优先级域和子优先级域各自所占的位数。根据中断总数及是否存在中断嵌套,可有 5 种方式:

- NVIC_PriorityGroup_0:抢占优先级 0 位,子优先级 4 位,此时不会发生中断嵌套;
- NVIC_PriorityGroup_1:抢占优先级 1 位,子优先级 3 位,即抢占优先级在 0～1(1 位范围 0～1)中取值,子优先级在 0～7(3 位范围 000～111)中取值,以下类推;
- NVIC_PriorityGroup_2:抢占优先级 2 位,子优先级 2 位;
- NVIC_PriorityGroup_3:抢占优先级 3 位,子优先级 1 位;
- NVIC_PriorityGroup_4:抢占优先级 4 位,子优先级 0 位。

② 根据以上步骤确定的优先级分组情况,为每个中断源分别设置抢占优先级和子优先级,即在各自取值范围中设置优先级的确定值。

5) 使能中断

设置完中断优先级后,通过禁止中断总屏蔽位和分屏蔽位,可以使能对应的中断。

8.8.2　外部中断/事件控制器 EXTI

ST 公司为 STM32 系列处理器设计了一个中断/事件控制器 EXTI,用于对片外输入的中断或者事件进行检测和屏蔽管理。

1. 内部结构

STM32F103 的 EXTI 由 19 根中断/事件输入线、19 个检测事件/中断请求的边沿检测器和 APB 外设接口等部分组成,其内部结构如图 8.57 所示。EXTI 的每根中断/事件输入线都可以独立地配置触发事件(上升沿或者下降沿或者双边沿都触发);每个中断/事件都可单独被屏蔽,每个中断都有专属的请求挂起寄存器对应位,用以保持中断请求状态。

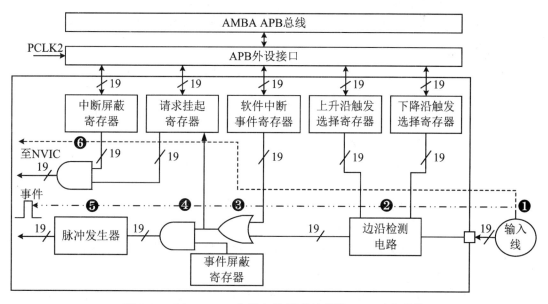

图 8.57　STM32F103 外部中断/事件控制器 EXTI 内部结构

在图 8.57 中,EXTI 的 19 根外部中断/事件输入线编号分别为 EXTI0～EXTI18。除

EXTI16（PVD 输出）、EXTI17（RTC 闹钟）和 EXTI18（USB 唤醒）三个特定中断之外，其余 16 根外部信号输入线 EXTI0～EXTI15 分别对应 16 个引脚 Px0～Px15，x 为 A～G。

连接 16 根外部中断/事件输入线的规则如下：任一端口 0 号引脚（如 PA0，PB0，…，PG0）映射到 EXTI 外部中断/事件输入线 EXTI0 上，任一端口 1 号引脚（如 PA1，PB1，…，PG1）映射到 EXTI1 上……任一端口 15 号引脚（如 PA15，PB15，…，PG15）映射到 EXTI15 上，如图 8.58 所示。

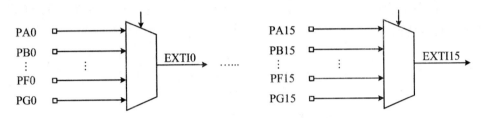

图 8.58　EXTI 外部中断/事件输入线的映像

从图 8.58 中可以看出，在同一时刻，端口 A～G 中只能有一个端口的 n 号引脚能够映射为 EXTIn（n 为 0～15）。如果需要将某 I/O 引脚映射为 EXTI 外部中断/事件输入线，应将该引脚设置为输入模式。

1）APB 外设接口

通过此接口访问各功能模块。如果需要使用引脚的外部中断/事件映射功能，应打开 APB 总线上该引脚对应端口的时钟以及 AFIO 功能时钟。

2）边沿检测器

EXTI 中的边沿检测器共有 19 个，用来连接 19 个外部中断/事件输入线，是 EXTI 的主体部分。每个边沿检测器由边沿检测电路、边沿选择寄存器、门电路和脉冲发生器等组成。

2．工作原理

对照图 8.57 中各单元的编号①…⑥，从中断/事件输入到中断/事件请求信号输出，外部中断/事件请求的产生和传输路径如下：

- ①外部中断/事件输入信号首先进入②边沿检测电路。该电路受上升沿触发选择和下降沿触发选择两个平行寄存器的控制，可选择对输入信号的上升沿、下降沿或双边沿（即同时选择上升沿和下降沿）进行检测，判断是否产生了中断/事件。

- 边沿检测电路的输出进入③或门，此或门的另一输入是软件中断/事件寄存器。可以看出由软件触发的中断/事件优于外部中断/事件，当软件中断/事件寄存器对应位为 1 时，不管外部信号如何，或门都会输出有效信号。

- ③或门的输出分别被送到请求挂起寄存器和④与门。其中④与门的另一输入为事件屏蔽寄存器的对应位。若事件屏蔽寄存器的某位为 0，则屏蔽对应的外部事件；若为 1，则④与门产生有效输出并送至⑤脉冲发生器。脉冲发生器的作用是将一个跳变信号转换为一个单脉冲形式的事件信号。完整的外部事件请求信号传输路径如图 8.57 中点划线箭头所示，即①→②→③→④→⑤。

- 被送往请求挂起寄存器的③或门输出，将请求挂起寄存器的对应位置位，然后进入

⑥与门。⑥与门的输出受中断屏蔽寄存器的控制。当中断屏蔽寄存器某位为 1 时,对应的外部请求信号才能被送至 NVIC,从而发出一个中断请求,否则将被屏蔽。完整的外部中断请求信号传输路径如图 8.57 中虚线箭头所示,即①→②→③→⑥。

3. 事件与中断

由以上外部中断/事件请求信号的产生和传输过程可知,从外部激励信号来看,中断和事件的请求信号没有区别,仅在 EXTI 的内部将它们分开。但从功能和作用角度看,中断和事件的主要区别如下:

- 中断会被送至 NVIC,向 CPU 发出中断请求,由应用程序决定如何响应,由 CPU 执行相应的 ISR 实现具体功能,其功能和作用属于软件层面。
- 事件会向其他功能模块(如 TIM/USART/DMA 等)发送脉冲触发信号,由接收触发信号的模块决定如何响应,如启动 DMA 或者 ADC 采样。这类事件无须 CPU 干预,一般无对应的服务函数,其功能和作用可以归类为硬件层面。

8.8.3　与 NVIC 和 EXTI 相关的库函数及寄存器

1. 库函数

1) 常用 NVIC 库函数

存放于 STM32F10x 标准外设库的 misc.h 和 misc.c 文件中,其中:

- NVIC_PriorityGroupConfig:设置优先级分组;
- NVIC_Init:根据 NVIC_InitStruct 中指定参数初始化 NVIC;
- NVIC_DeInit:将 NVIC 寄存器恢复为复位启动时默认值。

2) 常用 EXTI 库函数

存放于 STM32F10x 标准外设库的 stm32f10x_exti.h 和 stm32f10x_exti.c 文件中,其中:

- EXTI_DeInit:将 EXTI 寄存器恢复为复位启动时默认值;
- EXTI_Init:根据 EXTI_InitStruct 中指定参数初始化 EXTI;
- EXTI_GetFlagStatus:检查指定外部中断/事件线标志位;
- EXTI_ClearFlag:清除指定外部中断/事件线标志位;
- EXTI_GetITStatus:检查指定外部中断/事件线的触发请求发生与否;
- EXTI_ClearITPendingBit:清除指定外部中断/事件线的中断挂起位。

需要说明的是,在启用 EXTI 前应该先使用 GPIO 库函数中的 GPIO_EXTILineConfig,将指定 GPIO 引脚设置为外部中断/事件线。

3) 初始化结构体

① NVIC 初始化结构体 NVIC_InitTypeDef:

```
typedef struct
{
```

```
    uint8_t NVIC_IRQChannel；                    //中断通道
    uint8_t NVIC_IRQChannelPreemptionPriority；   //抢占/主优先级
    uint8_t NVIC_IRQChannelSubPriority；          //子/从优先级
    FunctionalStateNVIC_IRQChannelCmd；           //使能/禁止中断
}NVIC_InitTypeDef；
```

② EXTI 初始化结构体 EXTI_InitTypeDef：

```
typedef struct
{
    uint32_t EXTI_Line；                    //中断/事件线,可选 EXTI0～EXTI19
    EXTIMode_TypeDef EXTI_Mode；            /* 模式选择,Interrupt:产生中断;Event:事件
    EXTITrigger_TypeDef EXTI_Trigger；      触发方式;Rising:上升沿;Falling:下降沿;
    FunctionalState EXTI_LineCmd；          Rising_Falling:双向;EXTI 使能,ENABLE:使能;
                                           DISABLE:禁用 */
} EXTI_InitTypeDef；
```

STM32F10x 标准外设库还使用了 CMSIS 定义的一些结构体。在 core_cm3.h 和 core_cm3.c 文件中定义了如下结构体(其中 ISER、ICER、ISPR 等寄存器的作用参见 5.5.4 小节)。

③ NVIC 控制寄存器定义结构体 NVIC_Type：

```
typedef struct
{
    vu32 ISER[2]；          /* InterruptSetEnableRegister,中断使能,偏移量 0x000,2 个 32 位
                           对应 60 个中断,下同 */
    u32 RESERVED0[30]；
    vu32 ICER[2]；          //InterruptClearEnableRegister,中断清除,偏移量 0x080
    u32 RSERVED1[30]；
    vu32 ISPR[2]；          //InterruptSetPendingRegister,使能中断挂起,偏移量 0x100
    u32 RESERVED2[30]；
    vu32 ICPR[2]；          //InterruptClearPendingRegister,清除中断挂起,偏移量 0x180
    u32 RESERVED3[30]；
    vu32 IABR[2]；          //InterruptActivebitRegister,中断激活/有效位,偏移量 0x200
    u32 RESERVED4[62]；
    vu32 IP[15]；           /* InterruptPriorityRegister,中断优先级,偏移量 0x300,15 个 32
                           位,对应 60 个中断 */
    u32 RESERVED5[644]；
    vu32 STIR[2]；          //SoftwareTriggerInterruptRegister,软件触发,偏移量 0xE00
}NVIC_Type；              //常用 ISER 使能中断,ICER 禁止中断,IP 设置优先级
```

④ EXTI 控制寄存器定义结构体 EXTI_TypeDef：

```
typedef struct
```

```
{
    vu32 IMR；          //中断屏蔽,偏移量 0x00
    vu32 EMR；          //事件屏蔽,偏移量 0x04
    vu32 RTSR；         //上升沿触发选择,偏移量 0x08
    vu32 FTSR；         //下降沿触发选择,偏移量 0x0C
    vu32 SWIER；        //软件中断事件,偏移量 0x10
    vu32 PR；           //挂起,偏移量 0x14
}EXTI_TypeDef；
```

4）典型库函数简介

NVIC 初始化、EXTI 初始化及中断优先级分组设置函数的功能描述分别如表 8.48、表 8.49 和表 8.50 所示。

表 8.48　NVIC 初始化函数 NVIC_Init

项目	定义和描述
函数名	NVIC_Init
函数原型	void NVIC_Init(NVIC_InitTypeDef * NVIC_InitStruct)
功能描述	根据 NVIC_InitStruct 中指定参数初始化 NVIC
输入参数	NVIC_InitStruct:指向结构体 NVIC_InitTypeDef 的指针,包含了 NVIC 相关配置信息

表 8.49　EXTI 初始化函数 EXTI_Init

项目	定义和描述
函数名	EXTI_Init
函数原型	void EXTI_Init(EXTI_InitTypeDef * EXTI_InitStruct)
功能描述	根据 EXTI_InitStruct 中指定参数初始化 EXTI
输入参数	EXTI_InitStruct:指向结构体 EXTI_InitTypeDef 的指针,包含了 EXTI 相关配置信息

表 8.50　中断优先级分组设置函数 NVIC_PriorityGroupConfig

项目	定义和描述
函数名	NVIC_PriorityGroupConfig
函数原型	void NVIC_PriorityGroupConfig(uint32_t NVIC_PriorityGroup)
功能描述	设置优先级分组,即抢占优先级和子优先级各自所占位数
输入参数	NVIC_PriorityGroup:优先级分组位长度,可取值 0~4

2. 常用寄存器

Cortex-M3/M4 的 NVIC 相关寄存器参见表 5.33,这些寄存器各位功能的定义详见 5.5.4 小节描述,此处不再赘述。EXTI 相关的寄存器共有 6 个,在这 6 个 32 位寄存器中,位[31：19]保留,应始终保持复位状态 0;位[18：0]需要定义,具体说明如下(以下 x 为 0~

18,对应 19 个外部中断）：

1）EXTI_IMR 中断屏蔽寄存器

位[18：0]：MRx，线 x 上的中断屏蔽，0：屏蔽；1：开放。

2）EXTI_EMR 事件屏蔽寄存器

位[18：0]：MRx，线 x 上的事件屏蔽，0：屏蔽；1：开放。

3）EXTI_RTSR 上升沿触发选择寄存器

位[18：0]：TRx，线 x 上的中断/事件上升沿触发配置，0：禁止；1：允许。

4）EXTI_FTSR 下降沿触发选择寄存器

位[18：0]：TRx，线 x 上的中断/事件下降沿触发配置，0：禁止；1：允许。若下降/上升沿同时设置，则为任意边沿触发。

5）EXTI_SWIER 软件中断事件寄存器

位[18：0]：SWIERx，线 x 上的软件中断，当某位被写入 1 时，挂起寄存器 PR 中的相应挂起位被置 1，在 IMR 和 EMR 中开启的情况下将产生一个软件中断，效果等同于外部中断触发。

6）EXTI_PR 挂起寄存器

位[18：0]：PRx，中断挂起位，用于查询中断。若读得 PRx 为 0，表示未发生触发请求；PRx 为 1 则表示有触发请求。当外部中断线上发生了所选定边沿事件，该位被置 1。向 PRx 写入 1 则将其清零，也可通过改变边沿检测极性对其进行清除。

7）AFIO_EXTICR1～AFIO_EXTIC4 外部中断配置寄存器 1～4

除上述 EXTI 及 NVIC 的寄存器之外，为了能够将 I/O 口设置为外部中断入口，须利用 GPIO 复用功能，用 4 个寄存器 AFIO_EXTICR1～AFIO_EXTICR4 将 I/O 口映射到相应外部事件。这 4 个 32 位寄存器 AFIO_EXTICRx 可由软件读写，用于选择外部中断的输入源。其映射规则如下：

• 每个寄存器仅用低 16 位，每 4 位分成 1 组，4 个寄存器共 16 组，按顺序从低到高，对应 16 个 I/O 口(0～15)；

• 每组 4 位数的取值从 0～6，对应 A～G。

8.8.4 中断应用实例

1. 实例一：由按键控制 LED 亮灭

1）功能要求

当 KEY0 每完成一次按键，目标板上 LED 即发生一次翻转。即如果按键前 LED 点亮，则按键后熄灭；反之，则按键后点亮。要求使用按键触发 EXTI 外部中断实现。

2）硬件设计

目标板上按键 KEY0 和 LED0 分别与 STM32F103 引脚 PC5 和 PA8 相连，具体电路如 8.6.4 小节图 8.35 所示。图中，引脚 PA8 设置为普通推挽输出 GPIO_Mode_Out_PP 工作模式。PA8 输出低电平时，LED0 点亮；PA8 输出高电平时，LED0 熄灭。

引脚 PC5 设置为上拉输入 GPIO_Mode_IPU 工作模式。按下按键 KEY0 时,PC5 输入低电平;释放按键 KEY0 时,PC5 输入高电平。

因要求使用按键触发 EXTI 外部中断实现,还需将连接按键 KEY0 的引脚 PC5 配置为外部中断/事件线(即 EXTI_Line5),并打开 AFIO 时钟。

3) 软件流程设计

因使用 EXTI 中断,软件采用前/后台架构,分为后台和前台两部分。

(1) 后台(主程序)

后台程序由系统初始化和一个无限循环构成。系统初始化代码包括以下 4 个部分:

- 初始化引脚 PA8,使能 GPIOA 时钟,设置普通推挽输出;
- 初始化引脚 PC5,使能 GPIOC 时钟,设置上拉输入;
- 初始化 EXTI,使能 APB2 总线上 AFIO 时钟,引脚 PC5 设置为 EXTI5,设置 EXTI5 下降沿触发;
- 初始化 NVIC,设置优先级位分组(1 位抢占优先级和 3 位子优先级),设置 EXTI9_5 中断的抢占优先级为 0,子优先级为 1,使能 EXTI9_5。

初始化完成之后进入无限循环,不做任何事情,等待中断发生,所有工作由前台程序,即按键 KEY0 对应的中断服务程序 EXTI9_5_IRQHandler 完成。

(2) 前台(EXTI9_5 中断服务程序 EXTI9_5_IRQHandler)

每次按键 KEY0 按下,在引脚 PC5 上产生一个下降沿,被检测发生 EXTI 中断后进入中断服务程序。在此之前应改写 EXTI9_5_IRQHandler,以完成所需的处理任务(使 LED 翻转,即在引脚 PA8 输出相反电平),具体流程如图 8.59 所示。

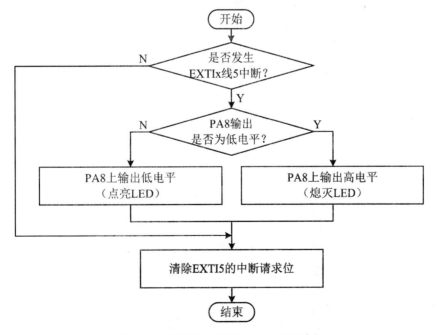

图 8.59　EXTI9_5_IRQHandler 处理流程

4) 软件代码实现

(1) 后台主程序代码文件：main.c

```
# include "stm32f10x .h"
void LED0_Config(void);
void KEY0_Config(void);
void EXTI_Config(void);
void NVIC_Config(void);
int main(void)
{
    LED0_Config();
    KEY0_Config();
    EXTI_Config();
    NVIC_Config();
    while(1);
}
void EXTI_Config(void)
{
    EXTI_InitTypeDef EXTI_InitStructure;
    RCC_APB2PeriphClockCmd(RCC_APB2Periph_AFIO，ENABLE);
    GPIO_EXTILineConfig(GPIO_PortSourceGPIOC，GPIO_PinSource5)
    EXTI_InitStructure.EXTI_Line = EXTI_Line5;
    EXTI_InitStructure.EXTI_Mode = EXTI_Mode_Interrupt;
    EXTI_InitStructure.EXTI_Trigger = EXTI_Trigger_Falling;
    EXTI_InitStructure.EXTI_LineCmd = ENABLE;
    EXTI_Init(&EXTI_InitStructure);
}
void NVIC_Config(void)
{
    NVIC_InitTypeDef NVIC_InitStructure;
    NVIC_PriorityGroupConfig(NVIC_PriorityGroup_1);
    //9_5 对应 9-5 线；15_10 对应 15-10
    NVIC_InitStructure.NVIC_IRQChannel = EXTI9_5_IRQn;
    NVIC_InitStructure.NVIC_IRQChannelPreemptionPriority = 0;
    NVIC_InitStructure.NVIC_IRQChannelSubPriority = 1;
    NVIC_InitStructure.NVIC_IRQChannelCmd = ENABLE;
    NVIC_Init(&NVIC_InitStructure);
}
void LED0_Config(void)
```

```
{
    GPIO_InitTypeDef GPIO_InitStructure；
    //Enable GPIO_LED0 clock
    RCC_APB2PeriphClockCmd(RCC_APB2Periph_GPIOA，ENABLE)；
    //GPIO_LED0 Pin(PA8) Configuration
    GPIO_InitStructure.GPIO_Pin = GPIO_Pin_8；
    GPIO_InitStructure.GPIO_Mode = GPIO_Mode_Out_PP；
    GPIO_InitStructure.GPIO_Speed = GPIO_Speed_2MHz；
    GPIO_Init(GPIOA，&GPIO_InitStructure)；
}
void KEY0_Config(void)
{
    GPIO_InitTypeDef GPIO InitStructure；
    //Enable GPIO_KEY0 clock
    RCC_APB2PeriphClockCmd(RCC_APB2Periph_GPIOC，ENABLE )；
    GPIO_InitStructure.GPIO_Mode = GPIO_Mode_IPU；
    GPIO_InitStructure.GPIO_Pin = GPIO_Pin_5；
    GPIO_Init(GPIOC，&GPIO_InitStructure)；
}
```

（2）前台中断服务程序代码文件:stm32f10x_it.c

```
//添加外部中断线 9_5 的中断服务函数 EXTI9_5_IRQHandler()：
# include "stm32f10x_it.h"
void LED0_On(void)；
void LED0_Off(void)；
unsigned char LED0_IsOn(void)；
void EXTI9_5_IRQHandler(void)
{
    unsigned char temp = LED0_IsOn()；
    if(EXTI_GetITStatus(EXTI_Line5)！ = RESET)
    {
        if(temp)
            LED0_Off()；
        else
            LED0_On()；
            EXTI_ClearITPendingBit(EXTI_Line5)；
    }
}
void LED0_On(void)
```

```
{
    GPIO_ResetBits(GPIOA，GPIO_Pin_8)；
}
void LED0_Off(void)
{
    GPIO_SetBits(GPIOA，GPIO_Pin_8)；
}
unsigned char LED0_IsOn(void)
{
    return ！GPIO_ReadOutputDataBit(GPIOA，GPIO_Pin_8)；
}
```

5）实例一小结：前/后台嵌入式软件架构

中断能够使系统快速响应紧急事件或优先处理重要任务。采用基于中断的前/后台软件设计方法能显著提高系统效率。在前/后台架构中，后台又称任务级程序，主要负责处理日常事务；前台又称中断级程序，通过中断及其服务函数实现，主要用于快速响应事件，处理紧急事务和执行时间相关性较强的操作。前/后台软件架构如图 8.60 所示。

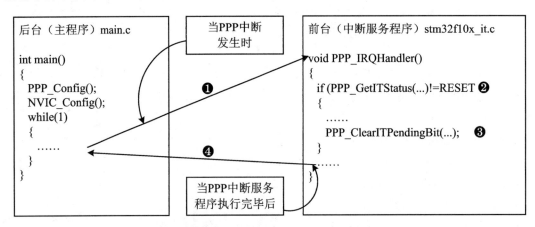

图 8.60　基于前/后台架构的 STM32F103 应用软件结构

在图 8.60 中，当名称为 PPP 的中断产生时，在允许中断的情况下，将打断后台主程序的运行，由硬件自动调用名为 PPP_IRQHandler 的 ISR①；在 ISR 中，一般需首先判断中断源②，然后进行相应的中断处理；在完成中断处理之后，应适时清除对应的中断请求位③；ISR执行完毕返回后台主程序④，从断点处继续运行。

2．实例二：精确延时 LED 闪烁

1）功能要求

使目标板上 LED 按固定时间一直闪烁，点亮 500 ms，熄灭 500 ms；定义变量统计 LED闪烁次数，完成一次闪烁时，在调试窗口输出该变量值；要求使用定时器中断实现。

2）硬件设计

根据功能要求，宜采用定时器产生中断，具体电路如图 8.33 所示。

3）软件流程设计

软件采用前/后台架构，分为后台和前台两部分。

（1）后台（主程序）

后台流程由系统初始化加一个无限循环构成，如图 8.61 所示。

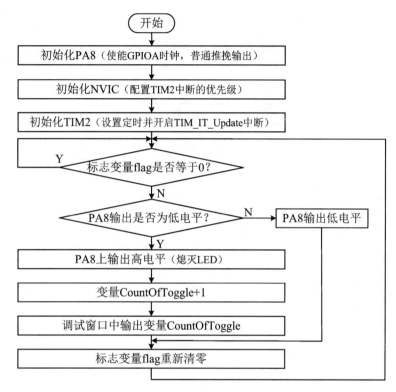

图 8.61　使用精确定时中断的 LED 闪烁后台软件流程

在如图 8.61 所示流程图中，系统初始化包括初始化引脚 PA8、NVIC 和 TIM2 等。PA8 和 NVIC 的初始化同实例一，初始化 TIM2 流程如图 8.62 所示，使用定时器中断，除常规配置定时器外，还需使能定时器相关中断源。

在如图 8.61 所示的无限循环中，不断查询 TIM2 的更新中断标志变量 flag（初始值 0，发生 TIM2 更新中断后置为 1），并根据查询结果是否为 0 做如下处理：

• 若 flag 为 0，表明 TIM2 更新中断还未发生或已处理完毕，回到循环起始处继续查询；

• 若 flag 为 1，表明已发生 TIM2 更新中断且未被处理，翻转连接 LED 引脚 PA8 的输出电平，累加计算 LED 闪烁的次数，再将 flag 清零后返回到循环起始处重新查询。

本例和实例一区别在于：实例一的 ISR 是对按键 KEY0 被按下引起的中断进行处理；本例虽然也使用 ISR，但对 TIM2 计数溢出中断的处理是在主程序中完成的。这种处理方式的优点是尽可能减少 ISR 的操作，缩短 ISR 的执行时间。

（2）前台（TIM2 中断服务程序）

前台 TIM2 的 ISR（TIM2 更新中断）每隔 500 ms 被执行一次，其主要任务是将主程序所查询的 flag 置 1,并清除 TIM2 的更新中断请求位 TIM_ClearITPendingBit。

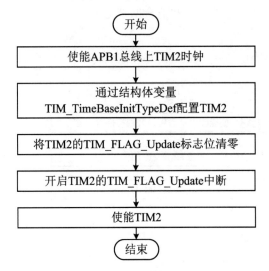

图 8.62　初始化 TIM2(定时 500 ms 并使能 TIM_IT_Update 中断)流程

4) 软件代码实现

(1) 后台主程序代码文件: main.c

```
#include <stdio.h>
volatile unsigned char flag = 0;
unsigned int CountOfToggle = 0;
void LED0_Config(void);
void LED0_On(void);
void LED0_Off(void);
unsigned char LED0_IsOn(void);
void NVIC_Config(void);
void TIM2_Config(void);
int main(void)
{
    LED0_Config();
    NVIC_Config();
    TIM2_Config();
    while(1)
    {
        if(flag)
        {
            if(LED0_IsOn())
            {
                LED0_Off();
```

```
        }//if(LED0_IsOn())
        else
        {
            CountOfToggle + + ;
            printf("CountOfToggle is % d\ n ",CountOfToggle);
            LED0_On();
        }//if(LED0_IsOff())
        Flag = 0;
      }//if(flag)
    }//while(1)
}
void NVIC_Config(void)
{
    NVIC_InitTypeDef NVIC_InitStructure;
    NVIC_PriorityGroupConfig(NVIC_PriorityGroup_1);
    NVIC_InitStructure.NVIC_IRQChannel = TIM2_IRQn;
    NVIC_InitStructure.NVIC_IRQChannelPreemptionPriority = 0;
    NVIC_InitStructure.NVIC_IRQChannelSubPriority = 1;
    NVIC_InitStructure.NVIC_IRQChannelCmd = ENABLE;
    NVIC_Init(&NVIC_InitStructure);
}
void TIM2_Config()
{
    TIM_TimeBaseInitTypeDef TIM_TimeBaseStructure;
    RCC_APB1Pe riphClockCmd(RCC_APB1Periph_TIM2,ENABLE );
    //使能 TIM2 时钟
    /*  TIM2 初始化配置：
        TIM2CLK /((TIM_Prescaler + 1) * (TIM_Period + 1)) = TIM1 Frequency
        TIM2CLK = 72MHz,TIM1 Frequency = 2Hz
        TIM_Prescaler = 36000 - 1,(TIM2 Counter Clock = 1MHz)，  TIM_Period = 1000 - 1 */
    //时基参数配置
    TIM_TimeBaseStructure.TIM_Prescaler = 36000 - 1;
    TIM_TimeBaseStructure.TIM_Period = 1000 - 1;
    TIM_TimeBaseStructure.TIM_ClockDivision = 0;
    TIM_TimeBaseStructure.TIM_CounterMode = TIM_CounterMode_Up;
    TIM_TimeBaseInit(TIM2,&TIM_TimeBaseStructure);
    TIM_ClearFlag(TIM2,TIM_FLAG_Update);        //清除 TIM2 更新标识位
    TIM _ITConfig(TIM2,TIM_IT_Update,ENABLE ); //使能 TIM2 中断
```

```
        TIM_Cmd(TIM2, ENABLE);                              //使能 TIM2
}
void LED0_Config(void)
{

    GPIO_InitTypeDef GPIO_InitStructure;
    //使能 GPIO_LED0 对应引脚的时钟
    RCC_APB2PeriphClockCmd(RCC_APB2Periph_GPIOA, ENABLE);
    //初始化 GPIO_LED0
    GPIO_InitStructure. GPIO_Pin = GPIO_Pin_8;
    GPIO_InitStructure. GPIO_Mode = GPIO_Mode_Out_PP;
    GPIO_InitStructure. GPIO_Speed = GPIO_Speed_2MHz;
    GPIO_Init(GPIOA, &GPIO_InitStructure);
}
void LED0_On(void)
{

    GPIO_ResetBits(GPIOA, GPIO_Pin_8);
}
void LED0_Off(void)
{

    GPIO_SetBits(GPIOA, GPIO_Pin_8);
}
unsigned char LED0_IsOn(void)
{

    return ! GPIO_ReadOutputDataBit(GPIOA, GPIO_Pin_8);
}
```

（2）前台中断服务程序代码文件:stm32f10x_it.c

修改 TIM2 对应的中断服务程序 TIM2_IRQHandler()，完成相关中断标志变量的更新，具体代码如下:

```
# include "stm32f10x_it.h"
extern volatile unsigned char flag;
void TIM2_IRQHandler(void)
{

    if(TIM_GetITStatus(TIM2, TIM_IT_Update) ! = RESET) {
        Flag = 1;
        TIM_ClearITPendingBit(TIM2, TIM_IT_Update);
    }

}
```

以上代码中的 volatile 关键字是嵌入式 C 程序中常用的变量限定符，每次读取或修改

volatile 变量值时,都必须从内存或者寄存器中重新读取或修改。volatile 主要用于以下场合:

- ISR 中修改的供其他程序检测的变量;
- 多任务环境下各任务间共享的标志;
- 存储器映射的硬件寄存器。

以上代码中的 volatile 即属于第一种情况,用来修饰在 ISR(stm32f10x_it.c 中)中声明和修改以及在主程序中定义和访问的变量 flag。

5) 小结

本例采用了另外一种前/后台软件结构,在主程序中完成中断处理操作,ISR 只负责修改对应的中断标志变量。在这种结构的 ISR 中,不进行复杂的数据处理操作,有利于避免出现可能的堆栈溢出,减少 ISR 调用其他函数带来的时间开销,使 ISR 的代码尽可能简洁,从而缩短了中断服务执行时间,提高了中断服务效率。这种结构尤其适合有多个中断频繁发生的复杂嵌入式系统。

8.8.5　中断小结及应用要点

1. 中断、异常、外部中断及 EXTI

中断指系统停止当前正在运行的程序转到其他服务。中断的原因可能是接收到(比自身高优先级的)中断服务请求,或人为通过软件设置触发的。对于 STM32F103 处理器芯片来说,片内集成的定时器、USART、I^2C、SPI 或 I^2S 等模块,以及用户代码等,都可以引起中断。

异常指所有能打断正常执行的事件,但常指由于 CPU 本身故障、程序故障或请求服务等引起的错误。可以说,异常包含了中断,即中断源是异常源的子集。异常与中断都由硬件支持,如 STM32F103 异常响应系统,包含 16 个系统异常(也称为内核中断/异常)和 60 个外部中断。在中断向量表中,编号 0~15 为系统异常(优先级为 −3~6),编号在 16 以上的称为外部中断(M3 内核的定义),这里的"外部中断"不是指 EXTI 中断,而是所有中断。

EXTI 中断特指由引脚输入信号触发的片外中断源,简称为 EXTI 中断。NVIC 支持 19 个 EXTI 中断/事件请求(即 19 条外部中断线),其中,线 0~15 对应外部 I/O 口输入中断;线 16~18 对应特定中断。GPIO 的 PAx~PGx 均可被配置为外部中断源输入。在 STM32F10x 架构中,常把非 EXTI 的其他中断,如片上外设 TIM/USART 等产生的中断称为内部中断,以示区别。

2. EXTI 中断向量及中断服务函数

EXTI 中断在中断向量表中只分配 7 个中断向量,即只能使用 7 个 ISR,如表 8.51 所示。从表 8.51 中可见,外部中断线 0~4 各自分配了一个中断向量,各自使用一独立的 ISR;而外部中断线 5~9 只分配了一个中断向量,共用一个 ISR;外部中断线 10~15 也只分配一个中断向量,共用一个 ISR。在启动文件 startup_stm32f10x_hd.s 中 7 个 ISR 的名称

如下:

- EXTI0_IRQHandler();
- EXTI1_IRQHandler();
- EXTI2_IRQHandler();
- EXTI3_IRQHandler();
- EXTI4_IRQHandler();
- EXTI9_5_IRQHandler();
- EXTI15_10_IRQHandler()。

表 8.51　EXTIx 在中断向量表中的分配

位置	优先级	优先级类型	名称	说明	地址
6	13	可设置	EXTI0	EXTI 线 0 中断	0x0000 0058
7	14	可设置	EXTI1	EXTI 线 1 中断	0x0000 005C
8	15	可设置	EXTI2	EXTI 线 2 中断	0x0000 0060
9	16	可设置	EXTI3	EXTI 线 3 中断	0x0000 0064
10	17	可设置	EXTI4	EXTI 线 4 中断	0x0000 0068
23	30	可设置	EXTI9_5	EXTI9～EXTI5 中断	0x0000 009C
40	47	可设置	EXTI15_10	EXTI15～EXTI10 中断	0x0000 00E0

3. 配置及应用 EXTI 中断的步骤和要点

在嵌入式系统开发工作中,如果需要使用 EXTI 中断,一般遵循以下步骤:

① 编写中断服务函数 EXTIx_IRQHandler,其中 x 代表 1～4、9_5 和 15_10;

② 初始化 I/O 口为复用 AFIO(输入)GPIO_Init;

③ 开启 I/O 口复用时钟 RCC_APB2PeriphClockCmd;

④ 设置 I/O 口与中断线映射关系 GPIO_EXTILineConfig;

⑤ 初始化中断并设置触发条件 EXTI_Init;

⑥ 配置中断分组 NVIC_PriorityGroup,使能中断 NVIC_Init;

⑦ 编写中断服务函数 EXTIx_IRQHandler;

⑧ 清除中断标志位 EXTI_ClearITPendingBit。

8.9　USART

4.4.6 小节介绍了串行通信的基本原理、异步串行接口的数据传送方式以及异步串行接口电路 UART。在 STM32F103 中也集成了串行通信模块,该模块不仅具备异步全双工串行通信接口 UART 的标准功能,还允许用户以主模式方式控制双向同步串行通信,所以

被 命 名 为 USART（Universal Synchronous/Asynchronous Receiver/Transmitter）。STM32F103 的 USART 可支持多处理器通信、局部互联网 LIN 协议、智能卡 7816-3 协议和红外通信 IRDA SIR 等。由于 STM32F103 片内集成了不止一个 USART 模块，为方便并简化描述，本节内容中略去了 USARTx(x 为 1～5)各寄存器的前缀 USARTx_；各寄存器的位以"寄存器.位"形式表示。

8.9.1　主要特性

STM32F103 的 USART 主要具有以下特性：
- USART1 位于高速 APB2 总线上，其他 USART 和 UART 位于 APB1 总线上；
- 全功能可编程串行接口特性：数据位长可选择 8 位或 9 位(包括可能存在的 1 位奇偶校验码)，校验位可选择奇校验或者偶校验或者无校验，停止位可选择 0.5 位、1 位、1.5 位或 2 位；
- 支持 CTS 和 RTS 硬件流量控制；
- 自带可编程波特率发生器，最高传输速率 4.5 M Baud；
- 带有两个独立的数据收发状态标志位，发送数据寄存器空 TXE 和接收数据寄存器非空 RXNE；
- 可使用 DMA 方式为数据收发服务；
- 支持单线半双工通信方式；
- 支持多处理器通信；
- LIN 主设备可发送同步断开符，LIN 从设备可检测断开符：当 USART 硬件被配置成 LIN 时，可生成 13 位断开符和检测 10/11 位断开符；
- 智能卡模拟功能：智能卡接口支持 ISO 7816-3 标准定义的异步智能卡协议；
- IRDA SIR 编码/解码器：正常模式下支持 3/16 位的持续时间。

8.9.2　内部结构

USART 的内部结构可分为波特率控制、收发控制和数据收发缓冲三个部分，如图 8.63 所示。USART 的主要引脚的功能如下：
- TX，发送数据输出。
- RX，接收数据输入。
- SW_RX，单线和智能卡模式的数据接收，属于内部引脚，没有具体外部引脚；
- nRTS，低电平有效的 RTS 信号，用于接收数据时的硬件流量控制。如果使能 RTS 流控，当 USART 已准备好并且可以接收新数据时，nRTS 变成低电平，通知发送方可以发送数据；当 USART 接收缓冲器已满暂时不能接收新数据时，nRTS 将被置为高电平，通知发送方暂停发送。
- nCTS，低电平有效的 CTS 信号，用于发送数据时的硬件流量控制。如果使能 CTS 流控，发送器在发送下一帧数据之前会检测 nCTS 引脚，如果为低电平，则表明接收方允许发送数据;如果为高电平,则在发送完当前数据帧之后停止发送。

- IRDA_OUT,发送红外数据。
- IRDA_IN,接收红外数据。
- SCLK,发送器时钟输出,用于同步模式。

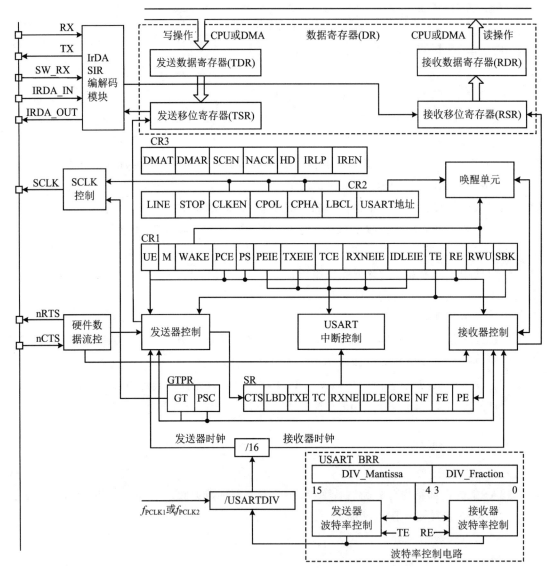

图 8.63　STM32F103 的 USART 内部结构图

1.波特率控制

图 8.63 下方虚线框内为波特率控制模块,其作用是控制 USART 的工作时序和数据传输速率。在 STM32F103 内部,USART1 是挂载在 APB2 总线上的,时钟源是 f_{PCLK2};其他 USART(如 USART2～5)则挂载在 APB1 总线上,时钟源是 f_{PCLK1}。每个 USART 的时钟源经自身的分频系数 USARTDIV 分频后分别输出,作为发送器时钟和接收器时钟,控制发

送和接收时序。从图 8.63 中可以看出，STM32F103 中的 USART 波特率因子为 16，数据接收和发送的波特率相同。

可以通过改变寄存器 USART_BRR 数值改变 USARTDIV，从而改变 USART 的波特率。USART_BRRDIV 分为整数部分与小数部分，整数部分 DIV_Mantissa 长度为 12 位，小数部分 DIV_Fraction 长度为 4 位。USART_BRR 与 USARTDIV 关系由以下公式确定：

$$USARTDIV = DIV\_Mantissa + DIV\_Fraction/16$$

在某些情况下设置波特率可能会出现一点点误差。

例 8.18　USART2 挂载在 APB1 总线上，已知 APB1 总线的时钟频率 f_{PCLK1} 为 36 MHz，需要将 USART2 的波特率设置为 19.2 K Baud，试确定所需的 DIV_Mantissa、DIV_Fraction 以及 USART_BRR。

根据题设

$$USARTDIV = 36\ 000\ 000 \div 19\ 200 \div 16 = 117.187\ 5$$

于是

$$DIV\_Fraction = 16 \times 0.187\ 5 = 3$$
$$DIV\_Mantissa = 117 = 0x075$$

所以

$$USART\_BRR = 0x0753$$

2. 收发控制

USART 的收发控制电路位于图 8.63 的中间部分，由控制寄存器 CR1、CR2 和 CR3 以及状态寄存器（SR）等组成。通过向 CR1～CR3 写入各种参数，可以控制数据发送和接收；读取 SR，可查询当前状态。同样，寄存器操作也可通过库函数实现。

3. 数据收发缓冲

数据收发缓冲电路包括接收数据所需的接收移位寄存器（RSR）和接收数据寄存器（RDR），以及发送所需的发送移位寄存器（TSR）和发送数据寄存器（TDR），其结构如图 8.63 上部的虚线框所示。其中，RSR 和 TSR 负责串行数据的收发移位以及并/串转换，RDR 和 TDR 用于接收和发送过程中的数据缓冲。USART 的数据收发过程支持多缓冲器工作方式，以适应 DMA 传送的需要。

1）USART 数据发送过程

发送时，首先通过指令或由 DMAC 将待发送数据写入 TDR。当允许发送并且 TSR 处于空闲时，发送控制器将数据从 TDR 加载到 TSR。然后，在发送时钟的控制下，TSR 中的数据一位一位地通过 Tx 引脚以串行方式发送出去。如果 USART 工作在单缓冲模式，当数据完成从 TDR 到 TSR 的转移后，会产生 TDR 已空事件 TXE；当 TSR 中的数据全部发送完毕，会产生数据发送完成事件 TC。可通过状态寄存器（SR）查询这些事件。

数据发送所需的配置和操作步骤如下：

① 置位 CR1.UE，激活 USART；

② 配置 CR1.M，定义字长；

③ 配置 CR2.STOP,定义停止位位数;

④ 若采用多缓冲器通信,配置 CR3.DMAT 使能 DMA(还须另外配置 DMA);

⑤ 配置 BRR,设定波特率;

⑥ 置位 CR1.TE,发送一个空闲帧作为第一次数据发送;

⑦ 将要发送数据写入 TDR(此动作会清除 SR.TXE),在单缓冲模式况下,发送多个数据需要重复⑦。

2) USART 数据接收过程

接收时,数据从 Rx 引脚一位一位地移位进入 RSR。当最后一位接收完毕,由硬件电路对接收到的数据进行检验,如果发现所接收的数据存在错误(如奇偶校验错 PE 和格式错 FE 等),状态寄存器(SR)中相关状态位将被置位,并产生相应的事件;如果检验无误,接收控制器将 RSR 中的数据并行传送到 RDR 中,如果 USART 工作在单缓冲模式,将产生 RXNE (RDR 非空)事件,SR.RXNE 被置位。当 RDR 中的数据被读出后,SR.RXNE 被清零;如果 SR.RXNE 一直为 1,而 RSR 又将一个新接收的数据转移到 RDR 中,覆盖之前尚未被读取的数据,将产生 ORE(过载错误)事件,SR.ORE 被置位。

数据接收所需的配置和操作的前 5 个步骤与发送相同,后 3 个步骤如下:

① 置位 CR1.RE,激活接收器,开始搜索起始位。

② 在单缓冲模式下,接收到一个字符后 SR.RXNE 被置位,表明移位寄存器内容被转移到 RDR,此时若 CR1.RXNEIE = 1(即中断使能),则产生中断;接收期间若检测到 FE(帧错)/ORE(过载错)/NE(噪声错)/PE(奇偶校验错)等错误,将产生相应的事件,SR 的相关标志位被置位,需要另行处理。

③ SR.RXNE 清零:多缓冲器模式时,此项操作由 DMAC 读 SR 完成;单缓冲模式时,由读 SR 指令完成;也可通过对其写 0 完成。清零须在下一字符接收结束前完成,避免产生 ORE 错误。

8.9.3　USART 的事件

在数据收发过程中,USART 可能出现的各种事件主要有:

· 发送过程:包括发送完成事件 TC、TDR 已空事件 TXE 和清除发送 CTS 等事件;

· 接收过程:包括线路空闲检测事件 IDLE、LIN 断开符检测事件 LBD、RDR 非空事件 RXNE、校验错误 PE 和过载错误 ORE 等事件,以及在多缓冲方式中的噪声错误 NE 和帧错误 FE 事件。

如果使能了对应的控制位,上述事件各自都将产生相应的中断。各中断使能控制位如表 8.52 所示。

同一个 USART 的各种中断事件都被连接到同一个中断向量,如图 8.64 所示。不同编号的 USART 有不同中断向量编号。在 STM32F103 中,USART1~USART5 的 CMSIS 中断向量编号分别是 37,38,39,52,53(参见 stm32f10x.h 文件定义)。

表 8.52　STM32F103 USART 的事件及其中断使能控制位

事件标志	事件名称	中断使能位
TXE	TDR 空	TXEIE
CTS	清除发送	CTSIE
TC	发送完成	TCIE
RXNE	RDR 非空（接收到数据）	RXNEIE
ORE	检测到数据溢出	
IDLE	检测到线路空闲	IDLEIE
PE	奇偶校验错	PEIE
LBD	检测到 LIN 断开符	LBDIE
NE/ORE/FE	多缓冲器方式中的噪声/溢出错误/帧错误	EIE、DMAR

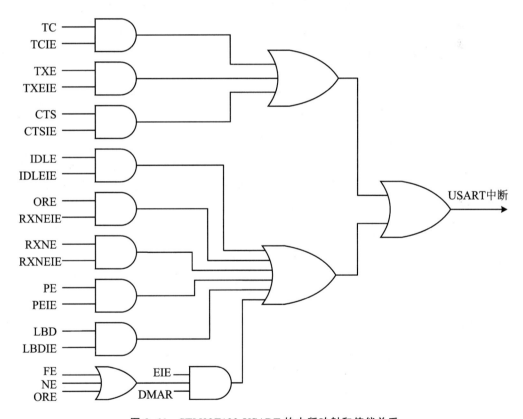

图 8.64　STM32F103 USART 的中断映射和使能关系

8.9.4　使用 DMA 方式进行 USART 通信

USART 可使用 DMA 方式进行数据的连续收发。每个 USART 的接收和发送分别产生独立的 DMA 请求,并被分别映射到不同的 DMA 通道。例如,USART1 的 DMA 接收和 DMA 发送请求分别被映射到 DMA1 的通道 5 和通道 4;而 USART4 的 DMA 接收和 DMA 发送请求被映射到 DMA2 的通道 3 和通道 5。每个 USART 的 DMA 接收/发送请求与 DMA 通道的映射关系可参阅 STM32F10x 参考手册。在同一时刻,所有 USART 的数据收发都可采用 DMA 方式。

1. USART 发送过程使用 DMA

在 USART 发送过程中如果使用 DMA 方式,当 SR. TXE 被置位(即 TDR 为空)时,DMAC 将从指定地址读取数据并传送到 TDR 中,完成一次 DMA 读传送。使用 DMA 方式为 USART 发送服务所需的配置步骤如下:

· 将 USART 的 TDR 地址配置成 DMA 读传送的目的地址。在每个 TXE 事件后,数据将被传送到这个地址;

· 将待发送数据存储区域的首地址配置 DMA 读传送的源地址。当出现 TXE 事件后,DMAC 从此地址读取数据并传送到 TDR;在完成一次 DMA 读传送之后,DMAC 自动修改源地址指针;

· 配置要传输的总字节数;

· 配置通道优先级;

· 根据应用程序要求,确定在传输完成一半还是全部完成时产生 DMA 中断;

· 使能该通道。

当 DMAC 完成指定的读传送总字节数后,DMAC 会产生一个中断请求。

在发送模式下,DMA 完成所有数据传送之后,需要查询 SR. TC 位确认 USART 通信是否已经结束,以免过早关闭/停止 USART 从而破坏最后一次数据传输。注意:应先等待 SR. TXE=1 后再等待 SR. TC=1,然后再停止传送。

2. USART 接收过程使用 DMA

如果在 USART 接收过程中使用 DMA 方式,当 SR. RXNE 被置位(即 RDR 非空)时,DMAC 将从 RDR 中读出数据并写入到指定的存储单元,完成一次 DMA 写传送。使用 DMA 方式为 USART 接收服务所需的配置步骤如下:

· 把 USART 的 RDR 地址配置成 DMA 写传送的源地址。每个 RXNE 事件后,将从此地址读出数据并传输到指定的存储单元中;

· 把存放接收数据的存储区域首地址配置 DMA 写传送的目的地址。在出现 RXNE 事件后,将从 RDR 读取数据并传输到此地址寻址的存储单元,在完成一次 DMA 写传送之后,DMAC 自动修改目的地址指针;

· 设置要传输的总字节数;

· 配置通道优先级;

· 根据应用程序要求,确定是在传输完成一半还是全部完成时产生 DMA 中断;

· 使能该通道。

当 DMAC 完成指定的写传送总字节数时,DMAC 将产生一个中断请求。

8.9.5　与 USART 相关的库函数及寄存器

1. 库函数

1) 常用库函数

存放于 STM32F10x 标准外设库的 stm32f10x_usart.h 和 stm32f10x_usart.c 文件中,其名称和作用如下:

- USART_DeInit:将 USARTx 寄存器恢复为复位启动时默认值;
- USART_Init:根据 USART_InitStruct 中指定参数初始化 USART 寄存器;
- USART_StructInit:把 USART_InitStruct 中的每个参数按默认值填入;
- USART_Cmd:使能或禁止指定 USART;
- USART_SendData:通过 USART 发送单个数据;
- USART_ReceiveData:返回指定 USART 最近接收到的数据;
- USART_GetFlagStatus:查询指定 USART 标志位状态;
- USART_ClearFlag:清除指定 USART 标志位;
- USART_ITConfig:使能或禁止指定 USART 中断;
- USART_GetITStatus:查询指定 USART 中断是否发生;
- USART_ClearITPendingBit:清除指定 USART 中断挂起位;
- USART_DMACmd:使能或禁止指定 USART 的 DMA 请求。

2) 初始化结构体

USART 初始化结构体 USART_InitTypeDef:

```
typedef struct
{
    uint32_t USART_BaudRate;            //波特率
    uint16_t USART_WordLength;          //传输字长 = 数据位数 + 检验位数,任选 8b 或 9b
    uint16_t USART_StopBits;            //停止位数,1、1_5、2、0_5
    uint16_t USART_Parity;              //校验方式,No:无;Odd:奇;Even:偶
    uint16_t USART_HardwareFlowControl; /* 硬件流控。None:无;RTS:接收流控;CTS:
                                           发送流控;RTS_CTS 收发均流控 */
    uint16_t USART_Mode;                //串口模式(可组合)。Tx:发送模式;Rx:接收模式
} USART_InitTypeDef;
```

3) 典型库函数简介

以下对几个典型的库函数做简要介绍。初始化库函数 USART_Init、默认参数查询库函数 USART_StructInit、中断使能库函数 USART_ITConfig、中断状态查询库函数 USART_GetITStatus 和状态标志查询库函数 USART_GetFlagStatus 分别如表 8.53~表 8.57 所示。

表 8.53　初始化库函数 USART_Init

项目	定义和描述
函数名	USART_Init
函数原型	void USART_Init(USART_TypeDef * USARTx, USART_InitTypeDef * USART_InitStruct)
功能描述	根据 USART_InitStruct 中指定参数初始化 USART 寄存器
输入参数	USARTx:选择 USART 外设 USART_InitStruct:指向结构体 USART_InitTypeDef 的指针,包含了 USART 相关配置信息

假设 USART 需要设置的参数为:字长 8 位、无校验位和 1 位停止位(以上简称 8N1 格式),波特率为 19 200,无硬件流控制,双向收发模式,对 USART 进行初始化的格式为:

USART_InitStructure.USART_BaudRate = 19200;

USART_InitStructure.USART_WordLength = USART_WordLength_8b;

USART_InitStructure.USART_StopBits = USART_StopBits_1;

USART_InitStructure.USART_Parity = USART_Parity_No;

USART_InitStructure.USART_HardwareFlowControl = USART_HardwareFlowControl_None;

USART_InitStructure.USART_Mode = USART_Mode_Rx │ USART_Mode_Tx;

USART_Init(USART1, &USART_InitStructure);　　　　//初始化串口

表 8.54　默认参数查询库函数 USART_StructInit

项目	定义和描述
函数名	USART_StructInit
函数原型	void USART_StructInit(USART_InitTypeDef * USART_InitStruct)
功能描述	把 USART_InitStruct 中的每个参数按默认值填入
输入参数	USART_InitStruct:指向结构 USART_InitTypeDef 的指针,待初始化 默认值是:9600、8b、1、No、None、Rx│Tx、Disable、Low、1Edge、Disable

表 8.55　中断使能库函数 USART_ITConfig

项目	定义和描述
函数名	USART_ITConfig
函数原型	void USART_ITConfig(USART_TypeDef * USARTx, uint16_t USART_IT, FunctionalState NewState)
功能描述	使能或禁止指定 USART 中断
输入参数	USARTx:选择 USART 外设;USART_IT:(待使能/禁止)中断类型 NewState:使能 Enable,禁止 Disable

例如,USART 在接收时,如果需要在出现 RDR 非空(SR. RXNE = 1)事件时产生中断,开启中断的方法如下:

USART_ITConfig(USART1, USART_IT_RXNE, ENABLE);

而在 USART 在发送时,如果需要在出现数据结束(SR. TC = 1)事件时产生中断,开启中断的方法如下:

USART_ITConfig(USART1, USART_IT_TC, ENABLE);

表 8.56　中断状态查询库函数 USART_GetITStatus

项目	定义和描述
函数名	USART_GetITStatus
函数原型	ITStatus USART_GetITStatus(USART_TypeDef * USARTx,uint16_t USART_IT)
功能描述	查询指定中断发生与否
输入参数	USARTx:选择 USART 外设;USART_IT:(待查询)中断类型
返回值	状态:SET,1;RESET,0

从图 8.64 中可知,USART 的多个中断源对应同一个中断向量。当 USART 中断发生时,ISR 需要先确定具体的中断源,然后才跳转到对应的处理程序入口。ISR 可调用此函数判断该中断是否发生。例如,如果串口发送完成后,产生了 TC 事件对应的中断,对其判断方法为:

USART_GetITStatus(USART1, USART_IT_TC);

若返回值是 SET,说明发生了 TC 事件对应的中断。

表 8.57　状态标志查询库函数 USART_GetFlagStatus

项目	定义和描述
函数名	USART_GetFlagStatus
函数原型	FlagStatus USART_GetFlagStatus(USART_TypeDef * USARTx,uint16_t USART_FLAG)
功能描述	查询指定标志位状态
输入参数	USARTx:选择 USART 外设;USART_FLAG:(待查询)状态标志位,定义各种状态如下:USART_FLAG_PE 奇偶错、TXE 发送数据寄存器空、TC 发送完成、RXNE 接收数据寄存器非空、IDLE 空闲总线、LBD(LIN)中断检测、CTS、ORE 溢出错、NE 噪声错、FE 帧错等
返回值	状态:SET,1;RESET,0

在 USART 工作过程中,如果需要了解某些事件是否发生,可以调用此函数对 SR 的状态标志位进行查询。例如,要判断 RDR 是否非空(SR. RXNE 是否为1)的方法是:

USART_GetFlagStatus(USART1, USART_FLAG_RXNE);

如果需要判断发送是否完成(SR. TC 是否为 1),方法是:

USART_GetFlagStatus(USART1, USART_FLAG_TC);

2. 常用寄存器

STM32F103 的 USART 内部共有 7 个寄存器,分别是状态寄存器(SR)、数据寄存器(DR)、波特率寄存器(BRR)、控制寄存器 CR1~3、保护时间和预分频寄存器(GTPR)等,如图 8.63 所示。这些寄存器的主要作用简述如下:

1) 状态寄存器(SR)

地址偏移:0x00;复位值:0x00C0。

标识 USART 各种状态,均由硬件置位,大多由程序序列(先读 SR,再相关读写)清零。当 CR1 相关中断使能时,部分状态标志被置 1 的同时会产生中断。各位定义如表 8.58 所示。

表 8.58　状态寄存器(SR)各位定义

位	定义	含义	取值及含义
31:10	保留		硬件强制为 0
9	CTS	CTS 标志	0:nCTS 线电平无变化;　1:有变化
8	LBD	LIN 断开检测	0:未检测到 LIN 断开符;　1:检测到 LIN 断开符
7	TXE	TDR 空	0:非空;　1:(单缓冲方式下)数据已转移到 TSR
6	TC	发送完成	0:发送未完成;　1:已完成(当 TSR 空并且 SR.TXE=1 时)
5	RXNE	RDR 非空	0:未收到数据;　1:已收到新的数据,可读出
4	IDLE	检测到线路空闲	0:未检测到线路空闲;　1:检测到线路空闲
3	ORE	过载错误	0:无过载错误;　1:出现过载错误
2	NE	噪声错误	0:未检测到噪声错误;　1:出现噪声错误
1	FE	帧错误	0:无帧错误;　1:出现帧错
0	PE	奇偶校验错误	0:无校验错误;　1:出现奇偶校验错

2) 数据寄存器(DR)

地址偏移:0x04;复位值:不确定。

DR 包含发送数据寄存器(TDR)和接收数据寄存器(RDR),TDR 和 RDR 的地址相同,由读写信号进行区分,对其进行读操作时访问的是 RDR,对其进行写操作时访问的是 TDR。DR 仅低 9 位[8:0]有效,其他位保留。如果使能了奇偶校验(CR1.PCE=1),由于异步串行通信是低位在前,高位在后,接收时读到的 MSB(最高位)是校验位,发送时的 MSB 是由硬件自动填入的校验位。

3) 波特率寄存器(BRR)

地址偏移:0x08;复位值:0x0000。

装载分频器整数部分和小数部分。其中 DIV_Fraction[3:0]定义 USARTDIV 的小数部分,DIV_Mantissa[15:4]定义 USARTDIV 的整数部分,其余位保留。

4) 控制寄存器 CR1

地址偏移:0x0C;复位值:0x0000。

CR1 中的内容大多由软件置位和清零,但是 RWU 和 SBK 可由硬件复位。在 USART 工作过程中,CR1 中的有些位不能修改,如 M 位;有些位则须等当前字节传输完成,所做的更改才能生效,如 PCE 和 PS。CR1 中各位的定义如表 8.59 所示。

表 8.59 控制寄存器 CR1 各位含义

位	定义	含义	取值及含义
31:14	保留		硬件强制为 0
13	UE	USART 使能	0:禁止; 1:使能
12	M	字长	0:8 位数据位; 1:9 位数据位
11	WAKE	唤醒方法	0:被空闲总线唤醒; 1:被地址标记唤醒
10	PCE	校验控制使能	0:禁止奇偶校验,没有奇偶检验位; 1:使能奇偶校验
9	PS	校验选择	0:偶校验; 1:奇校验
8	PEIE	PE 中断使能	0:禁止; 1:使能,当 SR.PE = 1 时,产生 USART 中断
7	TXEIE	TXE 中断使能	0:禁止; 1:使能,当 SR.TXE = 1 时,产生 USART 中断
6	TCIE	TC 中断使能	0:禁止; 1:使能,当 SR.TC = 1 时,产生 USART 中断
5	RXNEIE	RXNE 中断使能	0:禁止; 1:使能,SR.ORE = 1 或 SR.RXNE = 1 时,产生 USART 中断
4	IDLEIE	IDLE 中断使能	0:禁止; 1:使能。当 SR.IDLE = 1 时,产生 USART 中断
3	TE	发送使能	0:禁止发送; 1:使能发送
2	RE	接收使能	0:禁止接收; 1:使能接收,开始搜寻 RX 引脚上的起始位
1	RWU	接收唤醒	0:接收器处于正常工作模式; 1:接收器处于静默模式
0	SBK	发送断开帧	0:不发送断开字符; 1:将要发送断开字符

5) 控制寄存器 CR2

地址偏移:0x10;复位值:0x0000。各位定义如表 8.60 所示。

表 8.60 控制寄存器 CR2 各位含义

位	定义	含义	取值及含义
31:15	保留		硬件强制为 0
14	LINEN	LIN 模式使能	0:禁止; 1:使能
13:12	STOP	停止位长度	00:1 个停止位; 01:0.5 个; 10:2 个; 11:1.5 个
11	CLKEN	时钟使能	0:SCLK 引脚被禁止; 1:SCLK 使能
10	CPOL	时钟极性	0:总线空闲时 SCLK 引脚保持低电平; 1:高电平
9	CPHA	时钟相位	0:时钟第一个边沿进行数据捕获; 1:第二个边沿
8	LBCL	最后一位时钟脉冲	0:不输出; 1:最后一位数据的时钟脉冲从 SCLK 输出
7	保留		硬件强制为 0

位	定义	含义	取值及含义
6	LBDIE	LBD 中断使能	0:禁止; 1:使能,当 SR.LBD = 1 时,产生中断
5	LBDL	LIN 断开符检测长度	0:10 位断开符; 1:11 位低电平,其后跟停止位
4	保留		硬件强制为 0
3:0	ADD[3:0]	节点地址	多处理器静默模式使用,用地址标记唤醒某 USART

6) 控制寄存器 CR3

地址偏移:0x14;复位值:0x0000。各位定义如表 8.61 所示。

表 8.61 控制寄存器 USART_CR3 各位含义

位	定义	含义	取值及含义
31:11	保留		硬件强制为 0
10	CTSIE	CTS 中断使能	0:禁止; 1:使能,SR.CTS = 1 时,产生中断
9	CTSE	CTS 使能	0:禁止; 1:使能 CTS 硬件流控
8	RTSE	RTS 使能	0:禁止; 1:使能 RTS 硬件流控
7	DMAT	DMA 发送使能	0:禁止; 1:发送时使用 DMA 模式
6	DMAR	DMA 接收使能	0:禁止; 1:接收时使用 DMA 模式
5	SCEN	智能卡模式使能	0:禁止; 1:使能智能卡模式
4	NACK	NACK 使能	0:不发送; 1:校验错误出现时,发送(智能卡)NACK
3	HDSEL	半双工选择	0:不选择; 1:选择半双工模式
2	IRLP	红外低功耗	0:普通模式; 1:低功耗模式
1	IREN	红外模式使能	0:禁止; 1:红外使能
0	EIE	错误中断使能	0:禁止; 1:若 CR3.DMAR = 1,FE 或 ORE 或 NE = 1 时产生中断

7) 保护时间和预分频寄存器(GTPR)

地址偏移:0x18;复位值:0x0000。

用于智能卡模式中保护时间(即时间滞后)GT[7:0],智能卡或红外模式下时钟分频 PSC。

8.9.6 USART 应用实例

1. 实例一:重定向 printf

1) 功能要求

重定向 printf 到 USART1,通过 USART1 向 PC 串口发送"hello world!"。USART1

与 PC 串口之间的传输速率和数据格式规定如下:数据传输速率为 115 200 波特,数据格式为 8N1(8 位数据位、无奇偶校验位和 1 位停止位),无硬件流控。

2) 硬件设计

USART 用于串行通信的引脚为 RX、TX、RTS 和 CTS,均为基于正逻辑的 TTL/CMOS 电平,如果与采用 RS-232 电平标准的串口连接,上述引脚需要通过线路驱动器(如 MAX3232)进行电平转换。如果 USART 与采用 USB 接口形式的 PC 串口连接,还需加装串口/USB 协议转换芯片(如 CH340)。具体硬件设计方案如图 8.65 所示。

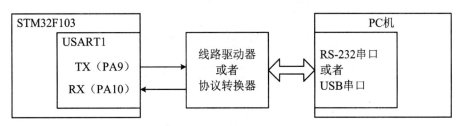

图 8.65　USART 与串口连接电路图

图 8.65 中,PA9 作为 USART1 的发送引脚 TX,应设置为 GPIO_Mode_AF_PP 复用推挽输出模式;PA10 作为 USART1 的接收引脚 RX,应设置为 GPIO_Mode_IN_FLOATING 浮空输入模式。

3) 软件流程设计

(1) 主流程

主流程采用无限循环架构,如图 8.66 所示。

(2) 初始化 USART1 的流程

在图 8.66 所示的主流程中,初始化 USART1 是关键,具体流程如图 8.67 所示。

此流程可分为配置引脚和配置 USART 两个部分。引脚配置方法与前述实例类似;配置 USART1 可以使用初始化库函数 USART_Init,

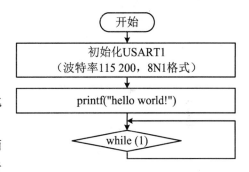

图 8.66　重定向 printf 的软件主流程图

设置 USART_InitTypeDef 结构体变量各相关成员,如 USART_BaudRate、USART_WordLength、USART_StopBits、USART_Parity 和 USART_Mode 等。

4) 软件代码实现

主程序文件 main.c

```
# include "stm32f10x.h"
int fputc(int ch, FILE * f)
{
    while(USART_GetFlagStatus(USART1, USART_FLAG_TC) == RESET);
    USART_SendData(USART1,(uint8_t) ch);
    return ch;
}
```

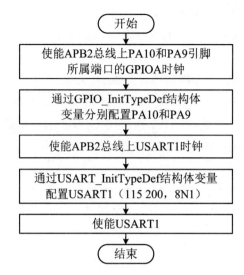

图 8.67　初始化 USART1 的软件流程图

```
void USART1_Config(unsigned int baud);
int main(void)
{
    USART1_Config(115200);        //配置 USART1 的波特率为 115200
    printf("hello world！");
    while(1){          }
}
void USART1_Config(unsigned int baud)
{
    GPIO_InitTypeDef GPIO_InitStructure;
    USART_InitTypeDef USART_InitStructure;
    RCC_APB2PeriphClockCmd(RCC_APB2Periph_GPIOA，ENABLE);   //使能 GPIO 时钟
    //配置 USART1 Tx(PA9)
    GPIO_InitStructure.GPIO_Pin = GPIO_Pin_9;
    GPIO_InitStructure.GPIO_Mode = GPIO_Mode_AF_PP;
    GPIO_InitStructure.GPIO_Speed = GPIO_Speed_50MHz;
    GPIO_Init(GPIOA，&GPIO_InitStructure);
    //配置 USART1 Rx( PA10)
    GPIO_InitStructure.GPIO_Pin = GPIO_Pin_10;
    GPIO_InitStructure.GPIO_Mode = GPIO_Mode_IN_FLOATING;
    GPIO_InitStructure.GPIO_Speed = GPIO_Speed_50MHz;
    GPIO_Init(GPIOA，&GPIO_InitStructure);
    RCC_APB2PeriphClockCmd( RCC_APB2Periph_USART1，ENABLE);  //使能 USART1 时钟
    //配置 USART1：115200 波特，8N1 格式，无硬件流控，使能发送和接收
```

USART_InitStructure. USART_BaudRate = baud；

USART_InitStructure. USART_WordLength = USART_WordLength_8b；

USART_InitStructure. USART_StopBits = USART_StopBits_1；

USART_InitStructure. USART_Parity = USART_Parity_No；

USART_InitStructure. USART_HardwareFlowControl = USART_HardwareFlowControl_None；

USART_InitStructure. USART_Mode = USART_Mode_Rx|USART_Mode_Tx；

USART_Init(USART1，&USART_InitStructure)；

USART_ClearFlag(USART1，USART_FLAG_TC)；　//清除之前的 SR.TC 标志位

USART_Cmd(USART1，ENABLE)；　　　　　　//使能 USART1

}

本例需重定向 printf 输出到 USART1，实现过程可分为重新实现 fputc 函数、包含头文件 stdio.h 和勾选 USE MicroLIB 项三步。与 8.7.8 小节实例一重定向 printf 输出到调试窗口过程相似，不同之处仅在于因目标输出设备不同，因此采用的 fputc 函数实现方式不同。

2. 实例二：与 PC 串口进行通信

1）功能要求

对 USART1 和 PC 串口进行测试，利用 USART1 接收来自 PC 串口的字符，再将收到的字符发回 PC 串口。USART1 与 PC 串口之间的数据传输速率为 57 600 波特，数据格式为 8N1，无硬件流控。

2）硬件设计

与实例一完全相同，可参考图 8.65。

3）软件流程设计

采用无限循环架构，类似实例一，具体流程如图 8.68 所示。

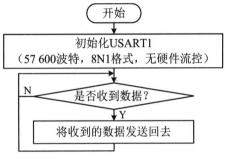

图 8.68　PC 串口通信程序的软件流程图

4）软件代码实现

主程序文件 main.c：

```
#include "stm32f10x.h"
void USART1_Config(unsigned int baud);
void USART1_SendChar(unsigned char ch);
unsigned char USART1_RxIsNotEmpty(void);
unsigned char USART1_RecvChar(void);
int main(void)
{
    USART1_Config(57600);       //配置 USART1 的波特率为 57600
    while(1)
    {
```

```
    if(USART1_RxIsNotEmpty())
        USART1_SendChar(USART1_RecvChar());
    }
}
void USART1_Config(unsigned int baud)
{
    ......
}
void USART1_SendChar(unsigned char ch)
{
    USART_SendData(USART1, ch);          //循环等待直至 TC 标志位被硬件置 1
    while(USART_GetFlagStatus(USART1, USART_FLAG_TC) = = RESET);
}
unsigned char USART1_RxIsNotEmpty()
{
    if(USART_GetFlagStatus(USART1, USART_FLAG_RXNE) ! = RESET)
        return 1;
    else
        return 0;
}
unsigned char USART1_RecvChar()
{
    return USART_ReceiveData(USART1);
}
```

8.9.7 USART 小结及应用要点

1. USART 配置一般步骤

① 使能 GPIO 时钟及串口时钟;

② 串口复位(非必须);

③ 配置 GPIO 端口模式 Rx/Tx;

④ 引脚复用映射;

⑤ 串口初始化;

⑥ 开启中断并初始化 NVIC(非必须);

⑦ 使能串口。

在配置 USART 之前,应该先编写中断处理函数 USARTx_IRQHandler。在配置好并使能 USART 之后,可借助库函数实现各类操作,例如,使用 USART_ReceiveData 和

USART_SendData 进行数据收发,使用库函数 USART_GetFlagStatus 获取串口工作状态等。

2. 应用要点及注意事项

- 由于引起 USART 中断的中断源有多个,ISR 首先需要使用 USART_GetITStatus 读取状态位,判定真正的中断源,然后再进行后续处理流程。

- 发送数据时,向 TDR 写入待发送的数据后,若 TSR 为空(上一个数据的最后一位已经移出或者 TSR 处于空闲),TDR 将需要发送的数据并行传送到 TSR 中,并置 SR.TXE 位为 1,提示可以继续向 TDR 写入下一个待发送数据;当 TSR 将最后一位数据移出并再次为空,而 TDR 中没有新写入数据(SR.TXE 位仍为 1),说明发送过程已经完成或者暂时被中止,SR.TC 位置 1。

- 向串口发送最后一个数据后,需要查询 TC,确认本次发送结束后才能停止整个传送进程,避免出现数据丢失。

- 发送或者接收数据时,对 DR 进行读写操作会清零相关状态位,如 SR.RXNE、SR.TXE 和 SR.TC 位;向 SR.RXNE 或者 SR.TC 位直接写入 0,也可清除这两个位。

- 接收数据时,Rx 引脚应设置为浮空,其状态由接收线路的电平确定;发送数据时,Tx 引脚设置为推挽输出,以增加其负载能力。

- 硬件流量控制需要使用 RTS 和 CTS 两条信号线,对收发双方的数据传送过程进行协调,提高数据通信的可靠性。

8.9.8　使用库函数开发 STM32F10x 外设的小结

在 8.6 节之后的几节中,都介绍了如何利用库函数开发 STM32F10x 外设方面的内容。使用库函数对 STM32F10x 外设进行配置和操作的一般方法归纳和总结如下。

1. 利用库函数开发 STM32F10x 片上外设的过程

使用库函数开发 STM32F10x 片上外设 PPP 的一般过程如图 8.69 所示,可分为对外设 PPP 进行初始化和对外设 PPP 进行操作这两个环节。

1) 初始化外设 PPP

实际应用中,初始化 PPP 语句通常置于主函数 main 的无限循环体之前,上电复位后再进入主函数 main 之前执行一次。

初始化 PPP 的内容包括配置 PPP 复用引脚和配置 PPP。两项操作均需要使能时钟,并进行参数设置(参见图 8.69)。

- 对于 STM32F10x 每个片上外设,包括所属的 GPIO 引脚,都必须先打开其时钟后才能使用。

- 按照实际应用需求正确地配置 PPP 是初始化工作的关键。PPP 的各项参数可通过设置其对应结构体的成员来实现。标准外设库提供了(以外设名为开头的)各种结构体 PPP_InitTypeDef,这些结构体涵盖了外设的各种特性和功能,在库函数开发中必不可少。

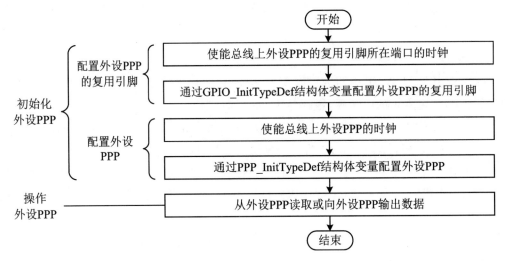

图 8.69 使用库函数开发和操作 STM32F10x 片上外设的一般过程

2）操作外设 PPP

对外设 PPP 进行输入和输出操作的语句通常置于主函数 main 的无限循环体内。或者放置在相应的中断服务函数中。在嵌入式系统运行期间，条件满足时将反复执行这些语句，执行相应的操作。

2．STM32F10x 标准外设库函数的分类和命名

外设 PPP 可以是 GPIO、TIM、NVIC、EXTI、USART、SPI、I^2C、DMA、ADC 或者 DAC等。同一种外设在片上可能集成了多个模块，常用 PPPx 表示同种外设的不同模块。例如，PPP 若是 GPIO，PPPx 可以是 GPIOA、GPIOB、GPIOC 等；PPP 若是 TIM，PPPx 可以是TIM1、TIM2 等。每种 PPP 通常拥有以下函数：

• PPP_DeInit——以系统默认参数初始化 PPPx 的寄存器。

• PPP_Init——根据 PPP_InitTypeDef 结构体变量中指定参数初始化 PPPx 的寄存器。输入参数：PPP_InitStruct，指向 PPP_InitTypeDef 结构体变量的指针，包含 PPPx 的配置信息。

• PPP_Cmd——使能或禁止 PPPx。输入参数：NewState，PPPx 的新状态（ENABLE：使能 PPPx；DISABLE：禁止）。

• PPP_SendData——通过 PPPx 发送数据。常见于 USART、SPI 和 I^2C 等外设。输入参数：Data，Date 为待发送的数据。

• PPP_ReceiveData——返回 PPPx 最新收到数据。常见于 USART、SPI 和 I^2C 等外设。返回值：最新收到数据。

• PPP_GetFlagStatus——查询 PPPx 的指定标志位。输入参数：PPP_FLAG，PPPx 指定的待查询状态标志位；返回值：PPPx 指定标志位的最新状态（SET 或 RESET）。

• PPP_ClearFlag——清除 PPPx 的指定标志位。输入参数：PPP_FLAG，PPPx 指定的待清除状态标志位。

　　· PPP_ITConfig——使能或禁止 PPPx 的指定中断。输入参数：PPP_IT，待使能或禁止的 PPPx 中断源；NewState，PPPx 指定中断源的新状态；ENABLE：使能 PPPx 指定的中断源；DISABLE：禁止 PPPx 指定的中断源。

　　· PPP_GetITStatus——查询 PPPx 指定的中断是否发生。输入参数：PPP_IT，PPPx 指定的待查询中断源；返回值：PPPx 指定中断的最新状态（SET 或 RESET）。

　　· PPP_ClearITPendingBit——清除挂起的 PPPx 指定的中断标志位。输入参数：PPP_IT，外设 PPPx 指定的待清除中断。

　　PPP_DMACmd——使能或禁止 PPPx 的 DMA 请求。输入参数：PPP_DMAReq，选择待使能或禁止的 PPPx 的 DMA 请求；NewState，PPPx 的 DMA 请求的新状态（ENABLE：使能；DISABLE：禁止）。

8.10　SPI 与 I²C

　　4.4.6 小节已对 SPI 和 I²C 接口标准以及通信机制做了介绍。本节针对 STM32F103 片内集成的 SPI 和 I²C 模块，介绍其功能特点和使用方法。

8.10.1　STM32F103 的 SPI 模块简介

　　STM32F103 的 SPI 模块在标准 SPI 基础上进行了功能拓展。标准 SPI 使用 MISO 和 MOSI 两根数据线实现双向通信，若仅需单向传输，可以仅使用 1 根数据线。但是，STM32F103 的 SPI 可以仅使用一根数据线实现半双工双向通信。此外，STM32F103 的 SPI 具有多主配置方式工作、支持循环冗余校验 CRC 和支持 DMA 传送等附加功能。

　　为方便描述和简化表示，本节以下内容所涉及的各个 SPI 寄存器略去前缀 SPI_，各寄存器的位以"寄存器．位"形式表示。

1. 主要特性

　　STM32F103 的 SPI 模块的传送服务对象主要包括 EEPROM、FLASH、实时时钟、AD 转换器、数字信号处理器和解码器等部件，其主要特性如下：

　　· SPI1 位于高速 APB2 总线上，其他 SPI（如 SPI2、SPI3 等）位于 APB1 总线上；

　　· 既可作为主设备，也可作为从设备；

　　· 主、从模式均可由软件或硬件管理片选信号 NSS；

　　· 可编程时序，由时钟极性和时钟相位确定；

　　· 可选择 8 位或 16 位数据传输帧格式；

　　· 发送顺序可以选择 LSB 在前或者 MSB 在前；

　　· 可编程传输速率，最高可达 18 MHz；

- 在发送和接收过程中,若出现发送缓冲区空(TXE)或者接收缓冲器非空(RXNE)时,可触发中断;
- 支持 DMA 功能的 1 字节发送和接收缓冲器,可分别产生发送和接收请求;
- 支持仅使用一根数据线的半双工双向通信;
- 支持多主设备工作模式;
- 可通过软件配置兼容 I^2S 音频传输协议。

2. 内部结构

STM32F103 的 SPI 模块的内部结构如图 4.88 所示,主要由波特率发生器、收发控制和数据存储转移三个部分构成。

1) 波特率发生器

波特率发生器用来产生 SCK 时钟信号,波特率预分频系数可以是 2^n,其中 n 的取值范围为 1~8,存放于图 4.88 中的波特率控制位 CR1.BR[2:0] 中。向 CR1.BR[2:0] 写入不同的波特率预分频系数 n,即可设置不同的 SCK 时钟频率,从而控制 SPI 的传输速率。

2) 收发控制

主要由若干寄存器组成,如控制寄存器 CR1 和 CR2,以及状态寄存器 SR 等。

- CR1:主控收发电路,用于设置 SPI 协议,如时钟极性、时钟相位和数据格式等;
- CR2:用于设置使能各种 SPI 中断,如 TXE 事件的中断使能 CR2.TXEIE 位和 RXNE 事件的中断使能 CR2.RXNEIE 位等;
- SR:存放各种状态标志位,可供查询 SPI 当前的各种状态。

类似地,SPI 的初始化配置、工作过程控制和状态查询也可通过库函数实现。

3) 数据存储转移

主要由移位寄存器、接收缓冲区和发送缓冲区等构成,如图 4.88 的左上部分所示。移位寄存器直接与 SPI 的引脚 MISO 和 MOSI 连接,接收时,将移位接收的串行数据经串/并转换后保存到接收缓冲区;发送时,将来自发送缓冲区的数据经并/串转换后逐位发送出去。

3. 内部寄存器

STM32F103 的 SPI 模块内部共有 9 个寄存器,并且与 I^2S 复用。以下仅简介与 SPI 相关的寄存器。

1) 控制寄存器 CR1

地址偏移:0x00;复位值:0x0000。各位定义如表 8.62 所示,其中:

- CR1.BIDIOE 位和 CR1.BIDIMODE 位共同确定单线双向模式的数据输出方向,此模式下数据线在主设备端为 MOSI,在从设备端为 MISO;
- CR1.RXONLY 位和 CR1.BIDIMODE 位共同确定双线双向模式下的数据传输方向;
- 在具有多个从设备的环境下,未被访问从设备的 CR1.RXONLY 位应置为 1,从而只有被访问的从设备才有输出,避免数据线上出现冲突;
- 双线单向模式下 CR1.RXONLY 位为 1 时,指示仅可工作于接收模式,

CR1. RXONLY 位为 0 时,仅可工作于只发送模式。

表 8.62　控制寄存器 CR1 各位含义

位	定义	含义	取值及含义
15	BIDIMODE	双向数据使能模式	0:双线双向;　1:单线双向
14	BIDIOE	双向模式下输出使能	0:输出禁止(只收模式);　1:输出使能(只发模式)
13	CRCEN	CRC 校验使能	0:禁止 CRC 计算;　1:启动 CRC 计算
12	CRCNEXT	下一个发送 CRC	0:下一个发送的是来自缓冲区的数据;　1:下一个发送的是来自 CRC 寄存器的 CRC 值
11	DFF	数据帧格式	0:8 位;　1:16 位
10	RXONLY	只接收	0:全双工(发送和接收);　1:只收模式,禁止输出
9	SSM	软件管理 NSS 使能	0:禁止;　1:启用软件管理 NSS,NSS 电平由 SSI 值确定
8	SSI	内部从设备选择	仅 SSM＝1 时才有意义,其值确定 NSS 相应电平
7	LSBFIRST	帧格式	0:高位在前,先发送 MSB;　1:低位在前,先发送 LSB
6	SPE	SPI 使能	0:禁止 SPI 工作;　1:开启 SPI 设备
5:3	BR[2:0]	波特率控制	BR[2:0]＝000~111,对应预分频系数 n 为 2/4/…/128/256
2	MSTR	主设备选择	0:配置为从设备;　1:配置为主设备
1	CPOL	时钟极性	0:空闲状态 SCK 保持 0(低电平);　1:空闲状态 SCK 保持 1(高电平)
0	CPHA	时钟相位	0:数据采样发生在第 1 个时钟变化沿;　1:数据采样发生在第 2 个时钟变化沿

2) 控制寄存器 CR2

地址偏移:0x04;复位值:0x0000。CR2 的各位定义如表 8.63 所示。

表 8.63　控制寄存器 CR2 各位含义

位	定义	含义	取值及含义
15:8	保留		硬件强制为 0
7	TXEIE	发送缓冲空中断使能	0:禁止发送缓冲空中断;　1:允许发送缓冲空中断,TXE 置位时产生中断请求
6	RXNEIE	RXNE 中断使能	0:禁止接收缓存非空中断;　1:允许接收缓存非空中断,RXNE 置位时产生中断请求
5	ERRIE	错误中断使能	0:禁止错误 CRCERR/OVR/MODF 产生中断;　1:允许错误产生中断
4:3	保留		

位	定义	含义	取值及含义
2	SSOE	NSS 输出使能	0：禁止主模式下 NSS 输出，该设备可工作在多主模式； 1：开启主模式下 NSS 输出，该设备工作在单主模式
1	TXDMAEN	发送 DMA 使能	0：禁止发送 DMA； 1：允许发送 DMA，TXE 置位时发出 DMA 请求
0	RXDMAEN	接收 DMA 使能	0：禁止接收 DMA； 1：允许接收 DMA，RXNE 置位时发出 DMA 请求

3）状态寄存器 SR

地址偏移：0x08；复位值：0x0002。SR 的各位定义如表 8.64 所示。

表 8.64 状态寄存器 SR 各位含义

位	定义	含义	取值及含义
15：8	保留		硬件强制为 0
7	BUSY	忙	0：不忙； 1：忙，或发送缓冲区非空
6	OVR	溢出	0：无； 1：出现溢出错误
5	MODF	模式错误	0：无； 1：模式错误，出现主模式失效
4	CRCERR	CRC 错误	0：收到数据的 CRC 与 RxCRCR 匹配； 1：不匹配，判为 CRC 错误
3	UDR	下溢（Underrun）	0：无； 1：出现下溢错误
2	CHSIDE	声道指示	SPI 模式下未用
1	TXE	发送缓冲区空	0：发送缓冲区非空； 1：发送缓冲区空
0	RXNE	接收缓冲区非空	0：接收缓冲区空； 1：接收缓冲区非空

4）数据寄存器 DR

地址偏移：0x0C；复位值：0x0000。

DR 包含接收缓冲区（器）和发送缓冲区（器），两个缓冲区地址相同，由读写信号进行区分，读操作访问的是接收缓冲区，写操作访问的是发送缓冲区。DR 只有低 16 位[15：0]有效。如果 CR1.DFF＝0，数据帧长度为 8 位，对应 DR[7：0]；如果 CR1.DFF＝1，数据帧长度为 16 位，对应 DR[15：0]。

5）CRC 多项式寄存器 CRCPR

地址偏移：0x10；复位值：0x0007。

CRCPR 低 16 位[15：0]有效，存放 CRC 计算时用到的多项式。

6）RxCRC 寄存器 RXCRCR 及 TxCRC 寄存器 TXCRCR

地址偏移：0x14/0x18；复位值：0x0000。

均为低 16 位[15：0]有效，分别用于保存接收和发送的 8/16 位 CRC 值。

7）CFGR 配置寄存器

地址偏移：0x1C；复位值：0x0000。

很多是 I^2S 控制位。与 SPI 相关只有 I2SMODE 位，I2SMODE＝0 选择 SPI 模式。

8）PR 预分频/波特率寄存器

地址偏移：0x20；复位值：0x0000。

存放预分频系数，低 8 位[7：0]有效。

4．NSS 引脚的管理方式

在 STM32F103 的 SPI 模块中，可以通过设置 CR1.SSM 位，选择由硬件或者软件对从设备片选信号 NSS 进行管理，SSM 位与 NSS 信号之间的关系如图 8.70 所示。

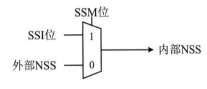

图 8.70　硬件/软件管理从设备片选引脚 NSS

1）软件管理 NSS 模式

设置 CR1.SSM＝1 将使能这种模式。此时 NSS 引脚可作他用，而内部 NSS 信号电平通过写 CR1.SSI 位进行设置，从而可达到动态改变主/从操作模式之目的。

2）硬件管理 NSS 模式

设置 CR1.SSM＝0 将进入硬件管理模式。这种模式又分为以下两种情况：

① 工作在主模式下，置位 CR2.SSOE 位将使能 NSS 输出，NSS 引脚被拉低。所有与该引脚相连并配置为硬件管理 NSS 的其他 SPI 设备，将自动变成从 SPI 设备。

当一个 SPI 设备需要发送广播数据之前，该设备必须拉低 NSS 信号，通知所有其他设备"我是主设备"；如果该设备不能拉低 NSS，这意味着总线上有另外一个主设备在通信，这时将产生一个硬件失败错误异常。

② NSS 输出被关闭，允许工作于多主设备环境。

5．主从设备之间的连接方式

STM32F103 的 SPI 模块支持一主一从、一主多从和多主多从等连接方式。图 8.71 是一主一从 SPI 接口之间采用双线全双工通信的示例。

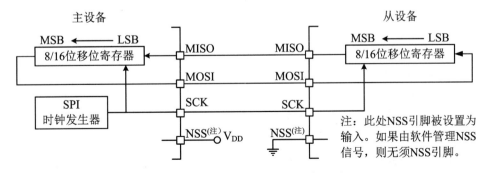

图 8.71　一主一从 SPI 双线全双工互连

在图 8.71 中，主从设备之间采用的是双线全双工传输方式，数据传送顺序为高位在前

（由 CR1.LSBFIRST 位确定），数据帧长度可以通过 CR1.DFF 选择 8 位或者 16 位。

SPI 通信总是由主设备发起的。采用双线通信时，主设备通过 MOSI 引脚向从设备发送数据，从设备通过 MISO 引脚向主设备回传数据。主设备产生的时钟信号用于主从设备之间数据收发过程的时钟同步。

6. 数据发送和接收过程

1）接收缓冲区与发送缓冲区

在接收过程中，来自发送方的数据串行依次进入移位寄存器。当一帧数据全部进入移位寄存器之后，移位寄存器中的内容通过内部总线被并行传送到接收缓冲区，同时 SR.RXNE 被置位。如果 CR2.RXNEIE＝1 或者 CR2.RXDMAEN＝1，将产生中断请求或者 DMA 请求。此后对接收缓冲区的读操作将返回接收缓冲区中的内容。

在发送过程中，如果 TXE＝1，应将待发送数据写入发送缓冲区，写入后 TXE 被复位为 0。当移位寄存器将上一帧的最后一位数据移出后，发送缓冲区自动地将待发送数据并行传送到移位寄存器，同时置位 TXE。如果 CR2.TXEIE＝1 或者 CR2.TXDMAEN＝1，将产生中断请求或者 DMA 请求，请求继续向发送缓冲区写入新的数据。

2）传输模式和设置方式

根据 CR1 寄存器中 BIDIMODE、BIDIOE 和 RXONLY 的设置，STM32F103 的 SPI 模块可支持双线全双工、双线单向接收、单线半双工接收和单线半双工发送四种传输模式，具体设置方式如表 8.65 所示。

表 8.65　传输模式设置方式

BIDIMODE	BIDIOE	RXONLY	传输模式	说明
0	－	0	双线全双工传输	主设备 MOSI 发送，MISO 接收，从设备 MISO 发送，MOSI 接收
0	－	1	双线单向接收	主设备 MISO 接收，从设备 MOSI 接收
1	0	0	单线半双工接收	单根数据线在主设备端连接 MOSI 引脚，在从设备端连接 MISO 引脚
1	1	0	单线半双工发送	

3）主设备传输过程

（1）双线全双工传输

待发送数据被写入发送缓冲区后开始传输。在传送第一位数据的同时，该帧其他数据从发送缓冲区被并行传送到移位寄存器，然后按顺序串行移位至 MOSI 引脚上；与此同时，MISO 引脚上接收到的数据，依次串行进入移位寄存器，然后并行被传送到接收缓冲区。

从图 8.70 中可以看出，在这种模式下，主设备在接收数据的同时也在发送数据，如果主设备只是接收数据而没有数据需要发送，可以发送空字节。同样，主设备在发送一帧数据的同时，也接收到一帧数据，如果所接收的数据对于主设备无用，主设备可以不对接收缓冲区进行读操作，软件也不必理会 SR.OVR＝1。

（2）双线单向接收

主设备使能（SPE＝1）后开始传输。主设备 MISO 引脚上接收到的数据,依次串行进入移位寄存器,然后并行被传送到接收缓冲区。由于 CR1.RXONLY＝1,主设备只能接收。

（3）单线半双工接收（注意：此模式下主设备使用 MOSI 引脚接收数据）

当 SPE＝1 并且 BIDIOE＝0 时,开始传输。主设备 MOSI 引脚上的数据依次串行进入移位寄存器,然后并行被传送到接收缓冲区。由于 BIDIOE＝0,发送器没有被激活,因此没有数据被送到 MOSI 引脚上。

（4）单线半双工发送

待发送数据写入发送缓冲区后开始传输,在传输第一位数据的同时,该帧其他数据从发送缓冲区被并行传送到移位寄存器,然后按顺序串行移位送到 MOSI 引脚上。该模式不接收数据。

4）SPI 从设备传输过程

注意到 SPI 通信总是由主设备发起的,主从设备之间通信由主设备的时钟信号进行同步控制。从设备四种模式的传输过程如下。

（1）双线全双工传输

数据传输开始之后,从设备 MOSI 引脚上的数据依次串行进入移位寄存器。在接收第一位数据的同时,发送缓冲区中的数据被并行传送到移位寄存器,随后被串行发送到 MISO 引脚上。在 SPI 主设备开始数据传输之前,从设备应先将待发送数据写入发送缓冲区。

采用双线全双工传输时,从设备在接收数据的同时也在发送数据,如果从设备只是接收数据而没有数据需要发送,可以发送空字节,同样,从设备在发送一帧数据的同时,也接收到一帧数据,如果所接收的数据对于从设备无用,从设备可以不对接收缓冲区进行读操作,软件也不必理会 SR.OVR＝1。

（2）双线单向只接收

数据传输开始之后,从设备 MOSI 引脚上的数据依次串行进入移位寄存器。由于 CR1 寄存器中 RXONLY 位为 1,从设备只能接收,所以没有数据被传送到 MISO 引脚上。

（3）单线半双工接收（注意：此模式下从设备使用 MISO 引脚接收数据）

数据传输开始之后,从设备 MISO 引脚上的数据依次串行进入移位寄存器,然后被并行传送到接收缓冲区。由于 BIDIOE＝0,不启用发送器,因此没有数据被送到 MISO 引脚上,不会出现冲突。

（4）单线半双工发送

当从设备接收到时钟信号并且发送缓冲区中第一位数据被传送到 MISO 引脚时,数据传输开始。与此同时,该帧其他数据从发送缓冲区被并行传送到移位寄存器,然后按顺序串行移位至 MISO 引脚。在 SPI 主设备开始数据传输之前,从设备应先将待发送数据写入发送缓冲区。该模式不接收数据。

7. SPI 配置方法和步骤

1）主模式配置步骤

① 设置 CR1.BR[2:0],确定串行时钟波特率。

② 设置 CR1. CPOL 和 CR1. CPHA,定义数据传输和串行时钟间的相位关系(参见图 4.89)。

③ 设置 CR1. DFF 和 CR1. LSBFIRST,确定数据格式。

④ 配置 NSS:

· 如果需要将 NSS 引脚设置为输出,应将 CR2. SSOE 位置 1,NSS 引脚输出低电平,对其他从设备进行片选;

· 如果需要将 NSS 引脚设置为输入,在硬件管理 NSS 模式下,整个数据帧传输期间应把 NSS 引脚连接到高电平,在软件管理 NSS 模式下,应将 CR1. SSI 置 1。

⑤ 置位 CR1. MSTR 和 CR1. SPE,选择主模式并使能 SPI(仅当选择硬件管理模式并且 NSS 引脚连接到高电平时,这些位才能保持置位)。

2) 从模式配置步骤

① 将 CR1. CPOL 位和 CR1. CPHA 位设置成与主设备相同,保证主从双方的数据传输和串行时钟相位关系一致。

② 将 CR1. DFF 位和 CR1. LSBFIRST 位也与主设备相同,保证主从双方的数据传送顺序和数据帧长度一致。

③ 配置 NSS 引脚为输入。如果选择硬件管理 NSS,在整个数据传输过程中,NSS 引脚应始终保持低电平;如果选择软件管理 NSS,应置位 CR1. SSM 位并清除 CR1. SSI 位。

④ 清除 CR1. MSTR 位设置 SPI 为从模式,置位 CR1. SPE 位使能 SPI。

SPI 作为从设备时,无须设置波特率。但在主设备发送时钟之前,应该先将从设备的数据寄存器准备就绪,并且使能从设备。

8. SPI 的状态标志位和中断

在 STM32F103 的 SPI 工作过程时,可以通过读取 SR 寄存器的内容以了解其工作状态。在 SR 寄存器中,除了 TXE 和 RXNE 以外,还有 5 个与 SPI 有关的状态标志位,这些状态标志位的含义分别如下:

· BSY(Busy):忙标志。该位反映 SPI 通信过程中的状态,BSY=1 一般表示 SPI 正忙于通信。在多主设备系统中,可利用 BSY 标志避免写冲突。该位由硬件设置与清除。软件在关闭 SPI 模块或设备时钟之前,应通过 BSY 位查询传输是否结束,避免破坏最后一次传输。

· MODF(Master Mode Fault):主模式失效错误。当 NSS 引脚由硬件管理时,主设备的 NSS 引脚被拉低,或者 NSS 引脚由软件管理时,主设备的 SSI 位被置为 0,在这两种情况下 MODF 位被自动置位。

· OVR(Overrun):溢出错误。当移位寄存器收到一帧新的数据,而上一次接收的数据尚未被读取并且 RXNE=1,出现了溢出,OVR 被置位。

· UDR(Underrun):下溢出错误。从设备处于发送模式时,如果新数据传输的第一个时钟边沿已经到达,而新数据仍没有写入从设备的发送缓冲区,这种现象称为下溢,UDR 将被置位。

· CRCERR(CRC error):CRC 校验错。如果选择使用 CRC 校验,当接收方收到发送方发送的 CRC 数值后,将其与接收方 RXCRCR 寄存器中的数值进行比较,如果不匹配则 CRCERR 被置位,表示 CRC 校验出现错误。

在以上 5 个状态标志位中,MODF、OVR、UDR 和 CRCERR 这 4 位又称为错误标志位。若 CR2 寄存器中错误中断允许位 CR2.ERRIE 被置位,只要 4 个错误标志位中的任何一位被置位,都会引起错误中断。

同一个 SPI 的各种中断事件都被连接到同一个中断向量,因此在处理 SPI 中断的 ISR 中,首先要读取 SR 寄存器内容,了解具体的中断原因,然后再进行相应的处理。在配置了多个 SPI 模块的处理器中,不同的 SPI 模块有不同的中断向量。例如在 STM32F103 中,SPI1、SPI2 和 SPI3 的 CMSIS 中断向量编号分别是 35,36,51(参见 stm32f10x.h 文件定义)。

9. 使用 DMA 方式进行 SPI 通信

为了提高 SPI 的数据传输速率,在传输过程中,需要及时向发送缓冲区写入待发送数据,同时也需要及时读出接收缓冲区中所接收的数据。为此,SPI 采用了一种简单的请求/应答机制,可在 SPI 通信时使用 DMA 传送服务。

与 USART 通信时利用 DMA 进行数据传送服务类似,SPI 的发送缓冲区和接收缓冲区均可启用 DMA 传输,但需要被映射到不同 DMA 通道上(具体映射关系可参阅 STM32F10x 参考手册)。因此,可在同一时刻使用不同的 DMA 通道为数据发送和接收进行服务。

1) 使用 DMA 为 SPI 数据发送服务

如果 CR2.TXDMAEN 位被置位,一旦 SR.TXE 位被置位,SPI 将发出 DMA 发送服务请求。DMAC 在收到请求后,启动 DMA 写传送,将指定位置的内存数据写入 SPI 的发送缓冲区。对发送缓冲区的写操作完成后,由硬件清除 SR.TXE 位。

在发送模式下,当 DMA 将所有待发送的数据传送完毕(DMA_ISR.TCIF 位变为 1),应查询状态标志位 SR.TXE 是否为 1,SR.BSY 是否为 0,以确认 SPI 通信结束,以避免在关闭 SPI 或进入停止模式时破坏最后一个数据的传输。

2) 使用 DMA 为 SPI 数据接收服务

如果 CR2.RXDMAEN 位被置位,一旦 SR.RXNE 位被置位,SPI 将发出 DMA 接收服务请求。DMAC 在收到请求后,启动 DMA 读传送,将 SPI 接收缓冲区中的内容读出,并存储到指定位置内存中。对接收缓冲区的读操作完成后,由硬件清除 SR.RXNE 位。

8.10.2　与 SPI 相关的库函数

库函数

1) 常用库函数

常用库函数存放于 STM32F10x 标准外设库的 stm32f10x_spi.h 以及 stm32f10x_spi.c 等文件中,包括:

- SPI_I2S_DeInit:将 SPI 寄存器恢复为复位启动时的默认值;
- SPI_Init:根据 SPI_InitStruct 中指定的参数初始化指定 SPI 寄存器;

- SPI_StructInit：把 SPI_InitStruct 中每个参数按默认值填入；
- SPI_Cmd：使能或禁止指定 SPI；
- SPI_I2S_SendData：通过 SPI/I^{2}S 发送单个数据；
- SPI_I2S_ReceiveData：返回指定 SPI/I^{2}S 最近接收到的数据；
- SPI_I2S_GetFlagStatus：查询指定 SPI/I^{2}S 标志位状态；
- SPI_I2S_ClearFlag：清除指定 SPI/I^{2}S 标志位(SPI_FLAG_CRCERR)；
- SPI_I2S_ITConfig：使能或禁止指定的 SPI/I^{2}S 中断；
- SPI_I2S_GetITStatus：查询指定的 SPI/I^{2}S 中断是否发生；
- SPI_I2S_ClearITPendingBit：清除指定的 SPI/I^{2}S 中断挂起位(SPI_IT_CRCERR)；
- SPI_I2S_DMACmd：使能或禁止指定 SPI/I^{2}S 的 DMA 请求。

2）初始化结构体

SPI 初始化结构体 SPI_InitTypeDef 如下：

typedef struct

{

uint16_t SPI_Direction；   /* 方式选择，2Lines_FullDuplex：双线全双工；2Lines_RxOnly：双线只接收；1Line_R：单线只接收；1Line_Tx：单线只发送 */

uint16_t SPI_Mode；   //主/从模式，Master：主模式；Slave：从模式

uint16_t SPI_DataSize；   //数据帧长度，8b：8 位；16b：16 位

uint16_t SPI_CPOL；   //时钟极性，High：高电平；Low：低电平

uint16_t SPI_CPHA；   //时钟相位，1Edge：奇数边沿采样；2Edge：偶数边沿采样

uint16_t SPI_NSS；   //NSS 引脚控制模式，Hard：硬件管理；Soft：软件控制

uint16_t SPI_BaudRatePrescaler；   //波特率预分频值：2/4/8/.../128/256

uint16_t SPI_FirstBit；   //发送顺序，MSB：高位在前；LSB：低位在前

uint16_t SPI_CRCPolynomial；   // CRC 校验表达式，大于 1 的整数即可

}SPI_InitTypeDef；

3）典型库函数简介

初始化函数 SPI_Init 如表 8.66 所示，状态查询获取函数 SPI_I2S_GetFlagStatus 如表 8.67 所示。

表 8.66　SPI 初始化函数 SPI_Init

项目	定义和描述
函数名	SPI_Init
函数原型	void SPI_Init(SPI_TypeDef * SPIx, SPI_InitTypeDef * SPI_InitStruct)
功能描述	根据 SPI_InitStruct 中指定参数初始化指定 SPI 寄存器
输入参数	SPIx：选择 SPI 外设。SPI_InitStruct：指向结构体 SPI_InitTypeDef 的指针，包含了 SPI 相关配置信息

例如：

SPI_InitTypeDef ＊ SPI_InitStructure；

SPI_InitStructure.SPI_Direction = SPI_Direction_2Lines_FullDuplex；

　　　　　　　　　　　　　　　　　　//双线双向全双工

SPI_InitStructure.SPI_Mode = SPI_Mode_Master；　　　//主 SPI

SPI_InitStructure.SPI_DataSize = SPI_DataSize_8b；　　//收发数据帧长为 8 位

SPI_InitStructure.SPI_CPOL = SPI_CPOL_High；　　　//SCK 空闲状态为高电平

SPI_InitStructure.SPI_CPHA = SPI_CPHA_2Edge；　　//第二个跳变沿采样数据

SPI_InitStructure.SPI_NSS = SPI_NSS_Soft；　　　　//NSS 信号由软件管理

SPI_InitStructure.SPI_BaudRatePrescaler = SPI_BaudRatePrescaler_256；

　　　　　　　　　　　　　　　　　　//预分频 256

SPI_InitStructure.SPI_FirstBit = SPI_FirstBit_MSB；　//传输时高位在前

SPI_InitStructure.SPI_CRCPolynomial = 7；　　　　//CRC 值计算的多项式

SPI_Init(SPI2,&SPI_InitStructure)；　　　　　　//根据上述参数初始化 SPI2

表 8.67　状态查询获取函数 SPI_ I2S_GetFlagStatus

项目	定义和描述
函数名	SPI_ I2S_GetFlagStatus
函数原型	FlagStatus SPI_I2S_GetFlagStatus(SPI_TypeDef ＊ SPIx,uint16_t SPI_I2S_FLAG)
功能描述	查询指定 SPI/I2S 标志位状态
输入参数	SPIx:选择 SPI 外设。SPI_ I2S_FLAG:待查询 SPI 标志位,可选择如下:BSY:忙;OVR:溢出;MODF:模式错;TXE:发送缓冲区空;RXNE:接收缓冲区非空;CRCERR:CRC 错误
返回值	状态:SET:1;RESET:0

8.10.3　SPI 应用实例

1. 实例一:SPI1 与 SPI2 之间进行数据传输

1) 功能要求

从 SPI1 发送循环递增的 16 bits 数值(初始值为 0x2021)到 SPI2,SPI2 接收该数值,并在调试窗口显示接收到的数值,对 SPI1 和 SPI2 的通信功能进行测试。

2) 硬件设计

选择 STM32F103 的 SPI1 作为主设备,SPI2 作为从设备,SPI1 和 SPI2 之间的引脚连接发送如图 8.72(a)所示。

3) 软件流程设计

采用无限循环架构,具体流程如图 8.72(b)所示。

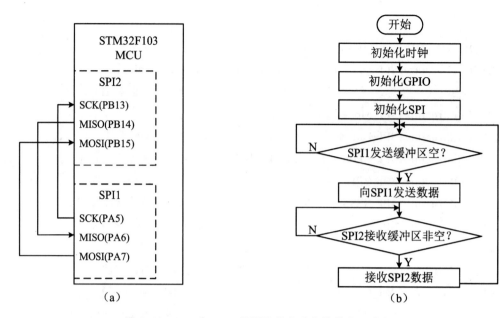

图 8.72　SPI1 与 SPI2 引脚连接方式和软件处理流程

4）软件代码实现

　　main.c（主程序文件）：

```
# include "stm32f10x. h"
# include "stm32f10x_gpio. h"
# include "stm32f10x_rcc. h"
# include "stm32f10x_tim. h"
# include "stdio. h"
//重定向 printf()输出结果在 MDK 的 Debug(printf) Viewer 窗口上显示需要如下代码
# define ITM_Port8(n)      ( * ((volatile unsigned char * )(0xE0000000 + 4 * n)))
# define ITM_Port16(n)     ( * ((volatile unsigned short * )(0xE0000000 + 4 * n)))
# define ITM_Port32(n)     ( * ((volatile unsigned long * )(0xE0000000 + 4 * n)))
# define DEMCR            ( * ((volatile unsigned long * )(0xE000EDFC)))
# define TRCENA           0x01000000
int fputc(int c, FILE *  t)
{
    if(DEMCR & TRCENA) {
            while(ITM_Port32(0)  = =  0);
            ITM_Port8(0) = c;
    }
    return(c);
}
uint16_t ui_snd;                          //存放待发送的 16bits 数值
```

```
uint16_t ui_recv;                               //存放接收到的 16bits 数值
void RCC_Configuration();
void GPIO_Configuration();
int SPI_Configuration();
int main(void)
{
    RCC_Configuration();
    GPIO_Configuration();
    SPI_Configuration();
    ui_snd = 0x2021;                            //待发送的 16bits 数值
    while(1) {
        while(SPI_I2S_GetFlagStatus(SPI1, SPI_I2S_FLAG_TXE) == RESET);
        SPI_I2S_SendData(SPI1, ui_snd++);
        while(SPI_I2S_GetFlagStatus(SPI2, SPI_I2S_FLAG_RXNE) == RESET);
        ui_recv = SPI_I2S_ReceiveData(SPI2);
        printf("Received: %d\n", ui_recv); Delay_1000ms();
    }
}
void RCC_Configuration(void)
{
    RCC_PCLK2Config(RCC_HCLK_Div2);
    RCC_APB2PeriphClockCmd(RCC_APB2Periph_GPIOA | RCC_APB2Periph_GPIOB,
    ENABLE);
    RCC_APB2PeriphClockCmd(RCC_APB2Periph_SPI1, ENABLE);
    RCC_APB1PeriphClockCmd(RCC_APB1Periph_SPI2, ENABLE);
}
void GPIO_Configuration(void)
{
    GPIO_InitTypeDef GPIO_InitStructure;
    GPIO_InitStructure.GPIO_Pin = GPIO_Pin_5 | GPIO_Pin_7;   //主设备 SCK 和 MOSI 引脚
    GPIO_InitStructure.GPIO_Speed = GPIO_Speed_50MHz;
    GPIO_InitStructure.GPIO_Mode = GPIO_Mode_AF_PP;
    GPIO_Init(GPIOA, &GPIO_InitStructure);
    GPIO_InitStructure.GPIO_Pin = GPIO_Pin_6;                //主设备输入 MISO(PA6)
    GPIO_InitStructure.GPIO_Mode = GPIO_Mode_IN_FLOATING;
    GPIO_Init(GPIOA, &GPIO_InitStructure);
    GPIO_InitStructure.GPIO_Pin = GPIO_Pin_13 | GPIO_Pin_15; //从设备 SCK 和 MOSI 引脚
    GPIO_InitStructure.GPIO_Speed = GPIO_Speed_50MHz;
```

```
    GPIO_InitStructure. GPIO_Mode = GPIO_Mode_IN_FLOATING；
    GPIO_Init(GPIOB，&GPIO_InitStructure)；
    GPIO_InitStructure. GPIO_Pin = GPIO_Pin_14；              //从设备 MISO 引脚
    GPIO_InitStructure. GPIO_Mode = GPIO_Mode_AF_PP；
    GPIO_Init(GPIOB，&GPIO_InitStructure)；
}
SPI_InitTypeDef    SPI_InitStructure；
int SPI_Configuration()
{
    SPI_InitStructure. SPI_Direction = SPI_Direction_2Lines_FullDuplex；//双线全双工
    SPI_InitStructure. SPI_Mode = SPI_Mode_Master；              //工作在主模式
    SPI_InitStructure. SPI_DataSize = SPI_DataSize_16b；         //数据帧长度 16 位
    SPI_InitStructure. SPI_CPOL = SPI_CPOL_Low；                 //时钟信号低电平为空闲状态
    SPI_InitStructure. SPI_CPHA = SPI_CPHA_2Edge；              //第 2 个时钟边沿采样数据
    SPI_InitStructure. SPI_NSS = SPI_NSS_Soft；                 //NSS 由软件管理
    SPI_InitStructure. SPI_BaudRatePrescaler = SPI_BaudRatePrescaler_8；  //分频系数为 8
    SPI_InitStructure. SPI_FirstBit = SPI_FirstBit_MSB；        //先发送 MSB
    SPI_Init(SPI1，&SPI_InitStructure)；                        //按以上参数初始化 SPI1
    SPI_InitStructure. SPI_Mode = SPI_Mode_Slave；              //工作在从模式
    SPI_Init(SPI2，&SPI_InitStructure)；                        //按以上参数初始化 SPI2
    SPI_CalculateCRC(SPI1，DISABLE)；                           //SPI1 不使用 CRC 校验
    SPI_CalculateCRC(SPI2，DISABLE)；                           //SPI2 不使用 CRC 校验
    SPI_Cmd(SPI1，ENABLE)；                                     //使能 SPI1
    SPI_Cmd(SPI2，ENABLE)；                                     //使能 SPI2
}
```

2. 实例二：对接口为 SPI 的 FLASH 进行访问

1）功能要求

W25Q64 是一款采用 SPI 接口的 Flash 存储器,现要求对 W25Q64 进行测试,依次完成以下操作:读 FLASH ID 和 DEVICE ID 信息,读出指定扇区的数据,擦除该扇区,向被擦除的扇区写入刚读出的数据,再次读出该扇区的数据并与写入数据进行比较,将测试结果通过 USART1 输出到 PC 机的 USB 口上。

2）硬件设计

W25Q64 的容量为 8 MB,由 32 768 个可编程页构成,每页 256 B。可按扇区(sector,每扇区 16 页)、块(block,每块 8 或者 16 个扇区)或芯片擦除,一次最多只能编程一页。STM32F103 通过 SPI1 与 W25Q64 相连,通过 USART1 以及 USB 转串口芯片与 PC 相连,具体连接方式如图 8.73 所示。

在图 8.73 中,相关引脚的具体配置方式如下:

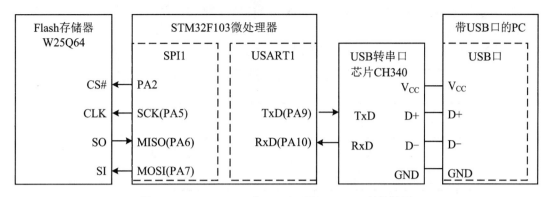

图 8.73　STM32F103 与 PC 串口和 W25Q64 的连接图

- 引脚 PA2，与 W25Q64 的片选引脚 CS♯ 相连，设置为普通推挽输出工作模式；
- 引脚 PA5，作为 SPI1 主模式的时钟信号线 SCK，设置为复用推挽输出工作模式，连接 W25Q64 的 CLK，时钟速率设置为 50 MHz；
- 引脚 PA6，作为 SPI1 主模式的输入数据线 MISO，PA6 可设置为浮空输入、上拉输入或复用推挽输出工作模式，连接 W25Q64 的 SO，时钟速率设置为 50 MHz；
- 引脚 PA7，作为 SPI1 主模式的输出数据线 MOSI，设置为复用推挽输出工作模式，连接 W25Q64 的 SI，时钟速率设置为 50 MHz；
- 引脚 PA9，作为 USART1 的数据发送引脚 TxD，设置为复用推挽输出工作模式，通过 USB 转串口芯片 CH340 与 PC 连接；
- 引脚 PA10，作为 USART1 的数据接收引脚 RxD，设置为浮空输入工作模式，通过 CH340 连接 PC。

3）软件功能

要实现读取 W25Q64 的 FLASH ID、DEVICE ID、擦除扇区以及读写数据等操作，可通过 SPI 接口向 W25Q64 芯片发送操作命令字，并通过 SPI 接口接收芯片的响应。这些操作可编写单独的子函数来完成，需要使用的命令字具体格式可查阅 W25Q64 的数据手册。此处仅给出对指定扇区进行读写测试的主程序流程，如图 8.74 所示。

8.10.4　SPI 小结

1. SPI 配置和操作的一般步骤

对 SPI 模块进行初始化配置时，一般遵循以下步骤：

① 使用库函数 GPIO_Init 配置相关（复用）引脚；

② 使用库函数 RCC_APB2PeriphClockCmd 使能 SPIx 时钟；

③ 使用库函数 SPI_Init 初始化 SPIx 并设置工作模式；

④ 使用库函数 SPI_Cmd 使能 SPIx。

在 SPI 工作期间，可利用库函数 SPI_I2S_GetFlagStatus 查看 SPI 工作状态，使用库函数 SPI_I2S_ReceiveData 和 SPI_I2S_SendData 完成数据收发。

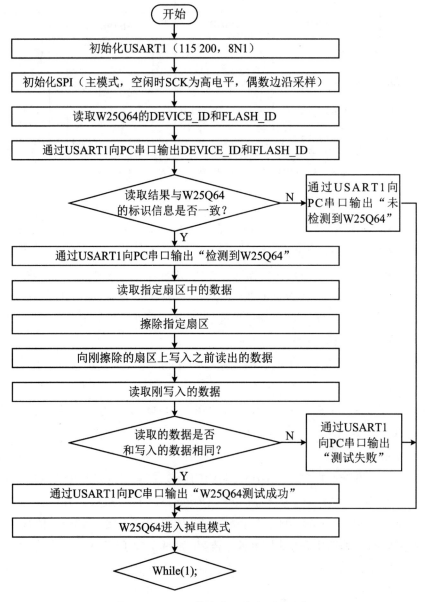

图 8.74 Flash 指定扇区读写测试流程

2. 应用要点

· SPI 两个设备间的通信是由主设备发起的,由主设备控制从设备;

· 主设备通过 SCK 引脚提供时钟给从设备,使用 NSS 引脚选择从设备;

· 通过时钟极性 CR1.CPOL 位和时钟相位 CR1.CPHA 位,可选择两个 SPI 设备之间的数据传输和采样时刻。

3．SPI 接口的特点

SPI 接口的优点有：

- 支持全双工，推挽驱动的性能优于开漏电路；
- 支持高速（100 MHz 以上）传输；
- 协议支持字长不限于 8 bits，可灵活选择；
- 硬件连接简单。

SPI 接口也存在如下缺点：

- 多个设备之间进行全双工通信时，所需的信号线较多；
- 缺少寻址机制，仅能依靠片选信号 NSS 选择不同设备；
- 数据收发时没有硬件层面的协调机制，通信的可靠性不高；
- 相比 RS232/RS485/CAN 总线，传输距离短。

8.10.5　STM32F103 的 I^{2}C 工作原理

STM32F103 的 I^{2}C 模块在标准 I^{2}C 总线基础上进行了功能拓展，具有多主机功能，支持标准和快速两种传输速率，可控制所有 I^{2}C 总线的时序、协议、仲裁和定时，还支持多种其他用途，包括 CRC 码的生成和校验、支持系统管理总线（System Management Bus，SMBus）和电源管理总线（Power Management Bus，PMBus）等。此外，根据特定设备的需要，还可使用 DMA 传送服务以减轻 CPU 的负担。

为方便描述和简化表示，本节以下内容所涉及的各个 I^{2}C 寄存器略去前缀 I^{2}C_，各寄存器的位以"寄存器.位"形式表示。

1．主要特性

- 所有 I^{2}C 都位于 APB1 总线上；
- 支持标准（100 kbps）和快速（400 kbps）两种传输速率；
- 所有 I^{2}C 均可工作于主模式或从模式；
- 支持 7 位或 10 位寻址；
- 支持 3 个状态标志：发送器/接收器模式标志、字节发送结束标志和总线忙标志；
- 支持 4 种错误标识：仲裁丢失、应答失败、起止错误、禁止时钟拉伸时上溢/下溢；
- 支持 2 个中断向量：1 个用于地址/数据通信成功，1 个用于错误（处理）；
- 具有单字节缓冲器的 DMA；
- 兼容系统管理总线 SMBus 2.0。

2．内部结构

STM32F103 的 I^{2}C 模块主要分为时钟控制电路、数据传送控制电路和中断/DMA 控制电路等三个部分，如图 4.83 所示（图中未画出兼容 SMBus 时所需的 SMBALERT 引脚），各自负责实现 I^{2}C 的时钟产生、数据收发、中断控制以及 DMA 和总线仲裁等功能。

1）时钟控制

根据控制寄存器 CCR、CR1 和 CR2 的配置,时钟控制电路负责产生 SCL 线上的时钟信号。为了能够产生正确的时序,须在 CR2 中设定 I^2C 的输入时钟频率。当 I^2C 工作在标准传输速率时,输入时钟频率应大于等于 2 MHz,如果 I^2C 工作在快速传输速率时,输入时钟频率应大于等于 4 MHz。

2）数据收发控制

按照 I^2C 总线协议,对数据的收发过程进行控制。发送时,数据收发控制电路将待发送的数据进行封装。在待发送数据的基础上,增加起始信号位、地址信号位、应答信号位和停止信号位,然后逐位从 SDA 线上发送出去;接收时,数据收发控制电路对 SDA 线上的信号进行采样,并从中提取数据。待发送和已接收的数据都保存在数据寄存器 DR 中。

3）控制逻辑

用于产生 I^2C 模块的中断请求、DMA 请求以及提供总线仲裁所需的信号。

3. I^2C 的工作模式

STM32F103 的 I^2C 模块有主从两种工作模式,主模式和从模式都可以作为发送器或者接收器,因此总共可以扮演以下 4 种角色:

- 从模式发送器;
- 从模式接收器;
- 主模式发送器;
- 主模式接收器。

STM32F103 的 I^2C 模块默认工作于从模式,当接口出现起始条件后自动从从模式切换到主模式;如果仲裁丢失或产生停止信号时,则从主模式切换回从模式。STM32F103 的 I^2C 模块支持多主机功能。

现以主模式发送器为例,简要说明如何实现图 4.82 所示的数据传输过程(其余 3 种角色的工作原理类似)。如果采用 7 位地址,I^2C 作为主模式发送器的数据包传输序列如图 8.75 所示。在图 4.82 基础上,图 8.75 增加了状态转换过程中出现的各种事件(以 EVn 表示)。从图 8.75 中可以看到,对主模式发送器而言,在启动(S)、停止(P)、数据有效(D)和应答(A)等状态间切换时,会产生多个事件,若此时控制寄存器 CR2 中的相关使能控制位为 1,则产生中断或者 DMA 请求。主模式发送器的数据发送流程及事件说明如下:

7位地址 主发送器

图 8.75　主模式发送器传输数据包序列

① 主控制发送起始信号 S 之后,产生事件 EV5,状态寄存器 SR1 相关位被置 1,表示起始信号已经发送;读 SR1 之后并将从设备地址写入 DR 清除该事件。

② 发送从设备地址并等待应答信号,若有从设备应答,则产生事件 EV6、EV8_1 或者 EV8。EV6 表示地址已发出,EV8_1 表示移位寄存器和 DR 均为空,EV8 表示移位寄存器非空但是 DR 空,上述事件出现后状态寄存器的相关位(如 SR1.TXE)将被置 1。

③ 将待发送数据写入 DR 后,状态寄存器 SR1 中的 TXE 位被置 0,表示此时 DR 非空。待发送数据通过 SDA 依次串行发送完毕,又产生 EV8 事件,SR1.TXE 位再次被置 1。重复此过程,可发送多个字节数据。

④ 所有待发送数据发送完毕,主设备发出一个停止信号 P,此时会产生 EV8_2 事件,SR1 中相关位被置 1,表示通信结束。

假如使能了 I^2C 模块中的中断使能控制位,以上所有事件发生时将会引起 I^2C 中断请求,在中断服务程序 ISR 中通过检查状态寄存器可以判断出具体事件,然后再进行相应的处理。

4. I^2C 中断

在 I^2C 模块的工作过程中,若出现中断事件,状态寄存器 SR1 中的相关状态标志位将被置 1。这些状态标志位的名称、含义以及控制寄存器 CR2 中相关使能控制位如表 8.68 所示。

表 8.68　STM32F103 I^2C 中断事件及其使能标志位

SR1 状态标志位	为 1 时代表的事件	CR2 中的中断使能位
SB	起始位已发送(主模式)	ITEVFEN
ADDR	地址已发送(主模式),或地址匹配(从模式)	
ADD10	主设备已发送 10 位地址的第一个字节	
STOPF	已收到停止(从模式)	
BTF	数据字节传输完成	
RXNE	接收缓冲区非空	ITEVFEN 和 ITBUFEN
TXE	发送缓冲区空	
BERR	总线错误	ITERREN
ARLO	仲裁丢失(主模式)	
AF	应答失败	
OVR	接收器过载或者发送器欠载	
PECERR	数据包校验(PEC)错误	
TIMEOUT	超时错误	
SMBALERT	SMBALERT 引脚出现系统管理总线 SMBus 提醒	

I^2C 的各种中断事件被映射到两个中断向量,即事件中断 I2Cx_EV 和错误中断 I2Cx_ER,分别如图 8.76 和图 8.77 所示。

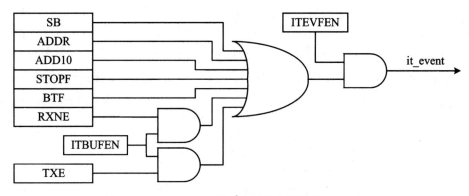

图 8.76　STM32F103 的 I^{2}C 事件中断向量 I2Cx_EV

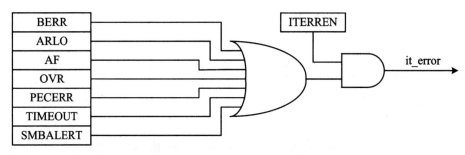

图 8.77　STM32F103 的 I^{2}C 错误中断向量 I2Cx_ER

5. 使用 DMA 方式进行 I^{2}C 通信

与 USART 和 SPI 相同,I^{2}C 通信也可利用 DMA 进行数据传送服务,每个 I^{2}C 模块各有一个 DMA 发送请求和一个 DMA 接收请求,分别被映射到不同 DMA 通道上(具体映射关系可参阅 STM32F10x 参考手册)。这样,在同一时刻可使用 DMA 方式为所有 I^{2}C 提供数据传输服务。

如果控制寄存器 CR2 中的 DMA 请求允许位 DMAEN 位被使能,在 I^{2}C 的传送过程中,一旦发送数据缓冲器变空(TXE)或接收数据缓冲器非空(RXNE),都会产生 DMA 请求,并在当前字节传输结束之前被响应。当 DMA 通道完成预置的数据传输量时,DMA 控制器发送传输结束信号 EOT(End Of Transfer)到 I^{2}C 接口,在中断使能时将产生一个 DMA 传输结束中断。

1)I^{2}C 发送时使用 DMA 传送服务

首先应为 I^{2}C 的数据发送配置相应的 DMA 通道,具体步骤如下:

· 按照映射关系,将相关 DMA 通道设置为 DMA 读传送方式,并设定数据传送的目的(I^{2}C 的 DR)地址;

· 设置待传送数据存储区域的首地址,并设定每次传送后的地址变更方向(增或减);

· 设置所需传输的字节数;

· 配置 DMA 通道的优先级;

· 根据应用要求,选择在整个传输任务完成一半时或全部完成时发出中断请求;

- 将 CR2. DMAEN 位置位,使能 DMA。

在 I^2C 通信过程中,如果 CR2. DMAEN 位被置位,只要 SR1. TXE 位被置位,I^2C 将产生 DMA 请求。DMAC 响应请求后启动 DMA 读传送,将待发送数据从预置的存储区读出并装载进 DR,每次传送后修改存储器地址,待传送字节数减一。当预置的 DMA 传送任务完成时,DMAC 向 I^2C 发送一个传输结束 EOT 信号。在中断允许情况下,将产生一个 DMA 中断。

2)I^2C 接收时使用 DMA 传送服务

利用 DMA 为 I^2C 的数据接收服务之前,也应先配置相应的 DMA 通道,具体步骤与数据发送类似:

- 按照映射关系,将相关 DMA 通道设置为 DMA 写传送方式,并设定读数据时的源地址(I^2C 的 DR);
- 设置接收数据存储区域的首地址,并设定每次传送后的地址变更方向(增或减);
- 设置所需传输的字节数;
- 配置 DMA 通道的优先级;
- 根据应用要求,选择在整个传输任务完成一半时或全部完成时发出中断请求;
- 激活 DMA 通道,将 CR2. DMAEN 位置位,使能 DMA。

在 I^2C 通信过程中,如果 CR2. DMAEN 位被置位,只要 SR1. RXNE 位被置位,I^2C 将产生 DMA 请求。DMAC 响应请求后启动 DMA 写传送,将接收到的数据从 DR 中读出并写入被 DMAC 寻址的存储单元,同时修改存储器地址,待传送的字节数减一。当预置的 DMA 传送任务完成时,DMAC 向 I^2C 发送一个传输结束 EOT 信号。在中断允许情况下,将产生一个 DMA 中断。

8.10.6　与 I^2C 相关的库函数

1)常用库函数

常用库函数存放于标准外设库的 stm32f10x_i2c. h、stm32f10x_i2c. c 文件中,包括:

- I2C_DcInit:将 I^2Cx 的寄存器恢复为复位启动时默认值;
- I2C_Init:根据 I^2C_InitStruct 中指定的参数初始化指定 I^2C 的寄存器;
- I2C_Cmd:使能或禁止指定 I^2C;
- I2C_GenerateSTART:产生 I^2Cx 传输的起始信号;
- I2C_Send7bitaddress:发送地址信息选中指定的 I^2C 从设备;
- I2C_SendData:通过 I^2C 发送单字节数据;
- I2C_ReceiveData:返回指定 I^2C 最近接收到的字节数据;
- I2C_CheckEvent:查询 I^2Cx 最近一次发生的事件是否是指定的事件;
- I2C_AcknowledgeConfig:使能或者禁止指定 I^2C 的应答功能;
- I2C_GenerateSTOP:产生 I^2Cx 传输的结束信号;
- I2C_GetFlagStatus:查询指定 I^2C 的标志位状态;

- I2C_ClearFlag：清除指定 I^{2}C 的标志位；
- I2C_ITConfig：使能或禁止指定的 I^{2}C 中断；
- I2C_GetITStatus：查询指定的 I^{2}C 中断是否发生；
- I2C_ClearITPendingBit：清除指定的 I^{2}C 中断请求挂起位；
- I2C_DMACmd：使能或禁止指定 I^{2}C 的 DMA 请求。

2）初始化结构体

I2C 初始化结构体 I2C_InitTypeDef 如下：

typedef struct

{

//时钟频率，100K：标准；400K：快速

uint16_t I2C_InitStructure.I2C_ClockSpeed；

//工作模式，I2C：I2C 模式；SMBusDevice：SMBus 设备模式；SMBusHost：SMBus 主控模式

uint16_t I2C_InitStructure.I2C_Mode；

//快速模式下，占空比：16_9；2

uint16_t I2C_InitStructure.I2C_DutyCycle；

//第一个设备自身地址：7/10 位

uint16_t I2C_InitStructure.I2C_OwnAddress1；

//使能或禁止 ACK：Enable；Disable

uint16_t I2C_InitStructure.I2C_Ack；

//应答 7/10 位地址

uint16_t I2C_InitStructure.I2C_AcknowledgedAddress；

}I2C_InitTypeDef；

3）典型库函数简介

初始化函数 I2C_Init 如表 8.69 所示。

表 8.69　初始化函数 I2C_Init

项目	定义和描述
函数名	I2C_Init
函数原型	void I2C_Init(I2C_TypeDef * I2Cx, I2C_InitTypeDef * I2C_InitStruct)
功能描述	根据 I2C_InitStruct 中指定参数初始化指定 I2C 寄存器
输入参数	I2Cx：选择 I2C 外设。I2C_InitStruct：指向结构体 I2C_InitTypeDef 的指针，包含了 I2C 相关配置信息

例如：

I2C_InitTypeDef * I2C_InitStructure；

I2C_InitStructure.I2C_Mode = I2C_Mode_I2C；

I2C_InitStructure.I2C_DutyCycle = I2C_DutyCycle_2；

I2C_InitStructure.I2C_ClockSpeed = I2C_Standard_Speed；

I2C_InitStructure. I2C_OwnAddress1 = 0x00；

I2C_InitStructure. I2C_Ack = I2C_Ack_Enable；

I2C_InitStructure. I2C_AcknowledgedAddress = I2C_AcknowledgedAddress_7bit；

I2C_Init(I2C1，&I2C_InitStructure)；　　　//初始化

I2C_Cmd(I2C1，ENABLE)；　　　　　　　//使能 I2C

8.10.7　I^2C 应用实例：读写 I^2C_EEPROM

1）功能要求

STM32F103 通过 I^2C1 接口与 EEPROM(AT24C02)连接,读取 AT24C02 地址 0x00 存储单元的数值,并在调试窗口显示接收到的数值。

2）硬件设计

AT24C02 是一款具有 I^2C 接口的两线制串行 EEPROM,容量为 256 字节;由 32 个可编程页构成,每页 8 个字节,按页编程(写入),按字节读取。

STM32F103 通过 I^2C1 与 AT24C02 连接,如图 8.78 所示。每一个连接到 I^2C 总线上的设备都必须有一个唯一的地址。AT24C02 器件的地址共有 7 位,其中各个器件的高 4 位地址都相同,都是 1010,而低 3 位则由每个器件上的 3 根地址输入引脚 A2、A1 和 A0 确定。因此,在一个 I^2C 总线上最多可以挂载 8 个 AT24C02 器件,每个器件的 A2、A1 和 A0 须采用不同连接方式,具有各自不同的地址。在本例中,I^2C 总线上只有 1 个 AT24C02 器件,A2、A1 和 A0 都接地,因此 AT24C02 的地址为 0xA0(1010 000b)。

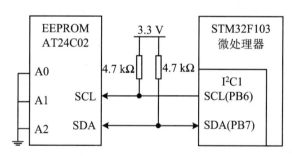

图 8.78　STM32F103 与 AT24C02 的连接图

STM32F103 的引脚 PB6 作为 I^2C1 主模式的时钟信号线 SCL,引脚 PB7 作为 I^2C1 主模式的数据信号线 SDA,两个引脚均设置为复用开漏输出。

3）软件流程设计

本例旨在说明 I^2C 的时序处理步骤,未采用中断服务方式,仅采用简单的主程序处理 I^2C 时序,主程序处理程序如图 8.79 所示。

4）软件代码实现

main.c(主程序文件)

//重定向 printf()输出结果显示在 MDK 的 Debug(printf) Viewer 窗口需要如下代码

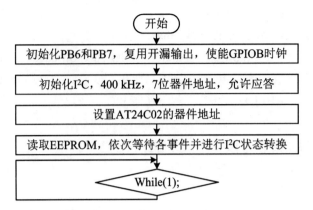

图 8.79 STM32F103 通过 I^2C 接口读 EEPROM 的主程序流程

```
#define ITM_Port8(n)      ( * ((volatile unsigned char * )(0xE0000000 + 4 * n)))
#define ITM_Port16(n)     ( * ((volatile unsigned short * )(0xE0000000 + 4 * n)))
#define ITM_Port32(n)     ( * ((volatile unsigned long * )(0xE0000000 + 4 * n)))
#define DEMCR             ( * ((volatile unsigned long * )(0xE000EDFC)))
#define TRCENA            0x01000000
int fputc(int c, FILE * t)
{
    if(DEMCR & TRCENA) {
    while(ITM_Port32(0) = = 0);
        ITM_Port8(0) = c;
    }
    return(c);
}

void GPIO_Configuration(void);
void I2C_Configuration();
void I2C_EE_ReadByte(u8 * pBuffer, u8 ReadAddr);
int main(void)
{
    u8 u_test_byte;
    GPIO_Configuration();
    I2C_Configuration();
    //读取 EEPROM 地址 0x00 处的存储单元(8bits)
    I2C_EE_ReadByte(&u_test_byte, 0x00);
    printf("Read byte from EEPROM: %d\ n", u_test_byte);   //在默认调试窗口显示读到的值
    while(1){}
}
void GPIO_Configuration(void)
```

```
{
    GPIO_InitTypeDef GPIO_InitStructure；
    RCC_APB2PeriphClockCmd(RCC_APB2Periph_GPIOB，ENABLE)；
    GPIO_InitStructure.GPIO_Pin = GPIO_Pin_6 | GPIO_Pin_7；    //PB6-SCL、PB7-SDA
    GPIO_InitStructure.GPIO_Speed = GPIO_Speed_50MHz；
    GPIO_InitStructure.GPIO_Mode = GPIO_Mode_AF_OD；          //开漏输出
    GPIO_Init(GPIOB，&GPIO_InitStructure)；
}
void I2C_Configuration()
{
    RCC_APB1PeriphClockCmd(RCC_APB1Periph_I2C1，ENABLE)；
    I2C_InitTypeDef I2C_InitStructure；
    I2C_InitStructure.I2C_Mode = I2C_Mode_I2C；
    I2C_InitStructure.I2C_DutyCycle = I2C_DutyCycle_2；
    I2C_InitStructure.I2C_OwnAddress1 = 0x0F；   //设置 STM32F103 自身 I2C 地址为 0x0F
    I2C_InitStructure.I2C_Ack = I2C_Ack_Enable；
    I2C_InitStructure.I2C_AcknowledgedAddress = I2C_AcknowledgedAddress_7bit；   //7 位地址
    I2C_InitStructure.I2C_ClockSpeed = 400000；              //通信速率
    I2C_Init(I2C1，&I2C_InitStructure)；
    I2C_Cmd(I2C1，ENABLE)；                                 //使能 I2C
}
//读取指定地址 ReadAddr 的存储单元内容(1Byte)
void I2C_EE_ReadByte(u8 * pBuffer，u8 ReadAddr)
{
    while(I2C_GetFlagStatus(I2C1，I2C_FLAG_BUSY)){;}    //等待总线空闲
    I2C_GenerateSTART(I2C1，ENABLE)；                    //产生起始信号 START
    while(! I2C_CheckEvent(I2C1，I2C_EVENT_MASTER_MODE_SELECT)){;}
                                                        //等待 EV5
    I2C_Send7bitAddress(I2C1，0xA0，I2C_Direction_Transmitter)；   //发 AT24C02 器件地址
    while(! I2C_CheckEvent(I2C1，I2C_EVENT_MASTER_TRANSMITTER_MODE_
    SELECTED)){;}                                       //等待 EV6
    I2C_Cmd(I2C1，ENABLE)；                             //清除 EV6 并使能 I2C1
    I2C_SendData(I2C1，ReadAddr)；                      //发送需要读取的存储单元地址
    while(! I2C_CheckEvent(I2C1，I2C_EVENT_MASTER_BYTE_TRANSMITTED)){;}
                                                        //等待 EV8
    I2C_GenerateSTART(I2C1，ENABLE)；                    //再次发送起始信号 STRAT
    while(! I2C_CheckEvent(I2C1，I2C_EVENT_MASTER_MODE_SELECT)){;}   //等待 EV5
    I2C_Send7bitAddress(I2C1，0xA0，I2C_Direction_Receiver)；   //发 AT24C02 器件地址
```

```
while(！I2C_CheckEvent(I2C1，I2C_EVENT_MASTER_RECEIVER_MODE_           //等待EV6
SELECTED)){;}
I2C_AcknowledgeConfig(I2C1，DISABLE)；                              //只传输1Byte就停止，NACK
while(！I2C_CheckEvent(I2C1，I2C_EVENT_MASTER_BYTE_RECEIVED)){;}
                                                                  //等待EV7
*pBuffer = I2C_ReceiveData(I2C1)；                                 //从EEPROM读取一个字节
I2C_GenerateSTOP(I2C1，ENABLE)；                                    //发送停止信号STOP
I2C_AcknowledgeConfig(I2C1，ENABLE)；                               //恢复为允许ACK，准备下次传输
}
```

需要说明的是，以上代码需要连接外部 EEPROM 芯片后才能正常运行。对于此类需要连接片外器件的应用场景，只有在成功连接外部设备之后才可以调试或者运行代码，这对于系统开发颇为不便。为此，KEIL MDK 软件提供了外部设备的虚拟仿真功能，可以在未连接实际外设的情况下测试程序功能。有兴趣的读者可以阅读 KEIL MDK 联机帮助 μVision User's Guide 中关于 Debug Function 的描述，尝试为本例编写虚拟的 EEPROM 程序。

8.10.8　I^{2}C 小结及应用要点

1. I^{2}C 配置一般步骤

① 配置相关引脚（复用）功能，GPIO_Init；

② 使能 I^{2}Cx 时钟，RCC_APB1PeriphClockCmd；

③ 初始化 I^{2}Cx，设置工作模式 I2C_Init；

④ 使能 I^{2}Cx，I2C_Cmd；

⑤ 发起始信号及地址，I2C_GenerateSTART，I2C_Send7bitaddress；

⑥ 查看 I^{2}C 事件，I2C_CheckEvent；

⑦ I^{2}C 传输数据，I2C_SendData，I2C_ReceiveData；

⑧ 查看 I^{2}C 传输状态，I2C_GetFlagStatus；

⑨ 发送停止信号，I2C_GenerateSTOP。

2. 应用要点及细节

· I^{2}C 串行总线有两根信号线：一根双向数据线 SDA、一根时钟线 SCL。所有 I^{2}C 设备的 SDA 都接到总线的 SDA 上，时钟线 SCL 接到总线的 SCL 上；各设备的引脚须配置为漏极开路 OD 输出。

· 数据传输由主机（处于主模式的器件）控制；主机指启动数据传送（发出启动信号）、发出时钟信号及传送结束时发出停止信号的设备，常为微处理器。

· I^{2}C 总线上允许连接多个微处理器及各种设备，如存储器、LED、LCD、A/D、D/A 等。为保证数据可靠传送，任一时刻总线只能由某一主机控制。

· I²C 与 SPI 区别:① I²C 数据输入/输出使用同一根信号线,而 SPI 的输入和输出各使用一根信号线;② I²C 占用端口更少,但因数据线双向传输,数据隔离与协议较为复杂,SPI 则相对简单。

· 数据从最高位开始传输;传输序列简洁表示为"(主机)开始 S→地址 Address→读写 R/W→得到应答 A→数据 Data→应答 A→⋯→停止 P"。

· SCL 须由主机发送,从机收到/听到自己地址时才能发送应答信号(必须应答)表示在线,其他地址的从机则禁止应答;如果是广播状态(即主机对所有从机呼叫,0 号地址为群呼地址),此时从机只能接收不能发送。

· 常用 I²C 接口器件的地址由器件类型码(4 位,固定)+ 寻址码(3 位,用户定义)组成,共 7 位,称为从地址。也有些器件采用 10 位器件地址。

· SCL 和 SDA 信号线应通过合适的上拉电阻接电源正极;总线空闲时,两根线均为高电平。

· 应用时,程序中应加入容错机制,如总线状态判断、超时处理、应答机制、事件及状态标志的查询清除处理等。

习　　题

8.1　一个典型的嵌入式系统有哪些部分?请简述之;其外围硬件又有哪些?列举几个实例。

8.2　嵌入式生态系统有何特点?会有何好处?请阐述个人的理解。

8.3　嵌入式的开发与通用计算机系统相比,有何独特之处?交叉开发环境的主要组成部分和特点是什么?

8.4　常用的嵌入式系统开发硬件和软件工具有哪些?请简述一些实例。

8.5　嵌入式系统的交叉调试工具有哪些特点?一般有哪几种?

8.6　嵌入式系统的开发过程一般有哪几步?都完成什么样的工作?

8.7　何为引脚功能复用?有何意义?如何实现?

8.8　STM32F103 微处理器架构分为几部分?各部分功能为何?请简要说明。

8.9　简述微处理器最小硬件系统的内涵,并画出一个典型最小系统的结构示意图。

8.10　STM32F103 最小硬件系统由哪几部分构成?

8.11　请设计一个 STM32 最小系统。

8.12　STM32F103 的复位电路有何功能?常见的复位方式有哪些?

8.13　STM32 的启动模式有几种?BOOT 引脚有几个?分别如何设置?

8.14　STM32F103 的时钟有哪几种产生方式?各有什么特点?实际应用中一般如何做以实现系统的时钟驱动?

8.15　结合时钟树简要说明 STM32 的系统时钟是怎么产生的。

8.16　参照 STM32 的时钟树,请做以下思考,并解释:① 设计成这种形式的主要目的和理由是什么? ② 从左至右,相关时钟依次可分为大致哪几种? ③ 时钟输出的使能有何意义? 并以一个实例(如 TIM)说明一下大体流程。

8.17　简述嵌入式软件的分层体系结构及大概工作流程。

8.18　简述嵌入式软件系统引导和加载过程。

8.19　相比一般软件,嵌入式软件有哪些自己独有的特点?

8.20　嵌入式操作系统有哪些工作特点? 完成哪些主要功能? 以实例略述自己的理解。

8.21　以 STM32 为例,描述程序开发的一些主要模式,各自有什么特点? 优势和缺点都体现在哪些地方? 实际应用中该如何取舍?

8.22　非工程方式进行嵌入式软件开发,流程大致有几种? 其框架为何?

8.23　以 STM32 固件库为基础利用工程方式,进行嵌入式软件应用开发,有哪些主要步骤? 请略述之。

8.24　请查阅相关资料,并结合学习中的体会,描述对 STM32 固件库体系架构的理解。

8.25　ST 固件库中,函数的命名规则有哪些特点?

8.26　STM32F103 的 GPIO 有哪 8 种工作模式? 略述每种模式的特点。

8.27　GPIO 的复用功能重映射有何意义? 是如何实现的? 举一个例子说明。

8.28　如果使用 GPIOC6 接口为推挽方式输出,最高频率 50 MHz,分别使用寄存器模式和库函数模式,如何进行编程?

8.29　通用定时器有哪三种计数模式? 各自的特点主要有哪些?

8.30　通用定时器有 4 种时钟来源,请简要介绍。

8.31　简述通用定时器的输入捕获过程。

8.32　参照书中例子,采用 TIM2 通道 2 进行频率测量,利用库函数实现其设置。

8.33　PWM 输入模式是如何工作的? 其占空比与周期为何? 如何得到? 请以一个实际的 PWM 输入测量过程进行说明。

8.34　简述通用定时器的输出比较过程。

8.35　PWM 输出模式中,占空比是怎么得到的?

8.36　参照书中例子,设计一个红绿灯系统,要求:红灯亮 5 s,熄灭,切换绿灯亮 5 s,熄灭,循环往复。给出硬件原理图,并编写代码实现。

8.37　ARM 的中断服务程序应用中有哪些特点? 其与普通的函数相比有何异同?

8.38　在中断优先级中,抢占优先级和子优先级如何发挥各自作用? 实际应用中是怎么分组并设置的? 以 STM32F103 举例说明。

8.39　STM32F103 的中断系统使用多少位优先级设置? 一共支持多少级可编程异常优先级?

8.40　简述 STM32F103 建立一个中断的过程。

8.41　STM32F103 的中断系统共支持多少个异常? 其中包括多少个内部异常和多少个可屏蔽的非内核异常中断?

8.42 STM32F103 复位中断服务程序的地址存放在中断向量表中的哪个位置？

8.43 STM32F103 的外部中断/事件线是如何与端口映射的？

8.44 STM32F103 的 EXTI 信号线一共有多少根？它们分别对应哪些输入？

8.45 EXTI 的外部中断/事件请求的产生和传输过程为何？以 STM32F103 为例，具体说明。

8.46 对于 EXTI 来说，中断和事件有哪些区别和相同之处？

8.47 若要使用 STM32F103 的 EXTI 中断，必须先使能哪个时钟？

8.48 参照书中例子，设计一个可控红绿灯系统，要求：红灯亮 20 s，熄灭，切换绿灯亮 30 s，熄灭，循环往复；若用按键可立即强行改变当前红绿灯颜色（即若是红灯亮改为绿灯亮，若是绿灯亮改为红灯亮）。给出硬件原理图，编写代码实现。

8.49 简述 STM32F103 的 USART 数据接收/发送过程。

8.50 如果通过 STM32F103 串口 1 发送 8 位数据，带一位奇偶校验位，图示发送的格式。

8.51 编程实现通过 STM32F103 串口 1 发送字符串"you are welcome"。

8.52 设计一个简单的双机通信系统。要求：在两个 ARM 处理器之间，用 USART 实现，各自具有收/发缓冲内存区域，协议自定，结束条件自定。给出相关硬件连接图，编写代码实现。

8.53 编写一个通用的 UART 驱动程序。要求：① 使用中断方式接收、发送数据；② 要充分利用 UART 的硬件接收、发送 FIFO；③ 编写的程序代码要求简洁、高效、可靠。

8.54 SPI 的主从模式各有什么特点和区别？简述两种模式下的数据收发过程。

8.55 1 个 SPI 主设备可以连接 5 个 SPI 从设备吗？如果可以，画出连接图，说明如何操作。

8.56 SPI 和 I^2C 串行总线各自有什么特点？

8.57 STM32 的 SPI 总线在使用上有哪些需要注意之处？

8.58 STM32 的 I^2C 总线在使用上有哪些需要注意之处？

参 考 文 献

[1] Yiu J. The Definitive Guide to ARM Cortex-M3 and Cortex-M4 Processors［M］. 3rd ed. Amsterdam：Elsevier，2014.

[2] Hennessy J L，Patterson D A. Computer Architecture：A Quantitative Approach［M］. 6th ed. Amsterdam：Elsevier，2019.

[3] 周荷琴,吴秀清.微型计算机原理与接口技术[M].4 版.合肥:中国科学技术大学出版社,2008.

[4] 王益涵,孙宪坤,史志才.嵌入式系统原理及应用:基于 ARM Cortex-M3 内核的 STM32F103 系列微控制器[M].北京:清华大学出版社,2016.

[5] 白中英,戴志涛.计算机组成原理[M].5 版.北京:科学出版社,2013.

[6] 范书瑞,高铁成,赵燕飞.ARM 处理器与 C 语言开发应用[M].2 版.北京:北京航空航天大学出版社,2013.

[7] Hamacher C,Vranesic Z,Zany S,et al.计算机组成与嵌入式系统[M].6 版.王国华,等译.北京：机械工业出版社,2013.

[8] 教育部考试中心.全国硕士研究生招生考试计算机科学与技术学科联考计算机学科专业基础综合考试大纲[M].北京:高等教育出版社,2020.

[9] 李广军,阎波,林水生,等.微处理器系统结构与嵌入式系统[M].2 版.北京:电子工业出版社,2011.

[10] 唐朔飞.计算机组成原理[M].3 版.北京:高等教育出版社,2020.

[11] 王齐.PCI Express 体系结构导读[M].北京:机械工业出版社,2010.

[12] 徐惠民.微机原理与接口技术(基于嵌入式芯片)[M].北京:机械工业出版社,2010.

[13] 薛胜军.计算机组成原理[M].4 版.北京:清华大学出版社,2017.

[14] 赵全良,马博,孟李林.微机原理与嵌入式系统基础[M].西安:西安电子科技大学出版社,2010.

[15] Kamal R.嵌入式系统体系结构、编程与设计[M].3 版.郭俊凤,译.北京:清华大学出版社,2017.